大学物理简明教程

（第3版）

吕金钟 邱红梅 赵长春 编著

清華大學出版社
北 京

内 容 简 介

全书分为6章，简明而系统地介绍了经典力学、狭义相对论、热力学、电磁学、波动学、量子物理基础中的基本概念、规律以及基本理论的历史发展进程，其内容涵盖了大学物理课程教学的最基本要求。

本书注重概念的准确、物理图像的清晰。每章内容线索明确、逻辑缜密，以便于教学和自学。本书也注重展现历史上一些著名科学家的创新精神和研究方法，用不多的篇幅使读者在较完整和系统地了解整个大学物理学框架的同时，从中领略和体会物理学发展过程中的人文内涵，从而提高科学素质。

本书配有一定数量的例题、思考题和习题，可作为“不多学时”的各类型高等院校非物理学理工科各专业以及经管类或文科相关专业的大学物理教材，也可作为读者的自学参考书。

图书在版编目（CIP）数据

大学物理简明教程 / 吕金钟，邱红梅，赵长春编著. -- 3版. -- 北京：清华大学出版社，2025. 6. -- ISBN 978-7-302-69378-9

Ⅰ. O4

中国国家版本馆 CIP 数据核字第 2025GB7002 号

责任编辑：朱红莲
封面设计：常雪影
责任校对：王淑云
责任印制：刘　菲

出版发行：清华大学出版社
　　网　　址：https://www.tup.com.cn，https://www.wqxuetang.com
　　地　　址：北京清华大学学研大厦A座　　**邮　　编**：100084
　　社 总 机：010-83470000　　**邮　　购**：010-62786544
　　投稿与读者服务：010-62776969，c-service@tup.tsinghua.edu.cn
　　质量反馈：010-62772015，zhiliang@tup.tsinghua.edu.cn
印 装 者：大厂回族自治县彩虹印刷有限公司
经　　销：全国新华书店
开　　本：185mm×260mm　　**印　　张**：22.5　　**字　　数**：546千字
版　　次：2006年10月第1版　2025年6月第3版　　**印　　次**：2025年6月第1次印刷
定　　价：62.00元

产品编号：111466-01

前言

PREFACE

在科学与技术迅速结合和发展的今天，新兴学科不断地涌现，物理学的概念、研究方法，以及严谨而富有创新性的逻辑思维方式和实验技术在其他学科得到了广泛的应用和认同，这显示了物理学在自然科学和社会科学中重要的基础性作用。为了适应当今科技、经济、社会发展对人才的需求，近年来不少高等院校开设了学时不等的物理学课程以满足各种学科专业的需求。

大学物理是高等院校的基础课程，其重要性一方面在于它所提供的一定范围的、系统的物理知识是科学素质的基础；另一方面在于它蕴含着思考和解决问题的科学思想、方法和态度，以及激发学习者创新意识的能力。笔者认为，不管物理学时的多少，不管是工科还是经管或文科类学习者，课程内容安排可以有所侧重，但不应偏离物理本身，应该给出基本上较完整、系统的物理学框架。这不是简单的内容压缩，而是要求内容更加有机地结合，逻辑联系更加缜密，物理图像更加清晰，要求教学方式和方法创新。这是在不多学时之内既能使初学者理解物理学基本定律和物理方法，又能使其在理性逻辑思维和图像思维能力上得到提高的一种教学追求。为此，本书基本上在每章开始均向读者指出本章的理论基础，随后是为阐明理论基础和基本概念而安排的教学内容。这样使教学线索比较明确，也起到对初学者学习的引导作用。

正是在这样的指导思想下，我们编写了本教材，第 2 版是对第 1 版教材的修订，此次再版（第 3 版）是对原教材的重新审视。其框架没有变化，个别地方有稍许调整，它包括了我们多年面对不同学时（112 学时，80 学时，64 学时，48 学时）的工科、少学时的经管或文科初学者教学实践的体会，也包括了不少使用过此教材同行们的建议。本书共分 6 章。第 1 章为牛顿力学基础，简单介绍了牛顿力学的发展过程、经典力学的基础知识，以及牛顿运动定律在刚体和流体中的简单应用。第 2 章为狭义相对论基础，简单介绍了狭义相对论的创立过程，以及它的基本原理、时空观和动力学的基本概念。第 3 章为热力学物理基础，简单介绍了热学发展史，在介绍分子动理论统计概念和规律的基础上着重介绍了热力学第一、第二定律。第 4 章为电磁学基础，简单介绍了经典电磁理论的发展史，介绍了电磁场、电磁感应及电磁波的基本概念和规律。第 5 章为波动学基础，概述了波动现象的历史研究，介绍了振动和波动的基本特征，以及光的干涉、衍射、偏振的基本现象和规律。第 6 章为量子物理基础，包括量子概念的提出、波动量子理论的建立、原子的壳层结构模型、激光和能带等基本概念与知识。

本书由吕金钟、邱红梅(北京科技大学)、赵长春(中国地质大学(北京))协力完成,吕金钟完成了全书的统稿工作。最后要特别说明,本书再编过程中参考了若干现有的教材,在许多方面得到了启发和教益,因难以一一指明,在此一并表示感谢!感谢同行们对本书再编过程给予的帮助和建议,感谢北京科技大学教务处、工科物理教学基地给予的支持,特别感谢本书第1版编写过程中曾付出过辛勤劳动与智慧的老师们!感谢清华大学出版社朱红莲老师对本书提出的很多改进意见!

由于编者水平有限,书中难免存在错误和不足之处,敬请广大读者批评指正,谢谢!

编　者

2025年5月

大学物理简明教程 第3版

目录

CONTENTS

第1章 牛顿力学基础

物理学是探究物质结构和运动基本规律的学科。物质的运动形式是多种多样的，其中最简单、最基本的运动是描述物体位置变化的机械运动，而机械运动往往被包含在其他更高级的运动形式之中，如热运动、电磁运动等。研究机械运动的是力学，它涉及地面上交通工具的行驶，宇宙的探测，大气、江河的流动，以及基本粒子相互作用的径迹分析等。17世纪，牛顿在伽利略、开普勒等工作的基础上，综合了世世代代前人的研究成果，总结出三条运动定律(牛顿三定律)从而建立了完整的经典力学理论，成为近代物理学的开端与科学发展的基础。

1.1 牛顿力学的建立与发展

1.1.1 牛顿力学的建立与发展概述

牛顿(Isaac Newton，1643—1727)在给物理学家胡克(Robert Hook，1635—1703)的一封信中有一句名言："如果我看得更远，那是站在巨人的肩上。"牛顿力学的建立是一大批科学家辛勤劳动的产物，是社会发展的需求。如果说意大利科学家伽利略关于地面物体运动的理论和德国天文学家开普勒关于天体运动的理论为经典力学理论体系的建立铺平了道路，那完成这一重任的便是英国科学家牛顿，他把似乎截然不同的地面运动和天体运动的规律概括在了一个严密统一的理论中。牛顿出生在英国一个不富裕的农民家庭，是遗腹子，靠祖母抚养成人。17岁进剑桥大学学数学，广泛阅读了各类书籍，涉及天文学、数学、力学、光学、化学、神学及炼金术等领域。牛顿的成就是多方面的，特别是1687年《自然哲学的数学原理》一书的出版，标志着力学作为一门严谨科学的诞生。

牛顿

(1643—1727)

亚里士多德(Aristotle，公元前384—公元前322)是古希腊古典文化的集大成者，是他首先进行科学分类的。他所命名的"物理学"泛指无生命物体的运动与时间、空间及与周围物体之间关系的一门独立自然学科，并首先使用数学方法考察具体物理规律。不过，亚里士多德的物理学理论基本上是错误的，因为它是根据人的感觉经验和逻辑理性建立起来的经验性的体系，后经神学改装，使人们一直束缚在以生活经验为基础的亚里士多德的传统观念中近2000年。所以，走出这加上神学色彩的传统观念，批驳亚里士多德的错误，是一个自然哲学的基础问题，是一场重要的思想革命，意大利科学家伽利略(Galileo Galilei，1564—1642)对此作出了非常重要的贡献。他的传世之作是1632年出版的《关于两大世界体系的对话》和1638年出版的《关于两门新科学的谈话和数学证明》，在科学实验的基础上融会贯通了数学、物理学和天文学三门知识,以非凡的文学才能、生动的语言以及严密的科学推理方法证实和传播了日心说,陈述了他在力学方面研究的成果。伽利略认为世界是一个有秩序的服从简单规律的整体,要了解大自然就必须进行系统的实验上的定量观测,并且找出其中精确的数量关系。这种新的科学思想和科学研究方法的提出,开创了以实验事实为基础并具有严密逻辑体系的近代科学。爱因斯坦曾评论说:“伽利略的发现以及他所应用的科学推理方法,是人类思想史上最伟大的成就之一,而且标志着物理学的真正开端。”伽利略首先提出了惯性和加速度的概念,第一次把力和运动改变联系起来;在“作匀速直线运动的船舱中物体运动规律不变”的著名论述中第一次提出了惯性参考系的概念,提出了相对性原理的思想;对弹道的研究发现了运动独立性原理和运动的合成与分解。这些以及其他物理学概念和原理的创新为牛顿力学理论体系的建立奠定了基础。

伽利略

(1564—1642)

与此同时,德国天文学家开普勒(J. Kepler,1571—1630)的行星运动三定律揭开了行星运动之谜。大约公元150年,亚历山大城的托勒密(C. Ptolemaeus,约90—168)提出了完善的地心说,认为宇宙有“九重天”,而地球位于宇宙中心岿然不动。他的理论能够相当准确地测算出太阳、月亮和行星的位置,在后来的1400年间一直是天文和航海家的有用工具。但是,利用这种宇宙模型计算和描述天体运动非常烦琐和复杂,并且和不断获得的观测数据有时相差较大而不得不对模型中的数学公式进行极麻烦的修正。尽管如此,由于以地球为参考系观测星球的运动与人们的直观经验相一致,且后来教会利用它来论证“人类中心”,地心说在天文学上一直占统治地位,直到1543年波兰天文学家哥白尼(Copernicus,1473—1573)提出完善的太阳中心说。哥白尼高度赞扬发光的太阳,并且发现如以太阳为宇宙中心(除月球绕地球运转外,地球和行星都一边自转一边围绕太阳作匀速圆周运动的公转)的宇宙结构模型来描述和计算天体运动时,一切将变得清晰和简单。

开普勒

(1571—1630)

哥白尼的日心体系与地心体系之间的根本区别在于描述所观测运动时所选取的参考系不同。日心说的科学意义也就在于参考系的改变,它为理解行星的运动开辟了一条新的途径。这种变化富有启发意义,正是这种启发使开普勒等按全新的方式来考虑行星的真实轨道。开普勒富有想象力,善于抽象思维和理论分析,他发现哥白尼行星的匀速圆周运动与实际的天文观测资料还是有出入。于是他就从这些“出入”开始,经过多年的努力,分别于1609年和1619年发表了行星运动三定律。第一定律是“轨道定律”:所有行星分别在大小不同的椭圆轨道上围绕太阳运动,太阳位于这些椭圆的一个焦点上。第二定律是“面积定律”:行星和太阳之间所连直线在相等的时间内扫过的面积相等。第三定律是“周期定律”:行星绕太阳一周所需的时间(公转周期)的平方,和它的轨道长半轴的立方成正比。行星运动三定律澄清了太阳系的空间位形,它们的发现向人们提出了新课题:是什么样的力维系这些天体遵从这样的轨道运动?经过许多科学家对此问题的探索,促成了经典力学大厦一根重要支柱——万有引力定律的建立。

一大批科学家的辛勤劳动给牛顿力学的建立"预备好了最适宜的环境"。正是在这种环境下，牛顿完成了人类对自然界认识的第一次大综合，在《自然哲学的数学原理》一书中总结和提炼了当时已发现的地面上所有的力学规律。他把由伽利略提出、笛卡儿（Reneé Descartes，1596—1650）完善的惯性定律作为第一定律；在定义了质量、力和动量后，提出了动量改变与外力的关系，把它作为第二定律；在多人关于碰撞现象研究结果的基础上，提出了作用力与反作用力的关系，作为第三定律。该书中还提到力的独立性原理、伽利略相对性原理、动量守恒定律以及对空间和时间的理解等。在该书中，牛顿在开普勒等的研究基础上，把地球上的三定律应用到了行星的运动，用微积分解释了开普勒的椭圆轨道，正确提出了地球表面物体所受的重力与地球月球之间的引力、太阳行星之间的引力具有相同的本质，得出了万有引力定律，从而宣告了天地间物体的机械运动都遵从同样的力学规律——牛顿运动三定律。

1750年，瑞士数学家、物理学家欧拉（Leonhard Euler，1707—1783）给出了《自然哲学的数学原理》中并未给出的第二定律的精确形式，也就是今天我们所使用的公式

$$\boldsymbol{F}=\frac{\mathrm{d}\boldsymbol{p}}{\mathrm{d}t}=\frac{\mathrm{d}(m\boldsymbol{v})}{\mathrm{d}t} \tag{1-1}$$

并且，由于欧洲数学家的努力，牛顿力学从直角坐标系扩展到极坐标、自然坐标等坐标系，由常微分方程发展为偏微分方程，由微分形式演变为变分形式，形成了现代的分析力学。

功、能概念的出现是牛顿力学的重要发展，而以势能的变化代替保守力做功是其中一个关键性的进展。"功"的概念是早期工业革命中工程师为比较蒸汽机效率而提出的，"能"是英国医生托马斯·杨（Thomas Young，1773—1829）于1807年提出的。直到19世纪中期，才逐步把$\frac{1}{2}mv^2$确认为动能，与物体相对位置有关的势函数称为势能，统称为机械能。

18世纪在力学发展中出现了和物体转动有关的"角动量"概念，19世纪人们把它看作是基本概念之一，从此对以前不认识的客观存在的角动量守恒规律有了认识。19世纪末对三体问题的研究以及20世纪70年代混沌现象的发现是牛顿力学的另一个发展，使得我们对牛顿力学有了更深刻的认识。

1.1.2　牛顿三定律的表述

1.1.2.1　牛顿第一定律

任何物体，只要没有外力改变它的状态，便会永远保持静止或匀速直线运动的状态。其数学形式可表示为：$\boldsymbol{F}=\boldsymbol{0}$时，$\boldsymbol{v}$=恒矢量。

1. 质点

定律中的"物体"指的是"质点"。质点是一个理想化模型，是只有质量而没有大小和形状的点。实际物体的形状、大小千差万别，在空间位置随时间变化（机械运动）过程中，其形状和大小也可能发生各种变化（形变），质点就是忽略这些因素，考虑的只是物体的整体移动。比如跳水运动员，我们说他在空中的运动轨迹是一个抛物线，如图1-1所示，实际上已把他看作了一个质点。这个抛物线实际上是运动员身体质量中心（叫质心）的轨

图1-1　跳水运动员的运动

迹。又如，在考虑地球绕太阳公转时，把地球看作一质点在椭圆轨道(地球质心的轨迹)上运行，而太阳(太阳的质心)作为另一质点位于此椭圆轨迹的一个焦点上。

我们说一个物体从空间一个位置移动到另一位置，指的是物体的整体移动。从数学上度量物体移动时，当然需要物体准确的空间位置(数学点)，数学点上积聚了物体的全部质量，这个数学点应该就是物体的质心。也就是说，无论物体上任意点运动情况如何，无论物体的大小和运动范围，当只考虑物体整体运动时都可以把它看作质点，质心的位置就是质点的位置。一个质量均匀分布的球体，其质心应是它的球心；一个质量均匀分布的立方体，其质心应是它的体心；地面上不太大的运动物体的质心位置与其重心相同。

如果考虑的是物体转动(比如地球自转)，那就不能把物体(地球)看作质点；如果考虑组成物体各部分的运动时，当然也不能把物体当作一个质点。如研究跳水运动员在跳水过程中其头部的运动时，跳水运动员整体不能当作质点，但其头部却可以看成质点。图1-2中，如果 A，B 之间有相对运动，而需要研究它们各自的运动状态时，就不能把 A 与 B 的组合体看作一个质点。如果 A，B 之间没有相对运动，它们的运动情况一样，那 A 与 B 的组合体就可以当作一个质点处理。

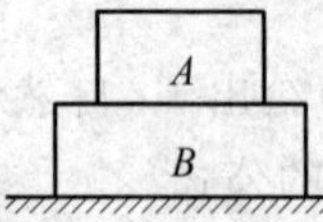

图1-2 A,B组合体

2. 惯性和惯性系

牛顿第一定律表明，任何物体都有保持静止或匀速直线运动状态的特性，这种特性叫惯性，故第一定律又称惯性定律。惯性反映了物体改变运动状态的难易程度。同时，第一定律也确定了力的含义，物体质点所受的力是外界对物体的一种作用，是试图改变物体静止或匀速直线运动状态的作用。

由于任何一个物体不可能不受到外力作用，所以第一定律不能直接用实验严格验证，但可间接验证。一个具有一定初速度的物体在粗糙水平面上只能滑动一定的路程，因为有摩擦阻力存在。如果在较光滑的水平面上，摩擦阻力较小，可滑动较长的距离。可以外推，如果物体在一理想的绝对光滑的水平面上，不受外来阻力的影响，它就会保持其初速度不变而匀速直线运动下去。这只不过是理想化外推而已。然而，如果物体受到两个或两个以上外力，当外来作用相互抵消时，实验上可观测到受力平衡物体和不受到外力作用一样，保持静止或匀速直线运动的状态，不过这是间接验证。

静止、匀速直线运动等运动状态的观测是离不开参考系的。如果在参考系 S 中，观测到一受力平衡物体保持着静止或匀速直线运动的状态，而在相对 S 作加速运动的参考系 S' 中，观测到受力平衡物体不再保持静止或匀速直线运动的状态，即第一定律在 S' 中不成立。我们把惯性定律在其中成立的参考系称为惯性参考系，简称惯性系，而把 S' 称为非惯性系。一个参考系是否是惯性系，只能根据观测和实验来判断。实验证明，以太阳为参考系观测到行星和宇宙飞行器的运动非常好地符合牛顿定律，所以太阳参考系是惯性系。可以证明，相对惯性系作匀速直线运动的参考系也是惯性系。地球相对太阳既有公转又有自转，所以地球不是惯性系。不过，地面上观测到的空间范围不大、时间间隔不长的力学现象，它们也相当好地符合牛顿定律，所以地面(或地球)参考系可看作近似程度相当好的惯性系，而相对地面静止或匀速直线运动的物体都可近似地当作惯性系。

1.1.2.2 牛顿第二定律

在第一定律的基础上，牛顿第二定律进一步阐明了质点在外力作用下其运动状态变化的具体规律，即确定了力、质量、加速度的定量关系。

物体(质点)运动时总具有速度，速度是矢量，是表述物体运动状态的物理量。把质点的质量 m 与其速度 $\boldsymbol{v}$ 的乘积称为质点的动量，用 $\boldsymbol{p}$ 表示，有

$$\boldsymbol{p}=m\boldsymbol{v} \tag{1-2}$$

它也是矢量，既具有大小，也具有方向(方向与速度 $\boldsymbol{v}$ 的方向相同)，其合成服从平行四边形法则。牛顿第二定律阐明了作用于质点的合外力与其动量变化的关系，即

动量为 $\boldsymbol{p}$ 的质点，某时刻受到合外力 $\boldsymbol{F}\left(\boldsymbol{F}=\sum\limits_i \boldsymbol{F}_i\right)$ 的作用，其动量随时间的变化率等于该时刻作用于质点的合外力。 数学表达式为

$$\boldsymbol{F}=\frac{\mathrm{d}\boldsymbol{p}}{\mathrm{d}t}=\frac{\mathrm{d}(m\boldsymbol{v})}{\mathrm{d}t}=\frac{\mathrm{d}m}{\mathrm{d}t}\boldsymbol{v}+m\frac{\mathrm{d}\boldsymbol{v}}{\mathrm{d}t} \tag{1-3}$$

它是牛顿力学的基本方程。在经典力学中，质点的质量是不变的，即 $\frac{\mathrm{d}m}{\mathrm{d}t}=0$，则

$$\boldsymbol{F}=m\frac{\mathrm{d}\boldsymbol{v}}{\mathrm{d}t}=m\boldsymbol{a} \tag{1-4}$$

依据矢量性质，上面矢量方程在直角坐标系中可写成分量式，为

$$\left.\begin{aligned} F_x&=\frac{\mathrm{d}p_x}{\mathrm{d}t}\\ F_y&=\frac{\mathrm{d}p_y}{\mathrm{d}t}\\ F_z&=\frac{\mathrm{d}p_z}{\mathrm{d}t}\end{aligned}\right\} \tag{1-5}$$

或

$$\left.\begin{aligned} F_x&=ma_x\\ F_y&=ma_y\\ F_z&=ma_z\end{aligned}\right\} \tag{1-6}$$

1. 力和加速度

第二定律概括了力的独立性(叠加性)。如果几个力同时作用在一个物体上，$\sum \boldsymbol{F}_i=m\boldsymbol{a}$，实验表明，物体的加速度 $\boldsymbol{a}$ 等于每个力单独作用时所产生的加速度的矢量叠加，即 $\boldsymbol{a}=\sum \boldsymbol{a}_i$。这称为力的独立性原理或叠加原理，这也是运动叠加原理的实质。

对于质点，力 $\boldsymbol{F}$ 来自其他物体的作用。只要这种作用不为零，$\boldsymbol{F}=m\boldsymbol{a}$，物体就获得加速度，所以 $m\boldsymbol{a}$ 不是力而是物体本身的属性。

2. 惯性质量

设有同样的力 $\boldsymbol{F}$ 作用在两个质量分别是 m_1 和 m_2 的物体上，$\boldsymbol{a}_1$，$\boldsymbol{a}_2$ 分别表示它们获得的加速度，根据(1-4)式有，$\boldsymbol{F}=m_1\boldsymbol{a}_1$，$\boldsymbol{F}=m_2\boldsymbol{a}_2$，可得

$$\frac{m_1}{m_2}=\frac{a_2}{a_1}$$

即在相同外力作用下，物体的加速度和质量成反比。质量大的物体产生的加速度小，表明质量大的物体抵抗运动变化的能力强，也就是它的惯性大。物体的质量反映了物体本身改变运动状态的难易程度，即(1-3)式和(1-4)式中的质量也是物体惯性的量度，因此把它们称

为惯性质量,或简称质量。

1.1.2.3 牛顿第三定律

牛顿第一、第二定律是牛顿在总结了伽利略等前人研究成果基础上而建立的。而史学家们普遍认为,第三定律是牛顿独立发现的。它深刻揭示了物体机械运动的普遍客观事实——作用与反作用。牛顿写道:“任何物体拉引或推压另一物体时,同样也要被另一物体所拉引或推压。”这里明确指出:物体间的作用是相互的,且相互作用是同性质的。牛顿第三定律表述如下:

当物体 $\boldsymbol{A}$ 以力 $\boldsymbol{F}_1$ 作用于物体 $\boldsymbol{B}$ 时,物体 $\boldsymbol{B}$ 也同时以力 $\boldsymbol{F}_2$ 作用于物体 $\boldsymbol{A}$ 上,作用力 $\boldsymbol{F}_1$ 和反作用力 $\boldsymbol{F}_2$ 总是大小相等,方向相反,且在同一直线上。

第三定律指出,力总是成对出现的,作用与反作用同时出现,同时消失,它们分别作用在相互作用的两个物体上,所以不存在相互抵消问题。并且指出,弹性力的反作用力必定是弹性力,万有引力的反作用力必定是万有引力,摩擦力的反作用力也必定是摩擦力。

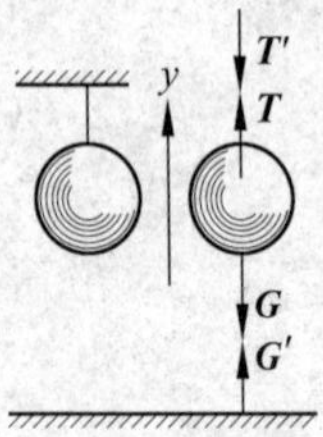

图 1-3 相互作用

如图 1-3 所示,一质量为 m 的金属球用细绳吊在天花板上。由于球静止,受力平衡,根据牛顿第二定律有

$$T-G=ma=0$$

细绳给球向上的拉力 $\boldsymbol{T}$ 和地球对球的作用力 $\boldsymbol{G}$ 都作用在球上,合作用抵消,金属球不获得加速度,保持静止。根据牛顿第三定律,细绳给球向上的拉力 $\boldsymbol{T}$(弹性力)的反作用力为 $\boldsymbol{T}'$,它和 $\boldsymbol{T}$ 大小相等,方向相反,在一条直线上,是作用于细绳上的金属球向下拉绳的弹性力。而地球对球的作用力 $\boldsymbol{G}$ 是向下的重力(万有引力),其反作用力 $\boldsymbol{G}'$ 是金属球作用在地球上的向上的力,也是万有引力。

1.2 加速度矢量的表示

1.2.1 直角坐标系中加速度的表示

1. 位置矢量

选定直角坐标系,就可以定量描述质点在空间的位置。设 t 时刻,质点处于空间 M 点,从坐标原点向质点的位置引一有向线段 $\overrightarrow{OM}$,记作 $\boldsymbol{r}$(图 1-4),$\boldsymbol{r}$ 的方向说明了 M 点相对于坐标轴的方位,$\boldsymbol{r}$ 的大小(它的模)表明了 M 点到原点的距离,即 $\boldsymbol{r}$ 完全确定了 t 时刻质点在空间的位置。用来确定质点位置的矢量 $\boldsymbol{r}$,叫作质点的位置矢量,简称位矢,也叫径矢,单位是 m。质点在运动时,位矢随时间变化,也就是说 $\boldsymbol{r}$ 是时间的函数,有

$$\boldsymbol{r}=\boldsymbol{r}(t) \tag{1-7}$$

(1-7)式就是质点的运动函数。如取 $\boldsymbol{i},\boldsymbol{j},\boldsymbol{k}$ 分别为 x,y,z 轴正方向的单位矢量,由矢量几何性质,t 时刻的位矢 $\boldsymbol{r}$ 可由它在直角坐标系中沿坐标轴的三个分量确定,写成

$$\boldsymbol{r}(t)=x(t)\boldsymbol{i}+y(t)\boldsymbol{j}+z(t)\boldsymbol{k} \tag{1-8}$$

这表明,质点的实际运动是 x,y,z 轴方向各分运动的合成。

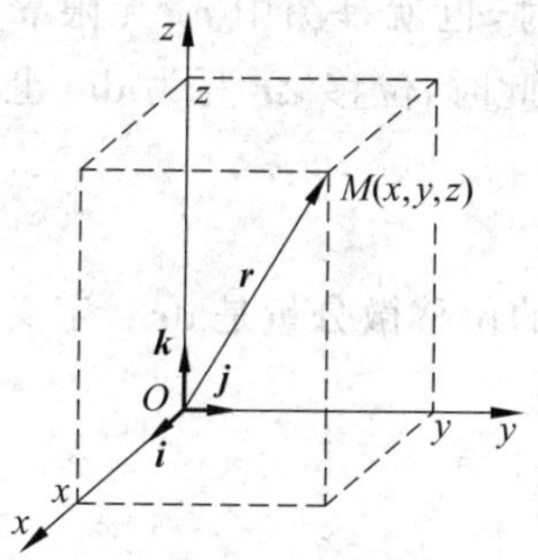

图 1-4　**M** 点的位置矢量

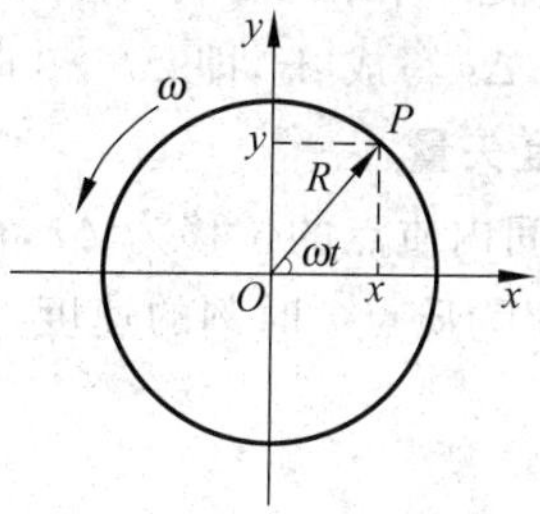

图 1-5　匀速圆周运动

例 1.1　一质点在 xOy 平面内作匀速率、半径为 R 的圆周运动，如图 1-5 所示。设 $t=0$ 时刻，质点处于 x 轴上，且其位置矢量单位时间转过的角度为 ω(角速度)。求质点的运动函数和轨道方程(轨迹)。

解　设 t 时刻质点运动到 P 点，此时位置矢量与 x 轴正向夹角为 ωt。所以，位置矢量 x，y 轴分量大小分别为

$$x=R\cos\omega t$$

$$y=R\sin\omega t$$

所以，t 时刻质点位置矢量即运动函数为

$$\boldsymbol{r}=R\cos\omega t\boldsymbol{i}+R\sin\omega t\boldsymbol{j}$$

把分量式中 $x=R\cos\omega t$，$y=R\sin\omega t$ 两边分别平方后相加，消去时间参数 t，可得质点的轨道方程，有

$$x^2+y^2=R^2$$

2. 位移矢量

质点在某时间内的位置改变叫作它在此时间内的位移，其单位是 m。如果 t 时刻质点的位矢为 $\boldsymbol{r}(t)$，$t+\Delta t$ 时刻质点的位矢为 $\boldsymbol{r}(t+\Delta t)$，$\Delta t$ 内质点的位移为

$$\Delta\boldsymbol{r}=\boldsymbol{r}(t+\Delta t)-\boldsymbol{r}(t) \tag{1-9}$$

也就是 Δt 内质点位移的增量。

例 1.2　设一质点，t_1 时刻位于平面直角坐标系中 $A(1,3)$点，t_2 时刻位于 $B(3,1)$点，单位是 m。求 $\Delta t=t_2-t_1$ 时间内的位移。

解　图 1-6 表明了 $\Delta t=t_2-t_1$ 时间内的位移 $\Delta\boldsymbol{r}$。

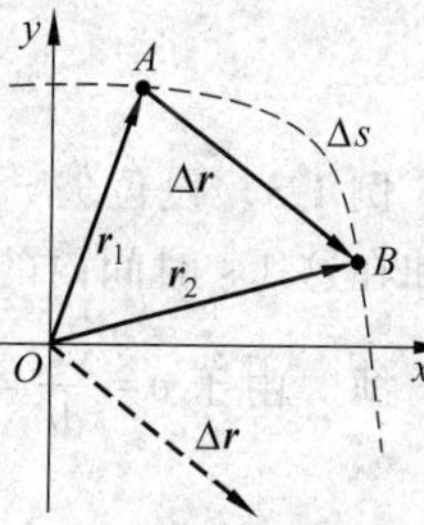

图 1-6　位移矢量 **Δr**

t_1 时刻位矢为

$$\boldsymbol{r}_1=(1\boldsymbol{i}+3\boldsymbol{j})\ \mathrm{m}$$

t_2 时刻位矢为

$$\boldsymbol{r}_2=(3\boldsymbol{i}+1\boldsymbol{j})\ \mathrm{m}$$

$\Delta t=t_2-t_1$ 时间内的位移为

$$\Delta\boldsymbol{r}=\boldsymbol{r}_2-\boldsymbol{r}_1=[(3-1)\boldsymbol{i}+(1-3)\boldsymbol{j}]\ \mathrm{m}=(2\boldsymbol{i}-2\boldsymbol{j})\ \mathrm{m}$$

位移的大小为

$$|\Delta\boldsymbol{r}|=|2\boldsymbol{i}-2\boldsymbol{j}|=\sqrt{2^2+(-2)^2}\ \mathrm{m}=2\sqrt{2}\ \mathrm{m}$$

如果图中虚线表示质点的运动轨迹，那当质点由 A 运动到 B 时所经过的路程 Δs 明显

不等于位移的大小,即 $|\Delta\boldsymbol{r}|\neq\Delta s$。但是,当 Δt 趋于零时,也就是图中 $\boldsymbol{r}_2$ 无限靠近 $\boldsymbol{r}_1$ 时,$|\Delta\boldsymbol{r}|$ 和 Δs 趋于相同,变成同阶无穷小,可以相互代替。此时,位移 $\Delta\boldsymbol{r}$ 写为 $\mathrm{d}\boldsymbol{r}$(也称为质点的元位移),Δs 写成 $\mathrm{d}s$,即 $\Delta t\to 0$ 时有 $|\mathrm{d}\boldsymbol{r}|=\mathrm{d}s$。

3. 速度矢量

Δt 时间内质点的位移为 $\Delta\boldsymbol{r}$,微分量 $\mathrm{d}t$ 时间内质点的位移微分量是 $\mathrm{d}\boldsymbol{r}$。定义位矢对时间的变化率为质点 t 时刻的速度,用 $\boldsymbol{v}$ 表示,有

$$\boldsymbol{v}=\frac{\mathrm{d}\boldsymbol{r}}{\mathrm{d}t} \tag{1-10}$$

它和位矢 $\boldsymbol{r}(t)$ 都是描述质点运动状态的物理量,其单位是 m/s。例如,一个质点的位矢 $\boldsymbol{r}=(2t\boldsymbol{i}+3t^2\boldsymbol{j})$ m,其速度为 $\boldsymbol{v}=\frac{\mathrm{d}\boldsymbol{r}}{\mathrm{d}t}=(2\boldsymbol{i}+6t\boldsymbol{j})$ m/s。

速度的大小叫速率,因为 $\Delta t\to 0$ 时,$|\mathrm{d}\boldsymbol{r}|=\mathrm{d}s$,所以有

$$v=|\boldsymbol{v}|=\frac{|\mathrm{d}\boldsymbol{r}|}{\mathrm{d}t}=\frac{\mathrm{d}s}{\mathrm{d}t} \tag{1-11}$$

这就是说,速率又等于质点的路程函数对时间的变化率。

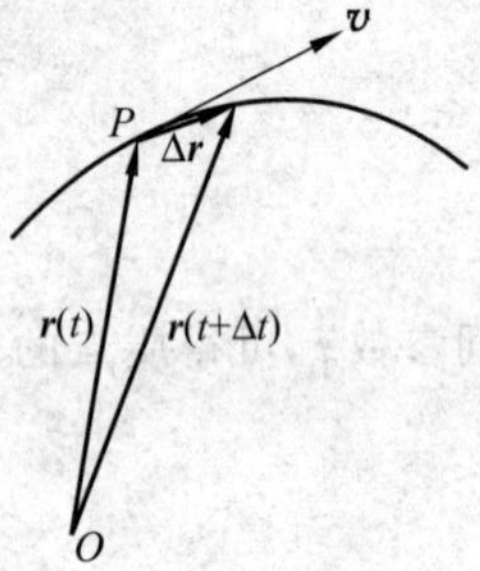

图 1-7 速度的方向

由(1-10)式可知,速度的方向就是 $\mathrm{d}\boldsymbol{r}$ 的方向,即 Δt 趋近于零时的 $\Delta\boldsymbol{r}$ 的方向,如图 1-7 所示。当 Δt 趋于零时,图中 $\boldsymbol{r}(t+\Delta t)$ 越来越靠近 $\boldsymbol{r}(t)$,$\Delta\boldsymbol{r}$ 的方向也就越来越靠近轨道 P 点的切线。所以,质点速度在 P 点的方向就是质点轨道在该点指向前方的切线方向。由(1-8)式,(1-10)速度定义式可写为

$$\boldsymbol{v}=\frac{\mathrm{d}x}{\mathrm{d}t}\boldsymbol{i}+\frac{\mathrm{d}y}{\mathrm{d}t}\boldsymbol{j}+\frac{\mathrm{d}z}{\mathrm{d}t}\boldsymbol{k}=\boldsymbol{v}_x+\boldsymbol{v}_y+\boldsymbol{v}_z \tag{1-12}$$

这表明:质点的速度 $\boldsymbol{v}$ 是 3 个坐标轴方向分速度的矢量和。其中

$$\begin{cases} v_x=\dfrac{\mathrm{d}x}{\mathrm{d}t} \\ v_y=\dfrac{\mathrm{d}y}{\mathrm{d}t} \\ v_z=\dfrac{\mathrm{d}z}{\mathrm{d}t} \end{cases} \tag{1-13}$$

所以,速度的大小又可写成

$$v=\sqrt{v_x^2+v_y^2+v_z^2}=\sqrt{\left(\frac{\mathrm{d}x}{\mathrm{d}t}\right)^2+\left(\frac{\mathrm{d}y}{\mathrm{d}t}\right)^2+\left(\frac{\mathrm{d}z}{\mathrm{d}t}\right)^2} \tag{1-14}$$

例 1.3 设位矢 $\boldsymbol{r}=(2t\boldsymbol{i}+3t^2\boldsymbol{j})$ m。求质点在 $t=0$ 时刻(初始时刻)和 $t=1$ s 时刻的速度和在这 1 s 时间内的平均速度。

解 由于 $\boldsymbol{v}=\frac{\mathrm{d}\boldsymbol{r}}{\mathrm{d}t}=2\boldsymbol{i}+6t\boldsymbol{j}$,所以质点在 $t=0$ 时刻和 $t=1$ s 时刻的速度分别为

$$\boldsymbol{v}(0)=2\boldsymbol{i}\ \mathrm{m/s}$$
$$\boldsymbol{v}(1)=(2\boldsymbol{i}+6\boldsymbol{j})\ \mathrm{m/s}$$

按照速度的含义,时间 Δt 之内的平均速度应是 Δt 之内的位移与时间 Δt 之比,即

$$\bar{\boldsymbol{v}}=\frac{\Delta\boldsymbol{r}}{\Delta t} \tag{1-15}$$

$t=0$ 时刻的位矢 $\boldsymbol{r}(0)=0$，即质点位于原点，$t=1\ \mathrm{s}$ 时刻的位矢 $\boldsymbol{r}(1)=(2\boldsymbol{i}+3\boldsymbol{j})\ \mathrm{m}$。所以，从 $t=0$ 到 $t=1\ \mathrm{s}$ 时间内的平均速度为

$$\bar{\boldsymbol{v}}=\frac{2\boldsymbol{i}+3\boldsymbol{j}}{1-0}=(2\boldsymbol{i}+3\boldsymbol{j})\ \mathrm{m/s}$$

4. 加速度矢量

牛顿第二定律已给出加速度的定义，为

$$\boldsymbol{a}=\frac{\mathrm{d}\boldsymbol{v}}{\mathrm{d}t}=\frac{\mathrm{d}^2\boldsymbol{r}}{\mathrm{d}t^2} \tag{1-16}$$

表示质点速度的变化率。如果速度的数值随时间发生变化，或者方向发生变化，或者二者同时都发生变化，都表明速度在变化，质点运动状态在改变，物体一定获得了加速度。加速度为零，说明质点速度是常矢量(大小、方向恒定)；而速度为零的时刻，质点可能具有加速度。加速度的单位为 $\mathrm{m/s^2}$，由 $\boldsymbol{F}=m\boldsymbol{a}$，可以看出力的单位为 $\mathrm{kg\cdot m/s^2}$，即为 N，$1\ \mathrm{N}=1\ \mathrm{kg\cdot m/s^2}$。

由(1-12)速度分量式，加速度可表示为

$$\begin{aligned}\boldsymbol{a}&=\frac{\mathrm{d}\boldsymbol{v}_x}{\mathrm{d}t}+\frac{\mathrm{d}\boldsymbol{v}_y}{\mathrm{d}t}+\frac{\mathrm{d}\boldsymbol{v}_z}{\mathrm{d}t}=a_x\boldsymbol{i}+a_y\boldsymbol{j}+a_z\boldsymbol{k}\\&=\frac{\mathrm{d}}{\mathrm{d}t}\left(\frac{\mathrm{d}x}{\mathrm{d}t}\boldsymbol{i}+\frac{\mathrm{d}y}{\mathrm{d}t}\boldsymbol{j}+\frac{\mathrm{d}z}{\mathrm{d}t}\boldsymbol{k}\right)=\frac{\mathrm{d}^2x}{\mathrm{d}t^2}\boldsymbol{i}+\frac{\mathrm{d}^2y}{\mathrm{d}t^2}\boldsymbol{j}+\frac{\mathrm{d}^2z}{\mathrm{d}t^2}\boldsymbol{k}\end{aligned}$$

这表明：质点的加速度 $\boldsymbol{a}$ 是 3 个坐标轴方向分量的矢量和，其中

$$\begin{cases}a_x=\dfrac{\mathrm{d}v_x}{\mathrm{d}t}=\dfrac{\mathrm{d}^2x}{\mathrm{d}t^2}\\[2ex]a_y=\dfrac{\mathrm{d}v_y}{\mathrm{d}t}=\dfrac{\mathrm{d}^2y}{\mathrm{d}t^2}\\[2ex]a_z=\dfrac{\mathrm{d}v_z}{\mathrm{d}t}=\dfrac{\mathrm{d}^2z}{\mathrm{d}t^2}\end{cases} \tag{1-17}$$

加速度的大小为

$$a=\sqrt{a_x^2+a_y^2+a_z^2} \tag{1-18}$$

例 1.4 求例 1.1 中质点任意时刻的速度和加速度。

解 例 1.1 中已求出质点的位矢，设其单位为 m，有

$$\boldsymbol{r}=(R\cos\omega t\boldsymbol{i}+R\sin\omega t\boldsymbol{j})\ \mathrm{m}$$

匀速率圆周运动中角速度 ω 是常量(角速度的概念请参考 1.2.2 节)，由(1-10)式和(1-16)式，质点任意时刻的速度和加速度分别为

$$\boldsymbol{v}=\frac{\mathrm{d}\boldsymbol{r}}{\mathrm{d}t}=-R\omega\sin\omega t\boldsymbol{i}+R\omega\cos\omega t\boldsymbol{j}=R\omega(-\sin\omega t\boldsymbol{i}+\cos\omega t\boldsymbol{j})\ \mathrm{m/s}$$

$$\boldsymbol{a}=\frac{\mathrm{d}\boldsymbol{v}}{\mathrm{d}t}=R\omega^2(-\cos\omega t\boldsymbol{i}-\sin\omega t\boldsymbol{j})=-\omega^2(R\cos\omega t\boldsymbol{i}+R\sin\omega t\boldsymbol{j})=-\omega^2\boldsymbol{r}\ \mathrm{m/s^2}$$

注意 $\boldsymbol{r}$ 和 $\boldsymbol{a}$，有 $\boldsymbol{a}=-\omega^2\boldsymbol{r}$，负号表明质点加速度的方向总和位矢的方向相反，即匀速率圆周运动的加速度方向始终沿半径指向圆心，所以常把它称为向心加速度。匀速率圆周运动中位矢、速度、加速度的方向总是变化，但它们的大小不变，有

$$r=|\boldsymbol{r}|=R\sqrt{\cos^2\omega t+\sin^2\omega t}=R$$

$$v=|\boldsymbol{v}|=R\omega\sqrt{\cos^2\omega t+\sin^2\omega t}=R\omega \tag{1-19}$$

$$a=|\boldsymbol{a}|=|-\omega^2\boldsymbol{r}|=R\omega^2 \tag{1-20}$$

(1-19)式和(1-20)式是匀速率圆周运动中以角速度 ω 对速度、向心加速度的表示式。角速度 ω 的单位是 $\mathrm{rad\cdot s^{-1}}$ 或 $\mathrm{s^{-1}}$。

例 1.5 静止在坐标原点的质点，如果获得一加速度 $\boldsymbol{a}=(2\boldsymbol{i}+3\boldsymbol{j})\ \mathrm{m/s^2}$，求此质点获得加速度后的运动状态。

解 求运动状态，就是表示出质点的位矢和速度。由于加速度无 z 轴分量，静止在坐标原点的质点运动一定是 xOy 平面的平面运动。由题意，获得加速度的时刻作为初始时刻，有 $\boldsymbol{r}(0)=0$，即 $x(0)=0$，$y(0)=0$；静止意味着 $\boldsymbol{v}(0)=0$，即 $v_x(0)=0$，$v_y(0)=0$。这些都是初始条件。按 $\boldsymbol{a}=(2\boldsymbol{i}+3\boldsymbol{j})\ \mathrm{m/s^2}$，有

$$a_x=\frac{\mathrm{d}v_x}{\mathrm{d}t}=2\ \mathrm{m/s^2}$$

$$a_y=\frac{\mathrm{d}v_y}{\mathrm{d}t}=3\ \mathrm{m/s^2}$$

有 $\mathrm{d}v_x=a_x\mathrm{d}t$，$\mathrm{d}v_y=a_y\mathrm{d}t$，对它们两边积分，有

$$v_x=\int_0^t a_x\mathrm{d}t=\int_0^t 2\mathrm{d}t=2t\ \mathrm{m/s}$$

$$v_y=\int_0^t a_y\mathrm{d}t=\int_0^t 3\mathrm{d}t=3t\ \mathrm{m/s}$$

因为 $v_x=\dfrac{\mathrm{d}x}{\mathrm{d}t}$，$v_y=\dfrac{\mathrm{d}y}{\mathrm{d}t}$，所以

$$\mathrm{d}x=v_x\mathrm{d}t=2t\,\mathrm{d}t$$

$$\mathrm{d}y=v_y\mathrm{d}t=3t\,\mathrm{d}t$$

对它们两边积分，得

$$x=\int_0^t v_x\mathrm{d}t=\int_0^t 2t\,\mathrm{d}t=t^2\ \mathrm{m}$$

$$y=\int_0^t v_y\mathrm{d}t=\int_0^t 3t\,\mathrm{d}t=3t^2/2\ \mathrm{m}$$

分别得到位矢和速度的分量式。两个位矢分量式中消去 t，质点的轨迹

$$y=\frac{3}{2}x$$

是一直线。静止质点获得加速度后的运动是匀加速直线运动。位矢和速度的矢量表达式分别为

$$\boldsymbol{v}=(2t\boldsymbol{i}+3t\boldsymbol{j})\ \mathrm{m/s}$$

$$\boldsymbol{r}=\left(t^2\boldsymbol{i}+\frac{3t^2}{2}\boldsymbol{j}\right)\ \mathrm{m}$$

由此看出，如果已知质点的加速度 $\boldsymbol{a}$、初始速度 $\boldsymbol{v}_0$ 和初始位矢 $\boldsymbol{r}_0$，因 $\mathrm{d}\boldsymbol{v}=\boldsymbol{a}\mathrm{d}t$，积分可得质点的速度 $\boldsymbol{v}=\boldsymbol{v}_0+\int_{t_0}^t\boldsymbol{a}\mathrm{d}t$，再积分得到质点的位矢 $\boldsymbol{r}=\boldsymbol{r}_0+\int_{t_0}^t\boldsymbol{v}\mathrm{d}t$。

1.2.2 圆周运动中的切向加速度和法向加速度

加速度是速度的变化率，速度是矢量，既有大小又有方向，加速度就是表示速度大小和

方向两个因素的变化率。速度的方向是轨道切线向前的方向，设轨道的切线向前方向的单位矢量(速度的单位矢量)为$\boldsymbol{\tau}$(或$\boldsymbol{e}_t$)，速度可写为

$$\boldsymbol{v}=v\boldsymbol{\tau} \tag{1-21}$$

加速度就是

$$\boldsymbol{a}=\frac{\mathrm{d}\boldsymbol{v}}{\mathrm{d}t}=\frac{\mathrm{d}(v\boldsymbol{\tau})}{\mathrm{d}t}=\frac{\mathrm{d}v}{\mathrm{d}t}\boldsymbol{\tau}+v\frac{\mathrm{d}\boldsymbol{\tau}}{\mathrm{d}t} \tag{1-22}$$

加速度$\boldsymbol{a}$等于两个分矢量的合成。

(1-22)式中第一个分量$\frac{\mathrm{d}v}{\mathrm{d}t}\boldsymbol{\tau}$的方向为$\boldsymbol{\tau}$，大小为$\frac{\mathrm{d}v}{\mathrm{d}t}$。$\frac{\mathrm{d}v}{\mathrm{d}t}$是速率变化率，故此分矢量在加速度中表示着速度大小的变化率，称为切向加速度$\boldsymbol{a}_t$。匀速率圆周运动中$\boldsymbol{a}_t=0$，非匀速率圆周运动中$\boldsymbol{a}_t\neq 0$。(1-22)式中第二个分量$v\frac{\mathrm{d}\boldsymbol{\tau}}{\mathrm{d}t}$，$\boldsymbol{\tau}$是速度的单位矢量，所以$v\frac{\mathrm{d}\boldsymbol{\tau}}{\mathrm{d}t}$表示速度方向的变化率，方向为$\mathrm{d}\boldsymbol{\tau}$的方向，即$\Delta t\to 0$时$\Delta\boldsymbol{\tau}$的极限方向。在圆周运动中，如图 1-8(c)所示，单位矢量$\boldsymbol{\tau}(t)$，$\boldsymbol{\tau}(t+\Delta t)$和$\Delta\boldsymbol{\tau}$组成了等腰三角形，当$\Delta t\to 0$时$\Delta\theta\to 0$，$\Delta\boldsymbol{\tau}$和$\boldsymbol{\tau}(t)$的夹角趋于直角，$\mathrm{d}\boldsymbol{\tau}$的方向与$\boldsymbol{\tau}(t)$垂直，即与$\boldsymbol{v}(t)$垂直指向圆心，是$t$时刻轨道曲线的法向，因此把$v\frac{\mathrm{d}\boldsymbol{\tau}}{\mathrm{d}t}$称为法向加速度$\boldsymbol{a}_n$。如果用$\boldsymbol{n}$(或用$\boldsymbol{e}_n$)表示指向圆心的法向单位矢量，$\mathrm{d}\boldsymbol{\tau}$可表示为$\mathrm{d}\boldsymbol{\tau}=|\mathrm{d}\boldsymbol{\tau}|\boldsymbol{n}=\mathrm{d}\tau\boldsymbol{n}$。加速度可写为

$$\boldsymbol{a}=\boldsymbol{a}_t+\boldsymbol{a}_n=a_t\boldsymbol{\tau}+a_n\boldsymbol{n} \tag{1-23}$$

加速度大小可表示为

$$a=\sqrt{a_t^2+a_n^2} \tag{1-24}$$

图 1-8(b)中，Δt时间内的质点路程是Δs，$\Delta s=R\Delta\theta$，当$\Delta t\to 0$时，有$\mathrm{d}s=R\mathrm{d}\theta$。因为$v=\frac{\mathrm{d}s}{\mathrm{d}t}$，对于圆周运动(匀速或非匀速)有

$$v=\frac{\mathrm{d}s}{\mathrm{d}t}=R\frac{\mathrm{d}\theta}{\mathrm{d}t}=R\omega \tag{1-25}$$

式中，$\omega=\frac{\mathrm{d}\theta}{\mathrm{d}t}$就是角速度，表示圆周运动的快慢。因为$a_t=\frac{\mathrm{d}v}{\mathrm{d}t}$，对于圆周运动有

$$a_t=\frac{\mathrm{d}v}{\mathrm{d}t}=R\frac{\mathrm{d}\omega}{\mathrm{d}t}=R\alpha \tag{1-26}$$

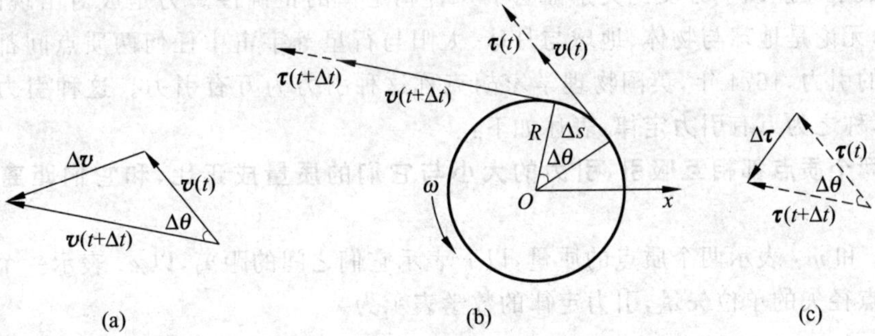

图 1-8 圆周运动的法向加速度

式中,$\alpha=\frac{d\omega}{dt}$,叫作角加速度,单位为 rad·$s^{-2}$ 或 s^{-2}。由图 1-8(c)知,当 $\Delta t\to 0$ 时,$d\tau=d\theta\cdot 1$,法向加速度大小 $a_n=\left|v\frac{d\boldsymbol{\tau}}{dt}\right|=v\frac{|d\boldsymbol{\tau}|}{dt}=v\frac{d\theta}{dt}=v\omega$,利用(1-25)式有

$$a_n=\frac{v^2}{R}=R\omega^2 \tag{1-27}$$

要说明的是,质点圆周运动中的角速度也是矢量,大小以质点绕转轴(通过圆心垂直圆平面的直线)转动时转角 θ 的变化率 $\omega=\frac{d\theta}{dt}$ 确定,方向以右手螺旋定则判定:伸开右手让拇指和四指垂直,然后让四指顺着转动方向进行弯曲,这时拇指沿轴线的指向就是角速度的方向。如图 1-8(b)中角速度的方向是垂直纸面指向读者,以"⊙"表示。如果图 1-8(b)中质点的转动是顺时针方向,使四指沿顺时针方向弯曲,此时拇指沿轴线的指向是垂直纸面指向纸里,以"⊗"表示。不过要注意的是,我们经常说的"角速度 ω"指的是角速率。相对角速度、角加速度(角量)而言,质点的速度、加速度又分别称为线速度、线加速度(线量)。

1.3 牛顿力学中的几种常见力

自然界中存在四种基本力,它们是引力、存在于运动电荷之间的电磁力、微观粒子间相互作用的强力和弱力。其他的力(重力、摩擦力、弹性力、黏性力、分子力等)都是这四种基本力的不同表现。

1.3.1 万有引力

1.3.1.1 万有引力定律与重力

用手向空中抛出任一物体,按照惯性定律,物体应沿抛出方向走直线,但是它最终却还会落到地面上。这说明地球对地面物体都有一种吸引力。平抛物体的抛速越大,落地时就离起点越远,惯性和地球吸引力使它在空中划出一条曲线。地球吸引力也应作用于月球,但月球的不落地,牛顿认为,这只不过是月球下落运动曲线的弯曲度正好与地球表面的弯曲程度相同。这样牛顿就把地球对地面物体的吸引力和地球对月球的吸引力统一起来了。牛顿证明了均匀球体吸引球外每个物体的引力都与球的质量成正比,与它们质量中心(球体的球心)距离的平方成反比。牛顿认为这种引力也作用在太阳和行星、行星与行星之间,并用自己独特的数学才能以平方反比关系证明了开普勒定律的正确性。力是成对出现的,其作用是相互的,无论是地球与物体、地球与月球、太阳与行星等宇宙中任何两质点间都具有这种相同性质的引力,1674 年,英国物理学家胡克称这种引力为万有引力。这种引力的规律由牛顿发现,称之为万有引力定律,表述如下:

任何两个质点都相互吸引,引力的大小与它们的质量成正比,和它们距离的平方成反比。

用 m_1 和 m_2 表示两个质点的质量,以 r 表示它们之间的距离,以 $\boldsymbol{e}_r$ 表示一个质点相对另一个质点径矢的单位矢量,引力定律的数学表示为

$$\boldsymbol{f}=-G\frac{m_1m_2}{r^2}\boldsymbol{e}_r \tag{1-28}$$

式中，G 是一个比例系数，叫引力常量，是一个与物质无关的普适常量，国际单位制(SI)中，它的值为

$$G=6.67\times10^{-11}\ \mathrm{N\cdot m^2\cdot kg^{-2}}$$

图 1-9 显示了两质点间的万有引力。

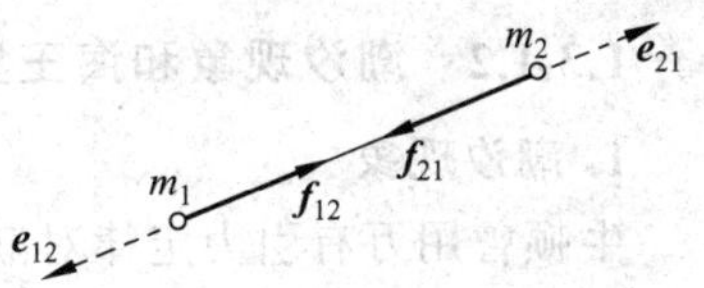

图 1-9　万有引力

1. 引力质量

(1-28)式中的质量反映了质点间的引力性质，是相互吸引作用的量度，因此又叫引力质量，它和反映物体抵抗运动变化性质的惯性质量意义不同。实验证明，同一物体的这两个质量是相等的，可以说它们是物体同一质量的两种表现，所以也就不必加以区分了。

2. 引力场和引力场强矢量

20 世纪爱因斯坦在引力理论中明确指出：任何物体周围都存在着引力场，处在引力场中的物体都将受到引力作用。比如，地面上的一个物体受到指向地心的地球引力场的引力，而且在地面上的不同高度，物体受到地球引力场的作用也不相同。同时，此物体也受到地面上其他物体以及其他星球的引力场的作用，只是其他引力场产生的引力比起地球的作用要小很多。为了表示不同引力场对物体作用的强弱，以及为了比较同一引力场中空间各点产生的作用的不同，引入引力场强物理量。图 1-9 中，定义质量为 m_1 的质点周围空间某一点的引力场强 $\boldsymbol{g}$ 为：当把另一质点 m_2 放在此处时，受到的引力 $\boldsymbol{f}_{21}$ 与 m_2 之比，即单位质量的质点所受到的引力，有

$$\boldsymbol{g}=\left(-G\frac{m_1m_2}{r^2}\boldsymbol{e}_{21}\right)\Big/m_2=-G\frac{m_1}{r^2}\boldsymbol{e}_{21}\tag{1-29}$$

其单位为 $\mathrm{N\cdot kg^{-1}}$，方向如图 1-9 所示。m_1 称为场源质量。

忽略地球自转，物体所受的重力就等于地球引力场的引力，所以地球的引力场又叫重力场。用 M 表示地球的质量，且把地球看成质量均匀分布的半径为 R 的球体，球对称分布的质量 M 产生球对称分布的地球引力场，即地面处的引力场强大小处处相等，方向都指向球心。在小范围内我们常说，重力方向垂直向下。地面重力场场强为

$$\boldsymbol{g}=-G\frac{M}{R^2}\boldsymbol{e}_R\tag{1-30}$$

表示质量 1 kg 的地面物体在重力场中受到的重力。质量为 m（单位：kg)的地面物体受到的重力为

$$\boldsymbol{F}=m\boldsymbol{g}\tag{1-31}$$

所以 $\boldsymbol{g}$ 也是地面物体在重力作用下产生的重力加速度。把 $M=5.98\times10^{24}$ kg，$R=6.37\times10^6$ m，$G=6.67\times10^{-11}\ \mathrm{N\cdot m^2\cdot kg^{-2}}$ 代入(1-31)式，得重力加速度大小 $g=9.82\ \mathrm{m\cdot s^{-2}}$，使用中常取 $g=9.8\ \mathrm{m\cdot s^{-2}}$。

例 1.6　月球的半径 $r\approx1.74\times10^6$ m，其质量 $M\approx7.35\times10^{22}$ kg，求月球表面处月球引力场场强的大小。

解　把 G,r,M 数据代入(1-29)式中，得

$$g=G\frac{M}{r^2}=6.67\times10^{-11}\times\frac{7.35\times10^{22}}{(1.74\times10^6)^2}\ \mathrm{m\cdot s^{-2}}=1.62\ \mathrm{m\cdot s^{-2}}$$

近似等于地球表面重力场强大小的 1/6。

1.3.1.2 潮汐现象和海王星的发现

1. 潮汐现象

牛顿曾用万有引力定律对潮汐现象作出了说明。潮汐是海水的周期性涨落现象。“昼涨称潮,夜涨称夕”,平均 24 小时 50 分钟海水两涨两落,是海水受太阳和月亮的引力造成的。月亮与地球中心的距离差不多是地球半径 R 的 60 倍,在地球表面的海水离月球近的一侧的距离是 $59R$,远的一侧是 $61R$。根据万有引力定律,离月球近的一侧海水指向月球的加速度大于地球的加速度,其效应是水相对地球被加速而离开地球;而远离月球的地球表面另一侧的海水,它指向月球的加速度小于地球的加速度,其效应是地球被加速离开水。所以,海水的大潮发生在面对月亮和远离月亮的地球两侧。太阳对地球的引力约是月球引力的 175 倍,太阳与地球中心的距离约为地球半径的 2.34×10^4 倍,由于差一个 R 的距离引起的对涨潮的引力差效果和月亮相比要小得多,所以潮汐现象主要是月球对地球和海水的引力差效应。阴历的初一和十五(新月和满月)时,太阳、月球分别处于同一条直线上地球的两侧和同一侧,它们的引力差效应相互加强,所以每月出现两次大潮;初八(上弦月)和二十三(下弦月),太阳、月球对地球的方位垂直,它们的引力差效应存在部分相左,因此形成了每月出现的两次小潮。由于月球引力差效应,围绕地球的海平面在任何时刻总是存在两个潮水突起部。假设月球不动,对于地面某确定点来说,因地球自转相继两次涨潮相隔的理论时间应是 12 小时。月球是运动的,潮水突起部也会随着月球的运动而前移,实际地面某确定点相继潮汐的时间间隔是 12 小时 25 分钟。

2. 海王星的发现

1781 年英国的赫歇耳(F.W.Herschel,1738—1822)通过观察发现了太阳系的行星天王星之后,以万有引力为基础而建立的引力理论已经对木星、土星等行星的运行轨道及行星间相互作用引起的行星偏离椭圆轨道的“出轨”现象作出了很好的解释,但唯独天王星的引力理论计算和观测数据有一系列的偏差。所以,天文学者想到天王星未必是太阳系的最后边界,天王星之外可能存在一个未知行星。1846 年,法国的年轻人勒维耶(J.Leverrier,1811—1877)完成了根据天王星运行轨道的观测数据用引力理论计算寻找这颗未知行星的“质量、轨道和现在的位置”这项十分艰苦和复杂的工作。当年 9 月 18 日,他写信给德国柏林天文台的天文观测家伽勒(J.G.Galle,1812—1910),请求用优良望远镜指向天空的某一位置,帮助寻找新行星。9 月 23 日伽勒收到信的当晚,在不到 30 分钟的时间内,于勒维耶信中指定位置找到了太阳系的第 8 颗行星。这“笔尖上的发现”不但宣告引力理论的辉煌胜利,并且是理论指导实践的一个精彩例证。

1.3.2 弹性力

当两物体相互接触挤压时,它们要发生形变。发生形变的物体,由于要恢复原状,就要对接触物体产生力的作用,这种性质的力叫弹性力。弹性力的形式多种多样,常见的有三种:正压力(支撑力)、弹簧的弹力和绳索对物体的拉力。

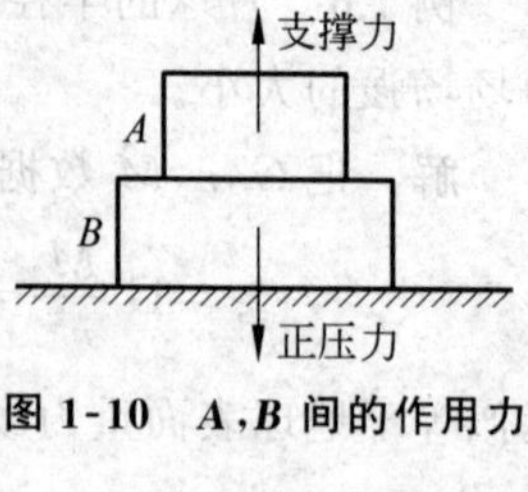

图 1-10 A,B 间的作用力

如图 1-10 所示,在 A,B 接触面上,存在着 A 作用在 B 上的正压力,同时存在着 B 作用在 A 上的反作用力——支撑力。它们垂直于接触面。

如图 1-11 所示，绳索和重物相接触，在接触处绳索给重物一向上的拉力，作用在重物上。同时重物给绳索一向下大小相等的拉力，作用在绳索的端点。又如图 1-12 所示，当一重物挂在竖直弹簧上时，重物向下拉弹簧，作用于弹簧。弹簧被拉伸而形变，弹簧要恢复原长而对重物产生向上的弹力，作用于重物。弹簧作用于重物的向上的弹力遵守胡克定律，有

$$f=-ky \tag{1-32}$$

k 叫弹簧的劲度系数（也称弹性系数），单位是 N/m。y 是弹簧的伸长量，负号表示弹簧总要恢复原长。

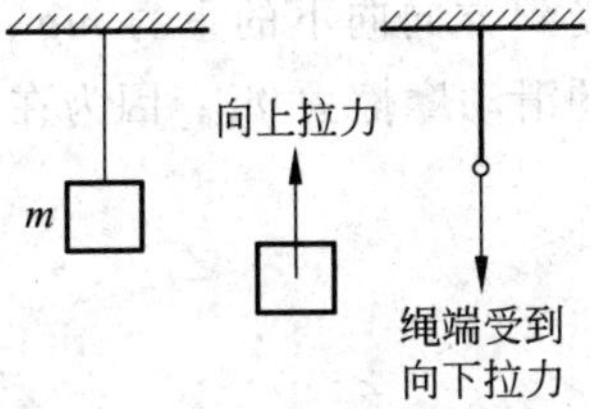

图 1-11 绳索和物体间的相互作用

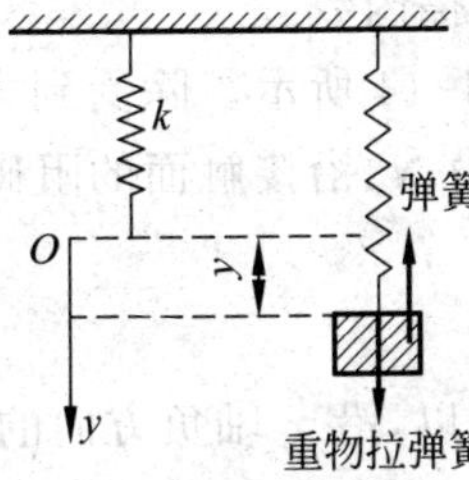

图 1-12 弹力

例 1.7 在蒸汽机发展早期以及现在许多机器还在使用的机械调速器原理如图 1-13(a)所示，随着两球体 m 的转速不同，θ 发生变化，球体高度升高或降低。当转速超过一定限制时，此装置可以使动力阀门关闭；当转速过低时，使动力阀门打开，达到调速的作用。当球体的转速为 ω 时，求杆臂 l 与铅直方向的夹角 θ。设 l 已知。

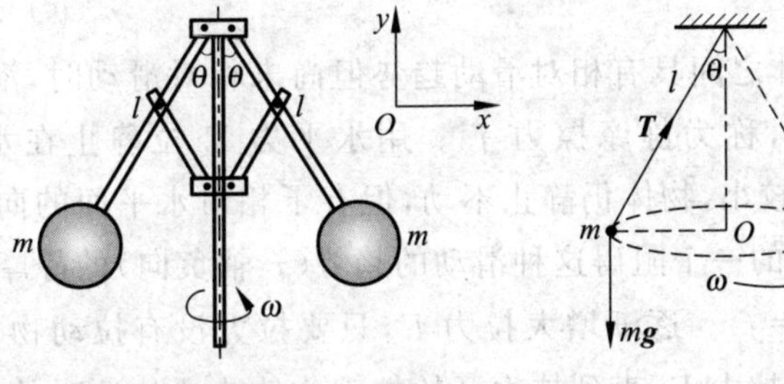

图 1-13 例 1.7 用图

解 球体 m 的运动就是一圆周摆的运动，如图 1-13(b)所示。球体 m 在水平面内作角速率为 ω 的匀速率圆周运动。质点 m 受到重力和 l 的拉力 T，按牛顿第二定律的分量形式，有

$$x\text{ 轴方向：}T\sin\theta=ma_n=ml\sin\theta\omega^2$$

$$y\text{ 轴方向：}T\cos\theta-mg=0$$

可得 $T=ml\omega^2$，$T\cos\theta=mg$，因此有 $\cos\theta=\frac{g}{l\omega^2}$，即

$$\theta=\arccos\frac{g}{l\omega^2}$$

1.3.3 摩擦力

当相互接触的两物体之间具有相对滑动时,沿接触面就会产生阻碍相对滑动的力,称为滑动摩擦力 f_k。实验证明,当相对滑动的速度不是太大或太小时,滑动摩擦力的大小 f_k 与垂直接触面的正压力(支撑力)成正比,而与相对滑动的速度无关,有

$$f_k = \mu_k N \tag{1-33}$$

μ_k 为滑动摩擦因数,与形成接触面的两物体的材料和表面状态有关。

例 1.8 在水平力 $\boldsymbol{F}$ 作用下,一质量为 m 的物体在地面上滑动,试分析物体 m 的受力。设 μ_k 为滑动摩擦因数。

解 如图 1-14 所示。除受到力 $\boldsymbol{F}$ 作用外,物体还受到方向向下的重力 $m\boldsymbol{g}$、垂直接触面向上的支撑力 $\boldsymbol{N}$、沿接触面的阻碍物体相对地面滑动的滑动摩擦力 $\boldsymbol{f}_k$。因为在 y 轴方向受力平衡,有

$$N - mg = 0$$

得 $N = mg$。所以,沿 x 轴负方向的滑动摩擦力 $\boldsymbol{f}_k$ 为

$$f_k = \mu_k N = \mu_k mg$$

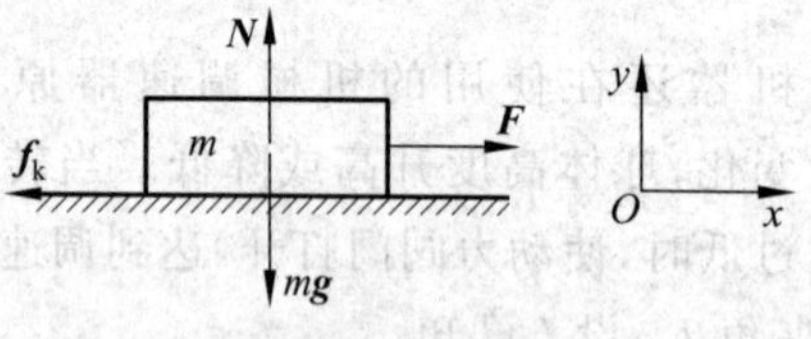

图 1-14 滑动摩擦

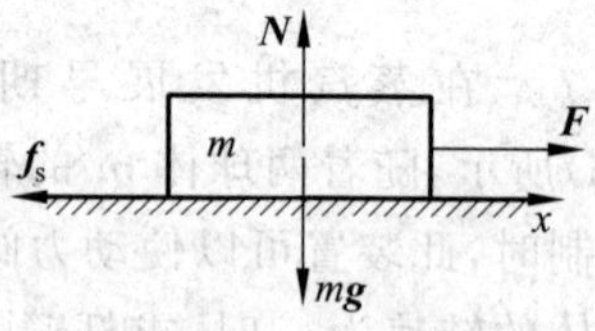

图 1-15 静摩擦

当相互接触的两物体之间具有相对滑动趋势但尚未相对滑动时,沿接触面会产生阻碍相对滑动趋势的作用力,称为静摩擦力 $\boldsymbol{f}_s$。用水平力 $\boldsymbol{F}$ 拉静止在水平面上物体 m,如图 1-15 所示,若拉力 $\boldsymbol{F}$ 较小,物体仍静止不动,但有了相对水平面的向 x 轴正向滑动的趋势,于是受到水平面给予的一个阻碍这种滑动的趋势(x 轴负向)的静摩擦力 $\boldsymbol{f}_s$。由牛顿第二定律知,$F - f_s = 0, F = f_s$。逐渐增大拉力 F,只要拉力没有拉动物体,物体受到的反向静摩擦力 f_s 就永远等于拉力 F,直到拉力开始拉动物体为止。这时的静摩擦力 f_s 叫作最大静摩擦力 $f_{s\max}$。实验证明,最大静摩擦力 $f_{s\max}$ 与相接触的两个物体之间的正压力 N(支撑力)成正比,即

$$f_{s\max} = \mu_s N \tag{1-34}$$

μ_s 叫静摩擦因数,它也取决于形成接触面的两物体的材料和表面状态,且总是大于滑动摩擦因数 μ_k。表 1-1 给出了一些情况下 μ_s 和 μ_k 的粗略数值。(1-34)式称为库仑摩擦定律。

表 1-1 一些典型情况下的摩擦因数

接触面材料	μ_k	μ_s
钢—钢(干净表面)	0.6	0.7
钢—钢(加润滑剂)	0.05	0.09
铜—钢	0.4	0.5
铜—铸铁	0.3	1.0

续表

接触面材料	μ_k	μ_s
玻璃—玻璃	0.4	0.9～1.0
橡胶—水泥路面	0.8	1.0
涂蜡木滑雪板—干雪面	0.04	0.04

除了以上提到的牛顿力学中常见的几种力外，日常生活中还会遇到水滴趋于球形而呈现的液体表面张力，顶风骑自行车遇到的空气阻力，浸在流体（气体和液体）中物体受到的浮力等。

例 1.9　光滑的水平面上放有 A，B 两物体，如图 1-16(a) 所示。A，B 两物体的质量分别为 m_1 和 m_2，在如图所示的沿 x 轴方向的水平力 $\boldsymbol{F}$ 作用下，它们一起运动，求 A，B 物体间的摩擦力。

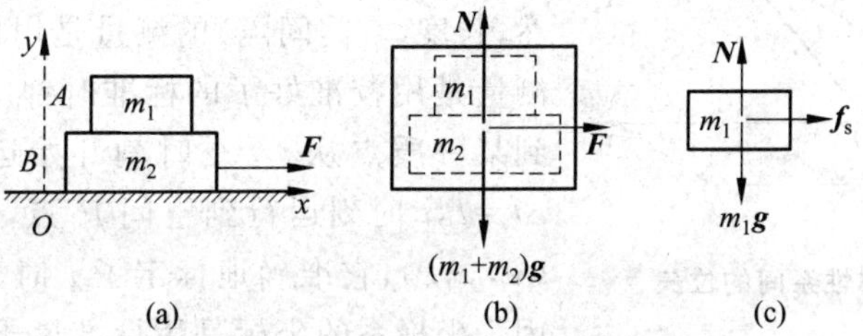

图 1-16　例 1.9 用图

解　由于 A，B 两物体一起运动，可以把它们看成一个质量为 (m_1+m_2) 的整体，即一个质点。此整体受力分析如图 1-16(b)所示：物体受到重力 $(m_1+m_2)\boldsymbol{g}$、支撑力 $\boldsymbol{N}$ 和水平拉力 $\boldsymbol{F}$。根据牛顿第二定律，有

$$y\text{ 轴方向：}N-(m_1+m_2)g=0$$

$$x\text{ 轴方向：}F=(m_1+m_2)a$$

由以上两式可得到它们共同水平方向运动的加速度 a，有

$$a=\frac{F}{m_1+m_2}$$

由于 m_1 相对于 m_2 具有向后的滑动趋势，m_1 就受到一个 m_2 给予的向前的静摩擦力 $\boldsymbol{f}_s$，图 1-16(c)是它的受力图。m_1 所具有的水平方向的加速度 a 就是因为有 $\boldsymbol{f}_s$ 的作用。所以，静摩擦力为

$$f_s=m_1a=\frac{m_1}{m_1+m_2}F$$

这就是两物体之间沿接触面相互给予的静摩擦力。m_2 受到的静摩擦力方向沿 x 轴的负向。

1.4　不同参考系中力学量之间的关系

运动是相对的，定量观测一个质点的运动就一定需要参考系。参考系分惯性系和非惯性系两类。牛顿三定律适用于惯性系，所以在观测质点运动时，当然优先选取惯性系。对力

学量(如位置、速度、动量等)的观测,不同的惯性系也会得到不同的结果,如果知道这些不同结果之间的关系,会给我们带来很大的方便。比如在处理实际问题时,我们本想得到质点 A 在惯性系 B 中的运动情况,如果能在惯性系 C 中非常简单地得到质点 A 的运动情况,又知道 B 和 C 中力学量之间的应有关系,通过这种应有关系(变换)就知道了 B 中 A 相应的结果。

1.4.1 惯性系之间力学量的关系

设两个惯性系分别以直角坐标系 $S(O,x,y,z)$,$S'(O',x',y',z')$表示,如图 1-17 所示。二者坐标轴分别平行,且 x,x'轴重合在一起。S'以速度$\boldsymbol{u}=u\boldsymbol{i}$ 相对 S 沿 x 轴正向匀速直线运动,且设起始时刻 $t=t'=0$,它们原点重合。在参考系中观测质点运动,就是观测质点位置随时间的变化,实际上是对空间和时间的测量记录问题。当然,长度(空间间隔)的测量是用标准的尺子,时间的测量是用校准好了的标准时钟。比如,在 S 中观测到某一质点从 $t=0$ 时刻开始运动,经过一段时间 $\Delta t=t$,t 时刻运行到空间 P 点,P 点的空间坐标为(x,y,z),它准确地标定了 t 时刻质点的空间位置,因为坐标系的坐标是用标准尺子标定好了的。S 中的时空记录(又称为时空坐标)可写为(x,y,z,t)。如果 S 中的 $t=0$ 时刻也是 S'中的起始时刻,当这个质点运动到空间 P 点时,S'中的时空记录可写为(x',y',z',t'),表示经过 $\Delta t'=t'$,质点在 t'时刻运动到了空间点(x',y',z')。当然,S'坐标系中的坐标也是用同样的标准尺子所标定,时间记录也是使用校准好了的同样的标准时钟。

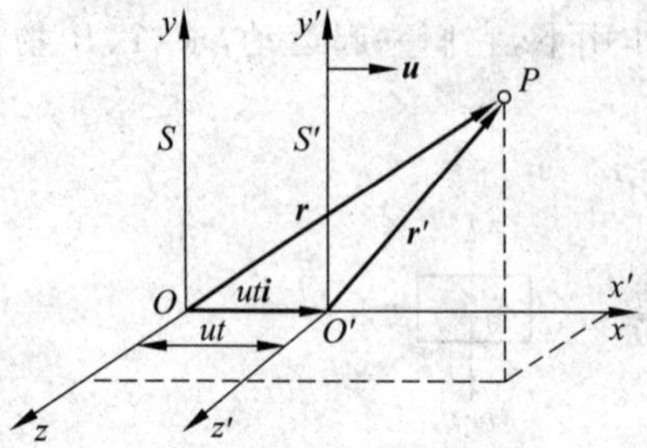

图 1-17 两个惯性系间的位矢

运动是相对的,不同惯性系对同一质点的运动测量结果可能是不一样的,比如质点的位置、速度、动量、能量等。但是,在牛顿力学中,公认质点的质量是绝对量,即质量的测量与参考系无关,有 $m=m'$。如果一个质点在 S'中静止,m'就是质点静止时的质量;在 S 中质点是以速度 $\boldsymbol{u}=u\boldsymbol{i}$ 运动的质点,m 就是它的运动时的质量,$m=m'$表明质点质量与质点运动速度无关。还有,在牛顿力学中,也公认时间量度的绝对性,即时间的测量也与参考系无关,有 $\Delta t=\Delta t'$。

1. 惯性系间位置矢量的关系——伽利略坐标变换

如图 1-17 所示,S 中 t 时刻(S'中对应的是 t'时刻)质点运动到空间 P 点,在两个坐标系中的坐标分别为(x,y,z)和(x',y',z')。S 中质点的位置矢量为 $\boldsymbol{r}$,S'中的位置矢量为 $\boldsymbol{r}'$,S'的原点 O'相对 O 的位置矢量为 $ut\boldsymbol{i}$,三个矢量的关系为

$$\boldsymbol{r}=\boldsymbol{r}'+ut\boldsymbol{i} \tag{1-35}$$

这就是两个惯性系的位置矢量关系式。由(1-8)式和矢量性质,(1-35)式的坐标分量形式为 $x=x'+ut$,$y=y'$,$z=z'$,它们表示了两惯性系间坐标的变换关系。如果再放入$t=t'$,它们就被称为伽利略坐标变换式。即

$$\begin{cases}x=x'+ut\\y=y'\\z=z'\\t=t'\end{cases}$$

或

$$\begin{cases}x'=x-ut\\y'=y\\z'=z\\t'=t\end{cases}\tag{1-36}$$

例 1.10　在相对地面速率为 u 的直线行驶的火车车厢中，沿行驶方向静止放有一长度为 l' 的细棒。求地面上的人测得的细棒长度 l 是多少？

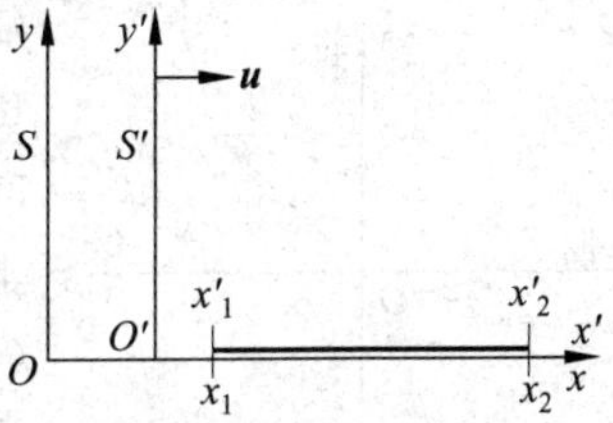

图 1-18　运动细棒的长度

解　设火车为 S' 系，行驶方向为 x' 轴正方向；地面为惯性系 S，建立地面坐标系的轴向与 S' 系轴向分别平行，即有 x 轴正向也是火车行驶的方向，如图 1-18 所示。S' 中的棒长 l'，数学上就是 S' 坐标系中细棒的两个端点坐标之差，即

$$l'=x'_2-x'_1$$

x'_1 是 t'_1 时刻所记录的细棒一端点的坐标，此端点的时空记录写为 (x'_1, t'_1)；另一端的时空记录为 (x'_2, t'_2)。同样地，在地面惯性系 S 中，细棒的长度也是用细棒的两个端点坐标之差来计算，即

$$l=x_2-x_1$$

不过在 S 中，细棒是一个沿着自己长度方向以 $\boldsymbol{u}=u\boldsymbol{i}$ 运动的物体，端点坐标 x_1, x_2 须同时测定，否则 $l=x_2-x_1$ 就不是 S 中细棒的长度。设在 t 时刻，同时测定了细棒两个端点的坐标 x_1, x_2，时空坐标分别为 (x_1, t) 和 (x_2, t)。由(1-36)式即伽利略坐标变换式，有

$$l'=x'_2-x'_1=(x_2-ut)-(x_1-ut)=x_2-x_1=l\tag{1-37}$$

(1-37)式表明两个惯性系对棒长的测定是一样的，说明物体的长度测量与参考系无关，也是一个绝对量。

时间的测量与参考系无关，物体的长度的空间测量也与参考系无关，这就是绝对时空概念。牛顿定律就是以绝对时空观来观测世界的，是牛顿力学的哲学基础，是牛顿运动定律成立的前提。

2. 惯性系间速度矢量的关系——伽利略速度变换

对于图 1-18 中的 S' 和 S，将(1-35)式两边对时间求导，因为时间间隔 $\mathrm{d}t=\mathrm{d}t'$，$\boldsymbol{i}$ 是常矢量，所以有

$$\frac{\mathrm{d}\boldsymbol{r}}{\mathrm{d}t}=\frac{\mathrm{d}\boldsymbol{r}'}{\mathrm{d}t'}+u\boldsymbol{i}\tag{1-38}$$

根据各参考系中的速度定义，有

$$\boldsymbol{v}=\boldsymbol{v}'+u\boldsymbol{i}=\boldsymbol{v}'+\boldsymbol{u}\tag{1-39}$$

它就是 S' 和 S 系中分别测得的速度矢量关系式，称为伽利略速度矢量变换。$\boldsymbol{u}$ 是 S' 相对于 S 系沿 x 轴正向运动的速度。按照矢量性质或对(1-36)式求时间的导数，都可得伽利略速度变换分量形式，有

$$\begin{cases} v_x = v'_x + u \\ v_y = v'_y \\ v_z = v'_z \end{cases}$$

或

$$\begin{cases} v'_x = v_x - u \\ v'_y = v_y \\ v'_z = v_z \end{cases} \tag{1-40}$$

例 1.11 当船工测得船正向东以 3 m/s 的速率相对河岸匀速前进时，船工感觉风从正南方而来，且测得风的速率也是 3 m/s。那船工认为气象站应广播的风向如何？

解 首先把船工的正东向定为 x' 轴的正向，把正北向定为 y' 轴的正向，这样在船上就建立了一个直角坐标系 $S'(O',x',y')$。同样，船工想象河岸上也存在一个能表明地面风向的直角坐标系 $S(O,x,y)$，x 轴的正向也是正东的方向，y 轴的正向也是正北。这样除了两坐标系的坐标轴分别平行外，在河岸上还观测到船正沿着 x 轴的正向(东)运动。于是，根据(1-39)式的伽利略速度矢量变换，就得到了风相对于河岸的速度，应为

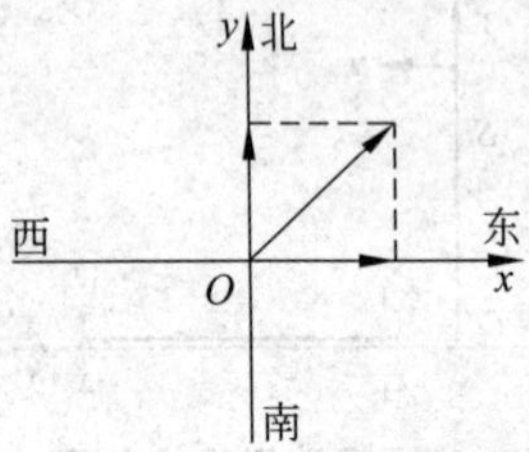

图 1-19 地面风速

$$\boldsymbol{v} = \boldsymbol{v}' + \boldsymbol{u} = (3\boldsymbol{j} + 3\boldsymbol{i})\ \text{m/s} = (3\boldsymbol{i} + 3\boldsymbol{j})\ \text{m/s}$$

由于风相对河岸的速度的两个分量(向东和向北)大小相等，风的速度矢量在地面参考系中指向东北方向，气象员广播为西南风，如图 1-19 所示。风速大小为

$$v = \sqrt{3^2 + 3^2}\ \text{m/s} = 3\sqrt{2}\ \text{m/s} \approx 4.2\ \text{m/s}$$

3. 惯性系间加速度矢量的关系——伽利略相对性原理

对(1-39)式 $\boldsymbol{v} = \boldsymbol{v}' + \boldsymbol{u}$ 求时间的导数，因为 $\boldsymbol{u}$ 的大小与方向都不随时间改变，且认为时间是绝对量，得 $\dfrac{\mathrm{d}\boldsymbol{v}}{\mathrm{d}t} = \dfrac{\mathrm{d}\boldsymbol{v}'}{\mathrm{d}t'}$，即两个惯性系之间的加速度矢量的关系为

$$\boldsymbol{a} = \boldsymbol{a}' \tag{1-41}$$

S' 和 S 是任意的两个惯性系，(1-41)式就表示加速度矢量的测量与惯性系无关，加速度也是一个绝对量，其分量形式为 $a'_x = a_x$，$a'_y = a_y$，$a'_z = a_z$。质点的质量是绝对量，$m = m'$，显然有

$$m\boldsymbol{a} = m'\boldsymbol{a}'$$

$m\boldsymbol{a}$ 对应于惯性系 S 中质点所受到的合力 $\boldsymbol{F}$，$m'\boldsymbol{a}'$ 对应于惯性系 S' 中质点所受到的合力 $\boldsymbol{F}'$，有

$$\boldsymbol{F} = \boldsymbol{F}' \tag{1-42}$$

表明各惯性系中力的分析是一样的。在惯性系 S 中，有 $\boldsymbol{F} = m\boldsymbol{a}$，在 S' 中有 $\boldsymbol{F}' = m'\boldsymbol{a}'$，说明牛顿第二定律在惯性系具有相同的形式，换句话说，$\boldsymbol{F} = m\boldsymbol{a}$ 的形式在伽利略变换下(从一个惯性系变换到另一个惯性系)保持不变。既然基本定律的形式在惯性系都是一样的，各惯性系中由此演绎推导出的规律，如动量定理、动能定理、角动量定理等的形式也必定是一样的。这个结论叫伽利略相对性原理(也叫伽利略变换不变性)，表述如下：

对于力学定律来说，一切惯性系都是等价的。

“一切惯性系都等价”不是说在不同惯性系所看到的现象都一样。例如,在平静的水面上,一条大船正平稳匀速(大小为 v_0)地行驶。某时一重物从桅杆上下落,地面上的人看到它是沿抛物线下落的平抛运动(图 1-20),而船上的观测者看到它是竖直向下的自由落体运动,看到不一样的现象。不过,不同观测者在各自参考系中利用牛顿定律对各自观测到的现象都能作出正确合理的解释,“一切惯性系都是等价”之意就在于此。船和地面各自建立坐标系 S' 和 S,x',x 轴正向都是船行方向,而 y',y 轴正向都是竖直向上。S' 中,“重物从桅杆上下落”说明重物水平向和竖直向初速度都为零,而竖直的 y' 轴方向重物受力 $-m\boldsymbol{g}$,$-mg=ma'$,$a'=-g$,重物是重力作用下的初速度为零的自由落体运动。如果下落高度为 $l'=l_0$,经时间 $\Delta t'=\sqrt{\dfrac{2l_0}{g}}$ 重物正好落在桅杆脚下。S 中,竖直方向重物受力 $-m\boldsymbol{g}$,$-mg=ma$,$a=-g$,重物也是自由落体运动,下落高度为 $l=l_0$,所需时间 $\Delta t=\sqrt{\dfrac{2l_0}{g}}$;水平向 $v_x=v_0$,Δt 时间内重物随船一起运动 $v_0\Delta t$ 的路程,所以重物也正好落在桅杆脚下。

图 1-20　重物从桅杆上落下

上面,在 S' 上观测自由脱落的重物运动是自由落体。但是单凭这一点还不能断定自身是否相对水面在运动,因为在静止于水面的船上观测自由脱落的重物运动也是自由落体。伽利略曾生动指出过,不管平稳的大船相对地面是匀速运动还是静止,“如人的跳跃、抛物、水滴的下落、烟的上升、鱼的游动,甚至蝴蝶和苍蝇的飞行等”都会一样地发生。因此,伽利略相对性原理又可表述为:

在一个惯性系内部所做的任何力学实验,都不能确定该惯性系相对于其他惯性系是否在运动。

1.4.2　惯性系和加速平动参考系之间力学量的关系

图 1-21 中,设 $S(O,x,y,z)$ 为惯性系,$S'(O',x',y',z')$ 以恒加速度 $\boldsymbol{a}_0$ 沿 x 轴正向匀加速直线运动,S' 为加速平动非惯性系。二者坐标轴分别平行,且 x,x' 轴重合在一起,$t=t'=0$ 时它们的原点重合。质点 t 时刻运动到空间 P 点,S 中质点的位置矢量为 $\boldsymbol{r}$,S' 中的位置矢量为 $\boldsymbol{r}'$,S' 的原点 O' 相对于 O 的位置矢量为 $\boldsymbol{r}'_O$,三个矢量的瞬时关系为

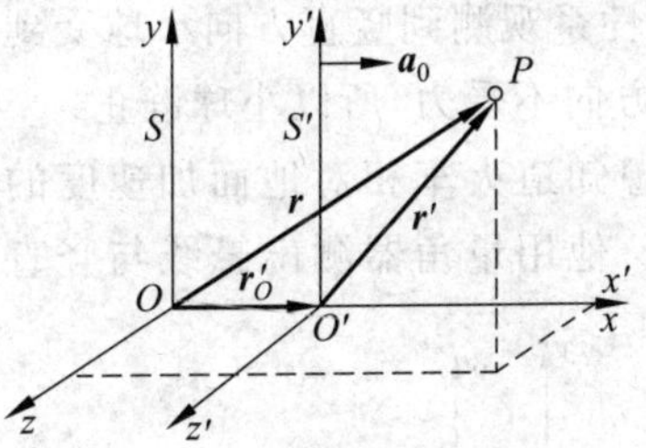

图 1-21　惯性系和非惯性系

$$\boldsymbol{r}=\boldsymbol{r}'+\boldsymbol{r}'_O \tag{1-43}$$

对时间求导,得质点在 S,S' 中速度关系,有

$$\boldsymbol{v}=\boldsymbol{v}'+\boldsymbol{v}'_O \tag{1-44}$$

$\boldsymbol{v}'_O$ 为 S' 相对 S 的瞬时速度。再对时间求导,得质点在 S,S' 中加速度关系,有

$$\boldsymbol{a}=\boldsymbol{a}'+\boldsymbol{a}_0 \tag{1-45}$$

(1-45)式就是惯性系和平动非惯性系之间加速度一般的变换式。将它代入惯性系中牛顿第二定律,有

$$\boldsymbol{F}=m\boldsymbol{a}=m\boldsymbol{a}'+m\boldsymbol{a}_0$$

$$\boldsymbol{F}-m\boldsymbol{a}_0=m\boldsymbol{a}' \tag{1-46}$$

如果令

$$\boldsymbol{F}'=\boldsymbol{F}-m\boldsymbol{a}_0 \tag{1-47}$$

则 S'中有数学形式

$$\boldsymbol{F}'=m\boldsymbol{a}' \tag{1-48}$$

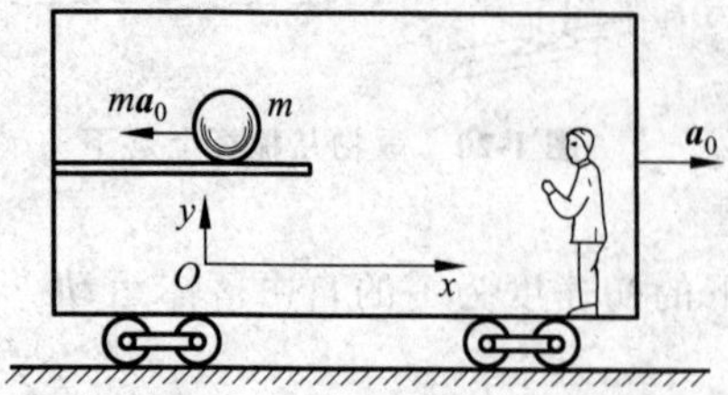

图 1-22 车厢中分析问题时的惯性力

(1-47)式与(1-48)式说明，虽然 S'中牛顿定律不成立，但只要在分析其他物体对质点 m 的作用(重力、弹力、摩擦力等)“真实力”外，再加上一个与加速平动参考系的加速度方向相反、大小为 ma_0 的“虚拟力”，就可以得到牛顿第二定律数学形式。这个“虚拟力”叫惯性力，它反映了参考系的非惯性系运动。图 1-22 显示了相对地面以加速度 $\boldsymbol{a}_0$ 运动的一车厢内小球受到的惯性力。加速平动参考系中，只要加上惯性力，就可以应用牛顿第二定律的数学形式，也就可以由此演绎推导出和惯性系中一样数学形式的动量定理、动能定理等。这就是说，只要加上惯性力，惯性系中的一些规律形式可以应用到加速平动参考系中。它扩展了牛顿第二定律的应用范围，给我们提供了在加速平动参考系中解决力学问题的方法。牛顿力学在发展过程中，也把牛顿第二定律的应用范围扩展到了转动参考系。

例 1.12 图 1-22 中，起始质量为 m 的小球静止放在车厢中光滑的水平桌面上。当车厢相对地面作加速度为 $\boldsymbol{a}_0$ 的匀加速运动时，车厢中的人观测到小球受到了什么力？小球的运动情况如何？地面上的人观测到的情况又如何？

解 车厢中，小球受到桌面给予的 y 轴正向的支撑力 $\boldsymbol{N}$ 和地球给予的 y 轴负向的重力 $(-m\boldsymbol{g})$两个垂直接触面的“真实力”，还有一个 x 轴负向的“虚拟力”$(-m\boldsymbol{a}_0)$。

$$y\text{ 轴方向：}N-mg=0$$

$$x\text{ 轴方向：}-ma_0=ma_x$$

y 轴方向加速度为零，x 轴方向有一恒定加速度，$a_x=-a_0$，车厢中观测到小球沿 x 轴负向作初速度为零的匀加速直线运动(加速度为$-\boldsymbol{a}_0$)。地面惯性系观测到竖直方向小球受到向上的支撑力 $\boldsymbol{N}$ 和向下的重力$(-m\boldsymbol{g})$，是两个平衡力，水平方向不受力，所以小球静止。

例 1.13 一火车相对地面作加速运行。火车上的人想知道火车相对地面加速度的大小，就把系有小球的细绳悬挂在车厢顶上，如图 1-23 所示。他用量角器测出悬线与竖直方向的夹角 θ，就得到了火车相对地面加速度的大小。原理何在？

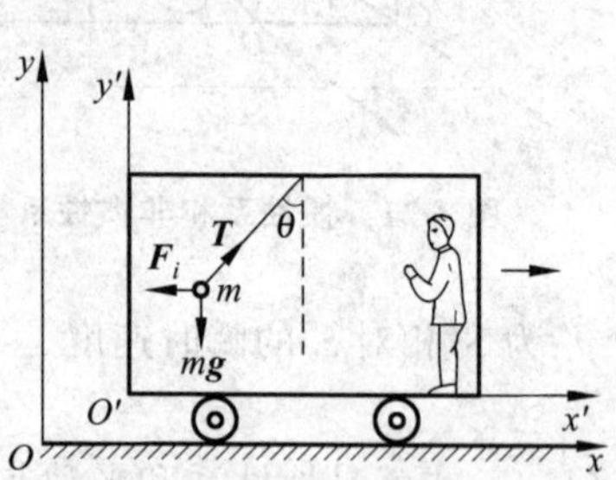

图 1-23 例 1.13 用图

解 车厢是加速平动参考系，受力情况已标在图 1-23 中，其中 $\boldsymbol{F}_i$ 是惯性力，$\boldsymbol{F}_i=-m\boldsymbol{a}_0$。车厢中用牛顿第二定律形式，有

$$x'\text{ 轴方向：}T\sin\theta-ma_0=0$$

$$y'\text{ 轴方向：}T\cos\theta-mg=0$$

消去 T，可得

$$a_0 = g\tan\theta$$

重力加速度已知,就得到了火车相对地面加速度的大小。

1.5 力的时间和空间积累效应

牛顿第二定律体现力对质点的瞬时作用,是表示任意 t 时刻质点运动状态的变化率,因为动量 $m\boldsymbol{v}$ 表示了运动速度为 $\boldsymbol{v}$、质量为 m 质点的运动状态。实际问题中考察力的效应,还要注意力的持续作用,即力作用在质点上一段时间和空间后对质点所产生的积累效应。力的时间积累用质点动量的变化来衡量,力的空间积累用质点动能的变化来衡量。

另外,像地球围绕太阳的公转和自转,车轮绕中心轴的转动,原子中电子的运动等,自然界中普遍存在物体的转动现象。随着牛顿力学的发展和成熟,18 世纪在力学有关转动分析中,开始引进和使用一个和质点绕一定中心转动有关的物理量——角动量,到 19 世纪逐渐把它作为力学基本概念之一,20 世纪人们把它看作和动量、能量一样重要的力学量,因为角动量守恒也是和动量守恒、能量守恒一样的自然界中最基本的规律之一。我们已经知道,力乘以力臂是力矩的初步概念,角动量的变化就和力矩有关,是力矩对时间的积累效应。

1.5.1 动量守恒定律

1.5.1.1 质点的动量定理、动量守恒定律

由牛顿第二定律 $\boldsymbol{F}=\dfrac{\mathrm{d}(m\boldsymbol{v})}{\mathrm{d}t}$,有

$$\boldsymbol{F}\mathrm{d}t = \mathrm{d}(m\boldsymbol{v}) \tag{1-49}$$

令 $\mathrm{d}\boldsymbol{I}=\boldsymbol{F}\mathrm{d}t$,它就是微分量 $\mathrm{d}t$ 时间内质点所受合外力的冲量。冲量是矢量,方向是动量增量 $\mathrm{d}(m\boldsymbol{v})$ 的方向。(1-49)式表明:**$\mathrm{d}t$ 时间内作用于质点上外力的冲量等于在同一时间内质点动量的增量**。这一关系式叫质点动量定理的微分形式。将(1-49)式对一段有限时间积分,有

$$\boldsymbol{I} = \int_{t_1}^{t_2} \boldsymbol{F}\mathrm{d}t = m\boldsymbol{v}_2 - m\boldsymbol{v}_1 \tag{1-50}$$

(1-50)式表示:**在给定的时间(从 $t_1 \sim t_2$ 时刻)内,作用于质点上外力的冲量等于在同一时间内质点动量的增量**。此式是动量定理的积分形式。

(1-50)式中,如果 $\boldsymbol{I}=\int_{t_1}^{t_2}\boldsymbol{F}(t)\mathrm{d}t=0$,有 $m\boldsymbol{v}_1=m\boldsymbol{v}_2$。即在 $t_1 \to t_2$ 时间内所有力的冲量矢量和为零的话,则质点分别在 t_1,t_2 时刻的动量相等,但并不是说在过程中每个时刻的动量都相等。如果(1-49)式中 $\mathrm{d}\boldsymbol{I}=\boldsymbol{F}\mathrm{d}t=0$,必有 $\boldsymbol{F}=0$,$m\boldsymbol{v}$ 则一定是恒矢量,质点保持静止或匀速直线运动,这就是惯性定律,也是质点的动量守恒定律。就是说,**要保证在 $t_1 \to t_2$ 时间内每个时刻质点的动量都相等,那么在这段时间内质点一定不受力或受到的合力每个时刻都为零**。在实际计算时,常用到(1-50)式的分量式。在直角坐标系中,为

$$\begin{cases} I_x = \int_{t_1}^{t_2} F_x \mathrm{d}t = mv_{2x} - mv_{1x} \\ I_y = \int_{t_1}^{t_2} F_y \mathrm{d}t = mv_{2y} - mv_{1y} \\ I_z = \int_{t_1}^{t_2} F_z \mathrm{d}t = mv_{2z} - mv_{1z} \end{cases} \tag{1-51}$$

它表明：作用于质点上外力的冲量在某一方向上的分量等于在同一时间内质点动量在该方向分量的增量。

例 1.14 图 1-24 中，质量为 1.0 kg 的重物从空中自由下落到地面上。如果重物下落的高度 $h=4.9$ m，忽略空气阻力，求：

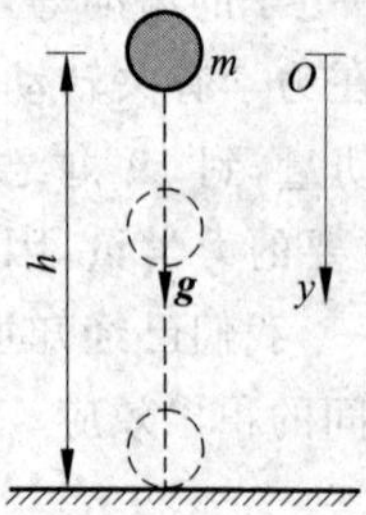

图 1-24 例 1.14 用图

(1) 从下落到与地面接触的时间内，重力的冲量和重物的动量改变量；

(2) 和地面碰撞过程中，重物的动量改变量和地面受到的冲量。

解 (1) 如图 1-24 所示，重物是在常力 $m g\boldsymbol{j}$ 持续作用下的自由落体。设开始下落时刻为 $t_1=0$，重物与地面接触时刻为 t_2。下落中 t 时刻其加速度为 $\boldsymbol{g}$，由加速度定义有，$\mathrm{d}\boldsymbol{v}=g\mathrm{d}t\boldsymbol{j}$，积分得任意时刻重物的速度为

$$v=\int_0^t g\mathrm{d}t = gt$$

当重物落到地面时，速度为 $v_2=gt_2$。又因为 $v=\dfrac{\mathrm{d}y}{\mathrm{d}t}$，$\mathrm{d}y=v\mathrm{d}t=gt\mathrm{d}t$，积分得

$$y=\int_0^t gt\mathrm{d}t=\frac{1}{2}gt^2$$

当 $y=h$ 时，$h=\dfrac{1}{2}gt_2^2$，得

$$t_2=\sqrt{\frac{2h}{g}}=\sqrt{\frac{2\times 4.9}{9.8}}\ \mathrm{s}=1.0\ \mathrm{s}$$

因此，所求重力的冲量为

$$\boldsymbol{I}_p=\int_0^{t_2} mg\mathrm{d}t\boldsymbol{j}=mgt_2\boldsymbol{j}=1.0\times 9.8\times 1.0\boldsymbol{j}\ \mathrm{N\cdot s}=9.8\boldsymbol{j}\ \mathrm{N\cdot s}$$

它也是重物 1 s 内动量的增量，方向是 y 轴的正向(竖直向下)。

(2) 重物和地面碰撞过程指以重物刚与地面接触到重物静止的过程，那么重物动量改变量为

$$\Delta\boldsymbol{p}=0-mgt_2\boldsymbol{j}=-9.8\boldsymbol{j}\ \mathrm{N\cdot s}$$

这是在碰撞过程中地面给予重物的冲量，方向向上。由于碰撞过程中重物给予地面的冲力和地面给予重物的冲力是作用力与反作用力，$\boldsymbol{f}_{物\to地}=-\boldsymbol{f}_{地\to物}$，所以互相给予的冲量一定是大小相同，方向相反，二者之和为零，即

$$\boldsymbol{I}_{物\to地}=-\boldsymbol{I}_{地\to物}=9.8\ \mathrm{N\cdot s}$$

即所求地面受到的冲量大小是 9.8 N·s，方向向下。

1.5.1.2 质点系的动量、动量定理、动量守恒定律

1. 质点系的动量、动量定理

由若干个质点组成的系统，一般简称质点系。系统内质点之间的相互作用力叫内力，系统以外的其他物体对系统内任意一质点的作用力称为外力。如图1-24中，把地球和重物看作一个质点系，它们之间的一对引力是内力，空气作用于下落重物上的阻力叫外力；如果把地球、重物和空气看作系统，则空气的阻力也是内力。由例1.14知，系统内任意两质点间一对内力的冲量和为零。

系统的动量为系统内每个质点动量的矢量和，即 $\boldsymbol{p}=\sum_i \boldsymbol{p}_i$。设有质量分别为 m_1，m_2 两个质点组成的质点系，它们之间的相互作用力为 $\boldsymbol{f}$ 和 $\boldsymbol{f}'$，所受外力分别为 $\boldsymbol{F}_1$ 和 $\boldsymbol{F}_2$，如图1-25所示。根据动量定理，对质点 m_1 有

$$\boldsymbol{F}_1\mathrm{d}t+\boldsymbol{f}\mathrm{d}t=\mathrm{d}(m_1\boldsymbol{v}_1)$$

根据动量定理，对质点 m_2 有

$$\boldsymbol{F}_2\mathrm{d}t+\boldsymbol{f}'\mathrm{d}t=\mathrm{d}(m_2\boldsymbol{v}_2)$$

两式相加，因 $\boldsymbol{f}\mathrm{d}t+\boldsymbol{f}'\mathrm{d}t=0$，得

$$(\boldsymbol{F}_1+\boldsymbol{F}_2)\mathrm{d}t=\mathrm{d}(m_1\boldsymbol{v}_1+m_2\boldsymbol{v}_2)$$

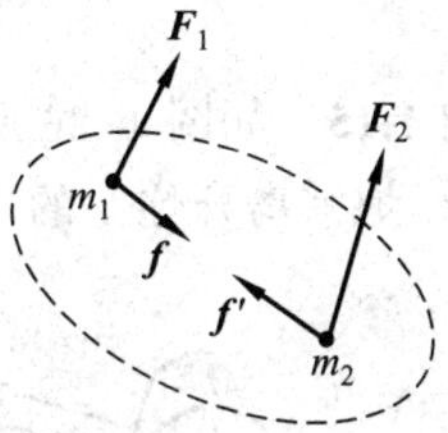

图1-25 质点系的内力与外力

作用于两质点组成的系统上的合外力冲量等于系统动量的增量。若质点系由两个以上的质点组成，上式可写成

$$\sum_i \boldsymbol{F}_i\mathrm{d}t=\mathrm{d}\Big(\sum_i p_i\Big)=\mathrm{d}\boldsymbol{p} \tag{1-52}$$

这就是质点系动量定理的微分形式。此式可写成

$$\boldsymbol{F}=\sum_i \boldsymbol{F}_i=\frac{\mathrm{d}\boldsymbol{p}}{\mathrm{d}t} \tag{1-53}$$

它表明，作用于系统上的合外力等于系统动量随时间的变化率。(1-52)式两边对有限时间($t_1\rightarrow t_2$)积分，有

$$\int_{t_1}^{t_2}\Big(\sum_i \boldsymbol{F}_i\Big)\mathrm{d}t=\int_{t_1}^{t_2}\mathrm{d}\Big(\sum_i \boldsymbol{p}_i\Big)=\sum_i(m_i\boldsymbol{v}_{i2})-\sum_i(m_i\boldsymbol{v}_{i1})=\boldsymbol{p}_2-\boldsymbol{p}_1 \tag{1-54}$$

这就是质点系动量定理的积分形式。它表明，**在给定的时间(从 t_1 到 t_2 时刻)内，作用于质点系上合外力的冲量等于在同一时间内质点系动量的增量。**

2. 质点系的动量守恒定律

由(1-53)式，如果质点系所受合外力为零(根本无外力或外力之和为零)，$\frac{\mathrm{d}\boldsymbol{p}}{\mathrm{d}t}=0$，$\boldsymbol{p}$ 为常矢量，亦即

$$\sum_i \boldsymbol{p}_i=\sum_i m_i\boldsymbol{v}_i=\text{常矢量} \tag{1-55}$$

这就是质点系的动量守恒定律，表明**当系统所受合外力为零时，这一系统的总动量将保持不变**。其分量形式为

$$\begin{cases} F_x = 0, & \sum_i m_i v_{ix} = p_x = C_1 \\ F_y = 0, & \sum_i m_i v_{iy} = p_y = C_2 \\ F_z = 0, & \sum_i m_i v_{iz} = p_z = C_3 \end{cases} \tag{1-56}$$

C_1, C_2, C_3 均是常量。它表明，系统所受外力在直角坐标系沿轴向的 3 个分量都为零时，系统总动量沿轴向的 3 个分量都是常量，系统总动量守恒。

近代科学实验和理论分析都表明：在自然界中，大到天体间的相互作用，小到质子、中子、电子等微观粒子之间的相互作用，它们都遵从动量守恒定律。而对于微观粒子之间的相互作用，牛顿定律已不适用。因此，动量守恒定律是比牛顿定律在自然界中更加基本的定律。

例 1.15 如图 1-26 所示，一炮车以仰角 α 发射一炮弹。设炮车的质量为 M，炮弹的质量为 m，炮弹离开炮车的出口速度相对地面为 $\boldsymbol{v}$。忽略地面给予的摩擦力，求炮车的反冲速度 $\boldsymbol{V}$ 和发射过程炮车与炮弹系统竖直方向受到的冲量。

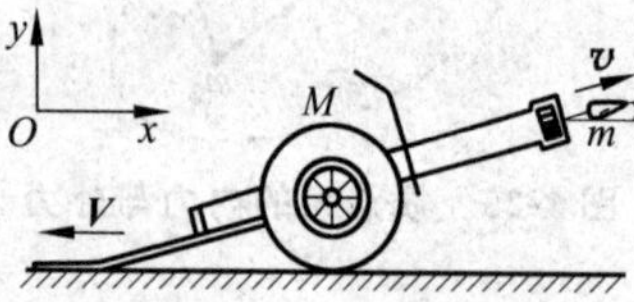

图 1-26 例 1.15 用图

解 设炮车和炮弹为一质点系，在发射过程中，炮车受到地面的竖直向上的支撑力(冲力)、地球给予它们的重力，系统总动量不守恒。但是，在水平方向上，系统没受外力，系统水平方向动量分量守恒。

x 轴方向：发射前、发射过程中、发射后系统动量都为零，所以，在水平方向上有

$$0 = mv\cos\alpha + MV$$

$$V = -\frac{m}{M}v\cos\alpha$$

负号表示炮车的反冲速度方向和炮弹速度的水平分量相反，为 x 轴负方向。

y 轴方向：发射前炮车和炮弹系统动量为零，发射后系统有了动量 $mv\sin\alpha$。发射过程中系统一定受到了向上的冲量。设发射过程中，地面给予炮车竖直向上的支撑力为 $\boldsymbol{N}$，有

$$\int_{过程}(N - Mg - mg)\mathrm{d}t = mv\sin\alpha$$

发射过程中，重力是常力，给予系统向下的冲量。如果忽略重力的冲量，系统在发射过程中受到方向为竖直向上(y 轴的正向)、大小为 $mv\sin\alpha$ 的冲量。

例 1.16 如图 1-27(a)所示，手握着一小物体的人静止站在正以速度 $\boldsymbol{v}$ 沿水平方向匀速运动的平板车上。如果站在车上的人尽力向后抛出一质量为 m 的物体，物体抛出后车相对地面的速度增加了多少？设人、车和物体的总质量为 M，且设此人在地面尽力抛出这一物体时，能使物体获得为 $\boldsymbol{u}$ 的出手速率。

解 人在地面尽力抛出物体 m 时，物体获得为 $\boldsymbol{u}$ 的出手速率，那么在匀速运动的车上向后尽力抛出同一物体时，由相对性原理，物体的向后的出手速度大小也为 u。设抛物过程在 $\Delta t(t \to t+\Delta t)$ 时间内完成，t 时刻 M 的水平方向速度为 $\boldsymbol{v}$，如图 1-27(a)所示；物体抛出后的 $t+\Delta t$ 时刻，人和车($M-m$)相对地面的水平方向速度为 $\boldsymbol{v}+\Delta\boldsymbol{v}$，如图 1-27(b)所示；物体向后的速度 $\boldsymbol{u}$ 是相对人(车)的，相对地面的水平方向速度为 $\boldsymbol{v}+\Delta\boldsymbol{v}-\boldsymbol{u}$。由动量守恒

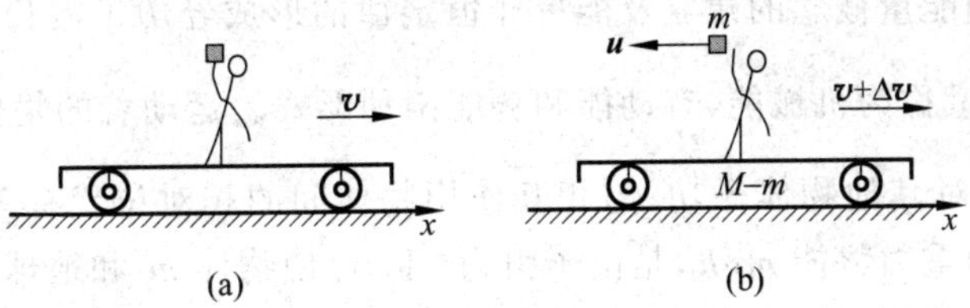

图 1-27　例 1.16 用图

定律,可得

$$Mv=(M-m)(v+\Delta v)+m(v+\Delta v-u)$$

可得

$$M\Delta v-mu=0$$

$$\Delta v=\frac{m}{M}u \tag{1-57}$$

3. 火箭飞行的基本原理

(1-57)式就是火箭飞行的基本原理。图 1-28 中,是一个不受引力、空气阻力等影响的在自由空间飞行的火箭。质量为 M 的火箭,连续向后喷出燃料燃烧后的气体而不断获得速度的增加。设 $\mathrm{d}t$ 时间内向后喷出气体的质量为 $\mathrm{d}m$,其喷出速度相对火箭为定值 $\boldsymbol{u}$。由(1-57)式,火箭获得的速度增量可写为

$$\mathrm{d}v=\frac{\mathrm{d}m}{M}u$$

喷出气体的质量 $\mathrm{d}m$,就是火箭质量 M 的减少量 $\mathrm{d}M$,$\frac{\mathrm{d}m}{M}$表示喷出气体的质量对 M 的增加率,$\frac{\mathrm{d}M}{M}$则表示火箭质量的减少率,应有$\frac{\mathrm{d}m}{M}=-\frac{\mathrm{d}M}{M}$。故上式可改写为

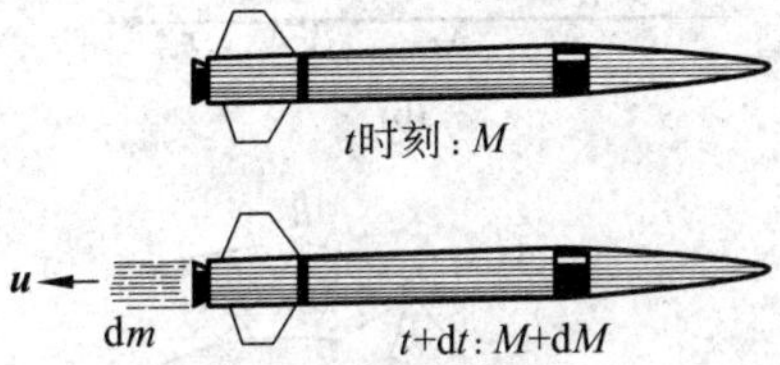

图 1-28　火箭飞行原理

$$\mathrm{d}v=-\frac{\mathrm{d}M}{M}u \tag{1-58}$$

当火箭不断喷出气体由质量 M_1 减少到 M_2 时,对(1-58)式两边分别积分,得火箭速度的增加为

$$v_2-v_1=\int_{M_1}^{M_2}-u\,\frac{\mathrm{d}M}{M}=-u\ln\frac{M_2}{M_1} \tag{1-59}$$

火箭速度的增加和喷气速度成正比,和火箭始末质量的自然对数成正比。把(1-58)式写为 $M\mathrm{d}v=-u\mathrm{d}M$,两边分别除以 $\mathrm{d}t$,有

$$F=M\frac{\mathrm{d}v}{\mathrm{d}t}=-u\,\frac{\mathrm{d}M}{\mathrm{d}t} \tag{1-60}$$

它表明,火箭获得的推力与自身质量对时间的变化率以及喷出气体的相对速度成正比。

1.5.2　机械能守恒定律

上面我们讨论了力对质点的时间积累效应,下面讨论力对质点的空间积累效应。力对质点的空间积累称为功,其效应是质点能量的改变。功、能概念的出现是牛顿力学的重要发

展,从“能”的提出到能量概念的建立及能量守恒定律的形成经历了漫长的历史过程。物体在机械运动中的能量称为机械能,有动能和势能两种形式。运动着的物体具有动能$\frac{1}{2}mv^2$,说明运动物体能够对其他物体做功;与相互作用物体间的相对位置有关的能量称为势能。例如,我们已熟悉的重力势能mgh,是由于引力(重力)使物体m和地球所具有的能量。不过,由于我们站在地球上,相对位置变成了物体离开地面的高度h,所以常把物体和地球的重力势能说成物体m的重力势能。

1.5.2.1 质点的动能、动能定理、机械能守恒定律

1. 力的功

功的定义为:力在位移方向上的分量与该位移大小的乘积,以A表示。图1-29(a)中,一人用绳子在冰地上拉自制的冰橇,如果拉力$\boldsymbol{F}$是常力,当冰橇在冰面上作直线运动有了位移$\Delta\boldsymbol{r}$后,如图1-29(b)所示,$\boldsymbol{F}$的功为

$$A=F\cos\alpha\cdot|\Delta\boldsymbol{r}|=F\cos\alpha\cdot\Delta r$$

这是我们熟悉的常力功。如果$\boldsymbol{F}$不是常力,冰橇在冰面上也不是直线运动,如图1-29(c)所示,那我们就利用微积分概念,把冰橇的路径s细分,每一微分路径ds的位移$d\boldsymbol{r}$上力$\boldsymbol{F}$可看作是常力,力$\boldsymbol{F}$在位移$d\boldsymbol{r}$上做的功称为元功,用dA表示,有

$$dA=F\cos\alpha\,|d\boldsymbol{r}|=\boldsymbol{F}\cdot d\boldsymbol{r} \tag{1-61}$$

当冰橇(质点)由A到B,变力$\boldsymbol{F}$的功为

$$A=\int_A^B dA=\int_A^B \boldsymbol{F}\cdot d\boldsymbol{r} \tag{1-62}$$

功的单位是J,1 J=1 N·m。

力在单位时间对质点所做的功定义为功率,用P表示,有

$$P=\frac{dA}{dt}=\frac{\boldsymbol{F}\cdot d\boldsymbol{r}}{dt}=\boldsymbol{F}\cdot\boldsymbol{v} \tag{1-63}$$

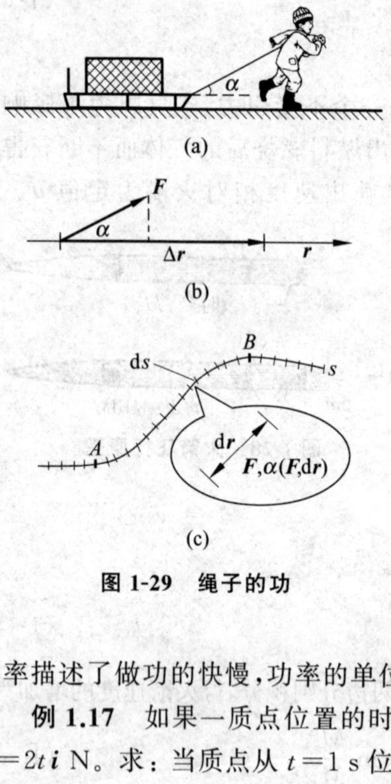

图1-29 绳子的功

功率描述了做功的快慢,功率的单位是W(瓦),1 W=1 J/s。

例1.17 如果一质点位置的时间函数是$\boldsymbol{r}=(2\boldsymbol{i}+3t\boldsymbol{j})$ m,质点受到的力中有一个力是$\boldsymbol{F}=2t\boldsymbol{i}$ N。求:当质点从$t=1$ s位置运动到$t=2$ s位置过程中这个力的功。

解 由(1-62)式,$\boldsymbol{F}=2t\boldsymbol{i}$力的功为

$$A=\int_A^B\boldsymbol{F}\cdot d\boldsymbol{r}=\int_A^B(2t\boldsymbol{i})\cdot d(2\boldsymbol{i}+3t\boldsymbol{j})$$

$$=\int_1^2 2t\boldsymbol{i}\cdot 3dt\boldsymbol{j}=0\text{ J}$$

例1.18 图1-30中有一固定在天花板上的竖直弹簧。当下端挂一重物m时,平衡位置在O点。一般我们都是把平衡位置O点作为原点来建立坐标系,如图。求重物的位置由图中y_1移到y_2的过程中,重力和弹力对它做的功。设弹簧的劲度系数为k。

解 重物的运动是一维运动,可以以正、负表示物理矢量的方向。在运动过程中,重力是常力,方向是所建坐标系y轴正向,用mg表示,在由y_1移到y_2的过程中,任意dt时间

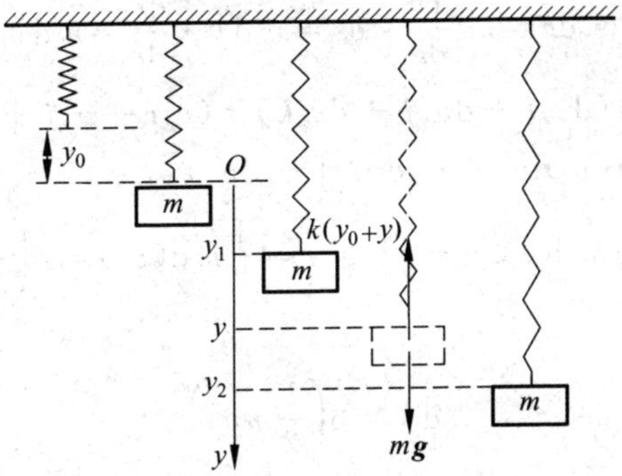

图 1-30　重力和弹力的功

的位移 d$\boldsymbol{r}$ 用 dy 表示。此过程中重力所做功为

$$A_p=\int_{y_1}^{y_2}\boldsymbol{f}_p\cdot d\boldsymbol{r}=\int_{y_1}^{y_2}f_p dr=mg\int_{y_1}^{y_2}dy=mg(y_2-y_1)$$

在 $y_1\to y_2$ 过程中，弹力是变力，质点在图中 y 处时，弹力为 $-k(y+y_0)$，方向竖直向上。运动过程中弹力对质点做负功为

$$A_k=\int_{y_1}^{y_2}\boldsymbol{f}_k\cdot d\boldsymbol{r}=\int_{y_1}^{y_2}-k(y+y_0)dy=-\left[\frac{1}{2}k(y_2+y_0)^2-\frac{1}{2}k(y_1+y_0)^2\right]$$

由结果可以看出，重力做的功 A_p 和弹力做的功 A_k 只与重物质点的位置 y_1，y_2 有关。如果使质点再由 y_2 回到 y_1，由于重力方向向下，做负功，有

$$A_p'=\int_{y_2}^{y_1}\boldsymbol{f}_p\cdot d\boldsymbol{r}=-\int_{y_1}^{y_2}\boldsymbol{f}_p\cdot d\boldsymbol{r}=-A_p=-mg(y_2-y_1)$$

由 y_2 回到 y_1 过程中弹力做正功，为

$$A_k'=\int_{y_2}^{y_1}\boldsymbol{f}_k\cdot d\boldsymbol{r}=-\int_{y_1}^{y_2}\boldsymbol{f}_k\cdot d\boldsymbol{r}=-A_k=\frac{1}{2}k(y_2+y_0)^2-\frac{1}{2}k(y_1+y_0)^2$$

有 $A_p+A_p'=0$，$A_k+A_k'=0$，即当质点经过 $y_1\to y_2\to y_1$ 一个循环过程，重力和弹力做功为零。考虑空气阻力，当质点由 $y_1\to y_2$ 向下运动过程中，阻力方向一直竖直向上，做负功；当质点由 $y_2\to y_1$ 向上运动过程中，空气阻力的方向又改为一直向下，还是做负功，即当质点经过 $y_1\to y_2\to y_1$ 一个循环过程后，空气阻力做功不为零，也就是说它与路径有关。做功与路径有关的还有摩擦力。比如，使一本书在桌面上滑动，滑动的路径越长，桌面给予的滑动摩擦力所做负功越多；当书滑动一周又回到起点时，滑动摩擦力在一周路径中的功不会是零。如果书放在一张纸上，拉动纸使书和纸一起在桌面上运动一周，纸给予书的静摩擦力做功同样不为零，因为一周中它一直做正功。根据以上力对质点做功的性质不同(与路径有关或无关)，把力分为两种，一种叫保守力，像重力(万有引力)和弹簧的弹力；一种叫非保守力，像空气阻力与摩擦力。保守力做功只由质点的初末位置所确定而与路径无关，用数学形式表示为

$$\oint_L \boldsymbol{f}_c\cdot d\boldsymbol{r}=0 \tag{1-64}$$

式中，L 是质点的闭合路径。

2. 质点的动能、动能定理、机械能守恒定律

由功的定义(1-61)式

$$\begin{aligned}\mathrm{d}A &= \boldsymbol{F}\cdot\mathrm{d}\boldsymbol{r} = m\,\frac{\mathrm{d}\boldsymbol{v}}{\mathrm{d}t}\cdot\mathrm{d}\boldsymbol{r} = m\mathrm{d}\boldsymbol{v}\cdot\frac{\mathrm{d}\boldsymbol{r}}{\mathrm{d}t} = m\mathrm{d}\boldsymbol{v}\cdot\boldsymbol{v}\\ &= m(\mathrm{d}v_x\boldsymbol{i}+\mathrm{d}v_y\boldsymbol{j}+\mathrm{d}v_z\boldsymbol{k})\cdot(v_x\boldsymbol{i}+v_y\boldsymbol{j}+v_z\boldsymbol{k})\\ &= m(v_x\mathrm{d}v_x+v_y\mathrm{d}v_y+v_z\mathrm{d}v_z)\\ &= \frac{1}{2}m\mathrm{d}(v_x^2+v_y^2+v_z^2) = \frac{1}{2}m\mathrm{d}(v^2) = \mathrm{d}\left(\frac{1}{2}mv^2\right)\end{aligned}$$

即得

$$\mathrm{d}A = \mathrm{d}\left(\frac{1}{2}mv^2\right) \tag{1-65}$$

式中，$\frac{1}{2}mv^2$ 是质点的动能，单位是J。此式表示：位移 $\mathrm{d}\boldsymbol{r}$ 上合力的元功(各分力元功的代数和)等于质点动能的增量，它就是质点动能的微分形式。对(1-65)式两边积分，有

$$A = \int_{v_1}^{v_2}\mathrm{d}\left(\frac{1}{2}mv^2\right) = \frac{1}{2}mv_2^2 - \frac{1}{2}mv_1^2 = E_{\mathrm{k2}} - E_{\mathrm{k1}} \tag{1-66}$$

它说明：**合外力对质点所做的功等于质点动能的增量**。(1-66)式是质点动能的积分形式。如果式中合外力对质点所做的功等于零，$A=\int_{v_1}^{v_2}\boldsymbol{F}\cdot\mathrm{d}\boldsymbol{r}=0$，有 $\frac{1}{2}mv_2^2=\frac{1}{2}mv_1^2$，说明质点在1和2两个状态的动能相等。如果 $\mathrm{d}A=\boldsymbol{F}\cdot\mathrm{d}\boldsymbol{r}=0$，即任何 $\mathrm{d}t$ 时间的位移上都有合力的元功等于零，$\mathrm{d}A=\mathrm{d}\left(\frac{1}{2}mv^2\right)=0$，质点的动能是一个常量，质点的机械能(动能)守恒。我们常见的质点匀速直线运动和匀速率圆周运动中，质点的动能是一个常量。

例1.19 在例1.18的图1-30中，用手把重物 m 从静止的平衡位置往下拉到一定距离时松手，重物会在弹力和重力下(忽略空气阻力)往复上下运动，这种运动称为振动。当重物由 y_1 位置往下运动到 y_2 位置时，动能增加了多少？

解 例1.18中，已求出重物由 y_1 位置运动到 y_2 位置，弹力做的负功为

$$A_{\mathrm{k}} = -\left[\frac{1}{2}k\,(y_2+y_0)^2 - \frac{1}{2}k\,(y_1+y_0)^2\right]$$

重力做的正功为

$$A_{\mathrm{p}} = mg(y_2-y_1)$$

且在平衡位置有

$$mg - ky_0 = 0$$

得 $mg=ky_0$。所以，两功之和为

$$A = A_{\mathrm{p}} + A_{\mathrm{k}} = mg(y_2-y_1) - \frac{1}{2}k(y_2^2-y_1^2) - ky_0(y_2-y_1) = -\frac{1}{2}k(y_2^2-y_1^2)$$

由动能定理可知，在此过程中质点的动能增量为

$$A = E_{\mathrm{k2}} - E_{\mathrm{k1}} = -\frac{1}{2}k(y_2^2-y_1^2)$$

质点的动能减少了 $\frac{1}{2}k(y_2^2-y_1^2)$。

1.5.2.2　质点系的动能、动能定理、机械能守恒定律

1. 质点系的动能、动能定理

质点的动能是速率 v 的函数，是相对量，其值只有指明参考系才有意义。动能定理是在惯性系由牛顿定律推导出的，以动能变化来度量力的空间积累效应时要选定惯性系。一个质点系的动能是组成此系统各质点的动能之和，有

$$E_k=\sum_i \frac{1}{2}m_i v_i^2 \tag{1-67}$$

当然这些质点动能是相对于同一个惯性系。把质点动能定理的微分形式分别应用于质点系内的所有质点，有

$$\sum_i \mathrm{d}A_i=\sum_i \mathrm{d}\left(\frac{1}{2}m_i v_i^2\right)=\mathrm{d}\left(\sum_i \frac{1}{2}m_i v_i^2\right) \tag{1-68}$$

其中，$\mathrm{d}A_i=\mathrm{d}\left(\frac{1}{2}m_i v_i^2\right)$是质点动能定理的微分形式对质点系中第 i 个质点的应用结果，它包括作用于第 i 个质点上的来自系统外部和系统内部的所有力在元过程中的元功。$\sum_i \mathrm{d}A_i$ 表示作用于质点系内各质点上的所有力在这一元过程中的元功总和。(1-68) 式可称为质点系动能定理的微分形式。以同样方式，把质点动能定理的积分形式分别应用于质点系内的所有质点，或者对(1-68) 式两边沿系统变化过程积分，有

$$\sum_i A_i=\sum_i\left(\frac{1}{2}m_i v_{i2}^2\right)-\sum_i\left(\frac{1}{2}m_i v_{i1}^2\right)=E_{k2}-E_{k1} \tag{1-69}$$

(1-69)式表明：**作用于质点系的所有外力功和质点系的所有内力功之和等于质点系动能的增量**。(1-69)式称为质点系动能定理的积分形式。

2. 质点系的势能

(1-69)式质点系动能定理中的 $\sum_i A_i$ 是作用于质点系的所有外力功 A_{ex} 和质点系的所有内力功 A_{in} 之和，所有内力功 A_{in} 又是所有保守内力功 $A_{in,c}$ 和所有非保守内力功 $A_{in,nc}$ 之和。 内力都是成对的，所有内力功指的是系统内一对对的作用力和反作用力做的功。

(1) 一对作用力与反作用力的功

一对内力做功的特点是，在任何参考系中它们做功之和都相等。如图 1-31 所示，m_1，m_2 是相互作用的两个质点，它们相对某一坐标原点 O 在 t 时刻的位置矢量分别是 $\boldsymbol{r}_1$ 和 $\boldsymbol{r}_2$，$\boldsymbol{r}_{21}$ 是 m_2 相对于 m_1 的位置矢量。从 $t\to t+\mathrm{d}t$ 的时间内，质点 m_1，m_2 相对于坐标原点 O 有了各自的元位移 $\mathrm{d}\boldsymbol{r}_1$ 和 $\mathrm{d}\boldsymbol{r}_2$，$m_2$ 相对 m_1 有了元位移 $\mathrm{d}\boldsymbol{r}_{21}$。$\mathrm{d}t$ 时间内，两个质点之间的一对相互作用力 $\boldsymbol{f}_1$ 和 $\boldsymbol{f}_2$($\boldsymbol{f}_1=-\boldsymbol{f}_2$)做的功为

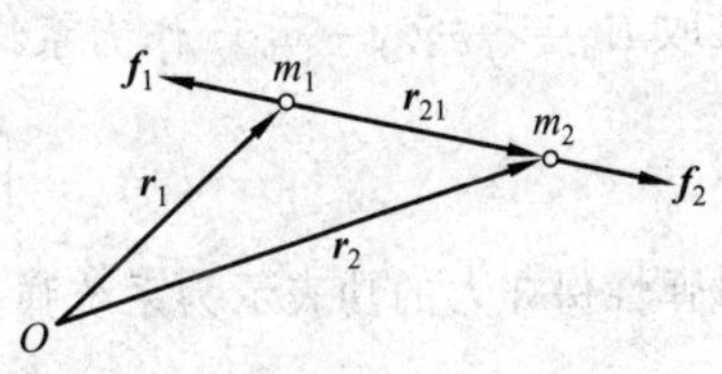

图 1-31　一对作用力和反作用力的功

$$\begin{aligned}\mathrm{d}A&=\boldsymbol{f}_1\cdot\mathrm{d}\boldsymbol{r}_1+\boldsymbol{f}_2\cdot\mathrm{d}\boldsymbol{r}_2\\&=(-\boldsymbol{f}_2)\cdot\mathrm{d}\boldsymbol{r}_1+\boldsymbol{f}_2\cdot\mathrm{d}\boldsymbol{r}_2\\&=\boldsymbol{f}_2\cdot(\mathrm{d}\boldsymbol{r}_2-\mathrm{d}\boldsymbol{r}_1)=\boldsymbol{f}_2\cdot\mathrm{d}(\boldsymbol{r}_2-\boldsymbol{r}_1)\end{aligned}$$

得到

$$dA = \boldsymbol{f}_2 \cdot d\boldsymbol{r}_{21}$$

上式表明：dt 时间内，一对相互作用力做的功等于作用在 m_2 上的力和它相对 m_1 的元位移 $d\boldsymbol{r}_{21}$ 的标量积，与任意选取的坐标原点 O(即参考系)无关。经过一段时间 $\Delta t = t_2 - t_1$ 后，有

$$A = \int_1^2 dA = \int_1^2 \boldsymbol{f}_2 \cdot d\boldsymbol{r}_{21} \tag{1-70}$$

(1-70)式表明：两个质点间的一对力所做的功之和等于其中一个质点受到的作用力沿着该质点相对于另一质点移动的路径所做的功。也就是说，一对力所做的功只决定于两质点的相对路径，与确定两质点的位置所选择的参考系(不管是惯性系还是非惯性系)无关，这是任意一对作用力和反作用力所做功之和的重要特点。因此，求一对力做功的最简单的方法是，把其中一个质点选作参考系，计算作用于另一质点上的作用力所做的功。

例 1.20 图 1-32 中，物体 A 和 B 一起运动了 Δr，求地面参考系中 A 和 B 间一对静摩擦力的功。

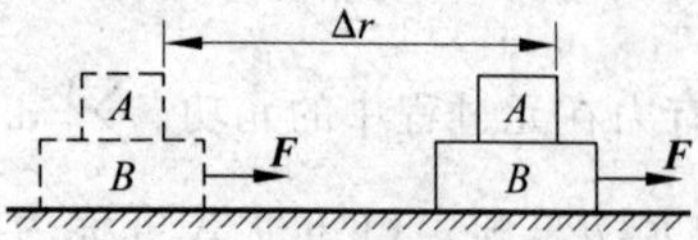

图 1-32 一对静摩擦力做功

解 地面参考系中 A 和 B 间一对静摩擦力的功等于在 B 上观测，B 给 A 的静摩擦力 $\boldsymbol{f}_s$ 做的功。因为 A 相对 B 的元位移 $d\boldsymbol{r}_{AB}=0$，有

$$A_s = \int_{\Delta r} \boldsymbol{f}_s \cdot d\boldsymbol{r}_{AB} = 0$$

即地面参考系中 A 和 B 间一对静摩擦力的功为零。

(2) 势能函数

如果一对力是保守力，站在其中一个质点观测作用力对另一质点所做的功应与受力质点移动的具体路径形状无关，也就是说一对保守力所做功之和只决定于相互作用的质点间的始末相对位置(位形)。这种保守性意味着，一对保守力确定的两质点系统存在一个由它们的相对位置确定的标量函数，这个由位形确定的函数称为系统的势函数，用 E_p 表示。一对保守力的功可表示为该系统势函数的差值。例如，在例 1.18 中，弹簧固定于天花板上，地面惯性系所求出的弹簧弹力对重物的功等于重物和弹簧系统的一对弹力做的功，有

$$A_k = -\left[\frac{1}{2}k\,(y_2 + y_0)^2 - \frac{1}{2}k\,(y_1 + y_0)^2\right]$$

如果取 $E_p = \frac{1}{2}k\,(y + y_0)^2$ 作为系统的弹性势函数，上式可写为

$$A_k = \int_1^2 \boldsymbol{f}_k \cdot d\boldsymbol{r} = -(E_{p2} - E_{p1})$$

一对弹性保守力的功表示为系统弹性势函数增量的负值。如果是一个元过程，有

$$\boldsymbol{f}_k \cdot d\boldsymbol{r} = -dE_p$$

同样，例 1.18 中求出的重力功 $A_p = mg(y_2 - y_1)$ 也是重物 m 和地球系统间的一对引力的功，如果取此系统重力势函数为 $E_p = -mgy$，有

$$A_p = mg(y_2 - y_1) = -[(-mgy_2) - (-mgy_1)] = -(E_{p2} - E_{p1})$$

重力功等于重物 m 和地球系统势函数增量的负值，其微分形式为

$$\boldsymbol{f}_p \cdot d\boldsymbol{r} = -dE_p$$

对于地球、弹簧和重物组成的系统，弹性力和引力是成对出现的保守内力，整个系统的势函数应是由它们各自确定的弹性势函数和重力势函数之和，可统一用 E_p 表示。而整个

系统的保守内力功为弹性力和引力的功之和，$A_{in,c}=A_k+A_p$，应等于整个系统的势函数增量的负值，有

$$A_{in,c}=-(E_{p2}-E_{p1})=-\Delta E_p \tag{1-71}$$

这是保守力与势能之间的积分关系。其微分形式统一可写为

$$\boldsymbol{f}_c\cdot d\boldsymbol{r}=-dE_p \tag{1-72}$$

功是能量改变的量度，以上两式左边为功，右边应为系统所具有的与位形相关的能量变化，所以系统的势函数叫作势能。(1-71)式和(1-72)式表明：系统保守内力的功等于此系统势能的减少(或势能增量的负值)。能量是守恒的，如果系统保守内力做正功，根据质点系动能定理，此正功的效果一定是使质点系动能增加，而此项动能(称为内动能)的增加一定等于系统势能的减少。也就是说，只有保守力做功的情况下，系统保守内力功的正负将决定系统的动能和势能的转化。

对于例 1.18 中的弹簧和重物系统，由弹力确定的系统势能取为 $E_p=\frac{1}{2}k(y+y_0)^2$，表明 $y+y_0=0(y=-y_0)$ 时系统势能 $E_p=0$；换句话说，在选定弹簧不伸长(原长)时为势能零点的情况下，此系统的势能具有 $E_p=\frac{1}{2}k(y+y_0)^2$ 的形式。它是弹簧伸长 $y+y_0$ 时和弹簧原长时系统势能的差值，此差值等于系统由势能为零的状态($y=-y_0$)变化到弹簧伸长任意特定状态($y+y_0$)过程中保守弹性内力做功的负值。一般对于一个有保守内力做功的系统，如果把 P_0 位形作为系统势能零点($E_{p0}=0$)，那系统任意位形 P 的势能为

$$E_p=-\int_{P_0}^{P}\boldsymbol{f}_c\cdot d\boldsymbol{r}=\int_{P}^{P_0}\boldsymbol{f}_c\cdot d\boldsymbol{r} \tag{1-73}$$

此式给出了系统势能零点选定后的系统势能，并意味着不同的势能零点的选取将导致系统具有不同的势能形式。这相当于在(1-71)式中令 E_{p2} 和 E_{p1} 同时增加或减少同一个量值，并不影响系统任意两个位形所具有的势能差值。

例 1.21 在例 1.18 的图 1-30 中，选定了 $y=-y_0$ 为弹簧和重物系统的势能零点时，系统的势能函数是 $E_p=\frac{1}{2}k(y+y_0)^2$，$k$，$y_0$ 是正常数。如果选 $y=0$ 为其势能零点，弹簧和重物系统的势能形式如何？此时，地球、弹簧和重物系统的势能形式又如何？

解 选定 $E_{p(y=0)}=0$，由(1-73)式，弹簧和重物系统任意位形时的弹性势能为

$$E_p=\int_{P}^{P_0}\boldsymbol{f}_c\cdot d\boldsymbol{r}=\int_{y}^{0}-k(y+y_0)dy=\frac{1}{2}k(y+y_0)^2-\frac{1}{2}ky_0^2$$

在选定 $y=-y_0$ 为系统弹性势能零点时，原点 $y=0$ 的系统弹性势能是 $\frac{1}{2}ky_0^2$；现在选定 $y=0$ 为势能零点，系统的势能当然是 $y=-y_0$ 为势能零点时的系统势能减去 $\frac{1}{2}ky_0^2$。对于 $y=0$ 处，它既是弹性势能零点又是重力势能零点，地球、弹簧和重物系统的势能形式为

$$\begin{aligned}E_p&=\int_{P}^{P_0}\boldsymbol{f}_c\cdot d\boldsymbol{r}=\int_{y}^{0}-k(y+y_0)dy+\int_{y}^{0}mg\,dy\\&=\frac{1}{2}k(y+y_0)^2-\frac{1}{2}ky_0^2-mgy\end{aligned}$$

因为 $mg=ky_0$，所以有

$$E_p = \frac{1}{2}ky^2 \tag{1-74}$$

例 1.22 如图 1-33 所示，设重物在平衡位置 O 附近作上下往复无空气阻力的振动。如果把地球、不计质量的弹簧和重物看成一个质点系，求：当重物由平衡位置 O 往下运动到 y 位置时，系统的势能增加了多少？系统的动能又变化了多少？设弹簧劲度系数为 k。

解 此系统为一竖直弹簧振子。选平衡位置 O 为系统势能零点，我们可以利用(1-74)式简单的系统势能形式 $E_p=\frac{1}{2}ky^2$。当重物由 $y=0$ 往下运动到 y 位置时，系统的势能增加了

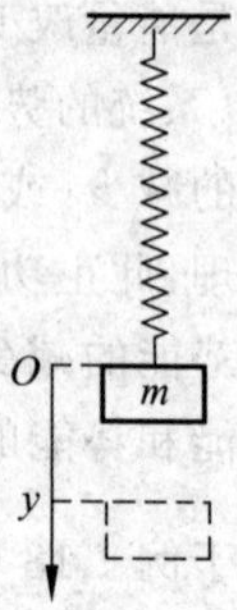

图 1-33 竖直弹簧振子

$$\Delta E_p = \frac{1}{2}ky^2 - 0 = \frac{1}{2}ky^2$$

由(1-71)式，系统保守内力做的功等于系统势能增量的负值，有

$$A_{in,c} = -\Delta E_p = -\frac{1}{2}ky^2$$

因为只有保守内力做功，依据动能定理，系统的动能增加量就是上面保守力做的功。有

$$\Delta E_k = A_{in,c} = -\frac{1}{2}ky^2$$

正因为保守力的负功，确定了系统动能向势能的转换，系统势能的增加量等于系统动能的减少量。

例 1.23 图 1-34 中，质量为 m 的物体从地面升高了 h。设 $y=0$(地面)为势能零点，求地球与物体系统此时位形的势能。如果取 $y\to\infty$ 为势能零点，此系统的势能又是多少？地球质量为 M，半径为 R。

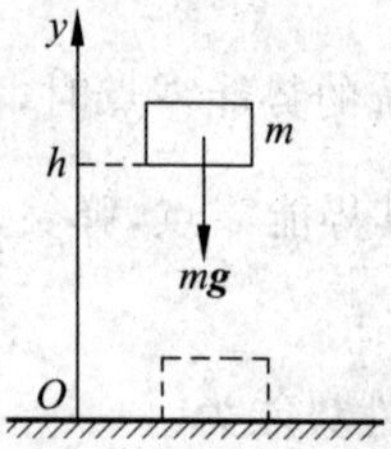

图 1-34 引力势能

解 由(1-73)式，所求系统由重力决定的势能为

$$E_p = -\int_{P_0}^{P} \boldsymbol{f}_c \cdot d\boldsymbol{r} = -\int_0^h -mg \cdot dy = mgh$$

这就是我们熟悉的重力势能形式，其中 $0\to h$ 范围内重力场强取为常量。如果取 $y\to\infty$ 为势能零点，则此系统的势能为

$$E_p = \int_P^{P_0} \boldsymbol{f}_c \cdot d\boldsymbol{r} = \int_h^{\infty} -mg\,dy = \int_h^{\infty} -m\left(G\frac{M}{(y+R)^2}\right)dy$$

$$= -G\frac{Mm}{h+R}$$

式中，$g=G\frac{M}{(y+R)^2}$，是重力场强大小，$R+h$ 是物体和地心的距离。如果用 r 代替式中的 $R+h$，可得到任意两物体间万有引力决定的引力势能形式，有

$$E_p = -G\frac{Mm}{r} \tag{1-75}$$

其势能零点位形是两物体相距无穷远($E_{p\infty}\to 0$)。

(3) 由势能求保守力

(1-72)式 $\boldsymbol{f}_c \cdot d\boldsymbol{r} = -dE_p$ 表明了保守力与系统势能之间的微分关系。直角坐标系中，$\boldsymbol{f}_c = f_{cx}\boldsymbol{i} + f_{cy}\boldsymbol{j} + f_{cz}\boldsymbol{k}$，$d\boldsymbol{r} = dx\,\boldsymbol{i} + dy\,\boldsymbol{j} + dz\,\boldsymbol{k}$，有 $\boldsymbol{f}_c \cdot d\boldsymbol{r} = f_{cx}dx + f_{cy}dy + f_{cz}dz$。故有

$$-\mathrm{d}E_{\mathrm{p}}=f_{\mathrm{c}x}\mathrm{d}x+f_{\mathrm{c}y}\mathrm{d}y+f_{\mathrm{c}z}\mathrm{d}z$$

此式是系统势能函数的全微分，有

$$f_{\mathrm{c}x}=-\frac{\partial E_{\mathrm{p}}}{\partial x},\quad f_{\mathrm{c}y}=-\frac{\partial E_{\mathrm{p}}}{\partial y},\quad f_{\mathrm{c}z}=-\frac{\partial E_{\mathrm{p}}}{\partial z} \tag{1-76}$$

如果一质点是处于保守力下的运动，可利用(1-76)式由势能函数求得此质点所受到的保守力。比如，与保守力相应的势能函数为 $E_{\mathrm{p}}=E_{\mathrm{p}}(x)$，只是 x 的函数。由(1-76)式可知质点受到的保守力 y 轴方向和 z 轴方向的分力为零，只有 x 轴方向的分力，有

$$f_x=-\frac{\mathrm{d}E_{\mathrm{p}}}{\mathrm{d}x}$$

这表明，作用于质点 x 轴方向的保守力等于势能对坐标 x 的导数的负值。其大小正比于势能的变化率的大小，方向指向势能降低的方向。如果 $-\frac{\mathrm{d}E_{\mathrm{p}}}{\mathrm{d}x}$ 值为正，则保守力沿 x 轴正向。

例 1.24 已知系统势能函数 $E_{\mathrm{p}}=\frac{1}{2}k(y+y_0)^2$，$k$，$y_0$ 是正常数，求保守力。

解 因为系统势能函数只是 y 的函数，$f_{\mathrm{c}x}=f_{\mathrm{c}z}=0$，保守力沿 y 轴方向的力，有

$$f_{\mathrm{c}y}=-\frac{\mathrm{d}E_{\mathrm{p}}}{\mathrm{d}y}=-k(y+y_0)$$

负号表示：当 y 为正时，保守力沿 y 轴负向；当 $y+y_0$ 为负时，保守力沿 y 轴正向。该保守力就是例 1.18 中弹簧作用于重物的弹力。

3. 质点系的机械能守恒定律

质点系的动能和势能之和称为机械能，用 E 表示。质点系动能定理中的所有力的功 $\sum_i A_i$ 等于所有外力功 A_{ex}、所有保守内力功 $A_{\mathrm{in,c}}$ 及所有非保守内力功 $A_{\mathrm{in,nc}}$ 之和，而所有保守内力功 $A_{\mathrm{in,c}}$ 又等于系统势能增量的负值。所以质点系动能定理(1-69)式可写为

$$A_{\mathrm{ex}}+A_{\mathrm{in,nc}}+[-(E_{\mathrm{p2}}-E_{\mathrm{p1}})]=E_{\mathrm{k2}}-E_{\mathrm{k1}}$$

用 E_2-E_1 表示系统机械能的增量，有

$$A_{\mathrm{ex}}+A_{\mathrm{in,nc}}=(E_{\mathrm{k2}}+E_{\mathrm{p2}})-(E_{\mathrm{k1}}+E_{\mathrm{p1}})=E_2-E_1 \tag{1-77}$$

这表明，**质点系的机械能增量等于外力与非保守内力的功的总和**。(1-77)式称为质点系的功能原理。它的元过程的微分形式是

$$\mathrm{d}(A_{\mathrm{ex}}+A_{\mathrm{in,nc}})=\mathrm{d}E \tag{1-78}$$

(1-78)式中，如果 $\mathrm{d}(A_{\mathrm{ex}}+A_{\mathrm{in,nc}})=0$，说明任何元过程中只有保守内力做功，外力和非保守内力都是零或可以忽略不计，这样得到 $\mathrm{d}E=0$，有

$$E=\text{常量} \tag{1-79}$$

这个结论叫机械能守恒定律：**在只有保守内力做功的情况下，质点系的机械能保持不变。** 机械能守恒定律是自然界能量守恒定律的一个特例，它是牛顿定律导出的结果，只适用于惯性系。

能量守恒定律是在长期生产和科学实验中人们综合归纳出来的一个结论，它是首先由德国物理学家亥姆霍兹(H.von Helmholtz，1821—1894)系统地以数学方式阐述的自然界各种运动形式(机械运动、热运动、电磁运动、微观粒子的运动等)都遵守的一条普遍规律：**能量既不能产生，也不能消灭，只能从一种形式转换成另一种形式。** 对一个与自然界无任何

联系的孤立系统来说，无论发生何种变化，系统内各种形式的能量可以互相转化，但它们的总和是一个常量。

到此，我们主要论述了一个质点系的状态发生变化时，一定是受到了来自外部或者内部的力。质点系的状态变化是一个需要时间和空间的过程，在此过程中可以从两方面考察力的作用效果。力对时间的积累是冲量，是一个矢量，其作用效果表现在质点系动量的改变；力对空间的积累是功，是一个标量，其作用效果表现在质点系能量的改变。所以，动量和能量是从不同方面对质点系状态的两种描述，是系统状态特性的量度(状态量)，而冲量和功是过程量，是对变化过程的描述。

例1.25 求第二宇宙速度。第二宇宙速度对应于地面上发射的人造卫星逃离地球后速度为零的情况。已知地球半径 $R=6.37\times10^6\ \mathrm{m}$，$g=9.8\ \mathrm{m\cdot s^{-2}}$。

解 把地球和人造卫星看作一个质点系。忽略外来引力和空气阻力，系统机械能守恒。当以第二宇宙速度发射人造卫星，在它脱离地球时系统动能为零，引力势能也为零(它们之间不再存有引力)。设地面发射速度大小为 v，发射时的机械能为 $\dfrac{1}{2}mv^2-G\dfrac{Mm}{R}$，$M$ 是地球质量，m 是人造卫星质量。根据机械能守恒，有

$$\frac{1}{2}mv^2-G\frac{Mm}{R}=0$$

得 $v=\sqrt{\dfrac{2GM}{R}}$。由于发射时人造卫星处于地面上，有 $mg=G\dfrac{Mm}{R^2}$，即 $g=G\dfrac{M}{R^2}$，所以第二宇宙速度为

$$v=\sqrt{\frac{2GM}{R}}=\sqrt{2\left(G\frac{M}{R^2}\right)R}=\sqrt{2gR}$$

$$=\sqrt{2\times9.8\times6.37\times10^6}\ \mathrm{m\cdot s^{-1}}=11.2\times10^3\ \mathrm{m\cdot s^{-1}}$$

如果大于此速度发射航天器，航天器脱离地球后，将在太阳引力下绕太阳作椭圆轨道运动，成为太阳的人造行星。

1.5.3 角动量守恒定律

1.5.3.1 质点的角动量、角动量定理、角动量守恒定律

1. 力矩

用手拧紧螺帽要用力，用的力越大，螺帽拧得越紧，用扳手可以把螺帽拧得更紧；若要拧松螺帽，则用力方向就要相反。这说明力可以使物体产生转动，其中除注意力的大小和方向外，还必须注意力作用线到支点的垂直距离——力臂。把这三个因素综合起来，就是力矩的概念，它也是有方向的物理量，充分体现力对物体转动的作用。图1-35所示的是在两个水平力作用下杠杆绕支点的转动。我们已知道，$\boldsymbol{F}_1$ 的作用是使杠杆顺时针转动，$\boldsymbol{F}_2$ 的作用是使杠杆逆时针转动，它们各自对支点 O 的力矩大小分别为 $M_1=F_1l\sin\theta_1$ 和 $M_2=F_2l\sin\theta_2$。如果和1.2.2节中用右手螺旋定则规定角速度的方向一样，我们也规定拇指指向为力矩方向，则四指弯曲方向就表示力矩使物体产生转动的方向。力是矢量，如果用 $\boldsymbol{r}$ 表示力的作用点相对支点 O 的径矢，如图1-36所示，我们可以用矢量的矢量积给出力 $\boldsymbol{F}$ 对一固定点 O 的力矩的一般定义，为

$$\boldsymbol{M}=\boldsymbol{r}\times\boldsymbol{F} \tag{1-80}$$

其大小为

$$M=rF\sin\theta$$

其方向由右手螺旋定则确定：把右手拇指伸直，其余四指弯曲，弯曲的方向是由径矢 $\boldsymbol{r}$ 通过小于 180°的角 θ 转向力 $\boldsymbol{F}$ 的方向，这时拇指的指向就是力矩的方向。力矩的单位是 N·m。

力 $\boldsymbol{F}$ 对 O 点的力矩 $\boldsymbol{M}$ 体现了力使物体绕 O 点的转动效应，O 点称为矩心，$\boldsymbol{M}$ 就是定位于 O 点的矢量，如图 1-36 所示。矩心的位置、力矩的大小和方向称为力矩的三要素。矩心在力的作用线上时，力对矩心的取矩为零，对同一矩心的两个力矩矢量的合成服从平行四边形法则。

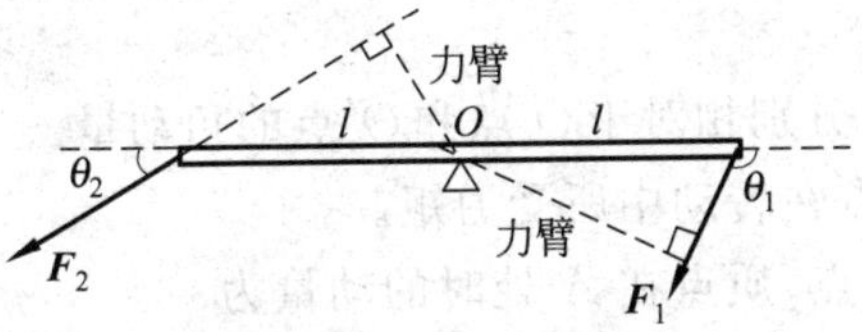

图 1-35　力矩

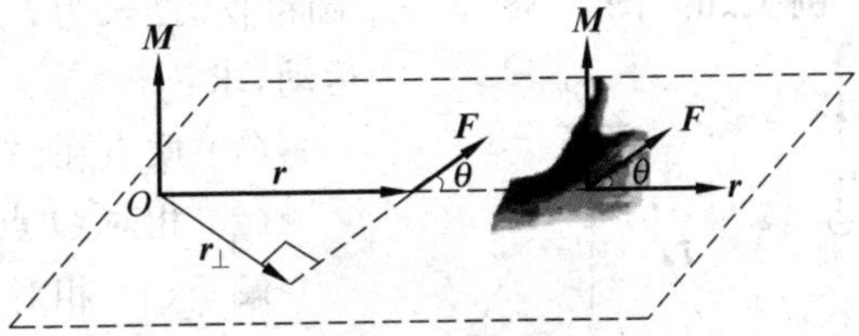

图 1-36　力矩的定义

2. 质点的角动量、角动量定理、角动量守恒定律

由(1-80)式，利用矢量的性质，注意到 $\boldsymbol{v}\times(m\boldsymbol{v})=\dfrac{\mathrm{d}\boldsymbol{r}}{\mathrm{d}t}\times(m\boldsymbol{v})=0$，有

$$\boldsymbol{M}=\boldsymbol{r}\times\boldsymbol{F}=\boldsymbol{r}\times\frac{\mathrm{d}(m\boldsymbol{v})}{\mathrm{d}t}=\frac{\mathrm{d}\boldsymbol{r}}{\mathrm{d}t}\times(m\boldsymbol{v})+\boldsymbol{r}\times\frac{\mathrm{d}(m\boldsymbol{v})}{\mathrm{d}t}=\frac{\mathrm{d}}{\mathrm{d}t}(\boldsymbol{r}\times m\boldsymbol{v})$$

令 $\boldsymbol{L}=\boldsymbol{r}\times m\boldsymbol{v}$，得到

$$\boldsymbol{M}=\frac{\mathrm{d}\boldsymbol{L}}{\mathrm{d}t} \tag{1-81}$$

$\boldsymbol{L}=\boldsymbol{r}\times m\boldsymbol{v}$ 称为质点相对同一个固定点 O 的角动量(也叫动量矩)。其大小为

$$L=rmv\sin\theta$$

方向垂直于由质点 m 的径矢 $\boldsymbol{r}$ 和速度 $\boldsymbol{v}$ 组成的平面，同样由右手螺旋定则确定(图 1-37)。角动量的单位是 kg·m²/s。

(1-81)式表明：质点所受合力对参考点 O 的力矩，等于质点对该点角动量随时间的变化率。为准确地描述转动物体的运动，牛顿第二定律中的力换成了力矩，对应地把质点动量换成了动量矩。(1-81)式还可写成

$$\boldsymbol{M}\mathrm{d}t=\mathrm{d}\boldsymbol{L} \tag{1-82}$$

$\boldsymbol{M}\mathrm{d}t$ 是质点运动元过程中力矩对时间的积累，叫作冲量矩。(1-82)式称为质点角动量定理的微分形式。对其取积分，有

$$\int_{t_1}^{t_2}\boldsymbol{M}\mathrm{d}t=\boldsymbol{L}_2-\boldsymbol{L}_1 \tag{1-83}$$

(1-83)式是质点角动量定理的积分形式，表明：**对于同一个参考点，质点所受的冲量矩等于质点角动量的增量**。它也和质点的动量定理具有相似

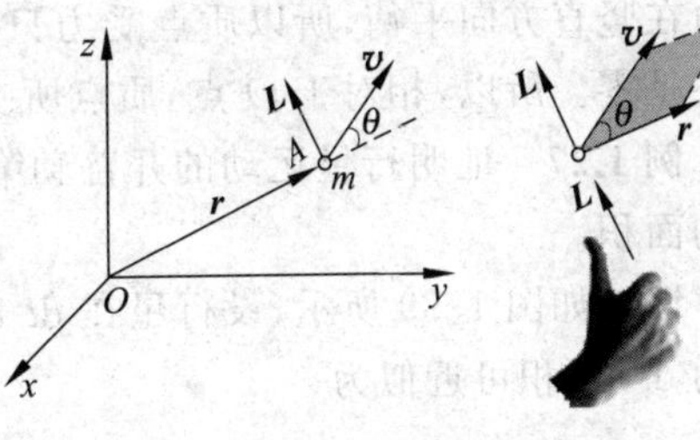

图 1-37　角动量的定义

的形式，冲量矩代替了冲量(过程量)，而动量矩代替了动量(状态量)。由(1-82)式，若质点所受合力矩为零，即 $\boldsymbol{M}=0$，则有

$$\boldsymbol{L}=\boldsymbol{r}\times m\boldsymbol{v}=\text{常矢量} \tag{1-84}$$

这就是质点的角动量守恒定律，表明：**当质点所受合力对参考点 O 的力矩为零时，质点对该点角动量为一常矢量**。例如，匀速直线运动的质点相对任意一个参考点的角动量都守恒，因为质点所受合力 $\boldsymbol{F}=0$，相对任意一个参考点的力矩都为零，有 $\boldsymbol{M}=\boldsymbol{r}\times\boldsymbol{F}=0$。行星在绕太阳的椭圆轨道运动过程中相对太阳的角动量守恒，因为行星虽一直受到指向太阳的引力(称为向心力)，但向心力的作用线与行星相对太阳的位矢 $\boldsymbol{r}$ 始终重合，它们的矢量积 $\boldsymbol{r}\times\boldsymbol{F}$(即向心力对太阳的力矩 $\boldsymbol{M}$)一直为零。

例 1.26 图 1-38 是一个圆锥摆，摆长为 l。质点 m 在水平面内作匀角速率为 ω 的圆周运动，求：

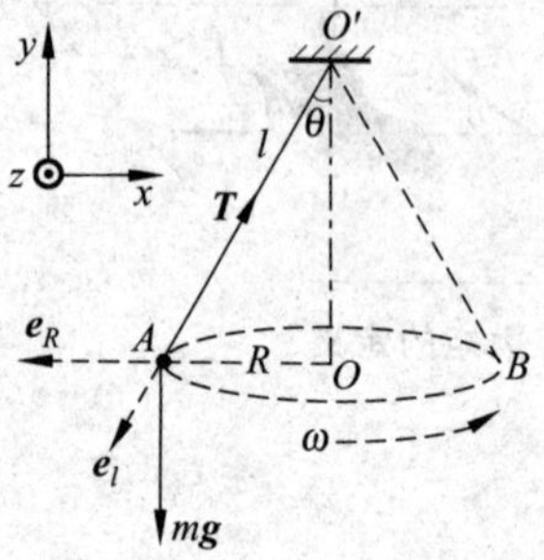

图 1-38 例 1.26 用图

(1) 质点在 A 处时分别相对于 O 点和 O' 点的角动量。

(2) 相对 O 点，质点在转动中所受力矩。

解 (1) 相对于 O 点，质点在 A 处时的动量为

$$\boldsymbol{p}_A=m\boldsymbol{v}_A=mR\omega\boldsymbol{k}=m\omega l\sin\theta\boldsymbol{k}$$

其中，$\theta=\arccos\dfrac{g}{l\omega^2}$(在例 1.7 中已求出)。质点在 A 处相对于 O 点的位矢为

$$\boldsymbol{r}_A=R\boldsymbol{e}_R=-l\sin\theta\boldsymbol{i}$$

所以，质点在 A 处相对于 O 点的角动量为

$$\boldsymbol{L}_A=\boldsymbol{r}_A\times\boldsymbol{p}_A=(l\sin\theta)(m\omega l\sin\theta)[-(\boldsymbol{i}\times\boldsymbol{k})]=m\omega l^2\sin^2\theta\boldsymbol{j}$$

其中，$\sin^2\theta=1-\cos^2\theta=1-\dfrac{g^2}{l^2\omega^4}$(参看例 1.9)。

质点在 A 处相对于 O' 点的位矢为

$$\boldsymbol{r}'_A=l\boldsymbol{e}_l=l(-\cos\theta\boldsymbol{j}-\sin\theta\boldsymbol{i})$$

所以，质点在 A 处相对于 O' 点的角动量为

$$\begin{aligned}\boldsymbol{L}'_A=\boldsymbol{r}'_A\times\boldsymbol{p}_A&=(-l\cos\theta\boldsymbol{j}-l\sin\theta\boldsymbol{i})\times m\omega l\sin\theta\boldsymbol{k}\\&=m\omega l^2[\cos\theta\sin\theta(-\boldsymbol{j}\times\boldsymbol{k})-\sin^2\theta(\boldsymbol{i}\times\boldsymbol{k})]\\&=m\omega l^2(-\cos\theta\sin\theta\boldsymbol{i}+\sin^2\theta\boldsymbol{j})\end{aligned}$$

其中，$\cos\theta=\dfrac{g}{l\omega^2}$，$\sin\theta=\sqrt{1-\dfrac{g^2}{l^2\omega^4}}$。

(2) 在转动中的任意时刻，质点受到的弹力 $\boldsymbol{T}=T\cos\theta\boldsymbol{j}+\boldsymbol{T}_{\text{向心}}$，而分力 $T\cos\theta\boldsymbol{j}$ 始终和重力在竖直方向平衡，所以质点受力只剩下 $\boldsymbol{T}_{\text{向心}}$，而它对于 O 点是向心力，对 O 点的力矩始终是零。所以，相对于 O 点，质点所受力矩为 $\boldsymbol{M}=0$，相对于 O 点质点的角动量守恒。

例 1.27 证明行星运动的开普勒第二定律：行星对太阳的径矢在相等的时间内扫过相等的面积。

证 如图 1-39 所示，设行星在 $\mathrm{d}t$ 时间内，径矢转动的角度为 $\mathrm{d}\theta$，它的径矢扫过图中所示的 $\mathrm{d}S$ 面积可近似为

$$\mathrm{d}S=\frac{1}{2}r\,|\mathrm{d}\boldsymbol{r}|\sin\alpha$$

两边除以 $\mathrm{d}t$，有

$$\frac{\mathrm{d}S}{\mathrm{d}t}=\frac{1}{2}r\frac{|\mathrm{d}\boldsymbol{r}|}{\mathrm{d}t}\sin\alpha=\frac{1}{2}rv\sin\alpha$$

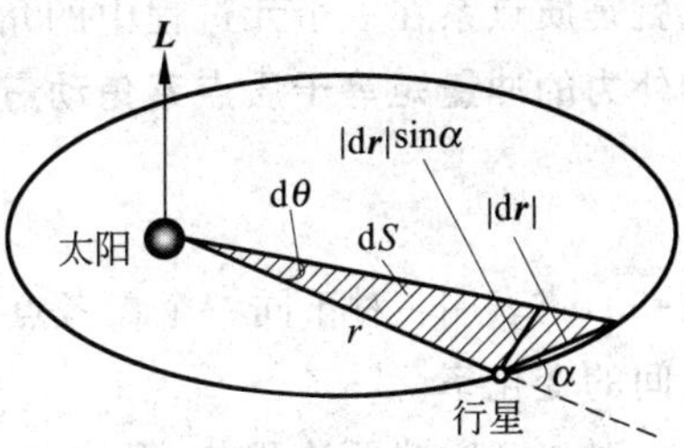

图 1-39　例 1.27 用图

因为行星受到的太阳万有引力是向心力，行星对太阳的角动量守恒。设行星质量为 m，行星对太阳的角动量大小 $L=mrv\sin\alpha$ 应是常量，有

$$L=mrv\sin\alpha=2m\frac{\mathrm{d}S}{\mathrm{d}t}$$

亦即

$$\frac{\mathrm{d}S}{\mathrm{d}t}=\frac{L}{2m}$$

此式说明径矢在单位时间内扫过的面积是一个常数。把上式变形，有

$$\mathrm{d}S=\frac{L}{2m}\mathrm{d}t$$

上式说明：行星对太阳的径矢在相等的时间内必扫过相等的面积，即证明了行星运动的开普勒第二定律。

1.5.3.2　质点系的角动量、角动量定理、角动量守恒定律

一个质点系对某一定点的角动量 $\boldsymbol{L}_{系}$ 是指质点系内各质点对该定点的角动量矢量和，有

$$\boldsymbol{L}_{系}=\sum_i\boldsymbol{L}_i=\sum_i(\boldsymbol{r}_i\times\boldsymbol{p}_i)\tag{1-85}$$

对于质点系内的第 i 个质点，应用(1-82)式质点角动量定理，有 $\boldsymbol{M}_i\mathrm{d}t=\mathrm{d}\boldsymbol{L}_i$。对质点系内所有质点应用质点角动量定理，可得

$$\left(\sum_i\boldsymbol{M}_i\right)\mathrm{d}t=\mathrm{d}\left(\sum_i\boldsymbol{L}_i\right)=\mathrm{d}\boldsymbol{L}_{系}\tag{1-86}$$

$\sum\limits_i\boldsymbol{M}_i$ 是质点系受到的所有力对上述定点的力矩矢量之和，也用 $\boldsymbol{M}$ 表示。它包括质点系内各质点所受的所有外力对定点的力矩 $\boldsymbol{M}_{\mathrm{ex}}$ 与所有内力对此定点的力矩 $\boldsymbol{M}_{\mathrm{in}}$，即有

$$\boldsymbol{M}=\boldsymbol{M}_{\mathrm{ex}}+\boldsymbol{M}_{\mathrm{in}}\tag{1-87}$$

内力总是成对出现的作用力与反作用力。图 1-40 中，质点系内任意两个质点 m_1 和 m_2 之间的一对作用力与反作用力 $\boldsymbol{f}$ 和 $\boldsymbol{f}'$，$\boldsymbol{f}=-\boldsymbol{f}'$。它们对定点 O 的力矩和为

$$\begin{aligned}\boldsymbol{M}_{12}&=\boldsymbol{r}_1\times\boldsymbol{f}+\boldsymbol{r}_2\times\boldsymbol{f}'=-\boldsymbol{r}_1\times\boldsymbol{f}'+\boldsymbol{r}_2\times\boldsymbol{f}'\\&=(\boldsymbol{r}_2-\boldsymbol{r}_1)\times\boldsymbol{f}'=0\end{aligned}$$

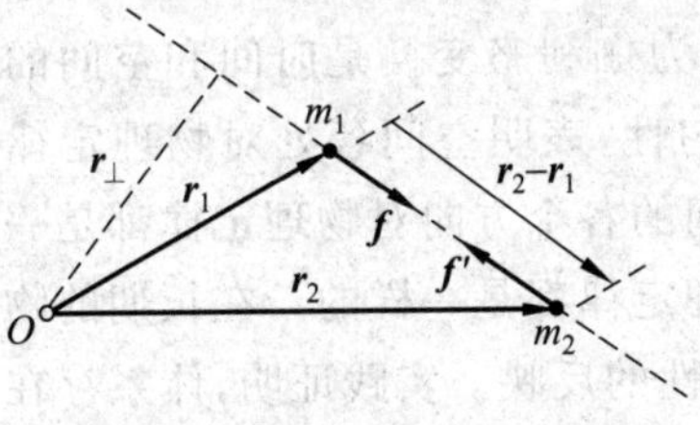

图 1-40　一对内力对定点的力矩

即一对相互作用力对此定点的力矩和为零。也就是说，所有成对出现的内力对定点 O 的力矩和也为零，(1-87)式变化为

$$\boldsymbol{M}=\boldsymbol{M}_{\mathrm{ex}}\tag{1-88}$$

说明所有外力对该点的力矩矢量和就是质点系所受到的力矩。(1-86)式写为

$$\boldsymbol{M}_{\mathrm{ex}}\mathrm{d}t=\mathrm{d}\boldsymbol{L}_{系}\tag{1-89}$$

这就是质点系在一个元过程中的角动量定理。上式表明：**对于同一个参考点，质点系所受的外力的冲量矩等于质点系角动量的增量**。由此可得和牛顿第二定律相类似的形式，有

$$M_{ex}=\frac{dL_{系}}{dt} \tag{1-90}$$

(1-90)式表明：对于同一个参考点，一个质点系所受的合外力矩等于该质点系的角动量对时间的变化率。

对(1-89)式两边积分，得质点系角动量定理的积分形式，有

$$\int_{t_1}^{t_2} M_{ex}dt=L_{系2}-L_{系1} \tag{1-91}$$

根据(1-89)式，如果 $M_{ex}=0$，有

$$L_{系}=常矢量 \tag{1-92}$$

(1-92)式表明：**对于同一个参考点，当一个质点系所受的合外力矩为零时，该质点系的角动量将不随时间变化**。这是一般情况下的角动量守恒定律。

还应再次指出，角动量守恒定律虽然是用经典的牛顿力学推证的，但它是比牛顿力学更基本的普适物理定律。关于它的应用实例，将在1.6节中结合刚体模型进行说明。

1.5.4 对称与守恒

对称性的概念源于自然，源于生活，像树叶、雪花、动物身体以及晶体的原子和分子的排列都是具有一定对称性的图案。我们把所研究的对象(体系)从一个状态变到另一状态的过程叫作“变换”，或者说给了它一种“操作”。如果体系在一个操作下状态不变，我们就说体系对于此操作是对称的。把六角形雪花绕其中心轴线旋转60°(一种操作)，雪花图案完全复原，我们说雪花具有这种操作下的空间转动对称性。一个均匀球体对通过球心的任意轴线具有任意角度的转动对称性，我们称它具有球对称性，球心就是对称中心，从对称中心出发，球体各方向的性质都一样，这叫各向同性。一个均匀的无限长圆柱体具有绕其中心轴的转动对称性，并且沿长度方向进行任意大小的平移操作，无限长圆柱体的状态都相同，我们又说它具有空间平移对称性。如果一个物体在平面镜中的像与该物体一模一样，我们说该物体具有镜像对称性，平面镜称为对称面，左右对称的物体都具有镜像对称性，即镜像的不变性。一个静止的物体，不管经过多长时间，状态总是一样，我们说它具有时间平移对称性；一个周期性运动的单摆，经过一个周期或周期的整数倍，它的状态复原，它具有周期整数倍的时间平移对称性。

对称性就是不变性。如果是某一物理规律经过一定操作(变换)其形式保持不变，就称为物理规律的对称性，如牛顿定律的对称性就表现在伽利略变换下所具有的不同惯性系间的数学形式的不变性。这种对称性又称为时空对称性，因为伽利略变换是时间和空间的联合操作。对物理规律来说：空间平移对称性又叫空间均匀性，表明空间各处对物理定律都是一样的；空间转动对称性又叫空间的各向同性，表明空间的各个方向对物理定律都是一样的；时间平移对称性又叫时间均匀性，表明不同时刻对物理定律都是一样的。在长期的物理现象研究中，人们逐渐发现物理守恒定律是客观世界对称性的反映。实践证明，体系存在一种对称性就存在一条物理守恒定律；反之，若存在一条物理守恒定律，就必定能找到一种对称性与之呼应。能量守恒定律就是时间均匀性的表现，动量守恒定律就是空间均匀性的反

映，角动量守恒定律就是空间各向同性的代表。

比如，在气轨上做两物体的碰撞实验，今天做还是明天做，在这间实验室做还是在另一间实验室做，气轨仪器是东西安置还是南北摆放，它们都获得同样的预期结果。这说明两物体的碰撞在同样的实验条件（无摩擦的气轨）下对于空间平移、空间转动、时间平移操作具有空间均匀、各向同性、时间均匀的对称性，两物体的碰撞一定是动量守恒、角动量守恒、能量守恒（没说机械能守恒）。当然在以上操作中也不影响牛顿定律在两物体碰撞力学实验中的使用。如果做高能粒子的碰撞实验，牛顿定律不再适用，但三个守恒定律依然适用，因为高能粒子的碰撞在同样实验条件（仪器）下也同样具有空间均匀、各向同性、时间均匀的对称性。这意味着对称性统治着物理规律，是基本规律之上的更高层次的法则。可见，动量守恒、能量守恒和角动量守恒定律虽从牛顿定律推导出，但它们的基础不是牛顿定律，有着和体系对称性相联系的比牛顿定律更深层次的基础。所以，牛顿定律只适用于宏观、低速（远小于光速）领域，而在一些牛顿定律不再适用的物理现象中，三个守恒定律依然保持正确。另外，空间的均匀性保证了坐标原点的任意选取，空间的各向同性保证了坐标轴方向的任意选取，时间的均匀性保证了时间零点（计时时刻）的任意选取，因为物理规律的形式都不会变。

1.6 刚体定轴转动中的牛顿力学

在大到星球和小到多原子分子等许多实际问题中，有时我们要考虑它们本身的形状、大小对运动的影响，不再把它们当作质点来处理。如果它们本身的形变对运动的影响可以忽略，我们就把它们看作是刚体。刚体和质点一样，也是一种理想模型，是对实际问题的近似，是一个受力时不会改变形状和体积的特殊质点系，或者说刚体是其内任意两个质点间的距离都将保持不变的质点系。把刚体作为研究对象，是由牛顿定律推导出的有关质点系的一些规律的具体应用和拓展。

刚体的一般运动都可以看作是平动和转动的组合。所谓平动，是指刚体的所有质点的运动情况都完全一样的运动，用数学语言描述就是任意连接刚体内两点的直线在各时刻位置都保持彼此平行的运动，如图 1-41 所示，其中任意一点（通常选择质心）的运动都可代表刚体的平动。所谓转动，是指刚体内各质点都绕同一直线（叫转轴）作圆周运动的刚体运动。如果转轴对参考系是固定的，刚体的转动称为定轴转动，它是刚体转动的最简单情况。

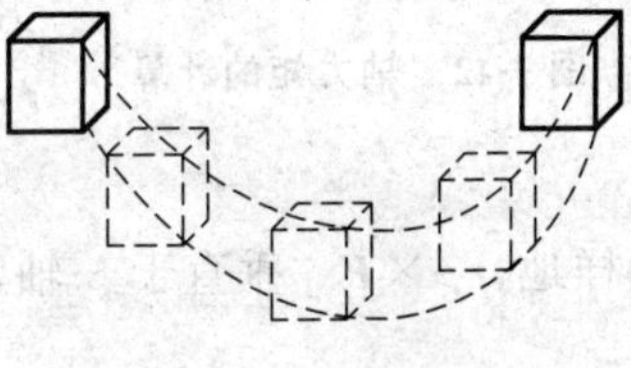

图 1-41 刚体的平动

1.6.1 刚体定轴转动的转动定律

力矩体现了力对物体的转动作用。1.5 节我们给出了质点系绕定点 O 转动的角动量定理(1-90)式

$$\boldsymbol{M}_{\mathrm{ex}}=\frac{\mathrm{d}\boldsymbol{L}_{系}}{\mathrm{d}t}$$

上式是一个矢量式，把矩心 O 作为坐标原点，则其沿坐标系 $Oxyz$ 的分量式分别为

$$M_x=\frac{\mathrm{d}L_x}{\mathrm{d}t},\quad M_y=\frac{\mathrm{d}L_y}{\mathrm{d}t},\quad M_z=\frac{\mathrm{d}L_z}{\mathrm{d}t}$$

M_x、M_y、M_z 是 $\boldsymbol{M}_{\mathrm{ex}}$ 分别在 x、y、z 轴上的投影，是沿各轴向的力矩，它们的正负不但表示了各自是沿轴的正向还是负向，而且表明了外力使质点系统绕各轴的转动方向(可用右手螺旋定则确定)。例如，M_x 为正，说明 M_x 沿 x 轴正向，使伸直的右手拇指指向 x 轴正向，则四指弯曲的方向表明质点系绕 x 轴的转动方向。

对于刚体的定轴转动，如果把“定轴”选作坐标系的 z 轴，我们只需考虑外力矩和角动量于此轴向的分量 M_z 及 L_z，即沿 z 轴方向分量式

$$M_z=\frac{\mathrm{d}L_z}{\mathrm{d}t} \tag{1-93}$$

式中，M_z，L_z 是刚体所受的外力矩和角动量沿 z 轴的分量。该式表明：**对于同一个参考点，定轴转动的刚体受到的轴向合外力矩等于该质点系的轴向角动量对时间的变化率。**

1.6.1.1 对于转轴的力矩 $\boldsymbol{M}_z$

构成刚体的可以是质点组，也可以是质量连续分布的物体。对于质量连续分布的物体，可以看作是由许多质元所组成。质量体分布的物体，质元质量是 $\mathrm{d}m=\rho\mathrm{d}V$，$\rho$ 是质量体密度，$\mathrm{d}V$ 是空间的一个体积元。对于一个细长的杆，如果知道它的质量线密度函数是 λ，它的任一质元质量为 $\mathrm{d}m=\lambda\mathrm{d}l$，$\mathrm{d}l$ 是一个长度线元。如果是一块薄板，按面积度量它的质量，其质元质量为 $\mathrm{d}m=\sigma\mathrm{d}S$，$\sigma$ 为它的面密度函数，$\mathrm{d}S$ 是板上任意处的面元。

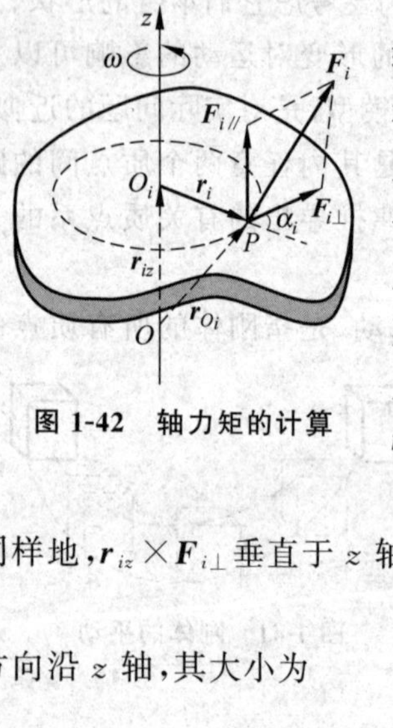

图 1-42 轴力矩的计算

如图 1-42 所示，一刚体绕 z 轴转动，所有质元都在垂直于轴的平面(转动平面)上作圆周运动。它们各自的转动平面不尽相同，各自圆周运动的圆心也不尽相同，但这些圆心都在 z 轴上。设 P 点处质元质量为 $\mathrm{d}m_i$，此质元的圆周运动圆心是轴上一点 O_i，质元对 O_i 的矢径为 $\boldsymbol{r}_i$，受外力 $\boldsymbol{F}_i$。我们分析它对轴上任意定点 O 沿轴向的力矩时，把 $\boldsymbol{F}_i$ 分为平行轴向力 $\boldsymbol{F}_{i/\!/}$ 和在其转动平面的力 $\boldsymbol{F}_{i\perp}$，即 $\boldsymbol{F}_i=\boldsymbol{F}_{i/\!/}+\boldsymbol{F}_{i\perp}$。因为 $\boldsymbol{F}_{i/\!/}$ 对定点 O 的力矩一定垂直于轴向，所以它对轴向力矩无贡献。由矢量性质，$\boldsymbol{r}_{Oi}=\boldsymbol{r}_{iz}+\boldsymbol{r}_i$，$\boldsymbol{F}_{i\perp}$ 对定点 O 的力矩为

$$\boldsymbol{r}_{Oi}\times\boldsymbol{F}_{i\perp}=(\boldsymbol{r}_{iz}+\boldsymbol{r}_i)\times\boldsymbol{F}_{i\perp}=\boldsymbol{r}_{iz}\times\boldsymbol{F}_{i\perp}+\boldsymbol{r}_i\times\boldsymbol{F}_{i\perp}$$

同样地，$\boldsymbol{r}_{iz}\times\boldsymbol{F}_{i\perp}$ 垂直于 z 轴，所以 $\boldsymbol{F}_i$ 对刚体定轴转动有贡献的力矩是

$$\boldsymbol{M}_{iz}=\boldsymbol{r}_i\times\boldsymbol{F}_{i\perp}$$

方向沿 z 轴，其大小为

$$M_{iz}=r_iF_{i\perp}\sin\alpha_i$$

如果它为正，力矩沿 z 轴正向；如果为负，力矩则沿 z 轴负向。所以，刚体所受到的所有外力对 O 点沿转轴的力矩为

$$M_z=\sum_i M_{iz}=\sum_i r_iF_{i\perp}\sin\alpha_i \tag{1-94}$$

此力矩使刚体沿定轴 z 转动，又把它称为 z 轴的轴力矩。

例 1.28 一质量为 M、长为 L 的均匀细杆，可以绕一端水平轴自由转动，如图 1-43 所示。当细杆处于水平位置时，求细杆所受到的外力对转轴的力矩。

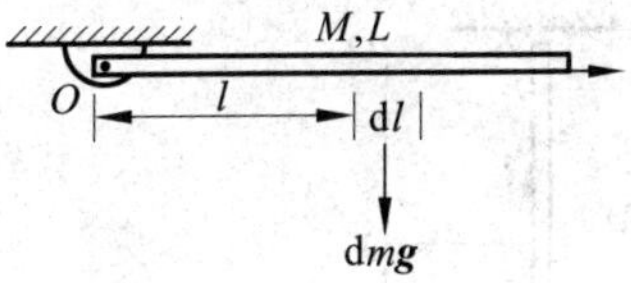

图 1-43 例 1.28 用图

解 如图 1-43 所示，取线元 $\mathrm{d}l$，质元质量为 $\mathrm{d}m=\frac{M}{L}\mathrm{d}l$，重力 $\mathrm{d}m\boldsymbol{g}$ 对轴的力矩垂直纸面向里（可规定为 z 轴的正向），大小为

$$\mathrm{d}M_z=l\,\mathrm{d}mg\sin 90^\circ=\frac{M}{L}gl\,\mathrm{d}l$$

均匀细杆所有质元的轴向重力矩的方向都是垂直纸面向里，所以细杆所受到的外力（只有重力）对转轴的力矩大小为

$$M_z=\int \mathrm{d}M_z=\int_0^L \frac{M}{L}gl\,\mathrm{d}l=\frac{1}{2}MgL$$

方向垂直纸面向里。

1.6.1.2 刚体沿轴向的角动量

1. 刚体沿轴向的角动量

如图 1-44 所示，设 P 点处质元 $\mathrm{d}m$ 的速度为 $\boldsymbol{v}$（$\boldsymbol{v}$ 处于质元的转动平面内），其动量为 $\mathrm{d}m\,\boldsymbol{v}$，对于力矩的参考点 O 的角动量为

$$\begin{aligned}\mathrm{d}\boldsymbol{L}&=\boldsymbol{r}_O\times\mathrm{d}m\,\boldsymbol{v}=(\boldsymbol{r}_z+\boldsymbol{r})\times\mathrm{d}m\,\boldsymbol{v}\\&=\boldsymbol{r}_z\times\mathrm{d}m\,\boldsymbol{v}+\boldsymbol{r}\times\mathrm{d}m\,\boldsymbol{v}\end{aligned}$$

根据矢量积性质，$\boldsymbol{r}_z\times\mathrm{d}m\,\boldsymbol{v}$ 垂直转轴，质元沿轴向的角动量为 $\boldsymbol{r}\times\mathrm{d}m\,\boldsymbol{v}$。由于矢径 $\boldsymbol{r}$ 与速度 $\boldsymbol{v}$ 垂直，所以有

$$\mathrm{d}L_z=\mathrm{d}mrv$$

其正负可表示方向。如果为正，角动量方向沿 z 轴正向；如果为负则沿 z 轴负向。所以，整个刚体沿轴向的角动量 L_z 为

$$L_z=\int \mathrm{d}L_z=\int_M rv\,\mathrm{d}m$$

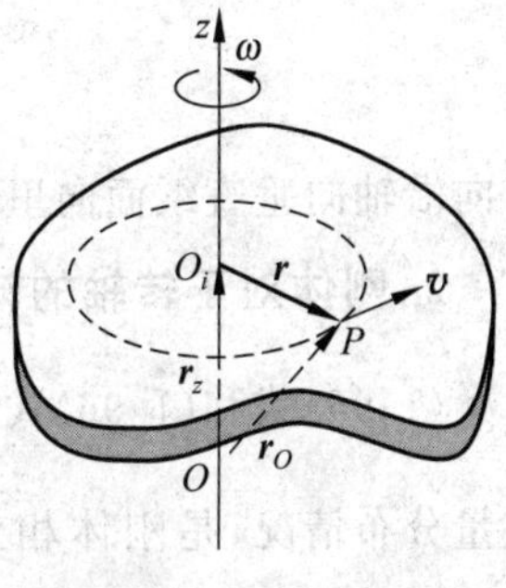

图 1-44 沿轴向角动量

积分遍及刚体全部质量空间。如果刚体是分立的质点系，上式可写成

$$L_z=\sum_i r_iv_im_i$$

刚体定轴转动中，刚体的各质点的速度不尽相同，但它们都是同周期的圆周运动，它们的角速度相同，因此质点的角速度就成了刚体的角速度。角速度是矢量，而刚体的角速度只是沿着轴向，其正负就可表示方向，正表示刚体的角速度的方向沿转轴 z 的正向，负表示反向。如 1.2.2 节所述，角速度方向和刚体绕轴转动方向符合右手螺旋定则（图 1-45）。由质点圆周运动中的速度和角速度的关系(1-25)式（$v=R\omega$），有

$$L_z=\int_M \mathrm{d}mr^2\omega=\left(\int_M r^2\mathrm{d}m\right)\omega \tag{1-95}$$

或

$$L_z=\sum_i r_iv_im_i=\left(\sum_i m_ir_i^2\right)\omega \tag{1-96}$$

由以上两式可以看出，刚体角速度的正负就是定轴转动刚体角动量的正负（图 1-45）。

例 1.29 如果例 1.28 中的细杆由水平位置自由转动至竖直位置时刚体的角速度大小为 ω，求此时杆相对转轴的角动量。

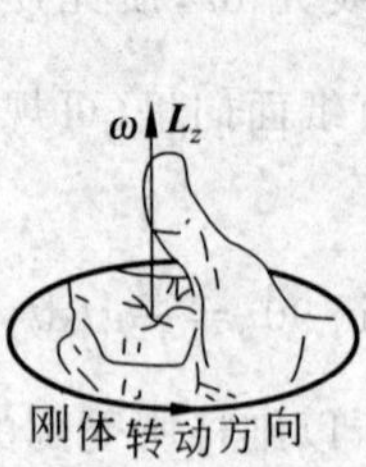

图 1-45 右手螺旋定则

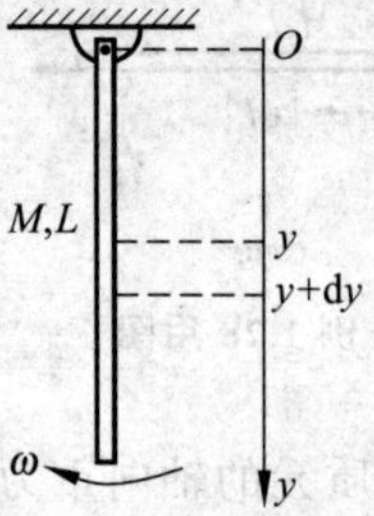

图 1-46 例 1.29 用图

解 如图 1-46 所示，取线元 dy，质元质量 $dm=\frac{M}{L}dy$，其角速度为 ω，对转轴 O 的角动量为

$$dL_z=(y^2dm)\omega=\omega\frac{M}{L}y^2dy$$

整个杆对转轴的角动量为

$$L_z=\int dL_z=\omega\int_0^L\frac{M}{L}y^2dy=\frac{1}{3}ML^2\omega$$

方向沿轴向垂直纸面向里。

2. 刚体对于转轴的转动惯量

(1-95)式和(1-96)式中的 $\int_M r^2dm$ 与 $\sum_i m_ir_i^2$ 反映了刚体的形状和大小，以及刚体的质量分布情况，是刚体相对转轴的特征物理量，叫转动惯量，我们用 J_z 表示，其单位是 $kg\cdot m^2$。(1-95)式和(1-96)式可以写成

$$L_z=J_z\omega \tag{1-97}$$

例 1.29 中我们已求出质量为 M、长为 L 的均匀细杆，绕其一端并垂直于杆的转轴的角动量为 $L_z=\frac{1}{3}ML^2\omega$，和(1-97)式相比，可知细杆绕此轴的转动惯量为 $J_z=\frac{1}{3}ML^2$。如果此杆绕垂直于杆的中心轴转动，则相当于两个质量是 $M/2$、长为 $L/2$ 的半杆绕其一端并垂直于杆的转轴的转动，整杆的转动惯量应是两个半杆的转动惯量之和，有

$$J_z=J_1+J_2=2\left[\frac{1}{3}\cdot\frac{M}{2}\left(\frac{L}{2}\right)^2\right]=\frac{1}{12}ML^2$$

表 1-2 给出了一些常用的均匀刚体相对转轴的转动惯量。

表 1-2 一些均匀刚体的转动惯量

刚体形状		轴的位置	转动惯量
细杆	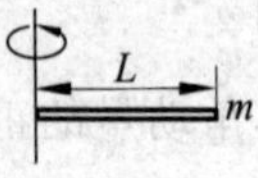	通过一端垂直于杆	$\frac{1}{3}mL^2$
细杆	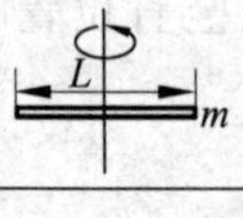	通过中点垂直于杆	$\frac{1}{12}mL^2$

续表

刚体形状		轴的位置	转动惯量
薄圆环（或薄圆筒）	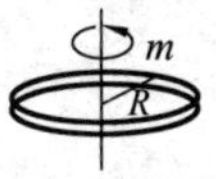	通过环心垂直于环面（或中心轴）	mR^2
圆盘（或圆柱体）	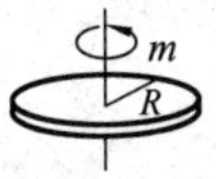	通过盘心垂直于盘面（或中心轴）	$\frac{1}{2}mR^2$
薄球壳		直径	$\frac{2}{3}mR^2$
球体		直径	$\frac{2}{5}mR^2$

1.6.1.3 刚体定轴转动的转动定律

把(1-97)式代入(1-93)式有

$$M_z = \frac{\mathrm{d}L_z}{\mathrm{d}t} = J_z \frac{\mathrm{d}\omega}{\mathrm{d}t} = J_z\alpha \tag{1-98}$$

式中，α 称为刚体定轴转动的角加速度。这是质点系角动量定理应用于刚体定轴转动的具体形式，叫作刚体的定轴转动定律。它表明：**刚体所受的对于某一固定轴的合外力矩等于刚体对此转轴的转动惯量与刚体在此合外力矩作用下所获得的角加速度的乘积**。(1-98)式反映出转动惯量是刚体在转动过程中的惯性，而刚体的角加速度 α 是组成刚体每个质元的角加速度。

如果(1-98)式中 $M_z=0$，那么 $\alpha=0$，刚体的定轴转动是匀角速度的转动，它的角动量 $J_z\omega$ 是一个常量。$\int_M r^2\mathrm{d}m$ 与 $\sum_i m_i r_i^2$ 表征的转动惯量是反映质点系内质量相对于转轴分布的情况。一定质量的质点系，如果把质量分布得离转轴越远，它的转动惯量越大，反之，转动惯量越小。如果定轴转动的不是刚体，对定轴的转动惯量不一定是常量，任意时刻的轴向角动量还是由 $J_z\omega$ 描述，由(1-93)式，$M_z=\frac{\mathrm{d}L_z}{\mathrm{d}t}=\frac{\mathrm{d}(J_z\omega)}{\mathrm{d}t}$，如果 $M_z=0$，定轴转动质点系的角动量 $J_z\omega$ 是常量，角动量守恒。图 1-47 就是定轴转动质点系角动量 $J_z\omega$ 守恒的例子。左边是一个人坐在转凳上，如果他把手持的自行车轮拉动，自己就沿竖直轴反转。右边是花样滑冰运动员，当她把手收起尽量靠近竖直轴时，相对轴的转动惯量减小，其身体转速将增大。

图 1-47 定轴转动角动量守恒实例

例 1.30 例 1.28 中的细杆在水平位置时，求由重力矩产生的细杆绕一端水平轴转动的角加速度。

解 例1.28中已求出垂直纸面向里的重力矩为 $M_z=\frac{1}{2}MgL$，而该细杆的转动惯量是 $J=\frac{1}{3}ML^2$，则由定轴转动定律求得角加速度为

$$\alpha=\frac{M_z}{J_z}=\frac{(1/2)MgL}{(1/3)ML^2}=\frac{3g}{2L}$$

方向随力矩垂直纸面向里。

例1.31 如图1-48所示，一细绳跨过一质量为 M、半径为 R 的匀质定滑轮，其两端分别系有质量为 m_1 和 m_2 的物体($m_2>m_1$)。细绳不可伸长，求定滑轮绕光滑中心转轴的角加速度。

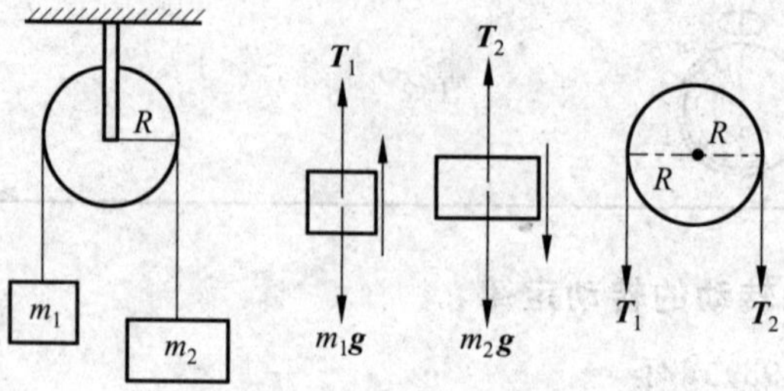

图1-48 例1.31用图

解 对于质点 m_1，有

$$T_1-m_1g=m_1a_1$$

对于质点 m_2，有

$$m_2g-T_2=m_2a_2$$

对滑轮，应用刚体的定轴转动定律，且设垂直纸面向里为转轴的正向，有

$$RT_2-RT_1=J\alpha$$

又因 $a_1=a_2=R\alpha$，$J=\frac{1}{2}MR^2$，联立求解可得

$$\alpha=\frac{2(m_2-m_1)g}{MR+2(m_1+m_2)R}$$

1.6.2 刚体定轴转动的动能定理

上面讨论了质点系角动量定理对刚体定轴转动的应用，即力矩对刚体定轴转动的时间积累效应。本节讨论力矩对刚体定轴转动的空间积累影响。

1.6.2.1 力矩的功

定轴转动的刚体所受到的外力都可以分成在质点转动平面内的分量和平行于轴向的分量之和。而平行于轴向的分量是不能对刚体质元做功的，只有在质点转动平面内的分量才有可能做功。设图1-49中 $\boldsymbol{F}_\perp$ 是刚体所受到的一个外力 $\boldsymbol{F}$ 在转动平面内的分量，它和图中所示的质元径矢 $\boldsymbol{r}$ 夹角为 α，它和质元 $\mathrm{d}t$ 时间内的位移 $\mathrm{d}\boldsymbol{r}$ 夹角为 ϕ。$\mathrm{d}t$ 时间内 $\boldsymbol{F}$ 对质元做功为

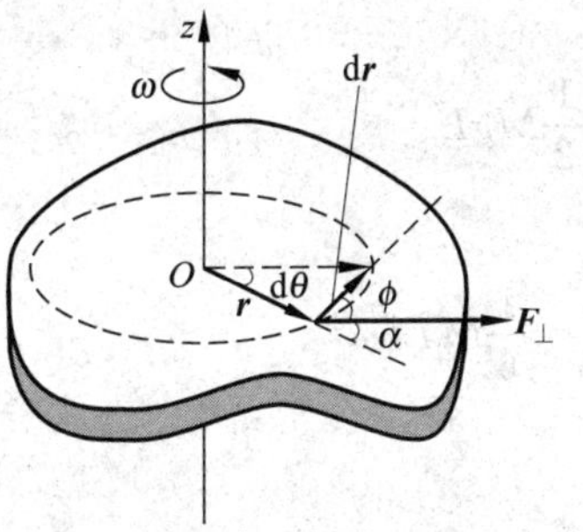

图 1-49　力矩的功

$$dA = \boldsymbol{F} \cdot d\boldsymbol{r} = \boldsymbol{F}_{\perp} \cdot d\boldsymbol{r} = F_{\perp} \cos\phi \,|d\boldsymbol{r}|$$

dt 时间内所有质元都转动了角位移 $d\theta$，即刚体有了角位移 $d\theta$。而 $|d\boldsymbol{r}| = r d\theta$，代入上式，有 $dA = F_{\perp} r\cos\phi d\theta = F_{\perp} r\sin\alpha d\theta$。$F_{\perp} r\sin\alpha$ 正是外力 $\boldsymbol{F}$ 的轴向力矩，上述元功可写为

$$dA = M_z d\theta \tag{1-99}$$

即外力对定轴转动刚体的元功等于相应的力矩和角位移的乘积，被称为力矩的功。对有限的角位移有

$$A = \int_{\theta_1}^{\theta_2} M_z d\theta \tag{1-100}$$

此式虽然由一个外力 $\boldsymbol{F}$ 导出，但 M_z 可视为所有外力的轴向力矩，(1-100)式可理解为：所有外力对定轴转动刚体所做的功等于相应的轴向力矩和角位移的乘积。

我们也可以定义力矩的功率：单位时间内力矩所做的功称为力矩的功率，用 P 表示，由(1-99)式得到

$$P = \frac{dA}{dt} = M_z \frac{d\theta}{dt} = M_z \omega \tag{1-101}$$

当功率一定时，力矩与角速度成反比。功率一定时，要想得到较大的力矩，必须降低角速度。

1.6.2.2　刚体定轴转动的动能定理

刚体的动能等于组成刚体的各质点(或质元)动能之和。

$$E_k = \sum_i \frac{1}{2} m_i v_i^2 = \frac{1}{2} \sum_i m_i (r_i \omega)^2 = \frac{1}{2} \left(\sum_i m_i r_i^2 \right) \omega^2 = \frac{1}{2} J_z \omega^2$$

其中，r_i 为第 i 个质点圆周运动的半径，ω 为刚体的角速度。刚体定轴转动的动能表示为

$$E_k = \frac{1}{2} J_z \omega^2 \tag{1-102}$$

由(1-98)式和(1-99)式得

$$dA = M_z d\theta = J_z \frac{d\omega}{dt} d\theta = J_z \omega d\omega = d\left(\frac{1}{2} J_z \omega^2 \right)$$

对刚体定轴转动的有限角位移有

$$A = \int_{\theta_1}^{\theta_2} M_z d\theta = \frac{1}{2} J_z \omega_2^2 - \frac{1}{2} J_z \omega_1^2 \tag{1-103}$$

此式称之为定轴转动的动能定理，它说明：**合外力矩对一个绕固定轴转动的刚体所做的功等于它的转动动能的增量**。

例 1.32　求例 1.28 中质量为 M、长为 L 的均匀细杆由水平位置自由转动至竖直位置时的角速度 ω。已知细杆绕 O 转动的转动惯量为 $J = \frac{1}{3} ML^2$。

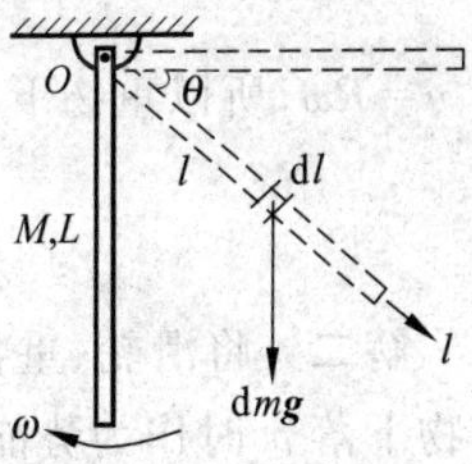

图 1-50　例 1.32 用图

解　如图 1-50 所示，均匀细杆下摆任意角度 θ 时，对转轴的轴向重力矩为

$$M_z = \int dM_z = \int_0^L g \frac{M}{L} dl \cdot l\cos\theta = Mg \cdot \frac{L}{2} \cos\theta$$

当细杆由 $\theta=0$ 自由下摆到 $\theta=\pi/2$ 时,重力矩做功为

$$A=\int_0^{\pi/2} M_z \mathrm{d}\theta=\frac{MgL}{2}\int_0^{\pi/2}\cos\theta \mathrm{d}\theta=\frac{1}{2}MgL$$

根据刚体定轴转动的动能定理,有

$$A=\frac{1}{2}MgL=\frac{1}{2}J_z\omega_2^2-\frac{1}{2}J_z\omega_1^2=\frac{1}{2}J_z\omega^2=\frac{1}{6}ML^2\omega^2$$

得细杆由水平位置自由转动至竖直位置时的角速度为

$$\omega=\sqrt{\frac{3g}{L}}$$

方向垂直纸面向里。

例 1.33 如图 1-51 所示的装置中,一根不可伸长、质量不计的绳子的上端缠绕在定滑轮上,下端系以重物 m。重物由静止开始降落,并带动滑轮转动。求重物下落的高度为 h 时的速度 v。已知圆柱的质量为 M,半径为 R,且忽略轴摩擦。

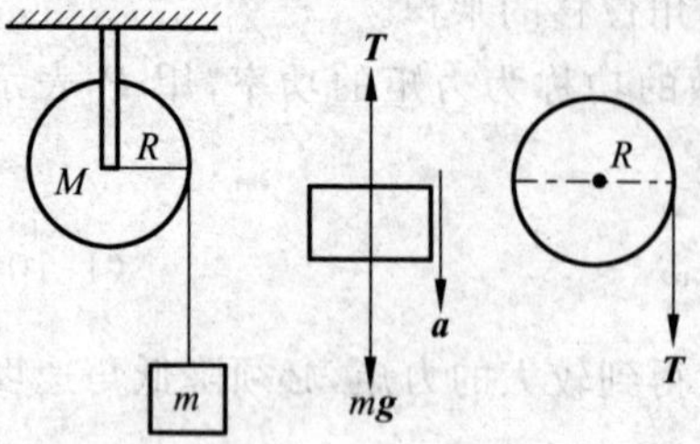

图 1-51 例 1.33 用图

解一 对重物有

$$mg-T=ma$$

对滑轮有

$$RT=\frac{1}{2}MR^2\alpha$$

而

$$a=R\alpha$$

解上面三式,可得

$$T=\frac{Mm}{M+2m}g$$

这是一个常力,对转轴的力矩 $M_z=RT=R\dfrac{Mm}{M+2m}g$。当重物下降高度为 h 时,刚体的角位移 $\Delta\theta=h/R$,此力矩的功为 $A=M_z\Delta\theta=\dfrac{Mm}{M+2m}gh$。对滑轮应用动能定理,有

$$A=\frac{Mm}{M+2m}gh=\frac{1}{2}\left(\frac{1}{2}MR^2\right)\omega^2-0=\frac{1}{4}MR^2\omega^2$$

得

$$\omega=\frac{2}{R}\sqrt{\frac{mgh}{M+2m}}$$

而 $v=R\omega$,所以重物下落高度为 h 时的速度大小 v 为

$$v=R\omega=2\sqrt{\frac{mgh}{M+2m}}$$

解二 将滑轮、重物、地球取作研究系统,只有保守内力做功,该系统的机械能守恒。把重物下落 h 时作为势能零点,有

$$mgh=\frac{1}{2}mv^2+\frac{1}{2}J_z\omega^2=\frac{1}{2}mv^2+\frac{1}{2}\left(\frac{1}{2}MR^2\right)\omega^2$$

因绳子不可伸长，故 $v=R\omega$，代入上式得

$$v=2\sqrt{\frac{mgh}{M+2m}}$$

1.6.3　进动现象

图 1-52 是一种刚体(陀螺)的转动轴不固定的情况。如果倾斜的陀螺不绕自身对称轴旋转，在对支点 O 的重力矩作用下它一定会向地面倾倒。如果它是一个绕自身对称轴高速旋转(称为自旋)的陀螺，虽倾斜但不再向地面倾倒，其自转轴在重力矩 $\boldsymbol{M}$ 下沿图中虚线所示路径画出一个圆锥面来，也就是自转轴围绕图中竖直轴(z 轴)旋转。这种高速自旋物体的自转轴在空间转动的现象叫进动，其相应的角速度叫作进动角速度，用 Ω 表示。

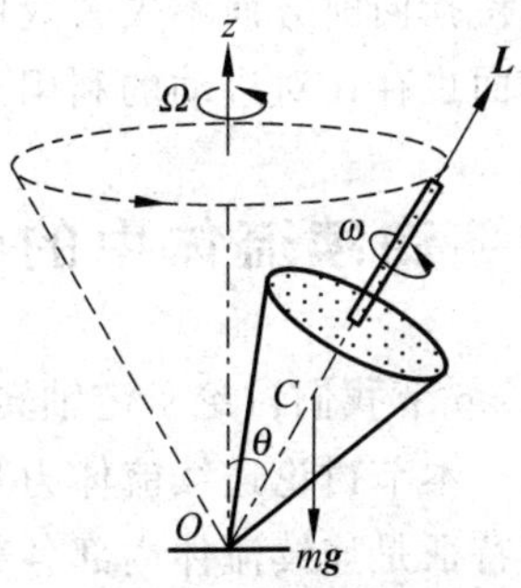

图 1-52　进动现象

设陀螺的质量为 m，C 为陀螺的质心，它对于支点 O 的位置矢量为 $\boldsymbol{r}_C$，刚体所受重力对支点 O 的重力矩可以表示为 $\boldsymbol{M}=\boldsymbol{r}_C\times m\boldsymbol{g}$，垂直自转轴和竖直 z 轴组成的平面，处于图中垂直 z 轴的水平平面内。而刚体的角动量包括陀螺绕其对称轴高速旋转产生的自旋角动量 $\boldsymbol{L}_1$ 和进动角动量 $\boldsymbol{L}_2$(图 1-53)，$\boldsymbol{L}=\boldsymbol{L}_1+\boldsymbol{L}_2$。在陀螺绕其对称轴高速旋转时，由于进动角速度 Ω 远小于自转角速度 ω，所以系统角动量 $\boldsymbol{L}$ 可用自旋角动量 $\boldsymbol{L}_1$ 近似表示。由质点系角动量定理，有

$$\boldsymbol{M}\mathrm{d}t=\mathrm{d}\boldsymbol{L}=\mathrm{d}\boldsymbol{L}_1+\mathrm{d}\boldsymbol{L}_2\approx\mathrm{d}\boldsymbol{L}_1$$

得 $\mathrm{d}\boldsymbol{L}_1/\!/\boldsymbol{M}$，$\mathrm{d}\boldsymbol{L}_1$ 也处于垂直 z 轴的图中水平平面内。由于力矩 $\boldsymbol{M}$ 垂直 $\boldsymbol{L}_1$，所以 $\mathrm{d}\boldsymbol{L}_1\perp\boldsymbol{L}_1$，可以认为陀螺自旋角动量大小不变而只是方向改变，使得自旋轴绕 z 轴做等 θ 旋转，这就是陀螺的纯进动，如图 1-54 所示。如果用 Θ 表示自旋轴绕 z 轴做等 θ 旋转时进动的角位移，有

$$L_1\sin\theta\cdot\mathrm{d}\Theta=\mathrm{d}L_1=M\mathrm{d}t$$

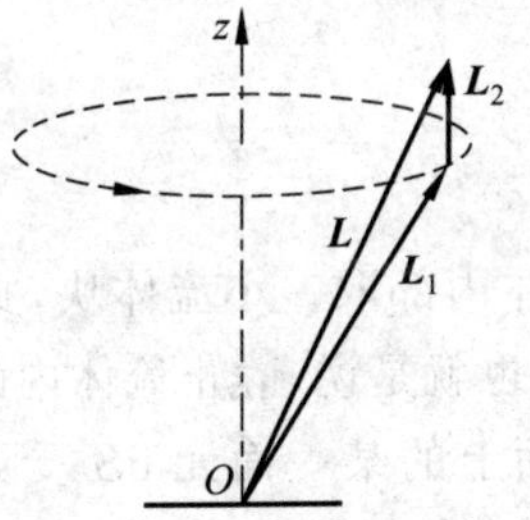

图 1-53　陀螺角动量

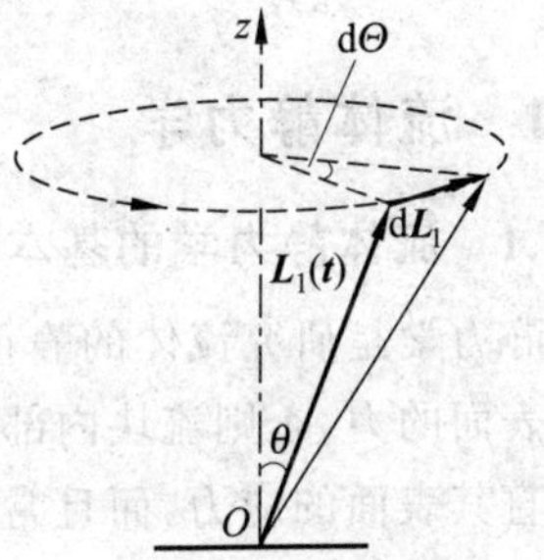

图 1-54　$\boldsymbol{M}/\!/\mathrm{d}\boldsymbol{L}_1$

所以，进动角速度 Ω 近似为

$$\Omega=\frac{\mathrm{d}\Theta}{\mathrm{d}t}=\frac{M}{L_1\sin\theta}\tag{1-104}$$

和外力矩成正比，和自旋角动量大小 $J_1\omega$(J_1 为陀螺绕其对称轴旋转的自旋转动惯量)成反

比。如图1-52所示,重力矩大小可写为$M=r_C mg\sin\theta$,代入(1-104)式,有

$$\Omega=\frac{r_C mg}{J_1\omega} \tag{1-105}$$

陀螺自旋角速度很大时,进动角速度很小,近似为一常数。

技术上利用进动的一个实例是炮筒内壁刻有的螺旋线(来复线)。炮弹被推出炮筒时高速自转,在空中受到空气阻力矩作用时,炮弹因绕前进方向旋进而不至于发生翻转,弹头基本保持指向前方而不失去效用。另外,在航海、航空的导航系统以及火箭、卫星的姿态控制等方面也存在对进动的利用。

1.7 连续流体中的牛顿力学

1.6节我们讨论了定轴转动刚体的力学问题,刚体是没有形变的,内部各部分没有相对运动。本节讨论连续流体力学,即连续流体中牛顿力学的应用。流体是液体和气体的总称,基本特征是连续流体内部各部分之间可以有相对运动,因而没有固定形状,这种性质称为流动性。

流体都是可压缩的,气体容易压缩,液体就难一些。于此,我们只讨论流体的机械运动,不涉及热力学问题(压缩引起内能变化等),所以研究的流体都假定是不可压缩的。液体的可压缩量本来就很小,一般可以忽略其可压缩性;气体静态可压缩性大,但它的流动性好,很小的压强变化就可以使其流动,使各处的密度差异减到很小,在许多实际问题中仍可被视为不可压缩。不可压缩流体的质量密度是常量,不可压缩流体力学(流体静力学和流体动力学)的基础仍然是牛顿定律。

对于连续流体,我们同样取"质元"代替"质点",质元是有质量的体积元。流体内部各部分之间的相互作用的内力,不再看成是作用于一个个离散的质点上,而是看成作用在质元的表面上,作用在单位面积上的力称为应力。讨论流体内部某点的应力,就通过此点取一面元$\mathrm{d}S$,被$\mathrm{d}S$分开的两部分流体之间的作用力与反作用力分别为$\mathrm{d}\boldsymbol{f}$与$-\mathrm{d}\boldsymbol{f}$,则在此面元$\mathrm{d}S$上的应力可用$\boldsymbol{\tau}=\frac{\mathrm{d}\boldsymbol{f}}{\mathrm{d}S}$计算。

1.7.1 流体静力学

1.7.1.1 流体静力学的基本公式

流体静力学是研究流体的静止平衡情况。在静止流体内部取一小流体块,此流块不会受到沿其表面的力,否则流块内部各层会产生相对滑移。也就是说,静止流体内的小流块只能受到垂直其表面的应力,而且常常是压力。设液块表面上的某一面元$\mathrm{d}S$受到压力$\mathrm{d}\boldsymbol{f}$,我们把

$$p=\frac{\mathrm{d}f}{\mathrm{d}S} \tag{1-106}$$

叫作流体某点处的压强,表示单位面积上的压力大小,由它可确定通过该点任一截面两旁流体的相互作用力。压强的单位为Pa,1 Pa=1 N/m^2。

取图1-55所示的底面积很小的静止液柱,一定有

$$p_0\Delta S+\rho gh\Delta S-p\Delta S=0$$

由此得到流体静力学的基本公式为

$$p=p_0+\rho gh \tag{1-107}$$

p_0 是外界作用引起的流体表面的压强，ρ 为流体的密度，h 为压强为 p 处的深度。由(1-107)式看出，静止流体内部某点的压强只与深度有关，等深处压强相等，深度差为 Δh 的两点间的压强差一定为 $\rho g\Delta h$。并且，如果流体表面的压强 p_0 增大了一个量 Δp，必然导致流体中每点的压强 p 都增大同一个量 Δp，也就是说 Δp 等值地被传到流体内部各处。

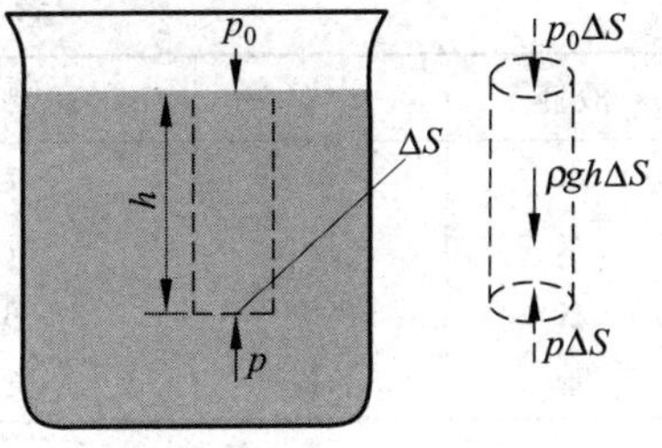

图 1-55 流体内部压强

1.7.1.2 液体的表面现象

1. 表面张力

在两种不相溶液体或液体与气体之间会形成界面，界面上存在着另外一种力，它使液体的表面犹如张紧的弹性薄膜，有自动收缩的趋势，例如，使叶面上的露珠等液滴呈球状，使得轻放在水面上的硬币不会下沉，也使得一些昆虫能在水面上自由行走。这样一种力称为表面张力。

设想在液面上某一点处取一线元 Δl，把液面分成两部分，如图 1-56 所示。表面张力就是这两部分液面之间的相互拉力，垂直于线元，与液面相切。表面张力的大小正比于线元长度，有

$$\Delta f=\alpha\Delta l \tag{1-108}$$

其中，比例系数 α 叫作表面张力系数，它表示沿单位长度分界线两侧液面的相互拉力。在国际单位制中，α 的单位是 $N\cdot m^{-1}$。

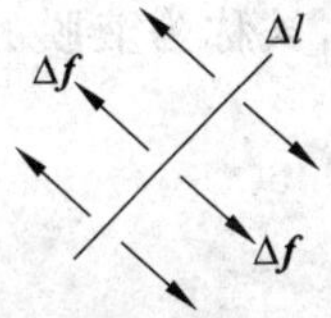

图 1-56 表面张力

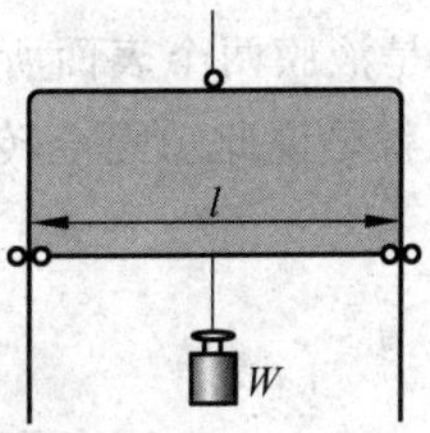

图 1-57 测量液面的表面张力系数

α 值可以由实验测定，图 1-57 给出了测量表面张力系数的简单装置。用金属细丝弯成框子，一边可以滑动。当框内形成液膜后竖放，滑动边下坠一定砝码，使其重力与液面的表面张力平衡。设滑动边长为 l，砝码的重力为 W，因为液膜有两个表面，所以有 $W=2\alpha l$，由此而确定 α。实验表明：不同液体的 α 值差别很大，一般密度小、易挥发液体的 α 值较小；温度升高，液体的 α 值变小；掺入杂质能显著地增大或减小液体的 α 值，能使 α 值减小的物质称为表面活性物质(如肥皂以及多数的醇、酸、醛、酮等有机物)；α 值还与相邻物质的化学性质有关，如水在与苯为界时的 α 值，比水与醚为界时的 α 值大得多。

表 1-3 列出了几种液体(接触空气)的表面张力系数。

表 1-3 几种液体的表面张力系数

液体	t/℃	$\alpha/(10^{-3}\ \mathrm{N\cdot m^{-1}})$	液体	t/℃	$\alpha/(10^{-3}\ \mathrm{N\cdot m^{-1}})$
水	10	74.2	甘油	20	65
水	18	73.0	汞	18	490
水	50	67.9	酒精	18	22.9
苯	18	29	醚	20	16.5

从微观上看,液体表面层的分子密度和液体内部相比较小,越靠近液体表面分子密度越小,分子间距越大。分子之间的相互作用为短程的分子力,它由引力和斥力两部分组成,斥力只有在分子相互接触时才起作用,引力有效作用的距离大约为分子有效直径的几倍(纳米数量级)。以引力有效作用的距离 σ 作为液体表面层的厚度,则表面层以下液体内部分子受到其他分子的作用相互抵消,因为它周围 σ 范围内液体的分子组态相同。在表面层,由于液体分子间距较大,可以只考虑引力而不考虑斥力,表面分子间显示的引力是表面张力为拉力的微观本质;在表面层的液体分子,其周围 σ 范围内的液体分子组态存有差异,致使它受到的引力合力不为零,越靠近液体表面,指向液体内部的引力合力越大,因此表面的分子具有进入液体内部的趋势,这正是液体表面显示收缩趋势的微观本质。此引力合力是保守力,根据(1-76)式势能和保守力的关系,它指向液体内部说明液体表面分子的势能比液体内部高,当液体内部分子进入表面层时,其势能增加。

由于表面张力使液体表面产生收缩,要增大液面面积,外力就要克服表面张力做功。图 1-57 中,假设滑动边再往下慢慢地移动一段位移 Δx,不考虑温度变化和摩擦,张力做功 $-2\alpha l\Delta x$,外力抵抗表面张力对液面做功

$$\Delta A = 2\alpha l\Delta x = \alpha\Delta S$$

式中,$\Delta S = 2l\Delta x$ 是液膜两个表面所增加的总面积。液膜面积的增加,必有液体分子由液体内部跑到表面,也就是说此功完全转变为液体表面层分子的势能,被称为液膜的“表面能”。由上式得

$$\alpha = \frac{\Delta A}{\Delta S} = \frac{\Delta E_{表面}}{\Delta S} \tag{1-109}$$

它表明,表面张力系数 α 等于液面增加单位表面积时外力所做的功,也就是液面单位面积的表面能。α 的单位也可表示为 $\mathrm{J\cdot m^{-2}}$。表面能与表面积成正比,而表面张力的作用是使表面能处于极小,所以不受任何外力(包括重力)作用的一定体积的液体应取表面积为最小的球体形状。

例 1.34 取水银的密度 $\rho = 13.6\times10^3\ \mathrm{kg\cdot m^{-3}}$,表面张力系数 $\alpha = 0.50\ \mathrm{N\cdot m^{-1}}$(和空气为界),为了使质量为 1.36×10^{-3} kg 的水银滴在空气中等温散布成半径为 $r = 1.0\times10^{-6}$ m 的小水银滴,需要做多少功?

解 一个大水银滴等温度地散布成若干小滴时,仅需供给增加表面积 ΔS 的能量,有 $A = \Delta E_{表面} = \alpha\Delta S$。设原来大水银滴是半径为 R 的球状,散布成 N 个半径为 r 的小滴时,总质量 M 不变,有

$$M = \frac{4}{3}\pi R^3\rho = N\frac{4}{3}\pi r^3\rho$$

由此得到 $R=\left(\dfrac{3M}{4\pi\rho}\right)^{1/3}$ 及 $N=\dfrac{3M}{4\pi r^3\rho}$。所求的需要做的功为

$$A=\alpha\Delta S=\alpha(N\cdot 4\pi r^2-4\pi R^2)=\alpha\left(\frac{3M}{r\rho}-4\pi\frac{(3M)^{2/3}}{(4\pi\rho)^{2/3}}\right)$$

$$=0.50\times\left[\frac{3\times1.36\times10^{-3}}{1.0\times10^{-6}\times13.6\times10^3}-4\pi\times\left(\frac{3\times1.36\times10^{-3}}{4\pi\times13.6\times10^3}\right)^{2/3}\right]\text{ J}\approx0.15\text{ J}$$

表面张力是液体的一个非常重要的特性。弯曲液面的压强特点、气体中的液滴和液体中的气泡的形成和消失、毛细现象以及液体对固体的润湿等都和表面张力直接相关。

2. 弯曲液面的附加压强

在肥皂泡、小液滴以及液体和固体接触处，液面都是弯曲的。由于表面张力的存在，在弯曲液面内外存在一压强差，称为附加压强。设液面内压强为 $p_内$，液面外压强为 p_0，则附加压强 Δp 定义为

$$\Delta p=p_内-p_0 \tag{1-110}$$

(1) 球形液面的附加压强

如图 1-58 所示，假想用赤道面把一个小球形液滴分成两半。不考虑重力的影响，右半球液滴受到左半球液滴给予的向右的内压力，它作用在赤道面上，大小为 $p_内\pi R^2$；由于表面张力的存在，左半球液滴还给予右半球液滴向左的拉力，大小为 $\alpha 2\pi R$；右半球液滴还受到垂直作用在其半球面上外部压强给予的外压力，半球面向左的投影面积就是赤道面面积 πR^2，半球面上各面积元所受外压力的合力方向向左，大小相当于 p_0 均匀作用在图中的赤道面上，有 $p_0\pi R^2$。故右半球液滴的平衡条件为

$$p_内\pi R^2=\alpha 2\pi R+p_0\pi R^2$$

得球形液滴的液面附加压强为

$$\Delta p=p_内-p_0=\frac{2\alpha}{R}$$

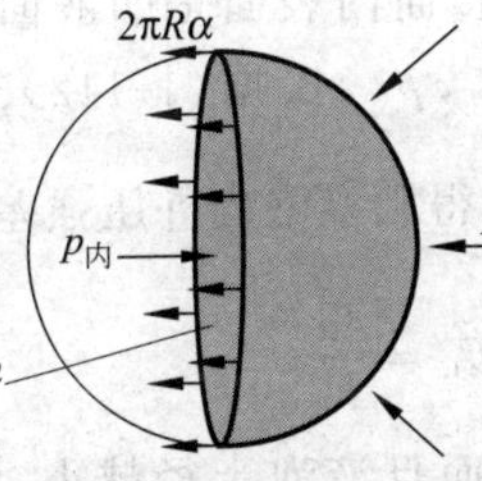

图 1-58　球形液面附加压强

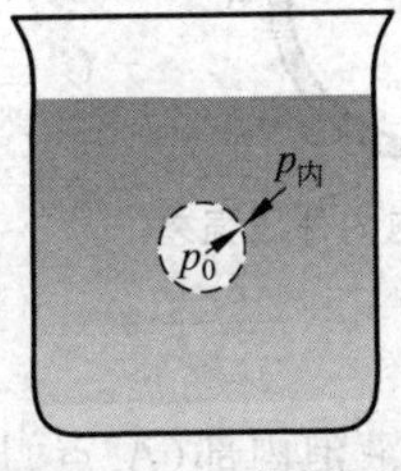

图 1-59　凹球形液面

如上分析，对于如图 1-59 所示的液体内部一个很小的气泡，凹球形液面的附加压强应有

$$\Delta p=p_内-p_0=-\frac{2\alpha}{R}$$

把以上二者合起来，球形液面附加压强公式为

$$\Delta p=p_内-p_0=\pm\frac{2\alpha}{R} \tag{1-111}$$

此式表明，球形液面附加压强的大小，取决于表面张力系数 α 和液面曲率半径 R。在平衡状

态下，球形液面内侧的压强为

$$p_{内}=p_0\pm\frac{2\alpha}{R} \tag{1-112}$$

对凸球形液面，式中取正号；对凹球形液面，式中取负号。图1-60显示了平面液面、凸球形液面和凹球形液面三种情况下液面面积元 ΔS 的受力情况(忽略重力)。图中标出了液面面积元 ΔS 所受的四周的表面张力、内外压强给予的压力。静止液面说明面积元 ΔS 受力平衡，对于平面液面(图1-60(a))，一定有 $p_0=p_{内}$；对于凸球形液面(图1-60(b))，由于 ΔS 受到的四周表面张力的合力指向液体内部，所以有 $p_0<p_{内}$，由(1-112)式得 $p_{内}=p_0+\frac{2\alpha}{R}$，表面张力的存在产生了附加压强 $\frac{2\alpha}{R}$；对于凹球形液面(图1-60(c))，表面张力的合力指向液体外部，有 $p_0>p_{内}$，$p_{内}=p_0-\frac{2\alpha}{R}$。

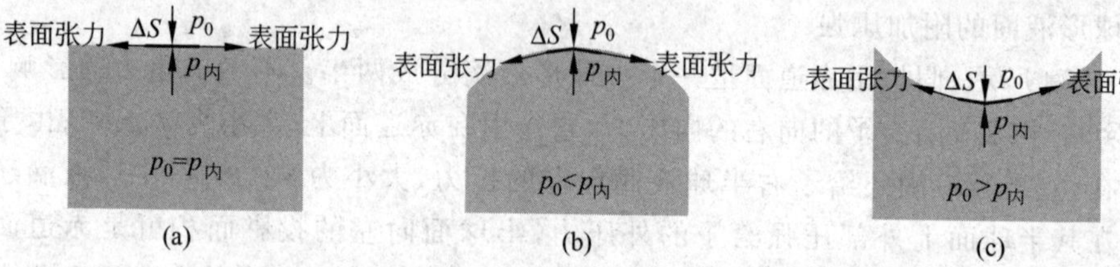

图1-60 液面处内外压强

例1.35 有一半径为 R 的球形肥皂泡，如图1-61所示。试求液膜内外两点 A，C 的压强差。

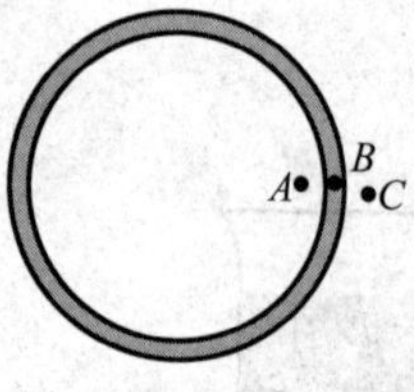

图1-61 液泡内外压强差

解 像肥皂泡这类内外都是空气的液泡，液膜有内外两个表面。因液膜很薄，所以其内外表面的半径都可看作是 R。从液体看，液膜的外表面是凸液面，而内表面是凹液面。设 A，B，C 三点处的压强分别为 p_A，p_B，p_C，根据(1-112)式，有 $p_B=p_A-\frac{2\alpha}{R}$ 及 $p_B=p_C+\frac{2\alpha}{R}$，由此可得肥皂泡内外压强差

$$p_A-p_C=\frac{4\alpha}{R} \tag{1-113}$$

此结果表明：液泡内部(A 点)压强比外部(C 点)压强大，而且液泡半径越小，内外压强差越大。

(2) 任意形状弯曲液面的附加压强

上面讨论的是球形液面，而实际的液面大多数不是球面。对于任意形状的弯曲液面某处的附加压强，可由(1-114)式给出

$$p_{内}-p_0=\alpha\left(\frac{1}{R_1}+\frac{1}{R_2}\right) \tag{1-114}$$

(1-114)式称为拉普拉斯公式。式中，R_1，R_2 分别是液面上某点的两个主曲率半径，它们有正有负。对于凸球形液面，它们为正，液面上每点都有 $R_1=R_2=R$；对于凹球形液面，它们为负，液面上每点都有 $R_1=R_2=-R$。所以(1-112)式是拉普拉斯公式的特例。对于凸圆

柱形液面，液面上每点的两个主曲率半径分别为 $R_1=R, R_2\to\infty$；而对于凹圆柱形液面，它们分别为 $R_1=-R, R_2\to\infty$。所以圆柱形液面的附加压强为 $p_{内}-p_0=\pm\dfrac{\alpha}{R}$，凸取正，凹取负。

3. 毛细现象

液体与固体接触时，于接触处液体表面的切线与固体表面的切线（指向液体内部）之间成一定的角度，称为接触角，如图 1-62 所示。若图中 θ 为锐角，我们说液体润湿固体；若 θ 为钝角，我们说液体不润湿固体；若 $\theta=0$，我们说液体完全润湿固体；若 $\theta=\pi$，我们说液体完全不润湿固体。θ 角的大小只与固体和液体的性质有关。水几乎能完全润湿洁净的玻璃表面，但不润湿石蜡；水银不润湿玻璃，但能润湿干净的铜板或锌板。

如图 1-63 所示，将很细的玻璃管插入水中时，管中液面会升高（图 1-63(a)），而将它插入水银中时，管中液面会下降（图 1-63(b)）。这种润湿管壁的液体在细管中升高、不润湿管壁的液体在细管中下降的现象叫毛细现象。毛细现象是由表面张力和接触角所决定的。能够发生毛细现象的细管叫作毛细管，在纸张、布料、土壤、植物的根茎、地层的多孔砂岩中都存在许多毛细管。

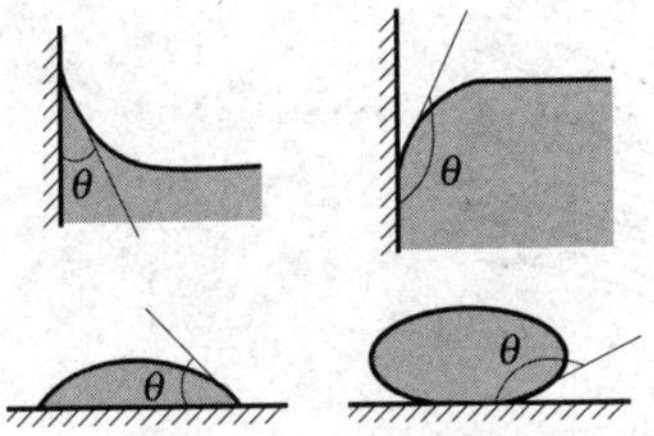

图 1-62　接触角

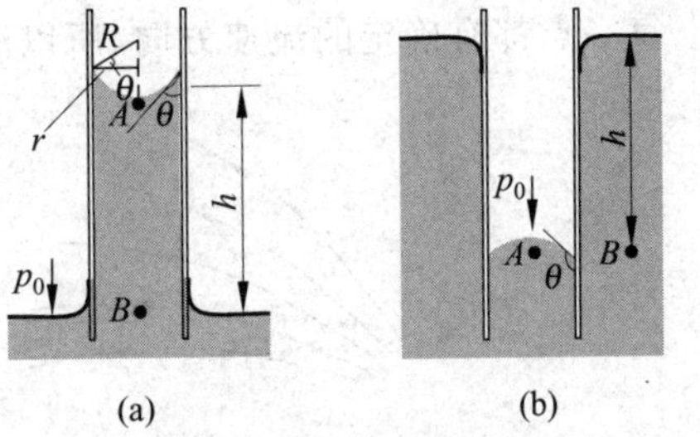

图 1-63　毛细现象

参考图 1-63(a)，p_0 为大气压强，毛细管半径为 r，水的密度为 ρ，表面张力系数为 α，接触角为 θ，近似球形液面的曲率半径 $R=\dfrac{r}{\cos\theta}$。由(1-112)式，图中 A 点的压强 $p_A=p_0-\dfrac{2\alpha}{R}$。由流体静力学的基本公式(1-107)式可得 B 点的压强 $p_B=p_0=p_A+\rho gh$，因此毛细管内水柱的高度为

$$h=\frac{2\alpha/R}{\rho g}=\frac{2\alpha\cos\theta}{\rho gr} \tag{1-115}$$

(1-115)式表明管内液面上升高度与 α 和 $\cos\theta$ 的乘积成正比，与毛细管内半径 r 成反比。(1-115)式对液体不润湿管壁情况（图 1-63(b)）仍然适用，此时液面是凸面，接触角 θ 为钝角，$\cos\theta$ 为负，h 也为负值，表示管内液面降低的高度。

在完全润湿或完全不润湿的情况下，有 $\theta=0$ 或 $\theta=\pi$，(1-115)式写成

$$h=\pm\frac{2a}{\rho gr} \tag{1-116}$$

式中，正号表示完全润湿时液面上升的高度，负号表示完全不润湿时液面降低的高度。应指出，(1-115)式和(1-116)式仅适用于圆截面毛细管。

1.7.2 流体动力学

为了掌握流体的运动规律,可以把运动的流体分成许多质元(流体元),然后跟踪每个质元,以牛顿定律为基础确定出所有质元每时刻的加速度、速度、位置以及运动轨迹等,这种研究方法在流体力学中称为拉格朗日(Joseph Louis Lagrange,1736—1813)法。不过,由于流体元在运动中形状要发生变化,分析各个流体元的详尽运动过程往往是很复杂的。如果不去跟踪具体的流体元,而是把注意力集中在各空间点,观测流体元流经每个空间点的流速$\boldsymbol{v}$以及变化,并不去辨别某一时刻流经各空间点的是哪些流体元,这样是忽略了个别流体元的运动,但却得到各个空间点的流速分布,即流速场$\boldsymbol{v}(x,y,z,t)$。这种研究方法就是被广泛使用的欧拉(Leonhard Euler,1707—1783)法。采用欧拉法,流体的运动就用流速场、流线、流管等场量来描述。

1.7.2.1 流体的运动 连续性方程

1. 流线和流管

为了形象地描述流速$\boldsymbol{v}(x,y,z,t)$矢量在空间的分布,流速场中画出许多曲线,曲线上每一点的切线方向和该点流速矢量方向一致,这样的曲线称为流线,如图 1-64(a)所示。因为流线上每一点都有确定的流速方向,所以流线不会相交。

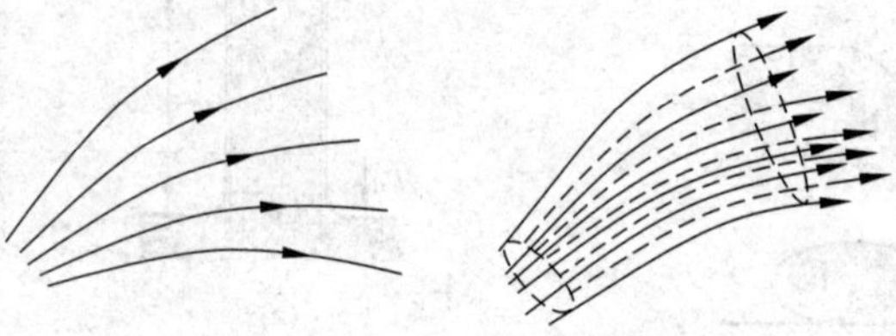

(a) (b)

图 1-64 流线和流管

如图 1-64(b)所示,由一束流线围成的管子称为流管。由于流线不会相交,流管内、外的流体都不会穿越管壁。

2. 定常流动

如果流速场的空间分布不随时间变化,即有

$$\boldsymbol{v}=\boldsymbol{v}(x,y,z) \tag{1-117}$$

这种流体的流动称为定常流动。如果流速场的空间分布随时间变化,即

$$\boldsymbol{v}=\boldsymbol{v}(x,y,z,t) \tag{1-118}$$

则称为不定常流动。

一般而言,流速场中空间各点的流速都是随时间变化的,相应的流线和流管也随时间而变化,这种不定常流动是非常复杂的。我们只讨论流体的定常流动,定常流动中流速场中空间各点的流速、压强和密度等都不随时间变化,并且流线和流体元的运动轨迹重合,流体的各流层只相对滑动而不相混合。

3. 连续性方程

在定常流动的流速场中任取一段细流管(图 1-65),流管如此之细使得流管横截面上各点有近似相等的流速$\boldsymbol{v}$(图中横截面 dS_1 上各点具有相等的流速$\boldsymbol{v}_1$,横截面 dS_2 上各点具有

相等的流速 $\boldsymbol{v}_2$)。由图中所示 dS_1,dS_2 与细流管组成了闭合曲面,定常流动中流管是静止不动的,流体从 dS_1 进入,从 dS_2 流出。由于流体不可压缩,因此闭合曲面内的流体体积不会变化,又由于不可压缩流体的密度 ρ 是常量,因此闭合曲面内的流体质量也不会变化。即在同一 dt 时间内,从 dS_1 流入的流体的体积或质量与从 dS_2 流出的流体的体积或质量相等。单位时间流过某截面的流体的体积(或质量),称为流体通过此截

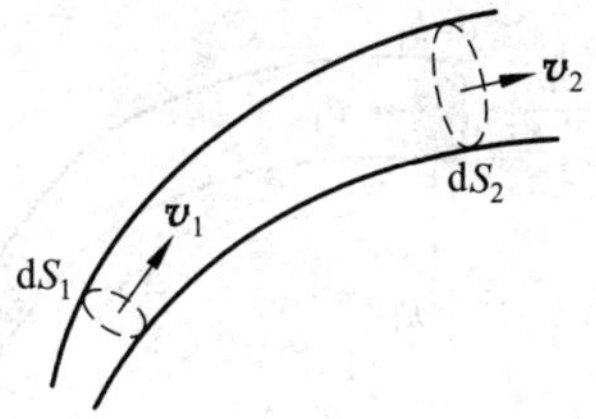

图 1-65　连续性原理

面的体积流量(或质量流量),记作 $Q_V=\dfrac{dV}{dt}\left(\text{或 } Q_m=\dfrac{dm}{dt}\right)$。对于 dS_1 和 dS_2 有

$$dQ_{V_1}=\frac{dV_1}{dt}=\frac{v_1 dt\cdot dS_1}{dt}=v_1 dS_1$$

和

$$dQ_{V_2}=\frac{dV_2}{dt}=\frac{v_2 dt\cdot dS_2}{dt}=v_2 dS_2$$

有

$$v_1 dS_1=v_2 dS_2$$

或者说,沿任意细流管

$$v dS=\text{常量} \tag{1-119}$$

从此式可以看出,在同一流管的不同地方,横截面积较大处不可压缩流体的流速较小,横截面积较小处流速较大。因为不可压缩流体的密度 ρ 是常量,所以沿任意细流管又有

$$\rho v dS=\text{常量} \tag{1-120}$$

(1-119)式和(1-120)式称为连续性方程,又称为连续性原理,其物理实质体现了流体在流动中质量守恒。

1.7.2.2　伯努利方程

伯努利方程是由瑞士科学家丹尼耳·伯努利(Daniel Bernoulli,1700—1782)于 1738 年首先提出的,它不是一个新的基本原理,而是功能原理在流体力学中的应用。

1. 理想流体

水可以流动,油、蜂蜜也可以流动。三者相比,显然水的流动性最好,蜂蜜的流动性最差,这个就是“黏性”问题。既然黏性存在,当流体各流层之间相对滑动时,相邻流层之间就存在内摩擦力。沿流层单位面积上的内摩擦力也称为黏性力,存在内摩擦力的流体为黏性流体。实际流体都在不同程度上存在着内摩擦力,不过水、酒精等一些流体的内摩擦力很小,气体的内摩擦力更小,考虑它们在小范围内流动时,内摩擦力引起的影响可以忽略。忽略了黏性的流体称为无黏性流体。

无黏性流体运动时,沿着运动方向层与层之间没有切向力的作用,只有垂直接触面的应力,与静止流体内部应力性质相同,用压强 p 可描述此流体内部某一点附近的相互作用。我们把不可压缩的无黏性流体称为理想流体,它和质点、刚体一样都是理想模型。

2. 理想流体的伯努利方程

(1) 伯努利方程

如图 1-66 所示,在作定常流动的理想流体中任取一细流管。设在 t 时刻,流管中一段

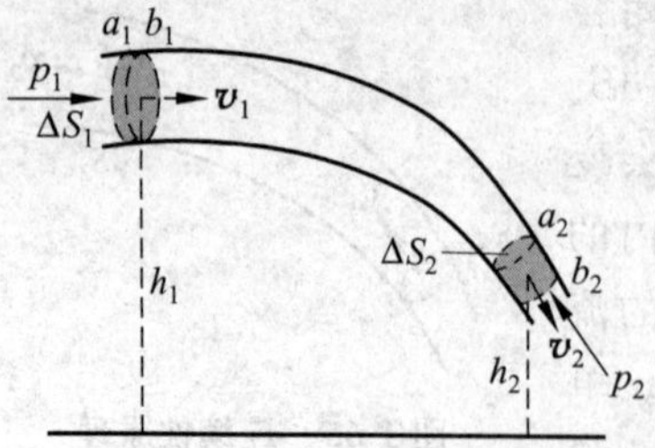

图 1-66 伯努利原理

流体处在 a_1a_2 位置,经过 Δt 时间它运动到 b_1b_2 位置。由于定常流动,空间各点的压强、流速等物理量不随时间变化,因此图中 b_1a_2 这一段流体的运动状态没有变化,即这一段流体的动能和重力势能没有变化。所以,考察 a_1a_2 一段流体经过 Δt 时间的机械能变化时,只需计算图中 a_1b_1 质元与 a_2b_2 质元的能量差。设两质元在重力场中的高度分别为 h_1 和 h_2,速度分别为 $\boldsymbol{v}_1$ 和 $\boldsymbol{v}_2$,所在处的压强分别为 p_1 和 p_2;另外,由于连续性原理,它们的体积和质量都相等,用 ΔV 和 m 表示;又由于流体的不可压缩性,二者的密度也一样,用 ρ 表示。这样它们的质量可写为 $m=\rho\Delta V$。所以,a_1a_2 一段流体经过 Δt 时间的机械能的增量为

$$\Delta E=\left(\frac{1}{2}mv_2^2+mgh_2\right)-\left(\frac{1}{2}mv_1^2+mgh_1\right)=\rho\Delta V\left[\left(\frac{1}{2}v_2^2+gh_2\right)-\left(\frac{1}{2}v_1^2+gh_1\right)\right]$$

理想流体,内摩擦力为零。这段流体从 a_1a_2 位置流到 b_1b_2 位置过程中,后方流体推动它前进做正功,前方流体阻碍它前进做负功。设 a_1 处横截面为 ΔS_1,推力为 $p_1\Delta S_1$;设 a_2 处横截面为 ΔS_2,阻力为 $p_2\Delta S_2$。在时间间隔 Δt 内,ΔS_1 从位置 a_1 移到 b_1,ΔS_2 从位置 a_2 移到 b_2,所以外力功为

$$A=p_1\Delta S_1\cdot\overline{a_1b_1}-p_2\Delta S_2\cdot\overline{a_2b_2}=(p_1-p_2)\Delta V$$

根据功能原理,有 $A=\Delta E$,很容易由上两式得到

$$p_1+\frac{1}{2}\rho v_1^2+\rho gh_1=p_2+\frac{1}{2}\rho v_2^2+\rho gh_2 \tag{1-121}$$

因位置 1,2 是同一细流管内的任意两点,所以细流管内的任意点都有

$$p+\frac{1}{2}\rho v^2+\rho gh=\text{常量} \tag{1-122}$$

(1-121)式或(1-122)式称为伯努利方程,是理想流体作定常流动时的动力学规律,它在水利、化工、航空等部门中有广泛的应用。在工程上,伯努利方程经常写成

$$\frac{p}{\rho g}+\frac{v^2}{2g}+h=\text{常量} \tag{1-123}$$

式中左边三项都有长度的量纲,依次分别称为压力头、速度头和高度头。

(2) 伯努利方程的应用

① 小孔流速

如图 1-67 所示,大桶侧壁有一小孔,桶内盛满了水,水从小孔流出。在液体内取一细流管(或一根从水面到小孔的流线)AB,B 取在从小孔流出液体的流线呈平行处(此处压强等于外压强 p_0)。因桶的横截面积比小孔大得多,在水面 A 处流速几乎是零,其压强为大气压 p_0。设水面到小孔的高度差为 h,根据伯努利方程有

$$p_0+\rho gh=p_0+\frac{1}{2}\rho v_B^2$$

由此得小孔流速为

$$v_B=\sqrt{2gh}$$

一般计算小孔流量时，可用小孔面积 S_B 代替 B 处细流管的横截面积，有

$$Q_V = v_B S_B = \sqrt{2gh}\, S_B$$

虹吸管（图 1-68）和小孔流速（图 1-67）相比，只是液体引出方式不同，其分析过程与

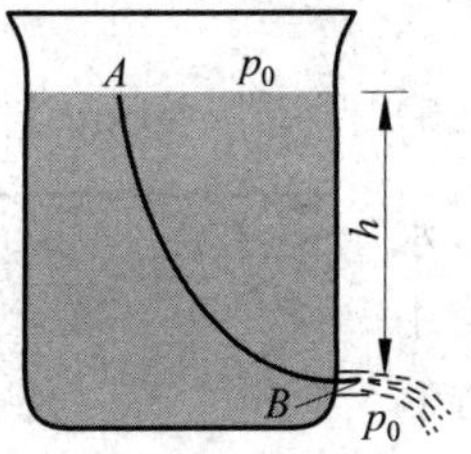

图 1-67　小孔流速

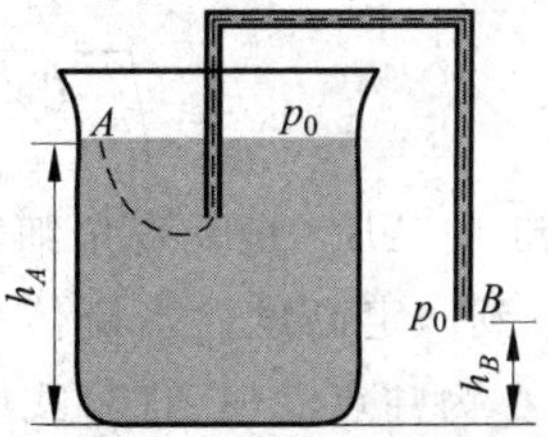

图 1-68　虹吸管

小孔流速是一样的。同样，如果液体自由表面比引管的横截面大得多，B 处流速为

$$v_B = \sqrt{2g(h_A - h_B)}$$

② 流量计

把伯努利方程运用于水平流管，或流体中高度差效应不显著的情况下，有

$$p + \frac{1}{2}\rho v^2 = 常量 \tag{1-124}$$

图 1-69 是最简单的文丘里（Venturi）流量计示意图。测量时将它水平地接在输液管中，从竖直细管的流体高度差 h 计算出流体的流量。图中 S_A，S_B 是两竖直细管所在处流量计的横截面积，取通过对应两点 A，B 的细流管，根据伯努利方程有

$$p_A + \frac{1}{2}\rho v_A^2 = p_B + \frac{1}{2}\rho v_B^2$$

由于 A，B 两处流线平行，它们的压强差为

$$p_A - p_B = \rho g h$$

根据连续性原理，又有 $v_A S_A = v_B S_B$，因此由以上两式可得流量 Q_V 为

$$Q_V = v_A S_A = S_A S_B \sqrt{\frac{2gh}{S_A^2 - S_B^2}}$$

实际使用时，必须对上式进行修正，因为上式是在理想流体模型下得出的。

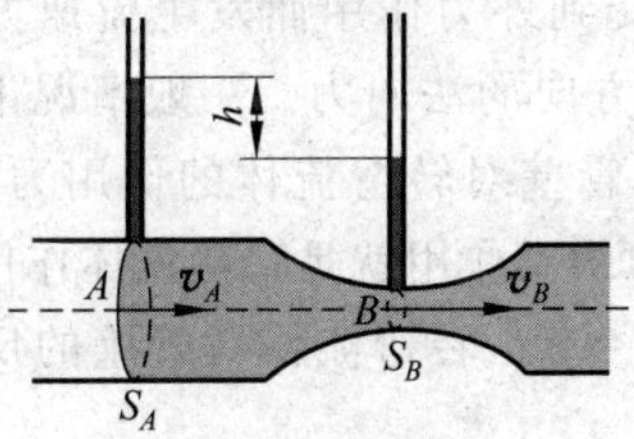

图 1-69　文丘里流量计

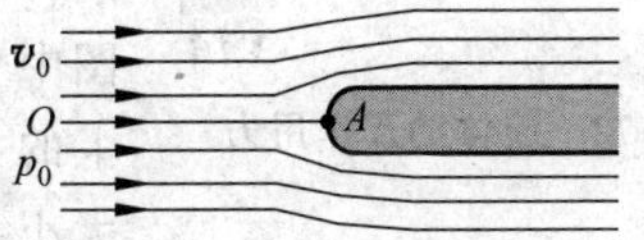

图 1-70　驻点压强

③ 流速的测量

流体在均匀水平流动中如遇到障碍时，流场的流线分布发生变化，撞到障碍物 A 的流体质元的速度变为零，如图 1-70 所示，A 点称为驻点或滞止点，A 点处的压强称为驻点压强。对流线 OA，设未被扰动 O 点处的压强为 p_0，此处流速 $\boldsymbol{v}_0$ 就是待测流速，A 点处的压

强为 p_A，根据伯努利方程有

$$p_A = p_0 + \frac{1}{2}\rho v_0^2$$

有

$$v_0 = \sqrt{\frac{2(p_A - p_0)}{\rho}} \tag{1-125}$$

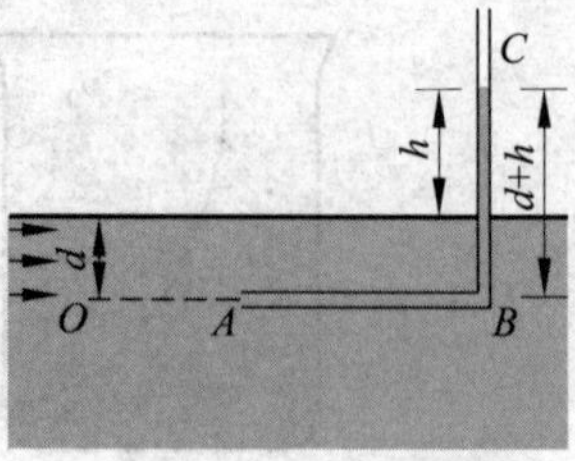

图 1-71 河道水速简单测量

图 1-71 中 ABC 是一直角细管，使 AB 平行放入河道，水在管中上升到一定高度。当流体元流到管端 A 处时，被管中水柱挡住，A 为驻点。(1-125)式中，$p_A - p_O = \rho gh$，所以待测水速为 $v_O = \sqrt{2gh}$。在实际应用时，此式需修正为 $v_O = c\sqrt{2gh}$，c 为小于 1 的修正系数，它可由实验来测定。

1.7.2.3 弯管中流体的反作用力

由图 1-66，从功能原理得出了理想流体作定常流动的伯努利方程。现在我们还是由图 1-66，从质点系的动量定理出发讨论弯曲流管中定常流动流体的反作用力。a_1a_2 一段流体经过 Δt 时间运动到 b_1b_2 位置，设 $\boldsymbol{P}_{a_1a_2}$，$\boldsymbol{P}_{b_1b_2}$ 分别表示这段流体在 Δt 前后的动量，$\boldsymbol{F}$ 表示这段流体受到外力的合力，根据质点系的动量定理，有

$$\boldsymbol{F}\Delta t = \boldsymbol{P}_{b_1b_2} - \boldsymbol{P}_{a_1a_2}$$

同样由于图中 b_1a_2 这一段流体的运动状态没有变化，质点系的动量变化只体现在质量为 m 的 a_1b_1 质元与 a_2b_2 质元动量的变化上，有

$$\boldsymbol{F}\Delta t = m\boldsymbol{v}_2 - m\boldsymbol{v}_1$$

由体积流量定义，$m = \rho\Delta V = \rho Q_V \Delta t$。当 $\Delta t \to 0$ 时，有

$$\boldsymbol{F} = \frac{\mathrm{d}\boldsymbol{P}_{系}}{\mathrm{d}t} = \frac{\mathrm{d}(m\boldsymbol{v}_2 - m\boldsymbol{v}_1)}{\mathrm{d}t} = \rho Q_V(\boldsymbol{v}_2 - \boldsymbol{v}_1) \tag{1-126}$$

$\boldsymbol{F}$ 包括这段流体前后流体的作用力、重力、流管壁的作用等所有外作用力，是它们的合力，其方向为流体段的 $\Delta\boldsymbol{v} = \boldsymbol{v}_2 - \boldsymbol{v}_1$ 方向。图 1-72 是截面积为 S 的粗细均匀的直角弯管，由连续性原理，$|\boldsymbol{v}_1| = |\boldsymbol{v}_2| = v$，流速大小恒定，所以沿流速方向(切向)流体段受到外力的合力为零。在弯角处流体段受到外力作用而发生流速方向的变化，此作用力是垂直流速方向的法向力。一般情况下重力影响可忽略，此法向力就是管壁对转弯流体的作用力，方向为图中 $\Delta\boldsymbol{v}$ 方向。其作用力的反作用就是转弯流体作用在管壁上的力。流体流量为 $Q_V = vS$，转弯流体对管壁的反作用力大小为

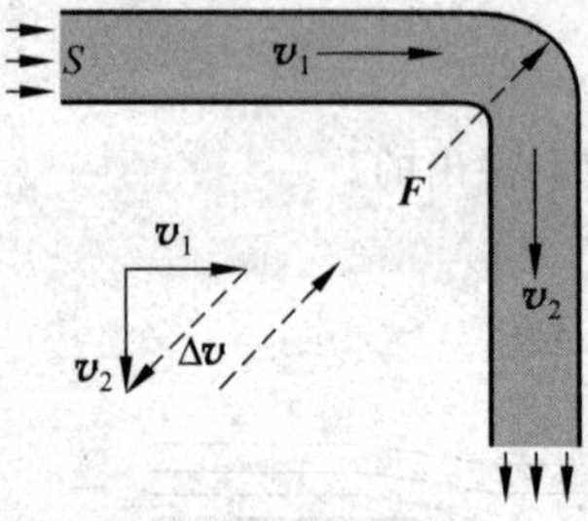

图 1-72 流体的反作用力

$$F = \rho vS\ |\boldsymbol{v}_2 - \boldsymbol{v}_1| = \sqrt{2}\rho v^2 S$$

方向为图中所示沿 45°线指向管壁。图 1-72 中的管壁不动，流体的反作用力不做功。而当流体冲击水轮机或蒸汽机的叶片时，流体的反作用力要做功，将流体本身的一部分能量转化为轮机转动的机械能。

1.7.3　黏性流体的流动

1883 年英国物理学家雷诺(Osborne Reynolds,1842—1912)用实验研究的方法,简单而清楚地证实了流体在自然界存在着两种不同的流态:层流和湍流。点燃一支香烟,一缕青烟袅袅升起,起初烟柱是直的,达到一定高度时突然变得紊乱起来。直烟柱表示热气流是层流,各层流体互不混杂,"紊乱"表示的是湍流,是不稳定的流动。这一节我们先讨论流体分层流动时的黏性力规律,然后给出两个著名公式以及对雷诺数作一简单介绍。

1.7.3.1　黏性流体层流规律

1. 流体的黏性

如图 1-73 所示,设流体中相距 $\mathrm{d}l$ 的两个平面上流体的切向流速分别为 $\boldsymbol{v}$ 和 $\boldsymbol{v}+\mathrm{d}\boldsymbol{v}$,$\frac{\mathrm{d}v}{\mathrm{d}l}$ 是速率沿 $\boldsymbol{l}$ 向的变化率,一般称为速度梯度的大小。实验表明,这两层流体之间的黏性力正比于速度梯度和考虑的面积 ΔS,有

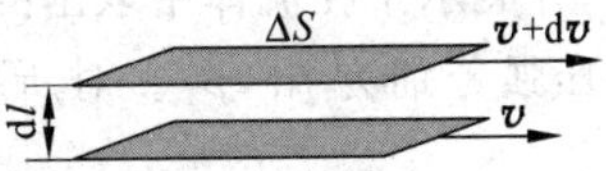

图 1-73　速度梯度

$$f=\eta\frac{\mathrm{d}v}{\mathrm{d}l}\Delta S \tag{1-127}$$

式中,η 称为流体的黏性系数或黏度,单位为 Pa·s。此式称为牛顿黏性定律,通常把满足(1-127)式的流体称为牛顿液体。不同流体的黏性不同,同一流体的黏性随温度的变化而变化。表 1-4 列出了一些常见流体在不同温度下黏度的值。

表 1-4　几种流体在不同温度下的黏度

流体		温度/℃	$\eta/10^{-3}$(Pa·s)	流体		温度/℃	$\eta/10^{-5}$(Pa·s)
液体	水	0 20 50 100	1.79 1.01 0.55 0.28	气体	空气	20 671	1.82 4.2
	水银	0 20	1.69 1.55		水蒸气	0 100	0.9 1.27
	酒精	0 20	1.84 1.20		CO_2	20 302	1.47 2.7
	轻机油	15	11.3		氢	20 251	0.89 1.3
	重机油	15	66		氦	20	1.96
					CH_4	20	1.10

当有黏性流体流过固体表面时,流体会在固体表面形成一附着层,附在固体表面不动,而流层之间由于内摩擦力层层牵制,各流层流速也不同。比如河道中的流水或管道中的流体,越靠近岸边或管壁的流速越小,而河道中心或管中心的流速最大。

2. 伯努利方程的修正

当黏性流体作定常流动时,必须考虑由内摩擦引起的能量损耗。因此,伯努利方程应修正为

$$p_1+\frac{1}{2}\rho v_1^2+\rho g h_1=p_2+\frac{1}{2}\rho v_2^2+\rho g h_2+w \tag{1-128}$$

w 是与黏性力做功有关的修正项,称为沿程能量损失。对于粗细均匀的水平细流管,$v_1=v_2, h_1=h_2$,有

$$p_1-p_2=w \tag{1-129}$$

说明上游压强必须大于下游压强,流体运动靠的是压强差。若黏性流体在开放的粗细均匀的细流管中定常流动,由于 $v_1=v_2, p_1=p_2=p_0$(如大气压),应有

$$\rho g(h_1-h_2)=w \tag{1-130}$$

即必须有高度差。

3. 两个著名公式

(1) 泊肃叶定律

法国医生泊肃叶(Jean Louis Poiseuille, 1797—1869)于1840年给出了无限长刚性圆管内稳定层流的黏性流体规律。图1-74给出了水平圆管中定常流动流体的速度分布示意图,并展示了在流体中取出的长为 l、半径为 r 的流体圆柱。忽略重力影响,并设 l 两端截面处压强分别为 p_1, p_2。对所取流体柱而言,因是定常流动,其动量不随时间改变,在水平方向受到外力的合力为零,即压力差 $F_p=(p_1-p_2)\pi r^2$ 与黏性力 $f_r=\eta\left(\frac{\mathrm{d}v}{\mathrm{d}r}\right)_r 2\pi rl$ 相平衡。注意到管中流速变化 $\frac{\mathrm{d}v}{\mathrm{d}r}<0$,有

$$(p_1-p_2)\pi r^2=-\eta 2\pi lr\frac{\mathrm{d}v}{\mathrm{d}r}$$

即有

$$\mathrm{d}v=-\frac{p_1-p_2}{2\eta l}r\,\mathrm{d}r$$

因为 $r=R$ 处,$v=0$,两边积分有 $\int_v^0 \mathrm{d}v=-\frac{p_1-p_2}{2\eta l}\int_r^R r\,\mathrm{d}r$,得

$$v=\frac{p_1-p_2}{4\eta l}(R^2-r^2) \tag{1-131}$$

这就是管中径向流速分布。由于通过 $r\to r+\mathrm{d}r$ 圆环面积的流量为 $\mathrm{d}Q_V=v2\pi r\,\mathrm{d}r$,从零到 R 对 r 积分可得管中的总流量为

$$Q_V=\frac{\pi(p_1-p_2)}{8\eta l}R^4 \tag{1-132}$$

此公式即为泊肃叶定律。

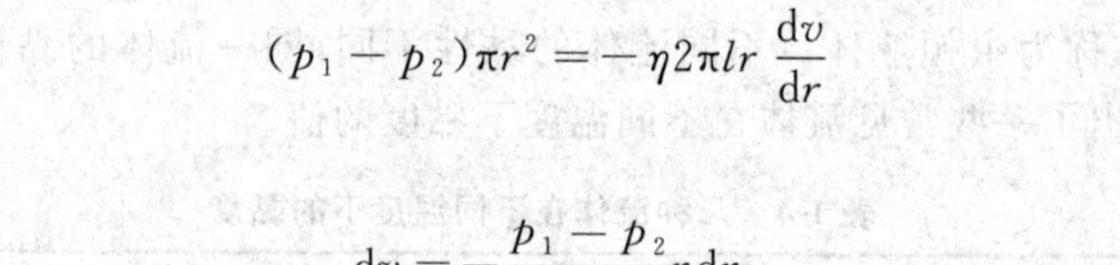

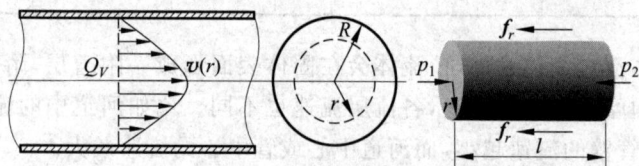

图1-74 圆管内稳定层流

(2) 斯托克斯定律

按理想流体模型,固体在流体中作匀速运动时不受阻力。若考虑流体有黏性,固体在黏性流体中运动会受到两种阻力,一种是黏性力,另一种是压差阻力。黏性力是由于运动物体

表面附有一层流体，运动又形成速度梯度，流层间的内摩擦引起对运动物体的阻力。压差阻力是由于黏性力使流体运动状态变得复杂(例如形成涡旋)，在运动物体前后形成压强差而产生的阻力。要从理论上计算固体在黏性流体中运动受到的阻力是非常复杂的。英国数学和物理学家斯托克斯(George Gabrical Stokes，1819—1903)研究了小球在黏性比较大的流体中作缓慢运动时所受的阻力，得到了简单的结果，有

$$F = 6\pi\eta v r \tag{1-133}$$

此式称为斯托克斯定律，式中，r 为小球半径，v 为小球与流体之间的相对运动速率。

斯托克斯公式用途很广，利用它可以确定微小颗粒在流体中的沉淀速率 v 和它们的 r，也可用它测定流体的黏度 η。例如，在黏性流体中有一小球因重力而下落，当小球的下落速度达到某一数值 v 时，小球受到的黏性力、浮力、重力三力平衡，小球开始匀速下降。设小球密度为 ρ，流体的密度为 ρ_0，力的平衡方程为

$$\frac{4}{3}\pi r^3 \rho g = 6\pi\eta v r + \frac{4}{3}\pi r^3 \rho_0 g$$

得小球的沉降速率为

$$v = \frac{2r^2}{9\eta}(\rho - \rho_0) g \tag{1-134}$$

式中，v 值又称极限速率。此式表明，球的体积越大，极限速率越大。由(1-134)式可得

$$\eta = \frac{2r^2}{9v}(\rho - \rho_0) g \tag{1-135}$$

(1-135)式提供了一种测量黏度的重要方法。由实验测出小球下落的极限速率 v，再代入 r，ρ，ρ_0 的实验数值，即可确定 η。

1.7.3.2 流体的湍流与雷诺数

当我们打开水龙头，如果水流速不大，水作分层流动。随着流速增大，层流的定常流动被破坏，流体元除了具有纵向分速度外，还有横向分速度，流动变为不稳定，呈现涡状流动，水流状态由层流转变为湍流。经过一系列的实验，雷诺发现从层流向湍流的转变不仅与流速有关，而且还与流体的密度 ρ、黏度 η 以及管道的直径有关。雷诺提出用一个无量纲的纯数来表征流动的性质，这个纯数被后人叫作雷诺数，记作 Re，其定义式为

$$Re = \frac{\rho v l}{\eta} \tag{1-136}$$

一般情况下，l 表示物体的特征尺寸，如管道中流体流动时管子横截面的直径，流体中球体的直径，机翼周围流体流动时机翼的长度等。由(1-136)式确定的雾滴沉淀时对应的周围流体的雷诺数 $Re<1$；以 100 m/s 速度飞行的飞机机翼周围的气体流动的雷诺数可高达 10^7；风吹电线时相应的雷诺数可为上百、上千甚至上万。从层流向湍流过渡的雷诺数叫作临界雷诺数，用 Re_c 表示。例如，圆形管道中水流由层流向湍流过渡时，对应的雷诺数为2000～2600，即为圆形管道的临界雷诺数。在 $Re<2000$ 时，流体作层流；$Re>2600$ 时，流体作湍流；当 $2000<Re<2600$ 时，是层流向湍流转化状态，到底涡旋是在略大于 2000 就开始连续生成还是随着雷诺数的增加突然产生，现在尚不清楚。可见，临界雷诺数往往不是一个明确的数，而是一个数值范围。

思考题

1.1 关于行星运动的地心说和日心说的根本区别是什么?

1.2 牛顿是怎样统一了行星运动的引力和地面的重力的?

1.3 什么是惯性?什么是惯性系?

1.4 人推动车的力和车推人的力是作用力与反作用力,为什么人可以推车前进呢?

1.5 摩擦力是否一定阻碍物体的运动?

1.6 用天平测出的物体的质量,是引力质量还是惯性质量?两汽车相撞时,其撞击力的产生是源于引力质量还是惯性质量?

1.7 什么是SI(国际单位制)?SI中的基本量是什么?质量的单位是什么?物质的量的单位又是什么?

1.8 位移和路程有什么不同?在什么情况下,位移的大小能和同时间内质点所经过的路程相等?

1.9 匀速率圆周运动中质点的加速度是否为常量?速率增加的圆周运动中,质点的加速度方向又如何?

1.10 切向加速度和法向加速度对质点的运动状态分别产生什么影响?

1.11 速度为零的时刻,加速度是否一定为零?加速度为零的时刻,速度是否一定为零?物体的加速度不断减小,而速度却不断增大,可能吗?

1.12 一物体在地球表面的重力和在月球表面的重力相同吗?质量相同吗?

1.13 有一单摆如图1-75所示。摆球到达最低点P_1和最高点P_2时,摆线中的张力是否等于摆球的重力在摆线方向的分力大小?

1.14 海水的潮汐现象是什么原因引起的?

1.15 如图1-76所示,一单摆固定在一块重木板上,板可以沿竖直方向的导轨自由下落。使单摆摆动起来,如果当摆球达到最低点时使木板自由下落,在木板下落过程中,摆球相对于木板的运动形式将如何?如果当摆球到达最高位置时使木板自由下落,摆球相对于木板的运动形式又将如何?(忽略空气阻力。)

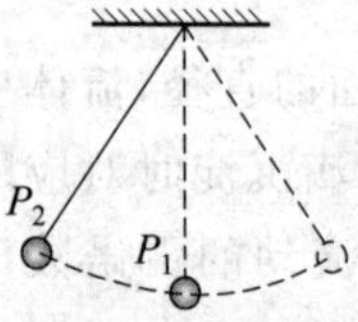

图1-75 思考题1.13用图

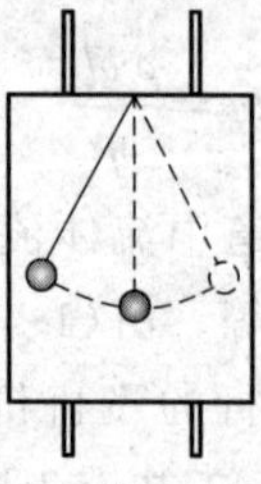
图1-76 思考题1.15用图

图1-77 思考题1.20用图

1.16 有一个弹簧,其一端连有一小铁球,你能否做一个在汽车内测量汽车加速度的“加速度计”?它根据什么原理?

1.17 匀加速平动参考系中,惯性力有反作用力吗?

1.18 什么是牛顿力学的相对性原理?为什么说牛顿力学是以绝对时空观观测世

界的？

1.19 躺在地上的人身上压着一块重石板，用重锤猛击石板，石板碎裂而下面的人毫无损伤。何故？

1.20 如图1-77所示，一重球的上下两边系着的是同样的线。用手向下拉下边的一根线，如果向下猛一抻，则下面的线断而球未动。如果用力慢慢拉线，则上面的线断，为什么？

1.21 两个质量相同的物体从同一高度自由下落，与水平地面相碰，一个反弹回去，另一个却贴在地上，问哪一个物体给地面的冲量大？

1.22 内力对改变系统的总动量有作用吗？内力对系统内各质点的动量改变有作用吗？

1.23 如图1-78所示，行星绕日运行时，从近日点 P 向远日点 A 运行的过程中，太阳对它的引力做正功还是做负功？从远日点 A 向近日点 P 运动的过程中，太阳引力做正功还是做负功？行星的动能以及行星和太阳系统的引力势能在这两个阶段的运动过程中分别是增加还是减少？

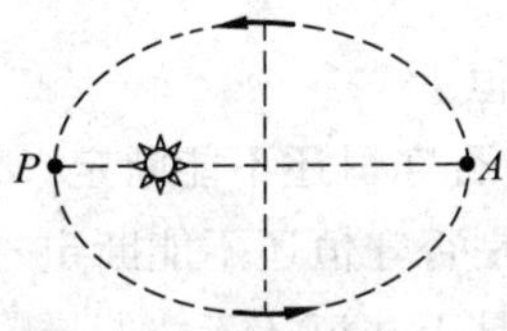

图1-78 思考题1.23用图

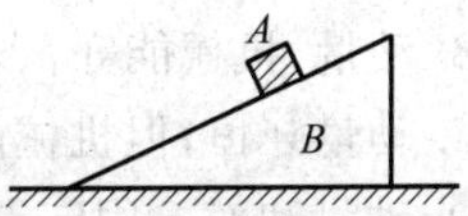

图1-79 思考题1.24用图

1.24 如图1-79所示，物体 A 放在斜面 B 上，斜面放在一光滑水平面上。当物体 A 下滑时，物体 B 也将运动。在运动过程中，A，B 间的一对摩擦力做功之和是正还是负？A，B 间的一对正压力做功之和又如何？

1.25 一个力的功、一对内力的功、动能、势能、机械能，这些物理量中哪些量与参考系的选择有关？

1.26 对质点系有下列几种说法：(1)质点系总动量的改变与内力无关；(2)质点系总动能的改变与内力无关；(3)质点系机械能的改变与保守内力无关。对于这些说法，下述结论中正确的是(　)。

A. 只有(1)是正确的　　B. 只有(1)，(3)是正确的

C. 只有(1)，(2)是正确的　　D. 只有(2)，(3)是正确的

1.27 对质点系的动量和机械能有下述三种说法：(1)不受外力作用的系统，它的动量和机械能必然同时守恒；(2)内力都是保守力的系统，当所受的合外力为零时，其机械能必然守恒；(3)只有保守内力而无外力作用的系统，它的动量和机械能必然都守恒。对于这些说法，下述结论中正确的是(　)。

A. 只有(1)是正确的　　B. 只有(2)是正确的

C. 只有(3)是正确的　　D. 都正确

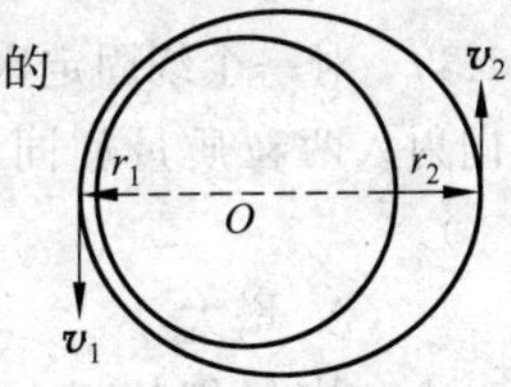

图1-80 思考题1.28用图

1.28 一般人造地球卫星的轨道是一个椭圆，地心 O 是椭圆轨道的一个焦点(图1-80)。卫星经过近地点和远地点时的速率 v_1，v_2 一样大吗？写出卫星在近地点和远地点时离地心的距离 r_1，r_2 与速率 v_1，v_2 之间的关系式。

1.29 一个α粒子飞过一金原子核而被散射,金核基本上未动(图1-81)。在这一过程中,对金核中心来说,α粒子的角动量是否守恒?为什么?α粒子的动量是否守恒?

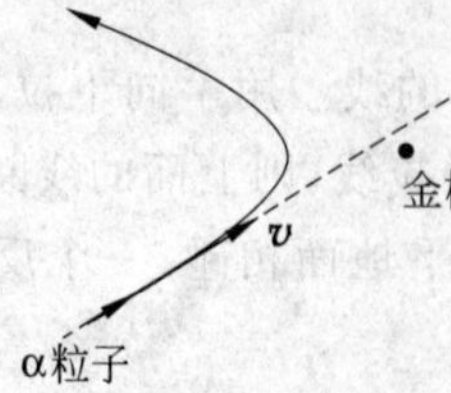

图1-81 思考题1.29用图

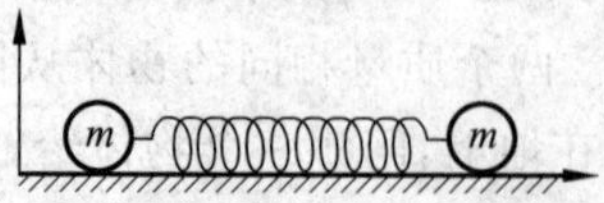

图1-82 思考题1.30用图

1.30 如图1-82所示的由轻质弹簧和两个小球组成的系统,放在了水平光滑的桌面上。如果拉长弹簧然后松手,在两小球来回运动过程中,以桌面为参考系两球的动量是否都改变?它们的动能是否都改变?系统的机械能是否改变?

1.31 一力学系统由两个质点组成,它们之间只有引力作用。若两质点所受外力的矢量和为零,则此系统中( )。

A. 动量、机械能以及对一固定点的角动量都守恒

B. 动量、机械能守恒,但对一固定点的角动量是否守恒还不能断定

C. 动量守恒,但机械能和对一固定点的角动量是否守恒还不能断定

D. 动量和对一固定点的角动量守恒,但机械能是否守恒还不能断定

1.32 关于角动量有如下四种说法,其中正确的是( )。

A. 质点系的总动量为零时,总角动量一定为零

B. 一质点作直线运动,相对于直线上的任一点,质点的角动量一定为零

C. 一质点作直线运动,质点的角动量一定不变

D. 一质点作匀速率圆周运动,其动量不断改变,它相对圆心的角动量也不断改变

1.33 什么是物理规律的对称性?

1.34 刚体的平动有什么特点?刚体的定轴转动有什么特点?

1.35 对于刚体的定轴转动,为什么只考虑轴向力矩?

1.36 转动惯量代表了刚体的什么性质?

1.37 刚体转动中的力矩功的含义是什么?

1.38 一个人站在旋转平台的中央,两臂侧平举,整个系统以2π rad/s的角速度旋转,转动惯量为6.0 kg·m^2;如果将两臂收回,该系统的转动惯量变为2.0 kg·m^2。此时系统的转动动能与原来的转动动能之比为( )。

A. 2　　B. $\sqrt{2}$　　C. 3　　D. $\sqrt{3}$

1.39 对一个绕固定水平O轴匀速转动的转盘,沿如图1-83所示的同一水平直线从相反方向射入两粒质量相同、速率相等的子弹,并留在盘中。则子弹射入后转盘的角速度应( )。

A. 增大　　B. 减小　　C. 不变　　D. 无法确定

1.40 均匀细棒OA可绕通过其一端O而与棒垂直的水平固定光滑轴转动,如图1-84所示。今使棒从水平位置由静止开始下落。在棒摆动到竖直位置的过程中,应

有(　　)。

A. 角速度从小到大,角加速度从大到小

B. 角速度从小到大,角加速度从小到大

C. 角速度从大到小,角加速度从大到小

D. 角速度从大到小,角加速度从小到大

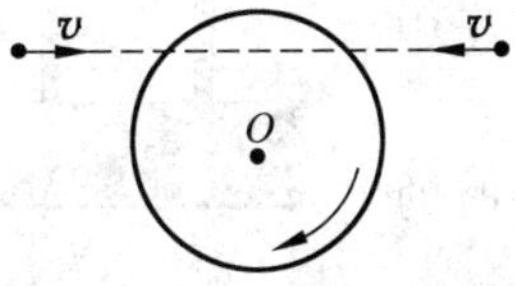

图1-83　思考题1.39用图

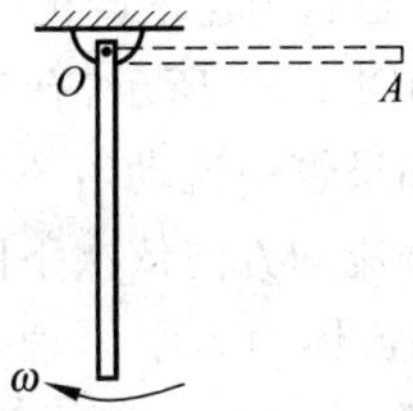

图1-84　思考题1.40用图

1.41　关于力矩有以下几种说法,其中正确的是(　　)。

A. 内力矩会改变刚体对某个定轴的角动量

B. 作用力和反作用力对同一轴的力矩之和必为零

C. 角速度的方向一定与外力矩的方向相同

D. 质量相等、形状不同的两个刚体,在相同力矩作用下,它们的角加速度一定相等

1.42　有些矢量是相对于一定点(或轴)而确定的,有些矢量是与定点(或轴)的选择无关的。请指出下面这些矢量各属于哪一类:位矢、位移、速度、动量、角动量、力、力矩。

1.43　花样滑冰运动员想让自己高速旋转时,先把一条腿和双臂伸开,并用脚蹬冰使自己转动起来,然后再收拢腿和臂,这时她的转速就明显地加快了。这是利用了什么原理?

1.44　宇航员悬立在飞船座舱内时,只要用右脚顺时针画圈,如图1-85(a)所示,身体就会向左转;当两臂伸直向后画圈时,如图1-85(b)所示,身体又会向前转。这是什么道理?

1.45　什么是静止流体内部一点的压强?

1.46　在静止流体内部任取一截面ΔS,存在沿截面的切向力吗?为什么?

1.47　你能从液体表面分子组态的特点,简要说明表面张力的微观机制吗?

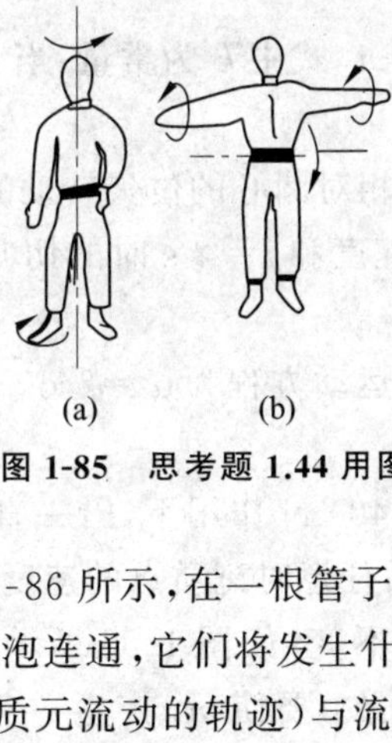

图1-85　思考题1.44用图

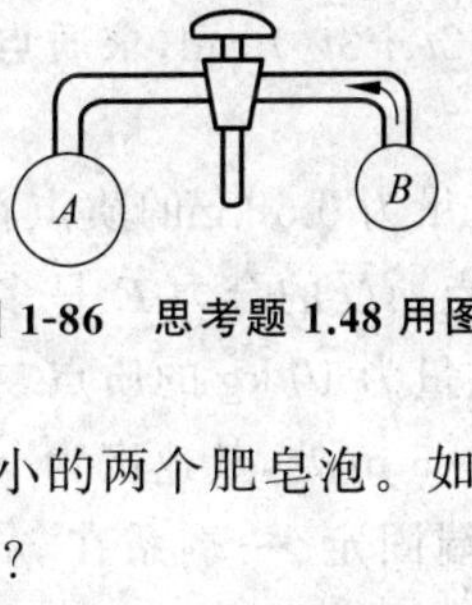

图1-86　思考题1.48用图

1.48　如图1-86所示,在一根管子两端形成一大一小的两个肥皂泡。如果把中间开关打开,使两个肥皂泡连通,它们将发生什么变化?为什么?

1.49　流迹(质元流动的轨迹)与流线有什么区别?在定常流动中,为什么说二者相符?

1.50 在定常流动中,流体质元是否可能有加速运动?

1.51 从水龙头徐徐流出的水流,下落时逐渐变细,为什么?

1.52 用嘴向两张平行放置的纸中间吹气,两张纸就会贴在一起,为什么?把一乒乓球放置在倒置的漏斗中间,用嘴向漏斗吹气,乒乓球可以贴在漏斗上不坠落,又为什么?

1.53 两艘同向行驶的船靠近时就有相撞的危险,为什么?

1.54 大雨滴匀速下降的速率比小雨滴匀速下降时的速率大,为什么?

1.55 如图1-87所示,有三根竖直管子连在一等截面的水平管道上。如果管中流动着不可压缩的液体,三根竖直管子中液面高度沿着流动方向依次下降,为什么?

1.56 用流体静力学原理,论证物体全部浸在液体中时的阿基米德原理。

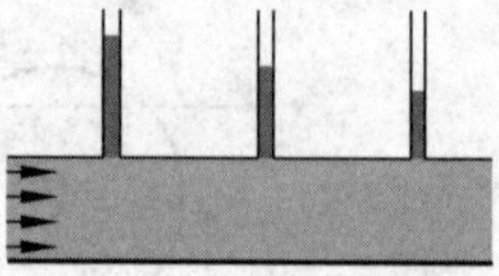

图1-87 思考题1.55用图

习 题

1.1 地面上质量为1 kg的小物体所受的重力是多大?相距1 m远处的质量为100 kg的均匀球体对它的引力有多大?从数量级上估算,月球和太阳对它的引力是地球对它引力的多少倍?(地球的质量约是月球质量的80倍,月球的轨道半径约是地球半径的60倍;太阳的质量约是地球质量的3.3×10^5倍,地球轨道半径约是地球半径的2.4×10^4倍。)

1.2 一质点作直线运动,其运动方程为$x=3+2t-t^2$,式中t以s计,x以m计。求$t=0$,$t=4$ s时的位置矢量以及此时间间隔内质点的位移和走过的路程。

1.3 一质点在xOy平面内运动,其运动方程为$\boldsymbol{r}=[(2t^2-1)\boldsymbol{i}+(3t-5)\boldsymbol{j}]$ m。求在任意时刻t质点运动的速度、加速度及切向加速度的大小和法向加速度的大小。

1.4 一质点在平面上运动,其运动方程为$x=(3t-4t^2)$ m,$y=(-6t^2+t^3)$ m。求:

(1) $t=3$ s时质点的位置矢量;

(2) 从$t=0$到$t=3$ s这段时间内质点的位移;

(3) $t=3$ s时质点的速度和加速度。

1.5 一质点沿x轴运动,其加速度$a=4t$。已知$t=0$时,质点位于x_0处且初速度$v_0=0$。求其位置与时间的关系式。

1.6 已知某物体作直线运动,其加速度$a=-kvt$,式中k为常量;当$t=0$时,初速度为v_0,求任一时刻t物体的速度。

1.7 一质点作半径$R=0.1$ m的圆周运动。其相对圆心的位矢转动的角度是随时间变化的函数$\theta=(2t+3t^3)$ rad,求质点的角速度、角加速度和$t=2$ s时的切向加速度和法向加速度的大小。

1.8 一质量为0.5 kg的质点在平面上运动,其运动方程为$x=2\cos\pi t$ m,$y=4t$ m。求$t=2$ s时该质点所受的合力$\boldsymbol{F}$是多少?

1.9 一质量为10 kg的质点,在力$F=(120t+40)$ N作用下,沿一直线运动。在$t=0$时,质点在$x_0=5$ m处,其速度为$v_0=6$ m/s,求以后任意时刻质点的速度和位置。

1.10 一端固定、一端系在m_2上的细绳长度不变,如图1-88所示。设$m_1=6.0$ kg,$m_2=2.0$ kg,且设接触面的滑动摩擦因数均为$\mu_k=0.4$。要使m_1产生$a=1.50$ m/s^{2}的加速度，需用多大力 $\boldsymbol{F}$ 拉 m_1？

1.11　一轮船在湖中以 25 km/h 的速率向东航行，在船上见一小汽艇以 40 km/h 的速率向北航行。相对静止在岸上的观察者，小汽艇以多大的速率向什么方向航行？

1.12　如图 1-89 所示，升降机内有两个物体，质量分别为 $m_1=0.10$ kg 和 $m_2=0.20$ kg，用细绳连接后跨过滑轮；绳子的长度不变，绳和滑轮的质量、滑轮轴上的摩擦及桌面的摩擦可略去不计。当升降机以匀加速度 $a=4.9\ \mathrm{m/s^2}$ 上升时，在机内的观察者看来，m_1 和 m_2 的加速度各是多少？

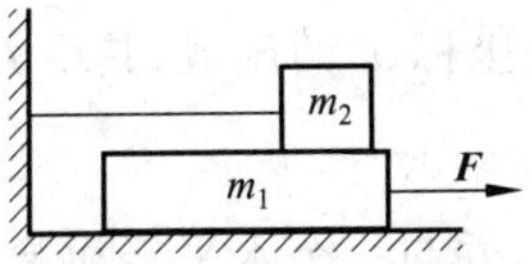

图 1-88　习题 1.10 用图

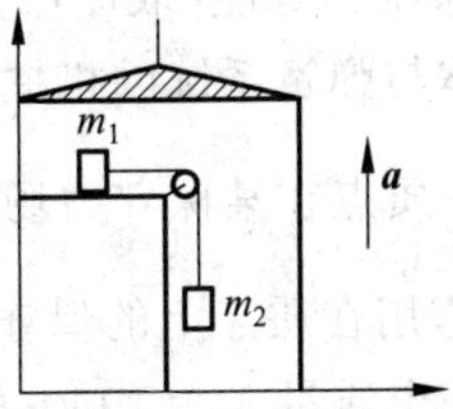

图 1-89　习题 1.12 用图

1.13　如图 1-90 所示，两物体竖直接触面的静摩擦因数为 μ_s，要使物体 m 不沿接触面下滑，物体 M 的水平加速度至少多大？

1.14　质量为 16 g 的物体以 30 cm/s 的速率沿 x 轴正方向运动，另一质量为 4.0 g 的物体以 50 cm/s 的速率沿 x 轴负方向运动。两物体碰撞后粘在一起（完全非弹性碰撞），求碰撞后它们的速度。

1.15　一个质量为 140 g 的垒球以 40 m/s 的速率沿水平方向飞向击球手，被棒反击后以相同速率沿反方向飞回。如果棒与球接触时间是 1.4 ms，求垒球受到的打击力。

1.16　甲、乙两人穿旱冰鞋面对面站在一起，他们的质量分别是 m_1 和 m_2。甲推乙，使乙后退，求在推的过程中甲、乙两人受到的冲量和他们各自获得的速度比。

1.17　如图 1-91 所示，质量为 $M=1.5$ kg 的物体，用一根长为 $L=1.25$ m 的细绳悬挂在天花板上，今有一质量为 $m=10$ g 的子弹以 $v_0=500$ m/s 的水平速度射穿物体。刚穿出时子弹的速度大小 $v=30$ m/s，设穿透时间极短，求：

(1) 子弹刚穿出时绳中的张力；

(2) 子弹在穿透过程中所受的冲量。

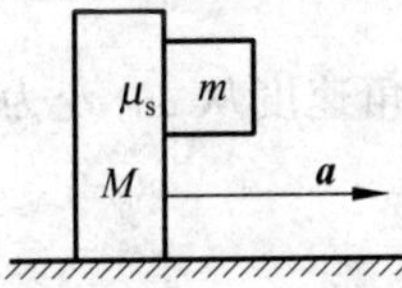

图 1-90　习题 1.13 用图

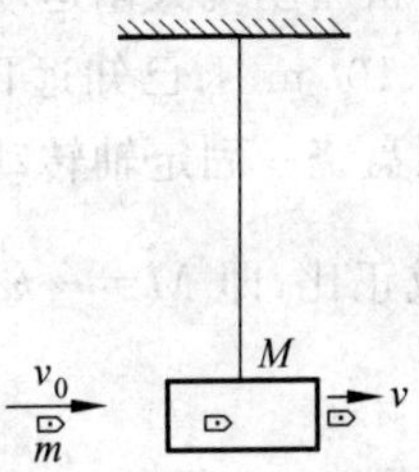

图 1-91　习题 1.17 用图

1.18　一质点受 x 轴方向力 $F=(1+2x+3x^2)$ N，求在质点沿 x 轴从 $x_1=0$ 运动到 $x_2=2$ m 过程中力 F 的功。

1.19　一个质点的运动函数为 $\boldsymbol{r}=5t^2\boldsymbol{i}$ m，$\boldsymbol{F}=(3t\,\boldsymbol{i}+3t^2\boldsymbol{j})$ N 是作用在质点上的一个

力。求 $t=0$ 时刻到 $t=2$ s 时刻此力使质点获得的动能。

1.20 图 1-92 的装置称为水平弹簧振子。物体 m 和劲度系数为 k 的轻质弹簧连在一起，放在一光滑的水平桌面上。坐标原点建立在物体 m 的平衡位置，此时弹簧没有伸长。用手把物体沿 x 轴慢慢移动一段距离 A 后松手，物体就在平衡位置附近往复振动。求：

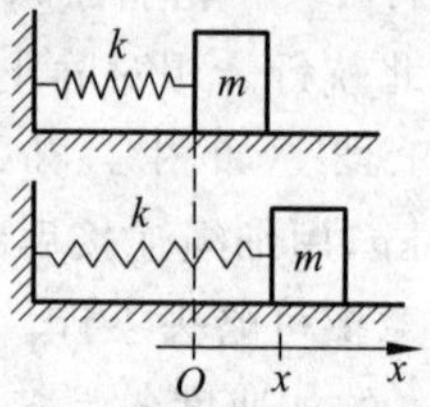

图 1-92 习题 1.20 用图

(1) 当物体由图中原点运动到任意位置 x 处时弹力的功和物体与弹簧系统的势能(取原点为弹性势能的零点)；

(2) 物体与弹簧系统的机械能。

1.21 一质点在某保守力场中的势能为 $E_p=\frac{k}{x^4}$，只是坐标 x 的函数，其中 k 为大于零的常量。求作用在质点上的保守力 $\boldsymbol{F}$。

1.22 一个质量 $M=10$ kg 的物体放在光滑水平面上，并与一个水平轻质弹簧连接，如图 1-93 所示，弹簧的劲度系数为 1000 N/m。今有一质量 $m=1$ kg 的小球以水平速度 $v_0=4$ m/s 飞来，与物体 M 相碰后以 $v=2$ m/s 的速度反向弹回。M 起动后，弹簧将被压缩，求弹簧最大可压缩量，并说明这两个物体的碰撞不是完全弹性碰撞(完全弹性碰撞是碰撞前后两物体总动能没有损失的碰撞)。

1.23 如图 1-94 所示，系有细绳的一小球放在光滑的水平桌面上，细绳的另一端向下穿过桌面的一小竖直孔道并用手拉住。如果给予小球速度 v_0，使之在桌面上绕小孔 O 作半径为 r_0 的圆周运动，然后缓慢地往下拉绳，使小球最后作半径为 r 的圆周运动，试求小球作半径为 r 的圆周运动的速率和往下拉绳过程中力 $\boldsymbol{F}$ 的功。

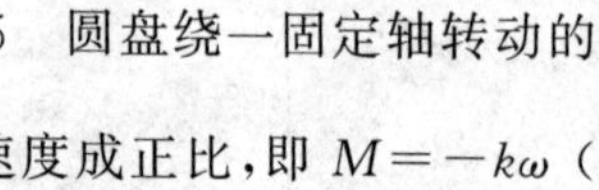

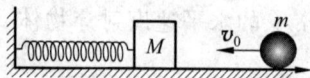

图 1-93 习题 1.22 用图

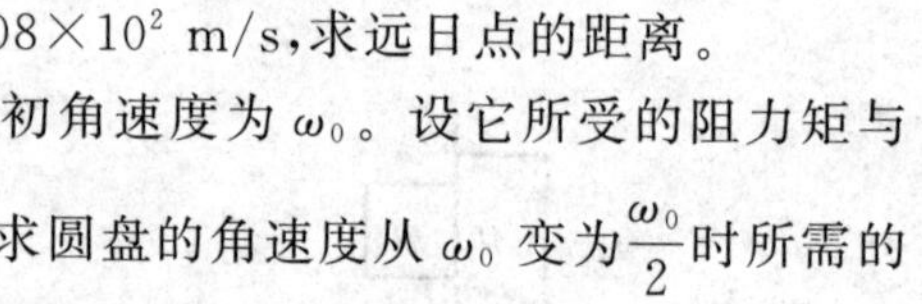

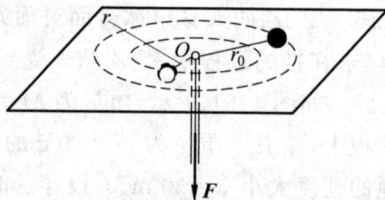

图 1-94 习题 1.23 用图

1.24 哈雷彗星绕太阳运动的轨道是一个椭圆。它的近日点距离 $r_1=8.75\times10^{10}$ m，速率 $v_1=5.46\times10^4$ m/s；已知远日点时的速率 $v_2=9.08\times10^2$ m/s，求远日点的距离。

1.25 圆盘绕一固定轴转动的转动惯量为 J，起初角速度为 ω_0。设它所受的阻力矩与转动角速度成正比，即 $M=-k\omega$ (k 为正的常数)。求圆盘的角速度从 ω_0 变为$\frac{\omega_0}{2}$时所需的时间。

1.26 如图 1-95 所示。半径为 $r_1=0.3$ m 的 A 轮通过皮带被半径为 $r_2=0.75$ m 的 B 轮带动，B 轮以匀角加速度 $\pi(\text{rad/s}^2)$ 由静止启动，且轮与皮带无滑动发生。试求 A 轮达到转速 3000 r/min 所需的时间。

图 1-95 习题 1.26 用图

1.27 质量为 5 kg 的一木桶系于绕在辘轳上的轻绳的下端，

辘轳可看作一质量为 10 kg 的圆柱体。桶从井口由静止释放，忽略轴的摩擦，求桶下落过程中绳子的张力。辘轳的转动惯量为$\frac{1}{2}MR^2$，R 为辘轳的半径。

1.28　飞轮的质量 $m=60$ kg，半径 $R=0.25$ m，绕其水平中心轴转动，转速为 900 r/min。现利用一制动闸杆，在闸杆的一端加一竖直方向的制动力 $\boldsymbol{F}$，可使飞轮减速。已知闸杆的尺寸如图 1-96 所示，闸瓦与飞轮之间的摩擦因数 $\mu=0.4$，飞轮的转动惯量按匀质圆盘计算。设 $F=100$ N，问飞轮在多长时间内停止转动？在此时间内飞轮转了多少转？

1.29　如图 1-97 所示，一个半径为 R、质量为 M 的圆柱体，可绕通过其中心线的固定光滑水平轴 O 转动。圆柱体原来处于静止状态。现有一颗质量为 m、速度为 $\boldsymbol{v}$ 的子弹射入圆柱体边缘。求子弹射入圆柱体后，圆柱体的角速度。

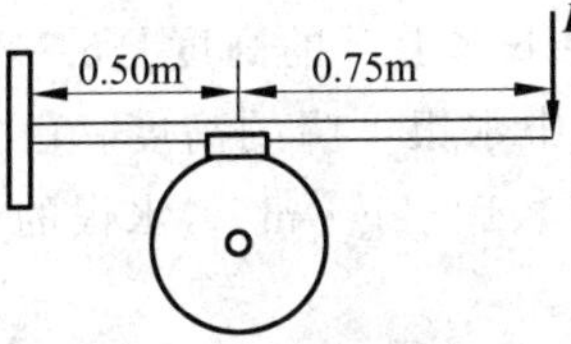

图 1-96　习题 1.28 用图

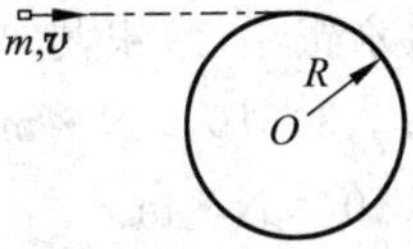

图 1-97　习题 1.29 用图

1.30　有一半径为 R 的水平圆转台，可绕通过其中心的竖直轴以匀角速度 ω_0 转动，转动惯量为 J。当一质量为 m 的人从转台中心沿半径向外跑到转台边缘时，转台的角速度变为多少？

1.31　长为 l 的均匀直棒，其质量为 M，上端用光滑水平轴吊起而静止下垂。今有一质量为 m 的子弹，以水平速度 v_0 射入杆的悬点下距离为 d 处而不复出。求子弹刚停在杆中时的角速度多大？

1.32　A 和 B 两飞轮的轴杆在同一中心线上。A 轮绕其轴的转动惯量 $J_A=10\ \text{kg}\cdot\text{m}^2$，$B$ 轮绕其轴的转动惯量 $J_B=20\ \text{kg}\cdot\text{m}^2$。开始时，$A$ 轮的转速为 600 r/min，B 轮静止。两轮通过一摩擦离合器 C 而接触，通过摩擦，二者最终将有同样的转速，求这共同的角速度。在此过程中，两轮的机械能有何变化？

1.33　1643 年，意大利的托里拆利用他发明的水银气压计测量了大气压。先将一端封闭的长玻璃管充满水银，然后倒放于盛水银的容器中，长玻璃管中的水银柱下降了一定的高度，在玻璃管中留下的空间中除水银蒸气外没有其他气体(常温下水银蒸气压可忽略不计)。量得水银柱高为 76 cm，水银密度取 $\rho=13\ 595.1\ \text{kg}\cdot\text{m}^{-3}$，重力加速度 $g=9.806\ 65\ \text{m}\cdot\text{s}^{-2}$，求当地大气压。

1.34　一水库的水坝长 $L=0.5$ km，坡度角为 $\theta=30°$，水深 $H=10$ m，如图 1-98 所示。求水对水坝的压力。取大气压 $p_0=1.013\times10^5$ Pa，水的密度 $\rho=10^3\ \text{kg}\cdot\text{m}^{-3}$。

1.35　一场大雨使得平底面积为 1.0 m^2 的圆柱容器积水达 50 mm。设下雨积水过程是等温的，而雨滴的平均半径是 1.0 mm，求释放的表面能。水的表面张力系数为 $\alpha=7.3\times10^{-2}\ \text{N}\cdot\text{m}^{-1}$。

1.36　已知肥皂水的表面张力系数 $\alpha=4.50\times10^{-2}\ \text{N}\cdot\text{m}^{-1}$，一个直径为 $d=5.00\times10^{-2}$ m 的肥皂泡内外压强差是多少？

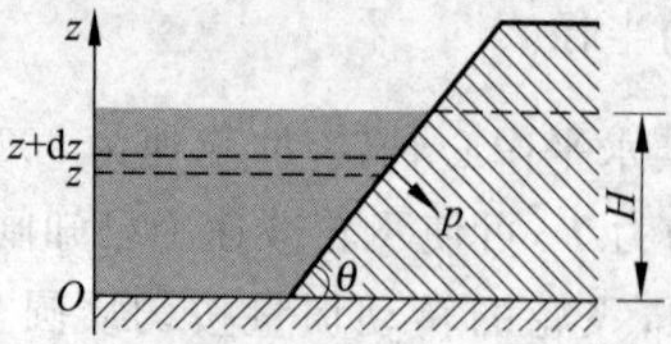

图 1-98 习题 1.34 用图

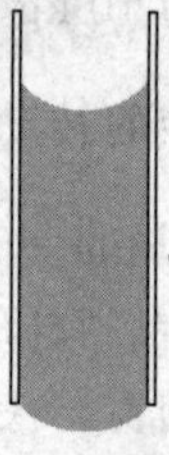

图 1-99 习题 1.37 用图

1.37 如图 1-99 所示，在内半径 $r=0.30$ mm 的毛细管中注水，在管的下端形成一凸形球状液面，曲率半径 $R=3.0$ mm；管内上部形成凹形球状液面，设其曲率半径与管的内半径相同。已知水的表面张力系数 $\alpha=7.3\times10^{-2}\ \mathrm{N\cdot m^{-1}}$，求管中水柱的高度 h。

1.38 把一根毛细管竖直插入水中，在近似完全润湿下水上升的高度是 5.8×10^{-2} m。若将此管插入水银中，水银与玻璃的接触角为 138°，求管中水银下降的高度。已知水的表面张力系数为 $7.3\times10^{-2}\ \mathrm{N\cdot m^{-1}}$，水银的密度为 $\rho=13.6\times10^{3}\ \mathrm{kg\cdot m^{-3}}$，水银的表面张力系数为 $49.0\times10^{-2}\ \mathrm{N\cdot m^{-1}}$。

1.39 设一株高 50 m 的树的外层木质导管(树液传输管)为均匀圆管，其半径为 2.0×10^{-4} cm。导管中树液的表面张力系数为 $5.0\times10^{-2}\ \mathrm{N\cdot m^{-1}}$，密度近似于水的密度，它与管壁的接触角为 45°。问毛细作用能把树液输送多高？

1.40 灭火筒每分钟喷出 $6.0\times10^{-3}\ \mathrm{m^3}$ 的水，假定喷口处水柱的截面积为 1.5 $\mathrm{cm^2}$，问水柱向上喷到 2 m 高时，其截面积有多大？

1.41 一截面均匀的虹吸管从水库引水，虹吸管最高点比水库水面高出 1.0 m，虹吸管出水口又比水库水面低 0.6 m，求虹吸管内最高点处的压强及管内的流速。

1.42 如图 1-100 所示，水从圆管 1 流入，经支管 2，3 流入管 4，管 4 出口与大气相通，整个管道系统处于同一个水平面内。设管道系统各部分的横截面积分别为 $S_1=15\ \mathrm{cm^2}$，$S_2=S_3=5\ \mathrm{cm^2}$，$S_4=10\ \mathrm{cm^2}$，且管 1 中水的流量为 600 $\mathrm{cm^3/s}$。求各管中的流速以及各管中压强与大气压强差。

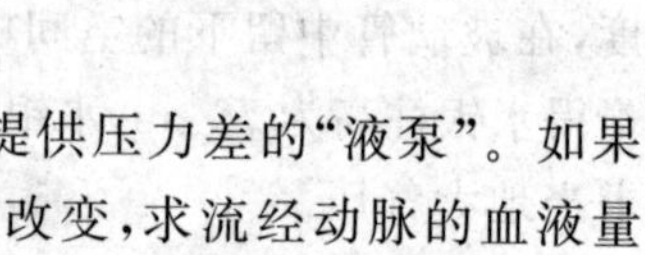

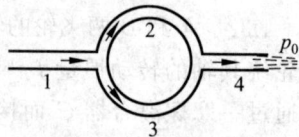

图 1-100 习题 1.42 用图

1.43 密度为 $2.56\times10^{3}\ \mathrm{kg/m^3}$、直径为 5.0×10^{-3} m 的玻璃球在一盛有甘油的玻璃筒中静止下落。若测得小球的极限速度(收尾速度)为 3.1×10^{-2} m/s，求甘油的黏度。已知甘油的密度为 $1.26\times10^{3}\ \mathrm{kg/m^3}$。

1.44 血液是黏性流体，因此需压力差使之流动，心脏就是提供压力差的“液泵”。如果一人的动脉血管沉积物使血管实际内径减少了一半而血压尚未改变，求流经动脉的血液量是原来的多少？

第2章　狭义相对论基础

相对论，顾名思义就是强调事物和现象的相对性。它包括狭义相对论和广义相对论两部分，是关于时间、空间和引力的理论，用以探索不同参考系中各观测量之间的变换关系和变换过程中的不变性，是20世纪在时空观上的一次革命。狭义相对论只涉及惯性系，而广义相对论则包括非惯性系。

19世纪末，包括力学、热学、声学、光学和电磁学等分支的经典物理取得了很大成功，使得物质世界的各种运动构成了一幅清晰的画面，但也暴露出尖锐的矛盾。正像著名英国物理学家开尔文(Load Kelvin，1824—1907)于1900年在展望20世纪物理学的文章中说："在物理学晴朗天空的远处，还有两朵小小的令人不安的乌云"。这两朵乌云指的是当时物理学无法解释的两个实验现象，一个是热辐射实验，另一个是迈克耳孙-莫雷实验。正是这两朵乌云发展成物理学中的一场革命风暴，分别引起量子论和相对论的产生。而风暴的序幕是1895年伦琴射线、1896年天然放射性和1897年电子这三年内的三大发现。

1905年，年仅26岁的爱因斯坦(Albert Einstein，1879—1955)还只是瑞士专利局的一个技术员，他通过业余研究，分别于当年6月和9月发表了《论动体的电动力学》和《物体的惯性与它所含的能量有关吗?》两篇论文。这一长一短的两篇论文创立了狭义相对论，是爱因斯坦多年思考和探索的结果。前一篇论文建立了狭义相对论理论框架；后一篇论文作为狭义相对论的推论导出了质能关系 $E=mc^2$，解释了放射性元素所以能释放大量能量的原因，在理论上为原子能时代开辟了道路。狭义相对论已被大量实验所证实，已经广泛应用于天体物理、原子核物理和基本粒子物理等学科的研究领域，成为现代科学技术不可缺少的理论基础。从1907年始，经过8年的艰苦探索，爱因斯坦于1915年建立了涉及非惯性系和引力问题的广义相对论。它解释了引力的本质，揭示了空间、时间、物质、运动之间的统一性，是公认的人类思想史中最伟大的成就之一。爱因斯坦用广义相对论研究整个宇宙的时空结构，于1917年开创了宇宙学研究的新纪元，导致宇宙膨胀理论的建立(1946年后发展为宇宙大爆炸论)。爱因斯坦1879年生于德国乌尔姆一个犹太人家庭，在瑞士完成学业，最后定居于美国。他是20世纪最伟大的自然科学巨匠，理论物理学家。除创立相对论外，爱因斯坦对量子论的建立与发展的贡献也很多：1905年提出光量子理论，1906年说明固体热容与温度的关系，1912年建立光化学定律，1916年提出激光技术理论基础的受激辐射概念以及1924年的玻色-爱因斯坦量子统计法等。后来他一直不懈地致力于引力场和电磁场统一场论的研究，而统一场论的思想导致了20世纪70年代的电磁相互作用和弱相互作用统一理论的建立。

爱因斯坦
(1879—1955)

本章主要阐述爱因斯坦狭义相对论的两条基本原理、洛伦兹变换、狭义相对论的时空观以及相对论质速关系和质能关系，并对广义相对论做简单介绍。

2.1 狭义相对论的基本原理和洛伦兹变换式

在1.4节中，以绝对时空观探讨不同惯性系之间坐标、速度、加速度关系时得到伽利略坐标及速度变换，阐述了伽利略相对性原理，指出伽利略变换下牛顿定律的不变性即它的对称性。狭义相对论则是以新的时空观(时空的相对性)探索不同惯性系中各物理量、物理规律之间的新变换关系和相应的相对性原理。

2.1.1 狭义相对论的基本原理

2.1.1.1 狭义相对论的建立

1864年，英国物理学家麦克斯韦(J. C. Maxwell，1831—1879)将电、磁、光统一起来，提出把电荷、电流、电磁场联系在一起的经典电磁理论的基本规律——麦克斯韦方程组，并作出光波即电磁波的论断。由麦克斯韦电磁理论给出的一个重要结论是光在真空中的速率为一恒量，得

$$c=\frac{1}{\sqrt{\varepsilon_0\mu_0}}\approx 2.998\times 10^8\ \text{m/s}$$

其中，ε_0 和 μ_0 是电磁常数。这说明光在真空中传播的速率与参考系无关，任何参考系测得的光在真空中的速率都是 c。

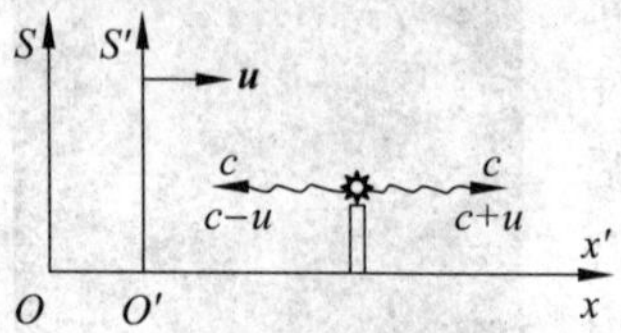

图 2-1 伽利略速度变换

但按照绝对时空观下的伽利略速度变换，不同惯性系中测得的光在真空的速率是不可能相同的。图2-1所示的 S，S' 是两个惯性系，S' 以速度 $\boldsymbol{u}=u\boldsymbol{i}$ 相对 S 沿 x 轴正向匀速运动，且设静止在 S' 中的一个闪光源沿 x' 轴正负向各发射一光脉冲。如果说在 S' 中测得它们在真空的速率都为 c，在 S 中根据伽利略速度变换应该是如图所示的 $c\pm u$。因为伽利略变换是伽利略相对性原理的数学体现，上述表明了惯性系对麦克斯韦电磁理论不再等价，电磁规律与伽利略相对性原理之间理论上存在着矛盾。另外，19世纪后期头脑中经典力学观念还占有统治地位的科学家们，为解释光为什么能在真空中传播提出了各种各样的假说，其中最有代表性的是以太假说。以太假说把电磁波想象成与声波和水波一样是某种连续媒质中的波，这种连续媒质被称为“以太”(ether)，它充满整个宇宙太空(以太在希腊文中的本意为“无所不在”)，它是一种看不见、也不能感知而光赖其传播的光媒质，光在以太中传播的速率为定值c。为检验以太假说，当时人们不仅重新研究了早期的一些实验和天文观测结果，而且还设计了许多新的实验，其中最著名的是1887年迈克耳孙(A. A. Michelson，1882—1931)利用自己设计的精巧干涉仪(图2-2，现称迈克耳孙干涉仪)和莫雷(E.W.

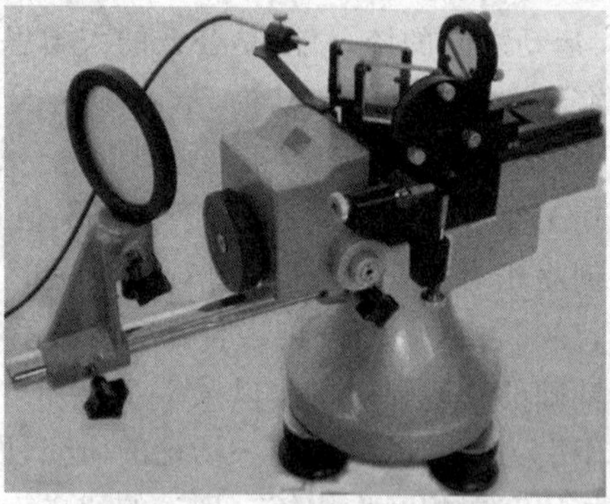

图 2-2 迈克耳孙干涉仪

Morley,1838—1923)一起完成的最准确细致的测量。由于自转和绕太阳的公转,地球在以太中穿行,传播方向成直角的两束光线的传播速率应具有差异,如果能测出这种差异,就等于探测出地球相对于以太的运动,或者说探测到地球感受到的“以太风”,以太假说也得以验证。但是,无论昼夜与冬夏,无论怎样地按顺时针或逆时针 90°地旋转仪器,实验都未检测到两束光传播速率的差异(称为零结果),实验的零结果是与伽利略变换不相容的,这使当时绝对时空观下的物理学界大为震惊,因为它动摇了经典物理学的基础。

当时的经典物理学所面临的理论和实验上的挑战孕育着一个巨大风暴的到来。爱因斯坦认为,伽利略相对性原理反映的是经典力学规律的客观性,而经过几百年发展成熟的电磁理论及其他物理规律都应具有客观性,也就是说都应不受主观选择参考系的随意性影响,否则自然界将是不可认识的。自然界具有统一性,因此包括经典力学与电磁理论的整个物理学范围内应该有一个共同的相对性原理,借以体现物理规律的客观性。至于“以太”,爱因斯坦认为由于人们无法探测出自己是否相对以太运动,那以太的概念纯属多余,光速 c 为恒量既然是电磁理论的推论,其客观性已说明其测量与观测者的运动无关。这样,爱因斯坦摒弃了 19 世纪“以太”所隐含的绝对静止(一个优先的静止惯性系)的观念,一次性地解决了实验零结果给当时带来的困惑。承认“光速的绝对性”,爱因斯坦要求人们放弃所有时钟测量的时间是普适即绝对的概念,承认每个人都有自己的时间值。如果两个人静止,它们的时间就是一致的,如果两个人之间存在相互运动,他们观测到的时间就会有所不同。

总之,面对经典物理学所遭遇的挑战,爱因斯坦不固守绝对时空观,另辟蹊径,提出了下面两条基本假说。这两条基本假说也称为狭义相对论的两个基本原理。确认这两个原理,并在两个原理基础上探索新的变换关系,使得力学规律和电磁规律在此变换下都具有不变性,这是新的力学理论建立的过程,而牛顿力学和伽利略变换又必须是新的变换关系在一定条件下的近似。1905 年爱因斯坦完成了这一过程,导出了新的惯性系间的变换关系(称为洛伦兹变换),创建了狭义相对论。

2.1.1.2　狭义相对论的两个基本原理

(1) 爱因斯坦狭义相对性原理

物理学定律在所有的惯性系中都具有相同的数学表达形式。或者说,**对于描述一切物理现象的物理规律,在所有惯性系中都是等价的。**

(2) 光速不变原理

在所有惯性系中,真空中光沿各方向的传播速率都等于同一个恒量 c,与光源或观察者的运动状态无关。

爱因斯坦狭义相对性原理是经典力学伽利略相对性原理的推广,它不仅对力学,而且对电磁学,乃至整个物理学都适用。对于一个客观的物理现象,可以在不同的惯性系中进行观测(测量),尽管不同惯性系的相应各物理量的测量数值一般各不相同,但联系各被测物理量之间的规律在各惯性系中却是相同的。狭义相对性原理也告诉我们,在任何一个惯性系内,包括力学实验和电磁实验在内的任何物理实验都不能用来确定本身是运动还是静止,因此绝对运动或绝对静止的概念被排除掉了。光速不变原理是与经典力学完全不相容的,据此爱因斯坦准确定义了“同时”的概念,建立了狭义相对论的时空观。

2.1.2 洛伦兹变换和洛伦兹速度变换

2.1.2.1 洛伦兹变换

爱因斯坦以上述两条假设为基础,导出了满足狭义相对论原理的变换式,一般称它为洛伦兹变换。荷兰物理学家洛伦兹(H. A. Lorentz,1853—1928)于1904年曾提出过同样的变换式,但未给出此变换的正确解释。

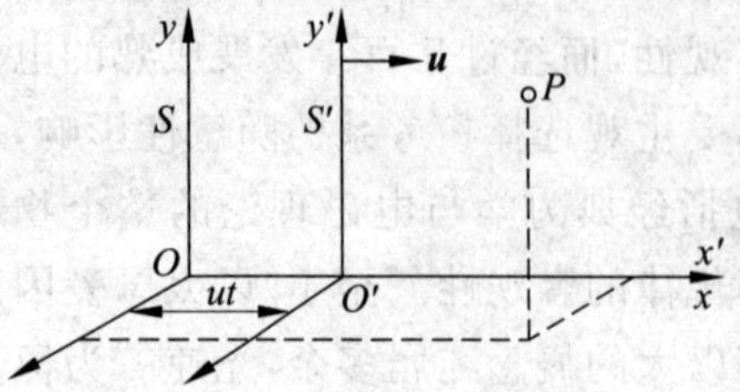

图 2-3 洛伦兹变换

设图2-3中$S(O,x,y,z)$、$S'(O',x',y',z')$是图1-21中的两个惯性系,它们二者坐标轴分别平行,$t=t'=0$时原点重合,且S'以速度$\boldsymbol{u}=u\boldsymbol{i}$相对$S$沿$x$轴正向匀速直线运动。若有一个事件发生在空间$P$点,两个惯性系各自测得$P$点的时空坐标为$(x,y,z,t)$和$(x',y',z',t')$。这两组坐标之间满足爱因斯坦的两个基本原理的变换关系为

$$\begin{cases} x'=\dfrac{x-ut}{\sqrt{1-(u/c)^2}} \\ y'=y \\ z'=z \\ t'=\dfrac{t-\dfrac{u}{c^2}x}{\sqrt{1-(u/c)^2}} \end{cases}$$

或

$$\begin{cases} x=\dfrac{x'+ut'}{\sqrt{1-(u/c)^2}} \\ y=y' \\ z=z' \\ t=\dfrac{t'+\dfrac{u}{c^2}x'}{\sqrt{1-(u/c)^2}} \end{cases} \tag{2-1}$$

为了简单,常设$\beta=\dfrac{u}{c}$,$\gamma=\dfrac{1}{\sqrt{1-(u/c)^2}}=\dfrac{1}{\sqrt{1-\beta^2}}$,(2-1)式变为

$$\begin{cases} x'=\gamma(x-ut) \\ y'=y \\ z'=z \\ t'=\gamma\left(t-\dfrac{u}{c^2}x\right) \end{cases}$$

或

$$\begin{cases} x=\gamma(x'+ut') \\ y=y' \\ z=z' \\ t=\gamma\left(t'+\dfrac{u}{c^2}x'\right) \end{cases} \tag{2-2}$$

(2-1)式和(2-2)式称为洛伦兹变换，是关于坐标与时间的变换。由洛伦兹变换明显看出：

(1) 当 $u \ll c$ 时，$\beta\to 0,\gamma\to 1$，洛伦兹变换回到伽利略变换，即牛顿力学是相对论力学的低速近似，牛顿绝对时空概念是相对论时空概念在参考系相对速度较小时的近似。

(2) 洛伦兹变换反映了时间、空间与物质运动相互联系、不可分割的统一关系，它们在测量时互相不能分离。

(3) 由于时空坐标均为实数，u 不能大于或等于 c，所以洛伦兹变换给出这样的结论：真空中的光速 c 是物体运动速率的上限。

例 2.1　设惯性系 S' 中一粒子在 $O'x'y'$ 平面内以 $\dfrac{c}{2}$ 的恒定速率沿 x' 轴正向运动。如果 S' 相对于另一个惯性系 S 以 $0.60c$ 的速率沿 x 轴正向运动，试求在 S 确定的粒子运动方程。

解　由题意，S' 确定的粒子的运动方程为

$$x'=v'_x t'=\frac{c}{2}t'$$

由洛伦兹变换，上式变为

$$\frac{x-ut}{\sqrt{1-(u/c)^2}}=\frac{c}{2}t'=\frac{c}{2}\frac{t-(u/c^2)x}{\sqrt{1-(u/c)^2}}$$

即 $x-0.60ct=\dfrac{c}{2}\left(t-\dfrac{0.60c}{c^2}x\right)$，得在 S 确定的粒子运动方程为

$$x=0.85ct$$

2.1.2.2　洛伦兹速度变换

(x,y,z,t) 和 (x',y',z',t') 分别表示图 2-3 中同一质点在惯性系 S 和 S' 的时空坐标，用 (v_x,v_y,v_z) 和 (v'_x,v'_y,v'_z) 分别表示该质点在上述两个坐标系中的速度分量，则

在 S 系中：
$$v_x=\frac{dx}{dt},\quad v_y=\frac{dy}{dt},\quad v_z=\frac{dz}{dt}$$

在 S' 系中：
$$v'_x=\frac{dx'}{dt'},\quad v'_y=\frac{dy'}{dt'},\quad v'_z=\frac{dz'}{dt'}$$

应用洛伦兹变换(2-2)式，可得

$$v'_x=\frac{dx'}{dt'}=\frac{dx'/dt}{dt'/dt}=\frac{dx/dt-u}{1-(u/c^2)(dx/dt)}=\frac{v_x-u}{1-uv_x/c^2}$$

$$v'_y=\frac{dy'}{dt'}=\frac{dy'/dt}{dt'/dt}=\frac{dy/dt}{\gamma[1-(u/c^2)(dx/dt)]}=\frac{v_y}{\gamma(1-uv_x/c^2)}$$

$$v'_z=\frac{dz'}{dt'}=\frac{dz'/dt}{dt'/dt}=\frac{dz/dt}{\gamma[1-(u/c^2)(dx/dt)]}=\frac{v_z}{\gamma(1-uv_x/c^2)}$$

即相对论速度变换(洛伦兹速度变换)为

$$\begin{cases} v'_x = \dfrac{v_x - u}{1 - \dfrac{u}{c^2} v_x} \\ v'_y = \dfrac{v_y}{\gamma\left(1 - \dfrac{u}{c^2} v_x\right)} \\ v'_z = \dfrac{v_z}{\gamma\left(1 - \dfrac{u}{c^2} v_x\right)} \end{cases}$$

或

$$\begin{cases} v_x = \dfrac{v'_x + u}{1 + \dfrac{u}{c^2} v'_x} \\ v_y = \dfrac{v'_y}{\gamma\left(1 + \dfrac{u}{c^2} v'_x\right)} \\ v_z = \dfrac{v'_z}{\gamma\left(1 + \dfrac{u}{c^2} v'_x\right)} \end{cases} \tag{2-3}$$

显然,当 $u \ll c$ 时,相对论速度变换就回到经典伽利略速度变换。

例 2.2 图 2-1 中,设惯性系 S'中测得前后两个光脉冲在真空的速率都为 c,用相对论速度变换说明惯性系 S 中测得它们在真空的速率也都为 c。

解 由(2-3)式,对于向 x 轴正向传播的光脉冲,有

$$v_x = \frac{v'_x + u}{1 + \dfrac{u}{c^2} v'_x} = \frac{c + u}{1 + \dfrac{u}{c^2} c} = c$$

对于向 x 轴负向传播的光脉冲,有

$$v_x = \frac{v'_x + u}{1 + \dfrac{u}{c^2} v'_x} = \frac{-c + u}{1 + \dfrac{u}{c^2}(-c)} = -c$$

在 S 中测得它们在真空的速率也都为 c。必须如此,因为它是相对论的一个出发点。

例 2.3 设想一飞船以 $0.80c$ 的速度在地球上空飞行。如果此时从飞船上沿速度方向发射一物体,物体相对飞船的速度为 $0.90c$。那么物体相对地面的速度多大?

解 选飞船参考系为 S',地面参考系为 S,如图 2-3 所示。根据洛伦兹速度变换,由题意得物体相对地面的速度大小为

$$v_x = \frac{v'_x + u}{1 + \dfrac{u}{c^2} v'_x} = \frac{0.90c + 0.80c}{1 + \dfrac{0.80c}{c^2} \times 0.90} = 0.99c$$

2.2 狭义相对论的时空观

伽利略变换蕴含着经典力学的时空观，而洛伦兹变换蕴含着相对论的时空观。

2.2.1 同时的相对性

设图 2-3 中所示的惯性系 S 和 S' 分别对发生的两个事件 A 和 B 进行了观测，S' 中对两个事件 A 和 B 的测量由图 2-4 所示，记录到两事件的时空坐标分别为 $(x_1',0,0,t_1')$ 和 $(x_2',0,0,t_2')$。同样，惯性系 S 中对两事件 A 和 B 的测量得到的时空坐标分别为 $(x_1,0,0,t_1)$ 和 $(x_2,0,0,t_2)$。据洛伦兹变换，可得两个惯性系中观测到两事件的时间间隔关系为

$$t_2'-t_1'=\gamma\left[(t_2-t_1)-(u/c^2)(x_2-x_1)\right] \tag{2-4}$$

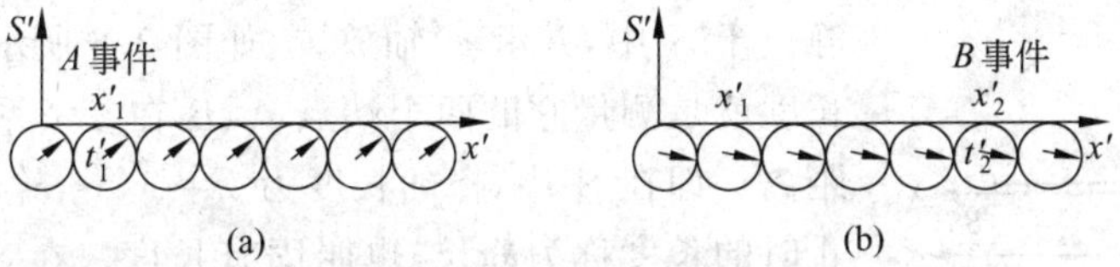

图 2-4 S' 中对 A，B 事件的测量

可以看出，S' 中观测到两事件的时间间隔不仅与 S 中观测到的两事件的时间间隔有关，而且与 S 中两事件的空间间隔有关，还与惯性系之间的相对运动有关。

2.2.1.1 同时的相对性

图 2-3 中，设 S 中观测到的 A，B 两事件是同时发生的，即 $t_1=t_2$，(2-4)式变为

$$t_2'-t_1'=\gamma[-(u/c^2)(x_2-x_1)] \tag{2-5}$$

(1) 当 $\Delta x=x_2-x_1=0$，有 $\Delta t'=t_2'-t_1'=0$：在 S 中观测到同时 ($\Delta t=0$) 又同地 ($\Delta x=0$) 的两事件，在 S' 中也是同时发生的。

(2) 当 $\Delta x=x_2-x_1\neq 0$，有 $\Delta t'=t_2'-t_1'\neq 0$：在 S 中观测到同时不同地的两事件，在 S' 中不是同时发生的。

在一个惯性系同时发生的事件，在别的惯性系不一定同时发生；在一个惯性系不同时发生的事件，在别的惯性系有可能同时发生。同时性不是绝对的，与参考系有关，这就是同时的相对性。

2.2.1.2 时序问题讨论

两个事件如果不是同时发生的，必然有谁先谁后发生的时序问题。由(2-4)式可得

$$t_2'-t_1'=\gamma(t_2-t_1)\left[1-\frac{u}{c^2}\,\frac{(x_2-x_1)}{(t_2-t_1)}\right] \tag{2-6}$$

设 A，B 是无因果关系的两事件，如果在 S 中观测到 A 事件先发生，即有 $\Delta t=t_2-t_1>0$，那在 S' 中，除可能存在 $\Delta t'=t_2'-t_1'=0$（两事件同时发生）外，还可能有：

(1) $\Delta t'=t_2'-t_1'>0$：在 S 中 A 事件先发生，在 S' 中 A 事件也先发生，不存在时序颠倒现象。

(2) $\Delta t'=t_2'-t_1'<0$：在 S 中 A 事件先发生，在 S' 中 B 事件先发生，存在时序颠倒

现象。

但是,如果 A,B 是有因果关系的两事件,则不允许存在时序颠倒现象。比如打靶,S 中 t_1 时刻在 x_1 处发生开枪的 A 事件,经过 Δt 时间引起 x_2 处发生靶中弹的 B 事件,显然 $\Delta t=t_2-t_1>0$,事件 A 先发生。而(2-6)式中的 $\dfrac{x_2-x_1}{t_2-t_1}=\dfrac{\Delta x}{\Delta t}$ 是子弹在 S 中飞行速度的大小,是 A,B 两事件因果关系的信号传递速度,光速 c 是它的极限。而光速 c 也是参考系相对速度 u 的极限,所以由(2-6)式求得 $\Delta t'=t_2'-t_1'>0$,即在 S' 中也必然观测到事件 A 先发生。也就是说,有一定因果关系的两个事件发生的时间顺序是绝对的,不会颠倒。

2.2.2 长度收缩

设有两个观测者,从各自的惯性系 S 和 S' 对同一刚性棒 AB 的长度进行测量。刚性棒静止于 S' 中,并沿 x' 轴放置,如图 2-5 所示。测量刚性棒的长度就是测量它的两个端点 A,B 在参考系中的位置之间的距离。即在 S' 中,棒的长度为 $l_0=x_2'-x_1'$,这种测得的棒静止时的长度称为静长,也叫固有长度。在 S 中,棒的长度为 $l=x_2-x_1$,不过,S 中棒是运动的,观测者必须同时对棒两端 A,B 的坐标进行测量,即两端 A,B 在 S 中的时空坐标分别为 (x_1,t) 和 (x_2,t),这种相对于棒运动的惯性系测得的长度称为动长。由洛伦兹变换(2-2)式,得到

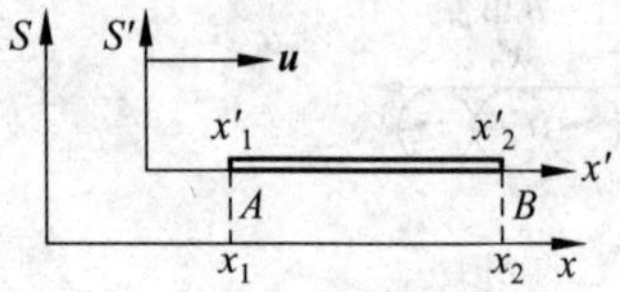

图 2-5 长度收缩

$$\Delta x'=x_2'-x_1'=\gamma[(x_2-x_1)-u(t_2-t_1)]=\gamma\Delta x$$

即

$$l=\gamma^{-1}l_0=l_0\sqrt{1-(u/c)^2} \tag{2-7}$$

很显然,沿运动方向放置的同一根棒的固有长度是所有惯性系中测得的最大长度,它的动长总比静长短,这种相对论效应被称为运动棒的长度收缩,也称为尺缩效应。尺缩效应说明空间间隔的测量是相对的,与惯性系的选择有关,反映了“同时”的重要性以及与惯性系之间相对运动的联系。对长度收缩效应,还应注意几点:

(1) 长度收缩只发生在运动方向,垂直运动方向无尺缩效应,这由洛伦兹变换很容易证明。

(2) 长度收缩是相对的,因为 S 和 S' 是等价的。在 S 中测量静止于 S' 中沿运动方向放置的棒,长度收缩了;反过来,在 S' 中测量静止于 S 中沿运动方向放置的棒,长度也收缩。

(3) 相对论中观察者的“测量”与生活中的“看”是完全不同的两个概念。尺缩效应是“看”不出的,也拍不出照片来,它只是测量的结果。比如对于一个运动的球体,可以证明:测量的结果是椭球体,沿运动方向有尺缩效应;但正对运动球体横向看,它“看”起来还是球形,不过看到的球表面已不是静止时面对的球表面了,而是绕竖直轴旋转了一个角度的球表面。

例 2.4 有一边长为 a 的正方形,如果使它沿着一边的方向相对地面以 $0.8c$ 速度运动,求地面测得它的面积是多少?

解 沿运动方向有尺缩效应,运动方向测得正方形的边长为

$$l=\gamma^{-1}l_0=l_0\sqrt{1-(u/c)^2}=a\sqrt{1-(0.8)^2}=0.6a$$

垂直运动方向无尺缩效应，所以地面测得此运动正方形的面积 S 为

$$S=0.6a\cdot a=0.6a^2$$

2.2.3　时间延缓

(2-4)式已经说明相对论中时间间隔的测量也是相对的，是和空间与物质运动($\boldsymbol{u}$)紧密相连的。时间延缓就是由此产生的一种相对论效应。

如图 2-6 所示，设 S'中的同一地点、不同时刻发生了两个事件 $A(x',t'_1)$和 $B(x',t'_2)$，也可以说成一个物理过程在 S'中的 x'处进行。开始(A)和结束(B)分别发生于 t'_1和 t'_2时刻，此物理过程进行的时间，也就是发生在同一地点的两个事件的时间间隔 $\tau_0=t'_2-t'_1$，被称为固有时，它是静止于 x'处的一个时钟 C'测出的。在 S 中测量，A，B 两事件分别发生于 t_1 和 t_2 时刻，时间间隔 $\tau=t_2-t_1$，与固有时的关系可由洛伦兹变换(2-2)式得到

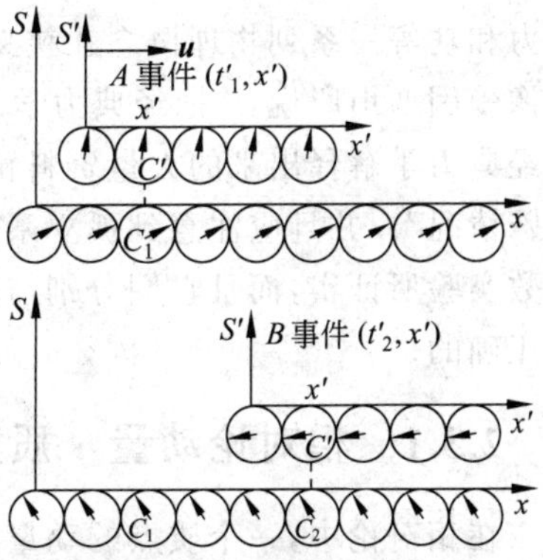

图 2-6　时间延缓

$$\Delta t=t_2-t_1=\gamma\left(t'_2+\frac{u}{c^2}x'_1\right)-\gamma\left(t'_1+\frac{u}{c^2}x'_1\right)$$

$$=\gamma(t'_2-t'_1)=\gamma\Delta t'$$

即

$$\tau=\gamma\tau_0 \tag{2-8}$$

因 $\gamma>1$，所以 $\tau>\tau_0$，固有时最短，而 S 中测得的时间大于固有时，这一现象叫时间延缓或时间膨胀。设 $u=0.866c$，则 $\gamma=2$，如果 $\tau_0=16$ s，由(2-8)式有 $\tau=32$ s。这说明：在 S 看来，C'是以速率 $u=0.866c$ 运动的钟，S 中包括 C_1，C_2 在内的所有自己的钟都是静止的，当自己的静止的钟走时 32 s 时，而动钟 C'(以及 S'中所有的钟)走时只有 16 s(记录的固有时间)，所以时间延缓又称为动钟的钟慢效应。这不是说动钟变坏了，时钟都是一样的，也都是校准好的，这只是时间测量的相对论效应。因为惯性系是等价的，钟慢效应也必然是相对的。S 中观测静止于 S'的时钟走慢了，S'中观测静止于 S 的时钟也走慢了。

综上所述，相对论时空观认为，“同时性”“时间”“长度”都是相对的，对它们的测量与惯性系的选择有关。而在牛顿力学中，“同时性”“时间”“长度”都是绝对的，对它们的测量与惯性系的选择无关。狭义相对论揭示了时间、空间都是与运动紧密联系在一起的，没有脱离运动的绝对时间和绝对空间，而时间和空间又是相互关联的，它们是“时空”这一整体不可分割的组成部分。

例 2.5　夏天天空中出现一道闪电，地球上测得它历时 0.1 s。这时恰有一宇宙飞船以速率 0.95 c 掠过，问飞船上的钟测得闪电历时多久？

解　地球上闪电历时 0.1 s，可用一个时钟测量得到，所以它为固有时，由(2-8)式可得飞船上的钟测得的闪电历时为

$$\tau=\gamma\tau_0=\frac{\tau_0}{\sqrt{1-u^2/c^2}}=\frac{0.1}{\sqrt{1-0.95^2}}\text{ s}=0.32\text{ s}$$

2.3 狭义相对论质点动力学的基础概念

前面主要讨论了狭义相对论运动学,而洛伦兹变换是它的核心。本节简要介绍有关狭义相对论动力学的基础概念。

按照牛顿第二定律,质点的质量是常量,如果质点受到持续恒力作用将会无限制地被加速,最终会以超过光速的速率运动,但这是狭义相对论所不允许的,它也与高能物理实验结果相矛盾。因此,经典力学的质量和与质量有关的动量、能量、角动量,以及传递这些物理量的力和功等一系列物理概念在狭义相对论中面临改造和重新定义。重新定义和改造的目的正像爱因斯坦所说:“把经典力学改变成既不与相对论矛盾,又不与已经观察到的以及已经由经典力学解释出来的大量资料相矛盾”,使“旧力学只能应用于小的速度,而成为新力学的特殊情况”。并且应注意到孤立系统的动量、能量和角动量守恒定律不但在低速情况下已被无数实验所证实,而且它们分别与时空对称性相联系,有理由认为它们在高速情况下也应该是正确的。

2.3.1 相对论动量 质量与速度关系 动力学基本方程

在相对论中,一个质点的动量 $\boldsymbol{p}$ 仍定义为

$$\boldsymbol{p}=m\boldsymbol{v} \tag{2-9}$$

是与质点速度 $\boldsymbol{v}$ 同方向的一个矢量。动量与速度的比例系数 m 仍定义为质量,是该质点的相对论(性)质量。质量 m 不应再是常数,应是依赖质点速率的函数 $m=m(v)$。为了使动量守恒定律在洛伦兹变换下保持不变,质量与速度关系(质速关系)应为

$$m=\frac{m_0}{\sqrt{1-(v/c)^2}}=\gamma m_0 \tag{2-10}$$

由此式可以看出,当 $v=0$ 时,$m=m_0$,m_0 是质点相对某惯性系静止时的质量,称为质点的静质量。相对论质量与速度关系式的正确性最早由布歇尔(A. H. Bucherer,1863—1927)于1909年通过研究电子质量随速率改变的实验所证实。近年来,高能加速器的发展,可以把电子加速至其质量为其静质量的几万倍,更加证实了相对论理论的正确性。图2-7给出了电子的相对论质量对速度的依赖关系。

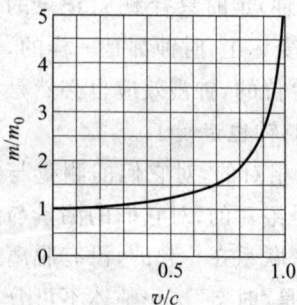

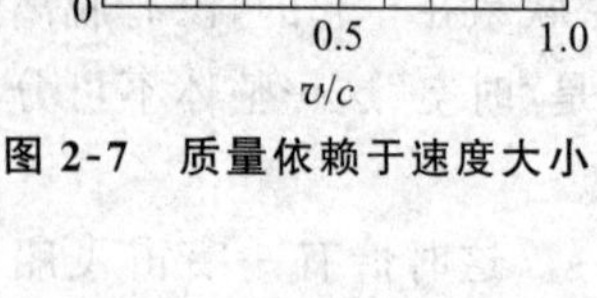

图2-7 质量依赖于速度大小

图2-7中,当质点以低速运动时,即 $v\ll c$ 时,$m\approx m_0$,质点质量近似为一常数,回到经典力学适用的范畴。随着速率增大,m 也增大,当 $v\to c$ 时,$m\to\infty$,所以光在真空中的传播速率 c 是物体运动速度的极限。质点的动量 $\boldsymbol{p}$ 可写为

$$\boldsymbol{p}=m\boldsymbol{v}=\gamma m_0\boldsymbol{v} \tag{2-11}$$

当 $v\ll c$ 时,$\boldsymbol{p}=m_0\boldsymbol{v}$,就回到经典力学的质点动量表达式。

把牛顿力学中力为动量的时间变化率直接推广到相对论中,有

$$\boldsymbol{F}=\frac{\mathrm{d}\boldsymbol{p}}{\mathrm{d}t}=\frac{\mathrm{d}}{\mathrm{d}t}(m\boldsymbol{v})=\frac{\mathrm{d}}{\mathrm{d}t}\left(\frac{m_0\boldsymbol{v}}{\sqrt{1-(v/c)^2}}\right) \tag{2-12}$$

这就是狭义相对论力学的基本方程。当 $v \ll c$ 时，$\boldsymbol{F}=m_0\dfrac{\mathrm{d}\boldsymbol{v}}{\mathrm{d}t}=m_0\boldsymbol{a}$，就是低速范畴的牛顿第二定律。由此看出，由(2-12)式狭义相对论动力学基本方程推广演绎出的一些结论或规律，它们在 $v \ll c$ 条件下都会回到对应的经典力学的规律。如一个质点系的相对论动量用 $\boldsymbol{p}$ 表示，有

$$\boldsymbol{p}=\sum_i m_i\boldsymbol{v}_i=\sum_i \gamma m_{0i}\boldsymbol{v}_i \tag{2-13}$$

在 $v \ll c$ 条件下，就是经典力学的质点系动量 $\boldsymbol{p}=\sum\limits_i m_{0i}\boldsymbol{v}_i$。又如，由(2-12)式对质点系同样可演绎出 $\boldsymbol{F}_{外}=\dfrac{\mathrm{d}\boldsymbol{p}}{\mathrm{d}t}$，如果质点系所受合外力 $\boldsymbol{F}_{外}=\sum\limits_i \boldsymbol{F}_i=0$，质点系动量守恒，有

$$\boldsymbol{p}=\sum_i m_i\boldsymbol{v}_i=\sum_i \gamma m_{0i}\boldsymbol{v}_i=\text{常矢量}$$

在 $v \ll c$ 条件下，就是经典力学的质点系动量守恒 $\boldsymbol{p}=\sum\limits_i m_{0i}\boldsymbol{v}_i=$常矢量。

例 2.6　10^4 m/s 的速度大小是一般技术中宏观物体速率的上限。求宏观物体的速率 $v=10^4$ m/s 时，其相对论质量与静质量的差值与静质量之比。

解　由质速关系(2-10)式，所求相对变化为(注意 $\beta=u/c$)

$$\frac{m-m_0}{m_0}=\frac{1}{\sqrt{1-\beta^2}}-1\approx\frac{1}{2}\beta^2=\frac{1}{2}\times\left(\frac{10^4}{3\times10^8}\right)^2=5.6\times10^{-10}$$

对于一般物体，在 $v=10^4$ m/s 范围之内，可以认为物体的质量与速率无关。但对于微观粒子，其速度可以和光速 c 接近，它们的相对论质量与静质量会有很大差别。比如，加速器中的质子被加速到 $0.9c$ 时，有 $m_{\mathrm{H}}=2.3m_{\mathrm{H0}}$；当电子速率达到 $0.98c$ 时，有 $m_{\mathrm{e}}=5.03m_{\mathrm{e0}}$。

总之，宏观物体的运动速率比光速 c 小得多，所以其相对论质量、动量、动力学基本方程以及其他运动规律等，在所观测精度内都回到经典力学范畴。所以我们常说，牛顿力学适用的范围是低速宏观世界。

2.3.2　质能关系 $E=mc^2$

2.3.2.1　相对论动能

元功的定义仍然是 $\mathrm{d}A=\boldsymbol{F}\cdot\mathrm{d}\boldsymbol{r}$，并且仍然定义力的功等于质点动能的增量。我们由一特例导出相对论的质点动能公式。

设一静止质量为 m_0 的物体在力 F_x 作用下沿 x 轴运动。当物体由静止被加速到速率 v 时，力 F_x 的功应等于物体获得的动能，即有

$$E_{\mathrm{k}}=\int\mathrm{d}A=\int F_x\,\mathrm{d}x=\int\frac{\mathrm{d}(mv)}{\mathrm{d}t}v\,\mathrm{d}t=\int v\,\mathrm{d}(mv)=\int_0^v v\,\mathrm{d}\left(\frac{m_0v}{\sqrt{1-v^2/c^2}}\right)$$

采用分步积分法，整理得质点动能公式

$$E_{\mathrm{k}}=mc^2-m_0c^2 \tag{2-14}$$

因为 $m=\dfrac{m_0}{\sqrt{1-v^2/c^2}}$，当 $v \ll c$ 时，将 $(1-v^2/c^2)^{-1/2}$ 作泰勒级数展开，有

$$\left(1-\frac{v^2}{c^2}\right)^{-1/2}=1+\frac{1}{2}\left(\frac{v}{c}\right)^2+\frac{3}{8}\left(\frac{v}{c}\right)^4+\cdots$$

略去高阶项，只保留前两项，代入(2-14)式得

$$E_k = m_0c^2\left(1+\frac{1}{2}\frac{v^2}{c^2}-1\right)=\frac{1}{2}m_0v^2$$

质点相对论动能回到经典力学的动能表达式。

2.3.2.2 质能关系

在上面的简单例子中，力对物体做功使物体能量增加，当物体速率接近光速大小时，力的持续作用使物体的速度变化很小了，而明显的是物体的惯性质量 $m(v)$ 增加显著(无上限)。所以我们得到狭义相对论的一个重要推论：物体质量的大小标志着其能量的大小。由(2-14)式得

$$mc^2 = m_0c^2 + E_k \tag{2-15}$$

式中，m_0c^2 是静止质量 m_0 标志的能量，称为静能 E_0，$E_0=m_0c^2$。mc^2 等于静能与动能之和，显然是质量为 m 物体的总能 E，即物体所具有的全部能量，有

$$E = mc^2 \tag{2-16}$$

它就是被誉为新时代标志的质能关系式，说明物体的质量就是物体能量的量度。质能关系是狭义相对论的一个重要结论，它导致了原子能时代的到来。由(2-16)式得到

$$\Delta E = \Delta m c^2 \tag{2-17}$$

则表明物体吸收或放出能量时，必伴随质量的增加与减少。相对论把经典力学中相互独立的质量和能量两个概念紧密地联系在一起，可以说它们是物体同一力学性质的两个方面。如果一个系统与外界没有能量交换，系统能量守恒$\left(\sum_i(m_ic^2)=\text{常量}\right)$，则系统的质量也必然守恒$\left(\sum_i m_i=\text{常量}\right)$，尽管系统内部的作用过程可以使静能与动能互相转化，也可以使系统的静质量发生变化。

2.3.2.3 能量和动量的关系

将(2-10)式两边平方，有

$$m^2=\frac{m_0^2}{1-v^2/c^2}=\frac{m_0^2c^2}{c^2-v^2}$$

两边乘以 $c^2(c^2-v^2)$，得

$$m^2c^4 - m^2v^2c^2 = m_0^2c^4$$

而 $mc^2=E$，$mv=p$，所以得到狭义相对论能量和动量的重要关系式，为

$$E^2 = m_0^2c^4 + p^2c^2 = E_0^2 + p^2c^2 \tag{2-18}$$

例 2.7 氘核由一个中子和一个质子组成，氘核、中子、质子的静质量分别为 2.013 60 u、1.008 67 u 和 1.007 31 u(u 为原子质量单位，1 u$=1.66\times10^{-27}$ kg)，求一个静止的中子和一个静止的质子结合成一个氘核时释放的能量。

解 对于任一反应过程，能量都是守恒的。设反应前所有反应物的静质量之和为 m_{01}，反应物的动能为 E_{k1}；反应后所有生成物的静质量之和为 m_{02}，动能为 E_{k2}。有

$$m_{01}c^2 + E_{k1} = m_{02}c^2 + E_{k2}$$

令 $\Delta E = E_{k2} - E_{k1}$，表示反应前后的动能增量，就是反应过程释放的能量。令

$$\Delta m_0 = m_{01} - m_{02}$$

表示反应前后静质量的减少，称为质量亏损。有

$$\Delta E = \Delta m_0 c^2 \tag{2-19}$$

该式是关于原子能的一个基本公式。本题中

$$\Delta m_0 = (1.008\,67 + 1.007\,31 - 2.013\,60)\mathrm{u} = 0.002\,38\ \mathrm{u}$$

反应过程释放的能量为

$$\begin{aligned}\Delta E &= (\Delta m_0)c^2 \\ &= (0.002\,38 \times 1.66 \times 10^{-27}) \times (3.00 \times 10^8)^2\ \mathrm{J} = 3.56 \times 10^{-13}\ \mathrm{J}\end{aligned}$$

2.4　广义相对论简介

为了取消狭义相对论中惯性系的特殊地位，把相对论进一步扩展到有加速度的非惯性系中，爱因斯坦从 1907—1915 年花了整整 8 年时间，克服了物理和数学上的种种困难建立了广义相对论。

2.4.1　广义相对论的两条基本原理

1. 等效原理

在牛顿第二定律 $F=ma$ 中的 m 称为惯性质量，在万有引力定律 $F=G\dfrac{M'm'}{r^2}$ 中的 m' 称为引力质量，我们在 1.3.1 节中已经提到：实验证明，同一物体的这两个质量是相等的。从 1686 年牛顿用单摆做实验开始，到 1889 年匈牙利物理学家厄岳(B. R. V. Eötvös, 1848—1919)等的扭秤实验，多年来许多实验以越来越高的精确度证明了这一相等性，即 $m=m'$ 确实成立。爱因斯坦注意到这一结论的重要性，曾写道"猜想其中必定有一把可以更加深入地了解惯性和引力的钥匙"。

万有引力普遍存在，地球、太阳等被选作的参考系都具有一定的加速度，都不是真正的惯性参考系。能否找到一个把引力全部消除掉、狭义相对论确定的结论全部有效的真正惯性系呢？如果重力场中一电梯的吊绳突然断裂，电梯自由下落，由于 $m=m'$，惯性力 $-m\boldsymbol{g}$ 使重力 $m'\boldsymbol{g}$ 的影响被消除了，$-m\boldsymbol{g}+m'\boldsymbol{g}=0$，电梯内的物体处于完全失重状态，电梯内观测到无外力作用的静止物体保持静止，无外力作用的运动物体保持匀速直线运动，这就是惯性系中的现象。爱因斯坦进一步指出，在上述"电梯"中所观测到的除力学现象外，包括电磁在内的其他任何物理现象都应和惯性系中发生的现象完全一样，都测不出任何引力的迹象，引力全部消失，即无法通过电梯内的物理现象来判断电梯是否在作加速运动和电梯外是否存在着地球的引力场。也就是说，一个在引力作用下自由下落的参考系(电梯)与惯性系等效，被称为局部惯性系，它是找到的消除了引力的真正惯性系。之所以强调"局部"，是因为重力场是非均匀场，不同空间点的 $\boldsymbol{g}$ 有所不同，如果"电梯"不是足够小，通过"电梯"参考系的加速度运动同时对其中每个空间点的物体都消除重力影响是不可能的。利用局部惯性系，等效原理可叙述为：

在真实的引力场中的每一时空点及其领域里存在一个局部惯性系，其中引力全部消除，狭义相对论的规律全部有效。

2. 广义相对性原理

狭义相对论中,所有惯性系都是等价(平权)的。爱因斯坦把狭义相对论原理推广到一切惯性系和非惯性系,提出了广义相对性原理:

所有参考系都是平权的,物理定律具有适合于任何参考系的性质。即物理定律在一切参考系中必须具有相同的形式。

2.4.2 广义相对论预言的几个可观测效应

1. 引力场中光线的弯曲

广义相对论预言,光线将沿引力方向弯曲。例如,从地球上观测某一发光星体,当星体发的光从太阳表面附近经过时,太阳引力使光线偏折,星体的视位置将偏离它的实际位置,如图2-8所示。1919年日全食时,天文学家观测到了这种偏离。以后天文学家还进行了多次这种观测,都证实了广义相对论的预言。

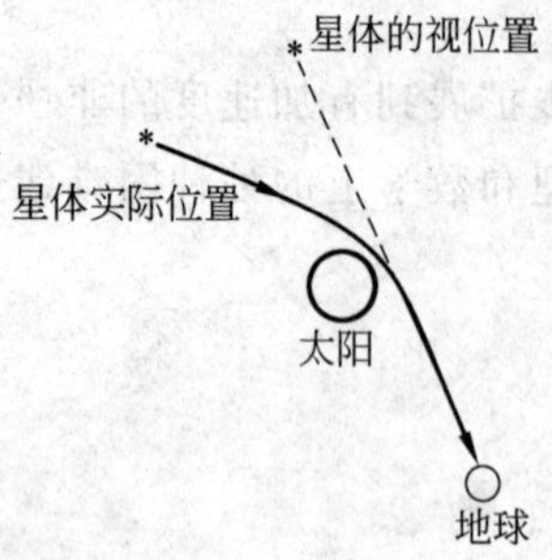

图 2-8 光线弯曲

2. 引力红移现象

广义相对论预言,处在强引力场中的光源发出的光,当从远离引力场的地方观测时,其光谱线会向红端(长波方向)移动。比如,地球上测得的引力较强的恒星所发射的某一元素光谱线的频率比地球上同一元素发射的光谱线频率小。由于引力红移效应非常小,所以直到20世纪60年代才得到比较确定的结果,后来陆续的实验都证实了这一预言。

3. 水星轨道近日点的进动

行星的轨道不是严格闭合的,它们的近日点有进动。广义相对论指出:由于时空弯曲引起的修正,水星近日点的进动还应有每世纪43.03″的附加值。正是广义相对论的这一计算,解决了牛顿力学一直无法理解的43″/100 a的"反常"进动。这是广义相对论初期获得的重大验证之一。之后,其他行星进动附加值的理论值与观测值也符合得较好。

总之,狭义相对论告诉我们,空间和时间不是绝对的,它们和参考系的运动紧密相关;广义相对论建立了适用范围更广的理论,牛顿引力理论只是它的一级近似。它告诉我们,在引力物体的近旁空间和时间要被扭曲,引力就是弯曲时空的表现。狭义相对论是微观、高能物理的基础,广义相对论要在大尺度的宇宙世界里显示自己的巨大作用,而在宏观、低速情况下两者的效应均可略去。

思 考 题

2.1 什么是伽利略相对性原理?什么是狭义相对性原理?

2.2 同时的相对性是什么意思?如果光速无限大,是否还会有同时的相对性?

2.3 什么是钟慢效应?什么是尺缩效应?

2.4 狭义相对论的时间和空间概念与牛顿力学的有何不同?有何联系?

2.5 能把一个粒子加速到光速 c 吗?为什么?

2.6 什么叫质量亏损?它和原子能的释放有何关系?

2.7 在相对论的时空观中，以下的判断正确的是（ ）。

A. 在一个惯性系中，两个同时的事件，在另一个惯性系中一定不同时

B. 在一个惯性系中，两个同时的事件，在另一个惯性系中一定同时

C. 在一个惯性系中，两个同时又同地的事件，在另一惯性系中一定同时又同地

D. 在一个惯性系中，两个同时不同地的事件，在另一惯性系中只可能同时不同地

2.8 根据狭义相对论的观点，下列说法正确的是（ ）。

A. 运动钟的钟慢效应是由于运动使得钟走的不准时了

B. 宇宙间任何速度都不能大于光速 c

C. 如果光速是无限大，同时的相对性就不会存在了

D. 运动棒的长度收缩效应是指棒沿运动方向受到了实际压缩

2.9 根据狭义相对论，有下列几种说法：(1)所有惯性系统对物理基本规律都是等价的；(2)在真空中，光的速度与光的频率、光源的运动状态无关；(3)在任何惯性系中，光在真空中沿任何方向的传播速度都相同。对于这些说法，下述结论中正确的是（ ）。

A. 只有(1)，(2)是正确的　　B. 只有(1)，(3)是正确的

C. 只有(2)，(3)是正确的　　D. 三种说法都是正确的

2.10 相对论中物体的质量 M 与能量 E 有一定的对应关系，这个关系是什么？静止质量为 M_0 的粒子以速度 v 运动，其动能怎样表示？

习　题

2.1 坐标轴分别平行的 $S(O,x,y,z)$ 和 $S'(O',x',y',z')$ 是两个惯性系，S' 相对 S 以 $0.8c$ 的速度沿 x 轴负向匀速直线运动，且 $t=t'=0$ 时它们的坐标原点重合。在 S 中，位于 $x=2.0\times10^4\,\text{m}$、$y=1.5\times10^3\,\text{m}$、$z=1.0\times10^3\,\text{m}$ 处的一闪光灯在 $t=5.0\times10^{-4}\,\text{s}$ 时发出一闪光，那么在 S' 中观测者测得这一事件的时空坐标 (x',y',z',t') 是多少？

2.2 甲、乙两人所乘飞行器沿 Ox 轴相对运动。甲测得两个事件的时空坐标分别为 $x_1=6\times10^4\,\text{m}$、$y_1=0$、$z_1=0$、$t_1=2\times10^{-4}\,\text{s}$ 和 $x_2=12\times10^4\,\text{m}$、$y_2=0$、$z_2=0$、$t_2=1\times10^{-4}\,\text{s}$。若乙测得这两个事件同时发生在 t' 时刻，试求乙相对甲的运动速度以及乙测得这两个事件的空间间隔。

2.3 在惯性系中，两个光子火箭（以非常接近光速 c 运动的火箭）相向运动时，一个火箭相对于另一个火箭的速率（非常接近值）是多少？

2.4 在折射率为 n 的静止连续介质水中，光速为 c/n。当水管中的水以速率 v 流动时，相对水管而言，沿着水流方向水中的光速多大？

2.5 一个在实验室中以 $0.8\,c$ 速度运动的粒子，飞行了 3 m 后衰变。求观察到的同样静止粒子的衰变时间。

2.6 天津和北京相距 120 km。某日上午 9 时整，北京有一工厂因过载而断电，天津于 9 时 0 分 0.000 3 秒有一自行车与一卡车相撞。试求在以 $0.8\,c$ 速率沿北京到天津方向飞行的飞行器中观测到哪一事件先发生？

2.7 π^+ 介子是不稳定的粒子，在它自己的参考系中测得平均寿命是 2.6×10^{-8} s。如果它相对实验室以 $0.8\,c$（c 为真空中光速大小）的速率运动，那么实验室坐标系中测得的介

子寿命是多少?

2.8 静止时边长为 a 的正立方体,当它以速率 v 沿与它的一个边平行的方向运动时,测得它的运动体积将是多大?

2.9 在惯性系 S 中观察到两个事件同时发生在 x 轴上,其间距离是 1 m。在惯性系 S' 中观察这两个事件之间的距离是 2 m。求在 S' 中这两个事件的时间间隔。

2.10 静止质量为 m_0 以第二宇宙速度 $v=11.2$ km/s 运动的火箭,其质量是多少?

2.11 将一静止质量为 m_0 的电子从静止加速到 $0.8c$(c 为光在真空中的速率)的速率时,加速器对电子做的功是多少?

2.12 两个静止质量为 m_0 的小球,其一静止,另一个以 $v=0.8c$ 的速率运动。设它们作对心完全非弹性碰撞后粘在一起,求碰撞后它们的速率大小。

2.13 太阳发出的能量是由质子参与一系列反应产生的,其总结果相当于下述热核反应:

$$^1_1\mathrm{H}+^1_1\mathrm{H}+^1_1\mathrm{H}+^1_1\mathrm{H}\rightarrow ^2_4\mathrm{He}+2^1_0\mathrm{e}$$

已知一个质子($^1_1$H)的静质量是 $m_{\mathrm{H0}}=1.6726\times10^{-27}$ kg,一个氦核($^2_4$He)的静质量是 $m_{\mathrm{He0}}=6.6425\times10^{-27}$ kg,一个正电子($^1_0$e)的静质量是 $m_{\mathrm{e0}}=0.0009\times10^{-27}$ kg,求这一反应所释放的能量。

第3章 热力学物理基础

宏观物体是由大量微观粒子(分子或原子)所构成的,它们永远处于与温度有关的无规则运动状态之中。这种大量微观粒子的无规则运动称为热运动,热运动引起了我们对物体的“冷热”感觉,产生了物体特有的与温度有关的性质、形态、内部结构及其变化,这些现象称为宏观物体的热现象。热学就是以物体热现象为研究对象的理论。把大量微观粒子组成的物体称为热力学系统(或系统),与外界没有任何相互作用的系统称为孤立系统,与外界有能量交换但无物质交换的系统称为封闭系统,与外界既有能量交换又有物质交换的系统称为开放系统。

热现象是人类最早接触的一种自然现象,人类从原始社会进入文明社会,就是从火的利用开始的,当时“火”与“热”是同义词。然而对热现象进行研究,却只有四百多年的历史。在研究过程中,人们逐渐选择了两个不同的角度、两种不同的研究方法。一种是从能量转化角度出发,不涉及物质结构和微观粒子的相互作用,是依据对大量热现象的直接观测而总结出的几个基本规律(热力学第零定律、第一定律、第二定律及第三定律),采用逻辑推理方法探讨各种热过程中的热现象,这就是热学的宏观理论——热力学。另一种是以“宏观物体是由大量微观粒子所构成”的基本事实出发,认为物质的宏观性质是大量微观粒子运动的集体表现,采用统计方法把表征系统状态和属性的宏观量看作是描述微观粒子运动及属性的微观量的统计平均值,这就是热学的微观理论——统计物理学。热力学和统计物理学是热学的理论基础,热力学所给出的结论具有高度可靠性和普适性,统计物理学使宏观热现象获得了微观层次上的解释。它们是相辅相成的。

3.1 热力学第零定律与温度

热学中的核心概念是“温度”,而朴素的温度概念来自日常生活,是人们对物体冷热程度的一种感觉。故一般来讲,温度就是物体的冷热程度。对热现象进行定量研究,首先遇到的是如何定量测定物体的冷热问题。把物质的热膨胀作为衡量冷热尺度的设想是由伽利略提出的,他把一端为玻璃泡的长细玻璃管插入着色的水中制造了第一个验温器,之所以不称为温度计主要是因为它没有标度,不过现在大家都公认温度计是16世纪由伽利略发明的。制造温度计取得决定性一步是1714年德国的华伦海特(Daniel Gabriel Fahrenheit,1686—1726)对水银温度计的改良和第一个经验温标(华氏温标)的定出(把盐水混合物的冰点定为零度,把人体正常温度定为96度),从而使热现象的研究走向了实验科学的道路。1757年前后,英国医生、化学家布莱克(Joseph Black,1728—1799)澄清了温度和热量的概念,指出温度计测量的是热的强度(温度)而不是热的数量(热量)。温度和热量的清楚辨别,使热学理论的建立得到了快速发展。

在与外界隔绝条件下,把冷热程度不同的两个物体 A 和 B 相互接触,让它们之间发生传热(称这两个系统发生了热接触),热的物体变冷,冷的物体变热,经过一段时间后,它们的宏观性质不再变化,它们一定是同样冷热。不受外界影响的条件下,一个系统的宏观性质不随时间改变的状态称为系统的平衡态。A 和 B 发生热接触后,各自原先的平衡态都遭到了破坏,经过一定时间后,两个系统的状态不再变化说明它们达到了一个共同的平衡态,这时我们说系统 A 和 B 处于热平衡状态。大量的实验事实说明热平衡有这样的规律:**无论有多少物体相互接触都能达到热平衡,且如果系统 $\boldsymbol{A}$ 和系统 $\boldsymbol{B}$ 分别与系统 $\boldsymbol{C}$ 的同一状态处于热平衡,那么当 $\boldsymbol{A}$ 与 $\boldsymbol{B}$ 接触时,它们也必定处于热平衡而不发生新的变化**。这一热平衡规律叫作热力学第零定律。这虽是长期的经验事实,不过,认识到它的重要性是在热力学第一、第二定律提出 80 年之后,于 20 世纪 30 年代由英国著名物理学家福勒(Ralph Howard Fowler,1889—1944)提出的,只是为了想说明逻辑上它应该在热力学第一、第二定律之前,才取名为"第零定律"。

两个或多个热力学系统处于同一个热平衡状态时,它们必然具有某种共同的宏观性质,这种共同的宏观性质称为系统的温度。这个定义有两层含义,一方面说明处于热平衡的多个系统,都有各自的温度,对应各自的平衡态的宏观性质,温度是平衡态的状态函数;另一方面说明相互处于热平衡的多个系统具有相同的温度。温度是热力学中引进的描述热力学系统状态的三个基本态函数之一(其他两个基本态函数是内能和熵),所以第零定律的重要意义在于它是科学定义温度概念的基础,是用温度计测量温度的依据。我们可以选择合适的系统作为标准,把它叫作温度计,使温度计与待测系统接触,经过一段时间待它们达到热平衡后,温度计的温度就等于待测系统的温度。

温度的数值表示法叫温标。热力学中定义了一种与温度计系统性质无关的温标叫热力学温标(曾叫绝对温标),这种温标指示的数值叫热力学温度(曾叫绝对温度),用 T 表示。它是英国卓越物理学家开尔文于 1848 年提出,1954 年国际会议确定的标准温标,其单位为 K,规定水的三相点的热力学温度为 273.16K。由热力学温标定义的热力学温度是最具有严格科学意义的温度,但制作实现热力学温标的标准温度计却非常困难,尽管知道可用理想气体温度计来实现,但其复现性较差。所以,为了统一各国的温度计量,便于各国标定各种实际温度计,由 1927 年提出并经 1948 年、1968 年、1975 年、1976 年的四次修改,按最接近热力学温标的数值规定了一些温度的固定点,制定了现行的国际实用温标(ITS-90),简称国际温标。在有了精确和科学温度单位以后,像"摄氏温标"一类的经验性温标不再使用,但考虑到人们长期以来的习惯,仍然保留"摄氏温度"这一名词,但其温度数值是以国际温标来确定的,而不是瑞典天文学家摄尔修斯(Anders Celsius,1701—1744)于 1742 年建立的摄氏温标所确定的,且规定比水三相点低 0.01K 作为零摄氏度。摄氏温度 t 与开尔文温度 T 的关系为

$$T = t + 273.15$$

3.2 气体动理论

3.2.1 分子运动论发展概述

分子运动论的兴起可以说是从 17 世纪开始的,它是统计物理学发展的早期史。17 世

纪已能简单定性地解释液体、固体、气体三态的转变等一些热现象，已经产生了分子运动论的基本概念，比如1662年英国化学家玻意耳(Robert Boyle，1627—1691)就从实验中得到了气体实验定律(玻意耳定律)并引入了压强的概念。但是，由于错误理论“热质说”(认为热是没有重量的可以流动的物质)的兴起，使分子运动论在18世纪受到压抑而发展缓慢，不过还是有科学家在此期间对分子运动论作出了杰出贡献，比如瑞士物理学家伯努利于1738年提出气压是气体分子对器壁撞击的结果，并指出了压强和分子运动都随温度升高而加强的事实。19世纪尤其是在中叶，分子运动论得到了迅速发展。1800年前后，英国化学家道尔顿(John Dalton，1766—1844)把分子和原子进行了区分，把“原子”概念发展到一个新的高度。他提出：化合物由分子组成，分子由原子组成，原子则不能用任何化学手段加以分割。1811年意大利科学家阿伏伽德罗(Ameldeo Avgadro，1776—1856)首先提出：**在相同的温度和压强下，相同容积所含任何气体的分子数(或物质的量)相等**，这称为阿伏伽德罗定律。1827年英国植物学家布朗(Robert Brown，1773—1858)在显微镜下观察到静止液体里的花粉不停地作无规则运动，得到了分子运动论的明证。1857年德国物理学家克劳修斯(R.J.E.Clausius，1822—1888)在论文《论我们称之为热运动》中明确引进了统计思想。他假定理想气体中分子的碰撞使得它们以同样大的速度向各方面运动，它们碰撞器壁时传递动量而造成气体对容器的压力(冲量定理)，首先推得压强与分子动能的关系，建立了力学现象与热力学现象之间的联系，而后更严格地推导了理想气体状态方程，并于次年引进了平均自由程的概念。1859年英国物理学家麦克斯韦(James Clerk Maxwell，1831—1879)在《气体动力理论的说明》中指出，只有用统计方法才能正确描述大量分子的无规则运动，认为理想气体中分子间大量碰撞不是导致分子的速度平均，而是呈现一速度的统计分布，所有速度都会以一定的概率出现，且导出了一个速度分布函数，这是分子运动论发展史上的一件大事。次年，麦克斯韦又用分子速度分布率和平均自由程的概念推算了气体输运过程：扩散、热传导和黏滞性。1871年奥地利著名物理学家玻耳兹曼(Ludwig Boltzmann，1844—1906)推广了麦克斯韦分布，给出了气体分子的能量分布律，为分子运动论建立了完整理论体系。同时，由于实验科学的发展，人们发现大多数气体行为偏离理想气体，1873年荷兰物理学家范德瓦耳斯(Johannes Diderik van der Waals，1837—1923)在其博士论文中给出了著名的实际气体状态方程，在压强、体积上对理想气体做了修正。至此，分子运动论作为统计物理学(统计力学)的前身而得到了完整的建立。正是在此基础上，1902年美国物理学家吉布斯(Josiah Willard Gibbs，1839—1903)出版了《统计力学基本原理》一书，接受和发展了统计思想，创立了统计系综方法，建立了逻辑上自洽而又与热力学经验公式相一致的平衡态统计力学体系，完成了分子动理论和热力学两方面的理论综合。

本节所介绍的气体动理论，是吉布斯建立的统计力学的前身，是统计力学最简单、最基本的内容。

3.2.2 气体分子的热运动

1. 气体分子热运动的基本概念

气体动理论认为一定量气体是由大量分子(或原子)组成的，它们之间存在相互作用，且永不停息地作无规则热运动，气体的宏观性质就是大量分子运动的集体表现。“大量”的程度可以由阿伏伽德罗常数 $N_A=6.022\,045\times10^{23}\ \text{mol}^{-1}$ 进行估计。通常温度和压强下，1

cm^3 中就有10^{19}个气体分子,气体分子的线度是10^{-10} m 数量级,而气体分子间距是它的 10 倍,气体可以看作是彼此相距很大间隔的分子集合。由于分子力是短程力,分布相当稀疏的气体分子除碰撞瞬间外,分子力是极其微小的,且又因分子质量一般很小,重力作用影响也可忽略,所以气体分子在相邻两次碰撞之间的运动可以看作是惯性支配下的自由运动(自由程)。平均而言,这自由程约为10^{-7} m,而分子的平均速率为 400～500 m/s,因此分子自由运动时间大约为10^{-10} s;因为一次碰撞的时间大约为10^{-13} s,远比自由运动时间小得多,因此在 1 s 之内一个分子和其他分子的碰撞次数数量级就达10^9～10^{10}次(几十亿次)。

由于分子力是保守力,气体分子之间以及气体分子与器壁之间的碰撞可以看作是完全弹性碰撞。所谓气体分子碰撞,实质是分子力作用下的散射过程,即当分子靠拢至接近10^{-10} m 时,分子力为斥力,再靠近,斥力急剧增大,强大的斥力作用使分子又彼此分开。

2. 气体状态参量与态函数

描述一个气体分子(或原子)运动状态的物理量,如分子质量、动量、能量等,称为微观量;描述气体整个系统状态(宏观性质)的物理量叫宏观量,又称为系统的状态参量,是实验中可以用仪器直接测得的量。如果系统的状态不随时间而改变,就说系统处于平衡状态。处于平衡状态的气体是一个均匀系,它具有确定的各种状态参量的取值,如确定的压强、体积和温度等,而这些确定的状态参量取值正是基于气体大量分子的热运动和相互碰撞。

处于平衡状态的气体,可以有许多状态参量,但它们并非完全独立,而是有着一定的内在联系,遵循一定的物理规律。其中,可以人为地选定一组完备的独立变化的状态参量,当这组不多的参量确定以后,系统的宏观状态就被完全确定。而其他的宏观参量可以表示为这组独立参量的函数,称之为态函数。例如,对于一定体积内单一成分的理想气体,只需两个独立状态参量就可以确定系统的宏观状态,我们可以人为地选定体积 V、压强 p 作为独立状态参量,由状态方程 $pV=\nu RT$(ν 为物质的量)可得温度态函数 $T=T(p,V)$。

3. 气体分子热运动的无序性与统计规律

气体分子热运动的基本特征是大量气体分子的永不停息的无规则运动,是一种比较复杂的、与机械运动有本质区别的物质运动形式。1 s 内10^9～10^{10}次的碰撞,使得每个气体分子的位置、速度及能量每秒钟会有10^9～10^{10}次的变化。这种极其频繁而又无法预测的碰撞,导致气体分子某一时刻的位置、速度都有一定的偶然性。这种偶然性说明了气体分子运动的无序性。

气体处于平衡态时,其宏观量具有确定的值。它表明尽管每个分子的运动都具有偶然性,但大量分子的整体表现却具有确定性,而这种确定性就表明了在大量的偶然、无序分子运动中所包含着的规律性。这一规律是来自大量偶然事件的集合,称之为大量分子热运动的统计规律。例如,平衡态的气体,容器中气体分子的空间分布按密度来说是均匀的,说明虽然任一时刻某单个分子向哪个方向运动是偶然的,但大量分子整体遵从着统计规律:沿各个方向运动的平均分子数都是相等的。

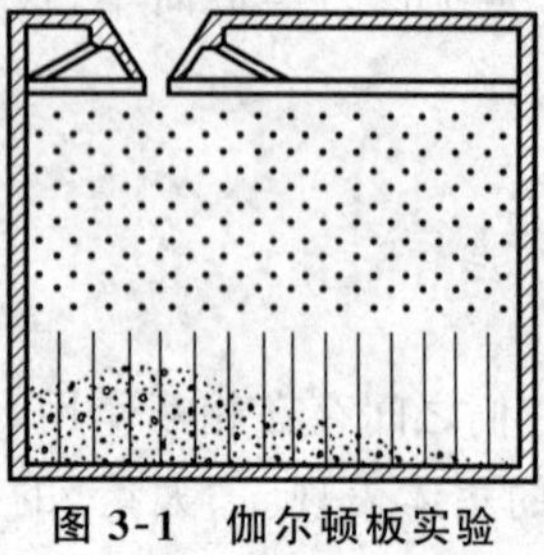

图 3-1 伽尔顿板实验

分子热运动统计规律可以用伽尔顿板实验说明,如图 3-1 所示。在一块竖直木板的上部钉上许多铁钉,下部用竖直的隔板隔成许多等宽的狭槽,然后用透明板封盖。从板顶漏斗形的入口可投入小球,小球多次碰撞后落入狭槽。如果投入一个小球,小球与铁钉多次碰撞后会落入某一狭槽。同样重复几次实验后发现,小球最后落入哪个狭槽完全是偶然的,是一个偶然事件。取少量小球一起从入口投入,经与其他小球、铁钉碰撞后落入各个狭槽,形成小球按狭槽的分布。同样重复几次实验发现,少量小球按狭槽的分布也是完全不定的,也带有明显的偶然性。如果把大量(足够多)的小球从入口倒入,由实验可看出,各狭槽内的小球数目不等,靠近入口的狭槽内的小球数较多,占总数的百分比较大,而远处狭槽内的小球数占小球总数的百分比较小。同样重复几次实验,可以看到各次小球按狭槽的分布情况几乎相同,说明大量小球在伽尔顿板中按狭槽的分布遵从确定的规律,是大量偶然事件的整体所遵从的一个统计规律。

由以上实验可以看出,小球数越多,小球在伽尔顿板中按狭槽的分布越稳定,统计规律越明显,而对于少量小球没有什么统计规律可言。另外,在小球数目足够多的情况下重复伽尔顿板实验,尽管各次小球按狭槽的分布情况几乎相同,但每次会有些差别。这反映了一种涨落现象,说明统计规律和涨落现象是分不开的。

4. 分布函数概念

我们可以用数学函数表示上面伽尔顿板实验中小球按狭槽的分布。取 x 轴横坐标表示狭槽的水平位置,y 轴纵坐标 h 表示狭槽内小球积累的高度,这样我们得到小球按狭槽分布的一个方块图,如图 3-2(a)所示。设第 i 个狭槽的宽度为 Δx_i,小球积累的高度为 h_i,狭槽内的小球的数目 ΔN_i 正比于狭槽的面积 $h_i\Delta x_i$,有 $\Delta N_i = Ch_i\Delta x_i$,$C$ 为比例系数。令 N 为小球总数,有

$$N = \sum_i \Delta N_i = C\sum_i h_i\Delta x_i$$

式中,$\sum_i h_i\Delta x_i$ 是小球占据的总面积。于是,小球落入第 i 个狭槽的概率为

$$\frac{\Delta N_i}{N} = \frac{h_i\Delta x_i}{\sum_i h_i\Delta x_i}$$

对于不同的 i,小球落入狭槽的概率不同,此式称为离散型变量 i 的概率分布。

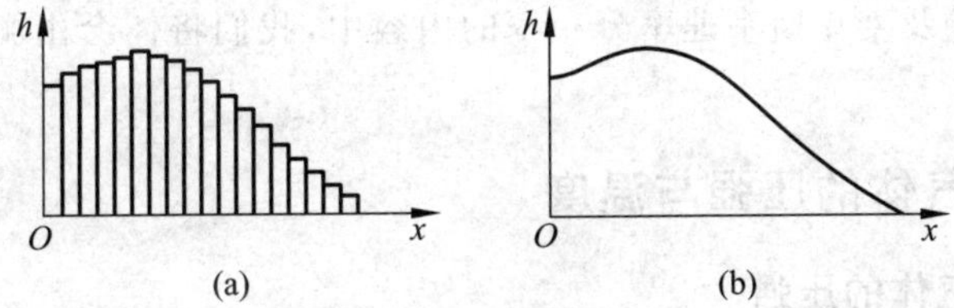

图 3-2 小球按狭槽分布

图 3-2(a)的直方块图描述的是小球按狭槽的分布,狭槽的宽度 Δx 越小,这种描述就越细致。我们可以一步步将狭槽宽度减小,使狭槽的数目逐步增加。当让所有狭槽的宽度 Δx 都趋于零($\Delta x\to 0$)的极限情况下,直方块图的轮廓就变成图 3-2(b)所示的连续曲线,反映了小球沿 x 轴的位置分布的统计规律性。小球落入 $x\to x+\mathrm{d}x$ 区间的概率为

$$\frac{\mathrm{d}N}{N} = \frac{h(x)\mathrm{d}x}{\int h(x)\mathrm{d}x}$$

定义一个函数 $f(x)$,令

$$f(x)=\frac{\mathrm{d}N}{N\mathrm{d}x}=\frac{h(x)}{\int h(x)\mathrm{d}x} \tag{3-1}$$

这称为小球沿 x 的位置分布函数。它表示小球落入 x 处附近单位区间的概率，是小球落在 x 处的概率密度。小球落入 $x\to x+\mathrm{d}x$ 区间的概率可写为

$$\frac{\mathrm{d}N}{N}=f(x)\mathrm{d}x \tag{3-2}$$

它称为连续随机变量 x 的概率分布。应该注意的是，对于连续随机变量 x，我们不能说随机变量为 x 的概率是多少，只能说 x 附近一个微分区间 $\mathrm{d}x$ 里的概率，或者说 x 处的概率密度是多少。

具有统计性的事物，一般随机变量（如速率、速度分量或能量）多是连续的，在一定的宏观条件下，总存在确定的分布函数，尽管有的分布函数可能是多元函数。由于实现所有可能事件的概率总会是1，所以一定有

$$\int f(x)\mathrm{d}x=1 \tag{3-3}$$

此式称为归一化条件，是所有分布函数应遵守的规律。

5. 气体动理论的研究方法

气体动理论的主要任务就是从分子（或原子）的热运动状态的认识出发，找出同一系统的微观量和宏观量之间存在的内在联系，以说明或预言气体的宏观性质。

气体动理论认为每个气体分子的复杂运动仍遵从牛顿力学的定律，分子间的碰撞是按动量守恒定律和能量守恒定律进行动量与能量的传递和交换，但每个分子某一时刻的位置、速度是一个不能预测的偶然事件。这种分子运动的偶然性就确定了不能简单地利用力学方法去跟踪每个分子的运动，必须利用大量偶然事件存在的分布函数（统计规律性），采用概率统计方法对微观量求统计平均值。因为统计规律性反映的是微观量和宏观量之间的内在联系，而宏观量就是与某些微观量的统计平均值相联系的统计量。例如，后面将介绍的温度和压强就是与气体分子平均平动动能等统计平均值相联系的气体宏观性质。在下面关于理想气体压强公式的推导及麦克斯韦速率分布率的内容中，我们将体会由微观量求宏观量的统计方法。

3.2.3 理想气体的压强与温度

3.2.3.1 理想气体的压强

1. 理想气体

理想气体是对压强不太大、温度不太低的条件下真实气体的理想化，是一种严格遵守状态方程 $pV=\nu RT$（ν 为物质的量）的气体。气体动理论的理想气体分子像一个个彼此间无相互作用的遵守经典力学规律的弹性质点。理想气体模型有以下几个要点：

(1) 分子本身的大小比起它们之间的平均距离可忽略不计；

(2) 除了短暂的碰撞外，分子间包括气体分子与器壁之间无相互作用；

(3) 分子间及分子与器壁之间的碰撞是完全弹性碰撞。

2. 理想气体的压强公式

图3-3中的容器是边长分别为 l_1，l_2，l_3 的长方体容器，内盛处于平衡态理想气体的 N

个质量为m的同类气体分子。虽然就单个分子来说，它何时与器壁碰撞，在何处碰撞，碰撞中给器壁以多大的作用力等都是偶然的，但大量分子对器壁偶然碰撞的集合使平衡态的气体具有了确定的压强，使器壁感受到了一个持续的压力，因此气体的压强是一个统计平均量。我们将以牛顿定律及采用统计求平均值的方法导出理想气体的压强公式。

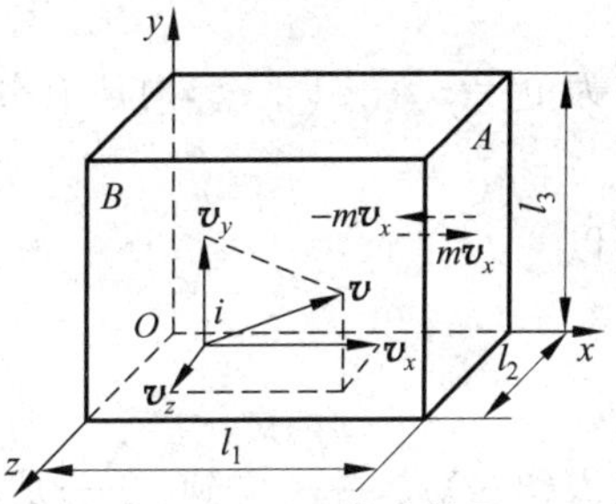

图 3-3 压强公式推导

在平衡状态下，器壁各处的压强相同，因而我们只计算图中器壁A面所受到的压强。先考虑N个分子中第i个分子，它的速度为$\boldsymbol{v}$，在直角坐标系中x,y,z轴方向上的分量分别为v_x,v_y,v_z，且有$v^2=v_x^2+v_y^2+v_z^2$。当它与器壁A面弹性碰撞时，受到器壁A面沿x轴负向的作用力，根据动量定理，此力的冲量等于i分子在x轴方向上的动量增量$-mv_x-mv_x=-2mv_x$。根据牛顿第三定律，i分子与器壁A面弹性碰撞一次时，i分子给器壁A面的冲量为$2mv_x$。

由于处于平衡态的气体，尽管某一时刻单个分子的运动方向、速度大小是偶然事件，但大量分子的速度应有一确定的分布。当i分子与器壁A面碰撞结束向B面运动时，与其他分子的碰撞会使速度发生变化，但同时也会因碰撞使得其他分子接替i分子的运动状态继续向B面运动。所以我们可以认为是i分子与A面碰撞后一直飞向B面，与B面弹性碰撞后飞向A面而与A面发生第二次碰撞。并且，由于与B面也是弹性碰撞，所以i分子第二次还是以同样的速度与A面发生碰撞。相邻两次与A面碰撞之间，i分子在x轴方向经过的路程是$2l_1$，而其v_x不变，所以单位时间内i分子与A面碰撞次数为$\dfrac{v_x}{2l_1}$，A面单位时间内受到i分子的冲量值为$2mv_x\dfrac{v_x}{2l_1}$。

每个分子都有x轴方向的速度分量，只不过各自v_x大小、正负不同而已，对于v_x为负的分子，我们可以理解为它是刚和A面碰撞后正向B面运动的分子。所以，尽管单位时间内一个分子对器壁A面的碰撞是间歇的、不连续的，但大量分子的碰撞却使A面受到连续的冲量，感受到持续的平均压力，这与雨点打在雨伞上的情形相似。单位时间内A面受到连续的冲量就是受到的压力，大小为$\sum\limits_i^N 2m\dfrac{v_{ix}^2}{2l_1}$，即器壁受到的宏观压强为

$$p=\frac{F}{l_2l_3}=\frac{m}{l_1l_2l_3}\sum_i^N v_{ix}^2=\frac{mN}{l_1l_2l_3}\sum_i^N\frac{v_{ix}^2}{N}=\frac{mN}{l_1l_2l_3}\left(\frac{v_{1x}^2+v_{2x}^2+\cdots+v_{Nx}^2}{N}\right) \tag{3-4}$$

式中，括号内的物理量表示容器内N个分子沿x轴的速度分量平方的平均值，用$\overline{v_x^2}$表示，即

$$\overline{v_x^2}=\frac{v_{1x}^2+v_{2x}^2+\cdots+v_{Nx}^2}{N}=\frac{1}{N}\sum_i^N v_{ix}^2$$

此种形式对y,z轴方向分别有

$$\overline{v_y^2}=\frac{1}{N}\sum_i^N v_{iy}^2 \quad 和 \quad \overline{v_z^2}=\frac{1}{N}\sum_i^N v_{iz}^2$$

对平衡态气体，分子速度按方向的分布是均匀的，也就是分子沿各个方向运动的概率是相等的，因此速度的每个分量的平方平均值应是相等的，即有

$$\overline{v_x^2}=\overline{v_y^2}=\overline{v_z^2} \tag{3-5}$$

因为 $v^2=v_x^2+v_y^2+v_z^2$,对所有分子的速率的平方相加再除以 N,一定有

$$\overline{v^2}=\overline{v_x^2}+\overline{v_y^2}+\overline{v_z^2}$$

所以

$$\overline{v_x^2}=\overline{v_y^2}=\overline{v_z^2}=\frac{1}{3}\overline{v^2} \tag{3-6}$$

代入(3-4)式,并考虑到 $\frac{N}{l_1 l_2 l_3}$ 是均匀气体系统单位体积的分子数(气体分子数密度 n),则理想气体的压强为

$$p=\frac{1}{3}nm\overline{v^2}=\frac{2}{3}n\left(\frac{1}{2}m\overline{v^2}\right) \tag{3-7}$$

式中,$\frac{1}{2}m\overline{v^2}$ 称为分子的平均平动动能,用 $\overline{\varepsilon_t}$ 表示,有

$$p=\frac{2}{3}n\overline{\varepsilon_t} \tag{3-8}$$

叫作理想气体的压强公式。因为气体密度 $\rho=nm$,所以(3-8)式亦可写成 $p=\frac{1}{3}\rho\overline{v^2}$。

气体分子数密度 n 也是一个统计平均值。在容器内气体分子分布的某处空间取体积元 $\mathrm{d}V$,比如它是 $0.001\ \mathrm{cm}^3$,宏观上看它已经足够小了,但标准情况下它还包含数量级为 10^{10} 个空气分子,这在微观上还是非常大的。尽管每个分子处于 $\mathrm{d}V$ 中是一个偶然事件,也尽管每一时刻 $\mathrm{d}V$ 中的分子数 $\mathrm{d}N$ 可能相差几十、几百、几千或几万,但平衡态下分子数密度 n 却显示出一个稳定的值。一方面说明涨落现象伴随稳定值 n 存在,在大量分子情况下它的影响表现不出来,另一方面说明气体分子数密度的统计平均值 n 只有在分子数足够多时才有意义。这是统计平均量的基本特点。

从压强公式的推导过程中,我们可以看出气体压强反映了大量分子对器壁碰撞产生的集体效果,是一个统计量。(3-8)式表示了三个统计平均量 p,n,$\overline{\varepsilon_t}$ 之间关系的一个统计规律,而这个统计关系不是单纯用力学的概念和方法得到的,虽然没有应用大量分子的速度分布函数,但引用了统计平均的概念和方法。p 是可以由实验直接测量的宏观量,压强公式典型地显示了宏观量与微观量的关系,是气体动理论的基本公式之一。另外,在推导过程中,虽然存在速率很大的分子,但因为它们在大量气体分子中所占比例很小,相对论效应的影响一般显现不出来,不会影响(3-8)式的结果。

3.2.3.2 温度的微观本质

一定质量的理想气体状态方程为

$$pV=\nu RT \tag{3-9}$$

其中,ν 为气体的物质的量,$R=8.31\ \mathrm{J/(mol\cdot K)}$ 是摩尔气体常量。设质量为 M 的理想气体分子数为 N,m 表示分子质量,则有 $M=Nm$。设其摩尔质量为 M_{mol},则有 $M_{\mathrm{mol}}=N_{\mathrm{A}}m$,$N_{\mathrm{A}}=6.022\times10^{23}\ \mathrm{mol}^{-1}$ 是阿伏伽德罗常数,而 $\nu=\frac{M}{M_{\mathrm{mol}}}=\frac{N}{N_{\mathrm{A}}}$。(3-9)式可写为

$$p=\frac{\nu RT}{V}=\frac{N}{V}\frac{R}{N_{\mathrm{A}}}T$$

令 $k=\frac{R}{N_A}=1.38\times10^{-23}\ \mathrm{J\cdot K^{-1}}$，称为玻耳兹曼常量，则理想气体状态方程又可写为

$$p=nkT \tag{3-10}$$

将它和理想气体压强(3-8)式比较，$\frac{2}{3}n\bar{\varepsilon}_t=nkT$，于是得到

$$\bar{\varepsilon}_t=\frac{3}{2}kT \tag{3-11}$$

这也是分子动理论的基本公式之一。温度是宏观量，是与大量分子平动动能$\left(\frac{1}{2}mv^2\right)$的统计平均值相联系的统计量。这说明：其一，对于几个或少数分子温度概念失去了意义；其二，温度是表征大量分子热运动激烈程度的宏观物理量。一般温度下，气体分子的平均平动动能很小，例如在温度300 K时约为6.21×10^{-21} J。不过，由于分子数密度很大，温度300 K时单位体积中气体分子平均平动动能的总和可达1.65×10^5 J。

例3.1　气体稀薄的程度叫真空度，真空度以压强单位来度量，目前可获得的极限真空度为1.00×10^{-18} atm。求在此真空度下，1 $\mathrm{m^3}$空气内平均有多少个气体分子？设温度为27℃。

解　由(3-10)式得

$$n=\frac{p}{kT}=\frac{1.00\times10^{-18}\times1.01\times10^5}{1.38\times10^{-23}\times(273.15+27)}\ \mathrm{m^{-3}}=2.4\times10^7\ \mathrm{m^{-3}}$$

可见平常所说的真空并非虚空，其中仍有大量分子。

例3.2　试推导道尔顿分压定律：**混合气体的压强等于各组分气体的分压强之和。**

解　由于混合气体中各组分处于热平衡，它们温度相同，根据(3-11)式它们分子的平均平动动能相等，即有

$$\bar{\varepsilon}_{t1}=\bar{\varepsilon}_{t2}=\bar{\varepsilon}_{t3}=\cdots=\bar{\varepsilon}_t$$

若各组分的分子数密度分别为$n_1,n_2,\cdots$，那么分压强分别为$p_1=\frac{2}{3}n_1\bar{\varepsilon}_t, p_2=\frac{2}{3}n_2\bar{\varepsilon}_t,\cdots$。因混合气体分子数密度$n=n_1+n_2+\cdots$，所以根据(3-8)式，有

$$p=\frac{2}{3}(n_1+n_2+\cdots)\bar{\varepsilon}_t=\frac{2}{3}n_1\bar{\varepsilon}_t+\frac{2}{3}n_2\bar{\varepsilon}_t+\cdots=p_1+p_2+\cdots$$

3.2.4　能量均分定理

3.2.4.1　分子的能量自由度与能量均分定理

热运动是热力学系统中大量分子的无规则运动，不涉及原子结构以及化学变化，也不考虑外界电磁甚至重力等的影响。所以，理想气体热运动分子的能量只是分子的动能，包括分子的平动动能、分子的转动动能和分子内原子的动能和振动势能。我们知道，一个质点直线运动的动能为$\frac{1}{2}mv_x^2$(平动)，一个刚体的定轴转动动能为$\frac{1}{2}J_z\omega_z^2$，一维简谐振动中振动势能是$\frac{1}{2}kx^2$，都是速度和坐标的二次方项形式。在考虑分子运动能量时，我们定义：分子运动能量中独立的速度和坐标的二次方项的数目叫作分子运动的自由度数目，简称自由度，用符

号 i 表示,它是热学中针对系统能量状态的描述。

一个分子的平动动能$\overline{\varepsilon_t}=\frac{1}{2}m\overline{v^2}=\frac{1}{2}m\overline{v_x^2}+\frac{1}{2}m\overline{v_y^2}+\frac{1}{2}m\overline{v_z^2}$,有 3 个独立的速度二次方项,每一个能量的二次方项对应一个分子运动自由度,所以一个分子具有 3 个平动自由度,以 t 表示,有 $t=3$。并且,由(3-11)式$\overline{\varepsilon_t}=\frac{3}{2}kT$,有$\frac{1}{2}m\overline{v_x^2}+\frac{1}{2}m\overline{v_y^2}+\frac{1}{2}m\overline{v_z^2}=\frac{3}{2}kT$;再根据(3-6)式$\overline{v_x^2}=\overline{v_y^2}=\overline{v_z^2}=\frac{1}{3}\overline{v^2}$,有

$$\frac{1}{2}m\overline{v_x^2}=\frac{1}{2}m\overline{v_y^2}=\frac{1}{2}m\overline{v_z^2}=\frac{1}{2}kT \tag{3-12}$$

(3-12)式表明:分子的每一个平动自由度的平均平动动能都相等,而且都为$\frac{1}{2}kT$。(3-12)式是一个统计规律,是大量气体分子无规则运动中频繁发生碰撞的结果。由于碰撞是无规则的,所以碰撞过程中动能不但在分子间进行交换,而且还可以从一个自由度转移到另一个自由度。3 个平动自由度中哪一个都不会具有特殊的优势,因此平均来讲,各平动自由度应具有相等的平动动能。

对于单原子分子组成的理想气体,单原子分子可看作质点,其运动能量只考虑其平动动能。对于双原子或多原子分子,不仅有平动,而且还会有转动和振动,其运动自由度除平动自由度外,还会有对应的转动自由度(用 r 表示)和振动自由度(用 s 表示)。把上述结论推广,气体动理论给出一个普遍结论:**气体处于平衡态时,分子的每一个自由度都具有相同的平均动能,其大小都等于$\frac{1}{2}kT$。**这就是能量按自由度均分定理,简称能量均分定理。因此,对于自由度为 i 的各种气体分子,平衡态下的分子平均动能为

$$\overline{\varepsilon_k}=\frac{i}{2}kT=(t+r+s)\frac{1}{2}kT$$

在常温下,可以认为分子中原子之间不会出现振动,而把分子看作刚性分子,即原子间假定用一无质量的细刚性杆相连,那么刚性分子的平均动能为

$$\overline{\varepsilon_k}=\frac{i}{2}kT=(t+r)\frac{1}{2}kT \tag{3-13}$$

刚性单原子分子,只有 3 个平动自由度;刚性双原子分子,除有 3 个平动自由度外,还有对应于转动动能$\frac{1}{2}J_y\omega_y^2+\frac{1}{2}J_z\omega_z^2$的两个转动自由度,其中$\frac{1}{2}J_x\omega_x^2$因 J_x 太小而被忽略,如图 3-4 所示;而刚性多原子分子(除像两个氧原子对称附在碳原子两侧的 CO_2 分子外)的转动自由度应为 3。即刚性单原子分子的自由度 $i=t=3$,其平均动能为$\frac{3}{2}kT$;刚性双原子分子的自由度 $i=t+r=5$,其平均动能为$\frac{5}{2}kT$;刚性多原子分子的自由度 $i=t+r=6$,其平均动能为 $3kT$。

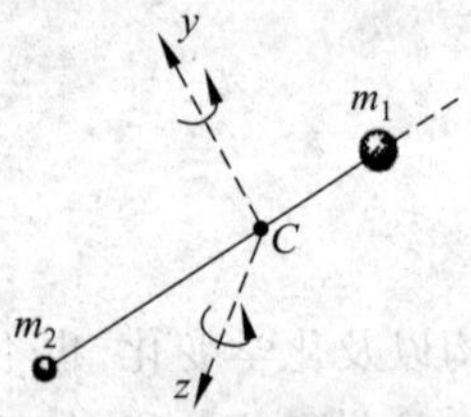

图 3-4 刚性双原子分子

3.2.4.2 理想气体内能

热力学中理想气体分子的能量只是分子的动能。一定质量的理想气体的内能就是它所

包含的所有分子热运动动能之和，以 E 表示其内能，i 表示分子运动自由度，由(3-13)式，质量为 M 的理想气体的内能为

$$E=\frac{M}{M_{\mathrm{mol}}}N_{\mathrm{A}}\ \frac{i}{2}kT=\frac{i}{2}\nu RT \tag{3-14}$$

式中，ν 为物质的量。例如，1 mol 单原子分子理想气体的内能为$\frac{3}{2}RT$，1 mol 刚性双原子分子理想气体的内能为$\frac{5}{2}RT$，1 mol 刚性多原子分子理想气体的内能为 $3RT$。

上述结果表明，对于给定的理想气体的内能只是温度的单值函数，而且与热力学温度成正比，与气体的压强和体积无关。也就是说，理想气体内能 $E=E(T)$ 是状态量，一定质量的理想气体在不同的状态变化过程中，只要温度的变化量相等，那么它的内能的变化量就相同，而与过程无关。

例 3.3 2 L 容器中盛有某种刚性双原子分子理想气体。在常温下，其压强为 1.5×10^5 Pa，求该气体的内能。

解 联立理想气体内能公式 $E=\frac{i}{2}\nu RT$ 及理想气体状态方程 $pV=\nu RT$，得

$$E=\frac{i}{2}pV=\frac{5}{2}\times1.5\times10^5\times2\times10^{-3}\ \mathrm{J}=7.5\times10^2\ \mathrm{J}$$

3.2.5 麦克斯韦速率分布率

3.2.5.1 麦克斯韦速率分布函数

早在 1859 年，麦克斯韦就用概率论证明了：处于平衡态的理想气体，尽管某一时刻单个分子的运动方向、速度大小是偶然事件，但大量气体分子按速度的分布有着确定的统计规律，这个规律现在叫麦克斯韦速度分布律。如果不管分子的运动方向，只考虑气体分子按速度大小的分布，相应的规律叫作麦克斯韦速率分布律。1920 年斯特恩(Otto Stern，1888—1969)首先从实验中证实了麦克斯韦速率分布统计规律。平衡态理想气体分子的速率处于 v 附近单位速率区间的概率 $f(v)$ 为

$$f(v)=4\pi\left(\frac{m}{2\pi kT}\right)^{3/2}v^2\mathrm{e}^{-\frac{mv^2}{2kT}} \tag{3-15}$$

(3-15)式称为麦克斯韦速率分布函数，又叫作速率 v 的概率密度函数。其中，m 为分子质量，T 为热力学温度，k 是玻耳兹曼常量。由此可得：平衡态下，气体分子速率在 v 到 $v+\mathrm{d}v$ 速率区间内的分子数占总分子数的百分比，或者说分子处于此 $\mathrm{d}v$ 区间的概率为

$$\frac{\mathrm{d}N_v}{N}=f(v)\mathrm{d}v=4\pi\left(\frac{m}{2\pi kT}\right)^{3/2}v^2\mathrm{e}^{-\frac{mv^2}{2kT}}\mathrm{d}v \tag{3-16}$$

(3-16)式称为麦克斯韦速率分布率。图 3-5 显示了同一种理想气体不同温度下的 $f(v)$-v 的分布曲线，图中曲线下宽度为 $\mathrm{d}v$ 的小窄条阴影面积就等于温度为 T_1 平衡态气体中在该区间内的分子数占总数的百分比 $\mathrm{d}N_v/N$。由于分布函数必须满足归一化条件，所以两种温度下的分布曲

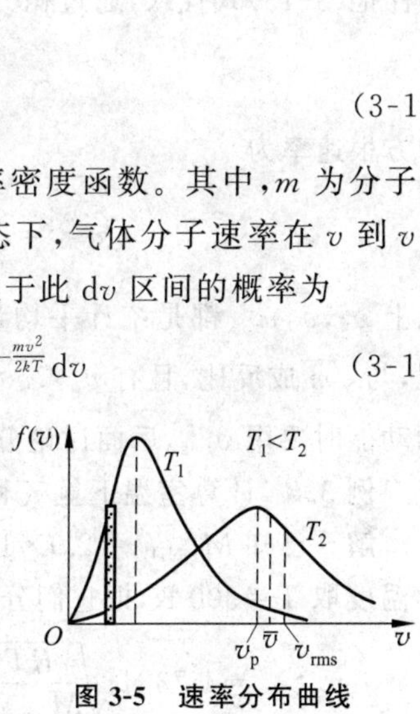

图 3-5 速率分布曲线

线下的总面积都应等于1。即一定有

$$\int_0^{\infty} f(v)\mathrm{d}v = 1 \tag{3-17}$$

3.2.5.2 三种统计速率

1. 最概然速率 v_p

由图3-5可以看出,速率分布函数有一极大值,与$f(v)$极大值对应的速率叫最概然速率,用v_p表示。其物理意义是:一定温度下的气体,其分子处于v_p附近单位速率区间的概率最大。也就是说,如把气体分子的整个速率范围分成许多相等的速率小区间,则v_p所在区间的分子数占分子总数的百分比最大。v_p可由$\left.\frac{\mathrm{d}f(v)}{\mathrm{d}v}\right|_{v=v_p}=0$求出,得

$$v_p = \sqrt{\frac{2kT}{m}} = \sqrt{\frac{2RT}{M_{\mathrm{mol}}}} \approx 1.41\sqrt{\frac{kT}{m}} \tag{3-18}$$

v_p与$\sqrt{T}$成正比,对于图3-5中显示的同一气体的两种温度,因$v_{p2}>v_{p1}$,所以有$T_2>T_1$。

2. 平均速率 $\bar{v}$

平衡态理想气体的分子数为N,由速率分布函数可以求出分子运动的平均速率。平均速率的定义是

$$\bar{v} = \left(\sum_i^N v_i\right)\Big/N = \int v\mathrm{d}N_v/N = \int_0^{\infty} vf(v)\mathrm{d}v \tag{3-19}$$

把(3-15)式代入,通过积分运算可得

$$\bar{v} = \sqrt{\frac{8}{\pi}\frac{kT}{m}} = \sqrt{\frac{8}{\pi}\frac{RT}{M_{\mathrm{mol}}}} = 1.60\sqrt{\frac{kT}{m}} \tag{3-20}$$

3. 均方根速率 v_{rms}

利用分布函数可求出分子速率平方的平均值$\overline{v^2}$,由平均值定义

$$\overline{v^2} = \left(\sum_i^N v_i^2\right)\Big/N = \int (v^2\mathrm{d}N_v)/N = \int_0^{\infty} v^2 f(v)\mathrm{d}v \tag{3-21}$$

同样把(3-15)式代入,通过积分运算可得

$$\overline{v^2} = \frac{3kT}{m} \tag{3-22}$$

均方根速率为

$$v_{\mathrm{rms}} = \sqrt{\overline{v^2}} = \sqrt{\frac{3kT}{m}} = \sqrt{\frac{3RT}{M_{\mathrm{mol}}}} \approx 1.73\sqrt{\frac{kT}{m}} \tag{3-23}$$

以上v_p,$\bar{v}$,v_{rms}都是统计平均量,反映了大量分子热运动的统计规律。它们都与$\sqrt{T}$成正比,与$\sqrt{m}$成反比,且有$v_p<\bar{v}<v_{\mathrm{rms}}$(图3-5)。在讨论速率分布时要用$v_p$,计算分子平均平动动能时要用$v_{\mathrm{rms}}$,后面讨论分子碰撞次数和平均自由程时要用$\bar{v}$。

例 3.4 计算室温下氢气和氮气分子的均方根速率。

解 已知$M_{\mathrm{mol,H_2}}=2.0\times10^{-3}\ \mathrm{kg\cdot mol^{-1}}$,$M_{\mathrm{mol,N_2}}=2.8\times10^{-2}\ \mathrm{kg\cdot mol^{-1}}$,室温的热力学温度取$T=300\ \mathrm{K}$,把它们分别代入(3-23)式,有

$$v_{\mathrm{rms,H_2}} = 1.73\times\sqrt{\frac{RT}{M_{\mathrm{mol,H_2}}}} = 1.73\times\sqrt{\frac{8.31\times300}{2.0\times10^{-3}}}\ \mathrm{m\cdot s^{-1}} = 1.93\times10^3\ \mathrm{m\cdot s^{-1}}$$

$$v_{\text{rms},N_2}=1.73\times\sqrt{\frac{RT}{M_{\text{mol},N_2}}}=1.73\times\sqrt{\frac{8.31\times300}{2.8\times10^{-2}}}\ \text{m}\cdot\text{s}^{-1}=0.52\times10^3\ \text{m}\cdot\text{s}^{-1}$$

地球表面的逃逸速率为 $11.2\times10^3\ \text{m}\cdot\text{s}^{-1}$，它大约是氢气均方根速率的6倍，是氮气均方根速率的22倍。地球形成之初，大气中有着大量的氢气，尽管氢气均方根速率只是逃逸速率的1/6，但由于氢气分子的速率有一分布，有相当多的氢气分子的速率超过逃逸速率，经几十亿年的不断逃逸，现在大气中几乎就没有了氢气分子。而氮气分子逃逸的可能性就小得多了，所以今天大气中保留了大量的氮气(约76%)。

例3.5 导体中自由电子的运动可看作类似于气体分子运动，故称为电子气。设导体中共有 N 个自由电子，电子的最大速率为 v_F(称为费米速率)，电子速率的分布函数为

$$f(v)=\begin{cases}\dfrac{4\pi A}{N}v^2, & v_F\geqslant v>0\\ 0, & v>v_F\end{cases}$$

其中，A 为一常数。

(1) 求分布函数的示意图；

(2) 以 N,v_F 表示，定出常数 A；

(3) 求电子气中自由电子的最概然速率、平均速率和均方根速率。

解 (1) 在 $v\leqslant v_F$ 时，分布函数是抛物线方程；在 $v>v_F$ 时，分布函数突降为零，电子的速率不大于 v_F。如图3-6所示。

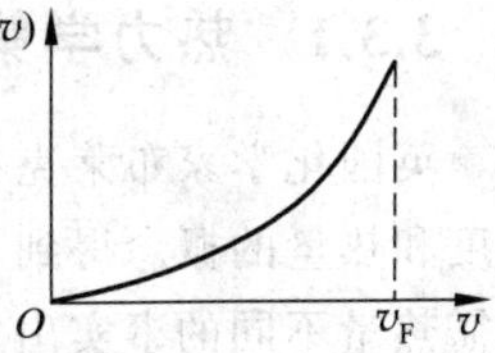

图3-6 例3.5用图

(2) 由归一化条件

$$\int_0^\infty f(v)\mathrm{d}v=\int_0^{v_F}\frac{4\pi A}{N}v^2\mathrm{d}v=\frac{4\pi A}{N}\cdot\frac{v_F^3}{3}=1$$

得

$$A=\frac{3N}{4\pi v_F^3}$$

(3) 根据平均速率和均方根速率的定义，有

$$\bar{v}=\int_0^\infty vf(v)\mathrm{d}v=\int_0^{v_F}v\cdot\frac{3}{v_F^3}v^2\mathrm{d}v=\frac{3}{4}v_F$$

$$\sqrt{\overline{v^2}}=\left(\int_0^\infty v^2f(v)\mathrm{d}v\right)^{1/2}=\left(\int_0^{v_F}v^2\cdot\frac{3}{v_F^3}v^2\mathrm{d}v\right)^{1/2}=\sqrt{\frac{3}{5}}v_F$$

因为电子的分布函数极大值对应速率是 v_F，所以 v_F 亦即电子的最概然速率。

3.2.5.3 平均自由程和平均碰撞频率

一个分子在任意连续碰撞之间是自由的惯性运动，这段自由运动的路程称为分子运动的自由程。频繁碰撞中一个分子的自由程大小的出现是一个偶然事件，是随机的，但我们可以利用统计平均方法确定分子自由程的平均值，称为平均自由程，用 $\bar{\lambda}$ 表示。一个分子单位时间和其他分子碰撞的次数称为碰撞频率，碰撞频率也是偶然的，不可预测的，在大量分子热运动中，我们把一个分子单位时间和其他分子平均碰撞的次数称为平均碰撞频率，记为 $\bar{Z}$。由于分子的平均速率 $\bar{v}$ 代表单位时间内运动的平均路程，所以有

$$\bar{\lambda}=\frac{\bar{v}}{\bar{Z}} \tag{3-24}$$

如果把气体分子看作直径为 d 的弹性小球，平均碰撞频率 $\overline{Z}$ 可由式(3-25)确定：

$$\overline{Z}=\sqrt{2}\,\pi d^2\bar{v}n \tag{3-25}$$

式中，n 是平衡态气体分子数密度。分子的平均自由程由(3-24)式可得

$$\bar{\lambda}=\frac{1}{\sqrt{2}\,\pi d^2 n} \tag{3-26}$$

(3-26)式表明，分子的平均自由程与分子直径的平方和分子数密度成反比。根据 $p=nkT$，又得

$$\bar{\lambda}=\frac{kT}{\sqrt{2}\,\pi d^2 p} \tag{3-27}$$

(3-27)式表明，温度一定时，分子的平均自由程与压强成反比。

对于空气分子，分子直径 $d\approx3.5\times10^{-10}$ m，由(3-27)式求出标准状态下空气分子的 $\bar{\lambda}=6.9\times10^{-8}$ m，约为分子直径的200倍。而平均碰撞频率 $\overline{Z}=6.5\times10^{9}\ \mathrm{s}^{-1}$，每秒钟内一个分子会发生几十亿次的碰撞。

3.3 热力学第一定律

3.3.1 热力学第一定律的建立

英国化学家布莱克在1757年前后明确提出温度计测量的是系统温度而不是热量，致使温度和热量的概念得到了清楚的确立，后又于1760年以同样质量的不同物质升高相同温度所需热量不同的事实出发，提出了比热容的理论，并发明了冰量热器，创立了热量测定的方法(量热术)，且提出了溶解、汽化相变过程中的“潜热”概念(即吸收或放出的热量)。这些工作可以说是热学发展史上又一重要的进步。同时，为了能进一步提高蒸汽机效率，为了对物质的热性质有深刻的了解，人们进行了大量热学实验，而对实验结果的解释必涉及对“热本质”的认识。自古以来对热的本质的各种看法大体可归纳成两大类：热质说和热动说。一些学者把古希腊的火元素说发展成为热质说，认为热是一种没有质量的流质，可以从一个物体流向另一个物体，其数量守恒，而物质的冷热是它所含热质的多少。与此相对立的是以摩擦生热、撞击生热等热现象为根据的热动说，认为热是组成物质的微观粒子(分子或原子)运动的表现形式，它可以和机械运动及其他运动形式相互转换，转换中各种运动形式在量上守恒。可以说，19世纪中叶热质说被推翻、热动说确立的过程就是热力学第一定律的建立过程。

1798年英国伦福德伯爵(Count Rumford，1753—1814)用钝钻头钻炮筒使水沸腾等一系列摩擦生热实验、1799年英国化学家戴维(Humphry Davy，1778—1829)用两块冰摩擦融化成水的实验都为热动说提供了有说服力的实例，说明热只能是一种运动。但他们没有找出热量和机械功之间的数量关系，未能推翻热质说。推翻热质说的关键一步是英国著名实验物理学家焦耳(James Prescott Joul，1818—1889)从1840年到1878年几十年的大量测定热功当量的精确实验，其结果的一致性给能量转化与守恒定律奠定了坚实的实验基础，也彻底结束了对热的本质的争论，确立了“热”和机械能、电磁能等一样是各自相应的运动形式能量，使热是热运动形式能量的热动说得以完全确立。1842年德国医生迈耶(Julius Robert Mayer，1814—1878)受生活在热带地区人的静脉血比生活在温带地区人的静脉血颜色更鲜

红的启示，第一个完整提出了机械能和热相互转化与守恒原理；1847年德国物理学家、生理学家亥姆霍兹独立地从力学、化学、热学、电学等方面严谨论证了各种运动中的能量转化与守恒定律，把能量概念从机械运动推广到所有变化过程。应该指出，同时期还有许多科学家在不同领域对能量转化与守恒定律的建立都独立地作出了贡献。能量转化与守恒定律在一切涉及热现象的宏观过程中的具体表现就是热力学第一定律，其完整的数学形式是德国物理学家克劳修斯于1850年的著名论文《论热的动力以及由此推导出的关于热学本身的诸定律》中提出的，且以理想气体为例引进了热力学的又一基本态函数 E（内能）。能量守恒和转化定律的建立被称为物理学史上继牛顿第一次大综合之后的又一次伟大的综合，它和生物进化论、细胞学说并称为19世纪中叶的“三大自然发现”。

焦耳
(1818—1889)

3.3.2 热力学第一定律的数学表示

我们已经知道，对于封闭系统，热力学第一定律的数学形式为

$$Q=(E_2-E_1)+A \tag{3-28}$$

这是能量转化与守恒定律在涉及热现象的宏观过程中的具体表现。说明：**任一过程中，一个封闭系统从外界所吸收的热量 Q，在数值上等于该过程中系统内能的增量 ΔE 及系统对外做功之和**。如果系统从外界吸热有 $Q>0$，放热 $Q<0$；$\Delta E>0$ 表示系统内能增加，内能减少有 $\Delta E<0$；如果系统对外做正功有 $A>0$，$A<0$ 表示外界对系统做正功。对于一元过程，上述定律的微分表达式为

$$đQ=\mathrm{d}E+đA \tag{3-29}$$

在热力学第一定律建立之前，有人企图制造一种机器，既不消耗系统内能又不需要外界向它传递热量，但可以不断对外做功，这种机器称为第一类永动机。它显然违背了热力学第一定律，“第一类永动机是不可能造成的”也成为热力学第一定律的另外一种表述。

3.3.2.1 内能 功 热量

我们已经知道，理想气体的内能是状态量，只是温度的单值函数 $E=E(T)$，是理想气体分子的动能。

一般来讲，外界对一封闭系统做功或传递热量，都可以使系统的热状态发生变化。例如，要使一壶水升高一定的温度，可以把它放在炉火上通过热传递的方式，可以通过对壶水进行搅拌或摩擦做功的方式，也可以同时进行热传递和搅拌或摩擦做功的方式，这说明了热传递和做功两种方式的等效性。不过，对于既定的系统的初态和末态，单独向系统传递热量或对系统做功，其值随方式和过程的不同而不同。但是，据热力学第一定律(3-28)式，有 $(E_2-E_1)=Q-A$，若同时向系统传递热量和对系统做功，不管采取什么方式和过程，它们的总和是一确定值。因为内能是系统状态的单值函数，对于既定的初态和末态，系统内能的差值是一个定值。应该指出，现在我们所说的内能变化是系统经历热力学过程中的内能改变。内能的一般定义是系统内部状态所确定的能量，它包括分子无规则运动的能量、分子间相互作用能以及分子内禀能量（原子内能量和原子核内能量）等，但在热力学过程中原子内能量和原子核内能量等并不发生变化，在我们谈及内能变化时，它们作为常数而被消去了。

功是能量改变的量度，是不同运动形式能量转化的一种方式，“对系统做功”是热力学系统与外界相互作用中交换能量的一种过程。外界对系统做功，如果是机械功($\boldsymbol{f}\cdot \mathrm{d}\boldsymbol{l}$)或者是电流功($I^2R\,\mathrm{d}t$)，使系统内能增加的话，是把物质有向(有序)运动的机械能或电能转化成系统分子无规则热运动(无序)形式的内能。

两个温度不同的物体相互接触达到热平衡过程中，一定有能量从高温物体传向了低温物体，这种传递热运动能量的方式称为热传递，传递的能量叫热量。例如，把冷水倒进热水中，热水的温度要降低，表明其内能的减少；冷水的温度得到升高，表明冷水的内能得到增加。二者混合过程中，内能得到了传递。微观上看，这种交换能量的方式是通过冷热水分子的大量碰撞完成的，其总效果是热水分子的无规则运动能量传给了冷水分子。

总之，内能是系统状态的单值函数，是一个状态量；功与热量则不属于任何系统，是系统状态变化过程中出现的物理量，是过程量，其值与过程有关。当一个封闭系统的状态发生变化时，热力学第一定律表明了系统内能的改变、外界对系统做功和传递热量三者之间的关系。既然功与热量不是状态函数，一个微元过程中的元功和微热量也就不能用状态函数的全微分 $\mathrm{d}A$ 和 $\mathrm{d}Q$ 表示，而用 $đA$ 和 $đQ$ 表示。

3.3.2.2 准静态过程中的体积功

1. 准静态过程

一个系统的状态发生变化时，我们说系统在经历一个过程。在过程进行中的任一时刻，系统的状态不是平衡态，非平衡态不存在确定的状态参量，不能利用态函数或态参量来描述这样的非平衡过程。为了能利用系统平衡态的性质来研究过程的规律，物理学采用了一种行之有效的方法，引入一个理想化的概念——准静态过程(也叫平衡过程)。静态意味着不变，过程代表变化，所谓准静态过程，是指在准静态过程中的任意时刻，系统都无限地接近平衡态，因而任何时刻系统的状态都可以当作平衡态处理。举例来说(图 3-7)，在竖直放置的汽缸中气体处于某一平衡态，现在慢慢地、一粒一粒地在活塞上轻放砂粒，使活塞移动以压缩气体。每加一粒细砂子，气体的平衡态便遭到破坏，而内部气体分子的热运动的作用是使气体恢复平衡态。由被破坏的平衡态到恢复为一个新的平衡态所用的时间叫弛豫时间。只要平缓地每放一颗细砂粒使气体产生的压缩过程所需的时间比弛豫时间长得多，那任何时间去观测气体的状态，它们都会对平衡态的偏离非常小，都是非常好的近似平衡态。这样一个气体的连续压缩过程就是近似的准静态过程。上述过程越是缓慢，系统就越接近准静态过程，过程中间每时刻的系统状态就越接近平衡态。可见准静态过程是一种理想过程，是实际过程无限缓慢进行时的极限情况。在实际问题中，除爆炸、自由膨胀等进行很快的过程外，一般都可以根据要求把实际过程看作准静态过程。

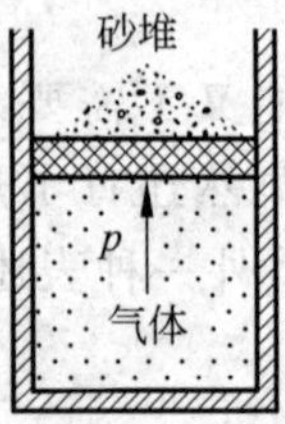

图 3-7　准静态过程

在本节中，如不特别指明，涉及的过程都是准静态过程。并且如不特别指明，以下涉及的热力学系统都是理想气体。我们已知，状态图(如 p-V 图)上的一点表示一个系统平衡态，那准静态过程在系统状态图上就是一条曲线，这样的曲线叫过程曲线。

2. 准静态过程中的体积功表示

设一定质量的气体储于如图 3-8 所示的汽缸中。以 S 表示活塞的面积，气体作用于活塞的压强为 p，当气体经历一个准静态过程使活塞无摩擦移动一微小距离 $\mathrm{d}l$ 时，气体对活

塞所做的元功为

$$đA = pS\,dl = p\,dV$$

它被称为准静态过程中的“体积功”。对一个有限的准静态过程，气体体积由 V_1 变为 V_2，气体对外界所做的总功为

$$A = \int_{V_1}^{V_2} p\,dV \tag{3-30}$$

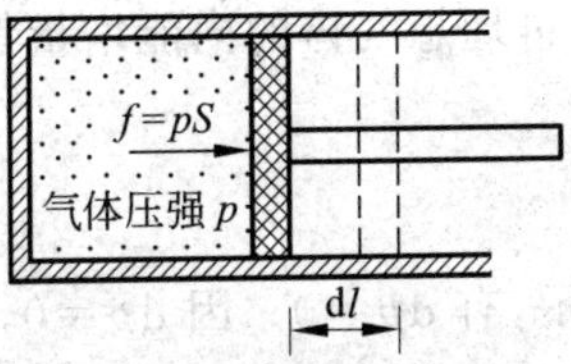

图 3-8 体积功

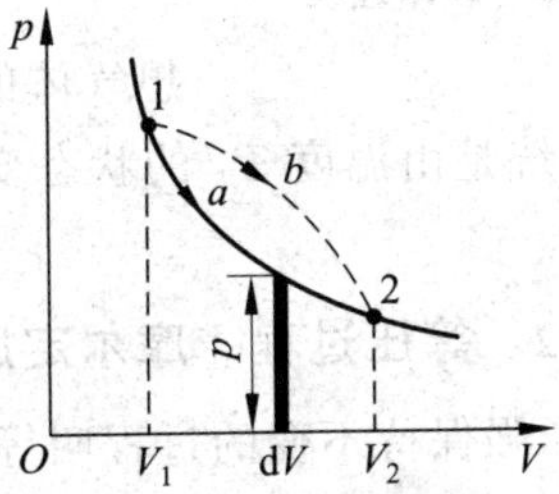

图 3-9 功的图示

在 p-V 图上，(3-30)式对应一条从 1 到 2 过程曲线下的面积(图 3-9)，图中曲线下的阴影小长条面积 $p\,dV$ 为 a 过程中气体体积膨胀 dV 时所做的元功。从图 3-9 可以看出，只给定系统的初态 1 和末态 2，可以有很多条过程线连接状态 1 和 2(b 是其中的一条)，而不同的过程线下的面积不同，气体做功不同。图中 b 过程曲线下的面积大于 a 过程曲线下的面积，表明 b 过程气体对外做的正功就多于 a 过程中的正功。由(3-30)式，对于理想气体的无摩擦的准静态过程，热力学第一定律可以写成以下形式：

$$Q = \Delta E + \int_{V_1}^{V_2} p\,dV \tag{3-31}$$

其中，$\Delta E = E_2 - E_1$，由(3-14)式，$\Delta E = \frac{i}{2}\nu R\Delta T$。对于其中一个元过程，有

$$đQ = dE + p\,dV \tag{3-32}$$

其中，$dE = \frac{i}{2}\nu R\,dT$。

3.3.3 在典型准静态过程中的热力学第一定律

对于理想气体的一些典型准静态过程，可以利用状态方程计算热力学第一定律中功、热量、内能的变化以及它们之间的转化关系。

3.3.3.1 等体过程 摩尔定体热容

系统体积保持不变的过程叫等体过程，如图 3-10 所示，有 $dV=0$。因为 $dV=0$，有 $đA = p\,dV = 0$，即等体过程中系统不做功。由(3-32)式，有

$$đQ_V = dE = \frac{i}{2}\nu R\,dT \tag{3-33}$$

(3-33)式表示等体过程中系统吸收的热量全部用于增加系统的内能。我们定义

$$C_{V,m} = \frac{đQ_V}{\nu\,dT} = \frac{i}{2}R \tag{3-34}$$

为摩尔等体热容，单位为 J/(mol·K)。它表示：1 mol 理想气体在等体过程中升高 1 K 所

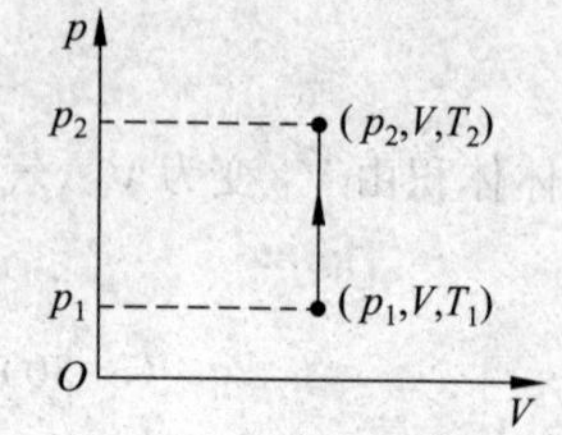

图 3-10 等体过程

需的热量。对于理想气体由初态等体变化到末态的宏观过程,热力学第一定律中的功 $A=0$,吸收的热量和内能的增量为

$$Q_V=\Delta E=\nu C_{V,\mathrm{m}}\Delta T \tag{3-35}$$

其中,$C_{V,\mathrm{m}}$ 对单原子理想气体是 $\frac{3}{2}R$,对刚性双原子理想气体是 $\frac{5}{2}R$,对一般刚性多原子理想气体是 $3R$。并且应注意到,因为理想气体的内能只是温度的单值函数,不管系统经历什么样的过程,只要系统是由温度 T_1 的状态变化到 T_2 的状态,一定量理想气体的内能增量都是 $\Delta E=\nu C_{V,\mathrm{m}}\Delta T$。

3.3.3.2 等压过程 摩尔定压热容

系统压强保持不变的过程叫等压过程,如图 3-11 所示,有 $\mathrm{d}p=0$。因 $\mathrm{d}p=0$,对状态方程 $pV=\nu RT$ 两边取微分可得 $p\mathrm{d}V=\nu R\mathrm{d}T$,代入(3-32)式,有

$$\text{đ}Q_p=\mathrm{d}E+p\mathrm{d}V=\nu C_{V,\mathrm{m}}\mathrm{d}T+\nu R\mathrm{d}T=\nu(C_{V,\mathrm{m}}+R)\mathrm{d}T$$

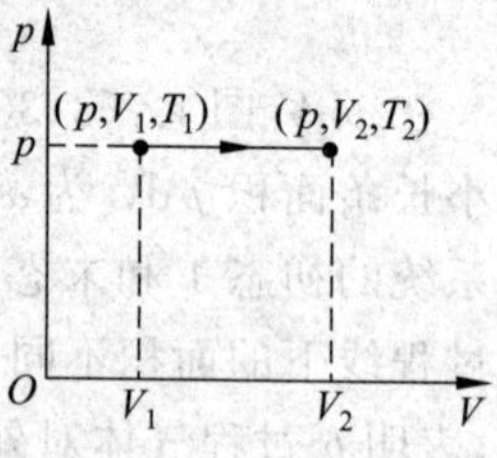

图 3-11 等压过程

令 $C_{p,\mathrm{m}}=C_{V,\mathrm{m}}+R$,有 $C_{p,\mathrm{m}}=\frac{\text{đ}Q_p}{\nu\mathrm{d}T}$,它表示:1 mol 理想气体在等压过程中升高 1 K 所需的热量。$C_{p,\mathrm{m}}$ 被称为摩尔等压热容,单位为 J/(mol·K)。上式可写为

$$\text{đ}Q_p=\nu C_{p,\mathrm{m}}\mathrm{d}T \tag{3-36}$$

对一有限的等压过程,热力学第一定律中的功 $A=\int_{V_1}^{V_2}p\mathrm{d}V=p(V_2-V_1)$,是等压线下的矩形面积;吸收的热量 $Q_p=\nu C_{p,\mathrm{m}}(T_2-T_1)$;系统内能的增量为 $\Delta E=\nu C_{V,\mathrm{m}}\Delta T$。而摩尔等压热容和摩尔等体热容的关系为

$$C_{p,\mathrm{m}}=C_{V,\mathrm{m}}+R \tag{3-37}$$

(3-37)式称为迈耶公式,是德国的迈耶于 1842 年利用该公式首先推算出了热功当量,对能量守恒定律的确立作出了重要的贡献。实际应用中,常用到 $C_{p,\mathrm{m}}$ 与 $C_{V,\mathrm{m}}$ 的比值,这个比值通常用 γ 表示,常被称为摩尔热容比(或比热容比),有

$$\gamma=\frac{C_{p,\mathrm{m}}}{C_{V,\mathrm{m}}}=\frac{i+2}{i} \tag{3-38}$$

对于单原子分子理想气体的 $\gamma=\frac{5}{3}$;刚性双原子分子理想气体的 $\gamma=\frac{7}{5}$;一般刚性多原子分子理想气体的 $\gamma=\frac{4}{3}$。

例 3.6 1 mol 单原子理想气体分别经历等体过程和等压过程使温度由 300 K 升高到 350 K。求这两个过程中气体各吸收了多少热量、增加了多少内能以及对外做了多少功?

解 (1) 等体过程:等体过程中气体不对外做功,有 $A=0$。根据(3-35)式,等体过程中系统从外界吸收的热量和内能增量为

$$Q_V=\Delta E=\nu C_{V,\mathrm{m}}(T_2-T_1)=\frac{3}{2}\times 8.31\times(350-300)\ \mathrm{J}=623\ \mathrm{J}$$

(2) 等压过程:系统从外界吸收的热量

$$Q_p = \nu C_{p,m}(T_2 - T_1) = \frac{5}{2} \times 8.31 \times (350 - 300)\ \text{J} = 1039\ \text{J}$$

利用状态方程系统对外做功

$$A = P(V_2 - V_1) = \nu R(T_2 - T_1) = 8.31 \times (350 - 300)\ \text{J} = 416\ \text{J}$$

系统内能增量为

$$\Delta E = Q_p - A = 1039\ \text{J} - 416\ \text{J} = 623\ \text{J}$$

和等体过程内能增量相比，有 $\Delta E_p = \Delta E_V = \nu C_{V,m}\Delta T = 623\ \text{J}$，说明内能变化与过程无关。

3.3.3.3　等温过程

系统温度保持不变的过程叫等温过程，如图 3-12 所示，有 $dT = 0$。因 $dT = 0$，有 $dE = 0$，等温过程中理想气体内能不变，且 p-V 图上等温过程曲线是一条双曲线。由热力学第一定律，系统在等温过程中所吸收的热量全部用于对外做功，有

$$đQ_T = đA = p\,dV \tag{3-39}$$

当系统由初态 1 变化到末态 2，系统 $\Delta E = 0$。根据状态方程，系统从外界吸收的热量和对外做的功为

$$Q_T = A = \int_{V_1}^{V_2} p\,dV = \int_{V_1}^{V_2} \frac{\nu RT}{V}\,dV = \nu RT\ln\frac{V_2}{V_1} = \nu RT\ln\frac{p_1}{p_2} \tag{3-40}$$

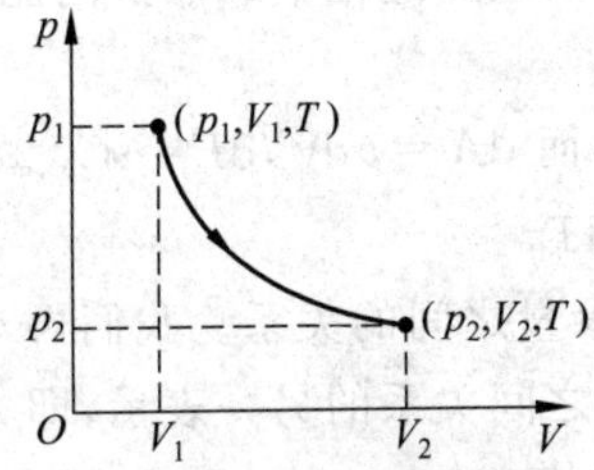

图 3-12　等温过程

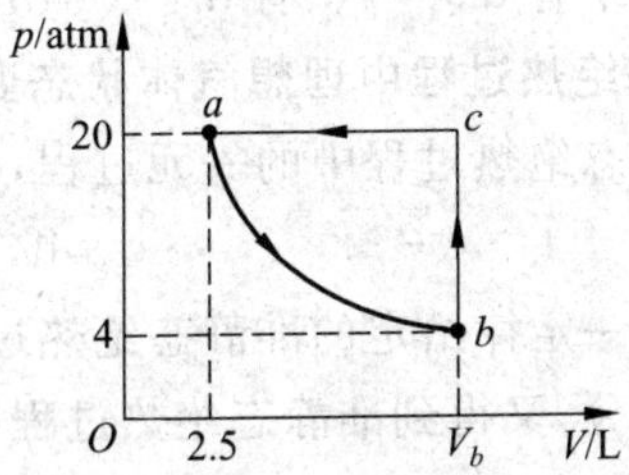

图 3-13　例 3.7 用图

例 3.7　如图 3-13 所示，容器中的 10 mol 氮气经过程 $a \to b \to c \to a$ 由平衡态 a 回到平衡态 a，其中 $a \to b$ 是一个等温过程。由图中数据求：

(1) 等温过程中系统吸收的热量；

(2) $b \to c$ 和 $c \to a$ 过程中系统吸收的热量。

解　(1) 状态 a 的温度就是整个等温过程中的温度。根据状态方程，有

$$T_a = \frac{p_a V_a}{\nu R} = \frac{20 \times 1.013 \times 10^5 \times 2.5 \times 10^{-3}}{10 \times 8.31}\ \text{K} = 0.61 \times 10^2\ \text{K}$$

由(3-40)式，等温过程中系统从外界吸收的热量有

$$Q_T = \nu RT\ln\frac{p_1}{p_2} = 10 \times 8.31 \times 0.61 \times 10^2 \times \ln\frac{20}{4}\ \text{J} = 8.16 \times 10^3\ \text{J}$$

(2) $b \to c$ 是等体过程。因为等体过程中 $\frac{p_b}{T_b} = \frac{p_c}{T_c} = c$（常量），且有 $T_b = T_a$，可得

$$T_c = \frac{p_c}{p_b}T_b = \frac{20}{4} \times 0.61 \times 10^2\ \text{K} = 3.05 \times 10^2\ \text{K}$$

等体过程吸收的热量等于系统内能的增量,所以有

$$Q_V=\Delta E=\nu C_{V,\mathrm{m}}(T_c-T_b)$$

$$=10\times\frac{5}{2}\times 8.31\times(3.05-0.61)\times 10^2\ \mathrm{J}=5.28\times 10^4\ \mathrm{J}$$

$c\to a$ 是等压过程,等压过程吸收的热量应为

$$Q_p=\nu C_{p,\mathrm{m}}(T_a-T_c)$$

$$=10\times\frac{5+2}{2}\times 8.31\times(0.61-3.05)\times 10^2\ \mathrm{J}=-7.10\times 10^4\ \mathrm{J}$$

说明 $c\to a$ 等压过程中,系统向外界放出热量。

3.3.3.4 绝热过程

系统与外界没有热量交换的状态变化过程叫绝热过程,它是热力学中一个重要的过程。如果系统是用良好的绝热材料所封闭,在缓慢变化过程中系统与外界的热量交换极其微弱,我们可以近似地把这样一个变化过程看作是准静态绝热过程。如果过程进行得很迅速,以致系统在过程中来不及与外界进行显著的热交换,如内燃机中气体的急速膨胀和压缩、空气中声音传播引起的局部膨胀和压缩,这样的过程也可以近似地看作绝热过程,但不是准静态过程。

绝热过程中有 $đQ=0$。有 $đA=-\mathrm{d}E$,表明系统在绝热过程中靠减少内能来对外做功。

1. 准静态绝热过程中理想气体状态变化规律

对于准静态绝热过程中的一元过程,$đA=-\mathrm{d}E$,而 $đA=p\,\mathrm{d}V$,$\mathrm{d}E=\nu C_{V,\mathrm{m}}\mathrm{d}T$,所以有

$$p\,\mathrm{d}V=-\nu C_{V,\mathrm{m}}\mathrm{d}T$$

这是热力学第一定律给定的准静态绝热过程中状态参量之间的关系。我们再对理想气体状态方程两侧微分,又得到准静态绝热过程中状态参量之间关系的另一表示,即

$$p\,\mathrm{d}V+V\mathrm{d}p=\nu R\,\mathrm{d}T$$

从以上两式中消去 $\mathrm{d}T$,再利用 $C_{p,\mathrm{m}}=C_{V,\mathrm{m}}+R$,$\gamma=C_{p,\mathrm{m}}/C_{V,\mathrm{m}}$,可得

$$V\mathrm{d}p=-\gamma p\,\mathrm{d}V$$

分离变量后求积分,得 $\ln p=-\gamma\ln V+C$,C 为积分常数。所以有

$$pV^{\gamma}=C_1 \tag{3-41}$$

此式称为泊松公式,其中 C_1 是常数。利用理想气体状态方程,(3-41)式还可写成

$$TV^{\gamma-1}=C_2 \quad 和 \quad p^{\gamma-1}T^{-\gamma}=C_3 \tag{3-42}$$

其中,C_2 和 C_3 都是常数。它们反映了理想气体状态参量除满足状态方程外,在准静态绝热过程中还须满足(3-41)式和(3-42)式所确定的关系。(3-41)式和(3-42)式被称为准静态绝热过程中的过程方程。正如等温过程中的理想气体状态参量除满足状态方程外,还须满足 $p_1V_1=p_2V_2$(即 $pV=C$)过程方程一样。

图 3-14 中实线是绝热曲线,虚线是等温线。对于交点 A,等温线的斜率为

$$\left(\frac{\mathrm{d}p}{\mathrm{d}V}\right)_T=-\frac{p_A}{V_A}$$

而绝热线 A 点斜率为

$$\left(\frac{\mathrm{d}p}{\mathrm{d}V}\right)_a=-\gamma\frac{p_A}{V_A}$$

因为 $\gamma>1$,所以绝热线比等温线陡些。设想系统从 A 状态起分别经历等温和绝热过程膨胀同一体积 ΔV,等温只是由于分子数密度 n 减小引起压强的降低,而绝热过程不但分子数密度 n 有了同样的减小,而且温度也下降了,分子的平均平动动能也降低了,因而系统的绝热过程的压强比等温过程压强下降得快。

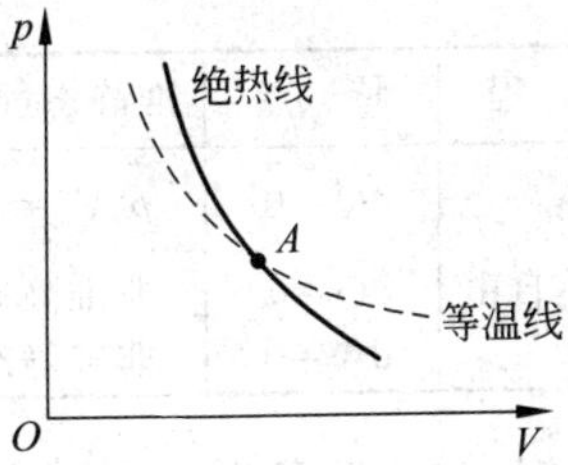

图 3-14 绝热线与等温线的比较

在理想气体由初态 1 经准静态绝热过程变化到末态 2 时,气体从外界吸热 $Q=0$,内能的减少等于系统对外做的功,有

$$A=-(E_2-E_1)=-\nu C_{V,\mathrm{m}}(T_2-T_1)$$

因为 $\gamma=\dfrac{C_{p,\mathrm{m}}}{C_{V,\mathrm{m}}}=\dfrac{C_{V,\mathrm{m}}+R}{C_{V,\mathrm{m}}}$,可得 $C_{V,\mathrm{m}}=\dfrac{R}{\gamma-1}$,代入上式可得功的另一表示,即

$$A=\frac{\nu R}{\gamma-1}(T_1-T_2)=\frac{1}{\gamma-1}(p_1V_1-p_2V_2) \tag{3-43}$$

2. 绝热自由膨胀过程

如图 3-15(a)所示,一隔板将一绝热容器分为容积相等的左右两部分,左半部充以理想气体,右半部抽成真空。现抽去隔板,处于平衡态的左半部气体很快冲入右半部(图 3-15(b)),最后整个容器中的理想气体又达到一个新的平衡态(图 3-15(c))。这个过程叫气体绝热自由膨胀。整个过程进行得很快,因而它是一个非准静态绝热过程。

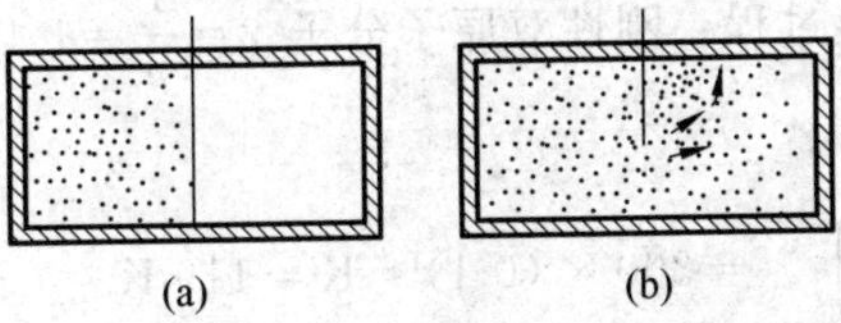

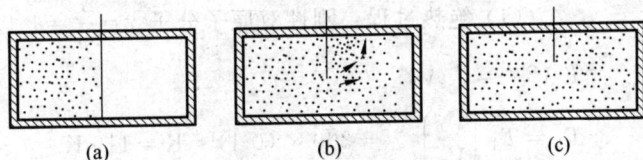

图 3-15 气体的自由膨胀

对于此初态 1 和末态 2 都是平衡态的非准静态绝热过程,$Q=0$;又由于气体向真空注入,不对外做功,$A=0$;因此,有 $E_2-E_1=0$,即气体经过绝热自由膨胀,前后平衡态的内能不变。因理想气体的内能只是温度的函数,所以有 $T_2=T_1$,前后平衡态的系统温度相等。在整个过程中,只有初态和末态是平衡态,因此既不能说气体经历了等温过程,而且谈论过程进行中任一时刻系统的温度也是没有任何意义的。对于初、末平衡态,因 $T_2=T_1$,有 $p_1V_1=p_2V_2$,而 $V_2=2V_1$,所以有 $p_1=2p_2$。这是因为膨胀前平衡态的分子数密度为膨胀后平衡态分子数密度的 2 倍。

表 3-1 列出了以上各种过程中理想气体状态变化规律。

表 3-1 各种过程中理想气体状态参量之间的关系

过　程	特　点	准静态过程方程	准静态过程的功	内能的变化	吸收的热量
等体	$\mathrm{d}V=0$	$p_1/T_1=p_2/T_2$	$A=0$	$\Delta E=\nu C_{V,\mathrm{m}}\Delta T$	$Q=\Delta E$
等压	$\mathrm{d}p=0$	$V_1/T_1=V_2/T_2$	$A=p(V_2-V_1)$	$\Delta E=\nu C_{V,\mathrm{m}}\Delta T$	$Q=\nu C_{p,\mathrm{m}}\Delta T$
等温	$\mathrm{d}T=0$	$p_1V_1=p_2V_2$	$A=\nu RT\ln\dfrac{V_2}{V_1}$	$\Delta E=0$	$Q=A$

续表

过　程	特　点	准静态过程方程	准静态过程的功	内能的变化	吸收的热量
绝热	$đQ=0$	$p_1V_1^{\gamma}=p_2V_2^{\gamma}$	$A=\frac{1}{\gamma-1}(p_1V_1-p_2V_2)$	$\Delta E=\nu C_{V,m}\Delta T$	$Q=0$
绝热自由膨胀	$đQ=0$ $đA=0$	非准静态过程 非准静态过程	非准静态过程 $A=0$	$\Delta E=0$ $\Delta T=0$	$Q=0$ $Q=0$

例 3.8　质量为 1 kg 的氧气，分别在下列三种情况下使其温度由 300 K 升高到350 K，问等体、等压以及绝热过程中，该气体内能的改变各为多少？

解　内能是态函数，其变化只与初末两态的温度有关，而与具体过程无关。因此，无论是等体、等压，还是绝热过程，内能改变都相等，于是有

$$\Delta E=\frac{i}{2}\nu R(T_2-T_1)=\frac{5}{2}\times\frac{1}{0.032}\times 8.31\times(350-300)\ \text{J}=3.25\times10^4\ \text{J}$$

例 3.9　1 mol 氧气，温度 300 K 时体积为 $2\times10^{-3}\ \text{m}^3$。试求下面两种过程中，外界对氧气所做的功。

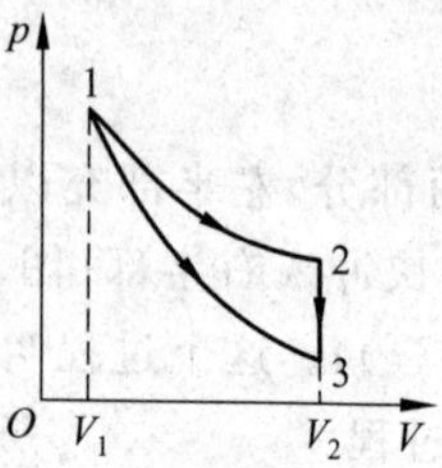

图 3-16　例 3.9 用图

(1) 绝热膨胀至体积 $2\times10^{-2}\ \text{m}^3$；

(2) 等温膨胀至体积 $2\times10^{-2}\ \text{m}^3$ 后，又等体冷却至和(1)膨胀后同样的温度。

解　题中系统的变化过程如图 3-16 所示，图中 1→3 是绝热线，1→2 是等温线。

(1) 绝热过程。刚性双原子分子 $\gamma=\frac{7}{5}=1.4$，由(3-42)式有

$$T_1V_1^{\gamma-1}=T_3V_2^{\gamma-1}$$

$$T_3=T_1\left(\frac{V_1}{V_2}\right)^{\gamma-1}=300\times(0.1)^{0.4}\ \text{K}=119\ \text{K}$$

绝热过程中，外界做功等于氧气对外做体积功的负值，有

$$A_{外}=-A_{氧}=\Delta E=C_{V,\text{m}}\Delta T=\frac{5}{2}\times8.31\times(119-300)\ \text{J}=-3.76\times10^3\ \text{J}$$

(2) 第二个过程(1→2→3)。此过程只有等温过程的功(1→2)，所以有

$$A_{外}=-A_{氧}=-RT\ln\frac{V_2}{V_1}=-8.31\times300\times\ln10\ \text{J}=-5.74\times10^3\ \text{J}$$

3.3.3.5　循环过程

热力学系统(如气体、液体)的状态经历一系列变化过程后又回到原来状态的过程叫循环过程，简称循环。准静态循环过程在 p-V 图上是一条闭合曲线，如果闭合曲线是顺时针方向完成的循环称为正循环(图 3-17)，反之为逆循环。循环过程的特征是系统的内能(以及其他态函数)不变，$\Delta E=0$，根据热力学第一定律有 $Q=A$。

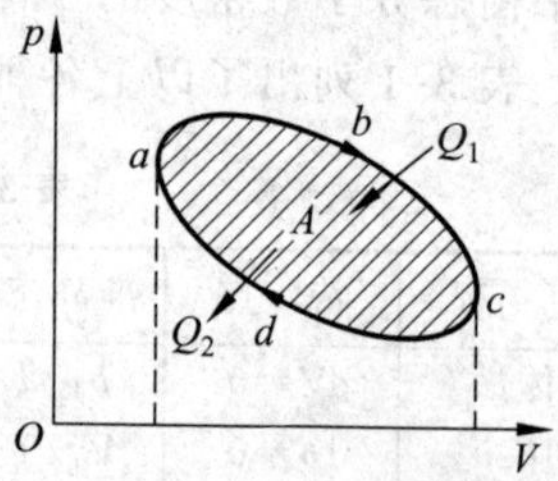

图 3-17　正循环过程

1. 正循环与热机效率

气体体积膨胀可以对外做功，但是不能靠一定量气体

的单一膨胀过程制造不断做功的机器。要想制造出能够将热与功转换持续下去的装置，必须利用循环过程。蒸汽机、内燃机以及汽轮机就是利用正循环把热不断转换为功的热机。在热机中，被用来吸收热并完成对外做功的物质叫工作物质（就是一个热力学系统），简称工质。在完成一次正循环过程中，工质从某些高温热源吸热 Q_1，在某些低温热源（如冷凝器）放热（$-Q_2$），在不考虑其他耗散情况下，把 $Q=Q_1-Q_2$ 从外界吸收的净热量转变成了功 A，正是在工质一次次的循环中实现了热机不断地对外做功。为了表明热机吸收的热量中有多少转变为机械能，我们定义热机效率为

$$\eta=\frac{A}{Q_1}=\frac{Q_1-Q_2}{Q_1}=1-\frac{Q_2}{Q_1} \tag{3-44}$$

热机效率是一次循环过程中工质对外做的净功和从高温热源吸收的热量的比值，总有 $0<\eta<1$。图 3-17 中，工质完成一次循环做的功 A 为

$$\oint p\,\mathrm{d}V=\int_{abc} p\,\mathrm{d}V+\int_{cda} p\,\mathrm{d}V=\int_{abc} p\,\mathrm{d}V-\int_{adc} p\,\mathrm{d}V$$

正是循环曲线围成的面积。

例 3.10　一定量双原子刚性分子的理想气体，经历如图 3-18 所示的循环过程。其中 ab 为等温过程，bc 为等压过程，ca 为等体过程。已知 $V_b=3V_a$，求循环效率。

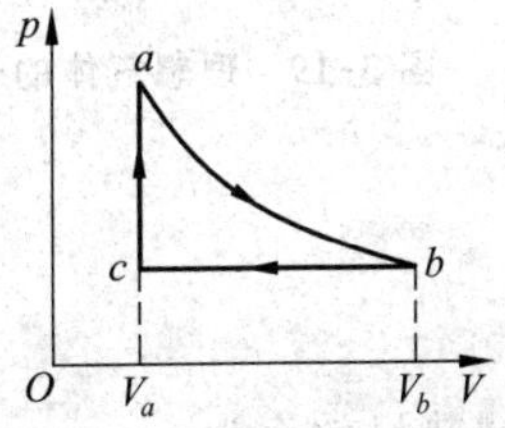

图 3-18　例 3.10 用图

解　$a\to b$ 等温过程中，根据热力学第一定律有

$$Q_{ab}=\nu RT_a\ln\frac{V_b}{V_a}=p_aV_a\ln 3>0$$

此过程系统吸热。$b\to c$ 等压过程中，因为 $T_b=T_a$，有

$$\begin{aligned}Q_{bc}&=\nu C_p(T_c-T_b)=\nu C_pT_a\left(\frac{T_c}{T_b}-1\right)\\&=\nu C_pT_a\left(\frac{V_c}{V_b}-1\right)=\frac{7}{2}\nu RT_a\left(\frac{V_a}{V_b}-1\right)\\&=\frac{7}{2}p_aV_a\left(\frac{V_a}{V_b}-1\right)=-\frac{7}{3}p_aV_a<0\end{aligned}$$

此等压过程中系统放热。而 $c\to a$ 等体过程中，有

$$\begin{aligned}Q_{ca}&=\Delta E=\nu C_V(T_a-T_c)=\nu C_VT_a\left(1-\frac{T_c}{T_b}\right)\\&=\nu C_VT_a\left(1-\frac{V_c}{V_b}\right)=\frac{5}{2}\nu RT_a\left(1-\frac{V_a}{V_b}\right)\\&=\frac{5}{2}P_aV_a\left(1-\frac{V_a}{V_b}\right)=\frac{5}{3}p_aV_a>0\end{aligned}$$

此等体过程中系统吸热。所以，其效率为

$$\begin{aligned}\eta&=1-\frac{Q_2}{Q_1}=1-\frac{|Q_{bc}|}{Q_{ab}+Q_{ca}}\\&=1-\frac{(7/3)p_aV_a}{p_aV_a\ln 3+(5/3)p_aV_a}=1-\frac{7}{3\ln 3+5}=15.6\%\end{aligned}$$

2. 卡诺循环热机效率

循环的类型很多,究竟哪种循环的热机效率最高?最大效率是多少?1824 年法国工程师卡诺(Nicolas Léonard Sadi Carno,1796—1832)提出了一种工质只和两个恒温热源交换热量的准静态理想循环,并从理论上证明了它的效率最高。这种循环称为卡诺循环,按卡诺循环工作的热机叫卡诺机。

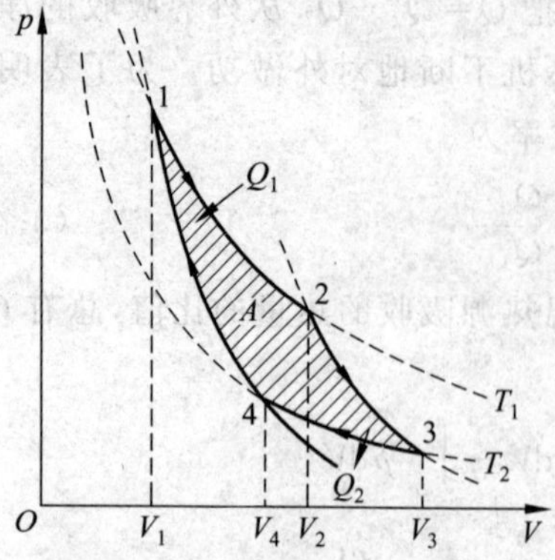

图 3-19 理想气体的卡诺循环

图 3-19 显示的是理想气体为工质的卡诺循环。这个循环由两个绝热过程和两个等温过程交替组成。1→2 气体等温膨胀,2→3 气体绝热膨胀,3→4 气体等温压缩,4→1 气体绝热压缩。

一次循环中,气体在等温膨胀 1→2 中从高温热源(热源温度为 T_1)吸收的热量为

$$Q_1 = \nu R T_1 \ln \frac{V_2}{V_1}$$

其中一部分用来对外界做功 A,其值等于循环曲线所围面积;另一部分热量在等温压缩 3→4 中向低温热源(温度为 T_2)放出($-Q_2$),有

$$Q_2 = \nu R T_2 \ln \frac{V_3}{V_4}$$

卡诺热机效率为

$$\eta_C = 1 - \frac{Q_2}{Q_1} = 1 - \frac{\nu R T_2 \ln (V_3/V_4)}{\nu R T_1 \ln (V_2/V_1)}$$

再考虑两个绝热过程,由过程方程(3-42)式,分别得

$$T_1 V_2^{\gamma-1} = T_2 V_3^{\gamma-1} \quad \text{和} \quad T_1 V_1^{\gamma-1} = T_2 V_4^{\gamma-1}$$

将两式相比,可得$\frac{V_2}{V_1} = \frac{V_3}{V_4}$,代入上面卡诺热机效率表达式,有

$$\eta_C = 1 - \frac{T_2}{T_1} \tag{3-45}$$

可见理想气体卡诺热机的效率只由高温和低温两个恒温热源(又称热库)的温度决定,这是卡诺循环的基本特征。可以证明,(3-45)式表示的效率是一切工作于同样高、低温热源之间的一切实际热机效率的上限,这为提高热机效率指明了方向。要提高热机效率,应使实际过程接近准静态过程,消除或减弱散热、漏气、摩擦等耗散因素,并尽量提高高温热源的温度,尽可能地降低低温热源的温度。

例 3.11 热电厂利用温度为 580℃的高温水蒸气推动汽轮发电机后,在温度为 30℃的冷凝水处冷却。试按卡诺循环计算水蒸气循环效率。

解 水蒸气在高温热源吸收热量,把 580℃看作高温热源的温度,而 30℃看作低温热源的温度,按卡诺循环计算水蒸气循环效率为

$$\eta_C = 1 - \frac{T_2}{T_1} = 1 - \frac{273 + 30}{273 + 580} = 64.5\%$$

而实际效率一般为 36%左右,这是因为实际循环与卡诺循环相差很多。实际循环中的热源不是恒温,循环也不是准静态过程。

3. 逆循环

(1) 致冷机与致冷系数

图 3-20 所示的是一准静态逆循环过程。在工质完成一次逆循环过程中，从某些低温热源吸热 Q_2，在某些高温热源放热$(-Q_1)$，而外界必须对工质做功 $A_{out}=-A=Q_1-Q_2$。此功大小也等于循环曲线所包围面积的多少。这种循环又称为致冷循环，冰箱、空调等就是按这种循环工作的致冷机。对于致冷机，我们关心的是能够尽量减少消耗外界功和尽可能多地从低温处取走热量，所以定义致冷机的致冷系数为

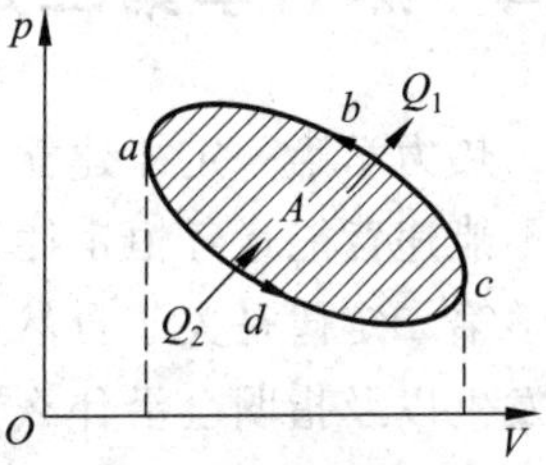

图 3-20 逆循环过程

$$w=\frac{Q_2}{A_{out}}=\frac{Q_2}{Q_1-Q_2} \tag{3-46}$$

致冷系数越大，表明致冷机的性能越好。对于以理想气体为工质的卡诺致冷循环，不难证明工质完成一卡诺致冷循环的致冷系数为

$$w_C=\frac{T_2}{T_1-T_2} \tag{3-47}$$

这一致冷系数也是在 T_1 和 T_2 两恒温热源之间工作的各种致冷机致冷系数的最大值。由(3-47)式可以看出，当高温 T_1 一定时，理想气体卡诺致冷循环的致冷系数只取决于 T_2，T_2 越低，致冷系数越小；同样，当低温 T_2 一定时，高温 T_1 越高，致冷系数越小。

冰箱是把内部冰室作为低温热源，外部环境作为高温热源；夏天的空调，是把房间作为低温热源，室外作为高温热源。空调或冰箱往往标明的是压缩机的电功率，即单位时间消耗的电功，如果致冷系数以电功率表示，(3-46)式可写成

$$w=\frac{\Delta Q_2/\Delta t}{\Delta A_{out}/\Delta t}=\frac{\Delta Q_2/\Delta t}{\Delta Q_1/\Delta t-\Delta Q_2/\Delta t} \tag{3-48}$$

式中，$\frac{\Delta Q_2}{\Delta t}$为低温处的热交换率，$\frac{\Delta A_{out}}{\Delta t}$为电功率，$\frac{\Delta Q_1}{\Delta t}$为高温处的热交换率。

(2) 热泵与供热效率

在冬天，把室外作为低温热源，房间作为高温热源，通过工质从低温热源吸热 Q_2、在高温热源放热$(-Q_1)$的逆循环，不断向室内供热的“空调器”叫热泵。我们关心的是消耗一定的电功 A_{out}，能向室内提供多少热量 Q_1，所以定义热泵的供热效率为

$$w_h=\frac{Q_1}{A_{out}}=\frac{Q_1}{Q_1-Q_2} \tag{3-49}$$

对于以理想气体为工质的卡诺逆循环，不难证明，热泵的供热效率为 $w_h=\frac{T_1}{T_1-T_2}$。并且，如以压缩机消耗的电功率表示，也有(3-48)式类似形式，即

$$w_h=\frac{\Delta Q_1/\Delta t}{\Delta A_{out}/\Delta t}=\frac{\Delta Q_1/\Delta t}{\Delta Q_1/\Delta t-\Delta Q_2/\Delta t}$$

例 3.12 有一供热效率为 $w_h=2.5$ 的热泵，其压缩机的功率为 2.2 kW，试问此热泵与室内热量交换率是多少？

解 因为 $w_h=\frac{\Delta Q_1/\Delta t}{\Delta A_{out}/\Delta t}$，所以热泵单位时间内向室内传递的热量即热交换率为

$$\frac{\Delta Q_1}{\Delta t}=w_{\mathrm{h}}\frac{\Delta A_{\mathrm{out}}}{\Delta t}=2.5\times 2.2\times 10^3\ \mathrm{kW}=5.5\ \mathrm{kW}$$

3.4 热力学第二定律与熵

热力学第一定律建立了热量、功和系统内能的相互转化关系,说明自然界一切热力学过程不能违背能量守恒定律,但不是说自然界中只要满足能量守恒的过程一定都能实现。热力学第二定律是关于自然过程方向性的规律,它决定了满足热力学第一定律的过程是否能够发生以及指明会沿什么方向进行,是自然界中有关热现象的另一条基本规律。

3.4.1 热力学第二定律的建立

热力学第二定律的发现与提高热机效率的研究有密切关系。在制造第一类永动机的各种努力失败以后,人们希望制造出工作效率100%的热机,即把从单一热源吸收的热量全部转变为有用功。1824年,法国工程师卡诺通过理想热机模型(理想气体的卡诺循环)指出:热机必须工作于两个热源之间;热机效率仅与两个热源温度有关,而与工作物质无关,在两个固定温度之间工作的所有热机中以可逆机效率最高。这就是卡诺定理。它指出了提高热机效率的方向,也指出了热机效率存在的极限。实际上,卡诺已经探究到热力学第二定律,也就是对不可能制造成单一热源的工作效率为100%的热机有了认识,但由于他相信热质说而缺乏热功转化思想,从而没有认清自己工作的意义。作为热力学奠基人之一的德国物理学家克劳修斯(R.J.E.Clausius,1822—1888)于1850年的著名论文《论热的动力以及由此推导出的关于热学本身的诸定律》中,从焦耳实验测定的热功当量出发重新审查了卡诺定理,将热功当量原理与卡诺原理结合提出了热传递定律,也就是今天我们所说的热力学第二定律的克劳修斯表述。次年,英国卓越的物理学家开尔文也独立地从卡诺工作中发现了热力学第二定律,提出了热机定律,也就是与克劳修斯表述等价的、今天我们所说的热力学第二定律的开尔文表述。为了定量表达热力学第二定律,1854年克劳修斯引进了热力学的又一基本态函数热温比(热量与温度之比)S;1865年他明确采用了1848年开尔文提出的绝对温标后,把热温比S叫作entropy,是他有意地把词根-tropy(源于希腊文,意为"转变")加上字头en-,构造出尽可能与energy具有类似形式的单词。Entropy的中译名"熵"字是中国物理学家胡刚复(江苏无锡,1892—1966)造出的,"热温比"亦可称"热温商","商"加"火"字表示熵(热温比)是热学量。熵作为热力学系统的状态函数,其变化指明了孤立系统自发过程的方向。1877年奥地利物理学家玻耳兹曼对熵作出了微观解释,首先建立了熵与系统微观性质的联系,给出了熵的微观意义:熵是系统内分子热运动无序性的一种量度。

克劳修斯
(1822—1888)

3.4.2 热力学第二定律的宏观表述

3.4.2.1 自然过程的方向性

一个系统内部的自然过程也就是不需外界的干预而自发进行的过程，其方向性是说它们的相反过程不能自动发生。如果把两个温度不同的物体接触，我们看到的是热量总是自动地从高温物体传向低温物体，而从未发现过热量自动地由低温物体传给高温物体。图3-15中的气体绝热自由膨胀现象，当抽去隔板后我们看到的是气体迅速充满整个容器，而看不到的是充满整个容器的气体自动收缩到和原来一样只占一半体积，另一半又变得一个气体分子也没有的相反过程发生。一个在空气中摆动的单摆，我们看到是单摆的摆动由于与空气的摩擦而自动地逐渐停止，是把机械能逐渐变成了空气和摆球的内能，而看不到的是空气和摆球的内能自动减少，使摆球又重新慢慢地摆动起来的现象发生。热传递、气体的自由扩散及功热转换是自然界中有关热现象实际宏观过程的三个最基本、最简单的典型例子，它们都具有方向性，相反过程不能自动实现说明了它们的不可逆性。

这里我们一直强调"自动"，是说没有外界影响和帮助的情况下即孤立系中过程进行的自发性。如果说允许外界影响和帮助，我们是可以看到分别与上面三个过程相反的过程发生的。例如冰箱就是热量由低温物体传向高温物体的现象，不过这不是自动的，是低温冰室和高温环境之间加上了一个致冷机的外界帮助，外界的帮助对外界自身必产生某种变化，留下此逆过程发生的痕迹。

1. 可逆过程与不可逆过程

一个系统由某一状态出发，经过某一过程达到另一状态，如果存在另一过程，它能使系统和外界完全复原，即系统回到原来的状态，同时消除了原来过程对外界引起的一切影响，则原来的过程称为可逆过程；反之，如果用任何方法都不可能使系统和外界完全复原，则原来的过程称为不可逆过程。

热传递、绝热自由膨胀及功热转换都是不可逆过程，它们有着共同的特征，或是包含着某种不平衡因素，或是过程中存在摩擦等耗散因素。热传递过程是由于非热平衡，存在着有限温差引起的；气体的自由扩散是由于密度或压强不平衡（存在有限大小的压强差）引起的；功热转换是由于过程中存在摩擦等耗散因素引起的。由此可见，各种不平衡和耗散因素是导致过程不可逆的原因。其一，说明由于自然界中一切与热现象有关的实际宏观过程都涉及各种不平衡和耗散因素，所以它们都是不可逆过程，比如高空物体的坠落过程、水蒸发成水蒸气、纸烧成灰、高速行驶汽车的制动以及生命现象中的人生过程等；并且不可逆的自发过程都是由非平衡向平衡转化的过程，在达到新的平衡以后，过程也就自动停止。其二，说明一个系统要实现一个可逆的变化过程，就不能存在有限温差，不能存在有限大小的压强差，也就是说必须消除各种不平衡因素，即系统在变化过程中的状态都得无限接近平衡态，并且过程中还得消除摩擦等耗散因素，也就是说，一个无限缓慢进行的无摩擦等耗散因素的准静态过程才是可逆过程。当然，它是一种实际上不存在的理想过程，不过像理想气体概念一样，它在理论工作中有着重要意义。应当指出，在热力学第一定律讨论中提到的各种准静态的等值过程、绝热过程及循环过程都未考虑摩擦等耗散因素，所以它们指的都是可逆过程。

2. 自然过程不可逆性的相互依存

各种不可逆过程有着共同的特征，说明它们之间的不可逆性有着内在联系：不可逆性相互依存。一个实际过程的不可逆性保证了另一种实际过程的不可逆性；如果一个实际过程的不可逆性消失了，其他实际过程的不可逆性也随之消失。

如图3-21所示，在相互接触的高温物体和低温物体之间加一卡诺热机，热机从高温物体吸热 Q_1，向低温物体放热 $(-Q_2)$，对外做功 $A=Q_1-Q_2$；如果热传导的不可逆性消失，热量 Q_2 可以自动从低温物体传向高温物体，那在一次循环过程中左边虚框的整体就相当于右边虚框，即高温物体自动减少自己的内能全部用来做功，功热转换的不可逆性也消失了。再设此功 $A=Q_1-Q_2$ 是对装有理想气体的汽缸活塞做功以无耗散地等温压缩气体，见图3-22，汽缸侧壁绝热而底部和高温物体接触。当理想气体等温收缩的过程中，向高温物体放热 Q_1-Q_2，图3-22的唯一效果是理想气体的自动收缩，即气体自由扩散的不可逆性也随之消失了。

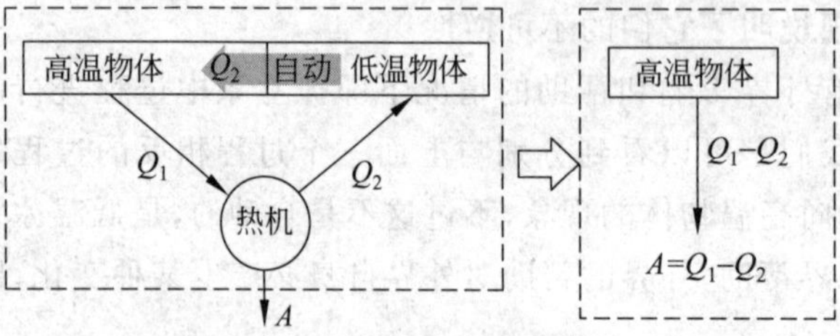

图3-21 功热转换不可逆性的消失

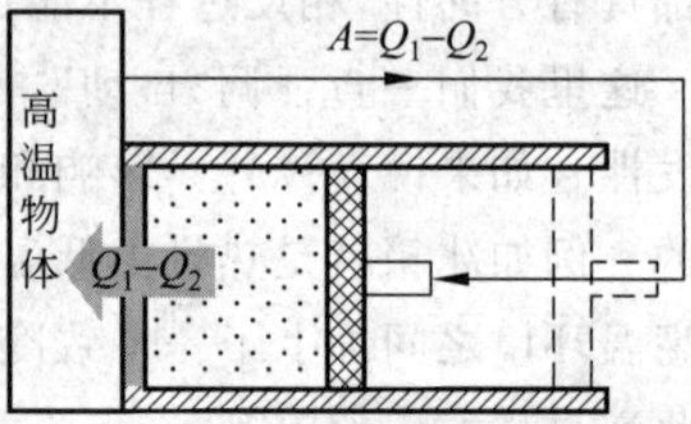

图3-22 气体自由扩散不可逆消失

3.4.2.2 热力学第二定律的两种语言表述及其微观意义

自然过程的不可逆性即方向性是热力学第一定律所不能概括的，说明自然过程方向的规律是热力学第二定律。由于自然过程不可逆性的相互依存，所以对任何一个实际过程进行方向的说明都可以作为热力学第二定律的表述，它们都是等价的。下面，我们对历史上两种等价的热力学第二定律克劳修斯表述和开尔文表述分别作一简单介绍。

热力学第二定律的克劳修斯表述：**不可能把热量从低温物体传到高温物体而不引起其他变化**。它是针对热传递过程方向性提出的，指明在一个孤立系中，热量只能自动地从高温物体传递给低温物体，或者说热量不能自动地从低温物体传向高温物体。相接触的温度不同的两物体组成的孤立系，在宏观上热传递的自发过程是由非平衡向平衡转化的过程，从微观上看则是系统大量分子运动无序性增大的过程。温度是物体分子无序运动的激烈程度，我们可以从无序运动激烈程度的不同来区分刚开始相接触的两物体。当热平衡时，以无序运动激烈程度来区分两物体已是不可能的了，即热传递使得大量分子热运动的无序性更大了。

热力学第二定律的开尔文表述：**不可能制造出这样一种热机，它只使单一热源冷却来做功，而不放出热量给其他物体**，或者说不使外界发生任何变化。简单地说就是其唯一效果是热全部转化为功的过程是不可能的。这是针对功热转换过程方向性提出的，指明在一个孤立系中，功能转变成热，而热不能全部转化为功。人们把能够从单一热源吸收热量，并将之全部转化为功而不产生其他影响的热机，叫作第二类永动机。热力学第二定律的开尔文表述又可表述为：**第二类永动机是制造不出来的**。功转换为热，宏观上是机械能(或电能)

转化为内能的过程，机械能在微观上是大量分子有序运动的能量，而内能是系统大量分子无序热运动的能量，功热转换过程的方向就是大量分子有序运动向无序运动转化的方向。

总之，热力学第二定律揭示了自然界的一切宏观实际过程都是单方向进行的不可逆过程，总是沿着大量分子热运动的无序性增大的方向进行。这是不可逆过程的微观本质，也是热力学第二定律的微观意义。因为热力学第二定律涉及大量分子热运动的无序性变化，所以它也是一条统计规律，而不适用于只有少数分子的系统。

3.4.3　热力学第二定律的数学表示　熵增原理

3.4.3.1　克劳修斯熵公式

1. 态函数熵

我们已经知道，卡诺热机的效率是 $\eta_C=1-\dfrac{T_2}{T_1}$，在推导过程中未考虑摩擦等耗散因素，所以它是可逆卡诺热机的效率。有

$$1-\frac{Q_2}{Q_1}=1-\frac{T_2}{T_1}$$

如果低温处放热($-Q_2$)中的负号变为 Q_2 中的内含(即变回热力学第一定律对 Q 符号的规定)，上式可写为

$$\frac{Q_1}{T_1}+\frac{Q_2}{T_2}=0 \tag{3-50}$$

式中，$\dfrac{Q_1}{T_1}$，$\dfrac{Q_2}{T_2}$分别为等温膨胀和等温压缩过程中吸收热量与热源温度的热温比。此式表明：经历一个可逆卡诺循环的系统，其热温比总和为零。

对于图 3-23 所示的任意可逆循环，可以看成是由许多微小卡诺循环组成。任意两个相邻的微小循环总有一段绝热线是共同的，但进行的方向相反而效果完全抵消，因此这一系列微小的可逆卡诺循环的总效果与图中锯齿形路线所表示的循环过程的效果相同。把(3-50)式应用于这一系列微小的可逆卡诺循环并相加，可得

$$\sum_{i=1}^{n}\frac{Q_i}{T_i}=0 \tag{3-51}$$

当微小可逆卡诺循环数目无限多时，微小可逆卡诺循环无限变窄，锯齿形路线就无限趋近于原来所考虑的可逆循环。相应地(3-51)式的求和变为积分，并且用 $đQ$ 表示系统在无限小过程中从温度为 T 的热源所吸收的热量，有

$$\oint\frac{đQ}{T}=0 \tag{3-52}$$

(3-52)式表明系统经历任意一个可逆循环后，其热温比总和为零。它也称为克劳修斯等式。

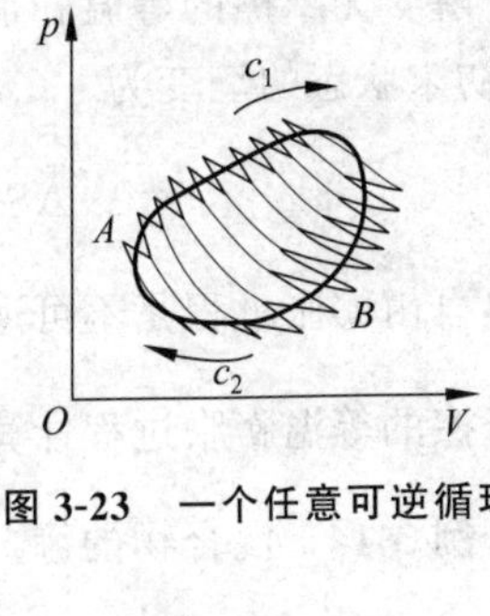

图 3-23　一个任意可逆循环

图 3-23 所示的可逆循环中取两个状态 A 和 B，这个可逆循环可分为 Ac_1B 和 Bc_2A 两个过程，由(3-52)式得

$$\oint\frac{đQ}{T}=\int_{Ac_1B}\frac{đQ}{T}+\int_{Bc_2A}\frac{đQ}{T}=0$$

由于 Bc_2A 是可逆过程,正逆过程的热温比等值反号,有 $\int_{Bc_2A}\frac{đQ}{T}=-\int_{Ac_2B}\frac{đQ}{T}$,故有

$$\int_{Ac_1B}\frac{đQ}{T}=\int_{Ac_2B}\frac{đQ}{T} \tag{3-53}$$

上式表明系统从状态 A 到状态 B,无论经历哪一个可逆过程,热温比 $\frac{đQ}{T}$ 的积分都是相同的。也就是说,可逆过程的热温比 $\frac{đQ}{T}$ 的积分与过程无关,只决定于初末两个状态,这意味着存在一个新的表征系统平衡状态的态函数,此态函数在初末两个状态间的增量为一确定值,它等于初末状态之间任意一个可逆过程中的热温比 $\frac{đQ}{T}$ 的积分。这个态函数叫作熵,用 S 表示,是克劳修斯 1865 年命名的,所以又叫克劳修斯熵。于是,由(3-53)式,当系统由初态 A 变化到末态 B 时,系统熵的增量为

$$\Delta S=S_B-S_A=_{\text{rev}}\int_A^B\frac{đQ}{T} \tag{3-54}$$

(3-54)式中的符号 rev 说明过程是可逆的,即系统熵的增量等于初末状态之间的任意一个可逆过程中的热温比 $\frac{đQ}{T}$ 的积分。对于一个可逆的微元过程,系统熵的增量为

$$\mathrm{d}S=\frac{đQ}{T} \tag{3-55}$$

(3-54)式和(3-55)式称为克劳修斯熵公式。熵的单位是 $\mathrm{J\cdot K^{-1}}$。

2. 熵变的计算

在热力学中,我们主要根据克劳修斯熵公式计算系统两个平衡态之间熵的变化,计算时应注意以下两点:

(1) 熵是系统平衡状态的单值函数,熵变仅由系统的初末状态决定,与具体过程无关。也就是说,不管是否为可逆过程,也不管是怎样的可逆或不可逆过程,只要初末状态是平衡态,系统的熵变就是确定的。如果初末状态之间是可逆过程,其熵变直接用(3-54)式计算;如果是不可逆过程,我们可在初末状态之间设计一个任意的简易计算熵变的可逆过程,然后用(3-54)式计算。

(2) 如果系统由几部分组成,系统的熵变为各部分熵变之和。

例 3.13 设 1 mol 理想气体分别经历无摩擦的等温膨胀过程和绝热自由膨胀过程由状态 (T,V_1) 变为 (T,V_2),求熵变。

解 无摩擦的等温膨胀过程可看作是可逆过程,由(3-54)式并利用理想气体状态方程,初末状态的熵变为

$$\Delta S=_{\text{rev}}\int_1^2\frac{đQ}{T}=\int_1^2\frac{p\,\mathrm{d}V}{T}=\int_1^2\frac{R\,\mathrm{d}V}{V}=R\ln\frac{V_2}{V_1}$$

绝热自由膨胀过程是不可逆过程,但初态 (T,V_1) 和末态 (T,V_2) 都是平衡态,其熵变也就是无摩擦的等温膨胀过程计算的熵变,即有 $\Delta S_{\text{irrev}}=R\ln\frac{V_2}{V_1}$。

例 3.14 混合物的熵。质量为 0.4 kg、温度为 30℃的水与质量为 0.5 kg、温度为 90℃的

水放入一绝热容器中混合起来达到平衡，求混合物系统的熵变。

解　设混合后的温度为 T，c 为水的比热（4.18×10^3 J/(kg·K)），由能量守恒得

$$0.4\times c\times(T-303)=0.5\times c\times(363-T)$$

$$T=336.3\ \mathrm{K}$$

分子扩散是不可逆过程，混合前两部分的水由各自平衡态经不可逆过程达到混合后的平衡态。为计算熵变，可设想它们都是经历了一个可逆的变温过程，微元过程中吸热 $đQ=cm\mathrm{d}T$。对于 0.4 kg、温度为 30℃（303 K）的水，温度升到 336.3 K 的熵变为

$$\Delta S_1={}_{\mathrm{rev}}\int_1^2\frac{đQ}{T}=\int_{T_{11}}^{T_2}\frac{m_1c\,\mathrm{d}T}{T}=m_1c\ln\frac{T}{T_{11}}$$

$$=0.4\times4.18\times10^3\times\ln\frac{336.3}{303}\ \mathrm{J/K}=1.75\times10^2\ \mathrm{J/K}$$

对于 0.5 kg、温度为 90℃（363 K）的水，温度降到 336.3 K 的熵变为

$$\Delta S_2=m_2c\ln\frac{T}{T_{21}}=0.5\times4.18\times10^3\times\ln\frac{336.3}{363}\ \mathrm{J/K}=-1.60\times10^2\ \mathrm{J/K}$$

系统总的熵变为

$$\Delta S=\Delta S_1+\Delta S_2=0.15\times10^2\ \mathrm{J/K}$$

3.4.3.2　孤立系的熵变　熵增原理

1. 孤立系不可逆过程的熵变

例 3.14 中是不同温度的水混合，看作一个系统，由于它与外界既无能量交换又无质量交换，它是一个孤立系。虽然热水的熵有所减少，但冷水的熵增加得更多，使得孤立系的熵在扩散不可逆过程中还是增多了，有 $\Delta S>0$。

我们再看孤立系热传导的例子。设把温度为 T_A 的物体 A 与温度为 T_B 的物体 $B(T_A>T_B)$ 放在一个绝热材料制成的容器内，使它们组成孤立系，并让它们相互接触。这是一个存在有限温差下的热传导过程，是一个不可逆过程，热平衡时热传导停止。我们可设它们各自经历一个可逆过程（如等压可逆）完成热传递，其中任意一个微小时间 $\mathrm{d}t$ 内都有 $T'_A>T'_B$，即物体 A 的温度 T'_A 大于物体 B 的温度 T'_B，物体 A 吸收的热量是 $đQ_A=-đQ$，物体 B 吸收的热量是 $đQ_B=đQ$。与此相对应，物体 A 在此微元过程中的熵变是 $\mathrm{d}S_A=\dfrac{-đQ}{T'_A}$，物体 B 在此微元过程中的熵变是 $\mathrm{d}S_B=\dfrac{đQ}{T'_B}$。孤立系在此微元过程中的熵变为

$$\mathrm{d}S=\mathrm{d}S_A+\mathrm{d}S_B=\frac{đQ}{T'_B}-\frac{đQ}{T'_A}$$

因为有 $T'_A>T'_B$，所以 $\mathrm{d}S>0$，说明孤立系中所进行的热传导过程，熵也是增加的。孤立系内不可逆过程还有很多，比如功热转换、气体自由扩散等，对这些不可逆过程计算熵变，都会得出熵增加的结果。因此，我们可以得出这样的结论：孤立系内一切不可逆过程的熵变都是增加的，即有

$$\Delta S>0\quad（孤立系内的不可逆过程）\tag{3-56}$$

2. 孤立系可逆过程的熵变

通常如果讲一个系统变化过程是绝热的，意指此热力学系统就是孤立系。在孤立系内

进行的可逆过程中,任何一个微元过程都有 $đQ=0$,由克劳修斯熵公式(3-55),有 $dS=0$。所以,孤立系在可逆过程中熵保持不变,即有

$$\Delta S=0 \quad (\text{孤立系内的可逆过程}) \tag{3-57}$$

把(3-56)式和(3-57)式归纳在一起,有

$$\Delta S \geqslant 0 \tag{3-58}$$

其中,不可逆过程取“>”,可逆过程取“=”。此式叫作熵增原理,它表明:**孤立系统的熵永不减少**。也就是说,当热力学系统从一个平衡态经可逆绝热过程到达另一平衡态时,熵变为零;经不可逆绝热过程,熵变一定大于零。用熵增原理可以判断过程能否进行,即过程进行的方向,比如对一个孤立系的预想过程的熵变进行计算,如果计算结果是减少的,则可确定此过程一定是不可能进行的。所以,熵增原理被认为是热力学第二定律的数学表达。

例 3.15 设水的凝固热 $\lambda=334\ \text{J/g}$。求 1 kg 水完全凝固成冰的过程中的熵变。

解 实际相变是不可逆过程,我们设水等温凝固成冰为一个等温可逆过程,其熵变为

$$\Delta S=\int_{\text{rev}}\frac{đQ}{T}=\frac{1}{T}\int đQ=\frac{Q}{T}=\frac{-m\lambda}{T}=-\frac{1\times 334\times 10^{3}}{273}\ \text{J/K}=-1.22\times 10^{3}\ \text{J/K}$$

水完全凝固成冰的过程中熵减少。不过,环境因吸热熵会增加,实际过程中其增加的熵大于 1.22×10^{3} J/K,把 1 kg 的水和周围环境看作一个孤立系,则孤立系的熵还是增加了。

3.4.4 热力学第二定律的统计意义

1. 无序度与微观状态数

热力学第二定律的微观意义定性地表明了:一个孤立系内的自然过程总是沿着大量分子热运动的无序性增大的方向进行,系统在平衡态时无序度达到极大。为了定量描述无序性,我们以长方体容器中 4 个相同气体分子 a,b,c,d 的左右位置分布为特例简单地作一介绍,如图 3-24 所示。

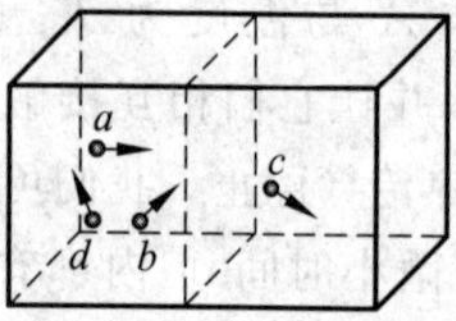

图 3-24 分子在容器中的位置分布

我们把长方体容器看成左右体积相等的两个空间,任一时刻每个分子可能处于左右两侧的某一侧。设某一瞬时,a,b,c 处于左,d 处于右,表明了每个分子的瞬时状态,由 4 个分子的瞬时状态组成了含有 4 个分子系统的一个微观态。而这只是左 3 右 1 分子分布方式的一种分配方式,其他对应的分配方式还有 3 种(见表 3-2)。分子的一种分布方式就是系统的一种宏观态,宏观态只是指出左右两侧各有多少分子,无法区别左右两侧到底是哪些分子。不同的分子分布方式代表系统不同的宏观态,左 3 右 1 是系统的宏观态,左 2 右 2 是系统的另一个宏观态。表 3-2 给出了宏观态和微观态对应情况。

表 3-2 4 个分子的位置分布

微观状态		宏观状态		一种宏观态对应的微观状态数 Ω
左	右			
abcd	无	左 4	右 0	1

续表

微观状态		宏观状态		一种宏观态对应的微观状态数 Ω
左	右			
abc	d	左 3	右 1	4
bcd	a			
acd	b			
abd	c			
ab	cd	左 2	右 2	6
ac	bd			
ad	bc			
bc	ad			
bd	ac			
cd	ab			
a	bcd	左 1	右 3	4
b	acd			
c	abd			
d	abc			
无	$abcd$	左 0	右 4	1

由表 3-2 看出，4 个可分辨分子系统的一种宏观态可能有多个对应的微观态。此系统有 5 种分布方式，5 种宏观态；有 $2^4=16$ 种分配方式，16 种微观态。统计物理有一条叫等概率原理的基本假设：处于平衡态的孤立系统，任一微观态出现的概率都是相同的。根据等概率原理，a，b，c，d 同时处于左侧的宏观态只包含 1 种微观态，故实现这个宏观态的概率是 $\frac{1}{2^4}=\frac{1}{16}$；而左 2 右 2 的宏观态对应 6 个微观态，实现的概率为 $\frac{6}{16}$，5 种宏观态中实现的概率最大。左 2 右 2 的宏观态代表着系统物质分布的均匀性，如果长方体容器中是一个包含 N 个（10^{23} 数量级）气体分子的实际热力学系统，这种“位置上的均匀分布”状态是系统的平衡态，是对应微观状态数最多的宏观态，出现的概率最大；如果系统所处的宏观态的微观状态数不是最大值，那就是非平衡态，出现的概率就小。

系统一种宏观态对应的微观态数目称为该宏观状态的热力学概率，用 Ω 表示。系统的每种宏观态都对应一定的微观态数目，具有一定的出现概率。依照概率法则，孤立系中自发倾向是出现概率小的宏观态总是向出现概率大的宏观态的过渡。对于大量分子的孤立系，平衡态（包括涨落范围的宏观态）的出现概率比其他宏观态的概率大很多，所以孤立系内自然过程的方向可以定量地说成是：它总是沿着使系统热力学概率增大的方向进行，直到 Ω 的最大值。反向的过程，原则上不是不可能，只是概率非常小，实际上观测不到。这就是热力学第二定律的统计意义。把它与前面热力学第二定律微观的定性说明相对比可知，热力学概率 Ω 是分子热运动无序性的一种量度，一个宏观态的微观状态数目越大，说明它的无序性越大,平衡态的无序性最大。

热力学第二定律是一条统计规律,它只适用于大量分子组成的集体,而不适用于只有少数分子的系统。例如,对于上面长方体容器中只含有4个相同气体分子的位置分布中,这4个分子又都回到左半部的机会仍较多$\left(\frac{1}{16}\right)$,可以实现气体的“自动收缩”;但是,如果分子数是$N$个($10^{23}$数量级),气体分子全部集中在左侧(或右侧)的宏观态出现的概率是$\frac{1}{2^N}\approx 10^{-23}$,实际上此宏观态不可能被观测到,因为概率太小了。这也正是气体自由膨胀后不能自动收缩的统计解释。

2. 热力学概率与玻耳兹曼熵

为了理论上的需要,玻耳兹曼和德国物理学家普朗克(Max Plank,1858—1947)定义了描述系统宏观态无序性的态函数——玻耳兹曼熵,为

$$S=k\ln\Omega \tag{3-59}$$

其中,k是玻耳兹曼常量。(3-59)式叫玻耳兹曼熵关系式,也叫玻耳兹曼原理。系统的每一个宏观态都对应着一定的微观态数目,都有一个热力学概率Ω,因而都有一个玻耳兹曼熵S相对应,是对系统分子运动无序性的量度。

当一孤立系经历不可逆过程从状态1变化到状态2,热力学概率由Ω_1变至Ω_2($\Omega_2>\Omega_1$),由(3-59)式可得

$$\Delta S=S_2-S_1=k\ln\frac{\Omega_2}{\Omega_1}>0\quad(\text{孤立系,不可逆过程}) \tag{3-60}$$

如果是可逆过程,系统总是平衡态,总是热力学概率最大值的宏观态,不受外界干扰时热力学概率最大值是不会改变的。所以有

$$\Delta S=0\quad(\text{孤立系,可逆过程}) \tag{3-61}$$

和(3-60)式合起来有

$$\Delta S\geqslant 0 \tag{3-62}$$

这表明用玻耳兹曼熵代替热力学概率Ω后,玻耳兹曼熵也服从熵增原理:孤立系中所进行的自然过程总是沿着熵增大的方向进行,可逆过程时熵不变。孤立系平衡态的玻耳兹曼熵具有最大值,表示此宏观状态的热力学概率最大,出现的概率最大。正因为平衡态出现的概率非常大,才使得系统平衡态的宏观性质能够长时间地稳定。不过,涨落现象的存在使得系统的热力学概率(或熵)总是不停地进行着对于极大值的或大或小的偏离。

3. 玻耳兹曼熵与克劳修斯熵的等价关系

到此,我们分别介绍了从热力学宏观角度和统计物理学微观角度引进的态函数熵的概念。值得指出的是,玻耳兹曼熵和克劳修斯熵作为状态函数在概念上有些区别。克劳修斯熵只是系统平衡态的态函数,克劳修斯熵公式只是给出系统从一个平衡态到另一个平衡态的熵变,一平衡态的熵值只能是相对于某一参考平衡态的差值。而(3-59)式定义的玻耳兹曼熵,对于系统任一宏观态,包括平衡态或非平衡态,都具有一定的熵值,因为它们都有一个热力学概率Ω相对应。由于玻耳兹曼熵与热力学概率相联系,其意义更普遍一些。

尽管它们在概念上有些区别,但可以证明在计算系统熵变时二者具有等价性。我们仅以图3-15所示的含有N个分子的理想气体绝热自由膨胀过程中分子空间位置分布为

例说明这种等价关系。理想气体自由膨胀前后温度不变，是从平衡态(T,V)经不可逆过程达到新的平衡态$(T,2V)$，由(3-54)式(把自由膨胀设为等温可逆过程)，克劳修斯熵变为

$$\Delta S_T =_{\text{rev}}\int \frac{đQ}{T}=\frac{1}{T}\int đQ=\nu R\ln\frac{2V}{V}=kN\ln 2$$

当图 3-15 中的隔板刚抽去时，相当于 N 个分子全部处于左半区域的系统宏观态，它只包含 1 种微观态，热力学概率 $\Omega_1=1$；而气体分子均匀分布时的系统宏观态，即平衡态$(T,2V)$所包含微观态数为 $C_N^{N/2}$，热力学概率 $\Omega_2=C_N^{N/2}=\dfrac{N!}{(N/2)!\ (N/2)!}$。所以，由(3-60)式，玻耳兹曼熵增为

$$\Delta S_B=k\ln\frac{\Omega_2}{\Omega_1}=k\ln\left[\frac{N!}{(N/2)!\ (N/2)!}\right]=k\ln(N!)-2k\ln[(N/2)!]$$

由于 $N\gg 1$，$\ln(N!)\approx N\ln N-N$，所以有

$$\Delta S_B=k[(N\ln N-N)-N\ln(N/2)+N]=kN\ln 2$$

因此有 $\Delta S_T=\Delta S_B$，理想气体绝热自由膨胀过程中克劳修斯熵变和玻耳兹曼熵变是一样的，显示了它们的等价性。

4. 非孤立系统的熵变

孤立系统的熵变不会小于零，熵增表明系统从有序状态走向无序状态。例 3.15 中，1 kg 水的熵变为负值，熵减应表明系统从无序状态走向有序状态，这并不是违反热力学第二定律，因为它是非孤立系统，是与外界只有能量交换的封闭系统。对于非孤立系统(封闭系统或开放系统)来说，其熵变有两部分：一是内部的不可逆过程引起熵的增加，叫作熵产生，记作 d_iS，它恒大于零；二是与外界交换能量或物质而引起的，叫作熵流，记作 d_eS，它有可能大于零，也有可能小于零。整个系统的熵变为两项之和，$dS=d_iS+d_eS$。如果 $d_eS<0$(称为负熵流)，可以说系统在交换过程中从外界得到负熵，使系统的熵在过程中减少而无序程度降低。奥地利物理学家薛定谔(Erwin Schrödinger，1887—1961)于 20 世纪 40 年代说过："生命系统之所以能够存在，正是因为它从环境中不断得到负熵"。地球上的生命系统是一个开放系统，既和外界环境有能量交换又有物质交换。如果一个生命体的熵低，意味着其生命力强；如果它不再和外界有物质和能量的交换，其内部也不再有任何的宏观过程，即达到非孤立系统的平衡态时，生命体就意味着死亡；如果生命体内产生的熵正好全部流出机体，即有 $d_iS+d_eS=0$，它就可以保持生机和活力，我们说它处于非平衡的稳定态(定态)。

如果一个非孤立系统与外界交换能量或物质过程中，因 d_eS 负熵流的存在而使 $dS=d_iS+d_eS<0$，系统的熵会逐步减少(负熵增加)，使系统进入比原来状态的有序度增大的状态。也就是说，对于非孤立系统，存在由无序到有序转化的可能性。如果一个非孤立系统在外界条件的强烈影响下达到一定阈值时，发生了由混乱无序转化为有序的过程，并且在形成新的有序之后，又有 $d_iS+d_eS=0$，系统的熵不再变化，系统就可维持在非平衡的新的有序结构状态，这种有序结构称为耗散结构。产生耗散结构的过程称为"自组织"过程，这种现象称为自组织现象。自然界中存在着大量的自组织现象，例如天空中的云会呈现整齐的鱼鳞状，高空中的水蒸气会凝结成有规则的六角雪花，而物理现象中激光的发射过程正是发光原子不断地进行自组织的过程。

5. 熵概念的泛化

从玻耳兹曼熵的定义看出,熵与概率紧密连在一起,德国物理学家劳厄(Max von Laue,1879—1960)说过:"熵与概率之间的联系是物理学的最深刻的思想之一",这给熵概念的泛化奠定了基础。无论自然科学或社会科学,还是日常生活实际中,都存在大量的随机事件的集合,或由概率描述的"不确定性"问题,它们都可以引入熵的概念。尽管在熵理论的深化和发展中还有不少问题需要探究和解决,但由于在各个领域中的概率事件或不确定性问题的定量研究中,"熵"概念的引入会使得问题变得十分明了和方便,据不完全统计,目前至少已有几十种"熵"应用于自然、生命、思维及社会等各个领域中,并且与之相关的理论也得到迅速而广泛的发展。由于这些"熵"不一定具有物理学的量纲,所以把它们称为广义熵或泛熵,如信息论中的信息熵,投资理论中的增值熵等。

3.5 热力学第三定律

热力学第三定律的建立是在20世纪初。德国物理化学家能斯脱(Walther Nernst,1864—1941)总结了气液转变、低温的获得等大量实验资料,根据一切致冷过程达到的温度越低,再降温就更困难的基本特点,于1912年正式提出:**"不可能通过有限的循环过程,使物体温度冷到绝对零度"**,即绝对零度不可能达到原理,也就是热力学第三定律的标准表述。其实,1906年能斯脱针对晶体就提出了相应的理论,称为能斯脱定理:凝聚态的熵在等温过程中的改变,随温度趋近零而趋于零。由此定理,6年后能斯脱推出了绝对零度不可能达到原理。绝对零度虽不能达到,但可以无限趋近,核绝热退磁是目前达到最低温度的方法。需要注意的是,热力学第三定律是在量子统计力学建立以后才得到统计解释的,是低温下实际系统量子性质的宏观表现。

思 考 题

3.1 什么叫热学,其理论基础是什么?

3.2 平衡态和热平衡有什么区别和联系?怎样根据热平衡引进温度概念?

3.3 测量体温时,水银体温计在腋下的停留时间至少5 min,为什么?

3.4 英国化学家道尔顿的原子论的基本观点是什么?

3.5 地面大气中,体积1 cm^3 中大概会有多少个空气分子?它们的平均速率大概是多少?

3.6 在室温下,气体分子平均速率既然可达几百米每秒,为什么打开一酒精瓶塞后,离它几米远的我们不能立刻闻到酒精的气味?

3.7 什么是热力学系统的宏观量和微观量?

3.8 伽尔顿板实验中,怎样理解偶然事件与统计规律之间的关系?其分布函数的意义何在?

3.9 在推导理想气体压强公式中,气体分子的$\overline{v_x^2}=\overline{v_y^2}=\overline{v_z^2}$是由什么假设得到的?对非平衡态它是否成立?

3.10 为什么对几个或十几个气体分子根本不能谈及压强概念?温度也失去了意义?

3.11　试从分子动理论的观点解释：为什么当气体的温度升高时，只要适当地增大容器的容积就可以使气体的压强保持不变？

3.12　在铁路上行驶的火车，在海面上航行的船只，在空中飞行的飞机各有几个自由度？

3.13　在一密闭容器中，储有 A，B，C 三种理想气体，处于平衡状态的 A 气体的分子数密度为 n_1，它产生的压强为 p_1，B 气体的分子数密度为 $2n_1$，C 气体的分子数密度为 $3n_1$，则混合气体的压强 p 为（　）。

A. $3p_1$　　B. $4p_1$　　C. $5p_1$　　D. $6p_1$

3.14　温度、压强相同的氦气和氧气，它们分子的平均动能 $\overline{\varepsilon_k}$ 和平均平动动能 $\overline{\varepsilon_t}$ 的关系为（　）。

A. $\overline{\varepsilon_k}$ 和 $\overline{\varepsilon_t}$ 都相等　　B. $\overline{\varepsilon_k}$ 相等，而 $\overline{\varepsilon_t}$ 不相等

C. $\overline{\varepsilon_t}$ 相等，而 $\overline{\varepsilon_k}$ 不相等　　D. $\overline{\varepsilon_k}$ 和 $\overline{\varepsilon_t}$ 都不相等

3.15　试指出下列各式所表示的物理意义：

（1）$\frac{1}{2}kT$；

（2）$\frac{i}{2}RT$；

（3）$\frac{i}{2}\nu RT$（ν 为物质的量）；

（4）$\frac{3}{2}kT$。

3.16　一容器内装有 N_1 个单原子理想气体分子和 N_2 个刚性双原子理想气体分子，当该系统处在温度为 T 的平衡态时，其内能为（　）。

A. $(N_1+N_2)\left(\frac{3}{2}kT+\frac{5}{2}kT\right)$　　B. $\frac{1}{2}(N_1+N_2)\left(\frac{3}{2}kT+\frac{5}{2}kT\right)$

C. $N_1\frac{3}{2}kT+N_2\frac{5}{2}kT$　　D. $N_1\frac{5}{2}kT+N_2\frac{3}{2}kT$

3.17　设有一恒温的容器，其内储有某种理想气体。若容器发生缓慢漏气，则气体的压强是否变化？容器内气体分子的平均平动动能是否变化？气体的内能是否变化？

3.18　说平衡态气体的分子速率正好是某一确定的速率是没有意义的，为什么？

3.19　图3-25所示的是氢气和氦气在同一温度下的麦克斯韦速率分布曲线。哪一条对应的是氢气？氢气分子的最概然速率是多少？

图3-25　思考题3.19用图

3.20　已知 $f(v)$ 为麦克斯韦速率分布函数，N 为总分子数，v_p 为分子的最概然速率。说出 $\int_0^\infty vf(v)\mathrm{d}v$，$\int_{v_p}^\infty vf(v)\mathrm{d}v$，$\int_{v_p}^\infty Nf(v)\mathrm{d}v$ 各式的物理意义。

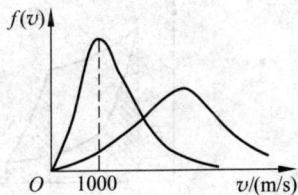

3.21　如果分子总数用 N、气体分子速率用 v、它们的速率分布函数用 $f(v)$ 来表示，则速率分布在 $v_1\sim v_2$ 区间内的分子的平均速率是什么？

3.22　当体积不变而温度降低时，一定量理想气体的分子平均碰撞频率 $\bar{Z}$ 和平均自由程 $\bar{\lambda}$ 怎样变化？

3.23　有可能对物体加热而不升高物体的温度吗？有可能不作任何热交换，而使系统的温度发生变化吗？

3.24　一定量理想气体的内能从 E_1 增大到 E_2 时，分别对应于等体、等压、绝热三种过程的温度变化是否相同？吸热是否相同？为什么？

3.25　一定量的理想气体，如图 3-26 所示，从 p-V 图上同一初态 A 开始，分别经历三种不同的过程过渡到不同的末态，但末态的温度相同。其中 $A\to C$ 是绝热过程，问：

(1) 在 $A\to B$ 过程中气体是吸热还是放热？为什么？

(2) 在 $A\to D$ 过程中气体是吸热还是放热？为什么？

3.26　讨论理想气体在下述过程中，ΔE、ΔT、A 和 Q 的正负。

(1) 图 3-27(a)中的 1—2—3 和 1—2′—3 过程(1,3 是等温线上两点)；

(2) 图 3-27(b)中的 1—2—3 和 1—2′—3 过程(1,3 是绝热线上两点)。

3.27　$pV^{\gamma}=$常量，此方程(式中 γ 为摩尔热容比)是否可用于理想气体自由膨胀的过程？为什么？

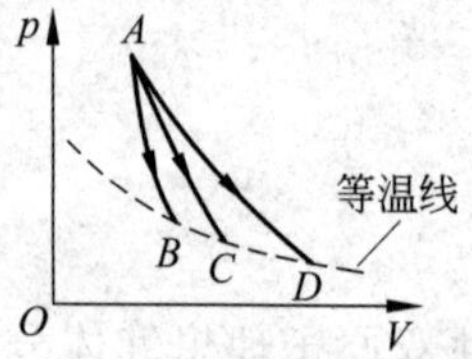

图 3-26　思考题 3.25 用图

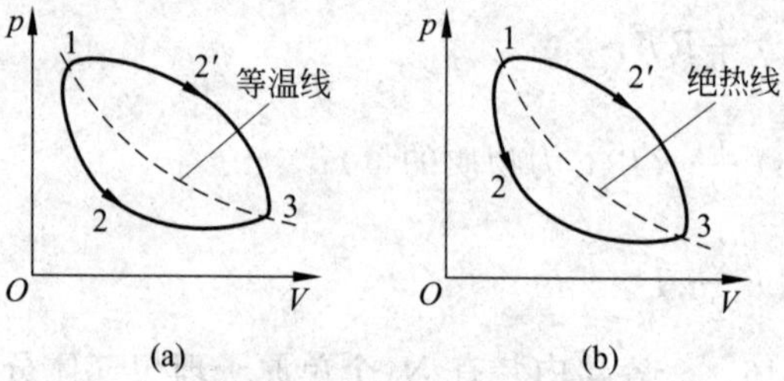

图 3-27　思考题 3.26 用图

3.28　理想气体卡诺循环过程的两条绝热线下的面积大小(图 3-28 中阴影部分)分别为 S_1 和 S_2，则二者的大小关系是(　)。

A. $S_1 > S_2$　　B. $S_1 = S_2$

C. $S_1 < S_2$　　D. 无法确定

3.29　有人想设计一台卡诺热机，每循环一次可从 400 K 的高温热源吸热 1800 J，向 300 K 的低温热源放热 800 J，同时对外做功 1000 J。你认为设计者能成功吗？

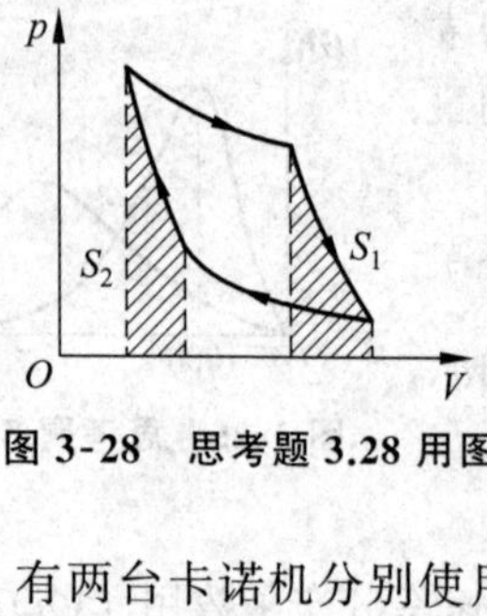

图 3-28　思考题 3.28 用图

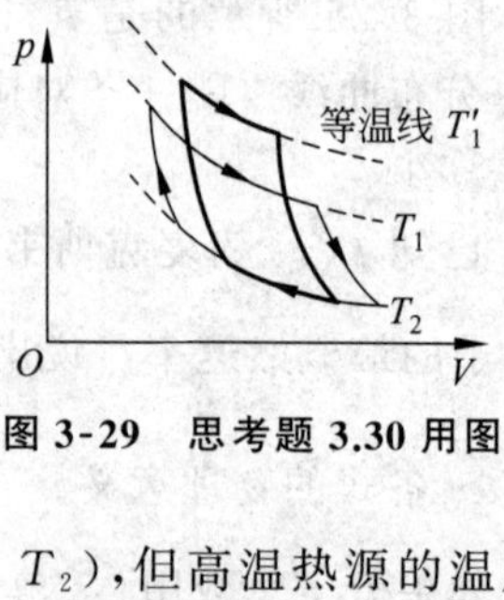

图 3-29　思考题 3.30 用图

3.30　有两台卡诺机分别使用同一个低温热源(温度 T_2)，但高温热源的温度不同(分别为 T_1 和 T_1')。在图 3-29 所示的 p-V 图中，它们的循环曲线所包围的面积相等，那它们对外所做的净功是否相同？热循环效率是否相同？

3.31　一个人说：“系统经过一个正的卡诺循环后，系统本身没有任何变化。”另一个人说：“系统经过一个正的卡诺循环后，不但系统本身没有任何变化，而且外界也没有任何变化。”这两个人谁说得对？

3.32　在一个房间里，有一台家用电冰箱正工作着。如果打开冰箱的门，会不会使房间降温？夏天用的空调为什么能使房间降温？

3.33　怎样理解“自然过程的方向性”？

3.34　“理想气体和单一热源接触作等温膨胀时，吸收的热量全部用来对外做功。”对此说法，有这样的评论：“它不违反热力学第一定律，但违反了热力学第二定律”，你认为怎样？

3.35　下列过程是可逆过程的是(　)。

A. 用活塞缓慢地压缩绝热容器中的理想气体

B. 用缓慢旋转的叶片使绝热容器中的水温上升

C. 一滴墨水在水杯中缓慢弥散开

D. 一个不受空气及其他耗散作用的单摆的摆动

3.36　关于可逆和不可逆过程的判断中，正确的是(　)。

A. 准静态过程一定是可逆过程

B. 可逆的热力学过程一定是准静态过程

C. 不可逆过程就是不能向相反方向进行的过程

D. 凡无摩擦的过程，一定是可逆过程

E. 凡是有热接触的物体，它们之间进行热交换的过程都是不可逆过程

3.37　根据热力学第二定律判断，下列说法正确的是(　)。

A. 热量能从高温物体传到低温物体，但不能从低温物体传到高温物体

B. 功可以全部变为热，但热不能全部变为功

C. 热力学第二定律可表述为效率等于 100% 的热机是不可能制造成功的

D. 有序运动的能量能够变为无序运动的能量，但无序运动的能量不能变为有序运动的能量

3.38　一定量气体经历绝热自由膨胀，既然是绝热的，有 $dQ=0$，那么熵变也应该为零。对吗？为什么？

3.39　如果玻耳兹曼熵写成 $S=\ln\Omega$，为了等价，克劳修斯熵公式的表述应有什么变化？

3.40　热力学第二定律的微观意义和统计意义是什么？

3.41　一杯热水置于空气中，它总是要冷却到与周围环境相同的温度。在这一自然过程中，水的熵减少了，与熵增原理矛盾吗？说明理由。

3.42　热力学第三定律的说法是：热力学绝对零度不能达到。试说明：如果这一结论不成立，则热力学第二定律开尔文表述也将不成立。

3.43　热力学系统向外排熵，等于从外界吸收负熵。有人说：“人们在地球上的日常活动中并没有消耗能量，而是不断地消耗负熵”，此话对吗？

习 题

3.1 技术上真空度常用 Toor(托)表示，它代表 1 mmHg 水银柱高的压强，1 atm=760 托。如果我们在 100 K 温度时得到一容器的真空度为 1.00×10^{-15} 托，容器内体积 1 cm^3 中还有多少气体分子？

3.2 一体积为 $1.0\times10^{-3}m^3$ 的容器中，含有 4.0×10^{-5}kg 氦气和 4.0×10^{-5}kg 氢气，它们的温度为 27℃，试求容器中混合气体的压强。

3.3 图 3-30 中，用光滑细管相连通的两个容器的容积相等，并分别储有相同质量的 N_2 和 O_2 气体，而它们具有 40 K 的温差。管子中置一小滴水银，当水银滴在正中不动时，N_2 和 O_2 的温度各为多少？它们的摩尔质量为 $M_{mol,N_2}=28\times10^{-3}\ kg\cdot mol^{-1}$ 和 $M_{mol,O_2}=32\times10^{-3}\ kg\cdot mol^{-1}$。

图 3-30 习题 3.3 用图

3.4 一正方体容器，内有质量为 m 的理想气体分子，分子数密度为 n。可以设想，容器的每一个壁上都有 1/6 的分子数以速率 v(平均值)垂直地向其运动，气体分子和容器壁的碰撞为完全弹性碰撞，试求：

(1) 每个分子作用于器壁的冲量大小 ΔI 是多少？

(2) 每秒碰在一器壁单位面积上的分子数 N_0 是多少？

(3) 作用于器壁上的压强 p 又是多大？

3.5 温度为 0℃时分子平均平动动能为多少？温度为100℃时分子平均平动动能为多少？欲使分子的平均平动动能等于 0.1 eV，气体的温度需多高？(1 eV=1.60×10^{-19} J。)

3.6 容器内储有氮气，其温度为 27℃，压强为 1.013×10^5 Pa。把氮气看作刚性理想气体，求：

(1) 氮气的分子数密度；

(2) 氮气的质量密度；

(3) 氮气分子的质量；

(4) 氮气分子的平均平动动能；

(5) 氮气分子的平均转动动能；

(6) 氮气分子的平均动能。(摩尔气体常量 $R=8.31\ J\cdot mol^{-1}\cdot K^{-1}$，玻耳兹曼常量 $k=1.38\times10^{-23}\ J\cdot K^{-1}$。)

3.7 1 mol 氧气储于一氧气瓶中，温度为 27℃。假设把它视为刚性双原子分子的理想气体。

(1) 求氧气分子的平均动能；

(2) 求这些氧气分子的总平均动能和其内能；

(3) 分子总平均动能又称为内动能即理想气体的内能。若运输氧气瓶的运输车正以 10 m/s 的速率行驶，这些氧气分子的内能又是多少？

3.8 若某容器内温度为 300 K 的二氧化碳气体(刚性分子理想气体)的内能为 3.74×10^3 J，则该容器内气体分子总数是多少？

3.9 金属导体中的自由电子在金属内部作无规则运动，与容器中的气体分子类似，称为电子气。设金属中共有 N 个自由电子，其中电子的最大速率为 v_F（称为费米速率）。已知电子速率在 $v \sim v+dv$ 的概率为

$$\frac{dN}{N}=\begin{cases}Av^2 dv, & 0 \leqslant v \leqslant v_F \\ 0, & v > v_F\end{cases}$$

式中，A 是常数。

(1) 用分布函数归一化条件定出常数 A；

(2) 求出 N 个自由电子的平均速率。

3.10 有 N 个分子，设其速率分布曲线如图 3-31 所示，求：

(1) 其速率分布函数；

(2) 速率分别大于 v_0 和小于 v_0 的分子数；

(3) 分子的平均速率；

(4) 分子的均方根速率和分子的最概然速率。

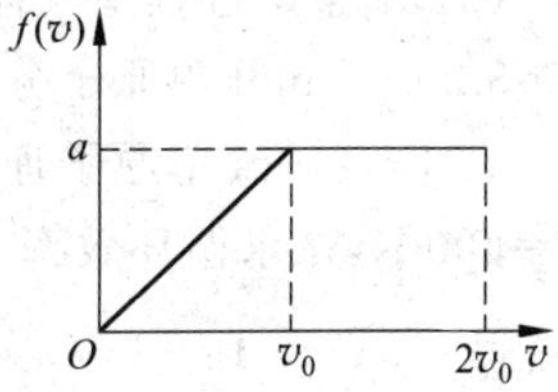

图 3-31 习题 3.10 用图

3.11 氧气在温度为 27℃、压强为 1 个大气压时，分子的均方根速率为 485 m/s，那么在温度为 27℃、压强为 0.5 个大气压时，分子的均方根速率是多少？分子的最概然速率是多少？分子的平均速率是多少？

3.12 一真空管的线度为 10^{-2} m，真空度为 1.33×10^{-3} Pa。设空气分子的有效直径为 3×10^{-10} m，近似计算 27℃时管内空气分子的平均自由程和平均碰撞频率。

3.13 如图 3-32 所示，开口薄玻璃杯内盛有 1.0 kg 的水，用“热得快”（电热丝）加热。已知在通电使水从 25℃升高到 75℃的过程中，电流做功为 4.2×10^5 J，忽略薄玻璃杯的吸热，那么水从周围环境吸收的热量是多少？设水的比热为 4.2×10^3 J/(kg·K)。

3.14 理想气体经历某一过程，其过程方程为 $pV=C$（C 为正的常数），气体体积从 V_1 膨胀到 V_2，求气体所做的功。

3.15 如图 3-33 所示，一系统由状态 a 沿 acb 过程到达状态 b 时，吸收了 650 J 的热量且对外做了 450 J 的功。

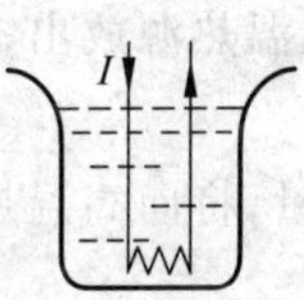

图 3-32 习题 3.13 用图

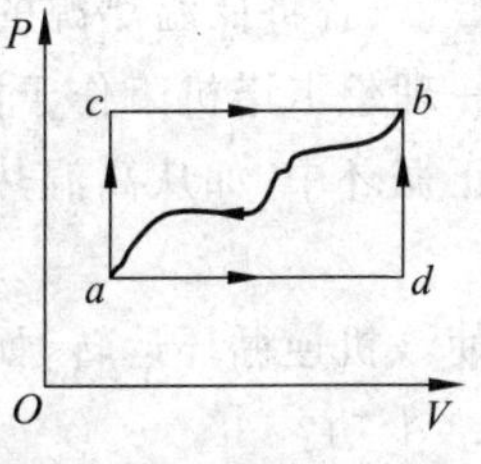

图 3-33 习题 3.15 用图

(1) 如果它沿 adb 过程到达状态 b 时，对外做了 200 J 的功，它吸收了多少热量？

(2) 当它由状态 b 沿曲线 ba 返回状态 a 时，外界对它做了 330 J 的功，它吸收了多少热量？

3.16 某种理想气体的比热容比 $\gamma=1.33$，求其摩尔等体热容和摩尔等压热容。

3.17 一定量的理想气体对外做了 500 J 的功。

(1) 如果过程是等温的，气体吸了多少热？

(2) 如果过程是绝热的,气体的内能改变了多少?

3.18 试由绝热过程的过程方程推导理想气体从状态1变化到状态2的绝热过程中,系统对外做功的表达式。

3.19 一定量的某单原子理想气体的初态为 $p_1=1.0\ \text{atm}, V=1.0\ \text{L}$。在无摩擦以及无其他耗散情况下,理想气体在等压过程中体积变为初态的2倍,接着在等体过程中压强又变为初态的2倍,最后在绝热膨胀过程中温度下降到初态温度。设这些过程都是准静态过程。($1\ \text{atm}=1.013\times10^5\ \text{Pa}, 1\ \text{m}^3=1000\ \text{L}$。)

(1) 在 p-V 图上画出整个过程;

(2) 求整个过程中气体内能的改变、所吸收的热量以及气体所做的功。

3.20 1 mol 单原子分子理想气体,进行如图3-34所示的循环。试求循环的效率。

3.21 1 mol 单原子理想气体的循环过程如图3-35所示的 T-V 图,其中 c 点的温度为 $T_c=600\ \text{K}$,试求循环效率。($\ln 2\approx0.693$。)

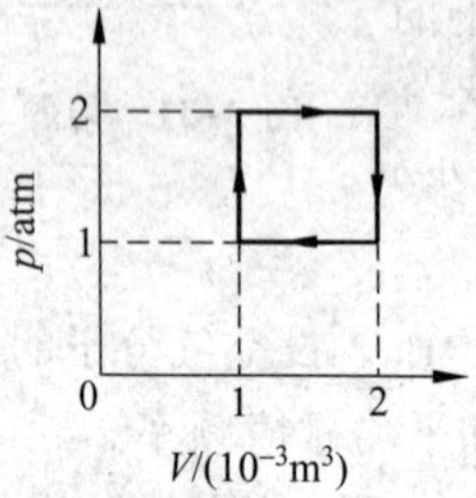

图 3-34 习题 3.20 用图

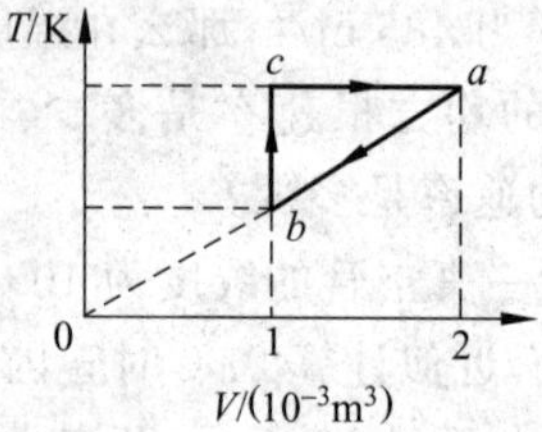

图 3-35 习题 3.21 用图

3.22 卡诺热机工作于50℃的低温热源和100℃的高温热源之间,在一个循环中做功 $1.05\times10^5\ \text{J}$。试求热机在一个循环中吸收和放出的热量至少应为多少?

3.23 一热机由温度为727℃的高温热源吸热,向温度为527℃的低温热源放热。若热机在最大效率下工作,且每一循环吸热2000 J,则此热机每一循环做功多少?

3.24 一卡诺热机工作于温度为727℃与27℃的两个热源之间,如果将高温热源的温度提高100℃,或者将低温热源的温度降低100℃,试问理论上热机的效率各增加多少?

3.25 一理想卡诺机工作于温度为27℃和127℃两个热源之间。

(1) 在正循环中,如从高温热源吸收1200 J的热量,将向低温热源放出多少热量?对外做多少功?

(2) 若使该机逆循环运转,如从低温热源吸收1200 J的热量,将向高温热源放出多少热量?对外做多少功?

3.26 对于工作于高温热源(温度 T_1)和低温热源(温度 T_2)之间以理想气体为工质的卡诺致冷机,证明工质完成一卡诺致冷循环的致冷系数为 $w_\text{C}=\dfrac{T_2}{T_1-T_2}$。

3.27 对于工作于高温热源(温度 T_1)和低温热源(温度 T_2)之间以理想气体为工质的卡诺热泵,证明工质完成一卡诺循环时热泵的供热效率为 $w_\text{h}=\dfrac{T_1}{T_1-T_2}$。

3.28 家用冰箱的箱内要保持270 K,箱外空气的温度为300 K。试按卡诺致冷循环计算冰箱的致冷系数。

3.29　一台电冰箱，为了制冰从 260 K 的冷冻室取走热量 209 kJ。如果室温是 300 K，试问电流做功至少应为多少（假定冰箱为理想卡诺致冷机）？如果此冰箱能以 0.209 kJ/s 的速率取出热量，试问所需压缩机的功率至少多大？

3.30　以可逆卡诺循环方式工作的致冷机，在某环境下它的致冷系数为 $w=30.3$，在同样环境下把它用作热机，则其效率为多大？

3.31　冬天室外温度设为 −10℃，室内温度为 18℃。设工作于这两个温度之间以卡诺致冷循环为基础的热泵的供热效率 w_h 是多大？如果消耗 4.0 kJ 的电能，室内从室外最多获得的热量是多少？

3.32　设物质的量有 ν(mol)的某种物质，该物质在某过程中具有恒定的摩尔热容 C_m。

(1) 试求此物质由温度 T_1 变化到 T_2 时熵的变化；

(2) 讨论升温和降温过程中该物质熵的变化。

3.33　设在温度为 600 K 与温度为 500 K 的两个恒温热源之间产生不可逆的热传递，传递的热量为 1000 kJ。试计算热传递过程中两个热源的熵变和总熵变。

3.34　水蒸气在 24℃时的饱和气压为 0.0298×10^5 Pa。在此条件下，1 kg 的水蒸气凝结成水放热 2.44×10^6 J，求此过程中相变的熵增。

3.35　设比热为 c、质量为 m 的一定量固态物质被缓慢加热，由温度 T_0 上升为 T_m 时开始熔化。T_m 为其熔点，设熔解热为 L。假设继续缓慢加热，使供给物质的热量恰好使其全部熔化，试求整个过程熵的变化。

3.36　一个人的体温 37℃，环境温度 0℃时大约一天向周围散发 8×10^6 J 热量。如果忽略进食带进体内的熵，试估算一天之内的熵产生是多少（人体和环境熵增之和）？

3.37　一实际制冷机工作于两恒温热源之间，热源温度分别为 $T_1=400$ K 和 $T_2=200$ K。设工作物质在每一循环中，从低温热源吸收热量为 200 J，向高温热源释放热量为 600 J。

(1) 在工作物质进行的每一循环中，外界对制冷机做了多少功？实际制冷机制冷系数是多少？

(2) 实际制冷机经过一循环后，热源和工作物质的熵增及总熵变化是多少？

(3) 如果上述制冷机为可逆卡诺机，制冷系数是多少？仍从低温热源吸收热量200 J，则经过一循环后，外界对制冷机做了多少功？热源和工作物质熵的总变化是多少？

第4章 电磁学基础

电磁学是研究电磁现象规律的学科，是经典物理学的一个重要分支。电磁运动是物质的基本运动形式之一，电磁相互作用广泛地存在于自然界，是自然界已知的四种基本力（引力、电磁力、强力、弱力）之一。

4.1 麦克斯韦电磁理论的建立

4.1.1 静电和静磁现象的认识和研究

4.1.1.1 从古代到吉尔伯特

自然界雨天的雷电现象是人类最早注意到的电现象。在我国，公元前11世纪以前的甲骨文中就出现了“雷”，公元前8世纪（周朝）青铜器的铭文中就出现了“电”的古象形字。西汉末年已有摩擦过的玳瑁吸引细小物体的记载，东汉时期王充（公元27—约97）所著《论衡·乱龙篇》中有“顿牟缀芥，慈石引针”（顿牟即琥珀，缀乃吸引之意，轻小物体喻为芥）的记载；公元3世纪晋朝亦有伴随梳头解衣有光及咤声的摩擦起电引起放电的记载。在西方，公元前585年，希腊哲学家泰勒斯（Thales，约公元前624—公元前547）已记载了用木块摩擦过的琥珀能吸引碎草屑等轻小物体的能力，其后又有人发现摩擦过的煤玉也具有吸引轻小物体的能力。

远在我国的春秋战国时期（公元前770—公元前221），人们在开采铁矿石时发现了一种吸铁的天然铁矿石，并称为“慈石”，这个名称经很长时间以后逐渐转变为“磁石”，并有了俗称“吸铁石”。这个时期的《山海经》《管子》《吕氏春秋》等著作中都有关于慈石吸铁的记载。指南针是我国古代四大发明之一，公元前3世纪《韩非子·有度篇》古籍中就有“先王立司南以端朝夕”的记载，司南是古人用天然慈石制成的识别南北的工具；在王充《论衡》中记载有对磁性指南器具“司南勺”（被称为指南针发明的先驱）的描述：形同水勺，其柄自动指南；1044年，北宋曾公亮等修撰的《武经总要》中有磁石水浮型指南针的叙述；1086—1093年，北宋沈括的《梦溪笔谈》明确记载了用天然磁石摩擦铁针进行人工磁化制造指南针的方法，并记述了用丝线悬挂的铁针或硬支点平衡的铁针指南时“常微偏东，不全南也”（最早发现了地磁偏角），此时期亦出现了利用地磁磁化方法的记载。12世纪初指南针在中国已用于航海，后指南针传到了欧洲，首先出现于航行于地中海的船只上。在西方，静磁现象记载也可追溯到公元前6、7世纪古希腊的泰勒斯时期，有这样的记载：（磁）石不但吸铁环，而且可以把这种本领传给铁环使其吸引其他铁环而形成一条长链。

对大约2000年间零散的静磁、静电现象记载进行较系统的实验观察和总结的是16世纪末英国科学家、皇家御医吉尔伯特（W. Gilbert，1544—1603）。1600年他出版的专著《磁石论》中分别讲述了磁的历史以及磁石吸引力与琥珀吸引力的区别、磁针的指极性、地磁偏角与磁倾角等。他的著名的"小地球"实验是，把一块大的天然磁石磨制成球状，用铁丝制成的小磁针放在磁石球各个部位上观测小磁针的行为。他把小磁针在各处排列的方向用粉笔描成线，结果得到许多子午圈，犹如地球的经线，粉笔经线分别交汇于磁石球的相反方向上的两端，分别称为磁北极和磁南极。由于这与地球对于指南针的作用完全类似，吉尔伯特认为地球本身就是一块磁石，而许多磁现象与这个大磁石有关。他定性地指出磁北极吸引磁南极而排斥磁北极，并指出了磁极不能单独存在。书中也记载了静电现象的研究。吉尔伯特通过实验发现了相当多的物质经摩擦后都具有吸引轻小物体的性质，而这些摩擦后的物质却不具备磁石那种指南北的性质。因此，为了表明与物体具有的磁性不同，他采用琥珀的希腊字母拼音把这种性质称为是电的(electric)。他首先提出了"电""电力"和"电吸引"的概念，并制造了第一个验电器。这是一根可以围绕其固定中心转动的金属细棒，当靠近被摩擦过的琥珀时，金属细棒的转动可以显示琥珀的带电情况。正因为吉尔伯特使电磁学由经验转为科学的工作，他被称为是近代电磁学的先驱。

4.1.1.2 从盖利克的摩擦起电机到富兰克林

自吉尔伯特后，人们把具有这种吸引轻小物体性质的物体叫带电体，称物体带了电或有了电荷，而用摩擦方法使物体带电叫作摩擦起电。然而，由于得不到大量电荷，静电现象在较长时期内没有得到进一步的详细观测和细致研究，只是成为一种魔术娱乐工具。而提供改变这种状况可能性的是德国马德堡的一位酿酒商、工程师盖利克(O. von Guericke，1602—1686)。大约在1660年，他发明了第一台能产生大量电荷的摩擦起电机，这是一个可以绕中心轴旋转的大硫磺球，用干燥的手或布帛抚摸转动的球体表面，使球面上产生大量电荷。盖利克的摩擦起电机经过不断改进，一直在静电实验研究中起着重要作用(直到19世纪才被感应起电机所代替)。

18世纪电的研究得到迅速发展。1729年英国科学家格雷(Stephen Gray，1675—1736)在研究琥珀的电效应能否传递给其他物体时，发现了导体和绝缘体的区别：金属可导电，丝绸不导电。随后，格雷又发现了静电感应现象。格雷的工作引起法国科学家迪费(Charles-Francois du Fay，1698—1739)的兴趣，1733年他发现所有物体经摩擦都可起电，不同的材料经摩擦所带的电是不同的，并对多种材料实验后提出：有两种且只有两种性质不同的电，一种是经过丝绸摩擦后玻璃棒带的"玻璃电"，另一种为经毛皮摩擦后树脂所带的"树脂电"(后来被富兰克林分别改称正电和负电)。迪费还提出了静电作用的基本特性：同种电相斥，异种电相吸。在静电实验中，摩擦起电机获得的电往往在空气中逐渐消失，1745—1746年德国的克莱斯特(E. G. von Kleist，1700—1748)和荷兰莱顿大学的马森布洛克(P. von Musschenbrock，1692—1761)教授分别独立发明了一种后来被叫作莱顿瓶的能够积累和保存电荷的蓄电器(在玻璃容器的内外壁上都贴上金属箔就可制成一个莱顿瓶)。莱顿瓶的发明，不但使得进行静电实验更加方便，而且使电知识得到了很好的传播。

美国费城的富兰克林(Benjamin Franklin，1706—1790)才能卓著，虽10岁辍学，12岁在印刷所当学徒，但刻苦自学获得了丰富的知识。他是美国著名的政治家和活动家，曾参加起草《独立宣言》。他又是著名的科学家，在看到利用莱顿瓶的电学实验后，从1745年起将近10年时间内利用莱顿瓶和自己设计的器件进行了各种大胆的新的电学实验，他对电学的贡献使他闻名于世。他对电荷的产生、电荷的转移、静电感应等电现象的各种理论做了总结性的系统阐述，提出电不是摩擦"创造"出来的，而是从一个物体转移到另一个物体上,而绝缘体中总电荷量是不变的(这就是电荷守恒定律)。他第一次用数学上的正负概念表征两种电荷的性质,且除提出正电、负电外,他还提出了至今一直在用的电学名词:导电体、电池、充电、放电等。他发现了尖端放电现象,发明了避雷针。他猜测闪电是一种强大的电火花,并且在1752年于费城进行了震动世界的电风筝实验,在雷电交加的情况下把"天电"收集到莱顿瓶中,发现用收集到的"天电"可以做和莱顿瓶电同样的静电实验,由此证明了"天电"和"地电"的统一性,彻底消除了人们对雷电的迷信。至此,静电学的三条基本原理(静电力的基本性质、电荷守恒和静电感应原理)都得到了确立。

4.1.1.3 18世纪后期的两项重要发展

科学研究中"没有量化,就不可能深化",18世纪后期从英国的卡文迪什和法国的库仑开始的定量研究,使电磁学研究从定性走向定量,使得静电知识成为一门严密的科学。

1. 库仑定律的建立

18世纪中叶,牛顿力学已取得辉煌胜利,人们借助万有引力的规律对电力与磁力做了种种猜测和实验。1767年,富兰克林的好友英国化学家普里斯特利(Joseph Priestley,1733—1804)根据带电金属容器内表面没有电荷就猜测电力与万有引力有相似的平方反比规律。1769年,苏格兰的罗比孙(John Robison,1739—1805)用自己设计的实验装置测定了同性电荷间的作用,测得电荷斥力与电荷间的距离关系为$F\propto\frac{1}{r^{2+0.06}}$,并指出和万有引力的0.06的偏差应来自实验误差(此结果虽比库仑早16年,可惜没有及时发表)。1773年,英国物理学家和化学家卡文迪什(Henry Cavendish,1731—1810)受牛顿利用引力的反平方规律证明均匀的物质球壳对壳内任一点的万有引力为零的启发,用设计精巧的两个同心球壳做实验,让外球壳带电后用导线连接内外球壳,取走导线后再用验电器检验内球壳,内球壳不带电的结果使他推论两带电体之间的静电力也与距离的平方成反比,并通过多次的实验确定电力服从平方反比定律,指数偏差不超过0.02。卡文迪什实验在实验方法上也有着重要意义,是通过数学处理将直接测量变为间接测量,并使用了"示零法"精确地判断实验数据和结果。比库仑早12年的这么重要的实验方法和结果却没有及时公开,直到100年后的1879年,卡文迪什的手稿由麦克斯韦整理、注释出版,世人才知道他对电磁研究作出了巨大贡献。他也曾在法拉第之前用实验演示了介质对电容器电容的影响,最早提到电势概念等。卡文迪什出身贵族,但他对丰厚的家产没有兴趣,一心倾注在科学研究中,他对研究的关心远甚于对发表著作的关心。麦克斯韦曾写道"卡文迪什把自己的研究成果捂得如此严密,以至于电学的历史失去了本来面目"。他逝世后留下大量财产,后来他的家族在1871年捐赠了一大笔资金给剑桥大学建立了卡文迪什物理实验室,先后培养出诺贝尔奖获得者达26人之多,为上百年的近代物理学发展作出了巨大贡献。

库仑

(1736—1806)

法国工程师和物理学家库仑(Charles Augustin de Coulomb,1736—1806)在结构力学、砖石建筑、梁的断裂、摩擦及扭力等应用力学方面做了许多工作,也在人类工程学方面进行了最早的尝试(测量人在不同条件下做功),因此被认为是18世纪欧洲的伟大工程师之一。1773 年法国科学院有赏征求改进船用指南针的方法，库仑就在此时转向研究静电力和静磁力。1785 年，库仑根据自己有关扭力方面的知识，设计制作了一台精确的扭秤(图 4-1)，直接测定了两个静止点电荷之间的作用力与距离之间的关系。因为已有了万有引力的平方反比关系，他断定静电力也是 $F \propto \frac{1}{r^2}$，只不过测量数据得出指数偏差为 0.04。库仑并没有改变电量进行测量，不过和万有引力类比他认为电力应该与相互作用的两个电荷电量成正比。另外，库仑也提到磁力的反平方关系。库仑的扭秤实验结果公布后，在法国和世界立即被接受，成为定量研究静电力的基础，这就是著名的库仑定律。因为它是电磁理论的基础，所以该定律的具体形式一直被历代物理学家所重视，对其指数的验证也持续至今，而且越做越精确。库仑定律建立以后，通过法国数学家泊松(S.D. Poisson，1781—1840)和德国物理学家高斯(C. F. Gauss，1777—1855)等的研究工作，特别是英国数学家格林(G. Green，1793—1841)提出了势的概念，泊松又把在万有引力基础上发展起来的势论用于静电，促进了静电学的不少重要结果的出现，逐渐形成了较完善的静电场理论。

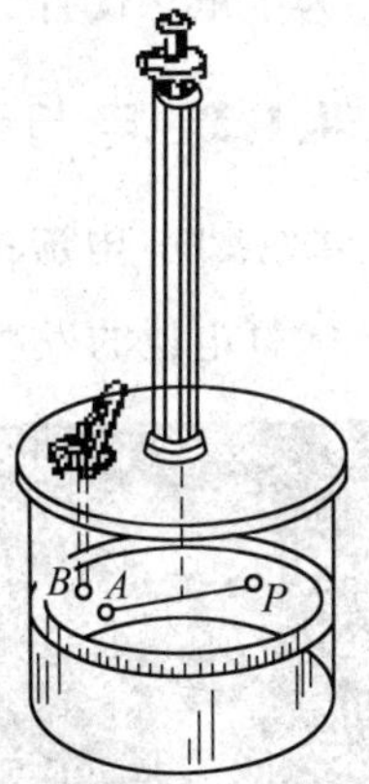

图 4-1　库仑的电扭秤

2. 伏打电堆的发明

意大利物理学家伏打(伏特)(A. Volta，1745—1827)发明的电堆是 18 世纪后期静电研究的另一个重要发展，从此开始了一个研究电磁现象的新时期。

1780 年意大利的解剖学教授伽伐尼(A. L. Galvani，1737—1798)在做青蛙解剖实验时，发现了一种电效应：在起电机放电瞬间，他的助手用解剖刀接触到青蛙的小腿神经，蛙腿发生强烈的抽搐现象。由于想到电鳗(一种会放电的鱼)，伽伐尼认为这是一个研究动物电的极好载体。在一系列实验之后，他于 1791 年的著名论文《论肌肉运动中的电力》中阐述了自己的观点：青蛙大腿的肌肉表面和神经起到莱顿瓶的外箔和内箔作用而能储存电荷，导体接触两极产生放电而使一种神经电流从神经流到肌肉中致使肌肉收缩。这一发现，引起人们的极大关注，形成了这一方面的研究热潮，并把此种情况产生的电称为伽伐尼电或“动物电”。其中意大利物理学家伏打在用活的青蛙做实验时发现：当用不同金属构成的弧叉的一端接触青蛙的脊背，而另一端接触青蛙的腿时，青蛙发生了抽搐；当改用莱顿瓶向青蛙身体放电，青蛙也发生同样的抽搐。伏打认为：这说明两种不同金属构成的弧叉与莱顿瓶的作用是一样的，青蛙的抽搐是外部电而不是青蛙自身的动物电，青蛙只是起到了一种灵敏静电计的作用。由此，1793 年伏打以自己的接触学说否定了伽伐尼的神经电流说。实际上，伏打发现了两种不同金属接触会产生接触电势差的现象。伏打继续做了大量实验，并根据实验结果，给出了一个金属排列顺序：锌、锡、铅、铜、银、金，将序列中任意两种金属接触，排在前面的金属必带正电，排在后面的必带负电。并且伏打发现导体可分为两大类：第一类是金属，它们接触会产生电动势，第二类是现在称为电解质的液体(如盐水、稀酸溶液等)，只有两类导体组成回路才能产生电循环。1800 年，他把锌片和铜片依次夹在盐水浸湿的纸片中间并重复堆积而形成很强的电源，这就是著名的伏打电堆，而把锌片和铜片插入盛有盐水或稀酸溶液的杯中制成了伏打电池。伏打为尊重伽伐尼的先驱工作将自己发明的电池称为伽伐尼电池，并且伏打把这种装置串联起来制成了第一个伏打电池组。伏打的发明提供了产生稳恒电流的电源，使电学的发展进入了新的领域，为研究电流的各种效应提供了基础。为了纪念伏打的发明，人们把电势差的单位定为V(伏[特])。

4.1.2 电与磁的相互作用研究

4.1.2.1 电流的磁效应

伏打电池的发明直接导致了1800年英国的尼科尔逊(W. Nichalson，1753—1815)和朋友卡莱尔(A. Karlisle，1768—1840)的电解现象的发现，成功地利用伏打电池产生的电流进行了水的电解而得到了氢和氧。一方面，电流的化学作用吸引了19世纪初物理学家们的主要注意力；另一方面，虽然库仑发现了电力和磁力都满足平方反比规律，但他坚持吉尔伯特的观点，断言电与磁之间不存在任何关系，以致影响了法国科学界电磁研究的方向。尽管如此，自库仑定律发现之后，人们也越来越注意到电现象与磁现象的相似性，更没有忘记1640年关于闪电使罗盘磁针偏转和1751年富兰克林发现莱顿瓶放电使旁边缝纫针磁化的记载，也在思考和寻找电与磁之间的关系。丹麦物理学家、哥本哈根大学物理学教授奥斯特(H. C. Oersted，1777—1851)在自然力是统一的哲学思想的影响下，坚信电与磁之间一定有着某种联系。在1820年4月的一次关于电与磁的讲课中，奥斯特偶然发现了在给一根直导线通电时平行放置在导线下方的小磁针的微微跳动。奥斯特紧紧抓住这一现象，连续进行了三个月的实验研究，通过60多次的实验，确定了电流磁效应的存在，查明了电流的磁效应是沿着导线的螺旋方向，并于同年7月21日发表了题为《关于磁针与电流碰撞的实验》的论文，以拉丁文简洁报道了实验结果，向科学界宣布了“电流的磁效应”，揭开了电磁内在联系的序幕。这一天也作为电磁学发展史上划时代的日子载入了史册。

奥斯特

(1777—1851)

奥斯特的发现轰动了整个欧洲，尤其震动了法国学术界，因为他们长期信奉库仑信条。法国科学家毕奥(J.B. Biot，1774—1862)和萨伐尔(F. Savart，1791—1841)仔细研究了长直电流对磁针的作用，1820年10月30日发表了题为《运动中的电传给金属的磁化力》的论文，阐述了用实验方法得到的长直导线对磁极的作用力正比于电流强度、反比于电流与磁极的距离。随后，他们又研究载流导线的一个个小段所施加给磁极力的问题，得出各载流导线元(电流元：每个线段元与流过电流的乘积，即 $I\mathrm{d}\boldsymbol{l}$)产生的力与 $\sin\theta/r^2$ 成正比，其中 r 是磁极与导线元之间的距离，θ 是 r 方向与导线元的夹角，并于同年12月18日向法国科学院报告了“电流元对任意方向的磁极所作用的力”的研究结果。不久，法国数学家拉普拉斯(P. S. M. Laplace，1749—1827)把电流对磁极的作用看作是各电流元作用的矢量和，根据毕奥和萨伐尔的实验结果从数学上倒推导出了电流元的磁场公式。由于主要实验工作由毕奥和萨伐尔完成，所以通常把它叫作毕奥-萨伐尔定律。

法国物理学家、数学家安培(A.M. Ampere，1775—1836)在1820年9月得知奥斯特的发现后敏锐地意识到它的重要性，第二天他就重复了奥斯特的实验，并进行了进一步的实验和理论研究。安培设计了四个精巧的实验：第一个实验证明电流反向，作用力也反向，第二个实验证明磁作用的方向性，第三个实验研究作用力的方向，第四个实验检验作用力与电流及距离的关系。他在实验中发现了磁针转动的方向与电流方向服从右手定则；证实了两载流导线之间也有相互作用力：两平行直导线，当通以同向电流时互相吸引，当电流方向相反时互相排斥；发现了通电螺线管的磁效应与条形磁铁完全等效，并可用右手螺旋定则定出其磁性。与此同时，安培在两载流回路相互作用的实验基础上，从理论上推导出电流元之间相互作用的磁力(安培力)基本定律，即安培定律 $\mathrm{d}\boldsymbol{F}=I\mathrm{d}\boldsymbol{l}\times\boldsymbol{B}$，且创造性地提出了著名的“磁性起源假说”：一切物质的磁性皆起源于内部电流，构成磁性物质的每一个颗粒都存在永不停息的环形电流。直到电子被发现以及 19 世纪末和 20 世纪初科学家揭开原子结构后，人们才了解到安培的颗粒就是构成物质的原子、分子或原子团，电子的运动形成了内部的环形分子电流。这也就是今天我们常说的安培“分子电流说”。安培出身于一个商人家庭，其父对他的教育思想令他走向自学成才的道路，让他从小就在博览群书中汲取营养。虽然安培没有进过正式的公立学校，但他凭借自己的数学才智和惊人的记忆力，通过废寝忘食地阅读可能得到的一切书籍，自 1809 年起先后在一些大学担任数学、哲学以及天文学教授，去世前在法兰西学院担任物理学教授。为了纪念他，人们用 A(安[培])作为电流强度的单位。

奥斯特的电流磁效应的发现使得电流的测量成为可能，检流计很快被设计成功。德国物理学家、中学教师欧姆(Georg Simon Ohm，1787—1854)受固体中热传导的启发，电流类比热流，电源类比热传导中的温差，于是设计了利用电流磁效应引起磁针偏转而显示电流大小的检流计，用来研究电流与导线长度的关系，并于 1826 年利用稳定的温差电动势作为电源，通过实验确立了电路的基本定律——欧姆定律。为了纪念他，人们把电阻的单位定为 Ω(欧[姆])。

4.1.2.2　磁生电——法拉第电磁感应定律的建立

杰出的英国实验大师法拉第(M. Faraday，1791—1867)出生于一个贫寒的铁匠家庭，13 岁进书店当学徒，在工余时间自学化学和电学，并动手做实验以验证书上的内容，同时积极参听当时自然哲学的讲座。7 年的学徒生活，7 年的学习，使他自学成才，后来成为伟大的物理学家和化学家。和奥斯特一样，他也深信“自然力的统一性”，在奥斯特发现电流的磁效应之后，他坚信既然电能生磁则磁一定能产生电，并在随后的十年中一直坚持对这方面进行系统的探索，并于 1831 年 8 月 29 日终于获得成功。他在一个圆形软铁环两边各绕上一组线圈，当一组线圈和伏打电池接通或断开的瞬间，另一组线圈中感应出电流(后来称为感应电流)，法拉第称其为“伏打电感应”；一个月后，法拉第又发现磁铁和导线的闭合回路有相对运动时，回路中也会感生出电流，法拉第称其为“磁电感应”。这两次发现分别孕育了变压器和发电机的出现。在总结了许多类似的实验之后，法拉第于 1831 年 11 月 24 日向英国皇家学会作了“电学的实验研究”的报告，把他发现的现象正式定名为电磁感应，报告中指出：变化的电流、变化的磁场、稳恒电流的运动以及导体在磁场中的运动都会产生感应电流。

法拉第
(1791—1867)

法拉第以近距作用观点(场概念)富有极大想象力地引入力线(磁感应线与电场线)分别

描述带电体和磁体周围的电场和磁场,这是对电磁学的发展作出的巨大贡献。1832年,他以高超的实验技巧通过许多探索电磁感应的实验发现:感应在于电动势的产生,当通过回路的磁感应线根数(磁通量)发生变化或没有形成回路的导体切割磁感应线时,回路中或导体上就产生感应电动势。1833年,俄国物理学家楞次(Э.Х.Ленц,1804—1865)发现感应电动势阻止产生感应的磁铁或线圈的运动,此结论于1834年发表,后称为楞次定律,该定律给出了确定感应电流流向的明确表述。德国科学家纽曼(F. E. Neumann,1798—1895)于1845年给出了感应定律的数学表达 $\mathscr{E}=-\mathrm{d}\Phi/\mathrm{d}t$,即回路产生的电动势和磁通量的时间变化率成正比,这就是著名的法拉第电磁感应定律。尽管法拉第没有把他的研究结果用数学公式定量表示出来,但他关于电磁感应现象的丰硕的实验研究成果和场的观念不但为他赢得了定律发现的全部荣誉,而且为电磁现象的统一做好了准备。

4.1.3 麦克斯韦电磁理论

4.1.3.1 麦克斯韦电磁理论的建立

库仑定律、毕奥-萨伐尔定律、安培定律以及法拉第电磁感应定律的相继建立,不仅表明电磁学各个局部的规律已经发现,而且表明对电磁现象的研究已经从静止的恒定情形扩展到运动的变化的普遍情形,从孤立的电作用、磁作用扩展到电磁之间的联系。这一切给麦克斯韦电磁场理论的建立预备好了最适宜的环境。正是在这种环境下,麦克斯韦完成了继牛顿力学和能量转化与守恒定律提出以来的物理学史上的第三次大综合。

19世纪伟大的英国物理学家麦克斯韦(J. C. Maxwell,1831—1879)自幼聪慧并受到爱好科学的家教,16岁就读于爱丁堡大学,学习物理、数学、自然哲学,3年后转入剑桥大学研习数学。1854年麦克斯韦从剑桥大学毕业后,在开尔文的影响下开始研究电学。他以法拉第的力线作为研究起点,洞察出法拉第的天才思想,借助自己杰出的数学才能和类比的丰富想象力,最终完成电磁理论的建立,成为像牛顿、爱因斯坦等一样的最伟大的物理学家和思想家。

麦克斯韦
(1831—1879)

1855—1856年麦克斯韦完成了他的第一篇重要论文《论法拉第的力线》,他分析了法拉第绘制的电流周围的磁场线图样,并将其与流体力学的理论进行了类比,这是他利用数学工具表述法拉第力线的最初尝试。1861—1862年麦克斯韦完成了他的第二篇论文《论物理的力线》,他再次利用了类比并构思了电磁作用的力学模型。他认为变化的磁场周围空间存在涡旋电场,并且一旦产生就会单独存在;他认为描述变化的电磁现象需引入位移电流的概念,位移电流的思想可以这样来概括:一个变化的电场总是由一个磁场伴随着。1864年12月8日麦克斯韦向英国皇家学会宣读了关于电磁理论的第三篇著名论文《电磁场的动力学理论》,在这篇论文中麦克斯韦总结了前人以及他自己对电磁理论的研究成果,文章的开头就把自己的理论称作"电磁场理论",给出了电磁场运动变化所遵循的普遍方程组,它是一个包括20个变量的共20个方程的完备的方程组。经过后人的整理和改写,该方程组得到了进一步完善和简化,形成了如今包含四个方程的麦克斯韦方程组。1873年麦克斯韦出版了他的科学名著《电磁理论》,这是一部和牛顿的《自然哲学的数学原理》交相辉映的巨作,其中详细而严谨地阐述了麦克斯韦的电磁理论,从理论上得出了作为物质的一种特定形式——电磁场的存在，预言了电磁现象和光现象的统一性。他的理论成为经典物理学的重要支柱之一。

但是，麦克斯韦电磁理论如此深刻和新颖，又因为对电磁场可以独立存在并以波的形式在空间中以光速传播的推论，以及光波是一种波长很短的电磁波的预言未得到实验验证，所以在相当长的时间内未能被人们完全接受。直到 1888 年，赫兹(H. R. Hertz，1857—1894)根据电容器放电的振荡性质制作了电磁波源和检测器，通过实验检测到了电磁波，不但证实了电磁波的波速和光速一样，而且观测到电磁波具有反射、折射、聚焦、衍射以及偏振等和光波一样的特性。从此，麦克斯韦的理论得到世人公认，并由此迅速发展的无线电技术极大地改变了人类的生活。值得一提的是，1896 年荷兰物理学家洛伦兹提出的电子论把麦克斯韦电磁理论向前推进了一步，将麦克斯韦方程组应用到了微观领域，把物质的电磁性归结为原子中的电子效应。电子论不仅可以解释物质的极化、磁化、导电等现象，还可以解释物质对光的吸收、散射和色散现象，而且可以说明光谱在磁场中产生分裂的正常塞曼效应。也应该指出，在法拉第、麦克斯韦、洛伦兹理论体系中，假定了电磁波传播的荷载者“以太”的存在，1905 年爱因斯坦的狭义相对论否定了“以太”的存在，电磁波的传播不需要介质，促使了电磁理论的进一步发展。

4.1.3.2　麦克斯韦方程组的现代形式

在此我们列出麦克斯韦方程组的一般积分形式，本章的基本内容安排就是为了解释和说明这四个麦克斯韦方程。

(1) 电场的性质——电场的高斯定理

$$\oint_S \boldsymbol{D} \cdot \mathrm{d}\boldsymbol{S} = \int_V \rho \mathrm{d}V$$

$\boldsymbol{D}$ 叫电位移，它和电场强度的关系为 $\boldsymbol{D}=\varepsilon \boldsymbol{E}$，$\varepsilon$ 叫介电常数。面积分 $\oint_S \boldsymbol{D} \cdot \mathrm{d}\boldsymbol{S}$ 叫通过闭合面 S 的电位移通量，ρ 表示自由电荷密度。此式说明：电场中，通过任意闭合面 S 的电位移通量等于闭合面 S 内所包围的自由电荷的代数和。

(2) 磁场的性质——磁场的高斯定理

$$\oint_S \boldsymbol{B} \cdot \mathrm{d}\boldsymbol{S} = 0$$

$\boldsymbol{B}$ 是磁感应强度。面积分 $\oint_S \boldsymbol{B} \cdot \mathrm{d}\boldsymbol{S}$ 是磁场中通过任意闭合面 S 的磁感应强度通量，此式说明：磁场中，通过任意闭合面 S 的磁感应强度通量等于零。

(3) 变化的磁场和电场的关系——法拉第电磁感应定律

$$\oint_L \boldsymbol{E} \cdot \mathrm{d}\boldsymbol{l} = -\int_S \frac{\partial \boldsymbol{B}}{\partial t} \cdot \mathrm{d}\boldsymbol{S}$$

此式说明：电场中，电场强度沿任意闭合曲线的线积分等于通过该闭合曲线所包围面积的磁通量对时间变化率的负值。

(4) 变化的电场和磁场的关系——安培环路定理

$$\oint_L \boldsymbol{H} \cdot \mathrm{d}\boldsymbol{l} = \int_S \left(\boldsymbol{j}_c + \frac{\partial \boldsymbol{D}}{\partial t}\right) \cdot \mathrm{d}\boldsymbol{S}$$

$\boldsymbol{H}$ 叫磁场强度，它和磁感应强度 $\boldsymbol{B}$ 的关系是 $\boldsymbol{B}=\mu \boldsymbol{H}$，$\mu$ 叫磁导率。$\boldsymbol{j}_c$ 称为传导电流密度，

$\frac{\partial \boldsymbol{D}}{\partial t}$称为位移电流密度。此式说明：磁场中磁场强度沿任意闭合曲线的线积分等于穿过以该闭合曲线为边线的任意曲面的传导电流和位移电流的代数和。

4.2 静电场的基础知识

4.2.1 真空中的静电场

4.2.1.1 电荷 库仑定律

1. 电荷

摩擦后的物体具有吸引轻小物体的性质，人们称这种物体带了电或有了电荷(见4.1.1.1节，4.1.1.2节)。自然界只存在正负两种电荷，同种电荷相斥，异种电荷相吸。带电体所带电荷的多少叫电量。电子带有最小负电荷，最小负电荷的量值称为基元电荷，其国际通用值为

$$e = 1.602 \times 10^{-19}\,\mathrm{C}$$

自然界中，任何物体所带的电量都是 e 的整数倍，也就是说，并不是任何数值的电量都是可能的，或者说电量是不连续的。我们称这种现象为电荷的量子化。我们知道，许多粒子都带有正的或负的基元电荷，它们带有的基元电荷数称为它们的电荷数，比如一个正电子带有一个正的基元电荷，一个反质子带有一个负的基元电荷。20世纪70年代夸克理论认为这些基本粒子由若干种夸克或反夸克组成，每一个夸克的电荷数是$\pm\frac{e}{3}$或$\pm\frac{2e}{3}$，如果以后获得了单独存在的夸克，那意味着把基元电荷的电量缩小到目前的$\frac{1}{3}$，电荷的量子化依然存在。不过，在宏观电磁现象中电荷的量子化常被淹没，就像我们喝水时感觉不到水是由水分子和其他一些微观粒子组成的一样。

对一个与外界没有电荷交换的系统，其内部正、负电荷的代数和保持不变，这一结论称为电荷守恒定律。两个物体摩擦起电，一个带正电，一个必带等量负电；如果把各带等量正负电的两个导体接触，就会发生中和反应使每个导体都恢复到电中性状态。在微观过程中此定律也得到精确验证。例如，一个高能光子在一个重原子核附近可以转化为电子偶，而正、负电子在一定条件下也可“湮没”成两个或三个光子，有

$$\gamma \to \mathrm{e}^{+} + \mathrm{e}^{-}$$

$$\mathrm{e}^{+} + \mathrm{e}^{-} \to 2\gamma$$

由于光子不带电，正负电子又各带有等量异号电荷，所以湮没过程中系统的总电量不变。电荷守恒定律是从大量实验事实总结归纳出来的，在一切已发现的宏观过程和微观过程中都成立。

实验证明，电荷的电量与它的运动状态无关，也就是说，在不同的参考系内观察，同一带电粒子的电量不变。电荷的这一性质叫电荷的相对论不变性。

2. 电荷间的相互作用——库仑定律

像牛顿万有引力定律中的质点概念一样，在电荷间的相互作用中引入“点电荷”的概念。点电荷的理想模型使电荷载体(带电体)有了确切的空间位置，使两个带电体间距有了确切

的数学表示，这是数学上(理论上)描述带电体运动和相互作用的基础。在实际问题中，对所讨论的问题，在所要求的精度范围内，带电体的大小、形状、电荷分布等因素的影响如果可以忽略不计，我们可把这样的带电体视为一个带电的“几何点”。例如，当我们在宏观意义上谈论电子、质子等带电粒子时，可以把它们视为点电荷；在考虑半径为 R 的带电圆盘远处($r \gg R$)的电效应时，带电圆盘也可以视为点电荷。两个点电荷之间相互作用的静电力(又称为库仑力)由库仑定律给出：

在真空中，两个静止点电荷 q_1 与 q_2 之间相互作用力的大小与其电量 q_1 和 q_2 的乘积成正比，与它们之间距离 r 的平方成反比；作用力的方向沿着它们的连线；同号电荷相斥，异号电荷相吸。其数学表达式为

$$\boldsymbol{F}_{21} = k\,\frac{q_1 q_2}{r^2}\boldsymbol{e}_{21}$$

式中，$\boldsymbol{F}_{21}$ 为 q_2 受到 q_1 的库仑力；$\boldsymbol{e}_{21}$ 为施力电荷指向受力电荷的单位矢量(图 4-2)。在国际单位制中，实验测得比例系数为

$$k = 8.9880 \times 10^9\,\mathrm{N \cdot m^2/C^2} \approx 9 \times 10^9\,\mathrm{N \cdot m^2/C^2}$$

通常引入另一个常数 ε_0 代替 k，使

$$k = \frac{1}{4\pi\varepsilon_0}$$

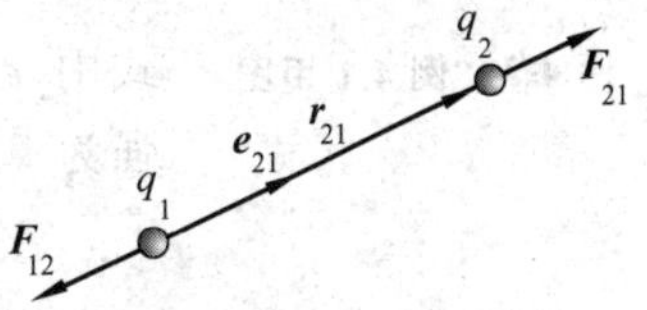

图 4-2　库仑定律

上面库仑定律的数学形式可写成

$$\boldsymbol{F}_{21} = \frac{q_1 q_2}{4\pi\varepsilon_0 r^2}\boldsymbol{e}_{21} \tag{4-1}$$

引入 4π 因子的做法称为单位有理化，这样虽然使库仑定律表示显得麻烦些，但对以后推导或引出的电磁规律中不出现 4π 提供了便利。ε_0 称为真空介电常数，也叫真空电容率，其近似值为 $\varepsilon_0 = 8.85 \times 10^{-12}\,\mathrm{C^2/(N \cdot m^2)}$。由此式看出，库仑力服从牛顿第三定律，有 $\boldsymbol{F}_{12} = -\boldsymbol{F}_{21}$。

4.2.1.2　电场强度——静电场描述之一(矢量场)

近代科学和实验表明，场是物质存在的一种形式，具有自己的运动规律，和实物(即由原子、分子等组成的物质)一样具有能量、动量等属性。不同的是场的静质量为零，而且若干场可以同时占据同一空间，因此各种场都具有自己的可叠加性。

根据场的观点，任何电荷将在自己周围的空间激发电场，电场的基本性质是能给予处于其中的任何其他电荷以作用力——电场力，电荷与电荷之间的相互作用是通过电场实现的，即电荷⇌电场⇌电荷。相对于观察者，静止的电荷在其周围空间激发的电场称为静电场(以下简称为电场)。

1. 电场强度矢量

电场对电荷施加作用力，则可以通过测量一电荷在电场中各点受力情况来定量描述场的空间性质。为了测量精确，引入的电荷应满足两个条件：一是它的电量要充分小，在实验精度范围内，它的引入不会影响被测电场的原有性质；二是它的几何线度要足够小，可以视为点电荷，以便能精确地确定空间各点的电场性质。满足这样条件的引入电荷称为试验电荷。实验表明，把试验电荷 q_0 放在电场中任意确定点时，它受到的电场力 $\boldsymbol{F}$ 既与电场有关

又与q_0有关,但其比值$\frac{\boldsymbol{F}}{q_0}$与$q_0$无关,只与电场有关,因此将此比值定义成一个描绘电场的物理量——电场强度,简称场强,用$\boldsymbol{E}$表示,

$$\boldsymbol{E}=\frac{\boldsymbol{F}}{q_0} \tag{4-2}$$

场强$\boldsymbol{E}$是矢量,大小等于单位电荷在该点所受电场力的大小,方向与正电荷所受电场力的方向一致。在国际单位制中,场强的单位为 N/C。

例 4.1 求点电荷q所产生的电场中各点的场强。

解 如图 4-3 所示,以点电荷q所在处为原点O,取任意点P(常称为场点),距离$\overline{OP}=r$。我们设想把一个试验的正电荷q_0放在P点,根据库仑定律,它受的力为

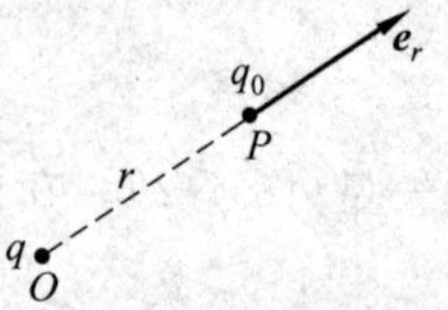

图 4-3 例 4.1 用图

$$\boldsymbol{F}=\frac{1}{4\pi\varepsilon_0}\frac{qq_0}{r^2}\boldsymbol{e}_r$$

式中,$\boldsymbol{e}_r$为从q指向P点的单位矢量。根据定义式(4-2),P点的场强为

$$\boldsymbol{E}=\frac{\boldsymbol{F}}{q_0}=\frac{1}{4\pi\varepsilon_0}\frac{q}{r^2}\boldsymbol{e}_r \tag{4-3}$$

若$q>0$,$\boldsymbol{E}$沿$\boldsymbol{e}_r$方向;若$q<0$,$\boldsymbol{E}$沿$\boldsymbol{e}_r$的反方向。由于P点是任意的,所以(4-3)式给出了点电荷q产生的电场在空间的分布。这样的电场是球对称的,离q越远,场强量值越小,当$r\to\infty$时场强为零。当$r\to 0$时,由于电荷q(称为场源电荷)不能看作点电荷,(4-3)式失效。

2. 电场叠加原理

实验表明,在由若干个点电荷共同激发的电场中,试验电荷q_0受到的电场力等于全体点电荷各自对q_0的作用力的矢量和,即

$$\boldsymbol{F}=\boldsymbol{F}_1+\boldsymbol{F}_2+\cdots+\boldsymbol{F}_n$$

两边除以q_0,得

$$\boldsymbol{E}=\boldsymbol{E}_1+\boldsymbol{E}_2+\cdots+\boldsymbol{E}_n=\sum_i\boldsymbol{E}_i \tag{4-4}$$

式中,$\boldsymbol{E}_1=\frac{\boldsymbol{F}_1}{q_0}$,$\boldsymbol{E}_2=\frac{\boldsymbol{F}_2}{q_0}$,…,$\boldsymbol{E}_n=\frac{\boldsymbol{F}_n}{q_0}$分别为各点电荷单独存在时,各自在$q_0$所在处产生的场强。(4-4)式表明,**点电荷系中任一点的总场强等于各个点电荷单独存在时产生的电场在该点场强的矢量叠加**,称为场强叠加原理。

对于任意电荷连续分布的带电体,其连续分布的电荷可看成是由无限多个极小的电荷元 dq 组成的点电荷系。此时场强叠加原理可表示成

$$\boldsymbol{E}=\int \mathrm{d}\boldsymbol{E}=\frac{1}{4\pi\varepsilon_0}\int\frac{\mathrm{d}q}{r^2}\boldsymbol{e}_r \tag{4-5}$$

在已知电荷分布的条件下,(4-4)式和(4-5)式提供了计算场强的一种方法,见下面的例题。

3. 电场线

为了形象地描述电场分布,通常引入电场线(旧称电力线)的概念。实验中,可将一些石膏晶粒撒在水平玻璃板上,或在油上悬浮些草籽,在电场作用下(见后面介质极化的介绍)它们就会沿各处的电场方向排列起来,形成规则的图像,再将这些图像用一簇曲线按某种规定

描绘出来，就构成了电场线图。图 4-4 给出了点电荷(图 4-4(a))和一对等量同号电荷(图 4-4(b))的电场分布实验图形和它们的电场线图。画电场线的规定为：电场线上每一点的切线方向与该点的场强方向一致；穿过电场中任意一点处的垂直电场强度方向上的小面积元 $\mathrm{d}S_{\perp}$ 的电场线条数 $\mathrm{d}N$ 满足 $E=\dfrac{\mathrm{d}N}{\mathrm{d}S_{\perp}}$ 的关系(E 为该点场强大小)。如此，电场线图就从几何角度形象地描述了电场分布情况，曲线的切线方向表示了场强的方向，曲线的疏密表示了场强的大小。

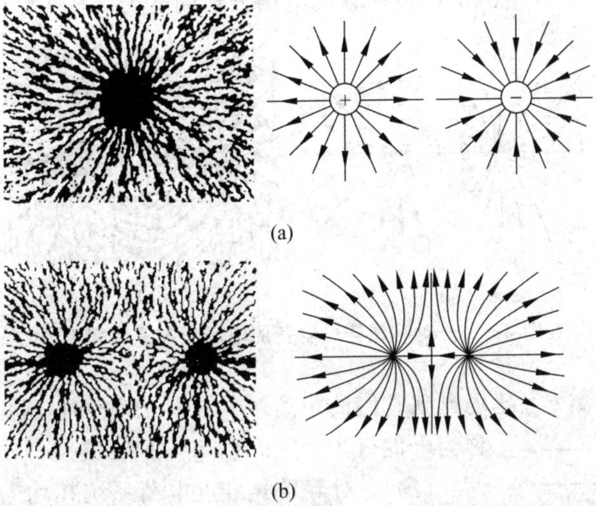

图 4-4　点电荷场分布与一对等量同号电荷的实验图形与电场线

静电场的电场线有两个基本性质：

(1) 电场线起于正电荷或无穷远，止于负电荷或无穷远，不会形成闭合曲线，也不会在没有电荷的地方中断。

(2) 在没有电荷的地方任何两条电场线不会相交，因为电场强度是电场场点的单值函数。

例 4.2　如图 4-5 所示，一对等量异号点电荷 $+q$ 和 $-q$ 组成的电荷系统，它们之间距离为 l，求：

(1) 两电荷延长线上一点 P 和中垂面上一点 P' 的场强。

(2) 此电荷系统在均匀电场 $\boldsymbol{E}$ 中的受力及力矩。

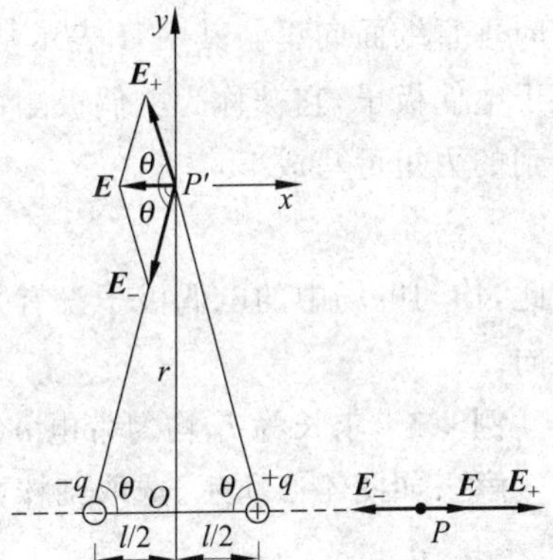

图 4-5　例 4.2 用图(1)

解　(1) P 点到 $\pm q$ 的距离分别为 $r\mp\dfrac{l}{2}$，由(4-4)式，$\pm q$ 在 P 点产生场强的大小为

$$E=E_{+}-E_{-}=\frac{q}{4\pi\varepsilon_0}\left(\frac{1}{(r-l/2)^2}-\frac{1}{(r+l/2)^2}\right)$$

方向向右。

而 P' 点到 $\pm q$ 的距离都是 $\sqrt{r^2+\dfrac{l^2}{4}}$，所以 $\pm q$ 在

P'点产生的场强大小相同，即有

$$E_+=E_-=\frac{1}{4\pi\varepsilon_0}\frac{q}{r^2+l^2/4}$$

但方向不同。场点 P'的场强 $\boldsymbol{E}=\boldsymbol{E}_++\boldsymbol{E}_-$，其两个分量 E_x，E_y 分别等于 $\boldsymbol{E}_+$ 和 $\boldsymbol{E}_-$ 在 x，y 方向投影的代数和，根据对称性可以看出：$E_x=2E_+\cos\theta$，$E_y=0$。故 P'的场强大小为

$$E=|E_x|=2E_+\cos\theta=2\cdot\frac{1}{4\pi\varepsilon_0}\frac{q}{r^2+l^2/4}\frac{l/2}{\sqrt{r^2+l^2/4}}=\frac{1}{4\pi\varepsilon_0}\frac{ql}{(r^2+l^2/4)^{3/2}}$$

方向沿 x 轴负向。图 4-6 给出了此电荷系统电场分布的电场线和实验图形。

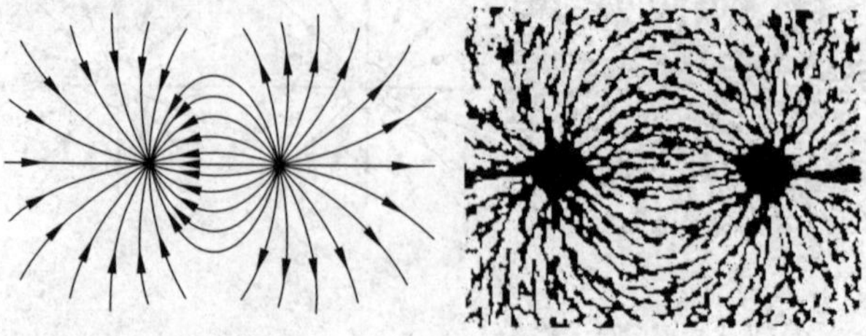

(a) (b)

图 4-6 一对等量异号电荷的电场线与实验图形

当 $\pm q$ 之间的距离 l 远比场点到它们的距离 r 小得多($l\ll r$)时，我们把这样的电荷系统称为电偶极子。

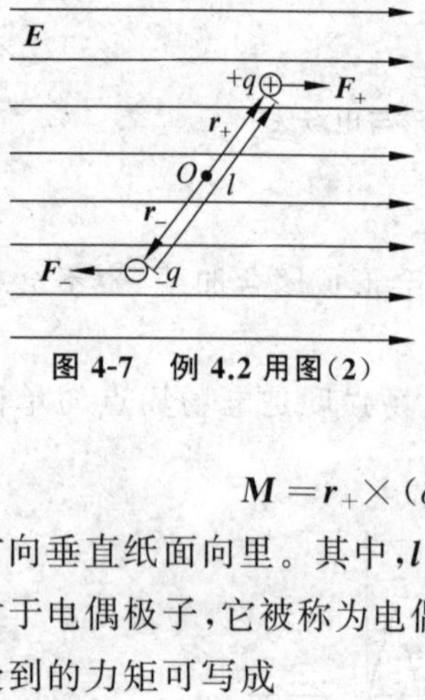

图 4-7 例 4.2 用图(2)

(2) 一对等量异号点电荷系统在均匀场中的受力及力矩的计算。

如图 4-7 所示，$\pm q$ 在外场 $\boldsymbol{E}$ 中受力大小相等，方向相反，即 $\boldsymbol{F}_+=-\boldsymbol{F}_-$，此电荷系统受合力为

$$\boldsymbol{F}=\boldsymbol{F}_++\boldsymbol{F}_-=\boldsymbol{0}$$

设等量异号点电荷 $\pm q$ 对它们中点 O 的径矢分别为 $\boldsymbol{r}_+$ 和 $\boldsymbol{r}_-$，则 $\pm q$ 受到相对中点 O 的力矩之和为

$$\boldsymbol{M}=\boldsymbol{r}_+\times(q\boldsymbol{E})+\boldsymbol{r}_-\times(-q\boldsymbol{E})=q(\boldsymbol{r}_+-\boldsymbol{r}_-)\times\boldsymbol{E}=q\boldsymbol{l}\times\boldsymbol{E}$$

方向垂直纸面向里。其中，$\boldsymbol{l}$ 表示从 $-q$ 到 $+q$ 的矢量线段，$q\boldsymbol{l}$ 反映了电荷系统本身的特征，对于电偶极子，它被称为电偶极矩(简称电矩)，常用 $\boldsymbol{p}_e$ 表示。所以，电偶极子在均匀电场中受到的力矩可写成

$$\boldsymbol{M}=\boldsymbol{p}_e\times\boldsymbol{E}\tag{4-6}$$

因此，均匀电场中的电偶极子没有平动，而在力矩 $\boldsymbol{M}$ 的作用下转动，使 $\boldsymbol{p}_e$ 转向外电场 $\boldsymbol{E}$ 的方向。

例 4.3 求长为 l、均匀带电 $q(q>0)$的细棒中垂面上的场强分布。

解 如图 4-8 所示，选取细棒中点为坐标原点建立坐标系 Oxy。设细棒的电荷线密度为 λ，$\lambda=\dfrac{q}{l}$。取与中垂线 OP 对称的一对线元 $\mathrm{d}y$ 和 $\mathrm{d}y'$，它们所带电量为 $\mathrm{d}q=\mathrm{d}q'=\lambda\mathrm{d}y$，称为电荷元。这两个电荷元在 P 点分别产生的元场强 $\mathrm{d}\boldsymbol{E}$ 和 $\mathrm{d}\boldsymbol{E}'$ 也相对于中垂线对称，它们在 y 轴方向的分量互相抵消，因此两者的合场强沿 x 轴正方向。根据(4-5)式，有

$$E=E_x=\int_{-l/2}^{l/2}\mathrm{d}E_x=\int_{-l/2}^{l/2}\mathrm{d}E\cos\alpha$$

$$=\int_{-l/2}^{l/2}\frac{1}{4\pi\varepsilon_0}\frac{\lambda\mathrm{d}y}{x^2+y^2}\frac{x}{\sqrt{x^2+y^2}}=\frac{\lambda l}{4\pi\varepsilon_0 x\sqrt{x^2+l^2/4}}$$

写出矢量式，有

$$\boldsymbol{E}=E_x\boldsymbol{i}=\frac{\lambda l}{4\pi\varepsilon_0 x\sqrt{x^2+l^2/4}}\boldsymbol{i}$$

显然，当 $x\gg l$ 时，$\boldsymbol{E}\approx\frac{\lambda l}{4\pi\varepsilon_0 x^2}\boldsymbol{i}=\frac{q}{4\pi\varepsilon_0 x^2}\boldsymbol{i}$，即在远离细棒的区域内，细棒的电场相当于一个点电荷的电场；当 $x\ll l$ 时，均匀带电细棒可视为“无限长”，有 $\boldsymbol{E}\approx\frac{\lambda}{2\pi\varepsilon_0 x}\boldsymbol{i}$，其周围电场线分布如图 4-9 所示。

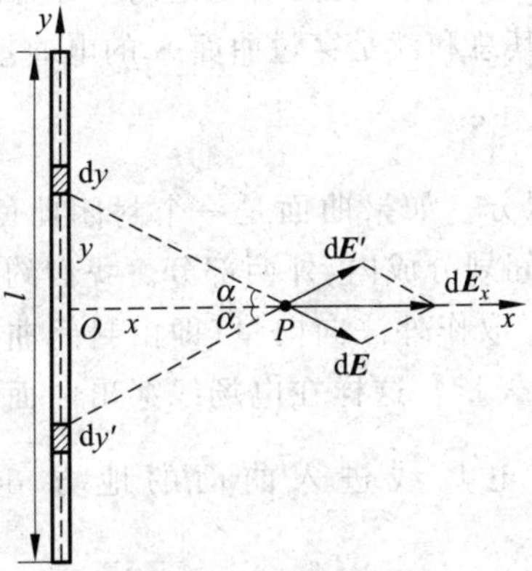

图 4-8　例 4.3 用图

图 4-9　无限长均匀带电棒周围的电场分布

由以上例题可见，在电荷分布已知的条件下，原则上可以应用点电荷场强公式和场强叠加原理计算出任意带电体的场强分布。当电荷分布具有一定对称性时，进行对称性的分析往往会简化计算。

4.2.1.3　电通量　真空中的高斯定理

1. 电通量

我们把电场中穿过任意曲面的电场线的条数称为穿过该面的电通量，用 Φ_e 表示。我们已知，在电场线画法的规定中，穿过面元 $\mathrm{d}S_\perp$ 的电场线条数 $\mathrm{d}N$ 满足 $E=\frac{\mathrm{d}N}{\mathrm{d}S_\perp}$，$\mathrm{d}N=E\mathrm{d}S_\perp$ 就是垂直于电场强度的方向上面元 $\mathrm{d}S_\perp$ 的电通量。改用 $\mathrm{d}\Phi_e$ 表示 $\mathrm{d}N$，得 $\mathrm{d}\Phi_e=E\mathrm{d}S_\perp$。对于电场中的任意场点处的一个面元 $\mathrm{d}S$，一方面由于它非常小而可以被看作是一个平面元，另一方面为了表示它在场点处的方位，在它的法线上赋予它一个方向，即有 $\mathrm{d}\boldsymbol{S}=\mathrm{d}S\boldsymbol{e}_n$，$\boldsymbol{e}_n$ 为其法线单位矢量。如果 $\mathrm{d}\boldsymbol{S}$ 的法线单位矢量 $\boldsymbol{e}_n$ 与场点 $\boldsymbol{E}$ 的夹角为 θ，那它在垂直于此点电场强度的方向上的投影 $\mathrm{d}S_\perp=\mathrm{d}S\cos\theta$。因 $\mathrm{d}\boldsymbol{S}$ 上的场可以看作均匀场，通过 $\mathrm{d}S_\perp$ 的电通量就是通过面元 $\mathrm{d}\boldsymbol{S}$ 的电通量，如图 4-10(a)所示，有

$$\mathrm{d}\Phi_e=E\mathrm{d}S_\perp=E\mathrm{d}S\cos\theta=\boldsymbol{E}\cdot\mathrm{d}\boldsymbol{S}\tag{4-7}$$

因为 $\mathrm{d}\boldsymbol{S}$ 的法线单位矢量 $\boldsymbol{e}_n$ 的指向有两种选择，$\boldsymbol{e}_n$ 与场点 $\boldsymbol{E}$ 的夹角 θ 有两种可能，即 $\theta<\pi/2$

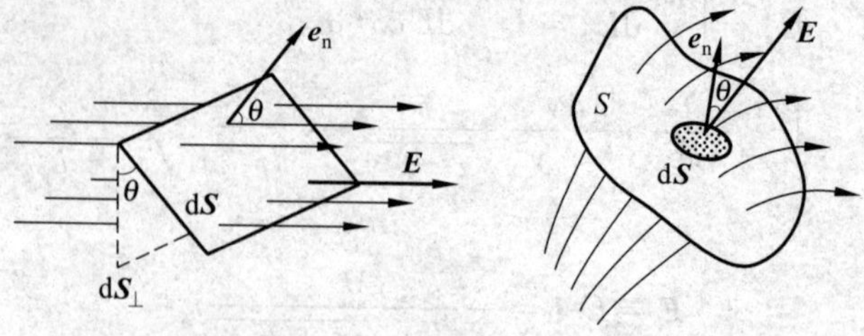

(a) (b)

图 4-10 电通量

和 $\theta>\pi/2$。对于 $\theta<\pi/2$ 有 $\mathrm{d}\Phi_e>0$，对于 $\theta>\pi/2$ 有 $\mathrm{d}\Phi_e<0$。

为了求出通过任意曲面 S 的电通量，可将曲面 S 分割成许多小面元，如图 4-10(b)所示，并选取所有面元的法线正方向(即 $\boldsymbol{e}_n$)指向曲面的同一侧。先计算通过每一个小面元的电通量，然后把整个 S 面上所有面元的电通量相加，其总和就是穿过曲面 S 的电通量。即

$$\Phi_e=\int \mathrm{d}\Phi_e=\int_S \boldsymbol{E}\cdot \mathrm{d}\boldsymbol{S} \tag{4-8}$$

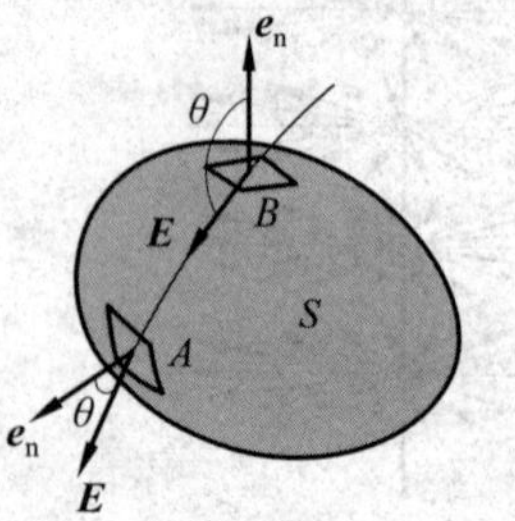

图 4-11 穿过闭合曲面的电通量

是对整个曲面的面积分。如果曲面是一个封闭曲面，如图 4-11 所示，把整个空间划分成内、外两部分。我们约定封闭曲面上每个面元的 $\boldsymbol{e}_n$ 取作外法向向量(即由封闭曲面内部指向曲面外部的法线矢量)，这样在电场线穿出曲面的地方 $\mathrm{d}\Phi_e>0\left(\theta<\dfrac{\pi}{2}\right)$，在电场线进入曲面的地方 $\mathrm{d}\Phi_e<0\left(\theta>\dfrac{\pi}{2}\right)$。通过封闭曲面 S 的电通量为其各面元上电通量的代数和，有

$$\Phi_e=\oint_S \boldsymbol{E}\cdot \mathrm{d}\boldsymbol{S} \tag{4-9}$$

数学上是沿封闭曲面的面积分。

例 4.4 在点电荷 q 的电场中，

(1) 在图 4-12(a)中，求通过包围点电荷 q 的半径为 r 的同心球面 S 的电通量；

(2) 在图 4-12(a)中，求通过包围点电荷 q 任意闭合曲面 S' 的电通量；

(3) 在图 4-12(b)中，求通过半径为 R 的圆形平面的电通量。图中 q 处在垂直于该平面的通过圆心 O 的轴线上 A 点处，距 O 点的距离为 x。

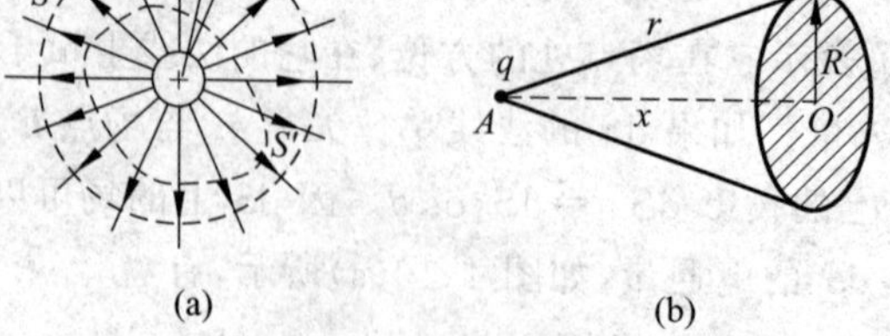

(a) (b)

图 4-12 例 4.4 用图

解　(1) 球面 S 上每点由 q 产生的场强由(4-3)式的点电荷公式给出，为

$$\boldsymbol{E}=\frac{1}{4\pi\varepsilon_0}\frac{q}{r^2}\boldsymbol{e}_r$$

球面 S 上每点场强大小都相等，方向沿矢径 $\boldsymbol{r}$ 的方向且与球面 S 处处垂直。取面元 $\mathrm{d}\boldsymbol{S}$，通过面元 $\mathrm{d}\boldsymbol{S}$ 的电通量为

$$\mathrm{d}\Phi_{\mathrm{e}}=\boldsymbol{E}\cdot\mathrm{d}\boldsymbol{S}=E\mathrm{d}S=\frac{q}{4\pi\varepsilon_0 r^2}\mathrm{d}S$$

所以，通过以 q 为中心、半径为 r 的同心球面的电通量为

$$\Phi_{\mathrm{e}}=\oint_S\boldsymbol{E}\cdot\mathrm{d}\boldsymbol{S}=\oint_S\frac{q}{4\pi\varepsilon_0 r^2}\mathrm{d}S=\frac{q}{4\pi\varepsilon_0 r^2}\oint_S\mathrm{d}S=\frac{q}{\varepsilon_0}$$

只与包围的电荷 q 有关，而与半径 r 无关，故通过包围电荷 q 的所有同心球面的电通量都为 q/ε_0。

(2) 由于从点电荷发出的电场线连续延伸到无限远，并且又无其他电荷存在，穿过图中曲面 S'的电场线的条数也就是穿过包围同一点电荷 q 的同心球面 S 的电场线条数。所以，通过包围点电荷 q 任意闭合曲面 S'的电通量也为$\dfrac{q}{\varepsilon_0}$。

(3) 同样由于电场线的连续性，通过半径为 R 的圆平面的电通量应等于通过以该圆平面为底的球冠的电通量。球冠的面积为

$$\Delta S=2\pi r(r-x)$$

式中，$(r-x)$为球冠的拱高。由于通过以 q 为中心、半径为 r 的球面的电场线条数为$\dfrac{q}{\varepsilon_0}$，它们都均匀地分布在 $4\pi r^2$ 的球面上，所以穿过面积为 $\Delta S=2\pi r(r-x)$的球冠上的电场线条数即所求电通量，为

$$\Delta\Phi_{\mathrm{e}}=\frac{2\pi r(r-x)}{4\pi r^2}\frac{q}{\varepsilon_0}=\frac{q}{2\varepsilon_0 r}(r-x)$$

例 4.5　一点电荷 q 位于一边长为 a 的立方体中心，(1)求通过立方体任一面的电通量；(2)如果把电荷移到立方体的一个顶角上，通过立方体每一个面的电通量又是多少？

解　(1) 例 4.4 已给出在点电荷 q 的电场中，通过包围点电荷 q 任意闭合曲面的电通量是$\dfrac{q}{\varepsilon_0}$。即穿过包围点电荷 q 的立方体的总电通量为$\dfrac{q}{\varepsilon_0}$，而立方体六个面的情况是一样的，所以穿过其任一面的电通量为

$$\Delta\Phi_{\mathrm{e}}=\frac{q}{6\varepsilon_0}$$

(2) 对于与 q 相接的 3 个平面，电场线在平面内，没有电场线穿进或穿出，所以通过它们的电通量都为零。对于不相接的另外 3 个平面的电通量，可设想在 q 下面拼接 3 个同样的立方体，在上面拼接同样的 4 个立方体，使 q 位于 8 个小立方体的中心。因此，通过与 q 不相接的 3 个平面的电通量分别为

$$\Delta\Phi_{\mathrm{e}}=\frac{q}{24\varepsilon_0}$$

2. 真空中的高斯定理

例 4.4 给出在点电荷 q 的电场中，通过包围点电荷 q 的任意闭合曲面的电通量是

$$\Phi_e=\oint_S \boldsymbol{E}\cdot d\boldsymbol{S}=\frac{q}{\varepsilon_0}$$

如果是一个不包围点电荷 q 的闭合曲面 S，如图 4-13(a)所示，由于电场线的连续性，穿进的电场线一定要穿出，穿进的电场线的条数等于穿出的电场线条数，亦即穿过闭合曲面 S 的电通量为零。有

$$\Phi_e=\oint_S \boldsymbol{E}\cdot d\boldsymbol{S}=0$$

而处于由多个电荷组成的电荷系电场中的闭合曲面 S，如图 4-13(b)所示，每个面元 $d\boldsymbol{S}$ 上的电场强度 $\boldsymbol{E}$ 是各个电荷产生的电场 $\boldsymbol{E}_1,\boldsymbol{E}_2,\boldsymbol{E}_3,\boldsymbol{E}_4$ 的叠加，即 $\boldsymbol{E}=\boldsymbol{E}_1+\boldsymbol{E}_2+\boldsymbol{E}_3+\boldsymbol{E}_4$，通过闭合曲面 S 的电通量为

$$\begin{aligned}\Phi_e&=\int_S \boldsymbol{E}\cdot d\boldsymbol{S}=\int_S(\boldsymbol{E}_1+\boldsymbol{E}_2+\boldsymbol{E}_3+\boldsymbol{E}_4)\cdot d\boldsymbol{S}\\&=\int_S \boldsymbol{E}_1\cdot d\boldsymbol{S}+\int_S \boldsymbol{E}_2\cdot d\boldsymbol{S}+\int_S \boldsymbol{E}_3\cdot d\boldsymbol{S}+\int_S \boldsymbol{E}_4\cdot d\boldsymbol{S}\\&=\Phi_1+\Phi_2+\Phi_3+\Phi_4\end{aligned}$$

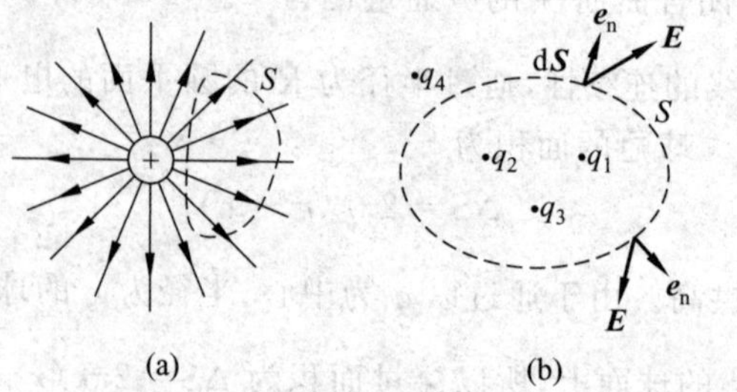

图 4-13　不包围电荷的闭合曲面与包围多个电荷的闭合曲面

由上面关于点电荷的结论，q_4 虽然对 S 面上的电场强度有贡献，但引起 S 面上的电通量为零($\Phi_4=0$)，所以 S 面上的电通量为

$$\Phi_e=\int_S \boldsymbol{E}\cdot d\boldsymbol{S}=\frac{q_1}{\varepsilon_0}+\frac{q_2}{\varepsilon_0}+\frac{q_3}{\varepsilon_0}=\frac{1}{\varepsilon_0}\sum_1^3 q_i$$

说明：**在真空中，通过任意闭合曲面 $\boldsymbol{S}$ 的电通量 $\boldsymbol{\Phi}_e$ 等于该曲面所包围的电荷的电量代数和 $\sum q_{int}$ 除以 $\boldsymbol{\varepsilon}_0$。**这个结论就是真空中静电场的高斯定理，它是电磁学基本定理之一，数学表达式为

$$\Phi_e=\oint_S \boldsymbol{E}\cdot d\boldsymbol{S}=\frac{1}{\varepsilon_0}\sum q_{int} \tag{4-10}$$

闭合曲面 S 通常叫作高斯面。

以库仑定律为基础，我们定义了电场强度 $\boldsymbol{E}$，从点电荷场强公式出发，我们得到了高斯定理的数学表示，可以说此过程是由库仑定律直接导出了高斯定理。当然，从高斯定理也可导出库仑定律，见例题 4.6(1)。因此，在不随时间变化的静电场中它们是等价的。库仑定律只适用于静电场，而高斯定理可以推广到变化的电场中，它是麦克斯韦方程组的组成部分。比如，不管高斯面内的电荷是静止的还是运动的，高斯面上都有电通量，说明面内电荷发出或汇集电场线，是电场线的源头或尾间，电场是有源场；而高斯面上的通量等于面内电荷的

$1/\varepsilon_0$ 倍，说明高斯定理把电场和产生场的源电荷联系在了一起，是反映它们之间关系的重要规律。

例 4.6　(1)由高斯定理求静止点电荷 q 在自由空间内(真空中)的电场分布；(2)求半径为 R、带电量为 $+Q$ 的均匀带电球面内外的场强分布。

解　(1) 由于点电荷具有以自身为中心的球对称分布，因此它的电场分布也具有以 q 为中心的球对称性。因此，取以 q 为中心、半径为 r 的闭合球面 S 为高斯面，高斯面上每点的场强都相等，其方向沿矢径 $\boldsymbol{r}$ 的方向且与球面 S 处处垂直。通过高斯面 S 的电通量为

$$\Phi_e=\oint_S \boldsymbol{E}\cdot \mathrm{d}\boldsymbol{S}=\oint_S E\mathrm{d}S=E\oint_S \mathrm{d}S=E4\pi r^2$$

高斯面内包围的电荷为 q，高斯定理给出

$$E4\pi r^2=q/\varepsilon_0$$

得

$$E=\frac{q}{4\pi\varepsilon_0 r^2}$$

考虑到方向，点电荷 q 在自由空间内的电场分布为

$$\boldsymbol{E}=\frac{q}{4\pi\varepsilon_0 r^2}\boldsymbol{e}_r$$

这就是点电荷的场强公式。如果把另一点电荷 q_0 放在距 q 为 r 的一点上，它所受到的库仑力为 $\boldsymbol{F}_e=q_0\boldsymbol{E}=\dfrac{qq_0}{4\pi\varepsilon_0 r^2}\boldsymbol{e}_r$，这就是库仑定律。

(2) 同样，均匀带电球面的电荷分布也具有以自身球心为中心的球对称性，它在自由空间一定产生以球心为中心的球对称性电场。因此，取通过空间任意点 P 并与带电球面同心的、半径为 r 的球面为高斯面，如图 4-14 中虚线所示(一个表示在带电球面内部，一个在带电球面外部)。在高斯面上各处场强大小相等，方向与各处面元的外法向一致，所以穿过半径为 r 的高斯上的电通量为

$$\Phi_e=\oint_S \boldsymbol{E}\cdot \mathrm{d}\boldsymbol{S}=\oint_S E\mathrm{d}S=E\oint_S \mathrm{d}S=4\pi r^2 E$$

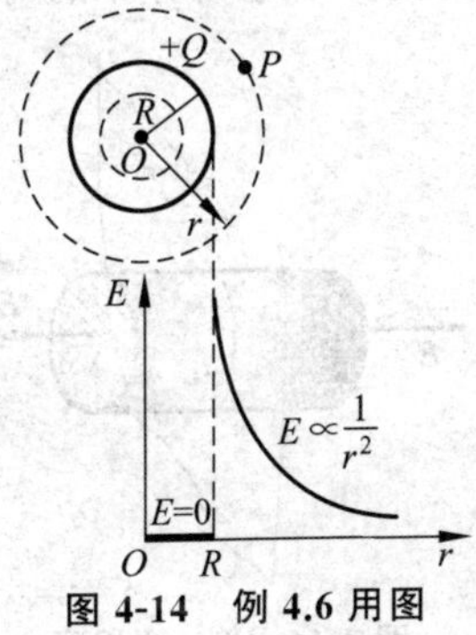

图 4-14　例 4.6 用图

当 P 点在球面外时，$r>R$，高斯面包围了球面上的所有电荷 Q；当 P 点在球面内时，$r<R$，高斯面内没有电荷。根据静电场的高斯定理，有

$$\Phi_e=4\pi r^2 E=\begin{cases}Q/\varepsilon_0, & r>R\\ 0, & r<R\end{cases}$$

由此可得所求的场强大小分布为

$$E=\begin{cases}\dfrac{Q}{4\pi\varepsilon_0 r^2}, & r>R\\ 0, & r<R\end{cases}\tag{4-11}$$

这表明，均匀带电球面外部空间的电场，与球面上电荷全部集中在球心时形成的点电荷产生的电场一样，其方向沿矢径 $\boldsymbol{r}$ 的方向；而内部空间的场强处处为零。场强随半径的变化曲线也描绘在图 4-14 中。

例 4.7 求电荷线密度为$+\lambda$的无限长均匀带电直棒的电场强度分布。

解 由于电荷分布的轴对称性,其在自由空间产生的电场也具有轴对称性。考虑离直棒距离为r的场点P,该处的场强$\boldsymbol{E}$一定是垂直于直棒而沿径向,并且与直棒同轴圆柱面上的各点电场强度大小都相等。因此,作一个过P点以细棒为轴、底面半径为r、长为l的闭合圆柱面为高斯面,如图4-15所示。其侧面积$S_1=2\pi rl$。若上下底面分别以S_t,S_b表示,则该高斯面的电通量为

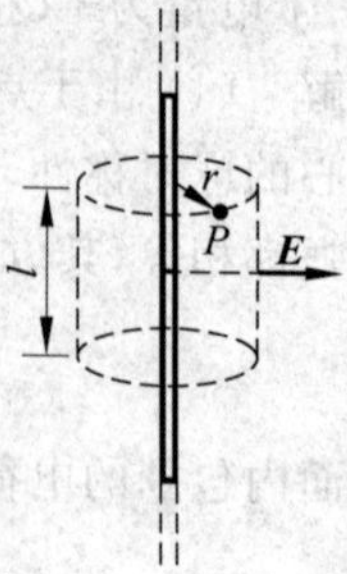

图 4-15 例 4.7 用图

$$\Phi_e=\oint_S \boldsymbol{E}\cdot d\boldsymbol{S}=\int_{S_1}\boldsymbol{E}\cdot d\boldsymbol{S}+\int_{S_t}\boldsymbol{E}\cdot d\boldsymbol{S}+\int_{S_b}\boldsymbol{E}\cdot d\boldsymbol{S}$$

由于上下底面法线方向与场强方向垂直,因此穿过上下底面的电通量为零,即上式中后两项面积分为零;而侧面外法线方向与场强方向一致,因此

$$\Phi_e=\int_{S_1}\boldsymbol{E}\cdot d\boldsymbol{S}=\int_{S_1}E\,dS=E\int_{S_1}dS=E2\pi rl$$

又高斯面内包围的电荷为λl,根据高斯定理,有

$$\Phi_e=E2\pi rl=\frac{\lambda l}{\varepsilon_0}$$

由此得P点场强大小为

$$E=\frac{\lambda}{2\pi\varepsilon_0 r}\tag{4-12}$$

场强$\boldsymbol{E}$垂直于直棒而沿径向。例4.3中我们曾从叠加原理得到了这样的结果。

例 4.8 求无限大均匀带电平面的电场分布,已知平面的电荷面密度为$+\sigma$。

解 由电荷分布的对称性可知电场分布具有面对称性,即平面两侧对称点处的场强大小相等;沿带电平面具有平移对称性,与带电平面平行平面上的场强应相等,场强方向应与带电平面垂直并指向两侧。因此,取一个轴垂直于带电平面的圆柱面为高斯面,且被带电平面平分,如图4-16所示。设圆柱面的两个底面面积为ΔS,由于其侧面的电通量为零,所以通过整个高斯面的电通量为

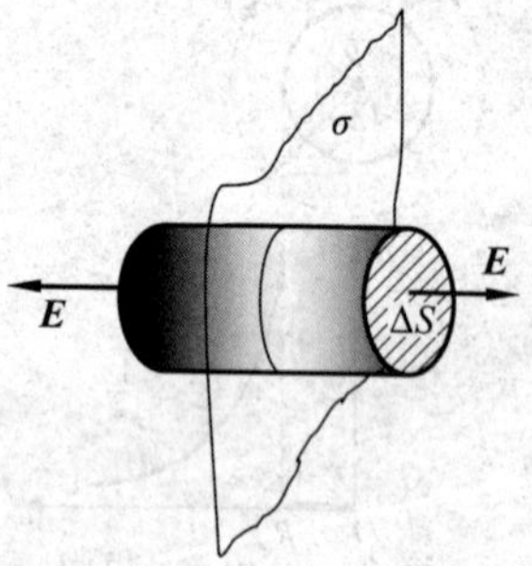

图 4-16 例 4.8 用图

$$\Phi_e=\oint_S \boldsymbol{E}\cdot d\boldsymbol{S}=2\int_{\Delta S}\boldsymbol{E}\cdot d\boldsymbol{S}=2\int_{\Delta S}E\,dS$$
$$=2E\int_{\Delta S}dS=2E\Delta S$$

圆柱面在带电面上截取的面积也为ΔS,因此圆柱面内包围的电量为$\sigma\Delta S$。根据高斯定理,有

$$\Phi_e=2E\Delta S=\frac{\sigma}{\varepsilon_0}\Delta S$$

得

$$E=\frac{\sigma}{2\varepsilon_0}\tag{4-13}$$

显然,无限大均匀带电平面两侧电场为均匀场,方向垂直于带电平面。

根据上述各例的分析,对于带电体电荷分布具有一定对称性的情况,利用高斯定理求场

强是很方便的。常见的对称性分布有三种：球对称（如均匀带电球体、球面、球壳等）、轴对称（无限长均匀带电圆柱体、圆柱面等）和面对称（无限大均匀带电平面、平板等）。直接利用高斯定理求解这些特定对称性电荷分布的场强时，关键是要对场分布的对称性进行分析，在此基础上选取合适的高斯面。对于不具有如上所述的特定对称性的电荷分布，高斯定理也成立，不过利用高斯定理不能直接求出它们的电场分布，只能利用点电荷场强公式和叠加原理进行计算，也许数学上会遇到些麻烦。

4.2.1.4　静电场的环路定理　电势

1. 静电力的功与静电场的环路定理

在力学中，两质点之间的一对万有引力是平方反比力，是保守力。同样，两个静止点电荷之间的一对库仑力也是平方反比力，它们也是保守力。如图 4-17 所示，在点电荷 Q 的静电场中放一个试验电荷 q_0，q_0 将受到电场力，有

$$\boldsymbol{F}=q_0\boldsymbol{E}=\frac{Qq_0}{4\pi\varepsilon_0 r^2}\boldsymbol{e}_r$$

其中，r 为 Q 与 q_0 之间的距离，$\boldsymbol{e}_r$ 为 Q 指向 q_0 的单位矢量。若 q_0 在 Q 的电场中经任意路径 L_1 由 a 点运动到 b 点，那么电场力 $\boldsymbol{F}$ 将做功

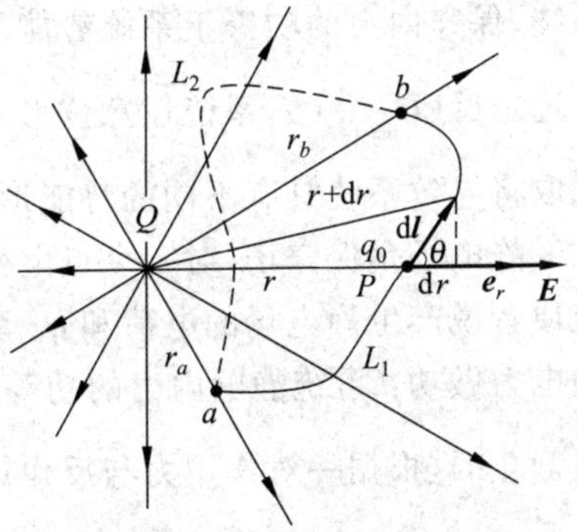

图 4-17　求静电力的功

$$A=\int_a^b\boldsymbol{F}\cdot\mathrm{d}\boldsymbol{l}=\int_a^b\frac{Qq_0}{4\pi\varepsilon_0 r^2}\boldsymbol{e}_r\cdot\mathrm{d}\boldsymbol{l}$$

$$=\int_a^b\frac{Qq_0}{4\pi\varepsilon_0 r^2}\cdot|\mathrm{d}\boldsymbol{l}|\cos\theta$$

因为 $|\mathrm{d}\boldsymbol{l}|\cos\theta=\mathrm{d}r$，所以有

$$A=\int_{r_a}^{r_b}\frac{Qq_0}{4\pi\varepsilon_0 r^2}\mathrm{d}r=\frac{Qq_0}{4\pi\varepsilon_0}\left(\frac{1}{r_a}-\frac{1}{r_b}\right)\tag{4-14}$$

因为 Q 静止，(4-14) 式给出的实际上也是 Q 与 q_0 间一对相互作用的静电力的功。

(4-14)式表明，在点电荷 Q 的静电场中，静电力对试验电荷所做的功与路径 L_1 无关，只与试验电荷的起点和终点位置有关，也就是只与 q_0、Q 的相对位置（位形）有关。如果试验电荷 q_0 经任意路径 L_2 又从 b 点运动回到 a 点，那么 q_0 受到的电场力（$\boldsymbol{F}=q_0\boldsymbol{E}$）在试验电荷 q_0 的一个环路（$L=L_1+L_2$）运动中做功将为零，即

$$A=\oint_L q_0\boldsymbol{E}\cdot\mathrm{d}\boldsymbol{l}=q_0\oint_{L_1}\boldsymbol{E}\cdot\mathrm{d}\boldsymbol{l}+q_0\oint_{L_2}\boldsymbol{E}\cdot\mathrm{d}\boldsymbol{l}$$

$$=\frac{Qq_0}{4\pi\varepsilon_0}\left(\frac{1}{r_a}-\frac{1}{r_b}\right)+\frac{Qq_0}{4\pi\varepsilon_0}\left(\frac{1}{r_b}-\frac{1}{r_a}\right)=0$$

得到 $\oint_L q_0\boldsymbol{E}\cdot\mathrm{d}\boldsymbol{l}=0$，静电力是保守力。因为 q_0 不为零，所以有

$$\oint_L\boldsymbol{E}\cdot\mathrm{d}\boldsymbol{l}=0\tag{4-15}$$

此式说明：静止点电荷的电场中，场强沿闭合环路的线积分 $\oint_L\boldsymbol{E}\cdot\mathrm{d}\boldsymbol{l}$（称为电场强度的环流）为零。该结论适用于任意带电体或电荷系产生的静电场，因为任何带电体或电荷系都可以看成是由点电荷或电荷元所组成，它们的静电场都可以看成是这些点电荷或电荷元产生

的电场的叠加。因为每个点电荷或电荷元电场中的电场强度的环流等于零,必然导致任意带电体或电荷系产生的静电场中的电场强度的环流等于零,即

$$\oint_L \boldsymbol{E}\cdot \mathrm{d}\boldsymbol{l}=\oint_L \boldsymbol{E}_1\cdot \mathrm{d}\boldsymbol{l}+\oint_L \boldsymbol{E}_2\cdot \mathrm{d}\boldsymbol{l}+\oint_L \boldsymbol{E}_3\cdot \mathrm{d}\boldsymbol{l}+\cdots=0$$

所以,(4-15)式是静电场的普遍规律,称为静电场的环路定理:**静电场中,场强沿任意闭合路径的线积分恒等于零**。它说明了静电场的性质:静电力所做的功与路径无关,静电场力是保守力,静电场是保守场;静电场的电场线是不能闭合的,因为沿闭合电场线的场强环流一定不会为零,说明静电场也是一个无旋场。

2. 电势——静电场描述之二(标量场)

(1) 电势能

在1.5.2节关于质点系的势能的论述中,(1-72)式给出了:对于一个有保守内力做功的系统,保守内力的功等于系统势能的减少量(增量的负值),$\boldsymbol{f}_c\cdot \mathrm{d}\boldsymbol{r}=-\mathrm{d}E_p$。当系统势能零点选定后($E_{p_0}=0$),系统任意位形 P 的势能为 $E_p=\int_P^{P_0}\boldsymbol{f}_c\cdot \mathrm{d}\boldsymbol{r}$。并说明不同的势能零点的选取将导致系统具有不同的势能形式,但并不影响系统任意两个位形所具有的势能差值。

静电场是保守场,对一个点电荷 q_0 的静电力是保守力,静电系统(静电场和电荷 q_0 系统或者说产生静电场的电荷和 q_0 系统)中可以引进静电势能(简称电势能)的概念,以量度静电力做功:系统静电内力的功等于系统电势能的减少量。不过,因为静电场的源电荷都是静止的,根据一对作用力与反作用力的功的特点,静电场对 q_0 做的功 $A=\int_L q_0\boldsymbol{E}\cdot \mathrm{d}\boldsymbol{l}$ 就是系统成对的静电内力的功。也正因为如此,为了方便,常把系统具有的相互作用所确立的电势能说成是电荷 q_0 在场中某空间点处所具有的电势能。电势能我们改用符号 W 表示。如果规定电荷 q_0 在场点 P_0 处的电势能为零($W_{P_0}=0$),电荷 q_0 在任意场点 P 的电势能就等于电荷 q_0 从 P 点移到电势能零点 P_0 时电场力做的功,为

$$W_P=q_0\int_P^{P_0}\boldsymbol{E}\cdot \mathrm{d}\boldsymbol{l} \tag{4-16}$$

电荷 q_0 在场中任意两点处具有的电势能之差为

$$W_{P_1}-W_{P_2}=q_0\int_{P_1}^{P_2}\boldsymbol{E}\cdot \mathrm{d}\boldsymbol{l} \tag{4-17}$$

即 q_0 从 P_1 点移到 P_2 点电场力做的功。

如图4-18所示,在静止电荷 Q 的电场中,如果选取 q_0 在无穷远时作为电势能的零点,则当 q_0 处于距 Q 为 r 的任意 P 点位置时的电势能为 $W_P=q_0\int_r^{\infty}\boldsymbol{E}\cdot \mathrm{d}\boldsymbol{l}$。由于电场力做功与路径无关,因此可选取最方便的沿图示的矢径的直线积分路径计算此电场力的功。有

$$W_P=q_0\int_r^{\infty}\boldsymbol{E}\cdot \mathrm{d}\boldsymbol{r}=q_0\int_r^{\infty}\frac{Q}{4\pi\varepsilon_0 r^2}\boldsymbol{e}_r\cdot \mathrm{d}\boldsymbol{r}=\frac{Qq_0}{4\pi\varepsilon_0}\int_r^{\infty}\frac{\mathrm{d}r}{r^2}=\frac{Qq_0}{4\pi\varepsilon_0 r}$$

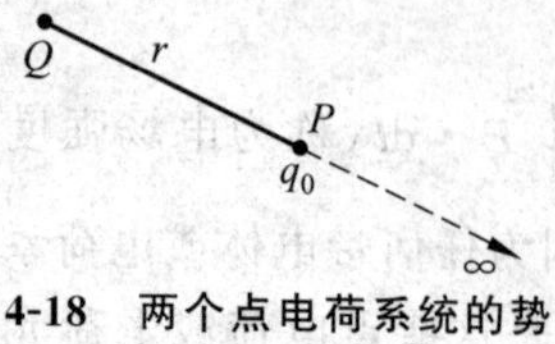

图4-18 两个点电荷系统的势能

也就是说,在选取了与 Q 距无穷远时作为系统电势能零点的条件下,我们得到了 q_0 距 Q 为 r 时系统的电势能为

$$W(r)=\frac{Qq_0}{4\pi\varepsilon_0 r} \tag{4-18}$$

$W(r)$ 的正负由 q_0,Q 的符号决定。在正电荷 Q 的电场

中，正的 q_0 具有正的电势能，越靠近 Q 电势能越大。在负电荷 Q 的电场中，正的 q_0 具有负的电势能，越远离 Q 电势能越大，无穷远时的电势能最大(为零)。

分布在有限空间内的 n 个点电荷组成的电荷系激发的静电场中，同样可选 q_0 距它们无穷远时作为系统电势能零点，当 q_0 处于场中任意点 P 时，其电势能由(4-16)式和场叠加原理得

$$W_P = q_0\int_P^{\infty}\boldsymbol{E}\cdot\mathrm{d}\boldsymbol{l} = q_0\int_P^{\infty}(\boldsymbol{E}_1+\boldsymbol{E}_2+\cdots+\boldsymbol{E}_n)\cdot\mathrm{d}\boldsymbol{l}$$
$$= q_0\int_P^{\infty}\boldsymbol{E}_1\cdot\mathrm{d}\boldsymbol{l} + q_0\int_P^{\infty}\boldsymbol{E}_2\cdot\mathrm{d}\boldsymbol{l} + \cdots + q_0\int_P^{\infty}\boldsymbol{E}_n\cdot\mathrm{d}\boldsymbol{l}$$

其中每一项都表示的是两个点电荷的相互作用能。由(4-18)式，得

$$W_P = \sum_i^n W_{Pi} = \sum_i^n \frac{Q_i q_0}{4\pi\varepsilon_0 r_i} \tag{4-19}$$

(4-19)式表明在点电荷系产生的电场中，在选择了一个电势能零点后，q_0 处于场中任意点 P 的电势能是各个点电荷单独存在时 q_0 的电势能的代数和。同样地，对于分布在有限空间内的任意电荷连续分布的带电体产生的静电场中，如果选取 q_0 在无穷远作为系统电势能零点，则 q_0 处于场中任意点 P 的电势能可写为

$$W_P = \int \mathrm{d}W = \int_Q \frac{\mathrm{d}Q\, q_0}{4\pi\varepsilon_0 r} \tag{4-20}$$

(2) 电势与电势差

电场力对电荷做功显示了电场的能量。我们从电场对电荷显示作用力的角度引进了电场强度来描述电场各空间点的性质，历史上又从电场力做功的角度引进了描述电场各空间点的性质的另一个重要物理量——电势。这样，同一个场点有两个物理量从不同的角度显示了电场的性质。

在规定了电势能零点后，上面(4-16)式给出电荷 q_0 在场点 P 的电势能。电势能是属于电荷 q_0 和场源电荷激发的整个电场系统的，而 $\frac{W_P}{q_0}$ 却是与 q_0 无关只与电场本身性质有关的量。定义 $\frac{W_P}{q_0}$ 作为描述电场各空间点的性质的物理量，称为电势，用 U 表示。在国际单位制中，其单位是 J/C，即为 V。电势能的零点也就是电势的零点，所以如果选定场点 P_0 处的电势为零($U_{P_0}=0$)，则由(4-16)式定义的任意场点 P 的电势为

$$U_P = \frac{W_P}{q_0} = \int_P^{P_0}\boldsymbol{E}\cdot\mathrm{d}\boldsymbol{l} \tag{4-21}$$

它是单位正电荷在场点 P 的电势能，相当于把单位正电荷从 P 点移到电势零点 P_0 时电场力的功。电荷 q_0 在场点 P 的电势能可用电势表示为：$W_P = q_0 U_P$。

同样由(4-17)式得到静电场中任意两点的电势差(电压)，有

$$U_{P_1} - U_{P_2} = \frac{W_{P_1}}{q_0} - \frac{W_{P_2}}{q_0} = \int_{P_1}^{P_2}\boldsymbol{E}\cdot\mathrm{d}\boldsymbol{l} \tag{4-22}$$

相当于把单位正电荷从 P_1 点移到 P_2 点时电场力的功。电荷 q_0 在场中任意两点处的电势能之差可用电势差表示为：$W_{P_1} - W_{P_2} = q_0(U_{P_1} - U_{P_2})$。

对于静止电荷 Q 的电场，如果选取 $U(r\to\infty)=0$，根据(4-18)式点电荷 Q 的电势分

布,有

$$U(r)=\frac{W(r)}{q_0}=\frac{Q}{4\pi\varepsilon_0 r} \tag{4-23}$$

相当于把单位正电荷从 r 处移到无穷远电场力做的功。同样,由于电荷的中心球对称性,点电荷的电势分布也具有中心球对称性。在正电荷的电场中,各点电势均为正值,离电荷越远,电势越低;在负电荷的电场中,各点电势均为负值,离电荷越远,电势越高。

分布在有限空间内的 n 个点电荷激发的静电场中,如果选取 $U(r\to\infty)=0$,任意点 P 的电势可表示成

$$U_P=\sum_{i=1}^{n}\frac{Q_i}{4\pi\varepsilon_0 r_i} \tag{4-24}$$

即在点电荷系的静电场中,任意场点的电势是各个点电荷单独存在时在该点产生的电势的代数和,这称为电势叠加原理。同样,对于分布在有限空间内的任意电荷连续分布的带电体的静电场中,如果选取 q_0 在无穷远作为系统电势零点,则场中任意点 P 的电势可写为

$$U_P=\int\frac{\mathrm{d}Q}{4\pi\varepsilon_0 r} \tag{4-25}$$

积分区间遍及整个带电体系。

在实际问题中,常常选大地作为电势(或电势能)零点。我们认为处理问题时,把大地作为电势零点和无穷远作为电势零点是等价的。

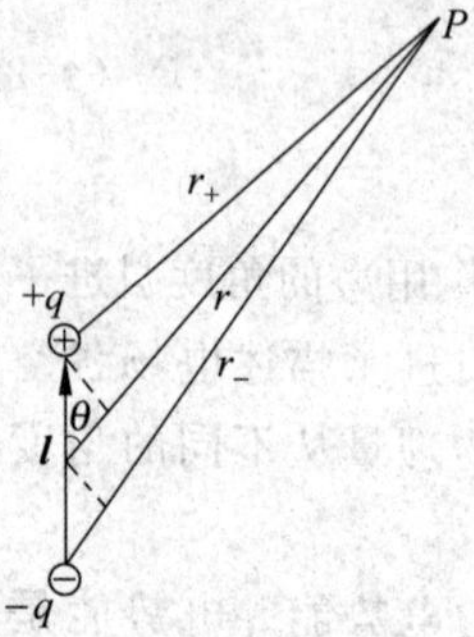

图 4-19 例 4.9 用图

例 4.9 求距电偶极子相当远的地方任一点的电势。设两电荷 $+q$,$-q$ 之间的距离为 l。

解 如图 4-19 所示。选取无穷远作为系统的电势零点,由(4-23)式,$\pm q$ 在场点 P 的电势分别为

$$U_+=\frac{q}{4\pi\varepsilon_0 r_+},\quad U_-=\frac{-q}{4\pi\varepsilon_0 r_-}$$

由电势叠加原理,电偶极子在 P 点的电势为

$$U=U_++U_-=\frac{q}{4\pi\varepsilon_0}\left(\frac{1}{r_+}-\frac{1}{r_-}\right) \tag{①}$$

由于 $r\gg l$,可进行近似计算,有

$$r_+\approx r-\frac{l}{2}\cos\theta,\quad r_-\approx r+\frac{l}{2}\cos\theta,\quad r_+r_-\approx r^2$$

代入①式,得

$$U=\frac{q}{4\pi\varepsilon_0}\frac{r_--r_+}{r_+r_-}\approx\frac{ql\cos\theta}{4\pi\varepsilon_0 r^2}$$

引入电矩 $\boldsymbol{p}_e=q\boldsymbol{l}$,则上述结果可表示成

$$U\approx\frac{\boldsymbol{p}_e\cdot\boldsymbol{r}}{4\pi\varepsilon_0 r^3} \tag{4-26}$$

式中,$\boldsymbol{r}$ 表示 P 点相对于电偶极子的位置矢量。

例 4.10 求半径为 R、带电量为 $+Q$ 的均匀带电球面内外的电势分布。

解 由例 4.6 知,均匀带电球面内外的场强为

$$E=\begin{cases}\dfrac{Q}{4\pi\varepsilon_0 r^2}, & r>R\\ 0, & r<R\end{cases}$$

球面外场强方向沿径矢方向。设无限远处为电势零点,根据(4-21)式,球面外任一点 P 的电势为

$$U=\int_P^{\infty}\boldsymbol{E}\cdot \mathrm{d}\boldsymbol{l}=\int_r^{\infty}E\mathrm{d}r=\int_r^{\infty}\frac{Q}{4\pi\varepsilon_0 r^2}\mathrm{d}r=\frac{Q}{4\pi\varepsilon_0 r}$$

球面内任一点 P 的电势为

$$U=\int_P^{\infty}\boldsymbol{E}\cdot \mathrm{d}\boldsymbol{l}=\int_r^{R}E\mathrm{d}r+\int_R^{\infty}E\mathrm{d}r$$
$$=0+\int_R^{\infty}\frac{Q}{4\pi\varepsilon_0 r^2}\mathrm{d}r=\frac{Q}{4\pi\varepsilon_0 R}$$

概括起来,均匀带电球面内外的电势分布可写成

$$U(r)=\begin{cases}\dfrac{Q}{4\pi\varepsilon_0 r}, & r>R\\ \dfrac{Q}{4\pi\varepsilon_0 R}, & r\leqslant R\end{cases}$$

如图 4-20 所示。均匀带电球面内部各点的电势相等,为一等势区,外部电势相当于全部电荷都集中在球心时作为一个点电荷在该点产生的电势。电势在该球面处连续。

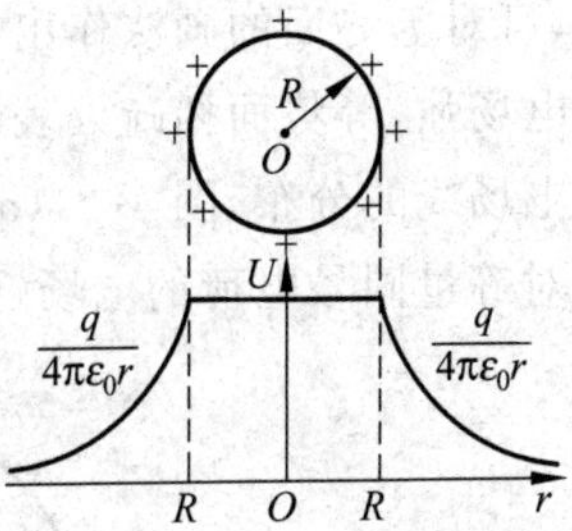

图 4-20 例 4.10 用图

3. 电场强度与电势的关系

(1) 电场强度与电势的关系

电场中空间某一点的电场强度(矢量)与电势(标量)是从两种角度对该点场性质的描述,它们当然存在某种关系。电势定义(4-21)式的微分形式为

$$\mathrm{d}U=-\boldsymbol{E}\cdot \mathrm{d}\boldsymbol{l} \tag{4-27}$$

$\mathrm{d}U$ 是微分量,是电势的增量。此式说明在单位正电荷的一个元位移 $\mathrm{d}\boldsymbol{l}$ 中静电力的功等于系统电势能增量的负值。因为沿电场线 $\boldsymbol{E}\cdot \mathrm{d}\boldsymbol{l}=E\mathrm{d}l$ 一定大于零,所以有 $\mathrm{d}U<0$,电势降低,即说明沿电场线方向一定是电势降低的方向。

在直角坐标系中,$U=U(x,y,z)$是 x,y,z 的多元函数,而 $\boldsymbol{E}=E_x\boldsymbol{i}+E_y\boldsymbol{j}+E_z\boldsymbol{k}$,元位移可写为 $\mathrm{d}\boldsymbol{l}=\mathrm{d}x\boldsymbol{i}+\mathrm{d}y\boldsymbol{j}+\mathrm{d}z\boldsymbol{k}$,所以有

$$-\mathrm{d}U=E_x\mathrm{d}x+E_y\mathrm{d}y+E_z\mathrm{d}z$$

根据多元函数全微分概念,有

$$E_x=-\frac{\partial U}{\partial x},\quad E_y=-\frac{\partial U}{\partial y},\quad E_z=-\frac{\partial U}{\partial z} \tag{4-28}$$

即场中某点电场强度沿坐标轴方向的分量等于此点电势分别沿坐标轴方向变化率的负值,负号表示的是电场分量的方向。(4-28)式合在一起可用矢量表示为

$$\boldsymbol{E}=-\left(\frac{\partial U}{\partial x}\boldsymbol{i}+\frac{\partial U}{\partial y}\boldsymbol{j}+\frac{\partial U}{\partial z}\boldsymbol{k}\right)=-\nabla U \tag{4-29}$$

∇U 是该点电势的梯度,(4-29)式是场中某点的电场强度与该点处电势的微分关系。

例 4.11 在某电场中,电势分布的解析式为 $U(x)=\dfrac{A}{a+x}$,其中 A,a 为常数。求 $x=b$ 处的电场强度。

解 因为电势分布的解析式只是 x 的单元函数,所以根据(4-28)式有

$$E_x=-\frac{\mathrm{d}U}{\mathrm{d}x}=\frac{A}{(a+x)^2},\quad E_y=-\frac{\partial U}{\partial y}=0,\quad E_z=-\frac{\partial U}{\partial z}=0$$

所以有 $\boldsymbol{E}=E_x\boldsymbol{i}$。$x=b$ 处的电场强度为

$$\boldsymbol{E}=\frac{A}{(a+b)^2}\boldsymbol{i}$$

(2) 等势面

我们用电场线来描述电场中的场强分布,用等势面来形象地描述电场中的电势分布。所谓等势面,就是电场中电势相同的点组成的曲面。

因为在等势面上从任意一点出发的任意方向上元位移中电势增量都为零,有 $\mathrm{d}U=-\boldsymbol{E}\cdot\mathrm{d}\boldsymbol{l}=0$,两矢量的标积为零,说明 $\boldsymbol{E}\perp\mathrm{d}\boldsymbol{l}$,也就是说等势面与电场线处处正交,且场强总是指向等势面的电势降低的方向。为了使等势面能够像电场线一样用疏密表示场的强弱,可对等势面的画法作出规定:相邻等势面的电势差都相等。这样,等势面密集处表示此处电场强,等势面稀疏处表示此处电场较弱。图 4-21 画出了几种电场的等势面(实线表示)和电场线的分布,图 4-21(a)是正电荷的电场,图 4-21(b)是均匀电场,图 4-21(c)表示的是一对等量同号电荷的电场,而图 4-21(d)是一对等量异号电荷的电场。

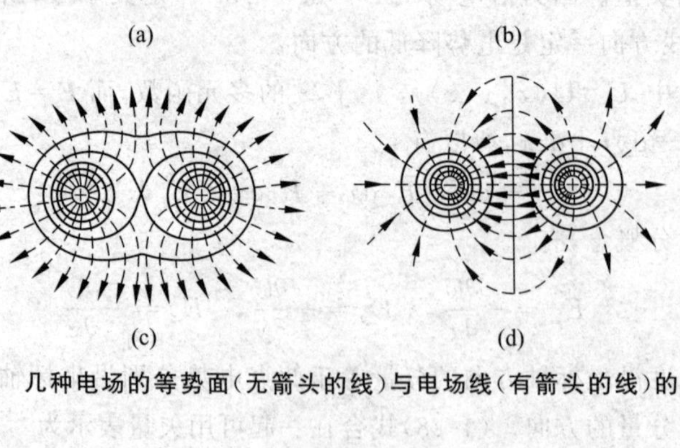

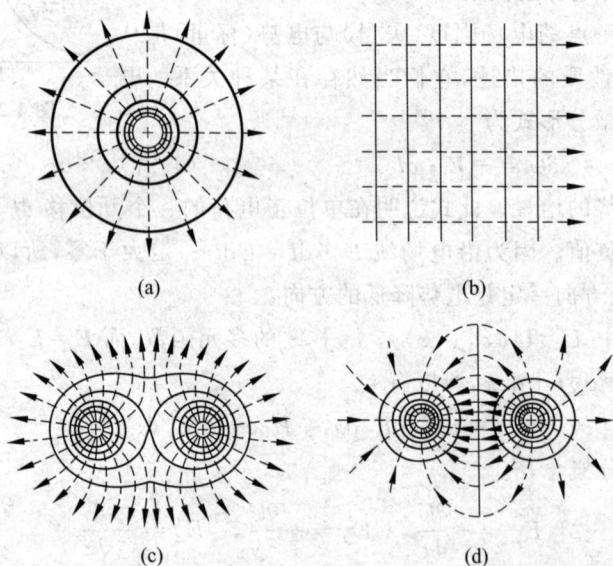

图 4-21 几种电场的等势面(无箭头的线)与电场线(有箭头的线)的分布

4.2.2 有导体存在时的静电场

4.2.2.1 导体的静电平衡

从物质的电结构来看，金属导体具有带负电的自由电子和带正电的晶体点阵。当导体不带电、也不受外电场的作用时，自由电子的负电荷和点阵所带正电荷的电效应相互抵消，导体呈电中性。尽管自由电子在导体内不断地作无规则的热运动，但不会在导体内形成宏观上的定向运动。一般地说，无论导体是否带电或是否受外电场的作用，只要导体内部和表面上任何一部分都没有宏观电荷运动，我们就说导体处于静电平衡状态。导体处于静电平衡的条件是：

(1) 导体内部场强处处为零，即导体是等势体。

(2) 导体表面紧邻处的电场强度垂直于导体表面，即导体表面是一个等势面。

如果导体内部有一点场强不为零，该点的自由电子就要在电场力作用下作宏观定向运动，就不是静电平衡，所以导体内部场强处处为零。导体内部场强处处为零，必然导致在导体内的任何位移 $\mathrm{d}\boldsymbol{l}$ 上都有 $\mathrm{d}U=-\boldsymbol{E}\cdot\mathrm{d}\boldsymbol{l}=0$，即静电平衡的导体是一个等势体。电场强度也不能有沿导体表面的分量，否则自由电子将沿表面作定向运动，所以导体表面紧邻处的电场强度垂直于导体表面。电场强度沿导体表面的分量为零，必然导致沿表面任意方向上的位移 $\mathrm{d}\boldsymbol{l}$ 上都有 $\mathrm{d}U=-\boldsymbol{E}\cdot\mathrm{d}\boldsymbol{l}=0$，即静电平衡的导体表面是一个等势面。

4.2.2.2 静电平衡导体上的电荷分布与电场的定性分析

根据导体静电平衡条件，利用高斯定理或通过实验，我们可以得出处于静电平衡导体上的电荷分布规律。同时，依据高斯定理和环路定理，利用导体静电平衡条件、电荷守恒以及电场线形象工具可以对有导体存在时的电场进行定性分析。

1. 实心导体的电荷分布在表面

如图 4-22(a)所示，围绕处于静电平衡导体内的任一点 P 作一闭合曲面 S 为高斯面，因为 S 上每点的场强为零，所以通过此闭合曲面的通量为零；根据高斯定理，闭合曲面 S 内电荷代数和一定为零。由于 P 是导体内任意一点，闭合曲面 S 又可以任意地小，所以 S 内电荷代数和为零意味着整个导体内部各处净电荷为零，亦即电荷只能分布在表面上。

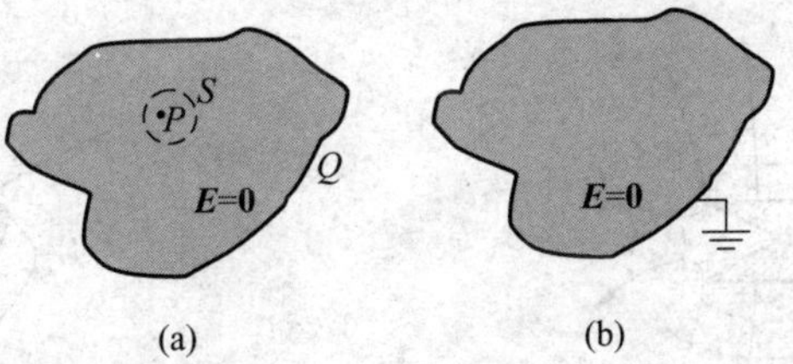

图 4-22 静电平衡实心导体的电荷分布与电场

(a) 导体内无净电荷；(b) 导体不再带电

(1) 接地效应

大地是一个很大的导体，从它身上取走一点电荷或给它增加一点电荷都不会影响大地的电势。导体接地意味着导体与大地等电势(为零)。如果把图 4-22(a)所示的导体接地，为保障接地导体的电势为零，导体表面上不应再有任何电荷，如图 4-22(b)所示。假若表面某处还存有一正电荷,此电荷必发出电场线,此电场线必须有终结之处。终结之处不能是自身,这违背了环路定理;因沿电场线是电势降低的方向,导体表面是等势面的静电平衡条件说明此电场线不能终结在表面上另一处;而且它也不能终结在大地和无穷远处,因为导体和大地以及无穷远是等电势(为零)。无终结之处,说明此电场线不能存在,亦即图中的接地导体表面上每处都不再带有净电荷。

(2) 静电感应现象

把静电平衡导体放入静电外场时,无论导体原来是否带电,导体中的自由电子都将在电场力的作用下作宏观运动,引起导体表面电荷的重新分布;导体表面电荷的重新分布又会影响外电场。这种相互作用一直持续到新的静电平衡建立为止,即导体上新电荷的分布是稳定的,空间新电场是不随时间变化的静电场。这个过程时间非常短,可以说导体一放入静电场,新的平衡就得以建立。在外场作用下,引起导体上电荷重新分布的现象称为静电感应现象。例如,把一不带电的金属球放在一均匀电场 $\boldsymbol{E}_0$ 中,如图 4-23 所示,导体左端表面出现负电荷,因电荷守恒其右端表面一定出现等量正电荷(缺少电子),这等量异号电荷叫感应电荷。分布在有限空间的感应电荷不会对远处均匀电场 $\boldsymbol{E}_0$ 的场源电荷分布造成多大影响,所以感应电荷在导体内部产生的电场 $\boldsymbol{E}'$ 一定是和 $\boldsymbol{E}_0$ 大小相等、方向相反的均匀电场,二者相消叠加使导体内部场强为零。又因电场线一定和导体的等势表面垂直,所以感应电荷的存在使得 $\boldsymbol{E}_0$ 的电场线在金属球周围附近发生弯曲而形成了非均匀场,如图 4-23 所示。

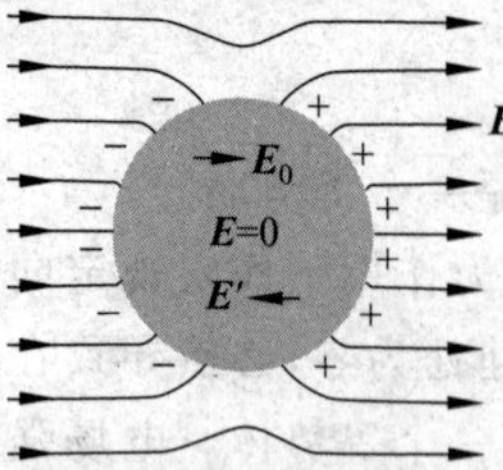

图 4-23 处于均匀电场中的导体球

(3) 尖端放电现象

静电平衡导体的电荷只能分布在表面,可是要定量表示出这表面电荷的分布是非常困难的,因为它不仅与导体本身形状有关,而且还与周围环境有关。实验表明,对于孤立的带电导体来说,它的表面电荷分布大致遵循这样的定性规律:导体表面突出而尖锐的地方,曲率较大,电荷面密度较大;导体表面较平坦的地方,曲率较小,电荷面密度较小;导体表面凹陷处,曲率为负,电荷面密度更小。图 4-24 是由实验测得的有尖端的带电导体表面的电荷密度、等势面(虚线)、电场线(实线)的分布情况。

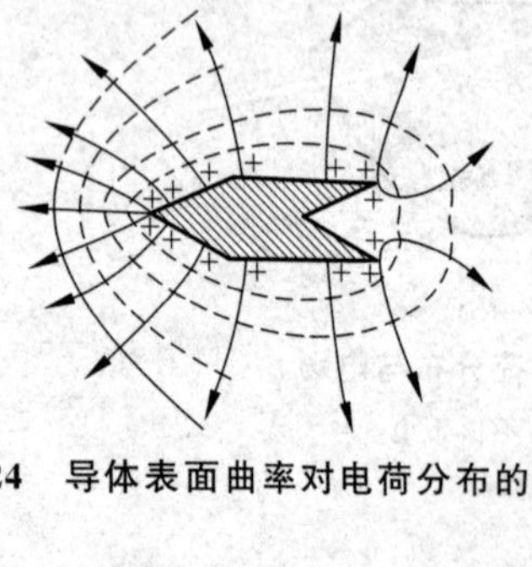
图 4-24 导体表面曲率对电荷分布的影响

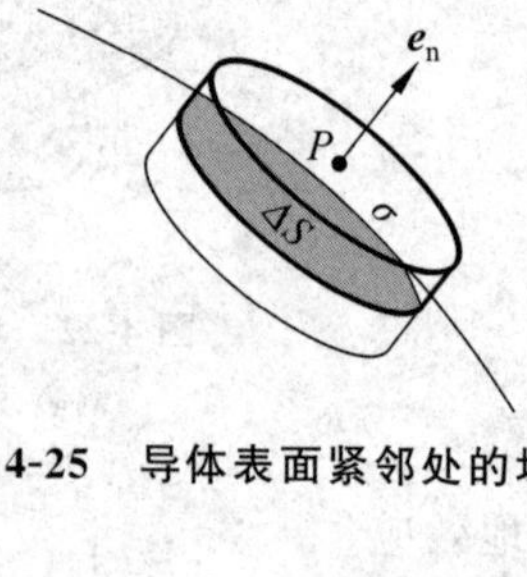

图 4-25 导体表面紧邻处的场强

① 导体外紧邻处一点的电场强度

如图 4-25 所示,在导体表面紧邻处任取一点 P,取一扁的圆柱面作为高斯面,圆柱面上底过 P 点,下底在导体内部。使圆柱面在导体表面上截取的面元 ΔS 足够小,可认为它是一个小平面，并且是有着均匀电荷分布的与圆柱面上下底面平行的一个小平面，它的外侧紧邻处的场强 $\boldsymbol{E}$ 也可认为是均匀的，平行于侧面而垂直于导体表面。由于导体内部场强为零，且表面附近场强与导体表面垂直，如设 ΔS 的电荷面密度为 σ，由高斯定理

$$\oint_S \boldsymbol{E}\cdot \mathrm{d}\boldsymbol{S}=\int_{\text{上底}\Delta S}\boldsymbol{E}\cdot \mathrm{d}\boldsymbol{S}=\int_{\text{上底}\Delta S}E\,\mathrm{d}S=E\Delta S=\sigma\Delta S/\varepsilon_0$$

得到导体表面上各处的电荷面密度 σ 与对应的紧邻导体外一点的电场强度大小 E 的关系为

$$\sigma=\varepsilon_0 E \tag{4-30}$$

考虑到 σ 的正负与场强方向，导体表面外紧邻处一点的场强可写为

$$\boldsymbol{E}=\frac{\sigma}{\varepsilon_0}\boldsymbol{e}_{\mathrm{n}} \tag{4-31}$$

$\boldsymbol{e}_{\mathrm{n}}$ 为 ΔS 的外法线方向。应该注意的是，(4-31)式中的场强是空间所有电荷产生的总场强，而并非仅仅由场点附近导体表面上的电荷产生。

② 尖端放电现象

由于尖端附近的电荷面密度较大，根据(4-31)式，尖端附近的电场较强。当尖端附近的场强随电荷面密度的增大而大到一定量值(超过空气的击穿场强)时，空气中原有的残存带电粒子(电子或离子)在强电场作用下就有可能获得足够大的动能，以致它们和空气分子碰撞时能使空气分子发生电离(离解成电子和带正电的离子)。这样，在强电场作用下获得能量的带电粒子会越来越多，会使越来越多的空气分子发生电离。与尖端上电荷异号的带电粒子因受尖端吸引而移近尖端，与尖端上的电荷中和；与尖端上电荷同号的带电粒子则被排斥，加速离开尖端，形成一股“电风”，好像它们是从尖端被“喷射”出来的一样，所以把这种现象叫作尖端放电。图 4-26 是“电风”把附近的蜡烛火焰吹向背离尖端方向的演示实验。

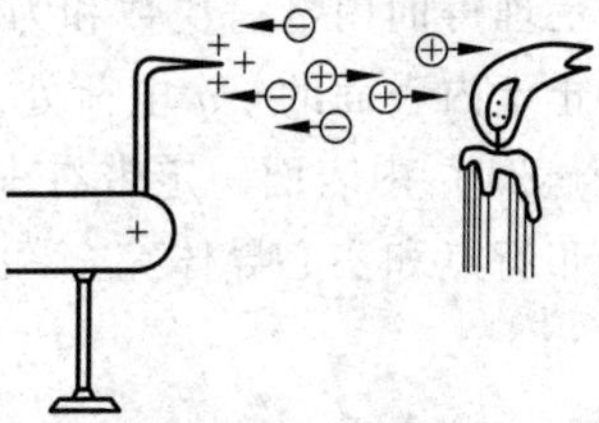

图 4-26　“电风”

阴雨潮湿天气常常在高压输电线周围会看到淡蓝色辉光，这是由于输电线附近的带电粒子与空气分子碰撞时，使分子处于激发状态而产生光辐射，这种平稳无声的放电称为电晕现象。如果某处高压输电线周围附近的场强很强，放电就会以爆裂的火花形式出现。高压输电线附近的放电会浪费许多电能，所以要求高压输电线的表面极为光滑和均匀，具有高电压的零部件尽可能做成光滑的球面。

尖端放电效应的应用范围很广，避雷针是利用尖端放电最常见的例子。当带电云层接近地面时，由于静电感应会使地面物体带异号电荷，随着电荷的积累，云层与地面间产生强电场，击穿空气，火花放电，这就是雷击现象。因地面感应电荷集中地分布在突出的物体(如高层建筑、大树等)上，雷击对它们的破坏危险性最大。为避免雷击，可在建筑物上安装避雷针，如图 4-27 所示，并用良导体使其与大地良好接触。当带电云层接近时，避雷针的尖端放电使空气电离，形成放电通道，使云地间电流通过良导体流入地下而避免了建筑物被雷击。

2. 空腔导体上的电荷分布

(1) 导体腔内无电荷时的电荷分布

设有一如图 4-28 所示的空腔导体。上面利用高斯定理已说明了空腔导体内(阴影部分)各处无净电荷，同样也可以证明其内表面亦无净电荷。为此，我们在导体内取如图所示

的包围内表面的闭合曲面 S 作为高斯面。同样因为面 S 上场强处处为零,通过高斯面的电通量为零,高斯定理告知面内包围的电荷代数和一定为零。这说明如果内表面带电,也只能是内表面上某处有正电荷,另一处有量值相等的负电荷。如果是这样,那从正电荷处发出的电场线只能经过空腔而终止于内表面的负电荷处,因为导体内的场强为零是不允许任何电场线经过的。但导体内表面上的两处有电场线连接说明内表面不是等势面,这违背了静电平衡条件。故静电平衡导体腔内无电荷时,腔内的场强为零,整个空腔导体(包括空腔)是一个等势体,导体空腔内表面上处处无净电荷,电荷只能分布在空腔导体外表面上,其分布特点和实心导体完全一样。

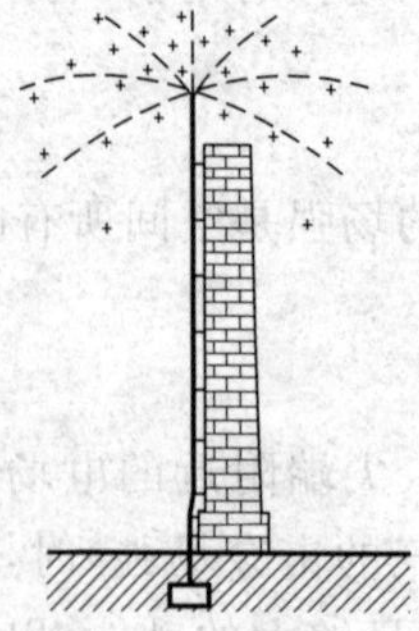

图 4-27 避雷针

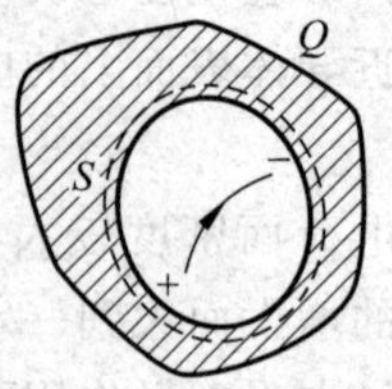

图 4-28 内表面无电荷

(2) 导体腔内有电荷时的电荷分布

如图 4-29 所示,当空腔导体的空腔内有电荷 $+q$ 时,在导体内作一高斯面 S,同样由高斯定理得面内电荷代数和为零,即内表面一定带有 $-q$ 电荷,使腔内电荷 $+q$ 发出的电场线终止于内表面的 $-q$ 电荷处。根据电荷守恒,导体外表面的电荷量是 $Q+q$。如果腔内有电荷 $-q$ 时,内表面一定带有 $+q$ 电荷,导体外表面的电荷量是 $Q-q$。同样,其外表面的电荷分布特点和实心导体完全一样。

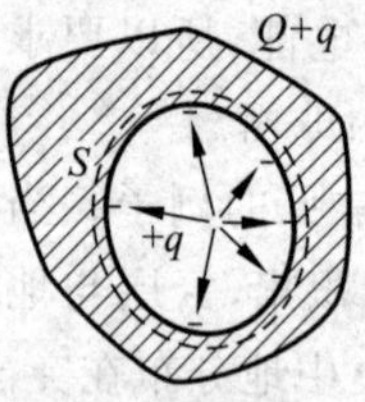

图 4-29 内表面有 $-q$ 电荷

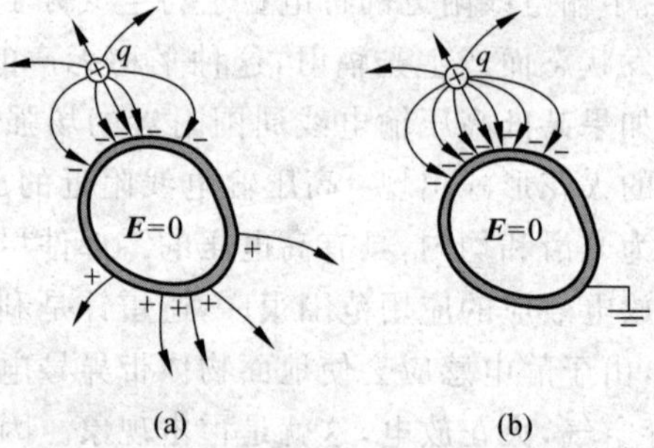

图 4-30 空腔导体对外场的屏蔽作用

(3) 静电屏蔽现象

① 空腔导体对外场的屏蔽作用

由上面的论述,导体腔内无电荷时,空腔内部无电场。如图 4-30(a)所示,把一个导体壳移近一带电体(图中点电荷),因静电感应导体壳外表面出现等量异号感应电荷,它们与点电荷 q 在空腔内产生的电场处处相消为零。当点电荷 q 在外部发生任何移动(或者说外部电场发生任意变化),空腔导体外表面感应电荷的分布都会进行即时调整以使导体壳自己处于静电平衡状态，即空腔内电场还是处处为零，感受不到外电场的变化。也就是说，如果把一个精密电磁仪器放入导体壳的空腔中，它就不会受到壳外带电体的影响。这种现象称为静电屏蔽。实际工作中，通常都是在精密电磁仪器外面加上金属罩，金属罩也不一定是严格封闭，甚至用金属网代替都能起到很好的屏蔽作用。但是，点电荷 q 在外部的移动会改变导体壳的电势，如果把导体壳接地，导体壳上感应电荷的分布如图 4-30(b)所示，导体壳的电势就保持和大地等势(为零)而不因外电场变化而变化。

② 接地空腔导体对腔内带电体的屏蔽作用

由前面的论述，当导体空腔内有其他带电体 $+q$ 时，空腔内表面将出现电荷总量为 $-q$ 的感应电荷。如果导体壳原先不带电，壳的外表面会出现电量为 q 的感应电荷，其电场分布如图 4-31(a)所示。显然，空腔内部电荷 q 的存在一定会对外部电场产生影响。为了消除这种影响，通常将导体空腔接地，如图 4-31(b)所示，为保持和大地等电势，导体壳外表面不再有任何电荷，亦即消除了腔内电荷对腔外的影响。这是接地导体空腔消除了腔内电荷对外部电场影响的静电屏蔽现象。图 4-32 显示了接地导体壳腔内电荷的任何移动都不影响壳外电场分布，其中图 4-32(a)显示的是腔内电荷处于腔中心，而图 4-32(b)显示了当腔内电荷偏向一边时对壳内电场分布无任何影响。因为它影响的是导体壳内表面而不是外表面的电荷分布。实际中，为使像高压装置一类的设备不影响其他仪器的正常工作，都安装有接地的金属外壳或编织得相当紧密的金属网。

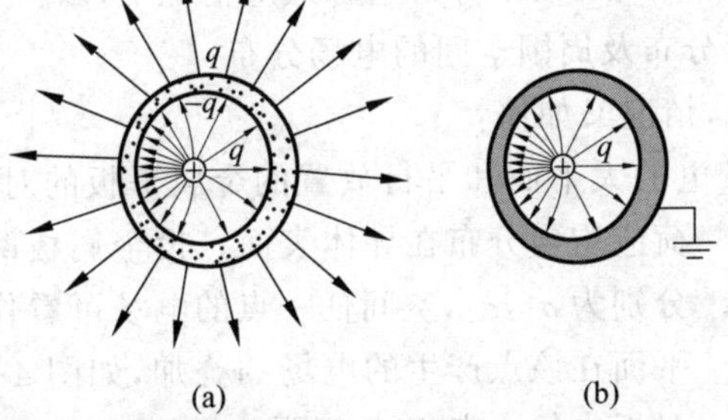

图 4-31　接地空腔导体对腔内带电体的屏蔽作用

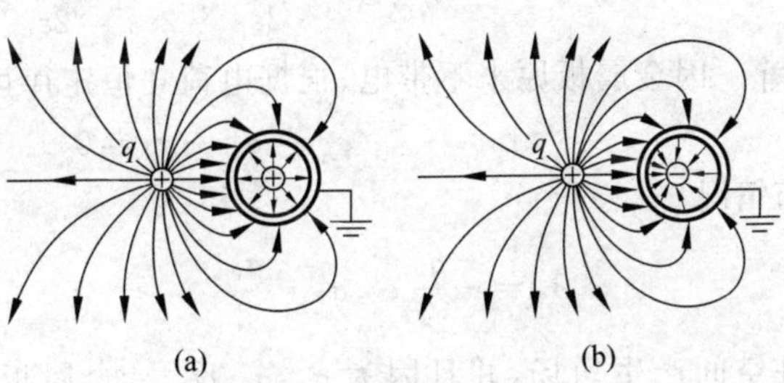

图 4-32　接地导体壳内电荷的移动不影响外场

例 4.12　半径为 R、所带电量为 Q 的金属球外有一点电荷 q，两者相距 l，如图 4-33 所示。

(1) 若取无穷远为势能零点，求金属球的电势；

(2) 若将金属球接地，球上的带电量为多少？

解 (1) 金属球是等势体,只需求出球心 O 的电势。由于点电荷 q 的存在,我们并不清楚金属球面上电荷的具体分布,但是球面上任何电荷元 dq 距球心都是 R。若取无穷远为势能零点,由(4-25)式及电势叠加原理,有

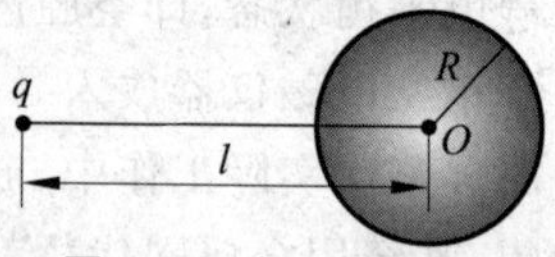

图 4-33 例 4.12 用图

$$U=\int_Q \frac{dq}{4\pi\varepsilon_0 R}+\frac{q}{4\pi\varepsilon_0 l}$$

dq 为球面上任取的电荷元,式中两项分别是金属球面上所有电荷和点电荷 q 在球心 O 处产生的电势。所以,在无穷远为势能零点的条件下,金属球的电势为

$$U=\frac{Q}{4\pi\varepsilon_0 R}+\frac{q}{4\pi\varepsilon_0 l}$$

(2) 因为大地(大的导体)和无穷远作为电势零点的等价性,金属球接地就意味着金属球和大地为一个等势体,$U=0$。设接地后球上带电量为 q',按(1)的分析,应有

$$U=\frac{q'}{4\pi\varepsilon_0 R}+\frac{q}{4\pi\varepsilon_0 l}=0$$

于是,金属球接地后,为了保证接地后电势为零,球上的带电量应为

$$q'=-\frac{R}{l}q$$

例 4.13 有一均匀带电的大平面,电荷面密度为 $\sigma_0>0$。如果在其近旁平行地放置一块不带电的相同大小的金属平板,在不考虑边缘效应情况下,求:

(1) 金属板上的电荷分布及周围空间的电场分布;

(2) 若把金属板接地,情况又如何?

解 (1) 由于均匀带电的大平面和平行放置的金属平板的对称性,金属板上的感应电荷应均匀分布在导体表面。设金属板两个表面上的电荷面密度分别为 σ_1,σ_2,空间任一点的电场可看作是三个无穷大均匀带电平面在该点产生的电场的叠加,如图 4-34 所示。因为静电平衡时板内任一点 P 的场强为零,根据(4-13)式,有

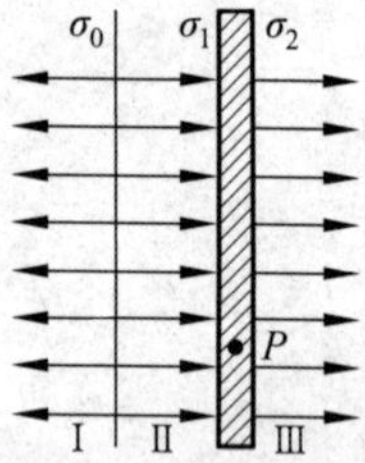

图 4-34 例 4.13(1)用图

$$E_P=\frac{\sigma_0}{2\varepsilon_0}+\frac{\sigma_1}{2\varepsilon_0}-\frac{\sigma_2}{2\varepsilon_0}=0$$

因金属板原来不带电,根据电荷守恒定律可知

$$\sigma_1+\sigma_2=0$$

联立两式可得电荷分布情况

$$\sigma_1=-\frac{\sigma_0}{2},\quad \sigma_2=\frac{\sigma_0}{2}$$

三个无穷大带电平面在空间产生匀场,并且因为 σ_1,σ_2 反号,金属板上的感应电荷在图中Ⅰ,Ⅱ,Ⅲ区的电场相消,所以各区的场强就是均匀带电的大平面产生的场强,大小为

$$E_{\mathrm{I}}=E_{\mathrm{II}}=E_{\mathrm{III}}=\frac{\sigma_0}{2\varepsilon_0}$$

由于 $\sigma_0>0$,所以在Ⅰ区,场强方向向左;在Ⅱ区和Ⅲ区,场强方向向右。

(2) 金属板接地后,板与地成为一个导体,电势为零。板右表面上的电荷就会分散到更远的地球表面上而使 $\sigma_2=0$。若板右表面上存有电荷,电荷必发出(或终结)电场线,电

场线必须有终结(或来源)之处。由于不考虑边缘效应,金属板看作是“无穷大”,金属板和带电的大平面之间不可能有电场线绕过“无穷远”而连接它们。也不能有电场线直接连接板和大地,因为电场线的连接说明它们不是等电势,这直接和接地相矛盾。如果说终结(或来源)之处是无穷远,电场线的连接说明板的电势不为零,这也和接地相矛盾。所以金属板接地后,图中板的右表面上无电荷。因此,空间各点的场强相当于两个平行的无限大均匀带电平面系统产生的场强分布,板内任一点 P 的零场强可表示为

$$E_P=\frac{\sigma_0}{2\varepsilon_0}+\frac{\sigma_1}{2\varepsilon_0}=0$$

得

$$\sigma_1=-\sigma_0$$

这时各区的电场分布为

$$E_{\mathrm{I}}=E_{\mathrm{III}}=0,\quad E_{\mathrm{II}}=\frac{\sigma_0}{\varepsilon_0}$$

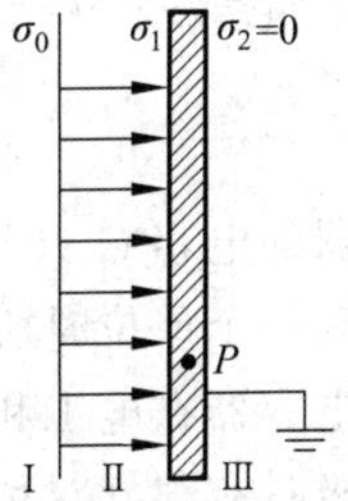

图 4-35　例 4.13(2)用图

Ⅱ区场强方向向右,如图 4-35 所示。

4.2.2.3　电容　电容器

相对于无限远的零电势,一个半径为 R、所带电量为 Q 的孤立导体球,其周围空间电势分布为 $U=\frac{Q}{4\pi\varepsilon_0 R}$,$U$ 与导体球所带电量 Q 成正比,而 $\frac{Q}{U}=4\pi\varepsilon_0 R$ 是一个只与导体半径以及周围是否为真空有关的常量。理论和实验表明,对任何带电量为 Q 的孤立导体,Q/U 都是一个常量,用 C 表示,有

$$C=\frac{Q}{U}\tag{4-32}$$

因比值 C 仅与导体本身的尺寸和形状以及周围是否为真空有关,而与 Q 和 U 无关,故把它称为导体的电容。在国际单位制中,电容的单位为 F,1 F=1 C/V。F 是一个非常大的单位。比如把地球视为一个孤立导体,它的电容只有 7.09×10^{-4} F。要想使一导体球的电容为1 F,它的半径应为地球半径的几千倍。所以,在实际应用中常用 μF 和 pF 等较小的单位,1 μF=10^{-6} F,1 pF=10^{-12} F。从定义式可以看出,电容 C 的物理意义是使导体升高单位电势所需要的电量,在 U 一定的情况下,C 越大,导体储存的电量 Q 越多,C 反映了导体储存电荷的能力。

一个带电量 Q 的导体 A 的近旁如有其他导体或带电体 D,则导体的电势 U 不仅与它本身所带的电量有关,还与 D 的形状和位置以及带电状况有关,这时导体 A 的 $\frac{Q}{U}$ 一般不再是一个常量,不能再表示导体 A 的本身性质,也就不谈单个导体 A 的电容了。但是,如果利用空腔导体对外场的屏蔽作用,如图 4-36 所示,用一个空腔导体 B 将带电量为 Q 的导体 A 屏蔽起来,由于静电感应,在导体 B 的内表面将出现 $-Q$ 感应电荷,等量 $\pm Q$ 的电场则完全局限于 A,B 内部。因而,虽然 U_A,U_B 都与外界导体有关,但 A,B 两导体的电势差 $U_A-U_B=\int_{\text{in}}\boldsymbol{E}\cdot\mathrm{d}\boldsymbol{l}$ 在腔内积分只正

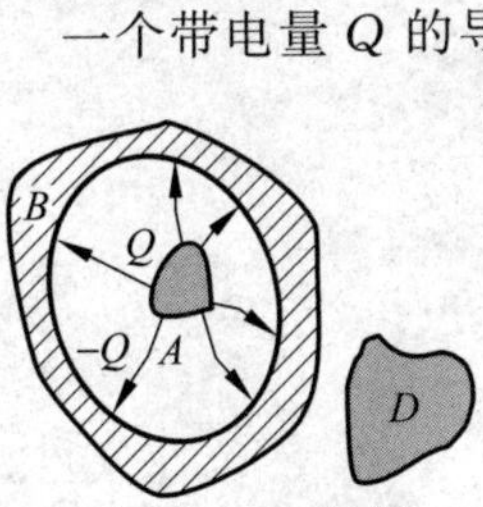

图 4-36　电容器

比于Q而与外界导体无关。实际上,上述对D的屏蔽作用并不需要一定是用空腔导体那样严格,只要靠近的两导体的相对表面带上等量异号电荷Q后,且等量异号电荷的电场能够局限于它们内部,电量Q与两导体的电势差之比就只取决于它们的组态。例如,两块非常靠近的金属板或同轴的两个金属圆筒构成的导体系,在忽略边缘效应下可满足这样的条件。我们把满足这种条件的导体系叫作电容器,组成电容器的两导体叫作电容器的两个极板,如果两极分别带上等量异号电荷$+Q$和$-Q$,带正电荷的正极与带负电荷的负极就有了正比于Q的电势差$\Delta U=U_+-U_-$,把Q与ΔU的比值常数叫作电容器的电容。有

$$C=\frac{Q}{U_+-U_-}=\frac{Q}{\Delta U} \tag{4-33}$$

电容器的电容C只与两极板的尺寸、形状及其相对位置有关,其物理意义为两极板间电势差升高一个单位时所需的电量。

电容器在电工和电子线路中有很多作用,其大小和形状不一,种类也繁多。我们可以计算两极具有很好对称性的电容器(图 4-37(a)为平行板电容器,图 4-37(b)和图 4-37(c)分别为圆柱形电容器与球形电容器)的电容。

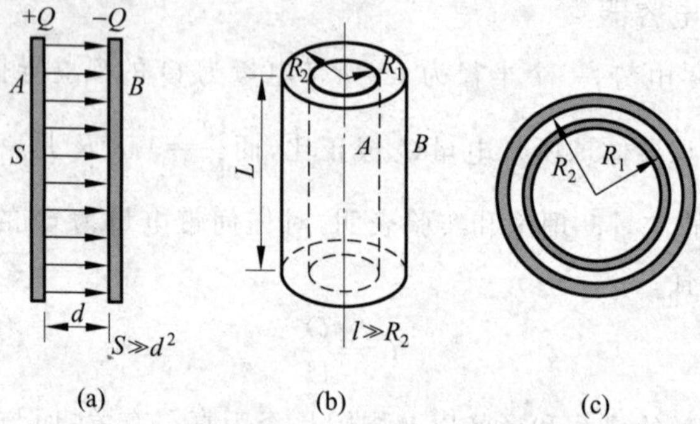

图 4-37 两极具有很好对称性的电容器

例 4.14 求图 4-37 中平行板电容器的电容。已知两极板之间的距离为d,两板相对的表面积为$S(S\gg d^2)$。

解 设两极板上所带电量分别为$+Q$和$-Q$。因为$S\gg d^2$,则其边缘效应可忽略,两极板间的电场近似为两无限大带电平面产生的场,由(4-13)式可知,两板间场强大小为

$$E=\frac{\sigma}{2\varepsilon_0}+\frac{\sigma}{2\varepsilon_0}=\frac{\sigma}{\varepsilon_0}=\frac{Q}{\varepsilon_0 S}$$

两极板间电势差为

$$\Delta U=\int_A^B \boldsymbol{E}\cdot \mathrm{d}\boldsymbol{l}=Ed=\frac{Q}{\varepsilon_0 S}d$$

按照电容器电容的定义(4-33)式,有

$$C=\frac{Q}{\Delta U}=\frac{\varepsilon_0 S}{d} \tag{4-34}$$

由此式可以看出,平行板电容器的电容与极板的面积成正比,与两板之间的距离成反比。

类似地,我们可以证明图 4-37 中圆柱形电容器的电容为

$$C=\frac{2\pi\varepsilon_0 L}{\ln(R_2/R_1)} \tag{4-35}$$

其中，L 为柱形导体的长度，R_2，R_1 分别为图中所示的两柱形导体的内外柱面半径。从以上的计算可以看出，电容器的电容只取决于电容器的结构。类似地，我们还可以证明图 4-37 中球形电容器的电容为

$$C=\frac{4\pi\varepsilon_0 R_1 R_2}{R_2-R_1} \tag{4-36}$$

R_1，R_2 分别为内球壳的外半径和外球壳的内半径。对于孤立导体球，可以看作外球壳的内半径 $R_2\to\infty$，有 $C=4\pi\varepsilon_0 R$，R 是孤立导体球的半径。

4.2.3 有电介质存在时的静电场

电介质就是通常所说的电绝缘体，它的导电能力非常之差，以致我们说它不导电。其特征是原子或分子中正、负电荷束缚得很紧，电子很难挣脱束缚而自由运动，所以电介质中几乎不存在自由电子。

4.2.3.1 电介质的极化

我们先观察如图 4-38 所示的演示实验。装满去离子水的漏斗 A 下面接有一根很细的塑料软管 B，调节阀门 D 让水缓缓地沿管 B 竖直方向流下。现将一根用丝绸摩擦过的玻璃棒靠近水流，就会发现水流方向发生改变，朝着玻璃棒方向弯曲；用一根毛皮摩擦过的橡胶棒靠近水流，会发现水流朝相同的方向弯曲。此现象就是水分子被极化所致。

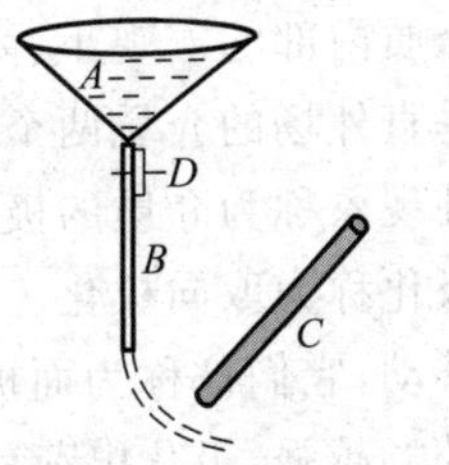

图 4-38 水分子的极化

电介质的每个分子都是一个复杂的带电系统，可以设想其内部都包含正电荷和负电荷的稳定分布，各自的分布又都有着自己的“中心”，它们对外的电效应可以看作是所有正电荷和所有负电荷都集中于各自的“中心”的正负点电荷产生的电场叠加。据此，电介质分为两类：一类电介质的分子为无极性分子，如图 4-39(a)所示，它们的正负电荷中心重合，不存在分子自身的电矩，对外无电效应，如 O_2，H_2，CH_4，CO_2 等；另一类电介质的分子为有极性分子，它们的正负电荷中心不重合，相当于一个电偶极子，如图 4-39(b)所示，即存在分子电矩 $\boldsymbol{p}$（称为分子固有电矩，数量级为 $10^{-30}\,\mathrm{C\cdot m}$），对外电效应虽弱但不为零，如 CO，H_2O，SO_2 等。

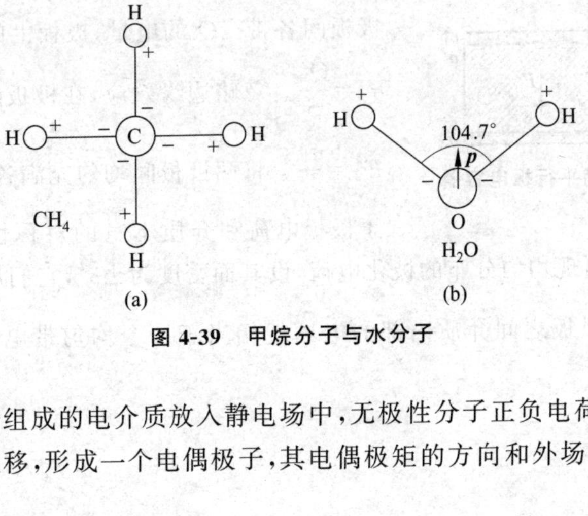

图 4-39 甲烷分子与水分子

把由无极性分子组成的电介质放入静电场中，无极性分子正负电荷中心在受到的电场力作用下发生相对位移，形成一个电偶极子，其电偶极矩的方向和外场大体一致（热运动的

影响),如图 4-40(a)所示。这种外场诱导的分子电偶极矩称为感生电矩,其大小一般为 10^{-35} C·m 数量级。外场越强,分子感生电矩越大,外场消失,分子感生电矩也消失。当将极性分子组成的介质置于外场中时,极性分子将受到外场力矩的作用,迫使固有电矩转到与外场一致的方向。但由于热运动的存在,这种取向不能完全一致,如图 4-40(b)所示。当撤去外场时,分子固有电矩又将无规分布。

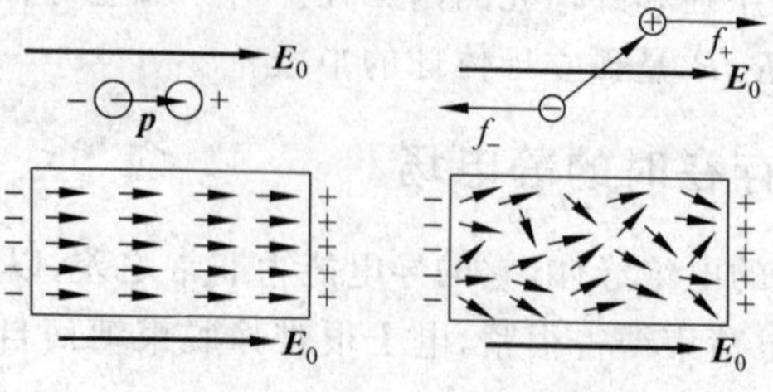

图 4-40　位移极化和取向极化

虽然两类电介质在外场作用下发生变化的微观机制不同,但其宏观效果是相同的。在介质内部的宏观小、微观大的区域内,正负电荷的数量仍然相等,所以仍表现为电中性,而在垂直外场的介质两个表面上分别出现了对介质内外显示电效应的正电荷层和负电荷层。这种现象称为介质的极化现象,无极性分子电介质的极化称为位移极化,有极性分子电介质的极化称为取向极化。介质表面上显示电效应的电荷没有脱离介质分子,不能在介质内自由移动,它们被称为面极化电荷或面束缚电荷。从电效应上讲,极化电荷代表了介质的存在。外场越强,极化电荷就越多,介质被极化的程度越高,若撤销外场,极化电荷消失。

4.2.3.2　有电介质存在时的静电场

1. 电介质对静电场的影响

电介质的极化是由外电场引起的,电介质被极化后产生的束缚电荷又会反过来影响电场的分布。因此,有电介质存在时的电场应该是由束缚电荷和其他电荷(相对束缚电荷称为自由电荷)共同决定的。我们以均匀充满各向同性电介质的平行板电容器为例,讨论电介质的极化对电场的影响。

如图 4-41 所示,两极板距离为 d、极板面积为 S、电容为 C_0 的平行板电容器,充电后两极板间各带 $\pm Q$ 的电量,极板上的电荷面密度大小为 $\sigma_0=\dfrac{Q_0}{S}$。忽略边缘效应,在极板间的电场强度大小为 $E_0=\dfrac{\sigma_0}{\varepsilon_0}$。将两极板间均匀充满各向同性的电介质,由于极板电荷和介质本身的对称性,介质在垂直于 $\boldsymbol{E}_0$ 方向的两个表面上出现均匀分布的极化电荷,设其面密度为 $\pm\sigma'$,它们局限于介质内部的场 $E'=\dfrac{\sigma'}{\varepsilon_0}$。局限于两极板之间介质内部的电场就相当于 4 个均匀带电平面产生的电场,所以有

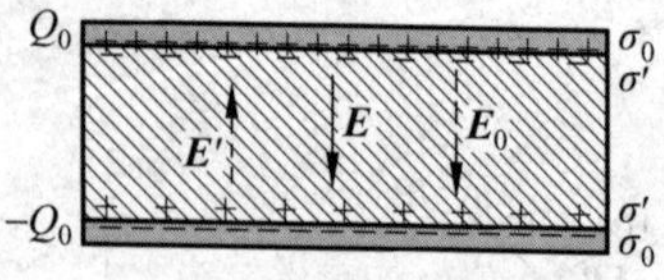

图 4-41　介质充满平行板电容器

$$E=E_0-E'=\frac{\sigma_0}{\varepsilon_0}-\frac{\sigma'}{\varepsilon_0} \tag{4-37}$$

实验测量表明，此时介质内部的电场 $\boldsymbol{E}$ 和 $\boldsymbol{E}_0$ 的关系是

$$E=\frac{E_0}{\varepsilon_r}=\frac{\sigma_0}{\varepsilon_0\varepsilon_r} \tag{4-38}$$

ε_r 是反映电介质的种类和状态（如温度）的大于1的数，是电介质的一种特性常数，称作介质的相对介电常量（或相对电容率）。(4-38)式表明，在电容器所带电量不变的情况下，如果内部充满各向同性的均匀介质后，电介质内各点的电场强度减小到原来的$\frac{1}{\varepsilon_r}$。把(4-38)式代入(4-37)式，可得介质的极化电荷面密度与极板上自由电荷面密度之间的关系为

$$\sigma'=\left(1-\frac{1}{\varepsilon_r}\right)\sigma_0 \tag{4-39}$$

由于平行板电容器两极板间距离不变，有

$$\Delta U=Ed=\frac{E_0d}{\varepsilon_r}=\frac{\Delta U_0}{\varepsilon_r}$$

两极板间的电势差也减小为真空时的$\frac{1}{\varepsilon_r}$。因而充满电介质后，电容器的电容增大为真空时电容的 ε_r 倍，有

$$C=\frac{Q_0}{\Delta U}=\frac{\varepsilon_r Q_0}{\Delta U_0}=\varepsilon_r C_0 \tag{4-40}$$

真空的相对电容率为1，空气的相对电容率近似等于1。钛酸钡锶的 ε_r 可达10^4，所以利用像钛酸钡锶之类的材料可制造体积小、电容量大的电容器。

2. 有介质时的高斯定理

如图4-42所示，在均匀充满各向同性介质的平行板电容器中，取底面积为 ΔS 的闭合圆柱面 S 作为高斯面，使它一个底面在导体极板中，一个底面在介质中。根据高斯定理，圆柱面上的电通量应为

$$\oint_S \boldsymbol{E}\cdot d\boldsymbol{S}=\frac{1}{\varepsilon_0}(\sigma_0-\sigma')\Delta S \tag{4-41}$$

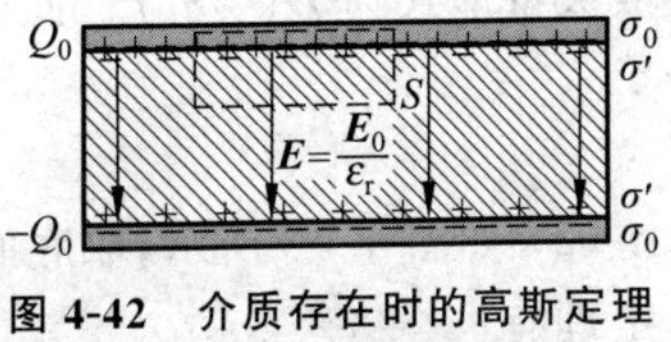

图4-42　介质存在时的高斯定理

(4-39)式给出 $\sigma'=\left(1-\frac{1}{\varepsilon_r}\right)\sigma_0$，所以有

$$\oint_S \boldsymbol{E}\cdot d\boldsymbol{S}=\frac{\sigma_0}{\varepsilon_0\varepsilon_r}\Delta S=\frac{1}{\varepsilon_0\varepsilon_r}\sum q_{0,\text{int}}$$

或写成

$$\oint_S \varepsilon_0\varepsilon_r\boldsymbol{E}\cdot d\boldsymbol{S}=\sum q_{0,\text{int}}$$

右侧只是 S 所包围自由电荷代数和 $\sum q_{0,\text{int}}$，与极化电荷无关。而左侧中与介质有关的 $\varepsilon_0\varepsilon_r\boldsymbol{E}$ 物理量，历史上定义为电位移矢量，简称电位移，用 $\boldsymbol{D}$ 表示，又称为 $\boldsymbol{D}$ 矢量。有

$$\boldsymbol{D}=\varepsilon_0\varepsilon_r\boldsymbol{E}=\varepsilon\boldsymbol{E} \tag{4-42}$$

其中，$\varepsilon=\varepsilon_0\varepsilon_r$，称为电介质的介电常量（介电系数）或电容率，其单位为 $\text{C}\cdot\text{m}^{-2}$。这样，我们得到

$$\oint_S \boldsymbol{D} \cdot \mathrm{d}\boldsymbol{S} = \sum q_{0,\mathrm{int}} \tag{4-43}$$

依照通量定义，$\oint_S \boldsymbol{D} \cdot \mathrm{d}\boldsymbol{S}$ 是通过 S 面的电位移通量。此式表明：**在有电介质存在时的静电场中，通过任意闭合曲面的电位移通量等于该闭合曲面包围的自由电荷的代数和**。虽然(4-43)式是由上面的特殊情况导出的，但可以证明它是普遍适用的，是电磁学的基本规律之一，称为电介质中的高斯定理或 $\boldsymbol{D}$ 的高斯定理。

(4-43)式和(4-41)式相比，在极化电荷未知情况下，可利用 $\boldsymbol{D}$ 的高斯定理先求出 $\boldsymbol{D}$，再由 $\boldsymbol{D}=\varepsilon \boldsymbol{E}$ 求 $\boldsymbol{E}$，当然这要求场和各向同性介质本身具有很高的对称性。

例 4.15 平板电容器极板面积为 S，两极板距离为 d，两极板间各带 $\pm Q$ 的电量，一半充满 ε_r 的均匀介质，如图 4-43 所示。用介质中的高斯定理求：

(1) 未充介质空间中的场强和电位移；

(2) 充满介质空间中的场强和电位移；

(3) 平板电容器的电容。

解 由于极板电荷和介质的面对称性，未充和充满介质空间的场强和电位移均应是均匀的，方向如图 4-43 所示。因介质的表面垂直极板间场强，介质的表面应是等势面。

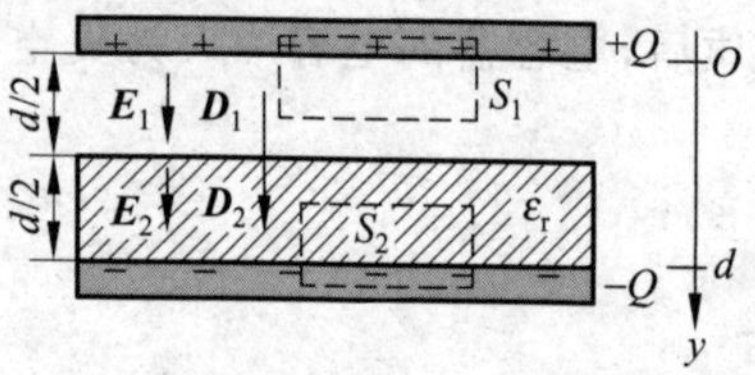

图 4-43 例 4.15 用图

(1) 如图 4-43 所示，取底面积为 ΔS 的闭合圆柱面 S_1 为高斯面。由介质中的高斯定理，有

$$\oint_S \boldsymbol{D}_1 \cdot \mathrm{d}\boldsymbol{S} = D_1 \Delta S = \sigma_0 \Delta S$$

其中，$\sigma_0 = \dfrac{Q}{S}$。得未充介质空间中的电位移大小为

$$D_1 = \sigma_0$$

写成矢量形式为 $\boldsymbol{D}_1 = \sigma_0 \boldsymbol{j}$。此区间的 $\varepsilon_r = 1$，由(4-42)式，此区间的电场强度为

$$\boldsymbol{E}_1 = \frac{\boldsymbol{D}_1}{\varepsilon_0 \varepsilon_r} = \frac{\sigma_0}{\varepsilon_0} \boldsymbol{j}$$

(2) 如图 4-43 所示，取底面积为 ΔS 的闭合圆柱面 S_2 为高斯面。同样，由介质中的高斯定理有

$$\oint_S \boldsymbol{D}_2 \cdot \mathrm{d}\boldsymbol{S} = -D_2 \Delta S = -\sigma_0 \Delta S$$

得到充满介质空间中的电位移大小为

$$D_2 = \sigma_0$$

矢量形式为 $\boldsymbol{D}_2 = \sigma_0 \boldsymbol{j}$，等同于未充满介质空间中的电位移。但由于此空间介质的 $\varepsilon_r > 1$，其电场强度减小到未充介质时的 $\dfrac{1}{\varepsilon_r}$，有

$$\boldsymbol{E}_2 = \frac{\boldsymbol{D}_2}{\varepsilon_0 \varepsilon_r} = \frac{\sigma_0}{\varepsilon_0 \varepsilon_r} \boldsymbol{j} = \frac{1}{\varepsilon_r} \boldsymbol{E}_1$$

(3) 两极板间的电势差为

$$\Delta U = \int_0^d \boldsymbol{E} \cdot \mathrm{d}\boldsymbol{l} = \int_0^{d/2} \boldsymbol{E}_1 \cdot \mathrm{d}\boldsymbol{l} + \int_{d/2}^d \boldsymbol{E}_2 \cdot \mathrm{d}\boldsymbol{l} = \frac{d}{2} E_1 + \frac{d}{2} E_2 = \frac{d}{2} \frac{\varepsilon_r + 1}{\varepsilon_0 \varepsilon_r} \sigma_0$$

因此，平板电容器的电容为

$$C=\frac{Q}{\Delta U}=\frac{\sigma_0 S}{\Delta U}=\frac{2\varepsilon_0\varepsilon_r S}{(\varepsilon_r+1)d}$$

此电容器可看成，等势的介质表面上有一层金属箔，使上下两个电容器串联而成，上面电容器的电容为 $C_1=\frac{\varepsilon_0 S}{d/2}$，下面电容为 C_1 的 ε_r 倍，二者串联，有 $C=\frac{C_1C_2}{C_1+C_2}=\frac{2\varepsilon_0\varepsilon_r S}{(\varepsilon_r+1)d}$。

例 4.16　有一充满 ε_r 均匀介质的球形电容器，其内外两极的半径分别是 R_1 和 R_2。试用介质中的高斯定理求其电容，并求出介质表面的极化电荷面密度与极板上自由电荷面密度之间的关系。

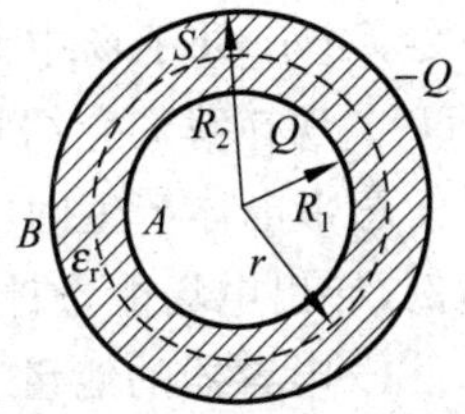

图 4-44　例 4.16 用图

解　如图 4-44 所示，设内外两个极板 A 和 B 上各带上 $\pm Q$ 的电荷。因为电荷分布与介质的球对称性，取如图所示的半径为 r 的同心球面为高斯面。根据介质中的高斯定理，有

$$\oint_S \boldsymbol{D}\cdot d\boldsymbol{S}=\oint_S D\,dS=D\cdot 4\pi r^2=Q$$

得

$$D=\frac{Q}{4\pi r^2}$$

因为 $D=\varepsilon_0\varepsilon_r E$，介质中的电场强度为

$$E=\frac{Q}{4\pi\varepsilon_0\varepsilon_r r^2}$$

是没有介质时的 $\frac{1}{\varepsilon_r}$。两极板的电势差为

$$\Delta U=\int_A^B \boldsymbol{E}\cdot d\boldsymbol{l}=\int_{R_1}^{R_2}\frac{Q}{4\pi\varepsilon_0\varepsilon_r r^2}dr=\frac{Q}{4\pi\varepsilon_0\varepsilon_r}\left(\frac{1}{R_1}-\frac{1}{R_2}\right)$$

充满 ε_r 均匀介质的球形电容器的电容为

$$C=\frac{Q}{\Delta U}=\frac{4\pi\varepsilon_0\varepsilon_r R_1R_2}{R_2-R_1}$$

和未充满介质时相比增大为原来的 ε_r 倍。

因为电容器的两个电极和介质具有中心对称性，电场强度 $E=\frac{Q}{4\pi\varepsilon_0\varepsilon_r r^2}$ 是两个导体极板上、介质两个表面上 4 个同心的均匀带电球面共同产生的。我们知道，电容器的外极和介质外表面的两个均匀带电球面对介质内空间电场的贡献为零，而电容器的内极电荷的贡献为 $E_0=\frac{Q}{4\pi\varepsilon_0 r^2}$。设介质内表面上极化电荷为 $-Q'$，那么它的贡献为 $E'=\frac{-Q'}{4\pi\varepsilon_0 r^2}$，由 $E=E_0-E'=\frac{E_0}{\varepsilon_r}$ 可得 $\frac{Q}{\varepsilon_r}=Q-Q'$。再设 σ_0 为内极板自由电荷面密度，$-\sigma'$ 为介质内表面上极化电荷面密度，则有 $Q=4\pi R_1^2\sigma_0$，$-Q'=-4\pi R_1^2\sigma'$，于是有

$$\frac{\sigma_0}{\varepsilon_r}=\sigma_0-\sigma'$$

得到和(4-39)式一样的 σ_0 与 σ' 的关系式：

$$\sigma' = \left(1 - \frac{1}{\varepsilon_r}\right)\sigma_0$$

4.2.3.3 静电场的能量

在 4.2.1 节关于静电势能的论述中,我们已经知道,一是电场具有能量,因为它可以对处于场中的电荷做功;二是场对电荷 q_0 做的功等于场(或者说产生场的带电体)与电荷 q_0 系统电势能的减少量,静电势能是它们的相互作用能量。在远离产生场的有限带电体时(无穷远),场对电荷 q_0 的作用或者说有限带电体与 q_0 的相互作用可以忽略,它们的静电势能为零;当 q_0 处于场中某一点时,如果场点的电势为 U_p,它们相互作用静电势能为 $W_p = q_0 U_p$。现在我们介绍静电场的能量(简称静电能),是以描述电场本身的特征量(场强 $\boldsymbol{E}$)表示任意带电体产生的电场所具有的(或者说所储存的)能量。我们以平行板电容器带电过程为例,导出电场能量计算公式。

1. 电容器的能量

有一电容为 C 的平行板电容器,其极板面积为 S,两板间距为 d。电容器的带电过程可看成是把正电荷不断地从负极板迁移到正极板上,最后使两极板分别带有电量 $+Q$ 和 $-Q$。设某时刻电容器已带电量 q,两极板间的电势差为 $\Delta u = \dfrac{q}{C}$,如果再将 $\mathrm{d}q$ 的电荷从负极迁移到正极,外力需克服电场力做功(图 4-45)

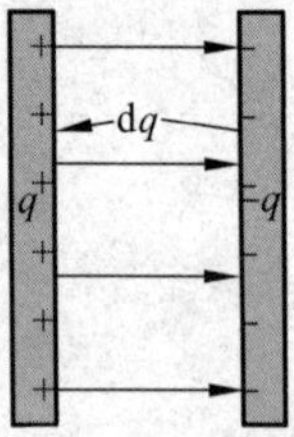

图 4-45 移动 dq 外力需做功

$$\mathrm{d}A = \Delta u\,\mathrm{d}q = \frac{q}{C}\mathrm{d}q$$

这样,从极板上无电荷到极板上带电量为 Q 的全部过程中,非静电外力所做的总功为

$$A = \int \mathrm{d}A = \int_0^Q u\,\mathrm{d}q = \int_0^Q \frac{q}{C}\mathrm{d}q = \frac{Q^2}{2C}$$

电容器内部未充有电介质时,$C = \dfrac{\varepsilon_0 S}{d}$,充满各向同性的均匀介质时,$C = \dfrac{\varepsilon_0 \varepsilon_r S}{d}$。根据功能原理,此过程中非静电外力做的功把其他形式能量转变为电能而储存于电容器中。用 W_e 表示电容器的能量,并利用 $Q = CU$ 的关系,可以得到电容器的能量为

$$W_e = \frac{Q^2}{2C} = \frac{1}{2}Q\Delta U = \frac{1}{2}C\,(\Delta U)^2 \tag{4-44}$$

(4-44)式虽由平行板电容器导出,但它是电容器储能的普遍公式。

2. 静电场能量

上面电容器的带电过程也就是电容器内部静电场的建立过程,而电容器具有的电能应该储存于其内部的静电场中。仍以上面平行板电容器为例,当极板分别带电 $\pm Q$ 时,其内部静电场为均匀场(忽略边缘效应),两极板的电势差 $\Delta U = Ed$,将其代入(4-44)式中,化简可得

$$W_e = \frac{1}{2}C\,(\Delta U)^2 = \frac{1}{2}\frac{\varepsilon_0 \varepsilon_r S}{d}(Ed)^2 = \frac{1}{2}\varepsilon_0 \varepsilon_r E^2 Sd$$

其中,Sd 是电容器中电场所占有的空间。由此,我们可得到单位体积内电容器储存的电场能量,亦即电场能量密度为

$$w_e = \frac{1}{2}\varepsilon_0 \varepsilon_r E^2 \tag{4-45}$$

同样可以证明，对于任意电场，这是一个普遍适用的公式。利用 $D=\varepsilon_0\varepsilon_r E$，(4-45)式还可写成

$$w_e = \frac{1}{2}\varepsilon E^2 = \frac{1}{2}DE \tag{4-46}$$

要计算任一带电系统的电场总能量，利用(4-45)式或(4-46)式，有

$$W_e = \int_V w_e \mathrm{d}V = \int_V \frac{1}{2}\varepsilon E^2 \mathrm{d}V \tag{4-47}$$

此积分遍及整个电场空间。

例 4.17　计算一均匀带电球面电场的静电能。设球面的半径为 R，所带电量为 Q，球面内外为真空。

解　由例 4.6 和例 4.16 知，均匀带电球面内外的场强分布为

$$E = \begin{cases} \dfrac{Q}{4\pi\varepsilon_0 r^2}, & r > R \\ 0, & r < R \end{cases}$$

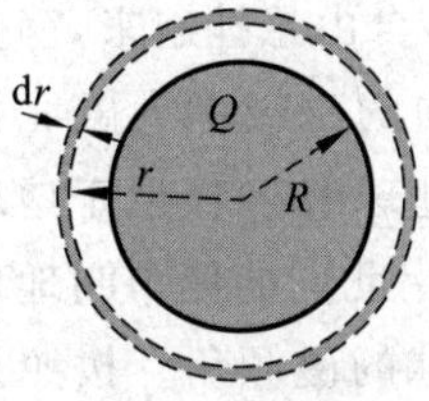

图 4-46　例 4.17 用图

内部无电场，内部空间无静电能。外部的电场是非均匀的，但具有中心对称性。为此取一半径为 r、厚为 $\mathrm{d}r$ 的球壳，如图 4-46 所示，其体积为 $\mathrm{d}V=4\pi r^2\mathrm{d}r$。在此体积内可认为电场能量密度相等，所以球壳内的电场能量为

$$\mathrm{d}W_e = w_e \mathrm{d}V = \frac{1}{2}\varepsilon_0 E^2 \mathrm{d}V = \frac{1}{2}\varepsilon_0 \left(\frac{Q}{4\pi\varepsilon_0 r^2}\right)^2 4\pi r^2 \mathrm{d}r = \frac{Q^2}{8\pi\varepsilon_0 r^2}\mathrm{d}r$$

于是，均匀带电球面的电场的静电能为

$$W_e = \int_V \mathrm{d}W = \frac{Q^2}{8\pi\varepsilon_0}\int_R^\infty \frac{\mathrm{d}r}{r^2} = \frac{Q^2}{8\pi\varepsilon_0 R}$$

例 4.18　忽略边缘效应，计算圆柱形电容器的能量。设其内极圆柱的半径为 R_1，外极薄圆筒的半径为 R_2，长为 L，单位长度带电 λ，且两极之间充满相对介电常数为 ε_r 的均匀介质。

解　我们已知充满电介质后，电容器的电容增大为真空时电容的 ε_r 倍，所以此圆柱形电容器的电容为

$$C = \varepsilon_r C_0 = \frac{2\pi\varepsilon_0\varepsilon_r L}{\ln(R_2/R_1)}$$

由(4-44)式，圆柱形电容器的能量为

$$W_e = \frac{Q^2}{2C} = \frac{1}{2}\,\frac{\ln(R_2/R_1)}{2\pi\varepsilon_0\varepsilon_r L}(\lambda L)^2 = \frac{\lambda^2 L}{4\pi\varepsilon_0\varepsilon_r}\ln\frac{R_2}{R_1}$$

此能量储存于两极之间的电场中。当然，也可类似地由电场能量密度公式求出圆柱形电容器的能量。

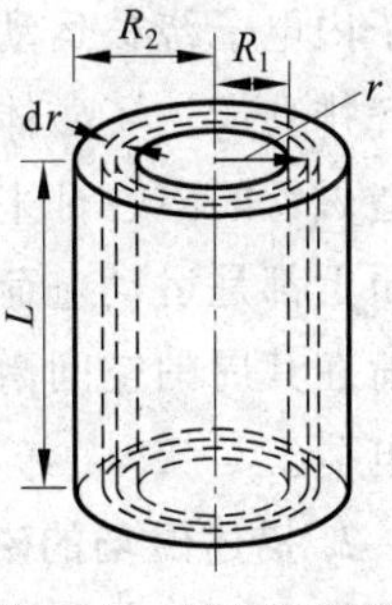

图 4-47　例 4.18 用图

如图 4-47 所示，由 $\boldsymbol{D}$ 的高斯定理可求出两极之间的电位移大小为 $D=\dfrac{\lambda}{2\pi r}$，所以两极之间的电场强度

$$E=\frac{\lambda}{2\pi\varepsilon_0\varepsilon_r r}$$

虽然两极之间的电场是非均匀场,但具有轴对称性。取如图4-47所示半径为r、厚度为dr的同轴圆柱壳,其内电场能量密度可看成常量,因此有

$$W_e=\int_V dW=\int_{R_1}^{R_2}\frac{1}{2}ED\cdot 2\pi rL\,dr=\int_{R_1}^{R_2}\frac{\lambda^2 L}{4\pi\varepsilon r}dr=\frac{\lambda^2 L}{4\pi\varepsilon}\ln\frac{R_2}{R_1}$$

4.3 静磁场的基础知识

4.3.1 真空中的静磁场

4.3.1.1 磁场与磁感应强度

1. 磁场的磁力显示

天然磁石(主要成分为Fe_3O_4)或人造磁铁能吸引铁、钴、镍等物质的性质称为磁性,对外显示磁性的物体叫磁体,能够较长时间保持磁性的物体叫永磁体。将一条形磁铁投入铁屑中,取出时可以发现,靠近两端的地方吸引的铁屑特别多,即磁性特别强,这磁性特别强的区域称为磁极。地球本身是一个大磁体,如果把一细长的小磁针的中心自由悬挂起来,静止时的两磁极总是近似指向地理的南北极方向。近似指向地理北极方向的磁极称为磁北极(用N表示),近似指向地理南极方向的磁极称为磁南极(用S表示)。地球的N极位于地理南极附近,地球的S极位于地理北极附近,悬挂的小磁针的指向与地理南北向的偏角叫地球的磁偏角。小磁针也不是严格处于水平面中,其与水平面的夹角叫地球的磁倾角。按照近距观点,悬挂小磁针的行为是地球的地磁场对小磁针显示的磁力作用。我们知道,一个小永磁体可以分割成更小的磁体,分割后的小磁体总有N和S两个磁极(至今实验上还没能确认单独存在的磁单极)。对于两永磁体的相互作用,我们也同样认为是一个永磁体周围存在永磁场,场对处于场中的另一永磁体的两磁极产生磁力,其效果是同性磁极互相排斥,异性磁极互相吸引。

1820年奥斯特的电流磁效应实验表明,电流在其周围产生磁场,电流的磁场使近旁的磁针发生了转动。安培的同方向电流相互吸引、反方向电流相互排斥的平行电流实验说明了电流的磁场对其他电流的作用。安培曾根据自己的通电线圈类似磁铁的实验结果,提出了今天我们所说的“分子电流假说”:永磁体磁性来源于内部存在着的“分子电流”,主要是原子内电子绕核运动形成的微小电流,它就是永磁体的一个基元,这些基元在一定程度上的整齐排列产生了磁体的磁性。所以,不管是导线中的电流(称为传导电流),还是天然磁石或人造磁铁的磁性都来自电荷的运动,磁体与磁体、电流与磁体、电流与电流之间的相互作用实质上都是运动电荷对运动电荷的作用,而这相互作用是通过磁场实现的。也就是说,运动电荷在其周围空间激发磁场,磁场对场中的运动电荷产生磁力,即有:运动电荷$\rightleftharpoons$磁场$\rightleftharpoons$运动电荷。

2. 描述磁场的磁感应强度矢量

如果把一小磁针放入电流或永磁铁周围的磁场中,发现小磁针N极在空间每一点都有一确定的指向,虽然不同的空间位置指向会有不同,但周围空间各点的指向是一固定的分布,这

说明磁场具有方向的特性；并且还会发现，在不同的空间点小磁针受到的作用大小也不同，这说明磁场具有强弱的特性。静电场中，我们曾用处于场中某点的静止试验电荷 q_0 所受到的电场力 $\boldsymbol{F}_e$ 与自身 q_0 之比定义了电场强度 $\boldsymbol{E}=\boldsymbol{F}_e/q_0$，用以定量描述静电场在该点的物理性质。类似地，我们可根据运动点电荷 q 在磁场中受到的磁力情况来定义一个物理量，以定量描述磁场各点的大小和方向。这个物理量称为磁感应强度，用 $\boldsymbol{B}$ 来表示。实验发现，使一电荷 q 以速度 $\boldsymbol{v}$ 通过电流或永磁铁周围磁场的某点 P 时，有如下表现：

(1) 如果电荷 q 的速度 $\boldsymbol{v}$ 沿某一方向或其反方向时，运动电荷受力为零。如果把小磁针放在 P 点，此方向正是 N 极的指向，这一方向是与运动电荷性质无关的磁场的特征方向。所以，我们规定此特征方向(小磁针 N 极的指向)为 P 点磁感应强度 $\boldsymbol{B}$ 的方向。

(2) 当电荷 q 的速度 $\boldsymbol{v}$ 与上述磁场特征方向成 α 角通过 P 点时，电荷所受到的磁力 F_m 与 $qv\sin\alpha$ 成正比，比例系数是与电荷(q，$\boldsymbol{v}$)无关的确定值(常数)。所以，可定义这比例系数为 P 点的磁感应强度 $\boldsymbol{B}$ 的大小，即有 $F_m=Bqv\sin\alpha$。

(3) 对不同的场点，按上述定义的磁感应强度 $\boldsymbol{B}$ 的方向与大小会有不同，但因每一场点都有一个确定的大小和方向，所以静磁场的磁感应强度 $\boldsymbol{B}$ 有一确定的分布，$\boldsymbol{B}$ 是磁场空间的单值点函数。实验还发现，运动电荷在各点受到的磁力总是和电荷的速度方向相垂直，也总是垂直磁场的特征方向，因此按照矢量性质，一定有

$$\boldsymbol{F}_m=q\boldsymbol{v}\times\boldsymbol{B} \tag{4-48}$$

运动电荷受到的磁力称为洛伦兹力，$\boldsymbol{v}$，$\boldsymbol{B}$，$\boldsymbol{F}_m$ 三者成右手螺旋关系(图 4-48)，(4-48)式叫作洛伦兹力公式。在国际单位制中，式中 $\boldsymbol{B}$ 的单位为 T(特斯拉)。目前还经常见到磁感应强度的一种非国际单位制单位 Gs(高斯)，1 T$=10^4$ Gs。

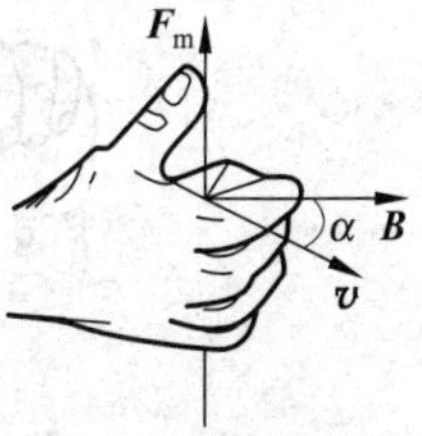

图 4-48　洛伦兹力的方向

3. 磁感应线

为了形象地描绘磁场中磁感应强度的分布，在磁场中引入磁感应线(或称磁感线、磁力线或 $\boldsymbol{B}$ 线)：磁感应线的切线方向就是该点磁感应强度 $\boldsymbol{B}$ 的方向，磁感应线的疏密反映该点磁感应强度 $\boldsymbol{B}$ 的大小，磁感应线越密，B 越大。

磁感应线的分布在实验上可用铁粉显示出来。图 4-49 示意了圆电流(图 4-49(a))和长直载流螺线管(图 4-49(b))磁场的实验图形与对应的磁感应线。从图上可以看出，磁感应线是没有起点和终点的闭合曲线(或在无穷远闭合)，磁场中任意两条磁感应线不会相交。同时，磁感应线环绕方向与电流方向服从右手螺旋定则，图 4-50(a)和 4-50(b)分别示意了直电流和圆电流轴线上的磁感应线和电流方向的右手螺旋关系。

4.3.1.2　磁通量　磁场的高斯定理

类似于静电场中的电通量，在磁场中我们把穿过任意曲面 S 的磁感应线条数称为穿过该面的磁通量，其数学表示式为

$$\Phi_m=\int_S \boldsymbol{B}\cdot d\boldsymbol{S} \tag{4-49}$$

穿过任意闭合曲面 S 的磁通量写为

$$\Phi_m=\oint_S \boldsymbol{B}\cdot d\boldsymbol{S} \tag{4-50}$$

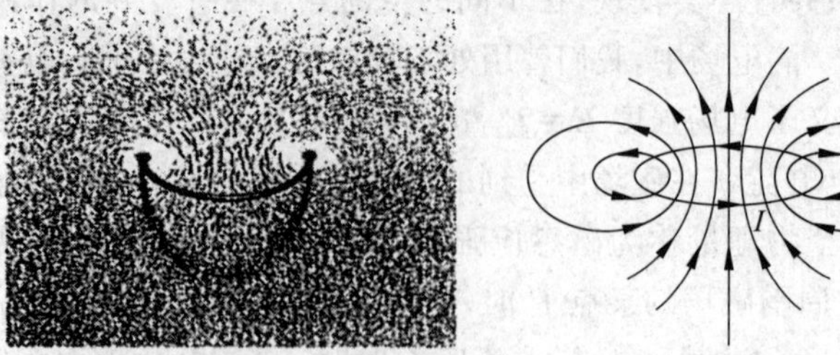

(a)

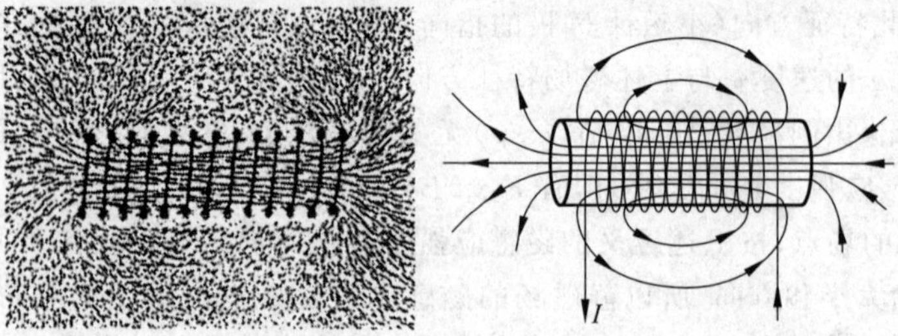

(b)

图 4-49 圆电流和长直载流螺线管磁场的实验图形与磁感应线

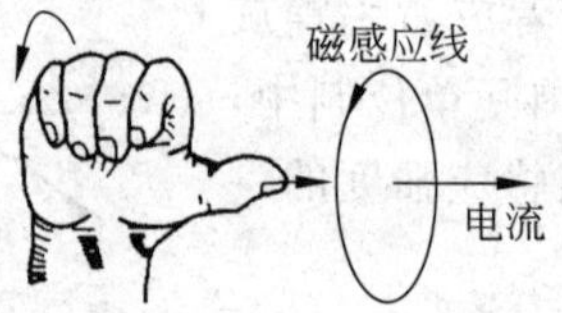

(a)

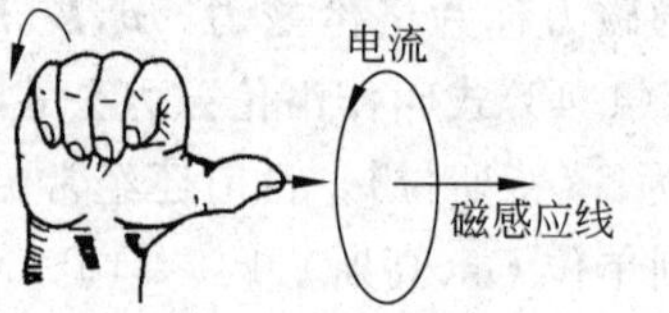

(b)

图 4-50 磁感应线方向与电流方向服从右手螺旋定则

同样，我们规定闭合曲面 S 上的面元 $\mathrm{d}\boldsymbol{S}$ 的正向为外法向。因此，穿出闭合曲面的磁感应线对磁通量的贡献为正，而穿进闭合曲面的磁感应线对磁通量的贡献为负。在国际单位制中，磁通量的单位为 Wb，$1\ \mathrm{Wb}=1\ \mathrm{T}\cdot\mathrm{m}^2$。

由于磁感应线都是闭合曲线，因此对任一个闭合曲面来说，有多少条磁感应线进入闭合曲面，就一定有多少条磁感应线穿出闭合曲面。也就是说，**磁场中通过任意闭合曲面的磁通量一定为零**，即有

$$\oint_S \boldsymbol{B}\cdot \mathrm{d}\boldsymbol{S}=0 \tag{4-51}$$

这就是静磁场的高斯定理，也叫磁通连续定理。它是电磁场的一条基本规律。

静电场的高斯定理指出，通过任意闭合曲面的电通量可以不为零，静电场线是不闭合的，起始于正电荷而终止于负电荷，电场线存在源头，所以称静电场是有源场；而通过任意闭合曲面的磁通量必为零，磁感应线是环绕电流的无头无尾的闭合曲线，所以称磁场是无源场。

4.3.1.3　电流的磁场　毕奥-萨伐尔定律

1. 电流密度矢量

我们已经知道,电荷的定向运动形成电流,不随时间变化的电流称为恒定电流(也称直流电),电流的强弱用电流强度 I(简称电流)来描述,它等于

$$I=\frac{\mathrm{d}q}{\mathrm{d}t} \tag{4-52}$$

在国际单位制中,电流的单位是 A,1 A=1 C/s。电流反映导线截面的整体电流特征,不描写截面上每点的电流情况。为了能反映导体截面上各点的电流分布,需要进一步引入电流密度的概念。导体中某点的电流密度 $\boldsymbol{j}$ 是一个矢量,其方向为该点形成电流的正电荷运动方向,大小为通过该点单位垂直截面的电流大小,即

$$j=\frac{\mathrm{d}I}{\mathrm{d}S_{\perp}}$$

因此通过面元 $\mathrm{d}\boldsymbol{S}$ 的电流为

$$\mathrm{d}I=j\,\mathrm{d}S_{\perp}=\boldsymbol{j}\cdot\mathrm{d}\boldsymbol{S} \tag{4-53}$$

通过电流空间任一曲面的电流为

$$I=\int_{S}\boldsymbol{j}\cdot\mathrm{d}\boldsymbol{S} \tag{4-54}$$

这是电流密度 $\boldsymbol{j}$ 与电流 I 的关系。数学形式上如同电场强度 $\boldsymbol{E}$ 与电通量 Φ_{e} 或磁感应强度 $\boldsymbol{B}$ 与磁通量 Φ_{m} 的关系。其实,类似电场中的电场线、磁场中的磁感应线,电流在空间的分布(电流场)也可以用电流线来形象描绘,电流线上每点的切线方向都与该点的电流密度方向一致,在垂直于电流密度方向上单位面积上电流线的条数正比于该点的电流密度的大小。因此,$\boldsymbol{j}\cdot\mathrm{d}\boldsymbol{S}$ 也是通量之意,(4-53)式表明的是通过面元 $\mathrm{d}\boldsymbol{S}$ 的电流等于面元上电流密度的通量,而(4-54)式表明了通过导体中任意曲面 S 的电流是该曲面上的电流密度通量。

2. 电流元的磁场——毕奥-萨伐尔定律

静磁场和静电场一样,它们都遵从场的叠加原理。在静电场中,一个带电量 Q 的带电体周围某点的电场可以看作是组成 Q 的无限多个电荷元 $\mathrm{d}q$ 在该点电场强度 $\mathrm{d}\boldsymbol{E}$ 的叠加。同样,任一线电流(考察场点磁场时,导线的横截面积可以忽略不计)周围某空间点的磁场可以看作是组成电流的无限多个电流元(线元 $\mathrm{d}\boldsymbol{l}$ 与电流 I 的乘积即 $I\mathrm{d}\boldsymbol{l}$,$\mathrm{d}\boldsymbol{l}$ 的方向就是线元内电流的流向)在该点的磁感应强度 $\mathrm{d}\boldsymbol{B}$ 的矢量叠加,如图 4-51 所示。毕奥-萨伐尔定律给出电流元 $I\mathrm{d}\boldsymbol{l}$ 在 P 点激发的磁场 $\mathrm{d}\boldsymbol{B}$ 为

$$\mathrm{d}\boldsymbol{B}=\frac{\mu_0}{4\pi}\frac{I\mathrm{d}\boldsymbol{l}\times\boldsymbol{e}_r}{r^2} \tag{4-55}$$

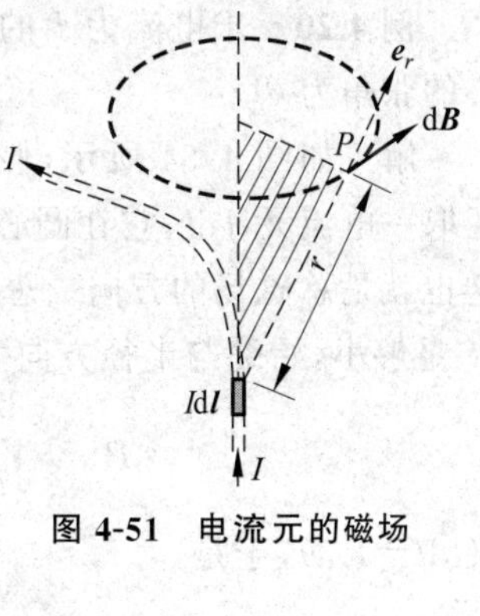

图 4-51　电流元的磁场

式中,$\mu_0=4\pi\times10^{-7}\,\mathrm{N/A^2}$,称为真空磁导率;$r$ 为电流元 $I\mathrm{d}\boldsymbol{l}$ 到场点 P 的距离,$\boldsymbol{e}_r$ 为电流元 $I\mathrm{d}\boldsymbol{l}$ 指向场点 P 的单位向量。有了电流元磁场公式(4-55),根据叠加原理,对(4-55)式积分,可以得到任意线电流的磁场分布

$$\boldsymbol{B}=\int\mathrm{d}\boldsymbol{B}=\int\frac{\mu_0}{4\pi}\frac{I\mathrm{d}\boldsymbol{l}\times\boldsymbol{e}_r}{r^2} \tag{4-56}$$

例 4.19 真空中有一长为 L、通有电流 I 的载流直导线,试求距载流直导线为 a 处的 P 点的磁感应强度。

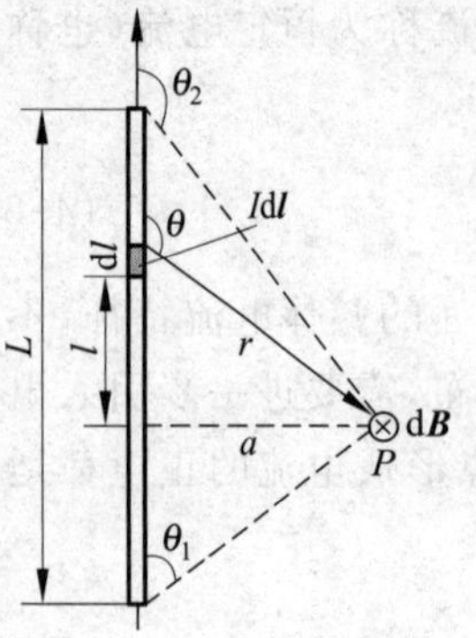

图 4-52 例 4.19 用图

解 如图 4-52 所示。由毕奥-萨伐尔定律可知,导线上任意电流元 $I\mathrm{d}\boldsymbol{l}$ 在 P 点激发的磁场 $\mathrm{d}\boldsymbol{B}$ 方向都是垂直纸面向里。因此,合磁场也在这个方向上,它的大小为 $\mathrm{d}B$ 的标量积分,即

$$B=\int_L \mathrm{d}B=\int_L \frac{\mu_0}{4\pi}\frac{I\,\mathrm{d}l\sin\theta}{r^2}$$

式中,r,θ,l 都是变量,它们之间的关系可用同一变量表示。由图可以看出:$r=a\csc\theta, l=-a\cot\theta$,因此有 $\mathrm{d}l=a\csc^2\theta\mathrm{d}\theta$,把它们代入积分式中,可得

$$B=\frac{\mu_0 I}{4\pi a}\int_{\theta_1}^{\theta_2}\sin\theta\mathrm{d}\theta=\frac{\mu_0 I}{4\pi a}(\cos\theta_1-\cos\theta_2) \tag{4-57}$$

式中,θ_1,θ_2 分别为载流导线两端点处的电流元和它们到场点的位置矢量 $\boldsymbol{r}$ 之间的夹角。

对于无限长载流直导线,图 4-52 中的 $\theta_1=0,\theta_2=\pi$,则有

$$B=\frac{\mu_0 I}{2\pi a} \tag{4-58}$$

由此可见,无限长载流直导线周围的磁感应强度 B 与距离 a 成反比,与电流 I 成正比。它的磁感应线是在垂直于导线的平面内以导线为圆心的一系列同心圆,如图 4-53 所示。

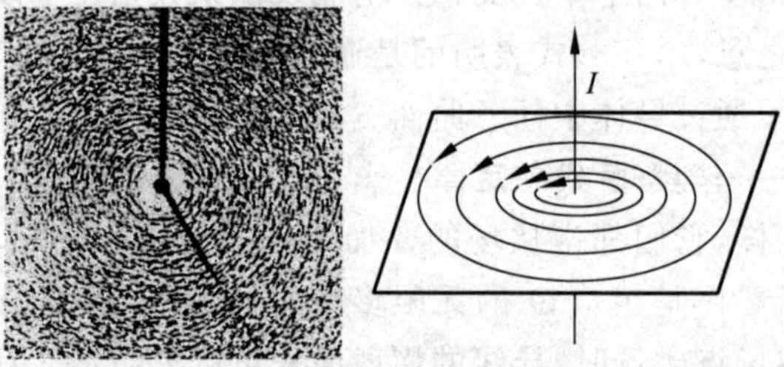

图 4-53 直电流磁场分布的实验图形与对应的磁感应线

例 4.20 求电流为 I 的载流圆弧在圆心处产生的磁感应强度。设圆弧半径为 R,对圆心的张角为 θ。

解 如图 4-54 所示,假设载流圆弧在纸平面内。在圆弧上任取一电流元 $I\mathrm{d}\boldsymbol{l}$,它在圆心 O 处产生的磁场 $\mathrm{d}\boldsymbol{B}$ 垂直纸面向外,这也就是总磁场的方向。总磁场大小为 $\mathrm{d}B$ 的标量叠加。又由于 $\mathrm{d}\boldsymbol{l}$ 足够小,始终与半径方向垂直,根据毕奥-萨伐尔定律可得

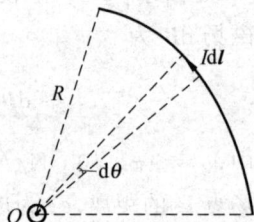

图 4-54 例 4.20 用图

$$B_O=\int_L \mathrm{d}B=\int_L \frac{\mu_0}{4\pi}\frac{I\,\mathrm{d}l}{R^2}$$

又 $\mathrm{d}l=R\mathrm{d}\theta$,于是

$$B_O=\int_L \frac{\mu_0}{4\pi}\frac{I\,\mathrm{d}l}{R^2}=\frac{\mu_0 I}{4\pi R}\int_0^\theta \mathrm{d}\theta=\frac{\theta}{2\pi}\cdot\frac{\mu_0 I}{2R} \tag{4-59}$$

对载流圆线圈，$\theta=2\pi$，因此载流圆线圈圆心处的磁感应强度为

$$B_O=\frac{\mu_0 I}{2R} \tag{4-60}$$

4.3.1.4 稳恒磁场中的安培环路定理

1. 安培环路定理

在静电场中，电场线是不闭合的，电场沿任意闭合路径的环流为零，即 $\oint_L \boldsymbol{E}\cdot \mathrm{d}\boldsymbol{l}=0$，反映了静电场是保守场的基本性质。而稳恒磁场的磁场线是闭合的，磁感应强度 $\boldsymbol{B}$ 沿着闭合的磁感应线路径的环流 $\oint_L \boldsymbol{B}\cdot \mathrm{d}\boldsymbol{l}$ 显然不为零。由毕奥-萨伐尔定律及磁场叠加原理，可以得到以下结论：**在恒定磁场中，磁感应强度 $\boldsymbol{B}$ 沿任意闭合路径的线积分（$\boldsymbol{B}$ 的环流），等于穿过该环路的所有电流代数和的 μ_0 倍**，即

$$\oint_L \boldsymbol{B}\cdot \mathrm{d}\boldsymbol{l}=\mu_0\sum I_{\text{int}} \tag{4-61}$$

这就是静磁场的安培环路定理。式中的闭合曲线 L 称为"安培环路"。

对静磁场安培环路定理要注意以下几点：

(1) 恒定电流的磁场是恒定磁场（静磁场），恒定电流一定是闭合的，静磁场的安培环路定理只适用于恒定磁场，对于非恒定电流或者说非静磁场是不适用的。

(2) $\sum I_{\text{int}}$ 为穿过闭合回路 L 的电流的代数和，I_{int} 是代数量。其正负规定为：当电流方向与环路的环绕方向成右手螺旋关系时，$I_{\text{int}}>0$，取正；反之，$I_{\text{int}}<0$，取负。例如，在图 4-55 所示的情况中，$\sum I_{\text{int}}=I_1-2I_2$，因为 I_3 未穿过回路（未与回路铰链），所以 $\sum I_{\text{int}}$ 中不包含 I_3。

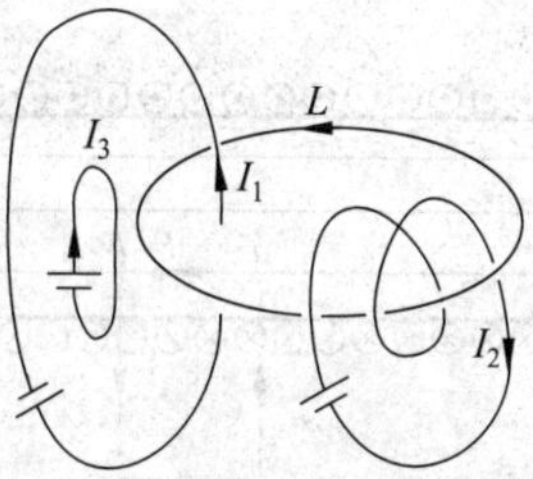

图 4-55 穿过安培环路的电流

(3) (4-61)式中的 $\boldsymbol{B}$ 是安培环路上各点的 $\boldsymbol{B}$，它是空间所有电流产生的磁感应强度的矢量和，其中也包括那些不穿过环路 L 的电流（图 4-55 中 I_3）产生的磁场，只是后者的磁场对 $\boldsymbol{B}$ 沿 L 的环流无贡献。

2. 利用安培环路定理求磁场分布

在静电场中，我们曾通过选取合适的高斯面，利用高斯定理方便地解出某些具有对称性的带电体的电场分布。同样，在恒定磁场中，我们也可以利用安培环路定理求解某些具有高度对称性的载流导线的磁场分布。与用静电场高斯定理计算场强相仿，用安培环路定理解磁场时，首先需要依据电流的对称性分析磁场分布的对称性，在此基础上选取合适的安培环路 L，以便使积分 $\oint_L \boldsymbol{B}\cdot \mathrm{d}\boldsymbol{l}$ 中的 $\boldsymbol{B}$ 能以标量形式从积分号内提出来。

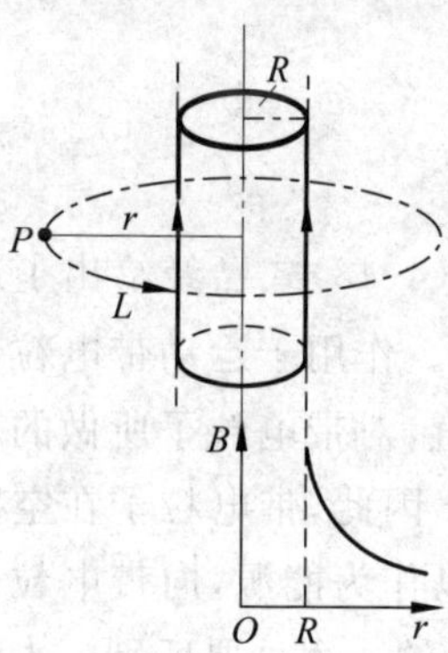

图 4-56 例 4.21 用图

例 4.21 求无限长载流薄圆筒内外的磁场。设圆筒半径为 R，电流 I 在圆筒截面内均匀分布。

解 如图 4-56 所示，由电流的轴对称，其产生的磁场也必有轴对称性，任意场点 P 处 $\boldsymbol{B}$ 的大小只与 P 点到轴线的垂直距离 r

有关,而且其磁感线一定处于垂直于电流的平面内,方向和电流成右手螺旋关系。所以,取通过场点 P 的以轴线为中心、半径为 r 的圆作为安培环路 L,环路上各点 $\boldsymbol{B}$ 的大小处处相同,$\boldsymbol{B}$ 的方向均沿切线,于是沿图上标明的环路方向积分,即 $\boldsymbol{B}$ 的环流为

$$\oint_L \boldsymbol{B}\cdot \mathrm{d}\boldsymbol{l}=\oint_L B\,\mathrm{d}l=B\oint_L \mathrm{d}l=B\cdot 2\pi r$$

根据安培环路定理,有

$$B\cdot 2\pi r=\begin{cases}0, & r<R\\ \mu_0 I, & r>R\end{cases}$$

得无限长载流圆筒内外的磁场为

$$B=\begin{cases}0, & r<R\\ \dfrac{\mu_0 I}{2\pi r}, & r>R\end{cases}$$

由此可见,在圆筒内部,磁场为零。在圆筒外部,磁场分布与全部电流 I 集中在圆筒轴线上的一根无限长载流直导线所产生的磁场相同。图 4-56 中也显示了 B 随 r 的分布。

例 4.22 求无限长均匀密绕载流螺线管内任一点 P 的磁场。设螺线管中通有电流 I,单位长度上的匝数为 n。

解 电流分布具有沿轴向的平移对称性,管内磁感应线应平行于轴线,到轴线距离相等的各点 $\boldsymbol{B}$ 的大小都相等,方向与电流成右手螺旋关系,忽略边缘效应,可以认为管外的磁场为零。如图 4-57 所示,过 P 点取矩形闭合路径 $abcda$ 作为安培环路,$\boldsymbol{B}$ 沿此闭合路径的线积分为

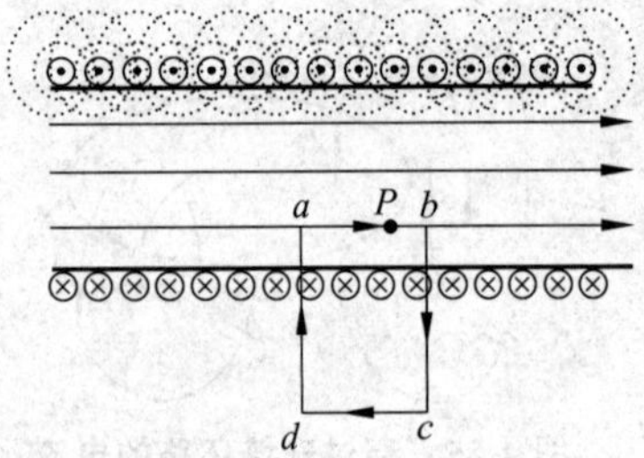

图 4-57 例 4.22 用图

$$\oint_{abcda}\boldsymbol{B}\cdot \mathrm{d}\boldsymbol{l}=\int_a^b \boldsymbol{B}\cdot \mathrm{d}\boldsymbol{l}+\int_b^c \boldsymbol{B}\cdot \mathrm{d}\boldsymbol{l}+\int_c^d \boldsymbol{B}\cdot \mathrm{d}\boldsymbol{l}+\int_d^a \boldsymbol{B}\cdot \mathrm{d}\boldsymbol{l}$$
$$=\int_a^b \boldsymbol{B}\cdot \mathrm{d}\boldsymbol{l}+0+0+0=\int_a^b B\,\mathrm{d}l=B\int_a^b \mathrm{d}l$$
$$=B\cdot \overline{ab}$$

闭合回路所包围的电流为 $n\,\overline{ab}I$,由安培环路定理,有

$$B\,\overline{ab}=\mu_0 n\,\overline{ab}I$$

于是 P 点磁场大小为

$$B=\mu_0 nI \tag{4-62}$$

P 点位置任意,这说明长直螺线管内为均匀磁场。

4.3.1.5 磁场对运动电荷和电流的作用

1. 磁场对运动电荷的作用

我们从运动电荷在磁场中受磁力的角度定义了磁感应强度 $\boldsymbol{B}$,(4-48)式已经给出了运动电荷在磁场中受到和自身速度有关的洛伦兹力公式,$\boldsymbol{F}_{\mathrm{m}}=q\boldsymbol{v}\times\boldsymbol{B}$。作用于运动带电粒子上的洛伦兹力的重要特征是:此力总是与带电粒子的速度方向垂直,对带电粒子所做的功恒等于零,不能改变带电粒子的动能,只改变带电粒子运动的方向。因此,带电粒子在空间运动时,可以消耗电场能量,却不能消耗磁场的能量。电场能量可以作为能源,向带电粒子提供能量,直接转化为粒子的动能,而磁场却不能。这是电场和磁场的一个重要区别。力学中的势能只能转化为动能,只有通过动能才能转化为其他形式的能量。可以说,磁场能量犹

如力学中的势能，只能转化为电场能量，也只能通过电场能量才能转化为其他形式的能量。

设运动粒子的质量为 m，带电量为 q，下面我们讨论该粒子在几种磁力下的运动情况。

(1) 带电粒子在均匀磁场中的运动

① 当带电粒子以平行于磁场方向的速度 $\boldsymbol{v}$ 进入一均匀磁场空间时，$\boldsymbol{v}/\!/\boldsymbol{B}$，磁场对粒子的作用力为零。在忽略粒子所受重力等其他影响下，粒子将以速度 $\boldsymbol{v}$ 作匀速直线运动。

② 当带电粒子以垂直于磁场方向的速度进入一均匀磁场空间时，$\boldsymbol{v}\perp\boldsymbol{B}$，如图 4-58 所示，粒子受洛伦兹力 $\boldsymbol{F}_{\mathrm{m}}\perp\boldsymbol{v}$，洛伦兹力提供粒子在垂直于 $\boldsymbol{B}$ 的平面内作圆周运动的向心力 $F_{\mathrm{m}}=qvB=m\dfrac{v^2}{R}$，由此得到这一圆周运动的半径为 $R=\dfrac{mv}{qB}$，圆周运动的周期为 $T=\dfrac{2\pi R}{v}=\dfrac{2\pi m}{qB}$。由圆周运动的半径可以得到粒子的荷质比 $\dfrac{q}{m}=\dfrac{v}{RB}$ 与速率 v 成正比，与半径 R 成反比，这正是质谱仪的工作原理。

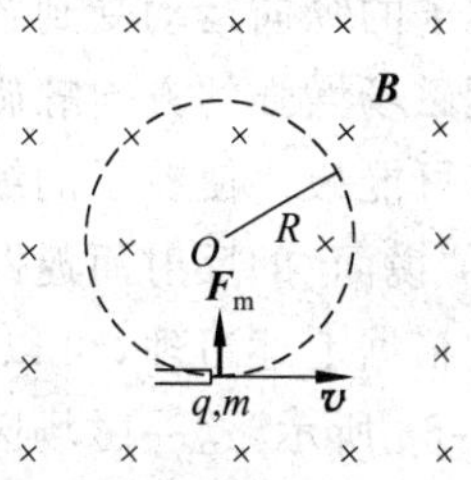

图 4-58　带电粒子在均匀磁场中作圆周运动

图 4-59 是质谱仪原理示意图。如果带电粒子通过一个电压为 U 的加速电场，获得动能 $\dfrac{1}{2}mv^2=qU$ 后再射入均匀磁场中，那么不同荷质比的粒子将具有不同的速率，它们将沿不同半径的圆周离开图中所示的磁场，有 $x=2R=2\dfrac{mv}{qB}=2\dfrac{\sqrt{2U}}{B}\sqrt{\dfrac{m}{q}}$。当探测器沿 x 向扫描时，可以测出带电量相同而质量不同的同位素粒子数的分布(称为“质谱”)。质谱仪在物质成分分析中有广泛的应用。

③ 当 $\boldsymbol{v}$ 与 $\boldsymbol{B}$ 有一夹角 θ 时，可以把 $\boldsymbol{v}$ 分解为平行于 $\boldsymbol{B}$ 的分量 $v_{/\!/}=v\cos\theta$ 和垂直于 $\boldsymbol{B}$ 的分量 $v_{\perp}=v\sin\theta$。$v_{/\!/}$ 分量使粒子沿 $\boldsymbol{B}$ 的方向作匀速直线运动，$v_{\perp}$ 分量使粒子在垂直磁场平面内作匀速率圆周运动，所以粒子运动轨迹是一条螺旋线，如图 4-60 所示，其圆周运动的周期和半径也称为回旋周期和回旋半径。螺旋运动的螺距(粒子每回转一周时所前进的距离)为 $h=v_{/\!/}T=\dfrac{2\pi m}{qB}v_{/\!/}$。

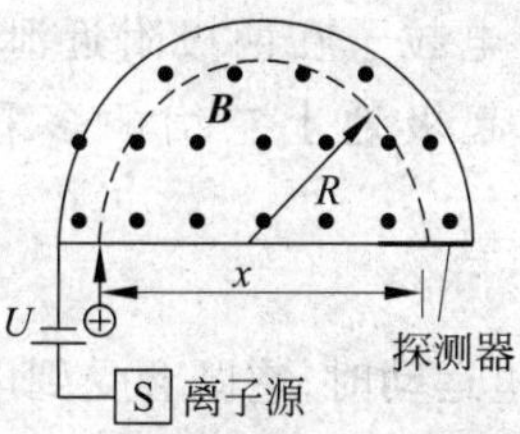

图 4-59　质谱仪原理示意图

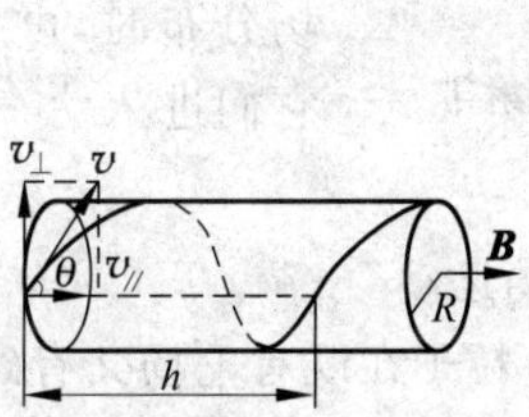

图 4-60　带电粒子的螺旋运动

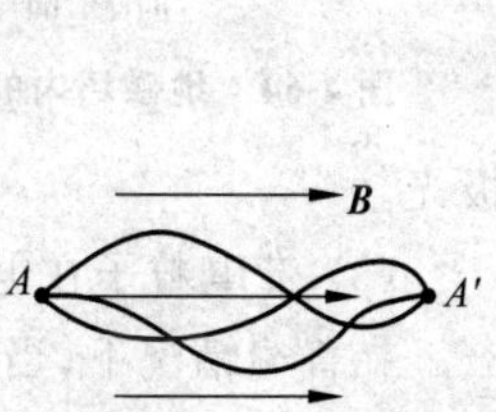

图 4-61　磁聚焦

如果在均匀磁场中某点 A 处(图 4-61)引入一发散角不太大的带电粒子束，其中粒子的速度又大致相同，则这些粒子沿磁场方向的分速度 $v_{/\!/}$ 大小几乎一样，因而其轨迹有几乎相同的螺距。这样，经过一个回旋周期后，这些粒子将会重新会聚于另一点 A'。这表明，磁场的存在使得在 A 处要发散开的粒子束又能重新在 A' 处会聚，这和透镜将光束聚焦的作用十分相似,所以把这种现象称为磁聚焦。磁聚焦技术在许多领域得到了广泛的应用。

(2) 带电粒子在非均匀磁场中的运动

如前所述,均匀磁场中的带电粒子一般作螺旋运动,在垂直于 $\boldsymbol{B}$ 的方向上,带电粒子的运动被约束在半径为 R 的圆周上。在非均匀磁场中,一般情况下,粒子仍会绕着 $\boldsymbol{B}$ 线作螺旋运动,但螺距和回旋半径都不断改变。在一定条件下,除横向约束外,非均匀磁场还可以使粒子的纵向运动受到约束。如图 4-62 所示为一轴对称的非均匀磁场,当粒子具有一分速度朝磁场增强的方向螺旋前进时,它受到的磁场力有一个和前进方向相反的分量。这一分量有可能最终使粒子的纵向(轴向)速度减小到零,然后反向运动。这种情况就好像粒子受到了"镜面"的反射而返回,因而把这种磁场分布称为磁镜。

根据上述道理,可以用两个电流方向相同的线圈产生一个中间弱两端强的磁场,如图 4-63 所示,这一磁场区域的两端就形成两个磁镜,则无论带电粒子最初是沿着哪个方向运动,只要纵向速度不太大,它就会被限制在磁镜间来回运动而不能逃脱。这种能约束带电粒子的磁场分布叫磁瓶,也常被形象地称为磁捕集器。

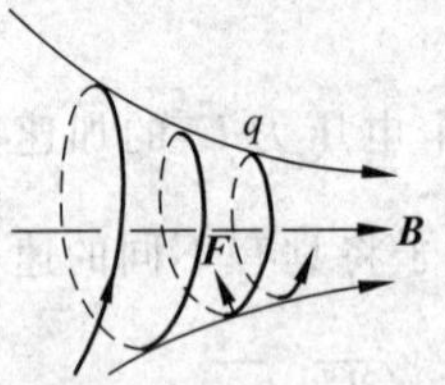

图 4-62 q 在非均匀磁场中

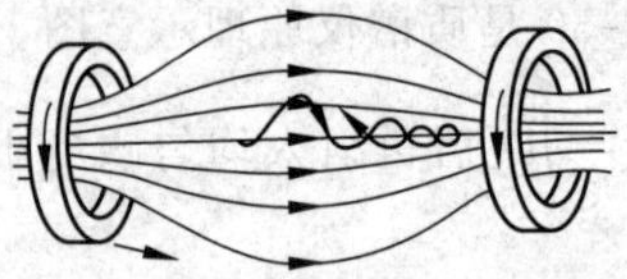

图 4-63 磁瓶

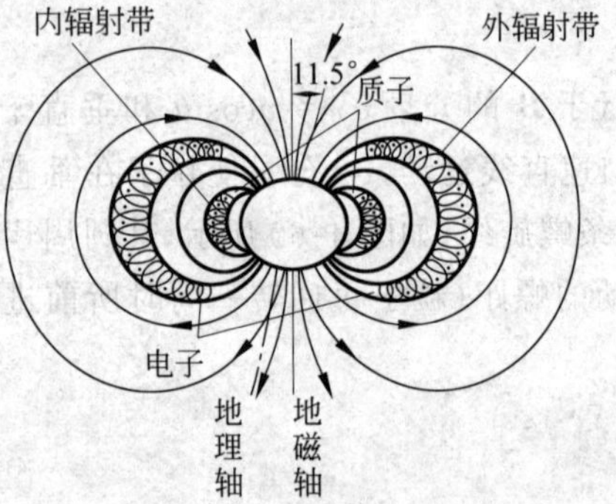

图 4-64 地磁场内的范艾仑辐射带

地球磁场与磁瓶结构相似。地磁场是一个非均匀磁场,从赤道到地磁的两极磁场逐渐增强,是一个天然磁捕集器。它能俘获从外层空间入射的电子和质子,使它们在南北两极之间往返作回旋运动而辐射电磁波,从而形成地球辐射带,称为范艾仑辐射带(图 4-64)。它有两层,在地面上空 $8\times10^2\sim4\times10^3$ km 处的内层俘获质子,在 6×10^4 km 处的外层俘获电子。当太阳表面状况的变化严重影响地磁场分布时,可导致大量带电粒子在两极附近泄漏,它们进入大气层时可引起极地上空绚丽多彩的极光。

(3) 带电粒子在电磁场中的运动

在普遍情况下,当一个带电粒子在既有电场又有磁场的区域里运动时,它既会受到电场力,又会受到磁场力。电场力与运动电荷的速度无关,$\boldsymbol{F}_e=q\boldsymbol{E}$;磁场力与运动电荷的速度有关,$\boldsymbol{F}_m=q\boldsymbol{v}\times\boldsymbol{B}$。因此运动电荷 q 在电磁场中受力为

$$\boldsymbol{F}=\boldsymbol{F}_e+\boldsymbol{F}_m=q\boldsymbol{E}+q\boldsymbol{v}\times\boldsymbol{B} \tag{4-63}$$

(4-63)式称为普遍情况下的洛伦兹力公式,是电磁学的基本公式之一。

霍尔效应是带电粒子在电磁场中运动的一个例子。如图 4-65 所示,24 岁的研究生霍尔(Edwin H.Hall,1855—1938)在 1879 年发现:若将通有纵向电流 I 的一宽度为 h、厚度

为 b 的金属板放在垂直于板面的磁场中，在金属板的横向两侧面会出现电势差。这种现象称为霍尔效应，出现的电势差称为霍尔电压。若金属中通有如图电流 I，金属板中的载流子（电子）逆着电流方向向右作定向运动，由于洛伦兹力的作用，电子的运动将向下偏，如图 4-65(a)所示，其结果会使得金属板上下两横向侧面上分别聚集正负电荷，正负电荷的积累在金属内部建立起一横向电场 $\boldsymbol{E}_{\mathrm{H}}$，横向电场的作用将阻碍电子的偏转，最后达到动态平衡，电子所受电场力与磁场力平衡，不再发生横向移动，如图 4-65(b)所示。设电子的定向速度（称为漂移速度）为 $\boldsymbol{v}$，平衡时 $evB=eE_{\mathrm{H}}$，霍尔电压为 $U_{\mathrm{H}}=E_{\mathrm{H}}h=vBh$。设金属板中载流子浓度为 n，则电流强度 $I=enbhv$，霍尔电压可改写为

$$U_{\mathrm{H}}=vBh=\frac{IB}{neb}=R_{\mathrm{H}}\frac{IB}{b} \tag{4-64}$$

$R_{\mathrm{H}}=\dfrac{1}{ne}$ 称为霍尔系数。

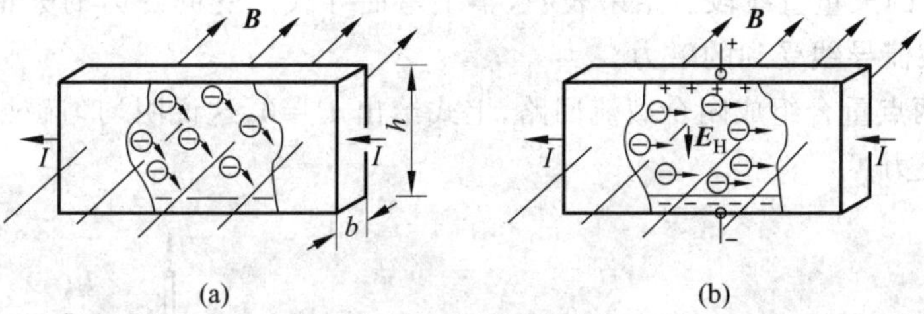

图 4-65 霍尔效应

由于金属中自由电子数密度 n 很大，其霍尔系数很小，霍尔电压很弱，霍尔效应不太明显。而在半导体中，载流子浓度 n 要低得多，可以产生很强的霍尔效应。用半导体制成的霍尔元件，在生产和科研中得到了广泛的应用，可以判别材料的导电类型、确定载流子数密度、测量磁场和电流等。

(4-64)式说明霍尔电压随磁感应强度 B 的增加而线性地增加，20 世纪又陆续发现了量子霍尔效应和分数量子霍尔效应，德国物理学家克里青(K.von Klitzing)因 1980 年发现量子霍尔效应获得了 1985 年诺贝尔物理学奖，美国的崔琦（美籍华人）和 H.L.Stormer 因 1982 年发现分数量子霍尔效应获得了 1998 年诺贝尔物理学奖。

2. 磁场对电流的作用

(1) 安培力

从微观上看，电流是带电粒子定向移动形成的，当把载流导线置于磁场中时，这些运动的带电粒子就要受到洛伦兹力的作用，其结果表现为载流导线受到磁力的作用。

考虑一静止不动的通电细导线，截面积为 S，如图 4-66 所示。在导线上任取电流元 $I\mathrm{d}\boldsymbol{l}$，设其载流子（自由电子）数密度为 n，各载流子都以漂移速度 $\boldsymbol{v}$ 运动。由于每个载流子受到的磁场力都是 $(-e)\boldsymbol{v}\times\boldsymbol{B}$，而在 $\mathrm{d}l$ 段中共有 $nS\mathrm{d}l$ 个载流子，所以这些载流子的受力总和为

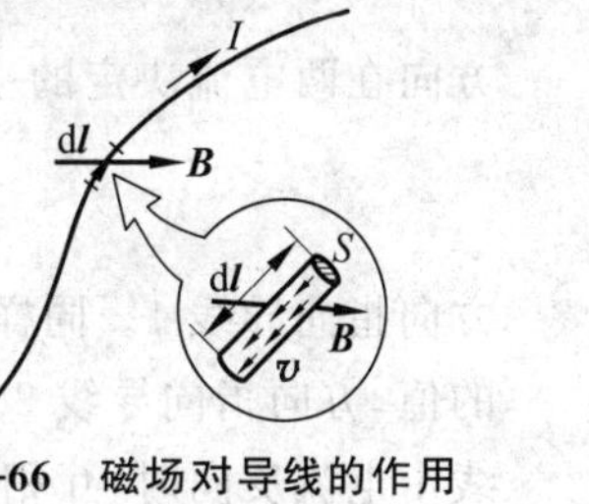

图 4-66 磁场对导线的作用

$$\mathrm{d}\boldsymbol{F}=nS\mathrm{d}l\cdot(-e)\boldsymbol{v}\times\boldsymbol{B}$$

由于 $(-e\boldsymbol{v})$ 的方向与 $I\mathrm{d}\boldsymbol{l}$ 的方向相同，并且 $I=nSev$，所以上式

可改写成

$$\mathrm{d}\boldsymbol{F} = I\mathrm{d}\boldsymbol{l} \times \boldsymbol{B} \tag{4-65}$$

(4-65)式即为电流元 $I\mathrm{d}\boldsymbol{l}$ 在磁场 $\boldsymbol{B}$ 中受到的磁力。通常我们将载流导线受到的磁力称为安培力,(4-65)式称为安培力公式。一段有限长载流导线所受的磁力应为各个电流元所受的磁力的矢量和,即

$$\boldsymbol{F} = \int_L I\mathrm{d}\boldsymbol{l} \times \boldsymbol{B} \tag{4-66}$$

例 4.23 如图 4-67 所示,通有电流 I 的弯曲导线 ab 放在均匀磁场 $\boldsymbol{B}$ 中,求此段导线所受的磁场力。

解 根据(4-66)式,所求安培力为

$$\boldsymbol{F} = \int_a^b I\mathrm{d}\boldsymbol{l} \times \boldsymbol{B} = I\left(\int_a^b \mathrm{d}\boldsymbol{l}\right) \times \boldsymbol{B} = I\boldsymbol{L} \times \boldsymbol{B}$$

$\boldsymbol{L}$ 表示从 a 到 b 的矢量直线段。结果表明,整个弯曲导线所受的磁力的矢量和等于从起点指向终点的直载流导线受到的磁力。

如果 a,b 两点重合组成闭合载流回路,上式给出 $\boldsymbol{F}=\boldsymbol{0}$,这说明均匀磁场中的闭合载流回路整体上不受力。

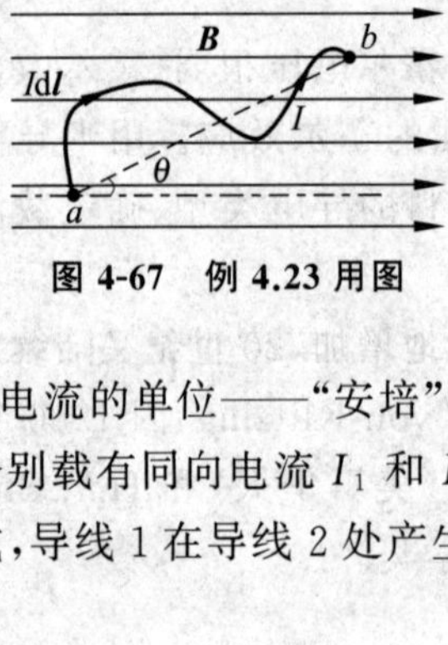

图 4-67 例 4.23 用图

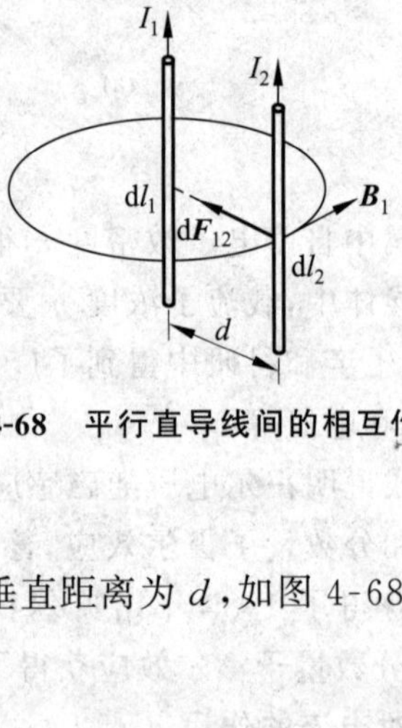

图 4-68 平行直导线间的相互作用

(2) 电流的单位——"安培"的定义

设分别载有同向电流 I_1 和 I_2 的两平行导线间的垂直距离为 d,如图 4-68 所示。根据(4-58)式,导线 1 在导线 2 处产生的磁场为

$$B_1 = \frac{\mu_0 I_1}{2\pi d}$$

方向与导线 2 垂直。根据安培力公式,导线 2 上任一电流元 $I_2\mathrm{d}\boldsymbol{l}_2$ 受到的磁力大小为

$$\mathrm{d}F_{12} = I_2\mathrm{d}l_2 B_1 = \frac{\mu_0 I_1 I_2}{2\pi d}\mathrm{d}l_2$$

方向在两电流决定的平面内指向导线 1。因此,导线 2 单位长度受力为

$$\frac{\mathrm{d}F_{12}}{\mathrm{d}l_2} = \frac{\mu_0 I_1 I_2}{2\pi d} \tag{4-67}$$

方向指向导线 1。同样可得,导线 1 单位长度受到导线 2 产生的磁场作用力大小也是上述的值,方向指向导线 2。显然,同向的两平行直导线电流通过磁场的作用互相吸引,当两导线中电流反向时,互相排斥。1946 年国际计量委员会决议并经 1948 年第九届国际计量大会批准的电流的基本单位"安培" 就是根据(4-67)式定义的(现在用新的定义):在真空中

相距 1m 的两无限长而圆截面可忽略的平行直导线内，通以相等的恒定电流，调节电流的大小使得导线每米长度受到的作用力等于 2×10^{-7}N，则每根导线上的电流规定为 1 A。根据这一定义，由(4-67)式给出

$$\mu_0=4\pi\times10^{-7}\,\mathrm{N\cdot A^{-2}}$$

(3) 磁场对平面载流线圈的作用

虽然例 4.23 给出均匀磁场对闭合载流回路的作用力为零，但力矩不一定为零。设一载有电流 I 的刚性矩形线圈 $ABCD$ 边长分别为 a，b，面积 $S=ab$，它的平面法线方向 $\boldsymbol{e}_n$($\boldsymbol{e}_n$ 的方向与电流的流向符合右手螺旋关系)与磁场 $\boldsymbol{B}$ 的方向夹角为 θ，如图 4-69(a)所示。线圈可绕垂直于 $\boldsymbol{B}$ 的中心轴 OO' 自由转动。作用于线圈上下两边的力 $F_{AB}=-F_{CD}$，它们作用

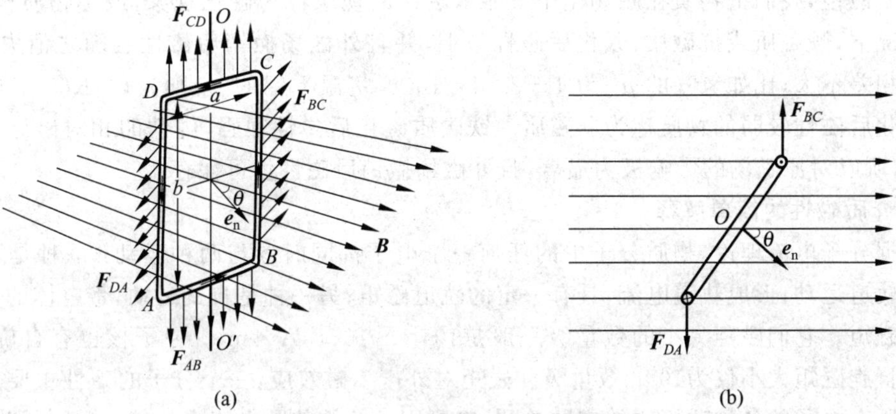

图 4-69　磁场对平面载流线圈的作用

在同一直线 OO' 轴上，为平衡力。作用于线圈左右两边的力大小相等，$F_{BC}=F_{DA}=IBb$，方向也相反，但不作用在同一直线上，如图 4-69(b)所示。两力对 OO' 轴产生的力矩大小为

$$M=F_{DA}a\sin\theta=IBab\sin\theta=ISB\sin\theta$$

在此力矩的作用下，线圈要绕 OO' 轴按逆时针方向(俯视)转动。均匀磁场对载流线圈的力矩可写成矢量式

$$\boldsymbol{M}=IS\boldsymbol{e}_n\times\boldsymbol{B}\tag{4-68}$$

定义

$$\boldsymbol{p}_m=IS\boldsymbol{e}_n\tag{4-69}$$

为平面载流线圈的磁偶极矩，简称磁矩，单位是 $\mathrm{A\cdot m^2}$。则(4-68)式又可写成

$$\boldsymbol{M}=\boldsymbol{p}_m\times\boldsymbol{B}\tag{4-70}$$

力矩的作用总是力图使线圈的磁矩 $\boldsymbol{p}_m$ 与外磁场 $\boldsymbol{B}$ 的方向一致。

可以证明，(4-70)式不仅对于矩形载流线圈成立，对于在均匀磁场中任意形状的平面载流线圈以及带电粒子沿平面闭合回路运动或者带电粒子自旋所形成的磁矩都成立。

4.3.2　有磁介质存在时的静磁场

4.3.2.1　磁介质

1. 磁介质的类型

在考虑绝缘物质与静电场相互影响时，我们把电绝缘物质称作电介质。同样，我们在考

虑磁场对物质作用或物质对磁场的影响时,把物质材料统称为磁介质。

我们制造一个密绕的长直螺线管,管内为真空或空气时通以稳恒电流 I,用仪器可以测量出管内磁场 $\boldsymbol{B}_0$;然后在保持电流不变的情况下,将管内充满某种均匀磁介质,再测出此时管内的磁场 $\boldsymbol{B}$。实验表明,$\boldsymbol{B}$ 与 $\boldsymbol{B}_0$ 之间满足以下关系:

$$\boldsymbol{B}=\mu_r\boldsymbol{B}_0 \tag{4-71}$$

其中,μ_r 是无量纲的常数,是反映介质磁特性的物理量,称为磁介质的相对磁导率。有的磁介质,如氧、铝、锰等,$\mu_r>1$,我们称它们为顺磁质;有的磁介质,如氢、铜、银等,$\mu_r<1$,我们称它们为抗磁质;还有一类物质,像铁、钴、镍以及它们的合金等,$\mu_r\gg1$,而且还随 $\boldsymbol{B}_0$ 的大小发生变化,我们称它们为铁磁质。显然,管内磁介质的存在影响了原磁场,说明物质对外显示出了磁性,我们把物质在磁场作用下显示磁性的现象称为磁化现象,或称物质被磁化。一般情况下,顺磁质或抗磁质,磁化后磁性较弱,并且外磁场撤销后磁性会随之消失,其 μ_r 都和 1 相差不大,比如氢气的 μ_r 为 $1-3.98\times10^{-5}$,室温下铝的 μ_r 则为$1+1.65\times10^{-5}$。通常把磁化后磁性较弱的物质称为弱磁质。铁磁质磁化后磁性很强,纯铁的相对磁导率可达5×10^3,所以对原磁场的影响极为显著,且外磁场撤销后磁性仍可保存。

2. 介质磁性的简单解释

根据分子电流理论,物质分子中的任何一个电子都同时参与两种运动:一种是环绕原子核的轨道运动,形成轨道电流,具有一定的轨道磁矩;另一种是自旋运动,带电体的自旋形成自旋磁矩。它们磁矩大小的数量级一般是$10^{-24}\sim10^{-23}$ $\mathrm{A\cdot m^2}$。原子核也有自旋运动,不过核自旋磁矩大小仅为10^{-27}数量级。磁矩对外产生磁效应,一个分子的磁性主要来源于分子内所有电子的各种磁矩磁效应的总和,它可用一等效的圆电流来代替,等效的圆电流称为分子电流,分子电流的磁矩简称分子磁矩,用 $\boldsymbol{p}_m$ 表示。分子磁矩等于分子中所有电子的各种磁矩的矢量和,有些分子在正常情况下分子磁矩为零,由这些分子组成的物质就是抗磁质;有些分子在正常情况下分子磁矩不为零,称为分子的固有磁矩,由这些分子组成的物质是顺磁质。铁磁质是特殊的顺磁质,由于此种物质的电子自旋之间具有特殊相互作用,使得在$10^{-12}\sim10^{-8}$ $\mathrm{m^3}$ 区间内分子磁矩自发整齐地排列,形成一个个所谓的磁畴,构成了铁磁质的特殊磁性显示。

把磁介质放入外场 $\boldsymbol{B}_0$ 中,一般将受到两种影响。一种是有固有磁矩的分子会克服热运动影响而使磁矩转向外场方向排列;另一种是使磁介质分子产生一个附加磁矩(称为感生磁矩),并且感生磁矩的方向总是和外场 $\boldsymbol{B}_0$ 的方向相反。对于顺磁质,感生磁矩比分子固有磁矩小得多,对磁性的影响不大,但对于抗磁质影响很大,因为这正是抗磁性的来源。考察一段被均匀磁化的圆柱形顺磁介质,如图 4-70(a)所示,没有外磁场时各分子磁矩方向杂乱,大量分子的磁矩的磁效应相互抵消,宏观上不显磁性。当外磁场存在时,各分子磁矩在磁力矩的作用下转向磁场方向而进行有规则的排列,磁介质内部各处总是有相反方向的分子电流流过,它们的磁性互相抵消,而磁介质表面处分子小圆电流的外面部分磁效应未被抵消,这些小圆电流的外面部分都处于垂直外磁场方向上的介质表面上,它们整体的磁效应就相当于介质表面出现了一层面电流的磁效应,我们把这种等效的面电流叫磁化电流(I_m),也称束缚电流(自此以后,我们把导线中的电流叫传导电流或自由电流)。磁化电流表征了磁介质的被磁化和磁化后的磁性,顺磁介质的磁化电流在介质内部产生的磁场加强原磁场,有$B>B_0$($\mu_r>1$);由于抗磁质不具有分子固有磁矩,外场下产生的感应磁矩总是和外场方向相反，所以磁化的结果是垂直外场方向的介质表面上的磁化电流和外场方向成左手螺旋关系，如图 4-70(b)所示，其在介质内部产生的磁场减弱原磁场，有 $B<B_0(\mu_r<1)$。铁磁质磁畴中的分子磁矩自发整齐的排列称为自发磁化，没有外场时各个磁畴中分子磁矩自发整齐排列的方向也是无规则的，铁磁质对外不显示磁性。当把它放入外场时，那些自发排列方向和外场方向一致或接近一致的磁畴畴壁向外扩展，而那些自发排列方向和外场方向成大角度的磁畴体积逐渐减少，当外磁场强时还会引起磁畴的转向，因此外磁场中铁磁质通过畴壁的运动使得分子磁矩的排列比顺磁质整齐得多，磁化后显示出比一般顺磁质强得多的磁性。并且，由于磁畴间存在"摩擦"，阻碍每个磁畴在去掉外场后重新回到原来的混乱排列消磁状态，使得磁畴的某种排列状态保留下来而使铁磁质保留一定的磁性。

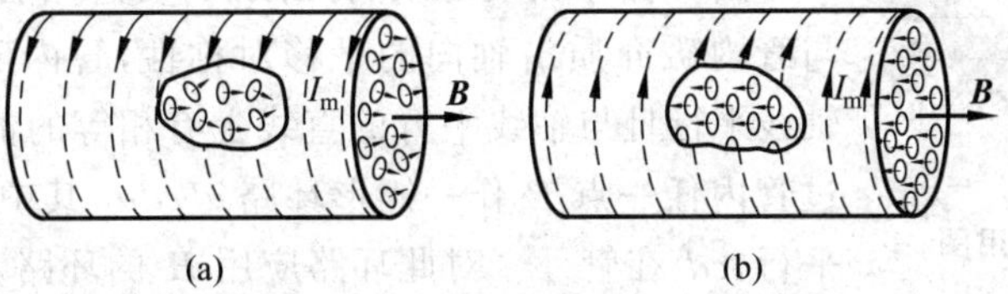

图 4-70 磁介质表面磁化电流的产生

4.3.2.2 有磁介质存在时的磁场

磁化电流表征了磁场中磁介质的存在，所以讨论有磁介质存在时的磁场，只需考虑磁化电流对传导电流磁场的影响。比如，通有稳恒电流 I 的长直密绕螺线管内充满磁介质时，管内磁介质被磁化产生了等效的磁化电流，管内有磁介质存在时的磁场是传导电流 I 的磁场 $\boldsymbol{B}_0$ 和磁化电流的磁场 $\boldsymbol{B}'$ 的叠加，有

$$\boldsymbol{B}=\boldsymbol{B}_0+\boldsymbol{B}'$$

传导电流是可以直接测量和被人们主动控制的，而磁化电流是不能被直接测量的。为了计算有磁介质存在时磁场的方便，可以引入类似电场中的辅助物理量 $\boldsymbol{D}$ 的做法而把磁化电流的影响隐含起来，我们利用由(4-71)式给出的实验结果 $\boldsymbol{B}=\mu_r\boldsymbol{B}_0$ 和安培环路定理可以做到这一点。将(4-71)式两侧对任意闭合回路进行积分，有

$$\oint_L \boldsymbol{B}\cdot \mathrm{d}\boldsymbol{l}=\mu_r\oint_L \boldsymbol{B}_0\cdot \mathrm{d}\boldsymbol{l}$$

右侧 $\oint_L \boldsymbol{B}_0\cdot \mathrm{d}\boldsymbol{l}$ 是传导电流磁场的环流，根据安培环路定理，它应等于和此环路铰链的传导电流代数和的 μ_0 倍，$\mu_r\oint_L \boldsymbol{B}_0\cdot \mathrm{d}\boldsymbol{l}=\mu_r\mu_0\sum I_{c,\mathrm{int}}$，将两侧同除以 $\mu_0\mu_r$，上式可写为

$$\oint_L \frac{\boldsymbol{B}}{\mu_0\mu_r}\cdot \mathrm{d}\boldsymbol{l}=\sum I_{c,\mathrm{int}}$$

我们可定义一个与 μ_r 和 $\boldsymbol{B}$ 对应的辅助物理量——磁场强度 $\boldsymbol{H}$，即令

$$\boldsymbol{H}=\frac{\boldsymbol{B}}{\mu_0\mu_r}=\frac{\boldsymbol{B}}{\mu} \tag{4-72}$$

其中，$\mu=\mu_0\mu_r$ 称为磁介质的磁导率。从而有

$$\oint_L \boldsymbol{H}\cdot \mathrm{d}\boldsymbol{l}=\sum I_{c,\mathrm{int}} \tag{4-73}$$

显然，该式右侧只出现了传导电流，此式表明：**在有磁介质的磁场中，磁场强度 $\boldsymbol{H}$ 沿任意闭**

合回路L的环流等于穿过以该闭合回路为边界的任意曲面(也称为与回路铰链)的传导电流的代数和,而与磁化电流无关。这个结论称为$\boldsymbol{H}$的环路定理。(4-73)式虽然是由特殊情况导出的,但可以证明它也适用于磁场未被磁介质充满的一般情况,是有磁介质存在的静磁场的普适定理。若用$\boldsymbol{j}_c$表示以闭合回路L为边界的任意曲面上任一面元$\mathrm{d}\boldsymbol{S}$处的传导电流密度,则$\boldsymbol{H}$的环路定理可写成

$$\oint_L \boldsymbol{H}\cdot\mathrm{d}\boldsymbol{l}=\int_S \boldsymbol{j}_c\cdot\mathrm{d}\boldsymbol{S} \tag{4-74}$$

例 4.24 一个单位长度匝数为n的无限长密绕螺线管内充满相对磁导率为μ_r的均匀介质。当它通以电流I时,求磁介质中磁感应强度的分布。

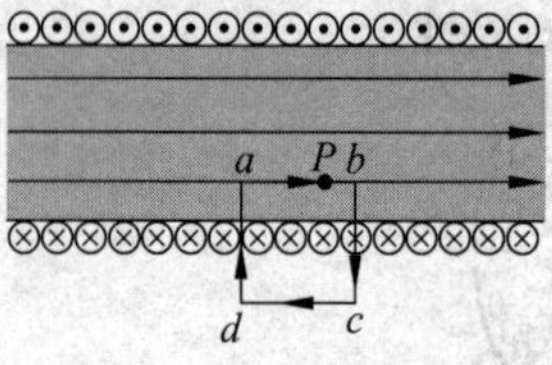

图 4-71 例 4.24 用图

解 由于密绕螺线管无限长,可忽略管外磁场。由于电流与管内磁介质沿轴向的平移对称性,管内磁场$\boldsymbol{B}$,$\boldsymbol{H}$均与管内轴线平行且与轴线平行的直线上有相等的值。如图4-71所示,过管内任一点P作一矩形环路$abcda$,其中ab,cd两边与管轴平行,cd在管外。对此环路应用$\boldsymbol{H}$的环路定理,有

$$\oint_L \boldsymbol{H}\cdot\mathrm{d}\boldsymbol{l}=\int_{ab}H\,\mathrm{d}l=H\,\overline{ab}=nI\,\overline{ab}$$

由此得

$$H=nI$$

再利用(4-72)式,可得磁介质中的磁感应强度

$$B=\mu_0\mu_r H=\mu_0\mu_r nI \tag{4-75}$$

管内是匀场,方向服从右手螺旋定则。这样,我们利用(4-73)式在不具体考虑磁介质的磁化情况下较便捷地求出了磁场的分布。

4.4 电磁感应与电磁波

前面我们介绍了静止电荷的静电场和稳恒电流的静磁场的一些基础知识,此节介绍有关变化的电场和变化的磁场的一些基本现象。

4.4.1 变化的磁场

4.4.1.1 电源和电动势

将一个充电后的电容器和一个灯泡连成如图4-72所示的电路。合上开关时,可以看到灯泡发出一次强的闪光,然后熄灭,两极板上不再带有电荷。为了让灯泡平稳地持续发光,电路中须有恒定电流,也就是说极板上须保持恒定的电荷分布。在图中虚线框以外的电路中,静电力使正电荷从正极流向负极,要保持极板上恒定的电荷分布,在电容器内部需有某种非静电力,它的作用是使正电荷不断地从电容器负极经其内部回到正极板,因为其内部的静电力阻碍正电荷从负极移向正极。这种提供非静电力的装置叫电源(图4-72中虚线框)。电源的种类有很多,如化学电池、发电机、光电池等。不同类型的电源中,非静电力的本质不同。例如发电机中的非静电力是电磁感应作用,而化学电池中的非静电力是化学作用。

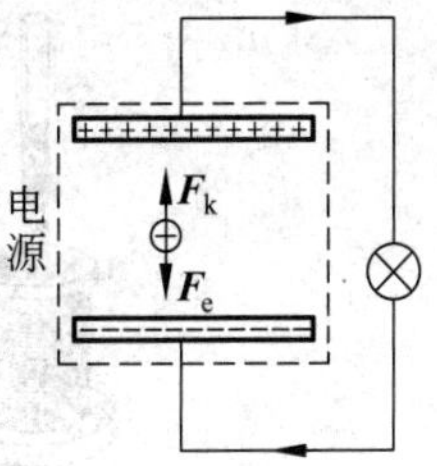

图 4-72　电源内部的非静电力

非静电力在电源内部移动正电荷做功的过程，就是把其他形式的能量转化为电能（电荷的电势能）的过程，所以凡是能够不断地把其他形式的能量转化为电能的装置都可叫作电源。我们用电源的电动势来衡量电源转换能量的能力大小，它的定义为：把单位正电荷经电源内部从负极移向正极的过程中非静电力所做的功。以场的观点，非静电力 $\boldsymbol{F}_k$ 对电荷的作用可看作是等效的"非静电场"作用，所以有 $\boldsymbol{F}_k=q\boldsymbol{E}_k$，$\boldsymbol{E}_k$ 表示等效的非静电场的场强。因此，如用 $\mathscr{E}$ 表示电源电动势，有

$$\mathscr{E}=\int_{-}^{+}\boldsymbol{E}_k\cdot d\boldsymbol{l} \tag{4-76}$$

若一个回路中处处存在非静电力，回路上处处存在非静电场的场强，当单位正电荷绕闭合回路一周时，非静电力做的功即整个回路的总电动势为

$$\mathscr{E}=\oint_L\boldsymbol{E}_k\cdot d\boldsymbol{l} \tag{4-77}$$

积分遍及整个闭合回路。在国际单位制中，电动势的单位与电势差单位相同，也是 V。

电动势是标量，但和电流一样，我们规定了一个方向，通常把电源内部电势升高的方向（电源内从负极指向正极的方向）称为电动势的方向。当正电荷沿电动势方向通过电源时（电源放电），电源内非静电力做正功；当正电荷沿电动势负方向通过电源时（电源充电），电源内非静电力做负功。在电源放电情况下，$I\mathscr{E}$ 是电源中非静电力提供的功率，消耗了电源中的非静电能；如果用 U 表示连接电源两极的电路端电压，则 IU 表示电源向外电路输出的功率；如果用 r 表示电源的内阻，则 I^2r 是内阻消耗的热功率。因能量守恒，$I\mathscr{E}=IU+I^2r$，所以有 $U=\mathscr{E}-Ir$。在电源被充电时，IU 是外电路输给电源的功率，$I\mathscr{E}$ 是抵抗电源中非静电力的功率，它转化为非静电能而储存于电源中，所以有 $IU=I\mathscr{E}+I^2r$，得到电源被充电时 $U=\mathscr{E}+Ir$。

总之，除了在超导体中，在回路中要维持恒定电流，必须有非静电力，必须有提供非静电力的装置——电源。而电动势是电源自身性能的一个参量，表征电源内非静电力做功的本领，它与外电路无关。

4.4.1.2　法拉第电磁感应定律

1. 电磁感应现象

图 4-73 所示的是几个演示实验。图 4-73(a)，将线圈 A 直接和检流计相连，形成一个闭合回路。在一根磁棒插入或拔出线圈过程中，检流计的指针分别发生了左右偏转，说明线圈中产生了电流；磁棒插入或拔出的速度越快，检流计指针偏转的角度越大。图 4-73(b)，用通电线圈 A′代替磁棒重复实验(a)，可以观察到相同的现象。图 4-73(c)，两个线圈固定不动，在接通或断开电键 K 的瞬间或者是接通开关后调节变电阻的过程中，检流计的指针也都发生了偏转。图 4-73(d)，把接有检流计而 CD 边可滑动的导体线框 $ABCDA$ 放在均匀的恒定磁场 $\boldsymbol{B}$ 中，在沿线框左右移动 CD 边的过程中，同样看到检流计的指针偏转，且 CD 边移动得越快，指针偏转的角度越大。

在上面的实验中，它们有一个共同点：检流计指针偏转时，穿过与检流计相连的回路的磁

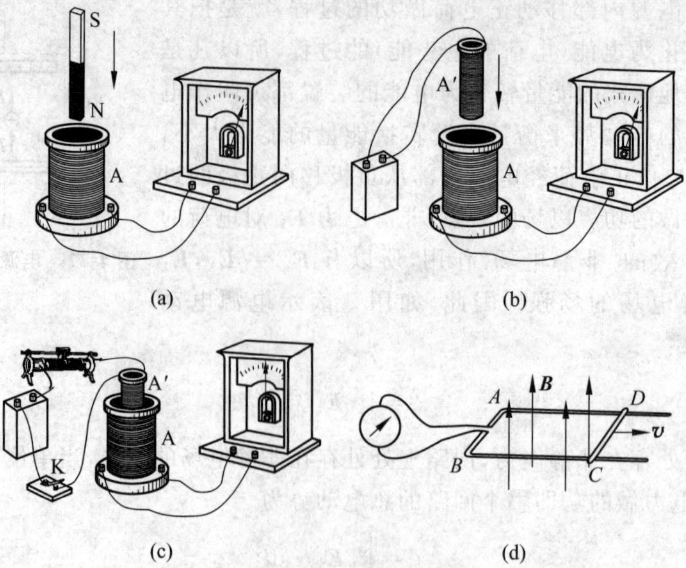

图 4-73　电磁感应现象的演示实验

感应强度的通量正在发生变化。图 4-73(a)、图 4-73(b)、图 4-73(c)是由于线圈 A 所在空间的磁场变化引起了线圈磁通量变化,图 4-73(d)中磁场未发生变化,是面积的变化导致线框的磁通量发生变化。这种由于线圈磁通量的变化而使回路中产生电流的现象称为电磁感应,导体回路中产生的电流叫作感应电流。我们还可以做到:在图 4-73(c)中控制变电阻滑动端的移动速度和在图 4-73(d)中控制 CD 边的移动速度,使检流计的指针有一个较稳定的偏转。稳定的指针偏转说明导体回路中产生了稳恒的感应电流,稳恒的电流的存在说明回路中必有非静电力。非静电力的存在,说明回路是一个电源,回路中存在电动势,闭合导体回路的感应电流是对回路中电动势的一种显示。因此,即使不是闭合的导体回路,或者回路中没有导体的存在(是真空或介质),只要穿过回路的磁通量发生变化,回路中就会产生电动势,这种电动势称为感应电动势。感应电动势的存在是电磁感应现象的本质。

2. 法拉第电磁感应定律

上述的电磁感应现象说明,无论什么原因引起穿过闭合回路磁通量的变化,都会在回路中建立起感应电动势。法拉第电磁感应定律给出:**回路中感应电动势$\mathscr{E}_i$正比于穿过回路所围面积的磁通量 Φ 随时间的变化率的负值**。在国际单位制中,电动势的单位为 V,磁通量的单位为 Wb,时间单位是 s,它们的比例系数为 1,所以法拉第电磁感应定律的数学表示式为

$$\mathscr{E}_i = -\frac{d\Phi}{dt} \tag{4-78}$$

式中的负号确定了感应电动势的方向。1833 年,楞次指出:**闭合导体回路中感应电流的方向,总是使得它所激发的磁场去阻止回路磁通量 Φ 的变化**。这被称为判断闭合导体回路中感应电流方向的楞次定律。楞次定律就体现在(4-78)式中的负号上,因为导体回路中感应电流的方向就是回路中感应电动势的方向。

利用(4-78)式中负号判断感应电动势(或感应电流)的方向,应先规定导体回路 L 的绕

行正方向,如图 4-74 所示。当回路中磁感应线的方向与 L 的绕行正方向成右手螺旋关系时,磁通量为正。这时,如果穿过回路的磁通量增大,$\frac{d\Phi}{dt}>0$,则 $\mathscr{E}_i<0$,这说明感应电动势的方向与 L 的绕行正方向相反,见图 4-74(a);如果穿过回路的磁通量减小,$\frac{d\Phi}{dt}<0$,则 $\mathscr{E}_i>0$,这说明感应电动势的方向与 L 的绕行正方向相同,见图 4-74(b)。

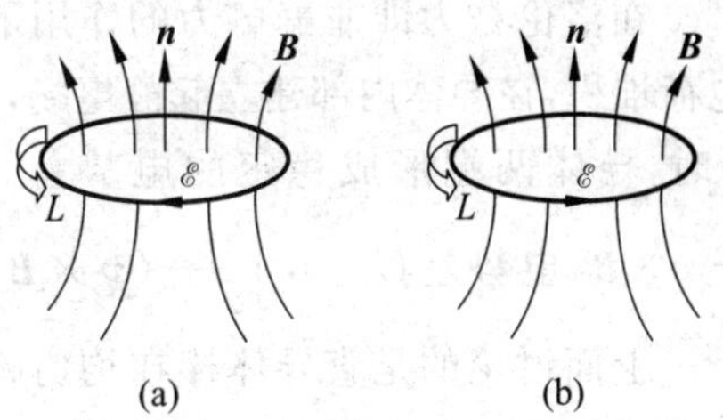

图 4-74 感应电动势的方向

另外,实际中遇到的线圈往往是由许多匝串联而成的,整个线圈电动势应为各匝产生的感应电动势之和,即有

$$\mathscr{E}_i=-\frac{d\Phi_1}{dt}-\frac{d\Phi_2}{dt}-\cdots-\frac{d\Phi_N}{dt}=-\frac{d\Psi}{dt} \tag{4-79}$$

其中,$\Phi_1,\Phi_2,\cdots,\Phi_N$ 分别为通过各匝线圈的磁通量,$\Psi=\Phi_1+\Phi_2+\cdots+\Phi_N$ 称为穿过线圈的全磁通。如果穿过每匝的磁通量均为 Φ,则 N 匝线圈的全磁通 $\Psi=N\Phi$ 叫作磁通链数(简称磁链),此时整个线圈的电动势为

$$\mathscr{E}_i=-\frac{d\Psi}{dt}=-N\frac{d\Phi}{dt} \tag{4-80}$$

4.4.1.3 动生电动势与感生电动势

在图 4-73 所示的演示实验中,我们已指出了两种原因使线圈回路中的磁通量发生变化,从而使回路中产生了电动势。一种是线圈所在空间磁场的变化,另一种是导体切割磁感应线的运动使得线框所围面积变化。通常把由于空间磁场的变化引起的感应电动势称为感生电动势,把导体在磁场中运动产生的感应电动势称为动生电动势。

1. 动生电动势

如图 4-75 所示,设在均匀磁场 $\boldsymbol{B}$ 中有一长为 l 的导体棒 CD 以恒定的速度 $\boldsymbol{v}$ 沿垂直于磁场的方向向右运动。此时,由于棒内的自由电子被带着以同一速度 $\boldsymbol{v}$ 向右运动,因此每个电子都受到的洛伦兹力为

$$\boldsymbol{f}_m=-e\boldsymbol{v}\times\boldsymbol{B}$$

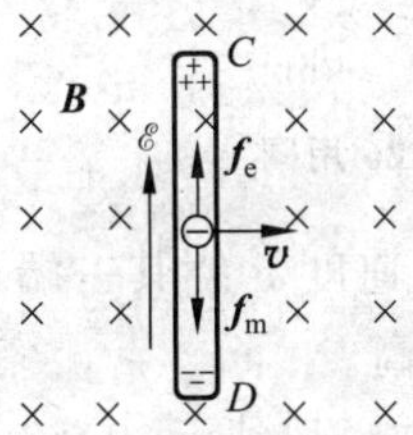

图 4-75 动生电动势

方向如图所示,$-e$ 为电子电荷。洛伦兹力 $\boldsymbol{f}_m$ 是非静电力,对应的“非静电场”的场强大小为

$$\boldsymbol{E}_k=\frac{\boldsymbol{F}}{-e}=\boldsymbol{v}\times\boldsymbol{B}$$

由电动势的定义(4-76)式,导体棒 CD 上的动生电动势为

$$\mathscr{E}_i=\int_-^+\boldsymbol{E}_k\cdot d\boldsymbol{l}=\int_{DC}(\boldsymbol{v}\times\boldsymbol{B})\cdot d\boldsymbol{l} \tag{4-81}$$

$d\boldsymbol{l}$ 为棒 DC 上的线元(矢量)。因为 $\boldsymbol{v}$,$\boldsymbol{B}$ 垂直,$(\boldsymbol{v}\times\boldsymbol{B})$ 的方向和 $d\boldsymbol{l}$ 的方向相同,又因为 v,B 均为常量,所以(4-81)式可写为

$$\mathscr{E}_i=\int_{DC}vB\sin 90^\circ dl\cos 0^\circ=vBl$$

因积分为正,所以导体电动势的方向在导体内部由 D 指向 C。

在洛伦兹力即非静电力的作用下，电子向 D 端运动，结果 C，D 两端出现了上正下负的电荷堆积，在导体内部建立起静电场，当作用在电子上的静电力和洛伦兹力平衡，即 $\boldsymbol{f}_e+\boldsymbol{f}_m=\mathbf{0}$ 时，导体两端形成稳定的电势差。由 $(-e)\boldsymbol{E}+(-e)\boldsymbol{v}\times\boldsymbol{B}=\mathbf{0}$ 可得静电场场强 $\boldsymbol{E}=-\boldsymbol{v}\times\boldsymbol{B}$，电势差 $U_{CD}=\int_C^D-(\boldsymbol{v}\times\boldsymbol{B})\cdot\mathrm{d}\boldsymbol{l}=vBl$，$C$ 端电势高。

上面讨论的是直导体棒在均匀磁场中匀速运动时的情况。对于任意形状导体在非均匀磁场中运动所产生的动生电动势，可利用微积分概念，把导体看作是由导体线元 $\mathrm{d}\boldsymbol{l}$ 组成。$\mathrm{d}\boldsymbol{l}$ 如此之小，其运动看作是直线元在均匀磁场中运动，如果它的速度为 $\boldsymbol{v}$，导体元上的电动势为

$$\mathrm{d}\mathscr{E}_i=(\boldsymbol{v}\times\boldsymbol{B})\cdot\mathrm{d}\boldsymbol{l} \tag{4-82}$$

整个导体上的电动势为

$$\mathscr{E}_i=\int_L(\boldsymbol{v}\times\boldsymbol{B})\cdot\mathrm{d}\boldsymbol{l} \tag{4-83}$$

(4-83)式是求动生电动势的一般公式。

例 4.25 一半径为 R 的半圆形金属导线在垂直于均匀磁场 $\boldsymbol{B}$ 的平面内以速度 $\boldsymbol{v}$ 向右运动，如图 4-76 所示，求导线中的动生电动势。

解 在导线上任取一段线元 $\mathrm{d}\boldsymbol{l}$，方向如图 4-76 所示，这一小段上产生的感应电动势为

$$\mathrm{d}\mathscr{E}_i=(\boldsymbol{v}\times\boldsymbol{B})\cdot\mathrm{d}\boldsymbol{l}=vB\,\mathrm{d}l\cos\theta=vBR\,\mathrm{d}\theta\cos\theta$$

整个导线上产生的电动势为

$$\mathscr{E}_i=\int\mathrm{d}\mathscr{E}_i=\int_{-\pi/2}^{\pi/2}vBR\cos\theta\,\mathrm{d}\theta=vBR\int_{-\pi/2}^{\pi/2}\cos\theta\,\mathrm{d}\theta=2vBR$$

其方向沿导线由 A 指向 B。

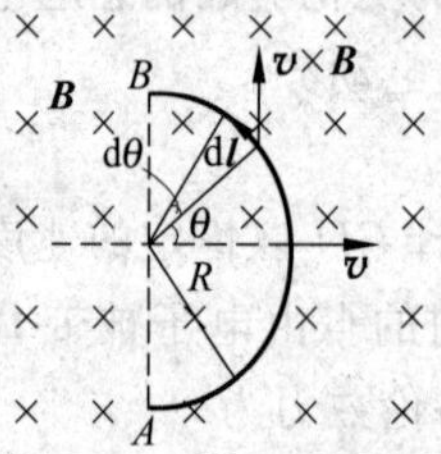

图 4-76 例 4.25 用图

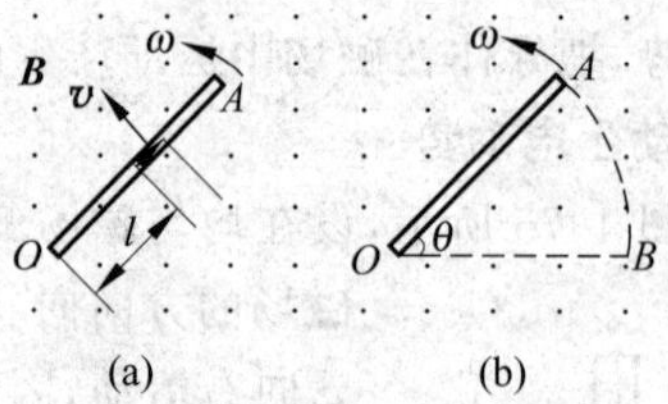

图 4-77 例 4.26 用图

例 4.26 一长为 L 的金属杆，在垂直于均匀磁场 $\boldsymbol{B}$ 的平面内以角速度 ω 绕其一端 O 匀速旋转，如图 4-77 所示。求杆中感应电动势的大小，并指出哪端电势高。

解一 利用动生电动势的定义求解。如图 4-77(a)所示，在导线上取一段线元 $\mathrm{d}\boldsymbol{l}$，该段线元 $\mathrm{d}\boldsymbol{l}$ 的运动速度大小为 $v=\omega l$，在其中产生感应电动势

$$\mathrm{d}\mathscr{E}_i=(\boldsymbol{v}\times\boldsymbol{B})\cdot\mathrm{d}\boldsymbol{l}=vB\,\mathrm{d}l=\omega lB\,\mathrm{d}l$$

整个金属杆上产生的电动势为

$$\mathscr{E}_i=\int\mathrm{d}\mathscr{E}_i=\int_0^L\omega Bl\,\mathrm{d}l=\frac{1}{2}\omega BL^2$$

$\mathscr{E}_i>0$，表示电动势的方向与积分方向一致，由 O 指向 A，即 A 端电势高于 O 端。

解二 直接利用法拉第电磁感应定律数学表达式求解。可以设想一个扇形闭合回路 $OBAO$，$\overset{\frown}{BA}$ 是以 O 为圆心，半径为 L 的一段圆弧，并取逆时针方向为回路的绕行方向，如图

4-77(b)所示。此时，通过扇面 $OBAO$ 的磁通量为

$$\Phi = BS = B\,\frac{1}{2}LL\theta = \frac{1}{2}BL^2\theta$$

根据(4-78)式，得感应电动势为

$$\mathscr{E}_i = -\frac{d\Phi}{dt} = -\frac{1}{2}BL^2\frac{d\theta}{dt} = -\frac{1}{2}BL^2\omega$$

因为回路中只有金属杆 OA 运动，所以这里的 $\mathscr{E}_i$ 只存在于金属杆中，计算结果中的负号表示 $\mathscr{E}_i$ 的方向与规定的回路绕行方向相反，所以金属杆 OA 中 $\mathscr{E}_i$ 的方向是由 O 端指向 A 端。

2. 感生电动势　感生电场

回路中感生电动势只是由于空间磁场的变化所引起，与其他因素无关，如果是一个静止的闭合导体回路，回路中就伴随有感应电流。由于导体回路未动，所以驱动导体中自由电子定向运动的非静电力不可能是洛伦兹力，那是什么呢？麦克斯韦对此进行了分析，提出了自己的看法，认为实质性的问题是：变化的磁场在闭合导体中激发了一种电场，是这种电场提供的非静电力对电荷的驱动形成了电流。这种随磁场变化而存在的电场称为感生电场。历史上，法拉第总结的电磁感应规律其实只是针对导体回路的，是麦克斯韦把电磁感应推广到无导体的空间。麦克斯韦又指出：在磁场变化时，不管是否有导体存在，不管是真空或介质，空间任一地点都会激发感生电场。这种感生电场的存在已为许多实验所证实，技术上也得到了很好的应用，研究核反应所用的电子感应加速器就是例证。

感生电场和静电场的共同点是对电荷都有作用力。与静电场的不同之处，一方面在于静电场伴随静止电荷而存在，而感生电场是伴随着变化的磁场；另一方面在于描述静电场的电场线不是闭合的，静电场是保守场(势场)，而描述感生电场的电场线是闭合曲线(所以它又被称为涡旋电场)，是非保守场。如果用 $\boldsymbol{E}_i$ 表示感生电场，其非保守性可用数学式子表示，有

$$\mathscr{E}_i = \oint_L \boldsymbol{E}_i\cdot d\boldsymbol{l} = -\frac{d\Phi}{dt} = -\frac{d}{dt}\int_S \boldsymbol{B}\cdot d\boldsymbol{S} = -\int_S \frac{\partial \boldsymbol{B}}{\partial t}\cdot d\boldsymbol{S} \tag{4-84}$$

感生电场的环路积分不为零。

如果空间中既有静电场 $\boldsymbol{E}_s$，又有感生电场 $\boldsymbol{E}_i$，则空间中的总电场应为两者的矢量和，即

$$\boldsymbol{E} = \boldsymbol{E}_s + \boldsymbol{E}_i$$

考虑静电场的环路定理及(4-84)式，可得

$$\oint_L \boldsymbol{E}\cdot d\boldsymbol{l} = \oint_L (\boldsymbol{E}_s + \boldsymbol{E}_i)\cdot d\boldsymbol{l} = \oint_L \boldsymbol{E}_i\cdot d\boldsymbol{l} = -\int_S \frac{\partial \boldsymbol{B}}{\partial t}\cdot d\boldsymbol{S} \tag{4-85}$$

这一公式是普遍情况下电场的环路定理，是麦克斯韦方程组的基本方程之一。

例 4.27　半径为 R 的圆柱形区域内，充满磁感应强度为 $\boldsymbol{B}$ 的均匀磁场并以恒定的 $\frac{d\boldsymbol{B}}{dt}$ 增加。如图 4-78 所示，有一长为 L 的金属棒 AB 放在磁场中，距圆心 O 的垂直距离为 h，求金属棒上的感应电动势。

解一　首先确定涡旋电场的分布，然后根据感生电动势的定义求解。

根据对称性可知，管内外的感生电场 $\boldsymbol{E}_i$ 线都是以 O 为圆心的同心圆，圆上各点 $\boldsymbol{E}_i$ 的方向皆沿切向，而且同一圆周上各点的 $\boldsymbol{E}_i$ 大小相同。以 O 为圆心，作半径为 r 的圆形回路 L(图中的虚线圆，L_1 和 L_2)，设它们的环绕方向为顺时针方向。应用(4-84)式，当 $r<R$(对

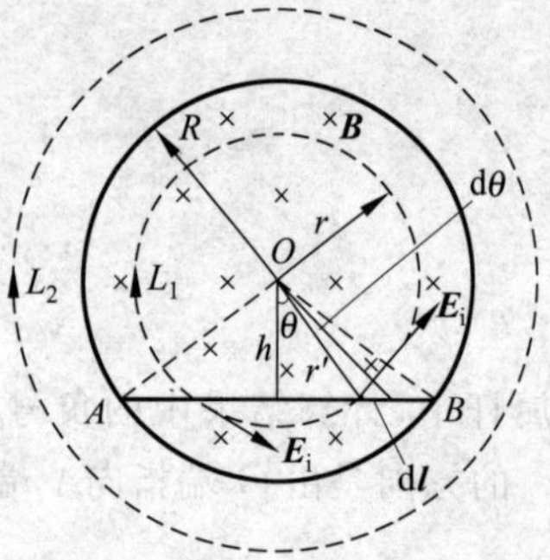

图 4-78　例 4.27 用图

应于 L_1)时，有

$$\oint_{L_1} \boldsymbol{E}_i \cdot d\boldsymbol{l} = E_i 2\pi r = -\int_S \frac{\partial \boldsymbol{B}}{\partial t} \cdot d\boldsymbol{S} = -\pi r^2 \frac{dB}{dt}$$

得

$$E_i = -\frac{r}{2}\frac{dB}{dt}$$

负号表示 $\boldsymbol{E}_i$ 的方向与回路环绕方向相反，即 $\boldsymbol{E}_i$ 沿逆时针方向。当 $r>R$(对应于 L_2)时，有

$$\oint_{L_2} \boldsymbol{E}_i \cdot d\boldsymbol{l} = E_i 2\pi r = -\int_S \frac{\partial \boldsymbol{B}}{\partial t} \cdot d\boldsymbol{S} = -\pi R^2 \frac{dB}{dt}$$

得

$$E_i = -\frac{R^2}{2r}\frac{dB}{dt}$$

同样，负号表示 $\boldsymbol{E}_i$ 的方向沿逆时针方向。在 AB 上距圆心 r' 处沿 AB 取如图所示的线元 $d\boldsymbol{l}$，因为 $r'=\dfrac{h}{\cos\theta}$，所以有

$$d\mathscr{E}_i = \boldsymbol{E}_i \cdot d\boldsymbol{l} = \frac{r'}{2}\frac{dB}{dt} dl \cos\theta = \frac{h}{2}\frac{dB}{dt} dl$$

金属棒 AB 上的感应电动势为

$$\mathscr{E}_i = \int_A^B d\mathscr{E}_i = \int_0^L \frac{h}{2}\frac{dB}{dt} dl = \frac{hL}{2}\frac{dB}{dt}$$

$\mathscr{E}>0$，说明金属棒上的感应电动势由 A 指向 B，B 端电势高于 A 端。

解二　直接利用法拉第电磁感应定律求解。作辅助线 OA 和 OB，这样 $OABO$ 就构成了一个闭合回路，如图 4-78 所示。设顺时针方向为回路正方向，则通过此闭合回路 $OABO$ 的磁通量为

$$\Phi = B \cdot \frac{1}{2} Lh$$

根据法拉第电磁感应定律的数学形式，回路感应电动势为

$$\mathscr{E}_i = -\frac{d\Phi}{dt} = -\frac{1}{2} Lh \frac{dB}{dt}$$

负号表示 $\mathscr{E}$ 的方向与所设回路的方向相反，即 $\mathscr{E}$ 沿逆时针方向。由于 OA 和 OB 段都垂直于涡旋电场电场线，所以其上无感应电动势，闭合回路 $OABO$ 上的感应电动势就是 AB 导体棒上的感应电动势，方向由 A 指向 B。

3. 涡流

作为感生电场存在的一个例子，我们简单介绍涡流现象。当大块的金属导体处在变化的磁场中时，由于感生电场的存在，它们的内部会产生涡旋状的感应电流，通常称它为涡电流或涡流。由于大块金属的电阻很小，因此涡流可达非常大的强度。

强度大的涡流可以在导体内部产生极大的热量，常利用涡流产生的热量加热及熔化金属。高频感应电炉就是利用了涡流的效用，如图 4-79(a)所示。高频交变电流在线圈中激发高频交变磁场，从而使块状合金钢内产生涡流，释放出大量的焦耳热，结果使自身熔化。

它已广泛用于冶炼特种钢、难熔或较活泼的金属，以及提纯半导体材料等工艺中。变压器的铁芯中的涡流是有害的，它不仅要消耗电功率，而且影响变压器工作性能，严重时还会烧坏变压器。因此，变压器的铁芯常用相互绝缘的叠片式铁芯以减少涡流，如图 4-79(b)所示。

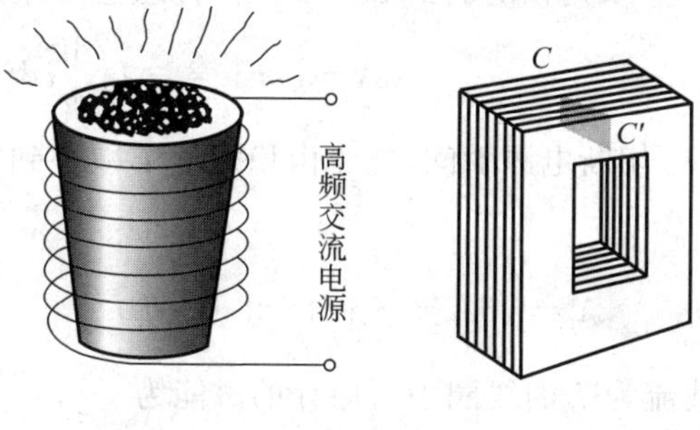

图 4-79　涡流现象

4.4.1.4　磁场能量

1. 自感　自感电动势

当一个线圈中的电流发生变化时，它所激发的磁场通过线圈自身的磁通量也发生变化，因而线圈中也产生感应电动势，这种现象称为自感现象，所产生的电动势称为自感电动势。

如图 4-80 所示，设一回路线圈通有电流 i。根据毕奥-萨伐尔定律，电流 i 激发的磁场与电流 i 成正比，所以通过该回路的全磁通 Ψ 也正比于回路自身电流 i，即有

$$\Psi = Li \tag{4-86}$$

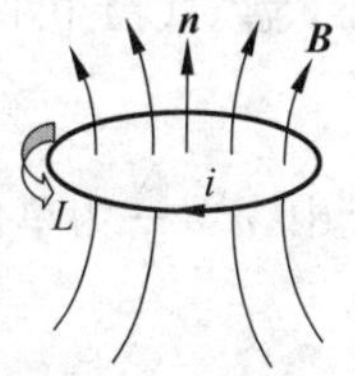

图 4-80　自感现象

式中，比例系数 L 称为自感系数，简称自感。如果周围不存在铁磁质，自感 L 是一个与电流无关，仅由回路的匝数、形状与大小以及周围介质性质决定的物理量。如果这些因素都不改变，自感 L 是一个常数。在国际单位制中，自感的单位为 H(亨利)。

对自感 L 一定的回路线圈，根据法拉第电磁感应定律，线圈回路中产生的自感电动势为

$$\mathscr{E}_L = -\frac{\mathrm{d}\Psi}{\mathrm{d}t} = -L\frac{\mathrm{d}i}{\mathrm{d}t} \tag{4-87}$$

式中负号表明自感电动势产生的感应电流的方向总是阻碍线圈中电流的变化。

2. 磁场能量

如图 4-81 所示，线圈 L 和灯泡 S 并联，且线圈电阻 R_L 小于灯泡电阻 R_S，将它们通过电键 K 接在一个电源上。合上电键 K，灯泡会持续发光。然后把电键打开，在打开电键的瞬间，灯泡并不立即熄灭，而是先猛烈地闪亮一下再熄灭。这一现象源于线圈的自感。当切断电源时，线圈中的磁通量发生变化，产生自感电动势，它使线圈 L 和灯泡 S 组成的闭合回路中产生了瞬间强大的感应电流。从能量转化上讲，打开电键的瞬间闭合回路消耗的能量来自线圈储存的能量。电键 K 闭合时，线圈 L 中流有电流，电流主要使线圈内部建立起稳定的磁场，可以认为上述线圈储存的能量就是储存于线圈中建立起的磁场中，因为灯泡闪亮

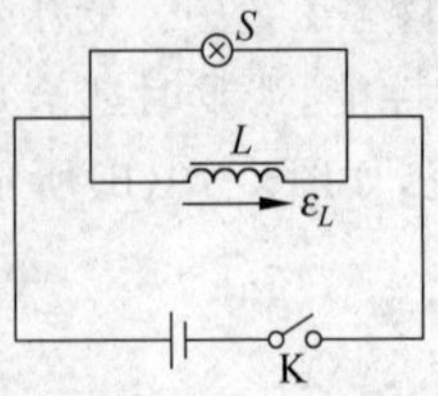

图 4-81　自感现象的演示

熄灭时线圈中的磁场也不复存在。当切断电源时,磁场中储存的能量(磁能)通过线圈自感电动势做功全部释放了出来。

设切断电源后,t 时刻回路中的电流为 i,线圈自感电动势为 $\mathscr{E}_L$,则在随后的 $\mathrm{d}t$ 时间内,自感电动势所做的元功为

$$\mathrm{d}A=\mathscr{E}_L i\,\mathrm{d}t=-L\frac{\mathrm{d}i}{\mathrm{d}t}i\,\mathrm{d}t=-Li\,\mathrm{d}i$$

切断电源瞬间,电流由稳定值 I 减小到零,整个过程中自感电动势所做的功为

$$A=\int\mathrm{d}A=-\int_I^0 Li\,\mathrm{d}i=\frac{1}{2}LI^2$$

这表明,一个自感为 L、载流为 I 的线圈中所储存的磁能为

$$W_\mathrm{m}=\frac{1}{2}LI^2 \tag{4-88}$$

(4-88)式中的 W_m 称为自感磁能。

例 4.28　有一长为 l 的长直螺线管,截面积为 S,线圈的总匝数为 N,内部充满磁导率为 μ 的磁介质。试求:

(1) 自感系数;

(2) 该螺线管通有电流 I 时单位体积内所储存的磁能(即磁场能量密度)。

解　(1) 由例 4.24 知,内部充满磁导率为 μ 的磁介质的长直螺线管内部磁场大小为

$$B=\mu nI$$

式中,$n=\dfrac{N}{l}$为单位长度上的线圈匝数。通过螺线管的磁通链数为

$$\Psi=N\Phi=NBS=nl\mu nIS=\mu n^2IV$$

式中,$V=Sl$ 为螺线管的体积。由(4-86)式得螺线管的自感为

$$L=\frac{\Psi}{I}=\mu n^2V$$

(2) 由(4-88)式可得管内储存的磁场能量为

$$W_\mathrm{m}=\frac{1}{2}LI^2=\frac{1}{2}\mu n^2VI^2=\frac{B^2}{2\mu}V$$

管内是匀场,且磁场基本集中于管内体积 V 中,所以管内的磁场能量密度为

$$w_\mathrm{m}=\frac{W_\mathrm{m}}{V}=\frac{B^2}{2\mu}=\frac{1}{2}BH \tag{4-89}$$

考虑到 $\boldsymbol{B}=\mu\boldsymbol{H}$,(4-89)式表示的磁场能量密度可写为

$$w_\mathrm{m}=\frac{1}{2}\boldsymbol{B}\cdot\boldsymbol{H} \tag{4-90}$$

虽然(4-90)式是从长直螺线管特例推出的,但可以证明它适用于一切磁场。

一般情况下,磁场能量密度是空间位置和时间的函数。对于不均匀磁场,把磁场存在的空间看成是由许多体积元 $\mathrm{d}V$ 组成的。每个体积元 $\mathrm{d}V$ 内的磁能为

$$\mathrm{d}W_\mathrm{m}=w_\mathrm{m}\mathrm{d}V=\frac{1}{2}\boldsymbol{B}\cdot\boldsymbol{H}\mathrm{d}V$$

则有限体积 V 内的磁能为

$$W_m=\int_V w_m \mathrm{d}V=\int_V \frac{1}{2}\boldsymbol{B}\cdot\boldsymbol{H}\mathrm{d}V \tag{4-91}$$

例 4.29　一无限长导体圆柱沿轴向通以电流 I，截面上各处电流密度均匀分布，圆柱半径为 R。求每单位长度柱体内所储存的磁场能量。

解　类似例 4.21 可由安培环路定理求得圆柱体内距轴线为 r 处的磁感应强度为

$$B=\frac{\mu_0 I}{2\pi R^2}r$$

在圆柱体内取一长为 1 m、内径为 r、外径为 $r+\mathrm{d}r$ 的圆柱壳，其体积为 $\mathrm{d}V=2\pi r\mathrm{d}r$。由(4-89)式可得该柱壳内的磁场能量为

$$\mathrm{d}W_m=\frac{B^2}{2\mu_0}\mathrm{d}V=\frac{1}{2\mu_0}\left(\frac{\mu_0 I}{2\pi R^2}r\right)^2 2\pi r\mathrm{d}r=\frac{\mu_0 I^2}{4\pi R^4}r^3\mathrm{d}r$$

单位长度圆柱体内所储存的磁场能量为

$$W_m=\int_0^R \frac{\mu_0 I^2}{4\pi R^4}r^3\mathrm{d}r=\frac{\mu_0 I^2}{16\pi}$$

4.4.2　变化的电场　位移电流

上面我们介绍了麦克斯韦关于变化磁场激发感生电场的假说，并指出它已被许多实验所证实，技术上也得到了很好的应用。按照电与磁的对称性，麦克斯韦于 1861 年又进一步提出了位移电流的假说，提出：既然变化的磁场会引起感生电场，那么变化的电场也应引起感生磁场。由此，麦克斯韦揭示了电场与磁场的内在联系，构成了统一的电磁场，建立了完美的电磁理论。

我们知道，恒定电流都是连续的，对于和回路铰链的传导电流 I_c，无论其周围是真空还是有磁介质，安培环路定理都可写成 $\oint_L \boldsymbol{H}\cdot\mathrm{d}\boldsymbol{l}=I_c$。图 4-82 所示的是一个平行板电容器充电的例子，充电过程中的 t 时刻有传导电流 $I_c=\frac{\mathrm{d}q}{\mathrm{d}t}$ 给两极板输送电荷，但是传导电流中断于两极板之间，在这种传导电流不连续的非恒定条件下，上述的安培环路定理失去了意义。

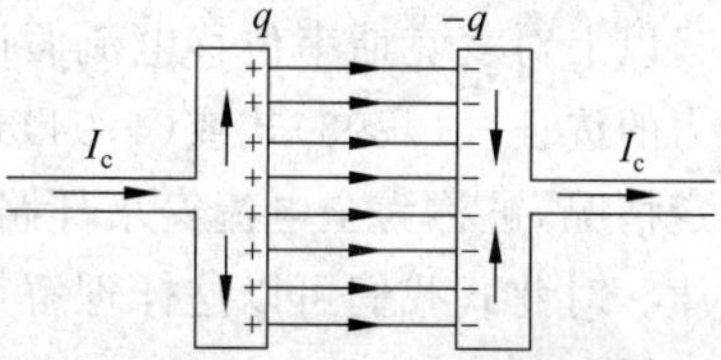

图 4-82　传导电流不连续

麦克斯韦注意到，两极板之间虽无传导电流但存在着变化的电场。t 时刻极板上的带电量为 q，设极板面积为 S，电荷面密度为 $\sigma=\frac{q}{S}$，两极板之间的电位移的大小可由高斯定理得知为 σ。两极板间的电位移通量应为

$$\Phi_D=DS=\sigma S=\frac{q}{S}\cdot S=q$$

Φ_D 是随时间变化的，其变化率为

$$\frac{\mathrm{d}\Phi_D}{\mathrm{d}t}=S\frac{\partial D}{\partial t}=\frac{\mathrm{d}q}{\mathrm{d}t}=I_c$$

两极板间的电位移通量随时间的变化率和传导电流 I_c 量值相等，且量纲相同。电位移通量

的变化率就是电位移变化率，而 $D=\varepsilon E$，实际上是电场随时间的变化率。麦克斯韦注意到在极板表面中断了的传导电流 I_c，如果用极板间的 $\frac{\mathrm{d}\Phi_D}{\mathrm{d}t}$ 接替下去，二者合在一起就保持了连续性。麦克斯韦把实质是变化电场的极板间的 $\frac{\mathrm{d}\Phi_D}{\mathrm{d}t}$ 称为位移电流(用 I_d 表示)，即

$$I_d=\frac{\mathrm{d}\Phi_D}{\mathrm{d}t} \tag{4-92a}$$

并用 $\frac{\partial \boldsymbol{D}}{\partial t}$ 表示位移电流密度(用 $\boldsymbol{j}_d$ 表示)，有

$$\boldsymbol{j}_d=\frac{\partial \boldsymbol{D}}{\partial t} \tag{4-92b}$$

这样，极板间中断了的传导电流 I_c 用位移电流 I_d 接替，中断了的传导电流密度 $\boldsymbol{j}_c$ 用位移电流密度 $\boldsymbol{j}_d$ 接替，使"电流"保持了连续性。(4-92a)式、(4-92b)式也是 I_d 和 $\boldsymbol{j}_d$ 的定义式：电场中某一点位移电流密度 $\boldsymbol{j}_d$ 等于该点电位移对时间的变化率；通过电场中某一截面的位移电流 I_d 等于该截面电位移通量对时间的变化率。

对于一般情况，电路同一空间中传导电流 I_c 和位移电流 I_d 可能共存(即 $\boldsymbol{j}_c$ 和 $\boldsymbol{j}_d$ 共存)。$I_S=I_c+I_d=\int_S \boldsymbol{j}_c\cdot \mathrm{d}\boldsymbol{S}+\int_S \boldsymbol{j}_d\cdot \mathrm{d}\boldsymbol{S}$ 称为通过空间截面的全电流，可以证明全电流在任何情况(稳定和非稳定)下都是连续的。对于全电流，麦克斯韦给出磁场中沿任意闭合回路的磁场强度的环流与全电流的定量关系，即

$$\oint_L \boldsymbol{H}\cdot \mathrm{d}\boldsymbol{l}=I_c+\frac{\mathrm{d}\Phi_D}{\mathrm{d}t} \tag{4-93}$$

或写成

$$\oint_L \boldsymbol{H}\cdot \mathrm{d}\boldsymbol{l}=\int_S\left(\boldsymbol{j}_c+\frac{\partial \boldsymbol{D}}{\partial t}\right)\cdot \mathrm{d}\boldsymbol{S} \tag{4-94}$$

以上对麦克斯韦位移电流假说给出了简单介绍，电磁波的发现是对位移电流假说的最有力的佐证。(4-93)式或(4-94)式可以看成是把恒定条件下的安培环路定理推广到了非恒定情况，被称为全电流安培环路定理，是有关磁场、电流和变化电场之间关系的重要基本规律。对此式我们可以这样理解：在电流(运动电荷)周围存在磁场，在变化电场周围也存在着磁场。

例 4.30 一平行板电容器是由半径为 $R=5.0\ \mathrm{cm}$ 的两同轴圆板构成，极板之间为空气。设充电过程中电荷在极板上均匀分布，两极板间电场的变化率为 $\frac{\mathrm{d}E}{\mathrm{d}t}$。求：

(1) 两极板间磁感应强度的分布；

(2) 当 $\frac{\mathrm{d}E}{\mathrm{d}t}=2.0\times10^{13}\ \mathrm{V/(m\cdot s)}$ 时，两极板间的位移电流大小。

解 (1) 在充电过程中，传导电流与两极板电荷分布具有轴对称性，所以极板间的磁场对于两极板的中心连线也具有轴对称性。以两极板的中心连线上任一点为圆心，作如图 4-83(a)所示的半径为 r 的圆形环路，并使圆形环路平面与轴垂直。该环路上任一点 $\boldsymbol{H}$ 的大小应相等，方向沿环路的切向，且与极板间位移电流成右手螺旋关系。传导电流中断于极板，极板间的位移电流均匀分布在半径为 R 的与极板同轴且平行于极板的圆平面上。由

全电流安培环路定理(4-93)式,当 $r\leqslant R$ 时,有

$$\oint_L \boldsymbol{H}\cdot d\boldsymbol{l}=H\cdot 2\pi r=\frac{d\Phi_D}{dt}=\varepsilon_0\pi r^2\frac{dE}{dt}$$

由此得

$$H=\frac{\varepsilon_0 r}{2}\frac{dE}{dt}$$

因为 $\boldsymbol{B}=\mu\boldsymbol{H}$,所以 $r\leqslant R$ 时的磁场分布为

$$B=\mu_0 H=\frac{1}{2}\mu_0\varepsilon_0 r\frac{dE}{dt}$$

当 $r>R$ 时,由于两极板间位移电流只均匀分布在上述圆面积 $S=\pi R^2$ 上,因此有

$$\oint_L \boldsymbol{H}\cdot d\boldsymbol{l}=H\cdot 2\pi r=\frac{d\Phi_D}{dt}=\varepsilon_0\pi R^2\frac{dE}{dt}$$

得极板间 $r>R$ 空间的磁场强度为

$$H=\frac{\varepsilon_0 R^2}{2r}\frac{dE}{dt}$$

极板间 $r>R$ 空间的磁感应强度为

$$B=\frac{1}{2}\mu_0\varepsilon_0\frac{R^2}{r}\frac{dE}{dt}$$

图 4-83(b)画出了两极板间磁场的大小随离中心连线的距离变化的关系曲线。

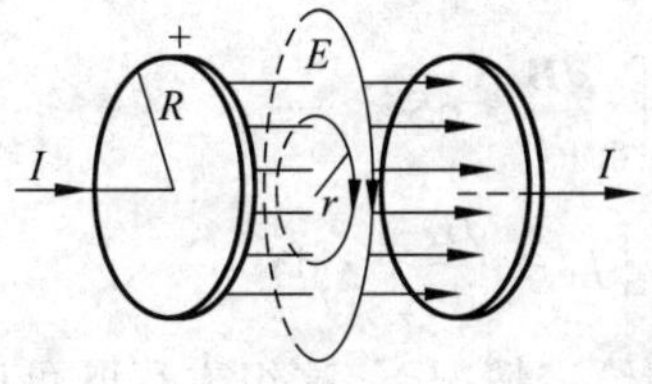

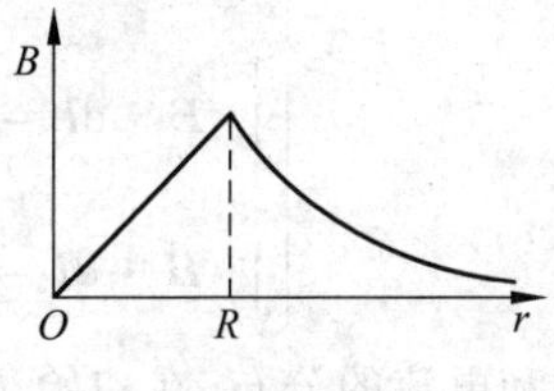

图 4-83 例 4.30 用图

(2) 由(4-92)式,两极板间的位移电流大小为

$$I_d=\frac{d\Phi_D}{dt}=\varepsilon_0 S\frac{dE}{dt}=\varepsilon_0\pi R^2\frac{dE}{dt}$$
$$=8.85\times10^{-12}\times3.14\times(5.0\times10^{-2})^2\times2.0\times10^{13}\ \text{A}\approx1.4\ \text{A}$$

4.4.3 麦克斯韦方程组和电磁波

4.4.3.1 电磁场方程组

至此,回顾一下本章所讨论的主要内容。首先,在真空中静电场高斯定理的基础上介绍了(4-43)式给出的有介质存在时的静电场高斯定理,$\oint_S \boldsymbol{D}\cdot d\boldsymbol{S}=\sum q_{0,\text{int}}$,如果自由电荷是体分布,电荷体密度为 ρ,有$\oint_S \boldsymbol{D}\cdot d\boldsymbol{S}=\int_V \rho dV$;在考察了恒定电流的静磁场性质基础上,介绍了(4-51)式给出的静磁场高斯定理,$\oint_S \boldsymbol{B}\cdot d\boldsymbol{S}=0$;我们在电磁感应现象之前介绍了静

电场的环路定理，由于法拉第电磁感应现象的发现，麦克斯韦创新地提出了感生电场（涡旋电场）假说，据此法拉第电磁感应定律写成了(4-85)式的形式，$\oint_L \boldsymbol{E}\cdot d\boldsymbol{l}=-\int_S \frac{\partial \boldsymbol{B}}{\partial t}\cdot d\boldsymbol{S}$；我们也曾在 4.3 节中介绍了静磁场的环路定理，后来又以电容器充电过程为例，说明了在非恒定情况下麦克斯韦又创新提出的位移电流假说，依此麦克斯韦提出了(4-94)式所表示的全电流安培环路定理，$\oint_L \boldsymbol{H}\cdot d\boldsymbol{l}=\int_S\left(\boldsymbol{j}_c+\frac{\partial \boldsymbol{D}}{\partial t}\right)\cdot d\boldsymbol{S}$。麦克斯韦的涡旋电场和位移电流假说说明了在变化的磁场空间存在电场，在变化的电场空间中存在磁场，并且寓意电场和磁场构成了一个统一的电磁场整体，这就是麦克斯韦关于电磁场的基本概念。静止电荷周围的电场是静电场，静电场的环路定理所给出的是静电场的性质，而(4-85)式是一般电磁场显示电力的环路定理；静磁场是恒定电流周围电磁场的显示，静磁场的安培环路定理反映的是静磁场的性质，(4-94)式的全电流安培环路定理是对一般电磁场所显示出磁性的描述。麦克斯韦考虑到感生电场电场线和感生磁场磁感应线的闭合性，又提出静电场高斯定理和静磁场的高斯定理的数学形式其实是对一般电磁场性质的反映。这些都是麦克斯韦电磁理论的基本内容，将其概括一下，我们就得到在 4.1.3 节就给出的普遍情况下的麦克斯韦方程组的积分形式：

$$
\begin{cases}
\oint_S \boldsymbol{D}\cdot d\boldsymbol{S}=\int_V \rho dV \\
\oint_S \boldsymbol{B}\cdot d\boldsymbol{S}=0 \\
\oint_L \boldsymbol{E}\cdot d\boldsymbol{l}=-\int_S \frac{\partial \boldsymbol{B}}{\partial t}\cdot d\boldsymbol{S} \\
\oint_L \boldsymbol{H}\cdot d\boldsymbol{l}=\int_S\left(\boldsymbol{j}_c+\frac{\partial \boldsymbol{D}}{\partial t}\right)\cdot d\boldsymbol{S}
\end{cases}
$$

如果已知电荷和电流的分布，在初始条件给定情况下，这组方程既可以确定空间某点在某一时刻的电磁场，又可以预言电磁场的变化情况，正像力学中利用牛顿运动方程求解质点运动一样。这组方程组成了麦克斯韦电磁理论，并为以后的一系列实验所证实，成为经典物理学的重要支柱之一。

4.4.3.2 电磁波

1. 电磁波的产生与实验验证

麦克斯韦根据其方程组预言了电磁波的存在，提出了光是电磁波的论断。麦克斯韦发现，如果在空间某处有一电磁振源（比如是一电荷的简谐振动），其周围的电场和磁场将发生变化，且电场和磁场的这种变化会由近及远地传播出去，以形成电磁波。图 4-84 是电磁振荡沿某一直线传播的示意图，闭合的电场线和磁感应线像链条样的互相套连表示了紧密联系在一起的变化的电磁场。麦克斯韦还由方程组推导出电磁波在真空中的传播速度为

$$u=\frac{1}{\sqrt{\varepsilon_0\mu_0}}\approx 2.9979\times 10^8\ \text{m/s}$$

此值与实验所测定的真空中的光速 c 恰好符合。由此，麦克斯韦提出了光的电磁理论，认为光是波长较短的电磁波。

1888 年，赫兹首次用实验方法证实了电磁波的存在。他设计了一个振荡电路作为电磁

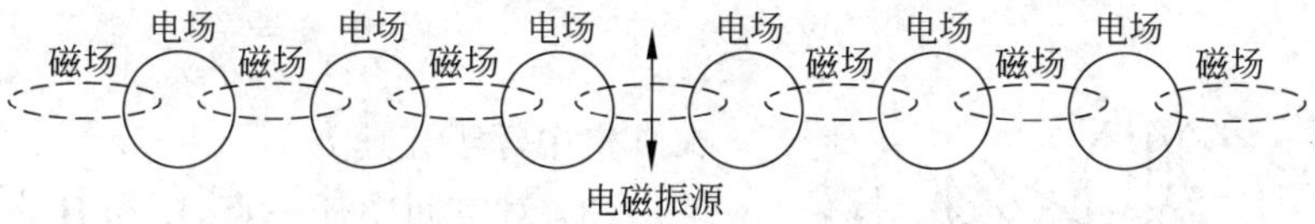

图 4-84　电磁振荡沿直线传播的示意图

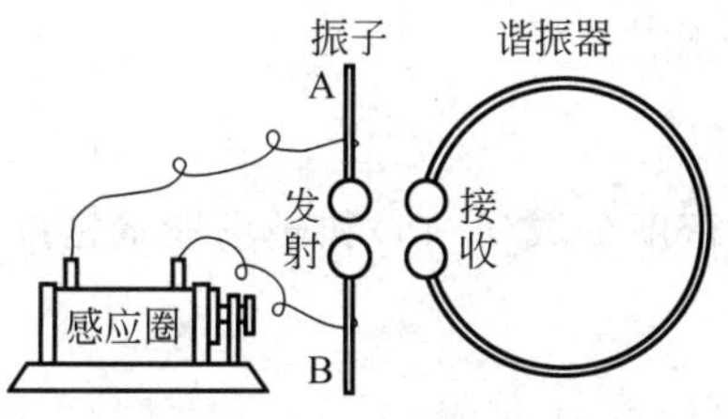

图 4-85　赫兹实验

振源(称为发射器),见图 4-85 中的左侧部分。和感应圈两极相接的 A 和 B 是两段共轴的黄铜杆,每根杆的一端各焊有一个黄铜球。当感应圈几千伏的变电压加在黄铜球上时,两球之间产生火花放电,伴随着火花放电发射器就向周围空间发射高频的电磁波(是一种波长较长的无线电波)。图 4-85 中的右侧部分是赫兹设计的电磁波的接收装置,称为谐振器,是一个留有间隙的、端点为球状的圆形铜环。当电磁波到达该装置时,调节两球之间的距离,可使谐振器的固有频率与外来电磁波的频率相同,谐振的结果在两球的间隙将出现火花,以显示接收到了电磁波。赫兹的实验是非常成功的,在历史上第一次实现了电磁振荡的发射、传播和接收。赫兹曾把接收装置放在不同位置,测得电磁波的波长,并根据数据计算了电磁波的速度,证实了电磁波的波速和光速一样。他又做了一系列关于电磁波与光波类比的定性实验,证实这种电磁波与光波一样具有反射、折射、聚焦、衍射以及偏振等特性,为光的电磁理论确立了实验基础。赫兹实验以后,其他实验又陆续证实了红外线、紫外线、X 射线、γ 射线等也都是电磁波,只不过这些电磁波在频率或波长上有很大的差别。至此,光的电磁理论得到了公认。

按照真空中的波长 λ 或频率 ν 的顺序把这些电磁波排列起来,叫作电磁波谱,如图 4-86 所示。电磁波谱的频率范围很广,目前已经探测到的电磁波,频率范围为$1\sim10^{24}$ Hz。

2. 电磁波的基本性质

因为是变化的电场和变化的磁场相互紧密地联系在一起形成电磁波,所以它的传播不需要介质,既可以在介质中也可以在真空中传播。而且,即使电磁振源停止振动(不再供应能量),电磁波也可单独存在。

远离波源传播的电磁波在小范围内可被看成平面波,如果电场和磁场又都是简谐变化,我们称它为平面简谐电磁波。我们以平面简谐电磁波为例,说明电磁波具有的一般性质。

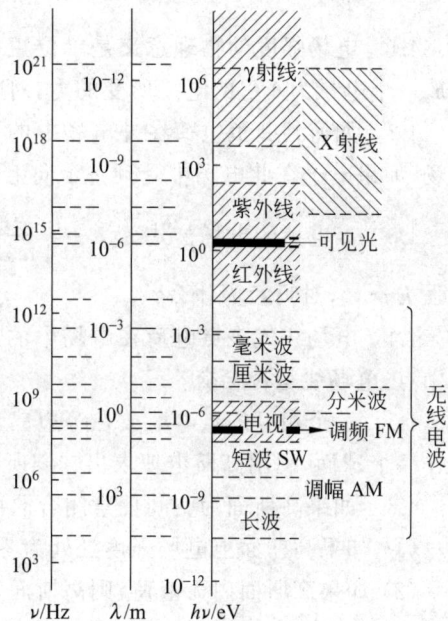

(1) 电磁波是横波。假设电磁波沿 x 轴正方向传播,则电场 $\boldsymbol{E}$、磁场 $\boldsymbol{H}$ 和 x 轴相互垂直,如图 4-87 所示。

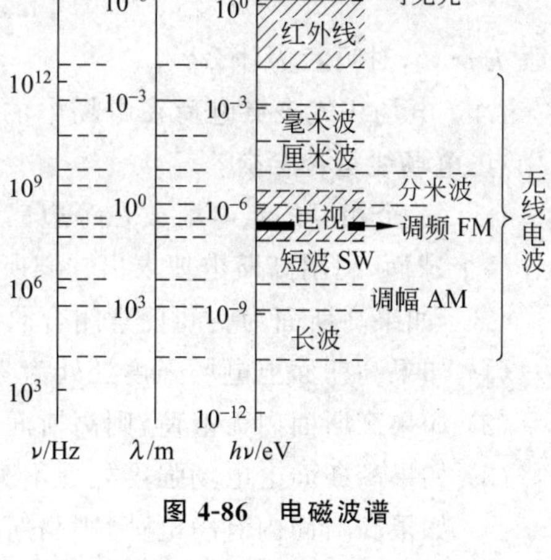

图 4-86　电磁波谱

(2) 电磁波的传播速度为

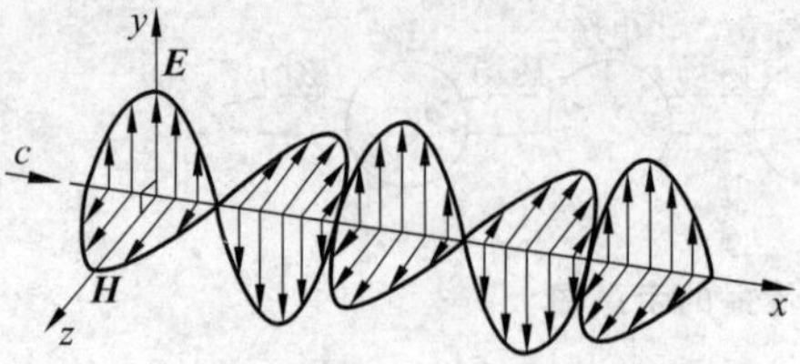

图 4-87 电磁波的横波性

$$u=\frac{1}{\sqrt{\varepsilon\mu}} \tag{4-95}$$

在真空中等于光速 c。

(3) 对空间中任一点,$\boldsymbol{E}$ 和 $\boldsymbol{H}$ 的变化是同相的,即它们同时达到自己的正极大,同时达到各自的负极大。它们之间在量值上有下列关系

$$\sqrt{\varepsilon}E=\sqrt{\mu}H \tag{4-96}$$

(4) 电磁波的传播伴随着能量的传播。由电场能量密度公式(4-45)和磁场能量密度公式(4-90)可得真空中电磁波的能量密度为

$$w=w_{\mathrm{e}}+w_{\mathrm{m}}=\frac{1}{2}\varepsilon E^{2}+\frac{1}{2}\mu H^{2}=\varepsilon E^{2} \tag{4-97}$$

单位时间内通过与传播方向垂直的单位面积的能量,称为电磁波的能流密度,常用 S 表示,其方向为电磁波的传播方向。能流密度(矢量)$\boldsymbol{S}$ 又叫坡印亭矢量。因为电磁波的能流密度的大小 $S=wc=\varepsilon E^{2}c=EH$,$\boldsymbol{E}\perp\boldsymbol{H}$ 且 $\boldsymbol{E}\times\boldsymbol{H}$ 的方向就是 $\boldsymbol{S}$ 的方向,所以有

$$\boldsymbol{S}=\boldsymbol{E}\times\boldsymbol{H} \tag{4-98}$$

能流密度的时间平均值称为电磁波的强度 I,有

$$I=\overline{S}=c\,\varepsilon\,\overline{E^{2}}=\frac{1}{2}c\,\varepsilon\,E_{\mathrm{m}}^{2} \tag{4-99}$$

式中,E_{m} 是平面简谐电磁波电场变化的幅值(电振动的振幅)。

思 考 题

4.1 电场强度的物理意义是单位正电荷所受的力。如果说某点的电场强度等于在该点放一个电量为1C的电荷所受的力,对吗?为什么?

4.2 如何判断负电荷在外电场中的受力方向?在地球表面上方通常有一竖直方向的电场,如果电子在此电场中受到一个向上的力,那么电场强度的方向是朝上还是朝下?

4.3 点电荷的电场公式为 $\boldsymbol{E}=\dfrac{q}{4\pi\varepsilon_{0}r^{2}}\boldsymbol{e}_{r}$。从形式上看,当场点与点电荷无限接近时,场强 $E\to\infty$,对吗?为什么?

4.4 电场线代表点电荷在电场中的运动轨迹吗?为什么?在两个相同的点电荷的连线中点,电场线是否相交?

4.5 三个相等的点电荷放在等边三角形的三个顶点上,问是否可以以三角形中心为球心作一个球面,利用高斯定理求出它们所产生的场强?对此球面高斯定理是否成立?

4.6 如果高斯面为空间任意闭合曲面,下列说法是否正确?请举一例加以说明。

(1) 如果高斯面上电场强度处处为零,则该面内一定没有电荷;

(2) 如果高斯面内无电荷,则高斯面上电场强度处处为零;

(3) 如果高斯面上电场强度处处不为零,则该面内必有净电荷;

(4) 如果高斯面内有净电荷,则高斯面上电场强度处处不为零。

4.7　关于高斯定理，以下说法对吗？为什么？

(1) 高斯面上各点的电场强度仅由高斯面内的电荷决定；

(2) 通过高斯面的电通量仅由高斯面内的电荷决定。

4.8　以点电荷 q 为中心作一球形高斯面，讨论在下列几种情况下，穿过高斯面的电通量是否改变？

(1) 将 q 移离高斯面的球心，但仍在高斯面内；

(2) 在高斯面外附近放置第二个点电荷；

(3) 在高斯面内放置第二个点电荷。

4.9　在真空中有两个相对放置的平行板，相距为 d，板面积均为 S，分别带电量 $+q$ 和 $-q$。则两板之间的作用力大小为(　)。

A. $\frac{q^2}{4\pi\varepsilon_0 d^2}$　　B. $\frac{q^2}{\varepsilon_0 S}$　　C. $\frac{q^2}{2\varepsilon_0 S}$　　D. $\frac{q^2}{8\pi\varepsilon_0 d^2}$

4.10　有一个球形的橡皮气球，电荷均匀分布在其表面上。在此气球被吹大的过程中，下列说法正确的是(　)。

A. 始终在气球内部的点的场强变小

B. 始终在气球外部的点的场强不变

C. 被气球表面掠过的点的场强变大

4.11　带电粒子在均匀外电场中运动时，它的轨迹一般是抛物线，试问在何种情况下其轨迹是直线？

4.12　下列说法是否正确？请举一例加以说明。

(1) 场强相等的区域，电势也处处相等；

(2) 场强为零处，电势一定为零；

(3) 电势为零处，场强一定为零；

(4) 场强大处，电势一定高。

4.13　是否存在这样的静电场：其电场强度方向处处相同，而其大小在与电场强度垂直的方向上逐渐增加？

4.14　在技术工作中常把整机机壳作为电势零点。若机壳未接地，能不能说机壳电势为零，人站在地上就可以任意接触机壳？若机壳接地则如何？

4.15　两个不同电势的等势面是否可以相交？为什么？

4.16　在空间的匀强电场区域内，下列说法正确的是(　)。

A. 电势差相等的各等势面距离不等

B. 电势差相等的各等势面距离不一定相等

C. 电势差相等的各等势面距离一定相等

D. 电势差相等的各等势面一定相交

4.17　电荷面密度为 σ 的无限大均匀带电平面两侧场强为 $\frac{\sigma}{2\varepsilon_0}$，而处于静电平衡的导体表面(该处表面面电荷密度为 σ)附近场强为 $\frac{\sigma}{\varepsilon_0}$，为什么两者相差一倍？

4.18　若一带电导体表面上某点附近电荷面密度为 σ，这时该点外侧附近场强为 $\frac{\sigma}{\varepsilon_0}$。如果将另一带电体移近,该点场强是否改变?公式 $E=\frac{\sigma}{\varepsilon_0}$ 是否仍成立?

4.19　把一个带电体移近一个导体壳,带电体单独在导体空腔内产生的电场是否为零?静电屏蔽效应是怎样体现的?

4.20　把一个带正电的导体 A 移近另一个接地导体 B,导体 B 是否维持零电势?B 上是否带电?导体 A 的电势会如何变化?如果 A 带负电情况又如何?

4.21　内外半径分别为 R_1 和 R_2 的同心金属薄球壳。如果外球壳所带电量为 Q,内球壳接地,则内球壳上所带电量为(　)。

A. 0　　B. $-Q$　　C. $-\frac{R_1}{R_2}Q$　　D. $\frac{R_1}{R_2-2R_1}Q$

4.22　电动势与电势差有何区别与联系?

4.23　两块平行的金属板相距为 d,用一电源充电,两极板间的电势差为 ΔU。将电源断开,在两板间平行地插入一块厚度为 $l(l<d)$ 的金属板,且与极板不接触,忽略边缘效应,两金属板间的电势差改变多少?插入的金属板的位置对结果有无影响?

4.24　一带电为 Q 的导体球壳中心放一点电荷 q,若此球壳电势为 U_0,有人说:“根据电势叠加,任一距中心为 r 的 P 点的电势为 $\frac{q}{4\pi\varepsilon_0 r}+U_0$”,这种说法对吗?如果不对,那么各区域的电势是多少?

4.25　电介质的极化和导体的静电感应的微观过程有什么不同?

4.26　给平行板电容器充电后,在不拆除电源的条件下,给电容器充满介电常数为 ε 的各向同性均匀电介质,则极板上的电量变为原来未充电介质时的几倍?电场强度为原来的几倍?若充电后拆除电源,然后充入电介质,情况如何?

4.27　真空中两个静电场单独存在时,它们的电场能量密度相等,现将它们叠加在一起,若使它们的电场强度相互垂直或方向相反,则合电场的电场能量密度分别为多少?

4.28　宇宙射线是高速带电粒子流(基本上是质子),它们交叉来往于星际空间并从各个方向撞击着地球。为什么宇宙射线穿入地球磁场时,接近两磁极比其他任何地方都容易?

4.29　考虑一个闭合的面,它包围磁铁棒的一个磁极。通过该闭合面的磁通量是多少?

4.30　磁场是不是保守场?为什么?

4.31　在无电流的空间区域内,如果磁场线是平行直线,那么磁场一定是均匀场。为什么?若存在电流,上述结论是否还对?

4.32　库仑电场公式与毕奥-萨伐尔定律表达式有何类似与不同之处?

4.33　电流元 $I\mathrm{d}\boldsymbol{l}$ 在磁场中某处沿直角坐标系的 x 轴方向放置时不受力,把这电流元转到 y 轴正方向时,其受到的力沿 z 轴负方向,此处的磁感应强度 $\boldsymbol{B}$ 方向如何?

4.34　试用毕奥-萨伐尔定律说明:一对镜像对称的电流元在其对称面上产生的合磁场方向如何?

4.35　截面是任意形状的长直密绕螺线管,管内磁场是否为均匀场?其磁感应强度是否仍可按照 $B=\mu_0 nI$ 计算?

4.36　无限长螺线管外部磁场处处为零。这个结论成立的近似条件是什么?仅仅说“密绕螺线管”条件够不够?

4.37　能否利用磁场对带电粒子的作用力来增大粒子的动能？

4.38　赤道处的地磁场沿水平面并指向北。假设大气电场指向地面，因而电场和磁场互相垂直。我们必须沿什么方向发射电子，使它的运动不发生偏斜？

4.39　相互垂直的电场 $\boldsymbol{E}$ 和磁场 $\boldsymbol{B}$ 可做成一个带电粒子的速度选择器，它能使选定速度的带电粒子垂直于电场和磁场射入后无偏转地前进。试叙述其中的基本原理。

4.40　在电子仪器中，为了减弱与电源相连的两条导线的磁场，通常总是把它们扭在一起。为什么？

4.41　一个弯曲的载流导线在匀强磁场中应如何放置，它才不受磁场力的作用？

4.42　顺磁质和抗磁质两种磁介质的磁化与有极分子和无极分子两种电介质的极化有何类似与不同之处？

4.43　将磁介质样品装入试管并用弹簧吊起来挂到一竖直螺线管的上端开口处，如图 4-88 所示。当螺线管通电流后，则可发现随样品的不同，它可能受到该处不均匀磁场向上或向下的磁力。这是一种区分样品是顺磁质还是抗磁质的精细的实验。试述其基本原理。

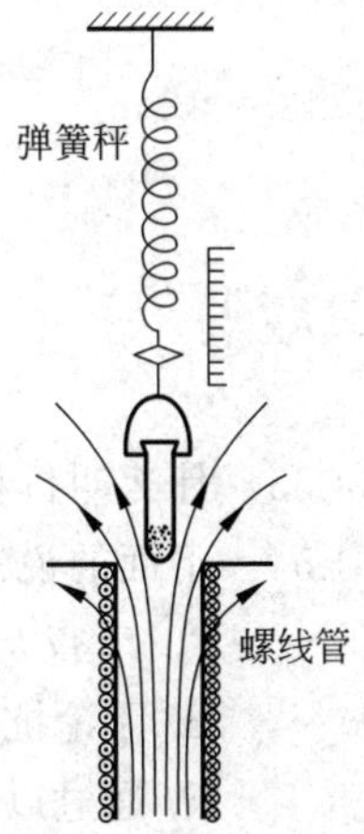

图 4-88　思考题 4.43 用图

4.44　一导体圆线圈在均匀磁场中运动，在下列各种情况下哪些会产生感应电流？为什么？

(1) 线圈沿磁场方向平移；

(2) 线圈沿垂直磁场方向平移；

(3) 线圈以自身的直径为轴转动，轴与磁场方向平行；

(4) 线圈以自身的直径为轴转动，轴与磁场方向垂直。

4.45　感应电动势的大小由什么因素决定？如图 4-89 所示，一个矩形线圈在均匀磁场中以匀角速 ω 旋转，试比较当它转到图中所示的两个位置时感应电动势的大小，并判断感应电动势的方向？

4.46　熔化金属的一种方法是用“高频炉”，它的主要部件是一个铜制线圈，线圈中有一坩埚，坩埚中放待熔的金属块，如图 4-90 所示。当线圈中通以高频交流电时，坩埚中金属就可以被熔化。这是什么缘故？

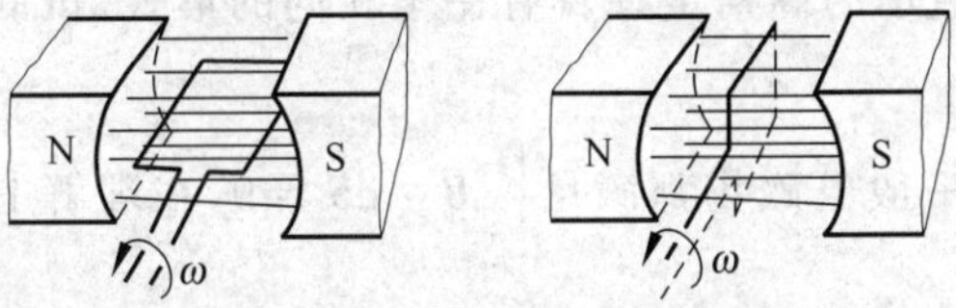

图 4-89　思考题 4.45 用图

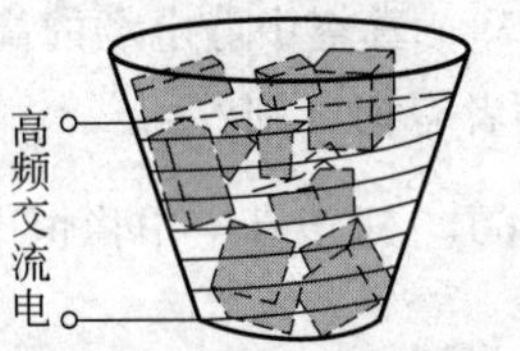

图 4-90　思考题 4.46 用图

4.47　将尺寸完全相同的铜环和铝环适当放置，使通过两环内的磁通量的变化率相等。这两个环中的感应电流及感生电场是否相等？为什么？

4.48　一块金属在均匀磁场中平移，金属中是否会有涡流？若在均匀磁场中旋转，情况如何？

4.49　如图 4-91 所示，均匀磁场被限制在半径为 R 的无限长圆柱内，磁场随时间作线性变化，现有两个闭合曲线 L_1（为一圆周）与 L_2（为一扇形）。问：

(1) L_1 与 L_2 上每一点的$\frac{d\boldsymbol{B}}{dt}$是否为零？感生电场 $\boldsymbol{E}_i$ 是否为零？$\oint_{L_1}\boldsymbol{E}_i\cdot d\boldsymbol{l}$ 与 $\oint_{L_2}\boldsymbol{E}_i\cdot d\boldsymbol{l}$ 是否为零？

(2) 若 L_1 与 L_2 为均匀导体回路，则回路中有无感应电流？

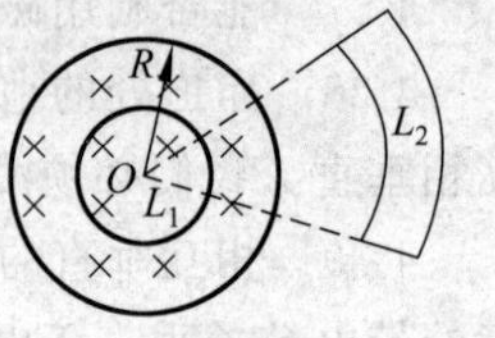

图 4-91 思考题 4.49 用图

4.50 动生电动势和感生电动势有何类似与不同之处？

4.51 一个线圈自感系数的大小由哪些因素决定？怎样绕制一个自感为零的线圈？

4.52 一段直导线在均匀磁场中作如图 4-92 所示的四种运动。在哪种情况下导线中有感应电动势？为什么？感应电动势的方向是怎样的？

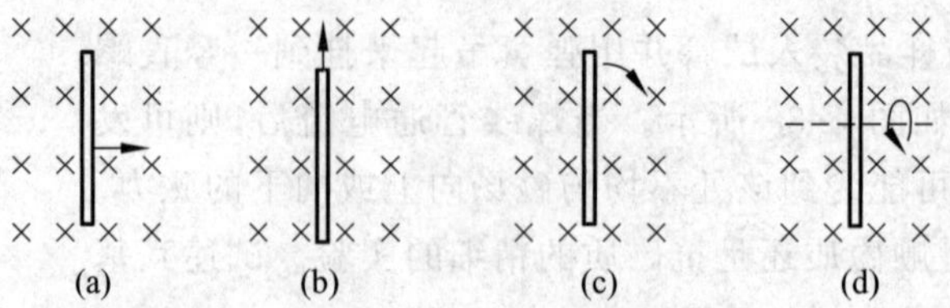

图 4-92 思考题 4.52 用图

4.53 什么叫位移电流？什么叫传导电流？试比较两者的不同之处。

4.54 下面的说法中，正确的是(　)。

A. $\boldsymbol{H}$ 仅与传导电流有关

B. 无论抗磁质或顺磁质，$\boldsymbol{B}$ 总与 $\boldsymbol{H}$ 同向

C. 通过以闭合曲线 L 为边线的任意曲面的 $\boldsymbol{B}$ 通量均相等

D. 通过以闭合曲线 L 为边线的任意曲面的 $\boldsymbol{H}$ 通量均相等

4.55 什么是坡印亭矢量？它与电场和磁场有什么关系？

4.56 给平行板电容器充电时，坡印亭矢量指向电容器内部，为什么？如果给电容器放电，情况又如何？

4.57 电磁波的能量中，电能和磁能各占多少？

4.58 麦克斯韦方程组中各方程的物理意义是什么？

4.59 真空中静电场的高斯定理和电磁场的高斯定理具有完全相同的形式，试问在理解上两者有何区别？

4.60 对于真空中稳恒电流的磁场和一般电磁场都满足$\oint_S \boldsymbol{B}\cdot d\boldsymbol{S}=0$，在理解上有何不同？

习　题

4.1 两个相距 1 m 的静止点电荷，所带电量均为 1 C，求它们之间相互作用力的大小。

4.2 两个固定的点电荷，相距为 l，所带电量分别为 q 和 $4q$。试问在何处放一个何种电荷可以使这三个电荷达到平衡？

4.3 两个相距为 $2l$ 的点电荷带电量均为 q，试求在它们连线的中垂面上离连线的中点

距离为 r 处的电场强度。如果 $r \gg l$，结果如何？

4.4　半径为 R 的半圆环均匀带电，电荷线密度为 λ，求其环心处的电场强度。

4.5　两个点电荷相距为 d，带电量分别为 q_1 和 $q_2(q_2>q_1)$。求在下列两种情况下两点电荷连线上电场强度为零的点的位置。

(1) 两电荷同号；

(2) 两电荷异号。

4.6　电荷 Q 均匀地分布在长为 $2l$ 的一段直线上。试求在直线的延长线上距线的中点 $r(r>l)$ 处的电场强度。

4.7　一无限长均匀带电线弯成一个半圆弧和两个半无限长直线，如图 4-93 所示的形状。求圆心 O 处的电场强度。

4.8　在场强为 $\boldsymbol{E}$ 的均匀静电场中，取一半径为 R 的半球面，$\boldsymbol{E}$ 的方向和半球面的轴平行，如图 4-94 所示，试求通过该半球面 S_1 的电通量。若以半球面的边线为边线，另作一个任意形状的曲面 S_2，则通过 S_2 面的电通量又是多少？

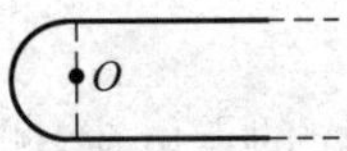

图 4-93　习题 4.7 用图

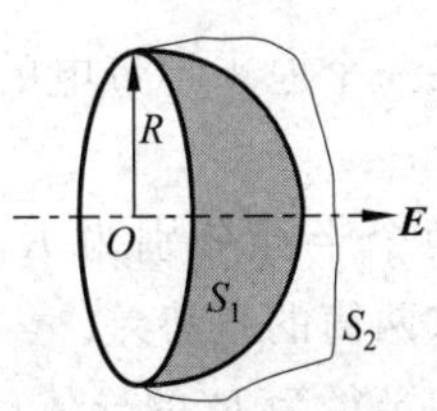

图 4-94　习题 4.8 用图

4.9　两个同心均匀带电球面，半径分别为 R_1 和 $R_2(R_1<R_2)$，带电量分别为 $+q$ 和 $-q$。试分别用场强叠加原理和高斯定理求其电场分布。

4.10　电荷 Q 均匀地分布在半径为 R 的球体内，求其电场分布。若在该球内挖去一部分电荷，挖去的体积是一个小球体，试证明挖去电荷后空腔内的电场是均匀场。

4.11　内外半径分别为 R_1 和 $R_2(R_1<R_2)$ 的球壳均匀带电，电荷体密度为 ρ，求其电场分布。

4.12　半径为 R 的无限长直圆柱体均匀带电，电荷体密度为 ρ，求其电场分布。

4.13　两个半径分别为 R_1 和 $R_2(R_1<R_2)$ 的无限长同轴圆柱面，带有等值异号电荷，电荷线密度为 $+\lambda$ 和 $-\lambda$，求其电场分布。

4.14　两个无限大的平行平面都均匀带电，在下列两种情况下求其电场分布。

(1) 电荷面密度均为 σ；

(2) 电荷面密度分别为 σ 和 $-\sigma$。

4.15　把单位正电荷从电偶极子轴线的中点沿任意路径移到无限远，求静电力对它所做的功。

4.16　如图 4-95 所示，AB 长为 $2l$，OCD 是以 B 为圆心，l 为半径的半圆。A 点有正电荷 $+q$，B 点有负电荷 $-q$，试求：

(1) 把单位正电荷从 O 点沿 OCD 移到 D 点，电场力对它做了多少功？

(2) 把单位负电荷从 D 点沿 AB 的延长线移到无穷远，电场力对它做了多少功？

4.17　电荷 Q 均匀地分布在半径为 R 的球冠面上，球冠边缘对球心的张角为 2θ，求球心处的电势。

4.18 电荷 Q 均匀地分布在半径为 R 的球体内,求其电势分布。

4.19 两个均匀带电的同心球面,半径分别为 R_1 和 R_2($R_1<R_2$)。设其所带电量分别为 q_1 和 q_2,求两球面的电势及二者之间的电势差。

4.20 如图4-96所示,三块互相平行的均匀带电大平面,电荷面密度 $\sigma_1=1.2\times10^{-4}\ \mathrm{C/m^2}$,$\sigma_2=2.0\times10^{-5}\ \mathrm{C/m^2}$,$\sigma_3=1.1\times10^{-4}\ \mathrm{C/m^2}$。$A$ 点与平面Ⅱ相距为5.0 cm,B 点与平面Ⅱ相距为7.0 cm。求 A,B 两点的电势差。

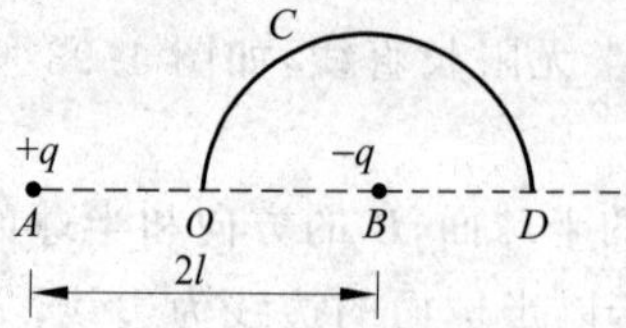

图4-95 习题4.16用图

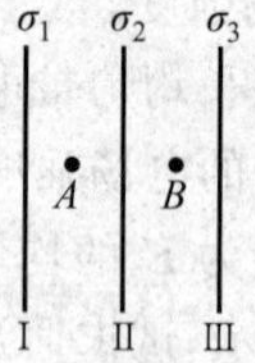

图4-96 习题4.20用图

4.21 在一个原来不带电的导体球外距球心 r 处放置一电量为 q 的点电荷,求导体球的电势。

4.22 两个半径分别为 R_1 和 R_2($R_1<R_2$)的无限长同轴圆筒,电荷线密度分别为 $+\lambda$ 和 $-\lambda$,求两筒的电势差。

4.23 在半径为 R 的导体球外离球心 r 处放置一电量为 q 的点电荷,测得此时导体球的电势为零,求导体球上所带电量。

4.24 如图4-97所示,带电量为 $+Q$ 的导体球 A 的外面,套有一个同心的不带电的导体球壳 B,求球壳外距球心 r 处的 P 点的电场强度?如果将球壳 B 接地,P 点的电场强度又是多少?

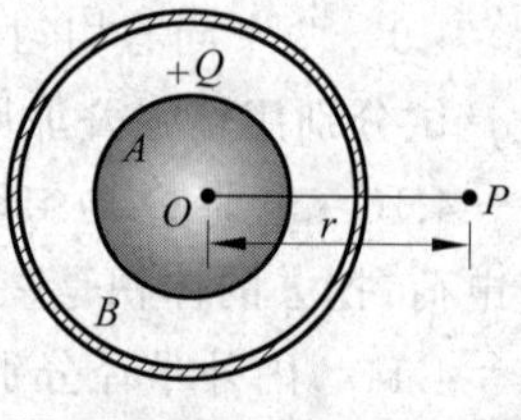

图4-97 习题4.24用图

4.25 对于两无限大平行平面带电导体板,证明:相向的两面上,电荷面密度总是大小相等而符号相反;相背的两面上,电荷面密度总是大小相等而符号相同。

4.26 用两面夹有铝箔的聚乙烯膜做一电容为2.5 μF的电容器。已知膜厚 3.5×10^{-2} mm,介电常数为 2.5×10^{-11} F/m,那么膜的面积要多大?

4.27 一平行板电容器两极板相距为2.0 mm,电势差为400 V,两极板间是相对介电常数为 $\varepsilon_r=5.0$ 的均匀玻璃片。略去边缘效应,试求玻璃表面上极化电荷的面密度。

4.28 一平行板电容器由面积均为50 $\mathrm{cm^2}$ 的两金属薄片贴在石蜡纸上构成,已知石蜡纸厚为0.10 mm,相对介电常数为2.0。略去边缘效应,试问该电容器加上100 V的电压时,每个极板上的电荷量是多少?

4.29 一平放着的平行板电容器两极板间左半边是空气,右半边是 $\varepsilon_r=3.0$ 的均匀介质。两极板相距为10 mm,电势差为100 V。略去边缘效应,试分别求两极板间空气中和介质中的电场强度和电位移的值。

4.30 一平行板电容器,两极板相距为 d,对它充电后把电源断开。然后把电容器两极板之间的距离增大到 $2d$,忽略边缘效应,试讨论电容器的极板所带电量、板间电场强度、电容及电场能量的变化。

4.31　在两板相距为 d 的平板电容器中插入一块厚 $\frac{d}{2}$ 的大平板，如图 4-98 所示。设电容器本身的电容为 C_0，讨论在以下两种情况下电容器电容的变化。

(1) 大平板是金属导体；

(2) 大平板是相对介电常数为 ε_r 的介质。

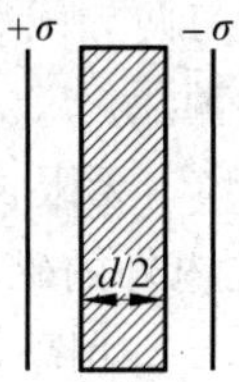

图 4-98　习题 4.31 用图

4.32　空气中有一半径为 R 的导体球，电势为 U，求它表面紧邻处的静电场能量密度。

4.33　在介电常数为 ε 的无限大均匀电介质中，有一半径为 R 的导体球，带电量为 Q，求电场的能量。

4.34　一个容量为 10 μF 的电容器，充电到 500 V，求它所储存的能量。

4.35　电荷 Q 均匀地分布在半径为 R 的球体内，求它的静电场能量。

4.36　一球形电容器由半径分别为 R_1 和 $R_2(R_1<R_2)$ 的两个同心金属薄球壳构成，当它们带有等量异号电荷时，电势差为 U，求该电容器所储存的电场能量。

4.37　一长直导线载有电流 I，求它上面长为 l 的一段电流在其中垂面上距离为 r 处的场点所产生的磁感应强度。

4.38　一条很长的载流直导线，在距它 10^{-3} m 处所产生的磁感应强度大小为 10^{-3} T，试问：它所载有的电流有多大？

4.39　求图 4-99 中 P 点的磁感应强度 $\boldsymbol{B}$ 的大小和方向。

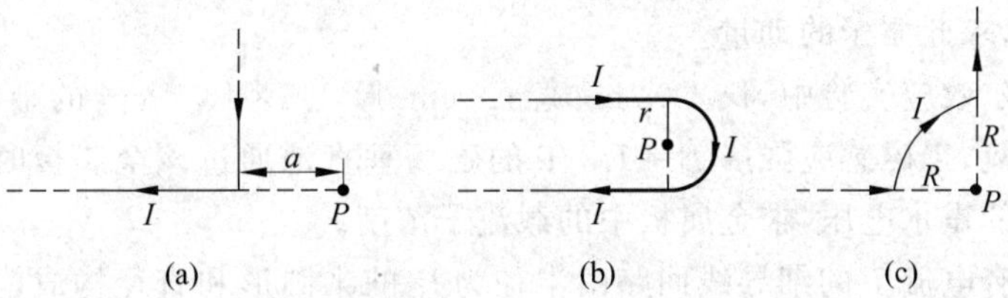

图 4-99　习题 4.39 用图

4.40　一载有电流 I 的导线弯折成如图 4-100 所示的平面环路，其中 $FABCD$ 为边长为 b 的正方形的一部分，DEF 是半径为 a 的 3/4 圆弧。求圆心 O 点的磁感应强度。

4.41　两根导线沿半径方向被引到铁环上 A，B 两点，电流方向如图 4-101 所示。求环心 O 处的磁感应强度。

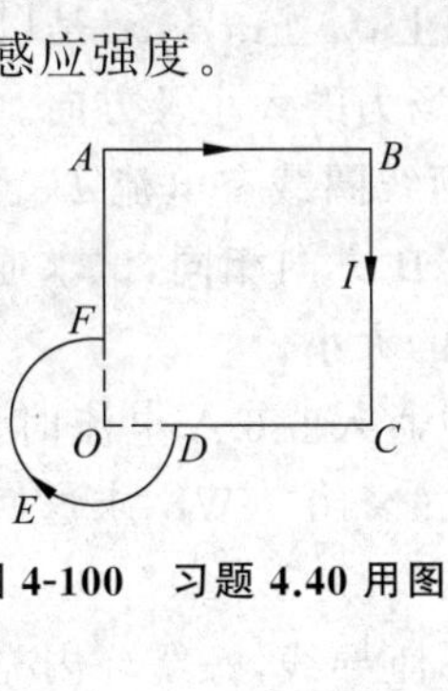

图 4-100　习题 4.40 用图

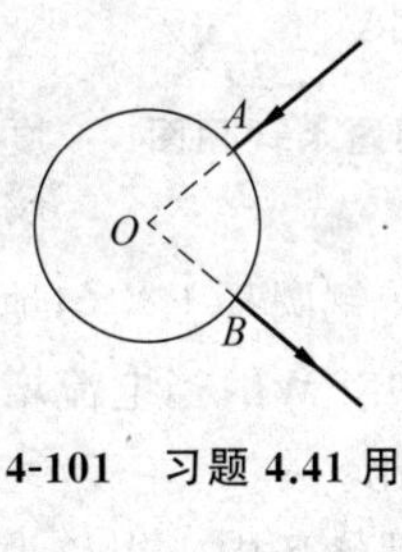

图 4-101　习题 4.41 用图

4.42　如图 4-102 所示，相距 d 的两平行直导线载有流向相反的电流 I，求两导线所在平面内与两导线等距离的一点处的磁感应强度。设 $r_1=r_3$，求通过图中斜线所示矩形面积的磁通量。

4.43 无限长导体圆柱沿轴向通以电流 I，截面上各处电流密度均匀分布，圆柱半径为 R，求柱内外的磁场分布。在长为 l 的一段圆柱内环绕中心轴线的磁通量是多少？

4.44 如图 4-103 所示，AB 为闭合电流 I 的一直线段，长为 $2R$。圆周 L 平面垂直于电流 I，半径为 R 且圆心 O 在 AB 的中点。求 AB 段电流的磁场沿圆周 L 的环流，并对安培环路定理的适用条件进行讨论。

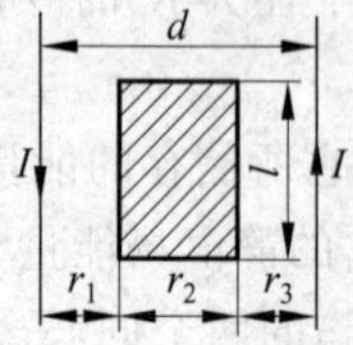

图 4-102 习题 4.42 用图

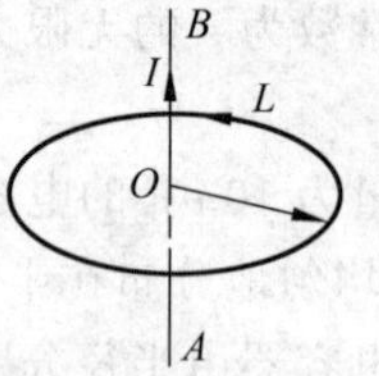

图 4-103 习题 4.44 用图

4.45 内外半径分别为 R_1 和 $R_2(R_1<R_2)$ 的无限长载流导体直圆管，电流 I 沿轴线方向流动，并且均匀分布在圆管的横截面上，求磁场分布。

4.46 某一质量为 4.6×10^{-3} kg 的粒子带有 2.3×10^{-8} C 的电荷，在水平方向获得一初始速度 4.9×10^{5} m/s。现利用磁场使这粒子仍沿水平方向运动，求应加多大的磁场？

4.47 在一磁场为 15 T 的气泡室中，一高能质子垂直于磁场飞过时留下一半径为 2 m 的圆弧径迹，求此质子的动量。

4.48 在霍尔效应实验中，长 4.0 cm、宽 1.0 cm、厚 1.0×10^{-3} cm 的金属板沿长度方向载有 3.0 A 的电流，当磁感应强度 $B=1.5$ T 的磁场垂直地通过该金属板时，在宽度两端产生 1.0×10^{-5} V 的霍尔电压，求金属板中的载流子浓度。

4.49 一载有电流 I 的细导线回路由半径为 R 的半圆形和直径构成，求直径上圆心处 dl 长度的导线所受的力。

4.50 半径为 r 的导线圆环中载有电流 I，置于磁感应强度为 B 的均匀磁场中，若磁场方向与环面垂直，求圆环所受的合力及导线所受的张力。

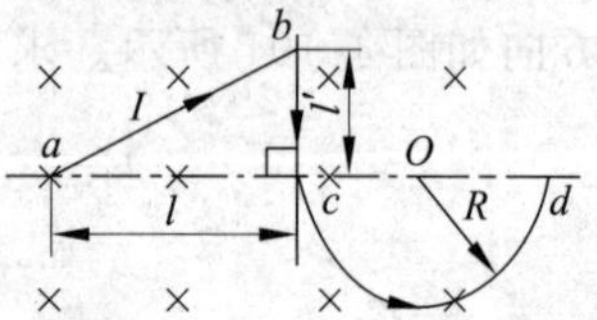

图 4-104 习题 4.51 用图

4.51 如图 4-104 所示形状的导线，通有电流 I，放在一个与均匀磁场 B 垂直的平面上，$bc\perp acd$，$\overset{\frown}{cd}$ 是以 O 为圆心的半圆弧。求此导线受到的磁场力的大小及方向。

4.52 磁矩为 $\boldsymbol{P}_m$ 的平面线圈载有电流 I，置于磁感应强度为 $\boldsymbol{B}$ 的均匀磁场中，$\boldsymbol{P}_m$ 与 $\boldsymbol{B}$ 方向相同，试求通过该线圈的磁通量及线圈所受的磁力矩的大小。

4.53 一铸钢圆环上均匀地密绕多匝线圈。当线圈中通入 0.6 A 电流时，钢环中的磁通量为 3.2×10^{-4} Wb；当电流增大至 3.6 A 时，磁通量为 1.6×10^{-4} Wb，求这两种情况下钢环的磁导率之比。

4.54 一螺绕环中心周长为 1 m，在环上均匀绕以 200 匝导线，螺绕环内充满相对磁导率为 5000 的磁介质。求当线圈中通有 0.2 A 的电流时，介质中中心圆周上的磁场强度和磁感应强度。介质中由传导电流和磁化电流产生的磁感应强度各是多少？

4.55　在螺绕环的导线内通有电流 2 A，环上所绕线圈共 1000 匝，环的平均周长为 20 cm，测得环内磁感应强度是 1.2 T。设环截面较小，求环内的磁场强度及磁介质的磁导率。

4.56　空气中一个磁导率为 μ 的无限长均匀磁介质圆柱体，半径为 R，其中均匀地通过电流 I，求空间的磁感应强度分布。

4.57　如图 4-105 所示，有一很长的同轴电缆，由一圆柱形导体（半径为 r_1，导体 $\mu \approx \mu_0$）和一与其同轴的导体圆筒（内外半径为 r_2、r_3）组成，两者之间充满着磁导率为 μ 的均匀磁介质。电流 I 从一导体流进，从另一导体流出，电流都是均匀地分布在导体横截面上，求空间中的磁场强度分布。

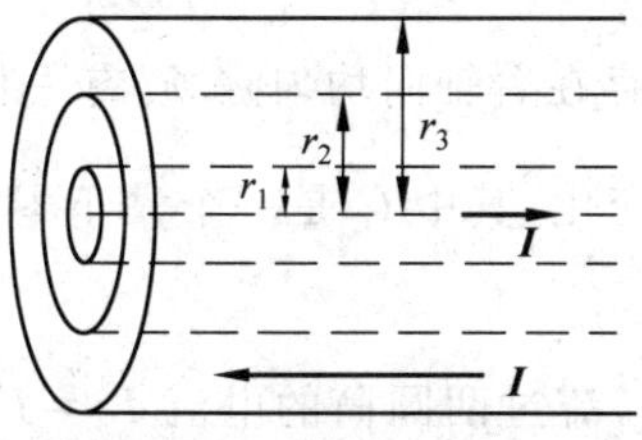

图 4-105　习题 4.57 用图

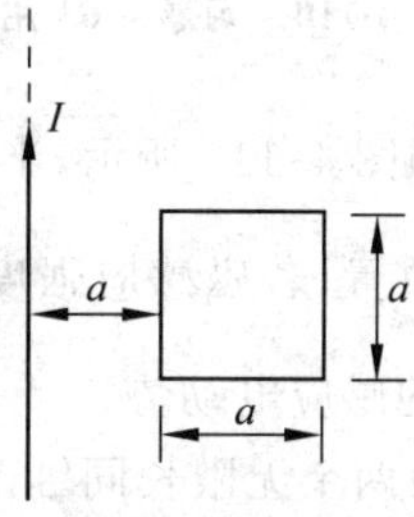

图 4-106　习题 4.58 用图

4.58　如图 4-106 所示，一长直导线通有电流强度为 $I=I_0\sin(\omega t)$ 的交变电流，其旁放一边长为 a 的正方形线圈（长直导线与正方形线圈共面），正方形线圈的左边缘到长直导线的距离为 a，求正方形线圈上感应电动势的大小。

4.59　均匀磁场 $\boldsymbol{B}$ 中有一矩形导体回路 $Oabc$，其中边长为 l 的 ab 段可沿 Ox 轴方向以匀速 $\boldsymbol{v}$ 向右滑动，回路平面与磁场 $\boldsymbol{B}$ 的方向垂直，如图 4-107 所示。设 $B=kt\ (k>0)$，$t=0$ 时，$x=0$。当 ab 运动到与 Oc 相距 x 时，求回路中的感应电动势。

4.60　在如图 4-107 所示的回路中，若 $\boldsymbol{B}$ 与矩形平面的法线 $\boldsymbol{e}_n$ 夹角为 $\alpha=60°$，并设 ab 段长 0.1 m，$v=4.0$ m/s，$B=1$ T。求回路中的感应电动势并指出感应电流的方向。

4.61　两段导体 $ab=bc=0.1$ m，在 b 处连成 30°的角，如图 4-108 所示。若导体在匀强磁场中以速率 $v=3$ m/s在垂直于磁场的平面内沿平行于 ab 边的方向运动，磁感应强度 $B=2\times10^{-2}$ T，求 ac 间的电势差是多少？哪端电势高？

4.62　如图 4-109 所示，半径为 R 的金属薄圆盘以角速度 ω 绕通过盘心 O 且与盘面垂直的转轴逆时针（俯视盘面观察）转动。匀强磁场的磁感应强度 $\boldsymbol{B}$ 垂直盘面向上，A 为盘边缘一点。求盘心 O 与 A 点间的电势差。

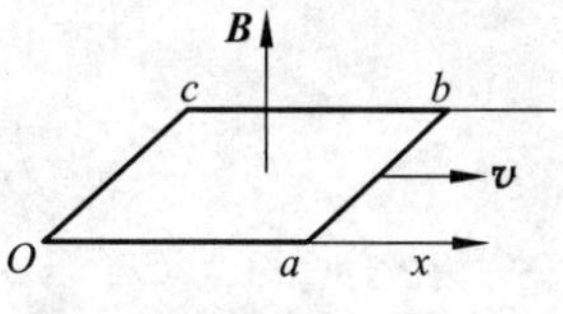

图 4-107　习题 4.59 用图

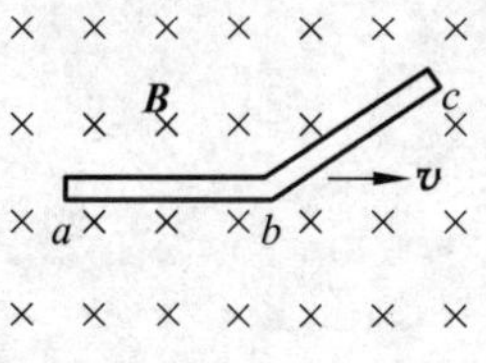

图 4-108　习题 4.61 用图

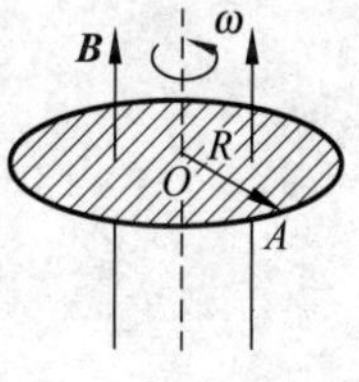

图 4-109　习题 4.62 用图

4.63　如图 4-110 所示，直角三角形金属框架 abc 放在均匀磁场中，磁场 $\boldsymbol{B}$ 平行于 ab

边，bc 的长度为 l。当金属框架绕 ab 边以匀角速度 ω 转动时(设此时 bc 边垂直于纸面向里转动)，求 $abca$ 回路中的感应电动势和 a、c 两点间的电势差。

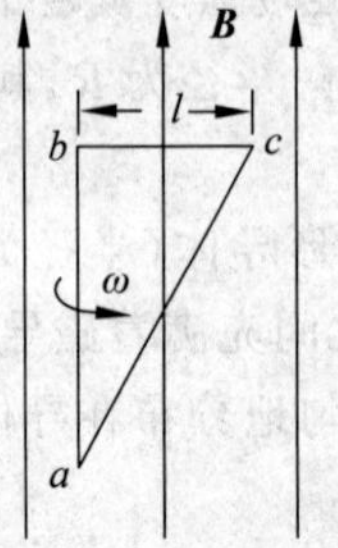

图 4-110　习题 4.63 用图

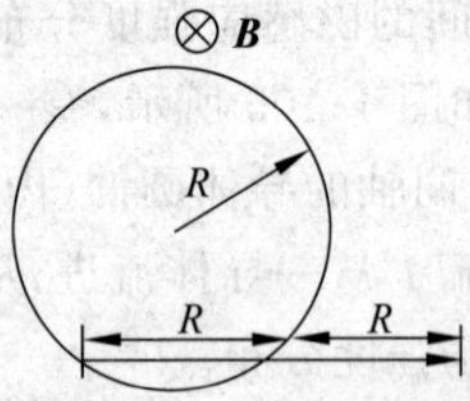

图 4-111　习题 4.64 用图

4.64　如图 4-111 所示，半径为 R 的圆柱形空间存在着轴向均匀磁场，有一长为 $2R$ 的导体棒如图放置，若磁感应强度 $\boldsymbol{B}$ 的大小以 $\frac{dB}{dt}=C$ 变化，其中 C 是一个大于零的常数，试求导体棒上的感应电动势。

4.65　由两个无限长同轴薄圆筒导体组成的电缆，流过两圆筒的电流 $I_1=I_2=I$，流向相反，半径分别为 R_1，R_2，试求长为 l 的一段电缆内的磁能和自感系数。

4.66　真空中一均匀磁场的能量密度与一均匀电场的能量密度相等，已知磁感应强度为 $B=0.7$ T，求电场强度 E。

4.67　平行板电容器的两板都是半径为 R 的圆形导体片，若两板上的电荷面密度为 $\sigma=\sigma_0\cos\omega t$，求两板间的位移电流 I_d。

4.68　给一电容为 C 的圆形极板电容器加上交流电压 $U=U_m\sin\omega t$，求两板间的位移电流 I_d。设 $C=1.0\times10^{-5}$ F，两板的电压变化率为 $\frac{dU}{dt}=1.2\times10^5$ V/s，求此时两板间的位移电流。

4.69　一平面电磁波电场强度的振幅为 30 V/m，求磁感应强度的振幅。

4.70　已知一激光束的强度为 5.3×10^{13} W/m²，则该束激光中电场强度和磁感应强度的振幅各为多大？

第5章　波动学基础

振动是波动的基础，波动是振动在空间的传播过程，是一种常见的物质运动重要形式。有关波动的形式多种多样，如人们所熟悉的水面波、地震波、空气中的声波、无线电波、光波等以及第6章要介绍的物质波。水面波、地震波和声波属于机械波，主要是机械振动在弹性介质中传播形成的，理论基础是牛顿力学，是依靠弹性介质内各质元之间的弹性力的相互作用使振动物理量（位置以及有关压强、密度、能量等）得以传播；无线电波和光波是电磁波，是电磁场的变化（电磁振动）在空间的传播，不需要介质，其波动规律的理论基础是麦克斯韦方程组。机械波、电磁波（以及物质波）在本质上是不同的，但它们都具有波动的共同特征，都具有一定的传播速度，都伴随有能量的传播，都能发生反射、折射、干涉和衍射等，所以可用相似的数学语言——波函数（或波动方程）来描述。

在本章中，我们将以经典的波动理论解释波传播时的波动效应，从力学角度认识简谐振动和机械波，从光的干涉、衍射和偏振现象认识光的波动性。

5.1　经典波动理论发展概述

波动的概念最早来自人们对水面波纹的观察，而声波也是人类最早认识的机械波。2000多年前中国和西方都有人把声的传播类比为水面波纹，“类比”在波动概念发展中起了很大的作用，2000年后光的波动概念就来自与水面波和声波的类比。值得指出的是，在古代人们对声的传播方式以及声的本质认识就与今天基本相同，认为声音是由物体运动（振动）产生的，在空气中以某种方式传到人耳引起的听觉，这是很了不起的事情。

中国古代《吕氏春秋》记载的伏羲作琴的“三分损益法”就是最早的声学定律，是讲把管（笛、箫）加长$\frac{1}{3}$或减短$\frac{1}{3}$，听起来都很和谐，它是中国古代在摸索音调与弦长关系时所创造的乐律，是世界上最早的自然律。传说希腊时代的科学家毕达哥拉斯（Pythagoras，约公元前584—公元前500）以琴弦长度变化为对象也提出了相似的自然律。对声学的系统研究是从16世纪伟大的科学家伽利略研究单摆周期和物体振动开始的，1583年单摆周期性的发现为振动理论建立了基础，后来在弦振动和发声关系研究中提出了频率的概念（当时称为振动数），指出了弦间存在的共振现象（取名为同情振动）。

我国北宋科学家沈括（约1031—1095）11世纪就曾用纸人在古代的琴（或瑟）上的跳动来显示声音的共振（并把这种现象称为“应声”），且指出了将牛革箭袋放在地上当枕头，就能听到数里之内的人马之声。从伽利略那时起直到19世纪，当时几乎所有杰出的物理学家和数学家都对研究物体振动和声产生原理作出过贡献。1660年英国物理学家胡克于1678年发表的应变与应力成正比的弹性定律（胡克定律）为弹性体中机械波的产生和传播研究奠定了基础；1687年牛顿指出振动物体要推动邻近介质而后者又推动它的邻近介质，在等温假设下(实际上应该是绝热过程)曾求得声速等于大气压与密度之比的二次方根;1690年惠更斯给出以他的名字命名的惠更斯原理,既解释了水面波和声波的反射和折射,也定性解释了波的衍射现象;法国的达朗伯(J. R. d'Alembert,1717—1783)于1747年首次导出了弦的波动方程;1822年法国数学家傅里叶(J. B. J. Fourier,1768—1830)提出了任何函数(尤其是周期函数)都可以表达为基本的正弦或余弦函数之和而给出了振动和波可以叠加的理论基础;也正是在牛顿和莱布尼茨的微积分之后,数学家给出了偏微分方程数学工具,才解决了连续介质中的振动问题。

把19世纪和以前对声波研究进行全面总结的是英国物理学家瑞利(J.W.S.Rayleigh,1842—1919),他集经典声学的大成,开现代声学之先河。经过几个世纪的探讨,人们逐渐认识到人耳能感觉到的是空气压强的变化,这种变化起因于物体的振动,而且不仅是在空气中,在其他气体、液体以致任何弹性体里都可以产生这样的机械波。但人们对光的认识却不像对声波那样顺利,经历了漫长的曲折历史。

公元前400多年(先秦时代),中国的《墨经》记录了影的定义和生成、光的直线传播和针孔成像、平面镜和凹凸球面镜中物像关系等一系列经验规律。希腊数学家欧几里得(Euclid,公元前330—公元前275)一百年后在其所著《光学》一书中研究了平面成像问题,指出反射角等于入射角的反射定律。荷兰的斯涅耳(W. Snell,1591—1626)和法国的笛卡儿(R. Descartes,1596—1650)分别于1621年和1630年给出了用余弦和正弦函数表达的折射定律,1657年法国的费马(P. D. Fermat,1601—1665)提出了关于光在介质中所走路程取极值的原理。至此,以直线传播、反射和折射三个实验定律为基础研究光传播的几何光学基础得到了基本建立。

17世纪下半叶,牛顿和惠更斯(C. Huygens,1629—1695)等推进了人们对光波的认识。1672年牛顿让白光通过棱镜得到彩色光带(光谱)的色散实验,扫清了对色本性研究中自亚里士多德以来残留的认为不同的色是由亮和暗按各种不同比例混合而形成的陈旧观点,提出白光是由各种光复合而成,各种组成部分在玻璃中受到不同程度的折射形成了彩带。1675年牛顿用凸透镜放在平面玻璃上的方法仔细观察了白光在空气薄膜上干涉时形成的彩色条纹(牛顿环),首先认识到颜色与空气层厚度的关系,指出如用单色光时应看到的是明暗交替的同心圆条纹,这些研究和发现都集中在后来(1704年)的著作《光学》一书中,并且书中根据光直线传播的性质提出了光的微粒说。牛顿认为光是微粒流(质点概念),微粒从光源飞出来,在真空和均匀介质中由于惯性作匀速直线运动。此学说直接说明了直线传播规律,并能对光的反射和折射现象作一定的解释,但难以解释牛顿环,也难以说明光绕过障碍物之后所发生的衍射现象,且在说明折射时认为光在介质水中的速度大于在空气中的速度。

惠更斯
(1629—1695)

偏离直线传播的衍射现象是17世纪初由意大利人格里马第(F. M. Grimaldi,1618—1663)发现的,他观测到一根直竿的影子比光直线传播所要求的宽度稍宽。同时期的胡克也观测到衍射现象,他于1665年在《显微术》中明确提出光是一种振动,并根据云母片的薄膜干涉实验提出光是类似水波的某种快速脉冲。

荷兰的物理学家惠更斯发展了胡克的思想，在1690年的著作《论光》中，根据光速有限和不同方向来的光互不干扰交替传播的两个事实，注意到从发声体发出以球面波传播的声音和光有类似的地方，同时把光比拟为水面投入石头产生的圆形波纹，提出了光的波动说。认为光也是在某种弹性介质中传播的波，是和声波一样传播的球面波，这种假想的弹性介质称为"以太"。认为发光体是构成发光体的微粒子在作激烈地振动，并把这种振动传给周围的以太粒子，而以太粒子又把振动传给紧挨着的所有粒子，因而每个以太粒子看作各个球面波的中心，无数小球面波的叠加完成了波在以太中的传播，即以子波概念引进了著名的惠更斯原理。他利用包络面作图法说明了光的反射和折射，并且在说明折射时认为光在水中的速度小于在空气中的速度，这与微粒说针锋相对。利用波动说惠更斯解释了1669年由丹麦的巴塞林纳斯(Erasmus Bartholinus，1625—1698)在用方解石观察物体时所发现的双折射现象，认为是由于光在一个方向比另一个方向传播得快而引起了双折射。惠更斯的波动理论可以定性解释衍射现象但还不能解释干涉现象，且由于把光看作是和声波一样的纵波也不能解释后来于1808年由马吕斯(E.L.Malus，1775—1812)发现光在界面反射时的偏振现象，并且在解释光直线传播时也遇到了困难。正因为惠更斯波动理论缺乏数学基础，也不完善，再者因为当时牛顿力学正取得步步胜利，以符合力学规律的粒子行为描述光学现象被认为是唯一的合理理论，所以牛顿的微粒说在18世纪占有统治地位。

19世纪可以说是波动光学的时期，是托马斯·杨(Thomas Young，1773—1829)和菲涅耳(A.J. Fresnel，1788—1827)的贡献起了决定性的作用。托马斯·杨是一名医生，对物理学很有造诣，行医时就开始研究感官的知觉作用。在1793年发现了眼睛中晶状体的聚焦作用而进入了光学研究领域。他在人眼感知颜色问题上提出了3种基本颜色就可以构成全部彩色的三原色理论。1800年在仔细考察了光和声音的类似之后，他怀疑牛顿微粒说的正确性：既然认为发射出光微粒的力是多种多样的，那为什么又认为所有发光体发出的光具有同样的速度呢？当光入射透明体表面，为什么同一类光微粒有的被反射而有的透过去呢？"尽管我仰慕牛顿的大名，但我并不因此非得认为牛顿是百无一失的"，因为这些问题是微粒说难以回答的，而把光看作类似的声波就能容易理解。1801年他让同一光源的光通过两个邻近的针孔(后来又把孔改为双缝)在屏上观测到了明暗相间的条纹，这就是著名的杨氏实验和杨氏双缝实验。

托马斯·杨
(1773—1829)

菲涅耳
(1788—1827)

杨氏利用实验结果引入干涉概念论证了波动说而提出了干涉原理：同一束光的两部分

从不同路径进入人眼,则光线的路程差是某一长度的整数倍处光将最强(干涉加强)。根据此观点,他成功解释了干涉现象,说明了白光照射下薄膜颜色的由来,并根据牛顿的牛顿环数首次计算了七种颜色光的波长和频率。为了解释马吕斯发现的偏振现象,经过几年的研究,杨氏逐渐领悟到应该用横波的概念代替纵波,于是1817年提出了光波和绳中传播的波相仿,应是一种横波的假说。

不过,杨氏波动理论还主要是定性地解释光的现象,并未达到理论的高度。完成这一工作的是菲涅耳,他将杨氏的干涉原理和惠更斯原理结合起来,建立起波动传播的一般理论基础,形成了我们所熟悉的惠更斯-菲涅耳原理。菲涅耳原是法国的一名工程师,对光学很感兴趣,并精通数学。菲涅耳对杨氏提出的光应是一种横波的想法倍加推崇,于1818年向法国科学院提交的征文中以严密的数学推理,从横波观点出发圆满地解释了光的偏振,用半波带法定量地计算了圆孔、圆板等形状的障碍物所产生的衍射花纹并用公式予以概括。

这些和实验符合得很好的计算结果使维护微粒说的科学家大为震惊,并且由于随后英国物理学家阿拉果(D. F. J. Arago,1786—1853)的圆盘衍射实验对菲涅耳理论计算的验证,而使菲涅耳的理论轰动了法国科学院,从此光的波动说进入了一个新的发展时期。菲涅耳在偏振方面也作出了很大贡献:和阿拉果一起细致研究了偏振光干涉,于1819年提供了偏振方向相互垂直的偏振光不相干涉的证明,1821年他肯定了光是横波,1823年他发现了圆偏振光和椭圆偏振光等。

同时期,德国物理学家夫琅禾费于1821年发表了平行光单缝衍射的研究结果,他第一个定量地研究了光栅,并于1823年通过自制的刀刻玻璃衍射光栅给出了至今通用的光栅方程。自此以后,人称平行光衍射为夫琅禾费衍射,称夫琅禾费为衍射光栅的发明人。夫琅禾费幼年为学徒,自学数学和光学成才,把工艺家与理论家的才干集于一身,对光学和光谱学作出了重要贡献,1823年成为慕尼黑大学教授。至此,菲涅耳的光弹性波动理论既能说明光的直线传播,也能解释光的干涉和衍射现象,横波的假设又可解释光的偏振。

波动说战胜微粒说的决定性实验是1851年由法国实验物理学家斐索(A. H. L. Fizeau,1819—1896)利用旋转齿轮结构测定水中光速给出的,通过实验数据证实了光在水中的速度小于光在空气中的速度。几乎同时,法国另一位实验物理学家傅科(J. B. L. Foucault,1819—1868)采用旋转镜法也得到了同样的波动说所预言的实验结果,和微粒说预言光在水中的速度比空气中大的结果正相反。因此,19世纪中叶光的波动说在比较坚实的基础上确立了起来。此时的惠更斯-菲涅耳波动理论(可称为旧波动理论)是把光的波动看作是“以太”中的机械弹性横波,为了不与观测事实抵触,而对“以太”不得不赋予某些特殊性质和复杂的假设。比如,因为以太不应妨碍各种物体的运动,所以它的密度应非常小,同时为说明光的巨大传播速度,又必须认为以太具有很大的弹性模量,这是极其矛盾的属性。这是旧波动理论弱点的一个方面,另一不足之处是没有把光学现象同其他物理现象联系起来。

重要的突破是19世纪70年代麦克斯韦电磁理论的建立以及1888年赫兹的实验。麦克斯韦电磁理论预言了电磁波,赫兹的实验发现了波长较长的电磁波(无线电波),并发现它具有和光波类似的反射、折射、干涉、衍射等性质。另外,由电磁理论给出的电磁波在真空中的传播速度 c 和已测得的光速在实验误差范围内相等,麦克斯韦电磁理论得出光是波长较短的电磁波的结论,并且以 $n=\sqrt{\varepsilon_r\mu_r}$ 把光学和电磁学两个领域联系了起来。

赫兹及后来其他人的科学实验都证实了光确实是电磁波，证实了红外线、紫外线和X射线等也都是电磁波，只不过它们的波长不同而已。光的电磁理论使人们对光的认识又前进了一大步，也使“以太”在电磁学中取得了地位，而“以太”带来的麻烦并没有减少。19世纪90年代洛仑兹的电子论在讨论电介质内的电磁现象上获得很大成功，他是把以太与物质分子在电磁现象方面的作用分开，以太除了荷载电磁振动外不再有任何运动和变化，也就是说，以太在洛仑兹的电子论中除荷载电磁波的介质和绝对参考系外，已失去了以前所有令人难以理解的所赋予的具体物理性质或假设。为了测出地球相对以太参考系的运动，1887年迈克耳孙-莫雷的精确实验却得到地球相对以太不运动的结果，此后其他一些实验亦得到同样的结果。也就是说，以太进一步失去了它作为绝对参考系的性质。在19世纪末和20世纪初，虽然还进行了一些努力来拯救以太，但在狭义相对论确立以后，它终于被物理学家所抛弃。至此，可以说完成了对惠更斯-菲涅耳旧波动理论的完善和修正，完成了对光认识的一次升华：光是电磁波，是电磁场相互感生、相互激发以波的形式传播的横波，这就是光的电磁波理论。

在本章中，我们将从完善了的波动理论出发，以波的独立传播和波叠加原理为基础研究机械波和光波的干涉，以修正后的惠更斯-菲涅耳原理为基础研究机械波和光波的衍射，并以光的横波性了解光的偏振现象。

5.2 机械振动

一般把描述一个系统的某一物理量在某一值附近作周期性变化的现象都称为振动，在力学系统中称为机械振动，它所涉及的是物体位置随时间的变化，例如钟摆的运动、琴弦的运动、心脏的跳动、活塞的往复运动和固体中原子的运动等。尽管物理学其他各分支中振动的内容和本质与机械振动不同，例如电磁学中的电流、电压、电磁场强度等的电磁振动(或称电磁振荡)，但它们随时间变化的情况以及许多其他性质在形式上有极大的相似性。所以，机械振动的基本规律是研究其他振动、波动、波动光学、无线电技术等的基础，在生产技术中有着广泛的应用。

本节主要讨论简谐运动，因为简谐振动是最简单、最基本的振动，任何复杂的振动都可以认为是由两个或许多个简谐振动的合成。简要介绍阻尼振动和受迫振动，也对单摆的非线性振动中的随机性给予简单说明。

5.2.1 简谐振动

5.2.1.1 简谐振动的特性

1. 简谐振动的基本特征

图5-1所示的是一水平弹簧振子，在一个光滑的水平面上，轻质弹簧一端被固定，另一端系有一个质量为 m 的小球。当弹簧处于自然状态时(图5-1(a))，小球处于平衡位置，若将小球向右水平移至点 A 后释放(图5-1(b))，小球就在弹性力的作用下围绕平衡位置 O 点往复运动起来(图5-1(c))。

我们取小球的平衡位置 O 为坐标原点，并取水平向右为 x 轴正向，对于小球振动过程中的任意位移 x 处，它所受力 F(忽略空气阻力)为

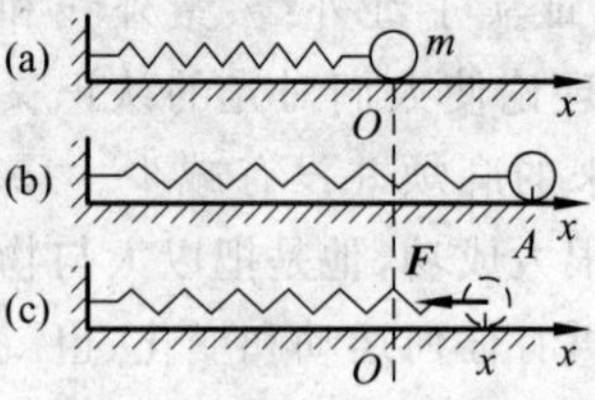

图 5-1 弹簧振子的振动

$$F = -kx \tag{5-1}$$

式中,k 为弹簧的倔强系数。小球受力与其位移大小成正比,与位移的方向相反而指向平衡位置,此力又称为恢复力。根据牛顿第二定律,可得小球的加速度与位移的关系为

$$a = \frac{F}{m} = -\frac{k}{m}x \tag{5-2}$$

令 $\omega^2 = \frac{k}{m}$,上式可整理为

$$\frac{d^2x}{dt^2} + \omega^2 x = 0 \tag{5-3}$$

这是小球运动的微分方程,它的解具有正弦或余弦函数的形式。我们采取余弦函数形式,有

$$x = A\cos(\omega t + \varphi) \tag{5-4}$$

其中,A 和 φ 是积分常量,由初始条件确定。(5-4)式表示在恢复力($F = -kx$)作用下,物体相对平衡位置的位移按余弦函数的规律随时间周期性地变化,这种运动称为简谐振动,(5-4)式就是简谐振动物体的运动函数,它表明的是简谐振动物体的运动学特征。(5-4)式是(5-1)式或(5-3)式的解,也就是说,一个物体在与位移大小成正比而与位移方向相反的恢复力作用下的运动一定是简谐振动,(5-1)式或(5-3)式表明的是动力学特征。

2. 简谐振动的特征物理量

(1) 振幅 A

简谐振动的运动函数为 $x = A\cos(\omega t + \varphi)$,其中 A 表示振动质点离开平衡位置的最大距离,它给出了振动质点运动的范围,称为振幅,其单位用 m 来表示。

(2) 角频率 ω

简谐振动的运动函数 $x = A\cos(\omega t + \varphi)$ 是时间上的周期函数,周期用 T 表示,是指简谐振动物体往复一次(也称一次完全振动)所经历的时间,单位为 s。由简谐振动函数得

$$x = A\cos(\omega t + \varphi) = A\cos[\omega(t + T) + \varphi] = A\cos(\omega t + \varphi + \omega T)$$

因为余弦函数的周期是 2π,所以有

$$\omega T = 2\pi$$

又因为周期的倒数是频率,用 ν 表示,是指 1 s 内物体所作完全振动的次数,单位为 Hz,有

$$\omega = \frac{2\pi}{T} = 2\pi\nu \tag{5-5}$$

它表示物体在 2πs 内所作的完全振动次数,和频率成正比,所以 ω 称为角频率(又称圆频率)。它的单位是 $\text{rad}\cdot\text{s}^{-1}$ 或 s^{-1}。它的平方是(5-3)式中位移项的系数,对于水平弹簧振子有

$$\omega = \sqrt{\frac{k}{m}} \tag{5-6}$$

(5-6)式表明角频率只和振动系统本身的物理性质有关,所以振动周期 $T = \frac{2\pi}{\omega} = 2\pi\sqrt{\frac{m}{k}}$ 和振动频率 $\nu = \frac{\omega}{2\pi} = \frac{1}{2\pi}\sqrt{\frac{k}{m}}$ 分别又叫作振动系统的固有周期和固有频率。

(3) 初相位 φ

由 $x=A\cos(\omega t+\varphi)$ 可得物体的振动速度，有

$$v=-\omega A\sin(\omega t+\varphi)=\omega A\cos\left(\omega t+\varphi+\frac{\pi}{2}\right) \tag{5-7}$$

物体的速度也是一个简谐振动，其振幅是 ωA。我们可以看出，当 A，ω 一定时，物体简谐振动的状态由物理量 $(\omega t+\varphi)$ 确定。也就是说，$(\omega t+\varphi)$ 既确定了任意时刻振动物体相对平衡位置的位移，也同时确定了物体该时刻的速度，量值 $(\omega t+\varphi)$ 叫振动的相位。φ 是 $t=0$ 时刻的振动相位，叫初相位，它确定着振动物体在开始记时时刻的运动状态。相位和初相位的单位都用 rad 来表示。(5-7)式表明速度的相位与位移相位差 $\frac{\pi}{2}$，习惯上我们常说速度的相位超前位移 $\frac{\pi}{2}$。对(5-7)式求导，我们可得振动物体的加速度，有

$$a=\frac{\mathrm{d}v}{\mathrm{d}t}=-\omega^2A\cos(\omega t+\varphi)=\omega^2A\cos(\omega t+\varphi+\pi) \tag{5-8}$$

物体的加速度也是简谐振动，它的振幅为 ω^2A，它的相位与位移相位差 π，我们称二者反相。

设 $t=0$ 时刻振动物体的位移为 x_0，初速度为 v_0，由简谐振动的运动函数和(5-7)式，有

$$\left.\begin{aligned}x_0&=A\cos\varphi\\v_0&=-A\omega\sin\varphi\end{aligned}\right\} \tag{5-9}$$

由此两式可求得振幅为

$$A=\sqrt{x_0^2+\frac{v_0^2}{\omega^2}} \tag{5-10}$$

由初始条件用(5-9)式也可求得初相 φ。我们约定初相 φ 的取值范围为 $0\sim2\pi$ 或 $-\pi\sim\pi$，有

$$\tan\varphi=-\frac{v_0}{\omega x_0} \tag{5-11}$$

对于一个简谐振动，如果 A,ω,φ 都知道了，就可以写出它的完整表达式，其简谐振动的特征也就完全清楚了。因此这三个量就叫作简谐振动的特征量。

例 5.1　已知一物体沿 x 轴作简谐振动。求图 5-2 中(a)，(b)，(c)，(d)所示振动曲线的初相。

解　(a)：从振动曲线中可看出 $t=0$ 时质点物体处于正最大位移处，有 $x_0=A=A\cos\varphi$，即 $\cos\varphi=1$，所以 $\varphi=0$。

(b)：物体处在平衡位置且向 x 轴负向运动，由(5-9)式，有 $x_0=0=A\cos\varphi$，$v_0=-A\omega\sin\varphi<0$，即 $\cos\varphi=0$ 和 $\sin\varphi>0$。$\cos\varphi=0$ 说明 $\varphi=\frac{\pi}{2}$ 或 $\varphi=\frac{3\pi}{2}$$\left(\text{也可写成 }\varphi=\pm\frac{\pi}{2}\right)$，因为 $\sin\varphi>0$，所以 $\varphi=\frac{\pi}{2}$。

(c)：质点物体处于最大负位移处，有 $x_0=-A=A\cos\varphi$，即 $\cos\varphi=-1$，所以 $\varphi=\pi$。

(d)：物体处在平衡位置且向 x 轴正向运动，同样由(5-9)式，有 $\cos\varphi=0$ 和 $\sin\varphi<0$。$\cos\varphi=0$ 说明初相可能

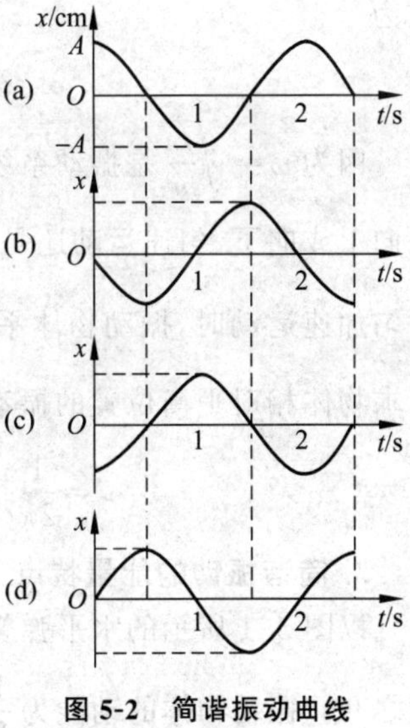

图 5-2　简谐振动曲线

是$\frac{\pi}{2}$，也可能是$\frac{3\pi}{2}$$\left(\text{或写成 } \varphi=\pm\frac{\pi}{2}\right)$，因为 $\sin\varphi<0$，所以取 $\varphi=\frac{3\pi}{2}$$\left(\text{或写成 } \varphi=-\frac{\pi}{2}\right)$。

例 5.2 竖直悬挂的弹簧上端固定在升降机的天花板上，下端悬挂一质量 $m=250$ g 的物体。物体静止时，将物体向下拉动 4 cm 并给予物体 21 cm/s 向上的初速度。如果此时开始计时，且选取竖直向下作为物体运动的正方向，弹簧的劲度系数 $k=12.5$ N/m，求其运动函数。如果使升降机向上或向下作匀速直线运动，物体振动频率是多少？如果升降机以加速度 a_0 向上作匀加速运动时，其振动频率又是多少？

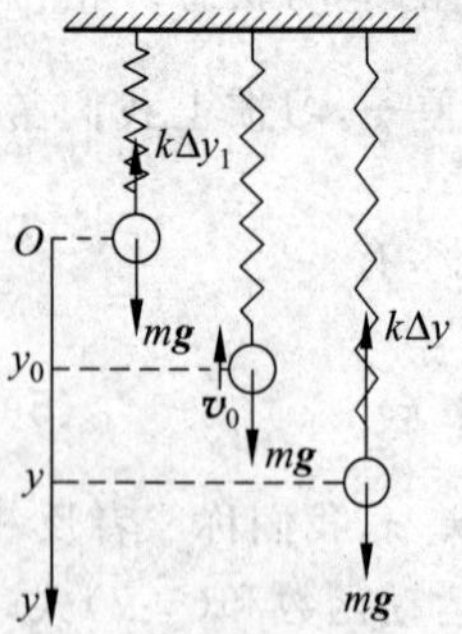

图 5-3 例 5.2 用图

解 如图 5-3 所示。物体具有平衡位置，平衡位置时有

$$mg-k\Delta y_1=0$$

物体在任意位置时，其受力 $F=mg-k\Delta y$，Δy 为弹簧的伸长量，它应为 $\Delta y=\Delta y_1+y$，所以有

$$F=mg-k\Delta y=mg-k\Delta y_1-ky$$

上式给出 $mg=k\Delta y_1$，所以有

$$F=-ky$$

因此，物体的运动是一个简谐振动。其角频率仅由振动系统(竖直弹簧振子)性质确定，有

$$\omega=\sqrt{\frac{k}{m}}=\sqrt{\frac{12.5}{250\times10^{-3}}}\ \mathrm{s^{-1}}=7.07\ \mathrm{s^{-1}}$$

由(5-10)式，得其振幅为

$$A=\sqrt{x_0^2+\frac{v_0^2}{\omega^2}}=\sqrt{(4\times10^{-2})^2+\frac{(21\times10^{-2})^2}{7.07^2}}\ \mathrm{m}=4.98\times10^{-2}\ \mathrm{m}$$

根据(5-11)式得

$$\varphi=\arctan\frac{-v_0}{\omega x_0}=\arctan\frac{21\times10^{-2}}{7.07\times4\times10^{-2}}=\arctan0.74$$

初相可取 $\varphi=\pm0.64$ rad。由于 $v_0<0$，$\sin\varphi>0$，所以取 $\varphi=0.64$ rad。因此，物体运动函数为

$$x=4.98\times10^{-2}\cos(7.1t+0.64)\ \mathrm{m}$$

因为 $\omega=\sqrt{\frac{k}{m}}$ 是振动系统固有的角频率，它只取决于系统的固有性质。所以，无论升降机向上或向下、匀速运动还是匀加速运动，都不能改变系统固有的角频率，只不过升降机向上匀加速运动时，振动物体平衡位置时的弹簧伸长量 Δy 不是$\frac{mg}{k}$而是$\frac{m(g+a_0)}{k}$而已。故所求物体相对平衡位置的振动频率为

$$\nu=\frac{1}{2\pi}\sqrt{\frac{k}{m}}=\frac{1}{2\pi}\times\sqrt{\frac{12.5}{2.50\times10^{-1}}}\ \mathrm{Hz}=1.13\ \mathrm{Hz}$$

3. 简谐振动的能量特点

以图 5-1 所示的水平弹簧振子为例，弹簧振子系统的能量是振动物体的动能和系统势能之和。振动物体的动能为$\frac{1}{2}mv^2$，速度由(5-7)式给出，如果规定振动物体的平衡位置即

坐标原点 O 处系统势能为零，我们知道当物体的位移为 x 时，系统的弹性势能具有 $\frac{1}{2}kx^2$ 的形式。所以，由位移表达式(5-4)和速度表达式(5-7)，我们得到弹簧振子的总机械能为

$$E = E_k + E_p = \frac{1}{2}mv^2 + \frac{1}{2}kx^2$$

$$= \frac{1}{2}m\omega^2 A^2 \sin^2(\omega t + \varphi) + \frac{1}{2}kA^2 \cos^2(\omega t + \varphi)$$

而 $\omega^2 = k/m$，所以有

$$E = E_k + E_p = \frac{1}{2}kA^2 = \frac{1}{2}m\omega^2 A^2 \tag{5-12}$$

它说明，尽管振动系统的动能和势能都在随时间周期变化，但它们的总能量 E 却是不随时间 t 变化的一个常量。水平弹簧振子有这样的结论，其他任何形式的简谐振动系统的能量也都有此同样的结论，只要平衡位置既是坐标原点又是系统势能的零点。简谐振动系统的能量 E 是一个常量，有 $\frac{dE}{dt}=0$，说明系统没有受到其他力的作用，这样的简谐振动又称为无阻尼自由振动。另外，由(5-12)式看出，简谐振动的能量与振幅平方成正比。振幅越大，振动能量也就越大，我们平时就说物体振动的强度就越大，并且也经常用振幅的平方来表示简谐振动的强度。

图 5-4 是简谐振动能量 E 随位移 x 的变化示意图。其中，横坐标表示位移 x，纵坐标表示能量 E，虚线是过坐标原点 O 且对纵坐标轴对称的一条抛物线，它是系统势能曲线。总能量是平行于 x 轴的一条直线，它与势能曲线分别交于 $x=A$ 和 $x=-A$ 的 N，P 两点，简谐振动的运动空间就是在这 $2A$ 范围之内。xd 和 bd 直线段分别表示振子在位移 x 处的势能和动能，在平衡位置时，势能为零，动能为 $\frac{1}{2}kA^2$，在 $x=\pm A$ 处，动能为零，势能为 $\frac{1}{2}kA^2$。

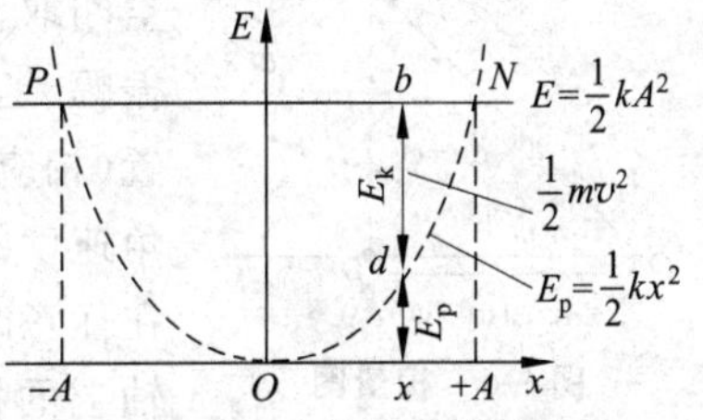

图 5-4　简谐振子的能量

例 5.3　质量为 m 的液体装在竖直放置的 U 形管中。设管截面积为 S，液体密度为 ρ，静止时 U 形管两边液面在同一水平面内(图 5-5(a))，如果使两边液面上下微小振动起来(图 5-5(b))，试求其振动周期 T。忽略液体与管壁的摩擦。

解　我们选取 U 形管两侧液面相平时为液体和地球系统的重力势能零点，如图 5-5 所示的 O 点。当液面在上下振动、右侧液面高出 O 点 y 时，相当于把左侧 O 点下面高为 y 的液柱升高到右侧的 O 点上面，按质心讲，它升高了 y 的高度。因此，此时的系统重力势能为

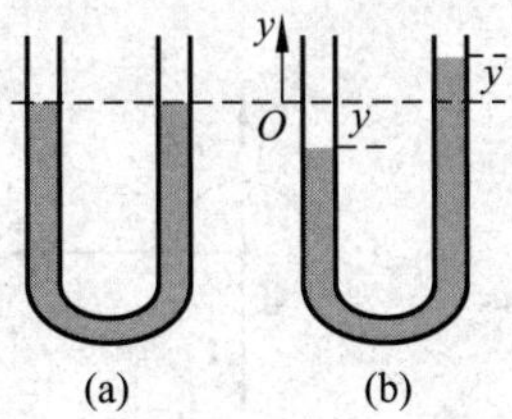

图 5-5　例 5.3 用图

$$E_p = Sy\rho gy = \rho gSy^2$$

此时液体的动能为 $E_k = \frac{1}{2}mv^2$，系统总机械能为

$$E = \frac{1}{2}mv^2 + \rho g S y^2$$

不考虑摩擦,液面振动过程中系统机械能守恒,E 是常量,有 $\frac{dE}{dt}=0$。因此,对上式两边求 t 的导数,可得 $m\frac{d^2y}{dt^2}+2\rho gSy=0$,整理为

$$\frac{d^2y}{dt^2}+\frac{2\rho gS}{m}y=0$$

变量 y 表示了液面偏离原水平面的位移。此式表明了变量 y 的变化是简谐变化,液面的振动是相对原水平面的简谐振动。我们知道,式中 y 的系数是振动角频率的平方,所以

$$\omega=\sqrt{\frac{2\rho gS}{m}}$$

系统的振动周期为

$$T=\frac{2\pi}{\omega}=2\pi\sqrt{\frac{m}{2\rho gS}}$$

5.2.1.2 简谐振动的旋转矢量表示法

简谐振动的位移与时间关系也可以用几何方法表示,它使我们能够更形象地了解简谐振动的各个物理量的意义,而且为简谐振动的合成研究提供了最简捷的方法。

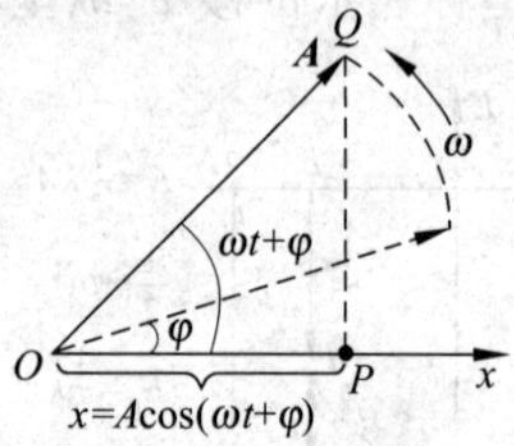

图 5-6 相量图

如图 5-6 所示,对应于简谐振动 $x=A\cos(\omega t+\varphi)$,我们在空间取坐标原点的位置矢量(径矢)$\boldsymbol{A}$,使它的大小为简谐振动的振幅 A,使它和 x 轴所成的角为振动的初相 φ;然后,让 $\boldsymbol{A}$ 从此位置(相应于 $t=0$ 时)开始在同一平面内以简谐振动角频率 ω 作匀角速度的逆时针旋转,这样的径矢 $\boldsymbol{A}$ 称为旋转矢量。旋转矢量 $\boldsymbol{A}$ 在任意时刻 t 与 x 轴所成的角 $\omega t+\varphi$ 就是该时刻的相位,$\boldsymbol{A}$ 在 x 轴上的投影就代表了给定的简谐振动 $A\cos(\omega t+\varphi)$。这种几何表示法又称为相量图法。旋转矢量转动一周,就相当于简谐振子振动一个周期,相位 $(\omega t+\varphi)$ 从 $0\sim2\pi$ 的变化过程表示了一个周期中振子的各个不同位置。

例 5.4 一弹簧振子,沿 x 轴作振幅为 A 的余弦变化的简谐振动,试用旋转矢量图示法确定下列 $t=0$ 时刻质点运动状态相应的初相位。

(1) $x_0=-A$;

(2) 过 $x_0=0$ 处向 x 轴正向运动。

解 (1) 对应于 $x_0=-A$ 的旋转矢量图如图 5-7(a)所示,很容易看出,其初相位 $\varphi_1=\pi$。

(2) 对应于 $x_0=0$ 的旋转矢量在图中有两种可能的位置,如图 5-7(b)所示。不过,由于质点向 x 轴正向运动,下一时刻的位移一定是正的,旋转矢量是逆时针旋转,只有向下的旋转矢

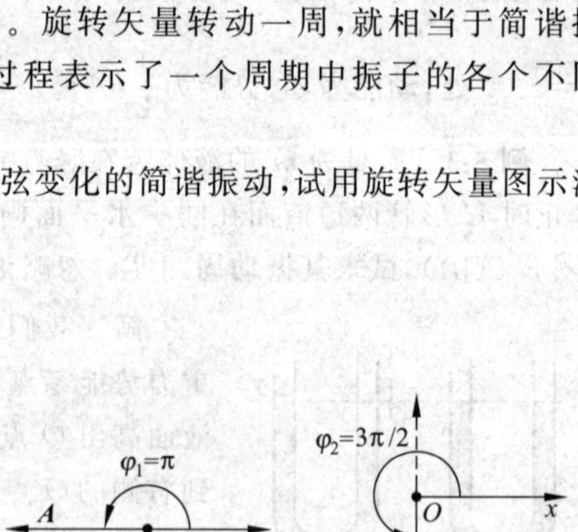

图 5-7 例 5.4 用图

量位置满足要求。因此，其初相位 $\varphi_2=\frac{3\pi}{2}\left(或-\frac{\pi}{2}\right)$。

例 5.5　一质点沿 x 轴作简谐运动，周期 $T=2$ s，振幅 $A=12$ cm，$t=0$ 时的物体位移为 6 cm，且向 x 轴正向运动，求：

(1) 此简谐运动的表达式；

(2) $t=\frac{T}{4}$ 时，质点的位置、速度、加速度；

(3) 从初始时刻开始第一次通过平衡位置的时间。

解　(1) 由于 $A=12$ cm，而 $t=0$ 时的物体位移为 6 cm，说明 $t=0$ 时质点位于 $x_0=\frac{A}{2}$ 处，有 $x_0=\frac{A}{2}=A\cos\varphi$，$\cos\varphi=\frac{1}{2}$，初相位可能是 $\frac{\pi}{3}$ 或 $\frac{5\pi}{3}\left(或\ \varphi=\pm\frac{\pi}{3}\right)$；因为质点向 x 轴正向运动，有 $v_0=-A\omega\sin\varphi>0$，$\sin\varphi<0$，所以取 $\varphi=\frac{5\pi}{3}\left(或-\frac{\pi}{3}\right)$。

在相量图上，对应于 $t=0$ 时的 $x_0=\frac{A}{2}$，旋转矢量有两种可能的位置，如图 5-8 所示，不过对应 $v_0>0$ 的 $x_0=\frac{A}{2}$，只有图中下面的位置满足要求。

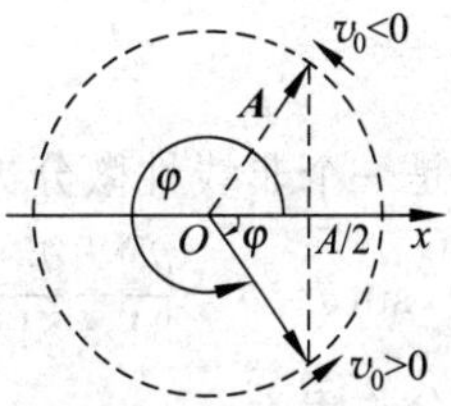

图 5-8　例 5.5 用图

由于初相位 $\varphi=-\frac{\pi}{3}$，$A=0.12$ m，$T=2$ s，所以物体振动表达式为

$$x=A\cos\left(\frac{2\pi}{T}t+\varphi\right)=0.12\cos\left(\pi t-\frac{\pi}{3}\right)\ \text{m}$$

(2) 当 $t=\frac{T}{4}$ 时，质点的位置为

$$x=0.12\cos\left(\frac{2\pi}{T}\frac{T}{4}-\frac{\pi}{3}\right)=0.12\times\frac{\sqrt{3}}{2}\ \text{m}=0.10\ \text{m}$$

其速度为

$$v=-0.12\,\frac{2\pi}{T}\sin\left(\frac{\pi}{2}-\frac{\pi}{3}\right)=0.12\pi\times\frac{1}{2}\ \text{m/s}=0.19\ \text{m/s}$$

此时的加速度为

$$a=-\omega^2x=\left(\frac{2\pi}{T}\right)^2\times0.10\ \text{m/s}^2=1.02\ \text{m/s}^2$$

(3) 由图 5-8 相量图可见，从初始时刻开始的初相位 $-\frac{\pi}{3}$ 到第一次通过平衡位置$\left(即相位为\frac{\pi}{2}\right)$，旋转矢量所转过的弧度，亦即相位经 Δt 时间的增加为

$$\omega\Delta t=\pi\Delta t=\frac{\pi}{2}-\left(-\frac{\pi}{3}\right)=\frac{5\pi}{6}$$

得 $\Delta t=\frac{5}{6}$ s。

5.2.1.3 实际振动的简谐近似

前面我们以弹簧振子的振动为例讨论了简谐振动的概念，下面讨论实际振动近似为简谐振动的条件。

1. 单摆

一根质量可以忽略、长度不会变化的细线上端固定，下端系一个可看作质点的物体，这样就构成了一个单摆，如图 5-9 所示。图中摆动物体是一个小球，如果把摆球从其平衡位置拉开一段距离放手，摆球就在竖直平面内来回摆动，摆动过程中细线(称为摆线)与竖直向的夹角的变化可以表示单摆的运动。摆线偏离竖直向的夹角称为角位移，$\theta=0$ 表示了摆球的平衡位置。若规定垂直纸面向外为角位移的正方向，当摆线在平衡位置右方时 θ 为正，当摆线在平衡位置左方时 θ 为负。若以 l 表示摆线长，任意时刻重力 $m\boldsymbol{g}$ 对 A 点的力矩为 $M=-mgl\sin\theta$，负号表示重力矩与角位移 θ 方向相反。忽略空气阻力，由转动定律得

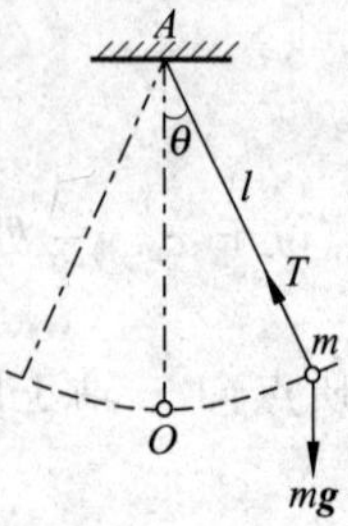

图 5-9　单摆

$$-mgl\sin\theta=J\alpha=ml^2\frac{\mathrm{d}^2\theta}{\mathrm{d}t^2}$$

这是一个非线性微分方程，单摆的运动不是一个简谐运动。根据级数展开(参见书后附录D)，$\sin\theta=\theta-\frac{\theta^3}{3!}+\frac{\theta^5}{5!}-\cdots$，在 $\theta<5°$时，可认为 $\sin\theta\approx\theta$。即单摆以很小角度摆动时，其运动微分方程为

$$\frac{\mathrm{d}^2\theta}{\mathrm{d}t^2}+\frac{g}{l}\theta=0$$

令 $\omega^2=\frac{g}{l}$，则上式变为

$$\frac{\mathrm{d}^2\theta}{\mathrm{d}t^2}+\omega^2\theta=0$$

这正是简谐振动的微分方程。即在忽略空气阻力情况下，单摆在一个平面内以很小角度摆动时，它是一个简谐振动。其角频率为 $\omega=\sqrt{\frac{g}{l}}$，其振动周期为

$$T=\frac{2\pi}{\omega}=2\pi\sqrt{\frac{l}{g}} \tag{5-13}$$

2. 复摆

如图 5-10 所示，质量为 m 的任意形状的物体，被支撑在无摩擦的水平轴 O 上。将它拉开一个小角度 θ 后释放，物体将绕 O 轴作振动，这样的装置叫作复摆。若复摆对 O 轴的转动惯量为 J，复摆的质心 C 到 O 的距离为 l。和单摆分析一样，复摆在某一时刻受到的重力矩为

$$M=-mgl\sin\theta$$

当摆角 θ 很小时，有 $\sin\theta\approx\theta$，则 $M=-mgl\theta$，若不计空气阻力，由转动定理得 $J\frac{\mathrm{d}^2\theta}{\mathrm{d}t^2}=-mgl\theta$，整理得

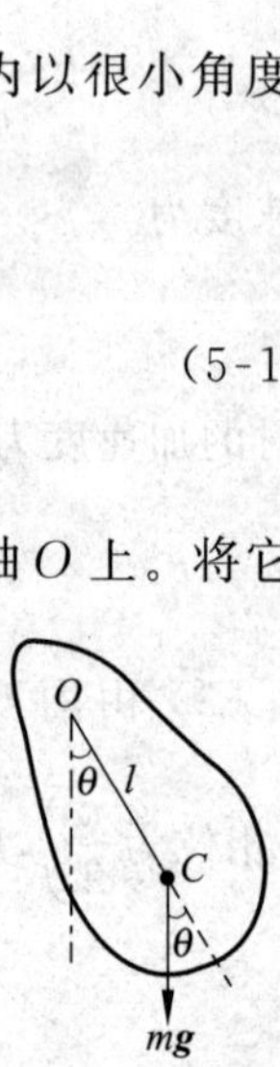

图 5-10　复摆

$$\frac{d^2\theta}{dt^2}+\frac{mgl}{J}\theta=0$$

令其 $\omega^2=\frac{mgl}{J}$，有 $\frac{d^2\theta}{dt^2}+\omega^2\theta=0$。因此，在忽略空气阻力和轴摩擦情况下，当摆角 θ 很小时，复摆的振动也可看作简谐振动。其振动的周期为

$$T=\frac{2\pi}{\omega}=2\pi\sqrt{\frac{J}{mgl}} \tag{5-14}$$

3. 存在空气阻尼的单摆振动

忽略空气阻力情况下，单摆在一个平面内以很小角度的摆动很合理地近似为一个理想的简谐振动，单摆和大地系统的机械能是守恒的。然而，实际振动过程中由于受到空气黏性力的影响，振动最初所获得的能量，在振动过程中因不断地克服阻力做功而逐渐减少，振动强度越来越弱，振幅也越来越小，以致最后停止振动。这种振幅(或能量)随时间而减小的振动称为阻尼振动。阻尼来自外部的称为外阻尼振动，像单摆受到空气阻尼的振动；阻尼来自振动物体内部的称为内阻尼振动，比如真空室中一端固定的金属簧片的振动。当金属簧片振动时就会产生畸变，一侧产生拉伸，一侧产生压缩，金属簧片的畸变使得其内部的杂质产生运动，杂质的运动消耗振动能量，使簧片的振幅会越来越小，利用这种内阻尼现象可以研究固体内部结构。

如果阻尼过大，称为过阻尼，犹如把单摆放到非常黏稠的流体中，黏性力使偏离平衡位置的小球只能缓慢地回到平衡位置，产生不了振动。随着流体黏度的降低，黏性力也在减少，小球从偏离平衡位置回到平衡位置所用时间也在减少，在无法形成振动情况下，小球回到平衡位置所用时间最少所需的阻尼称为临界阻尼，这种阻尼应用到灵敏电流计和精密天平中，使它们的指针能尽快地回到平衡位置，既节约时间，又便于测量。如果阻尼低于临界阻尼，称为弱阻尼(或欠阻尼)，可以形成振动，但不是周期振动，振幅在不断减少。图 5-11 给出了三种阻尼的示意图。

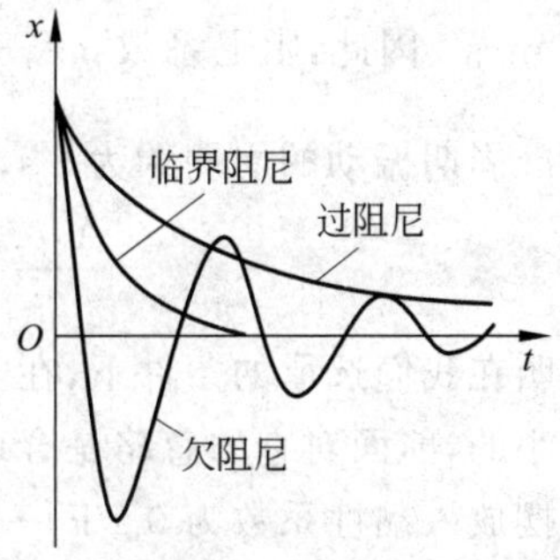

图 5-11　三种阻尼

在图 5-9 中，设摆长为 l，质量密度为 ρ、半径为 r 的小球在黏性系数为 η 的空气中作小角度摆动。浮力相对重力很小可忽略，我们考虑小球所受空气黏性力对运动的影响。小球所受空气黏性力可以用斯托克斯公式 $f_r=-6\pi\eta rv$ 表示(v 是小球相对空气的摆动速度)，它对摆线固定点 A 点的力矩 $M'=6\pi\eta rvl$ 和角位移同向，据转动定律，有

$$-mgl\sin\theta+6\pi\eta rvl=ml^2\frac{d^2\theta}{dt^2}$$

由于小球的质量 $m=\frac{4\pi}{3}r^3\rho$，小球的速度 $v=l\frac{d\theta}{dt}$，小角度时有 $\sin\theta\approx\theta$，整理上式可得

$$\frac{d^2\theta}{dt^2}+\frac{9\eta}{2r^2\rho}\frac{d\theta}{dt}+\frac{g}{l}\theta=0$$

令 $\omega_0^2=\frac{g}{l}$，$2\beta=\frac{9\eta}{2r^2\rho}$，上式可进一步简写为

$$\frac{d^2\theta}{dt^2}+2\beta\frac{d\theta}{dt}+\omega_0^2\theta=0 \tag{5-15}$$

这就是阻尼振动的运动微分方程。式中,角位移 θ 的系数中 $\omega_0=\sqrt{\frac{g}{l}}$ 只与振动系统性质有关,它也是无阻尼振动的角频率,我们称 ω_0 为振动系统的固有角频率。角速度 $\frac{d\theta}{dt}$ 前的系数 2β 表示振动受到的阻力情况,β 称为阻尼系数。在阻尼较小的情况下,数学上要求 $\beta<\omega_0$,(5-15)式的解可表示为

$$\theta=A_0e^{-\beta t}\cos(\omega t+\varphi) \tag{5-16}$$

其中,$\omega=\sqrt{\omega_0^2-\beta^2}$ 称为弱阻尼振动的角频率,A_0 和 φ 是由初始条件来决定的两个积分常量。(5-16)式是振幅随时间指数规律衰减($A_0e^{-\beta t}$)的振动,它不是周期振动,因为经过一定时间后,小球不再回到原来位置,但其角频率在均匀静止的流体中却可以看作具有确定的值,所以把这样的欠阻尼振动称为准周期振动,准周期振动的周期可表示为

$$T=\frac{2\pi}{\omega}=\frac{2\pi}{\sqrt{\omega_0^2-\beta^2}} \tag{5-17}$$

由(5-17)式可以看出,因阻尼的存在,周期变长而频率变小,即振动变慢了。

下面估算空气阻力对单摆运动影响数量级大小。设空气的黏性系数为 $\eta=2\times10^{-5}$ Pa·s,设小铁球的密度 $\rho=8\times10^3$ kg/m^3,其半径为 $r=1\times10^{-2}$ m,摆长取 1 m,重力加速度取 10 m/s^2。因此,阻尼系数 $\beta=\frac{9\eta}{4r^2\rho}$ 的数量级我们可取 10^{-4} s^{-1},ω_0^2 取 10 s^{-2},即由(5-17)式可得准周期振动的周期约为 2 s,一个准周期后振幅的衰减率为

$$\frac{A_0e^{-\beta t}-A_0e^{-\beta(t+T)}}{A_0e^{-\beta t}}=1-e^{-\beta T}\approx2\times10^{-4}$$

说明在我们选取的条件下,在空气中的单摆运动在不太长的时间内观测,空气阻力的影响是很小的,前面对它的忽略是合理的,一般情况下都可以把它看作简谐振动。但是,如果把此单摆放入黏性系数为 0.1 Pa·s 的机油中,一个准周期后振幅的衰减率约为 20%,那就不能作简谐近似了。

5.2.2 简谐振动的合成

在实际问题中,常常会遇到同一质点同时参与两个或多个简谐振动,质点偏离平衡位置的位移是各个简谐振动相应的位移矢量和。物理上称之为振动的合成(或叠加)。例如,把单摆放到摇摆或颠簸的船上,摆动物体的运动就是多种振动的合成。一般的振动合成问题是比较复杂的,物体的合成位移描述也是困难的。不过,根据傅里叶分析方法,一个随时间作周期性变化的物理量总可以分解成若干简谐振动的叠加,所以简谐振动的合成是基础,有着普遍的意义。本节主要就同方向或方向互相垂直的两个简谐振动的合成给出初步讨论。

5.2.2.1 同方向简谐振动的合成

1. 两个同方向、同频率的简谐振动的合成

设质点同时参与两个在同一直线上进行的简谐振动,它们的频率都为 ω,但振幅和初相位不同,分别为 $\boldsymbol{A}_1$,$\boldsymbol{A}_2$ 和 φ_1,φ_2,它们在任一时刻 t 的位移分别为

$$x_1 = A_1\cos(\omega t + \varphi_1)$$
$$x_2 = A_2\cos(\omega t + \varphi_2)$$

这两个振动在同一直线上进行，则合成位移 x 应等于这两个位移的代数和，即

$$x = x_1 + x_2 = A_1\cos(\omega t + \varphi_1) + A_2\cos(\omega t + \varphi_2)$$

利用旋转矢量图示法很容易得到合振动的表达式。如图 5-12 所示，因为 $\boldsymbol{A}_1$，$\boldsymbol{A}_2$ 以同一角速度 ω 绕 O 点旋转，所以它们之间的夹角 $\Delta\varphi = \varphi_2 - \varphi_1$（即两个分振动的相位差）是始终保持不变的，因而由 $\boldsymbol{A}_1$ 和 $\boldsymbol{A}_2$ 构成的平行四边形的形状保持不变，并以角速度 ω 整体作逆时针旋转。旋转矢量 $\boldsymbol{A}$ 是 $\boldsymbol{A}_1$ 和 $\boldsymbol{A}_2$ 的合矢量，它的末端在 x 轴上的投影点的位移就表示了两个分振动的合成，有

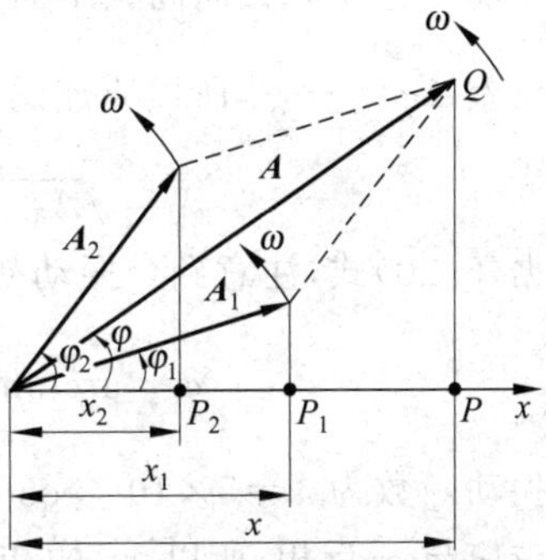

图 5-12　两个同方向、同频率简谐振动的合成矢量图

$$x = A\cos(\omega t + \varphi) \tag{5-18}$$

式中，A 为合振幅，φ 为合振动的初相位。此式表明，在同一直线上两个频率相同的简谐振动的合振动是一个同频率的简谐振动。由图 5-12，根据余弦定理可得到合振动的振幅为

$$A = \sqrt{A_1^2 + A_2^2 + 2A_1A_2\cos(\varphi_2 - \varphi_1)} \tag{5-19}$$

合振动的初相位为

$$\varphi = \arctan\frac{A_1\sin\varphi_1 + A_2\sin\varphi_2}{A_1\cos\varphi_1 + A_2\cos\varphi_2} \tag{5-20}$$

由(5-19)式，如果两个分振动的振幅已定，合振动的振幅取决于它们的相位差 $\Delta\varphi = \varphi_2 - \varphi_1$。

(1) 两个分振动同相，即 $\Delta\varphi = \varphi_2 - \varphi_1 = 2k\pi(k = 0, \pm1, \pm2, \cdots)$，则

$$A = \sqrt{A_1^2 + A_2^2 + 2A_1A_2} = A_1 + A_2 \tag{5-21}$$

合振幅最大，两振动相互加强。

(2) 两个分振动反相，即 $\Delta\varphi = \varphi_2 - \varphi_1 = (2k+1)\pi(k = 0, \pm1, \pm2, \cdots)$，则

$$A = \sqrt{A_1^2 + A_2^2 - 2A_1A_2} = |A_1 - A_2| \tag{5-22}$$

合振幅最小，两振动相互减弱。如果 $A_1 = A_2$，则 $A = 0$，说明两个同频率等幅反向的简谐振动合成的结果将使质点处于静止状态。为了防止运输过程中的颠簸对精密仪器的破坏影响，精密仪器的运输包装通常采取图 5-13 所示的形式。将仪器用较软弹簧在包装箱内悬挂起来，再用弹簧支架固定于稳重的底座上。当运输过程中遇到剧烈颠簸时，仪器参与的是悬挂弹簧给予的近似简谐振动上又叠加了箱体给予的同方向的近似简谐振动。一般情况下，这样的包装都会起到很好的保护仪器的作用。

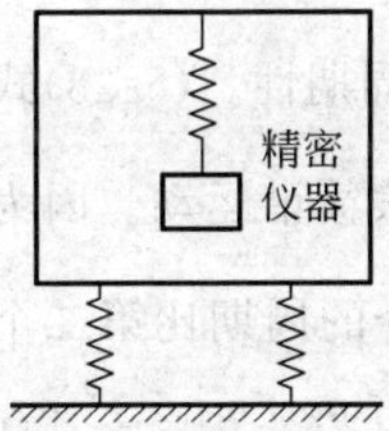

图 5-13　同幅反相振动合成

例 5.6　一质点同时参与

$$x_1 = 3\times10^{-2}\cos\left(10t + \frac{3}{4}\pi\right)\ \text{m}$$

$$x_2 = 4 \times 10^{-2} \cos\left(10t + \frac{\pi}{4}\right) \text{ m}$$

两个简谐振动,求合振动的振幅和初相位。如果再令它同时参与另一个简谐振动 x_3,x_3 的振幅和初相位多大时,质点具有最小的振动幅值?

解 这是同方向同频率简谐振动的合成问题,合振动仍是简谐振动。由于两分振动的相位差 $\Delta\varphi = -\frac{\pi}{2}$,所以质点的合振动 x 振幅为

$$A = \sqrt{A_1^2 + A_2^2} = \sqrt{3^2 + 4^2} \times 10^{-2} \text{ m} = 5 \times 10^{-2} \text{ m}$$

根据(5-20)式,注意到合振动初相位应在 $\pi/4 \sim 3\pi/4$,所以有

$$\varphi = \arctan \frac{A_1 \sin\varphi_1 + A_2 \sin\varphi_2}{A_1 \cos\varphi_1 + A_2 \cos\varphi_2} = \arctan 7 = 0.45\pi$$

合振动函数为 $x = 5 \times 10^{-2} \cos(10t + 0.45\pi)$ m,如果使质点最后具有最小的振动幅值,x_3 的相位应与 x 反相,所以 x_3 的初相位应为 -0.55π 或 1.45π。如果 x_3 的振幅和 x 的相同,由(5-22)式,质点最后的振幅将为零。所以,x_3 的振幅为 5×10^{-2} m 时,质点具有最小的振动幅值。

2. 两个同方向、不同频率的简谐振动的合成

如果质点同时参与两个同方向不同振动频率的简谐振动,其合成结果就比较复杂了。在图 5-12 旋转矢量合成图中,此时由于 $\boldsymbol{A}_1$ 和 $\boldsymbol{A}_2$ 旋转的角速度不同,它们之间的夹角随时间而变,因而它们的合矢量的大小和旋转的角速度都要不断变化,所以合振动不再是简谐振动。我们仅讨论两个同方向分振动的频率都较大且又非常接近的简谐振动的合成,其中注意"拍"现象的形成,因为这种情况具有实用意义。

为简单起见,我们设两个同方向分振动分别为

$$x_1 = A\cos(\omega_1 t + \varphi)$$
$$x_2 = A\cos(\omega_2 t + \varphi)$$

它们的角频率分别为 ω_1 和 ω_2,振幅均为 A,初相位均为 φ。合振动的合位移必然沿 x 轴方向,利用三角函数的和差化积公式可得合振动的表达式为

$$x = x_1 + x_2 = A\cos(\omega_1 t + \varphi) + A\cos(\omega_2 t + \varphi)$$
$$= 2A\cos\left(\frac{\omega_2 - \omega_1}{2} t\right)\cos\left(\frac{\omega_2 + \omega_1}{2} t + \varphi\right) \tag{5-23}$$

在此式中,由于两个分振动的频率都较大且又相差很小,它包含了明显的周期性。(5-23)式中的两个因子 $\cos\left(\frac{\omega_2 - \omega_1}{2} t\right)$ 和 $\cos\left(\frac{\omega_2 + \omega_1}{2} t + \varphi\right)$ 是周期性变化的量,都代表简谐运动。因为有 $|\omega_2 - \omega_1| \ll \omega_2 + \omega_1$,第二个量的频率比第一个量的频率大得多,即第一个的周期比第二个的周期大得多。因而 $2A\cos\left(\frac{\omega_2 - \omega_1}{2} t\right)$ 是随时间相对缓慢变化的量,而 $\cos\left(\frac{\omega_2 + \omega_1}{2} t + \varphi\right)$ 是随时间变化较快的量。这样两部分的乘积表示一个高频振动受到一个低频振动的调制,$\cos\left(\frac{\omega_2 - \omega_1}{2} t\right)$ 称为调制因子,$\frac{\omega_2 - \omega_1}{2}$ 称为调制频率,而 $\frac{\omega_2 + \omega_1}{2}$ 称为载频。也就是说,合振动是以角频率 $\frac{\omega_2 + \omega_1}{2}$ 振动,但振幅被调制,如图 5-14 所示。当两分振动同相时,合振幅最大,

这相当于图 5-12 中两旋转振幅矢量 $\boldsymbol{A}_1$ 和 $\boldsymbol{A}_2$ 转到一起的同一位置；当两分振动反相时，合振幅最小，这相当于图中两振幅矢量转到方向相反的位置。合振幅从 $2A \to 0 \to 2A$ 的周期性缓慢变化，使合振动显示出忽强忽弱的现象。这种频率都较大，而频率差很小的两个同方向简谐振动合成时所产生的合振幅时大时小作周期性变化的现象叫作拍。两个频率差很小的音叉同时振动时，在空间就会产生拍现象，我们所听到的时强时弱的声音就是拍音。单位时间内合振动加强或减弱的次数称为拍频。由图 5-14 可以看出，当调制因子 $\cos\left(\dfrac{\omega_2-\omega_1}{2}t\right)$ 变化一个周期时，合振动的强弱各出现两次，因此拍频 ν 应等于调制因子频率的 2 倍，有

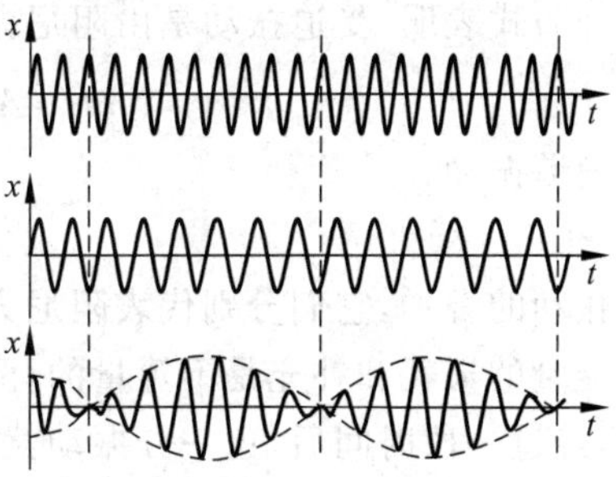

图 5-14 拍的形成

$$\nu = 2\left|\frac{1}{2\pi}\cdot\frac{\omega_2-\omega_1}{2}\right| = \left|\frac{\omega_2-\omega_1}{2\pi}\right| = |\nu_2-\nu_1| \tag{5-24}$$

该式说明拍频为两分振动频率之差。实际中，常用该式在已知一个高频振动的频率情况下测量一个未知的以相近频率振动的频率。拍现象有许多实际应用，如用音叉校准乐器以及调制高频振荡的振幅和频率等。

3. 受迫振动

处于空气中的竖直弹簧振子，可以忽略空气阻力时，物体是在恢复力($F=-kx$)作用下等振幅的自由简谐振动；阻力不能忽略时，它是非周期的阻尼振动，一般阻力大小和物体振动速率成正比，$f_r=-\gamma v$(γ 是常量)；如果我们能够对系统施加一个时时刻刻都恰能抵消阻力影响的外力，$F'=\gamma v$，F'在一个周期内总是做正功、即时地补充阻力所消耗的系统振动能量，系统的机械能保持常量，等于初始向系统输入的能量，物体将维持自由简谐振动形式。任何没有外部能源的耗散系统的振动都是不能持久的，要使系统能够持久地振动，外界必须对系统施加周期性的或单向的外力。外界对振动系统施加的周期性外力称为驱动力(又称为强迫力)，在驱动力作用下的系统振动称为受迫振动。受迫振动在实际生活中是常见的一种现象，例如，机器运转时所引起的机壳振动，人们听到声音时耳膜的振动等，都是受迫振动。

我们用 ω_0 表示振动系统的固有角频率，用 m 表示振子的质量，弹簧振子系统的固有角频率 $\omega_0=\sqrt{\dfrac{k}{m}}$。振子除受恢复力 $-kx$、阻尼力 $-\gamma\nu=-\gamma\dfrac{\mathrm{d}x}{\mathrm{d}t}$，受迫振动时还受到周期性的驱动力。设一般情况下的驱动力为 $H\cos\omega t$，H 称为力的振幅，ω 为驱动力角频率，根据牛顿第二定律，有

$$-kx-\gamma\frac{\mathrm{d}x}{\mathrm{d}t}+H\cos\omega t=m\frac{\mathrm{d}^2x}{\mathrm{d}t^2}$$

因为 $\omega_0^2=\dfrac{k}{m}$，再设 $2\beta=\dfrac{\gamma}{m}$，$h=\dfrac{H}{m}$，则上式可写为

$$\frac{\mathrm{d}^2x}{\mathrm{d}t^2}+2\beta\frac{\mathrm{d}x}{\mathrm{d}t}+\omega_0^2x=h\cos\omega t$$

这是受迫振动的运动方程的一般形式，其解为

$$x = A_0 e^{-\beta t}\cos(\sqrt{\omega_0^2-\beta^2}\,t+\varphi_0)+A\cos(\omega t+\varphi) \tag{5-25}$$

(5-25)式表明,受迫振动是由阻尼振动

$$x_1 = A_0 e^{-\beta t}\cos(\sqrt{\omega_0^2-\beta^2}\,t+\varphi_0)$$

和简谐振动

$$x_2 = A\cos(\omega t+\varphi)$$

两振动的叠加,它们分别代表阻尼力和简谐驱动力对受迫振动的影响。在振动初始阶段,系统能量的损耗和补充是不等量的,两振动的合振动是复杂的。不过,阻尼振动随时间逐渐衰减,经过一段时间后,这一分振动就不起作用了。阻尼振动项不起作用时,我们说受迫振动经过初始阶段后达到了稳定状态,处于稳定状态的受迫振动的位移与时间的关系为

$$x = A\cos(\omega t+\varphi) \tag{5-26}$$

它是一个与驱动力同频率的简谐振动。值得注意的是,虽然受迫振动的频率“被迫”跟随驱动力的频率,但其相位却与驱动力相差 φ。将(5-26)式代入(5-24)式,可以求得受迫振动达到稳定状态时的振幅和初相位分别为

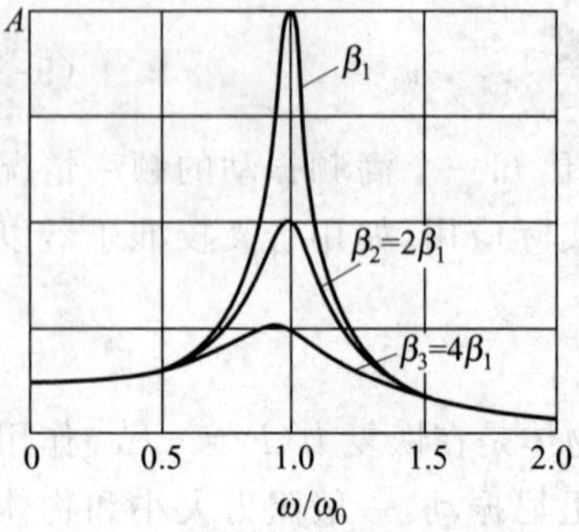

图 5-15 受迫振动的振幅曲线

$$A = \frac{H/m}{\sqrt{(\omega_0^2-\omega^2)^2+4\beta^2\omega^2}} \tag{5-27}$$

$$\varphi = \arctan\frac{-2\beta\omega}{\omega_0^2-\omega^2} \tag{5-28}$$

可以看出,受迫振动的初相位 φ 和振幅 A 不仅与振动系统自身的性质有关,而且与驱动力和阻尼系数有关。图 5-15 给出了受迫振动振幅随驱动力的角频率变化的情况,求(5-27)式函数的极值,可求得使受迫振动振幅达到最大值的角频率为

$$\omega_r = \sqrt{\omega_0^2-2\beta^2} \tag{5-29}$$

相应的最大振幅为

$$A_r = \frac{h}{2\beta\sqrt{\omega_0^2-\beta^2}} \tag{5-30}$$

在 $\beta \ll \omega_0$(即弱阻尼)的情况下,由(5-29)式可知,当 $\omega_r=\omega_0$,即驱动力频率等于振动系统的固有频率时,振幅达到最大值。我们把驱动力使受迫振动的振幅达到最大值的这种现象叫共振(振幅共振)。由(5-28)式得此时的受迫振动位移与驱动力的相位差为 $\left(-\frac{\pi}{2}\right)$,而振动位移相位与振动速度相位差也是 $\left(-\frac{\pi}{2}\right)$,驱动力与振动速度同相,驱动力的方向总是和振动物体方向相同,始终对物体做正功,输入系统的能量最大。当然受迫振动的振幅和其他情况相比具有最大值。最大值的大小由阻力、驱动力以及振动系统本身物理性质确定,当阻力趋向于零,它趋于无穷大,这种情况称为尖锐共振。当驱动力与阻力具有关系 $F'=-f_r=\gamma v$ 时,虽然驱动力频率等于振动系统的固有频率,但不存在共振现象,受迫振动的振子振幅只由初始条件确定。

共振现象普遍存在于宏观和微观的各个领域中,在实际中有着广泛的应用。如收音机、

电视机利用电磁共振进行选台，一些乐器利用共振来提高音响效果，利用核磁共振进行物质结构的研究以及医疗诊断等。共振的破坏性也是很大的，共振时的过大振幅也可以造成机器设备的损坏、桥梁的坍塌等。1904 年一队俄国士兵以整齐步伐通过彼得堡的一座桥时，由于产生共振而使桥发生坍塌；大风引起的桥的共振也是 1940 年著名的美国塔科马海峡大桥坍塌的部分原因。

5.2.2.2　振动方向相互垂直的简谐振动的合成

1. 两个相互垂直的同频率简谐振动的合成

当质点同时参与两个振动方向不在同一方向上的振动时，一般情况下，质点运动将变为平面曲线运动，最简单的情况是振动方向互相垂直的同频简谐运动的合成。设两个同频简谐运动分别在 x 轴和 y 轴上进行，它们的振动表达式分别为

$$x = A_1\cos(\omega t + \varphi_1)$$

$$y = A_2\cos(\omega t + \varphi_2)$$

事实上，它们就是时刻 t 质点的位置坐标(x, y)，所以消去上面两参数方程中的 t，即得到质点的轨迹方程，于是有

$$\frac{x^2}{A_1^2} + \frac{y^2}{A_2^2} - \frac{2xy}{A_1A_2}\cos(\varphi_2 - \varphi_1) = \sin^2(\varphi_2 - \varphi_1) \tag{5-31}$$

这是一个椭圆方程，它的形状由两分振动的振幅和相位差确定。

(1) 当 $\varphi_2 - \varphi_1 = 0$，即两振动同相，由(5-31)式可得

$$\frac{x}{A_1} - \frac{y}{A_2} = 0$$

上式表明质点的轨迹是通过坐标原点、斜率为$\frac{A_2}{A_1}$的一条直线。在时刻 t，质点离开原点的位移为

$$s = \sqrt{x^2 + y^2} = \sqrt{A_1^2 + A_2^2}\cos(\omega t + \varphi_1)$$

所以，合振动是振幅为$\sqrt{A_1^2 + A_2^2}$、频率与初相均与分振动相同的简谐振动，如图 5-16(a)所示。

(2) 当 $\varphi_2 - \varphi_1 = \frac{\pi}{2}$，即 y 向振动相位超前 x 向$\frac{\pi}{2}$，由(5-31)式可得

$$\frac{x^2}{A_1^2} + \frac{y^2}{A_2^2} = 1$$

这表明质点的轨迹是一个以坐标轴为主轴的椭圆。因为 y 向振动相位超前 x 向$\frac{\pi}{2}$，当质点处于 x 向最大正位移时，质点在 y 向正通过原点向负方向运动。因此，质点沿椭圆轨道的运动方向是顺时针方向(或者说是右旋的)，如图 5-16(c)所示。如果 $A_1 = A_2$，质点运动是右旋的圆周运动。

(3) 当 $\varphi_2 - \varphi_1 = \pi$，即两振动反相，由(5-31)式得

$$\frac{x}{A_1} + \frac{y}{A_2} = 0$$

这表明质点的轨迹是通过坐标原点、斜率为$(-A_2/A_1)$的一条直线。这种情况和 $\varphi_2 - \varphi_1 = 0$ 时类似，即合振动是振幅为$\sqrt{A_1^2 + A_2^2}$、频率为 ω、初相位为 φ_1 的简谐振动，如图 5-16(e)

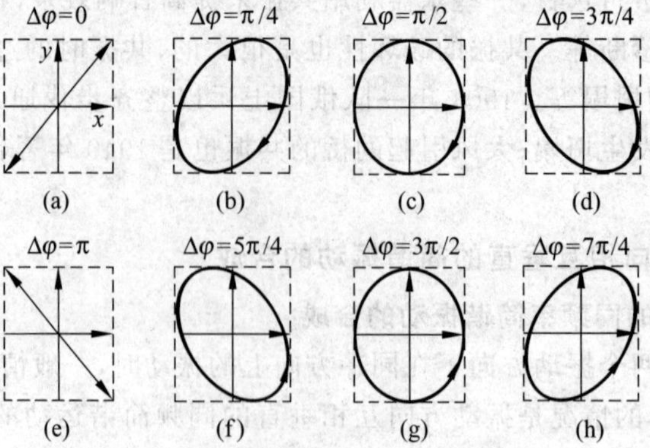

图 5-16　几种相差不同的合成轨迹

所示。

(4) 当 $\varphi_2-\varphi_1=\frac{3\pi}{2}\left(或-\frac{\pi}{2}\right)$时,质点运动轨迹和 $\varphi_2-\varphi_1=\frac{\pi}{2}$时一样,是一个正椭圆。不过此种情况是 x 向振动相位超前 y 向$\frac{\pi}{2}$,所以质点沿椭圆轨道的运动方向是逆时针方向,或说成是左旋的,如图 5-16(g)所示。同样,如果 $A_1=A_2$,质点运动是左旋的圆周运动。

当 $\varphi_2-\varphi_1$ 等于其他值,此时合振动的轨迹一般是椭圆,图 5-16 给出了 8 种不同的情形,分别对应于不同的相位差 $\Delta\varphi$。总之,对于两个互相垂直的同频简谐振动的合成,仅当两分振动同相或反相时,合振动才是一条直线上的简谐振动,其他情况合成结果不是简谐振动,是平面运动。同时,也向我们表明了图 5-16 中所代表的质点各种运动状态都可以看作是不同相位差的相互垂直的两个同频简谐振动的合成。

2. 两个相互垂直的不同频率简谐振动的合成

振动方向相互垂直而频率不同的两个简谐振动的合成运动是比较复杂的,并且运动轨道也是不稳定的。如果两分振动的频率相差很小,其合成运动和两个相互垂直同频率振动合成结果近似,只是由于频率差别引起了相位差随时间的变化,导致合成运动轨迹按图 5-16 中的顺序由直线变为椭圆,又由椭圆变为直线循环地变化。如果两分振动的频率相差很大,并且具有简单的整数比时,合运动的轨迹是稳定的闭合曲线。图 5-17 给出了几种分别具有不同整数频率比和不同初相位差情况下的合运动的轨迹。这些图形称为李萨如(J.A.Lissajous,1822—1880)图形。利用李萨如图形可以比较方便地测定未知简谐振动的频率和确定相互垂直的两个简谐振动的相位差。

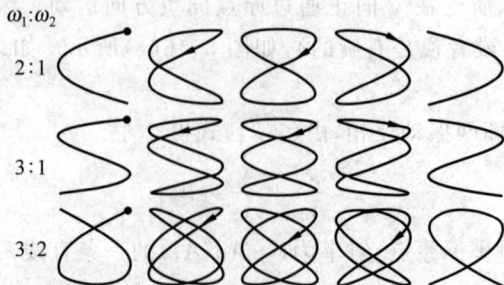

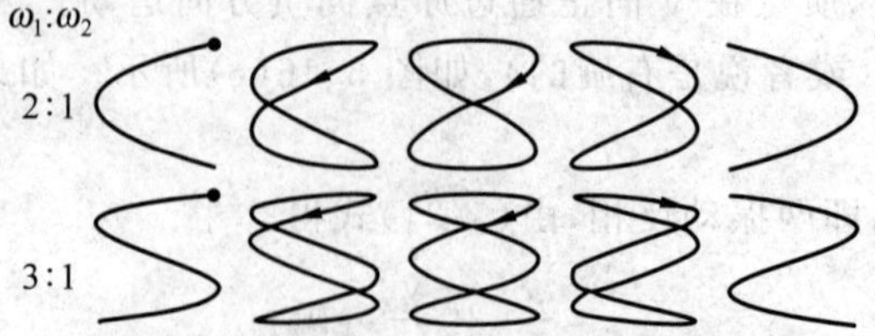

图 5-17　李萨如图形

5.3 机械波

5.3.1 机械波动的基本概念

5.3.1.1 机械波的产生

音叉在空气中振动，空气会把此振动向空间传播而形成声波。一小石子落在平静的水面上，水面激起同心圆形波纹，由石子击水处向周围水面传播出去，形成水面波动现象(图 5-18)。如果水面上有树叶，树叶只在原处摇晃并不随波纹向外漂流，说明水并没有向外流动，波纹显示的是水的振动状态向外的传播。所以，波动就是振动状态(又称扰动)的传播，而振动状态是由振动相位确定的，所以又说波动是振动相位的传播。振动方向与传播方向平行的波动叫纵波，振动方向与传播方向垂直的波动叫横波。拉紧一根绳子，横向抖动绳的一端可形成沿绳子(介质)传播的横波，绳子上交替出现凸起的波峰和凹下的波谷，如图 5-19(a)所示；用手去纵向抖动一根水平放置的轻质长弹簧，组成弹簧的各个质元就依次左右振动起来形成纵波，弹簧上出现交替的“疏密”区域，并且这些“疏密”区域以一定的速度沿弹簧传播出去，如图 5-19(b)所示。

图 5-18 水波的传播

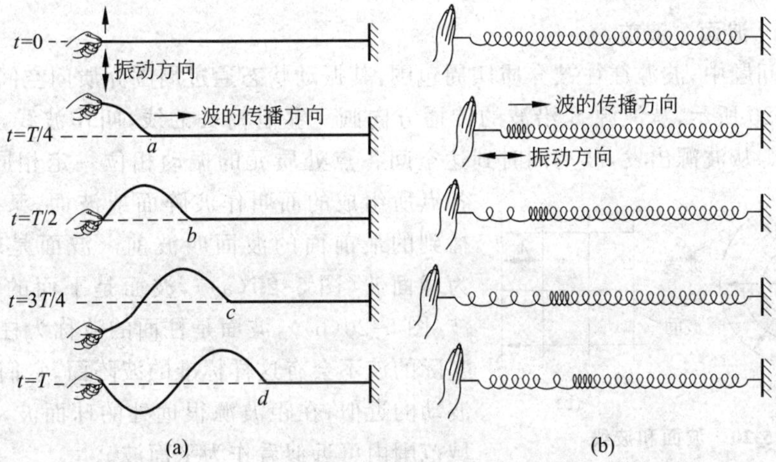

图 5-19 横波与纵波

(a) 横波；(b) 纵波

手握住绳和弹簧一端的抖动称为波源，抖动又称为扰动，是波源的一种机械振动，而绳上的横波或弹簧中的纵波就是把波源的振动状态依次向绳和弹簧另一端的传播。比如在图 5-19(a)中，$t=0$ 时刻波源运动状态分别在 $t=\dfrac{T}{4}$ 时刻传到 a 处，使 a 处绳介质的质元具有了 $t=0$ 时刻波源处于平衡位置、速度向上的运动状态，并且分别在 $t=\dfrac{T}{2},\dfrac{3T}{4},T$ 时刻依次传给了 b，c 和 d 处的介质质元。因此把这种振动在介质中沿一定方向传播的波动称为行波,在行波中介质(绳和弹簧)的各质元仅在它们各自的平衡位置附近振动,并没有随振动的传播而流走。图5-19中振源的振动状态之所以能够传播出去是依靠绳和弹簧的弹性,是弹性介质中各质元由于形变而存在的弹性相互作用。弹性介质中形成的波称为弹性波。弹性横波的形成是由于介质元的切应变而产生的相互切应力,弹性纵波的形成是由于质元的压缩和拉伸的线应变(体变)而产生的相互正应力。胡克定律确定了各应力和应变的关系,而弹性介质每一质元就是处于邻近质元弹性力作用下的力学运动(包括惯性)。

机械振动在介质中的传播为机械波,横波和纵波是机械波的两种基本形式。机械振动是指一个质点的运动,机械波动是指介质内大量质点参与的集体振动的运动形式。横波可以在固体中传播,是因为固体可以产生切向应变;纵波可以在固体、液体和气体中传播,是因为它们都会产生线应变。如果图5-19中的抖动方式是简谐振动,假如能忽略介质的吸收和不均匀性,那么在绳和弹簧中就形成了近似的(一维)简谐横波和简谐纵波(统称为简谐波)。简谐波是最简单和最基本的波动形式,波到达处的介质中各质元都在作和波源具有同样的振幅和振动频率的简谐振动,它也是一种理想化模型。水面波貌似横波,实际上是水面质元在自己平衡位置附近的横纵振动合成的椭圆运动,其振动的恢复力不是弹性力,而是重力和表面张力;地震波既有弹性横波又有弹性纵波成分,还包括由重力和张力确定的使地面扭曲的表面波,它们都是复杂的机械波。但可以证明,像复杂振动可以看成许多简谐振动的合成一样,任何复杂的波都可以看成许多简谐波的叠加,所以此节主要讨论简谐波的性质和特点。

5.3.1.2 波动的描述

1. 波线 波面 波前

在实际问题中,波源往往被介质四周包围,其振动状态通过周围介质向空间各个方向传播。如图5-20所示,从波源 S 沿波的传播方向画一些有箭头的线,叫作波线,它们表示波的传播方向。从波源出发,波动同时到达空间各点处质元的振动相位一定相同,由同相位各点所组成的面叫作波阵面或波面,某一时刻波传播到的最前面的波面叫波前。波面是球面的波称为球面波(图5-20(a)),波面是平面的波叫作平面波(图5-20(b)),波面是柱面的波称为柱面波。通常实际的波不会有这样标准的波阵面,它们都是对真实波动的近似,在距波源很远处的球面波,在一定的局域范围内可近似看作为平面波。

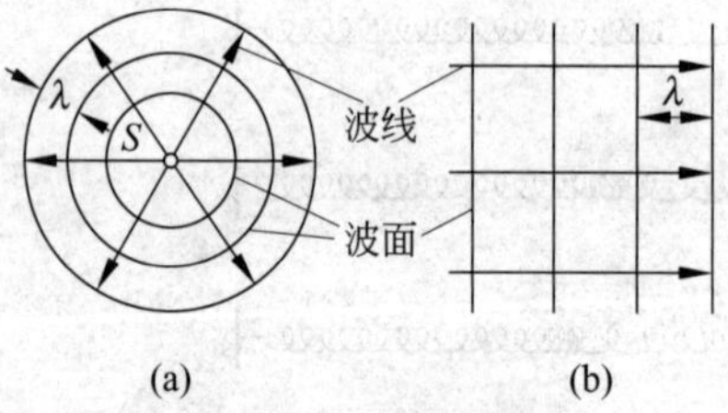

图5-20 波面和波线

2. 描述波动过程的物理量

波长、波的频率和周期以及波速都是描述波动过程的物理量。在图5-20中,在同一波线上振动相位差为 2π、相邻的两个振动面之间的距离叫作波长,一般用 λ 来表示。它也是振源振动一个周期振动相位(或说波)向外传播的距离。在图5-19中,横波上相邻两个波峰或相邻两个波谷之间的距离、纵波上相邻两个密部或相邻两个疏部对应点之间的距离都是一个波长。它反映了波动的空间周期性。

在波动过程中,一定的振动状态向前传播一个波长所经历的时间称为波的周期,用 T 表示,它反映了与空间周期性密切相关的波动的时间周期性。波动周期的倒数叫作波的频率，用 ν 表示，有 $\nu=\dfrac{1}{T}$，它表示在波动过程中于单位时间内行波向前传播了多少个 λ 的距离，也称为单位时间内通过波线上某点完整波的数目。在弹性介质中的波动形成过程中，波动的频率（或周期）在数值上等于波源振动的频率（或周期），其意义是指波动中所有质元（不再讲质点）都具有相同的振动频率（或周期），也说明了振动在介质中传播时频率不变。我们定义 2πs 时间内通过波线上某点的完整波的数目为波动的角频率 ω，它和波动频率的关系为 $\omega=2\pi\nu$。

在振动传播过程中，某一振动状态在单位时间内传播的距离称为波速，用 u 表示。它也是振动相位传播的速度，所以又称为相速。由以上讨论，波动频率、波长和波速的关系为

$$u=\nu\lambda \tag{5-32}$$

波速的大小和介质的性质有关，在不同的介质中波速是不同的。例如在标准状态下，声波在空气中传播的速度约为 $331\ \mathrm{m\cdot s^{-1}}$，而在水中传播的速度约为 $1483\ \mathrm{m\cdot s^{-1}}$。

3. 平面简谐波的波函数

因为波动是介质内大量质元参与的集体振动的运动形式，要描述波动就应指明空间任意某点处质元在任意时刻的位移，即应知道位移为空间位置和时间的函数形式，这样的函数叫波动函数（简称波函数）。对于平面简谐波，各波线互相平行，所有波线上，振动传播的情况是相同的，因此可用一条波线上的波动来代表平面简谐波的波动。如果用 y 表示位移，x 表示一维简谐波传播方向，t 表示时间，一维简谐波的波函数应是二元函数 $y=f(x,t)$。下面我们讨论在均匀介质中沿 Ox 方向传播的简谐波的表达式。

图 5-21 中，设平面简谐波沿 x 轴正向传播，传播速度为 u，原点 O 的振动方程为

$$y=A\cos(\omega t+\varphi)$$

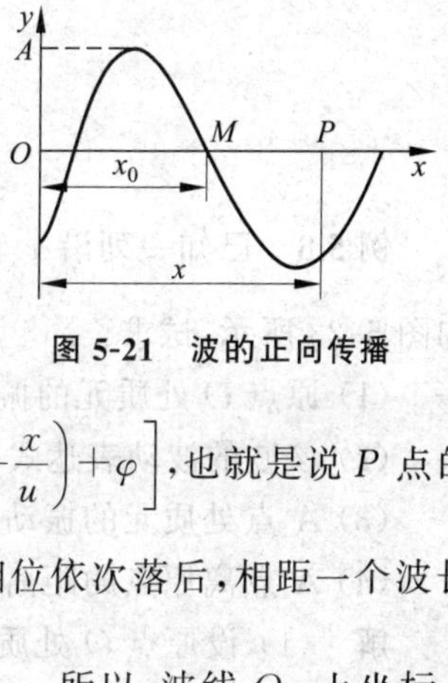

图 5-21 波的正向传播

如果介质是均匀、不吸收能量的，那么各质元振动的振幅将保持不变（称为平面简谐波的波幅）。因此，距 O 点距离为 x 处的任一质元 P 的振动振幅为 A、振动角频率为 ω。因为波动是振动相位的传播，当 O 点的振动相位 $(\omega t+\varphi)$ 传到 P 处时，P 的振动相位是 $(\omega t+\varphi)$，而此时 O 点的振动相位为 $\left[\omega\left(t+\dfrac{x}{u}\right)+\varphi\right]$，也就是说 P 点的振动相位比 O 点落后了 $\omega\dfrac{x}{u}=\dfrac{2\pi}{\lambda}x$。沿波线方向各质元振动相位依次落后，相距一个波长 λ 的两质元的相位差是 2π，相距 Δx 的两质元的相位差为 $\dfrac{2\pi}{\lambda}\Delta x$。所以，波线 Ox 上坐标 x 处 P 点的振动方程为

$$y(x,t)=A\cos\left(\omega t+\varphi-\frac{2\pi}{\lambda}x\right) \tag{5-33}$$

它给出了平面简谐波沿 x 轴正向传播时，波动过程中任意时刻波线上任意一点离开平衡位置的位移随时间变化的函数关系。因此，(5-33)式就是平面简谐波沿 x 轴正向传播时的波函数。

若平面简谐波沿 x 轴负向传播时，沿 x 轴负向各质元振动相位依次落后，因此其波函数为

$$y(x,t)=A\cos\left(\omega t+\varphi+\frac{2\pi}{\lambda}x\right) \tag{5-34}$$

若设 $k=\frac{2\pi}{\lambda}$，k 称为角波数，则波函数又可写成

$$y=A\cos(\omega t+\varphi\mp kx) \tag{5-35}$$

在波函数中，若令 $x=x_0$，则波函数 $y(x_0,t)$ 表示 x_0 处质元的振动情况。若令 $t=t_0$，则波函数 $y(x,t_0)$ 就表示在 t_0 时刻各质元的位移分布情况。以 y 为纵坐标、x 为横坐标表示同一时刻各质元的位移分布情况的曲线称为波形图。图5-22分别画出了 t 时刻和 $t+\Delta t$ 时刻的两个波形图。波动是振动状态的传播，在图5-22中表现为波形曲线的传播，波动在 Δt 时间内传播了 Δx 距离，相当于 t 时刻整个波形曲线沿传播方向移动了 $\Delta x=u\Delta t$，显示了行波是一种前进的波。

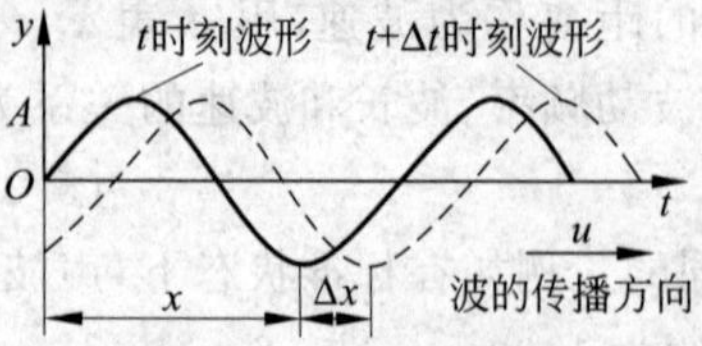

图5-22　波形的传播

例5.7　设平面简谐波的表达式为 $y=2\cos[\pi(0.5t-100x)]$，式中长度单位为 cm，时间单位为 s。求波幅 A、波长 λ、波速 u 及波的频率。

解　首先将波函数 $y=2\cos[\pi(0.5t-100x)]$ 化为标准表达式

$$y=2\cos(0.5\pi t-100\pi x)$$

这是一个向 x 轴正向传播的平面简谐波。与(5-34)式比较，可得：$A=2\text{ cm}$，$\omega=0.5\pi$，$\frac{2\pi}{\lambda}=100\pi$。所以，波长 $\lambda=2.0\times10^{-2}\text{ cm}$，而波的频率 ν 和波速 u 分别为

$$\nu=\frac{\omega}{2\pi}=0.25\text{ Hz}$$

$$u=\lambda\nu=0.50\text{ cm}\cdot\text{s}^{-1}$$

例5.8　已知一列沿 x 轴正方向传播的平面余弦波，其频率为 0.5 Hz，$t=\frac{1}{3}$ s 时的波形如图5-23所示，试求：

(1) 原点 O 处质元的振动表达式；

(2) 该波的波动表达式；

(3) A 点处质元的振动表达式；

(4) A 点离原点的距离。

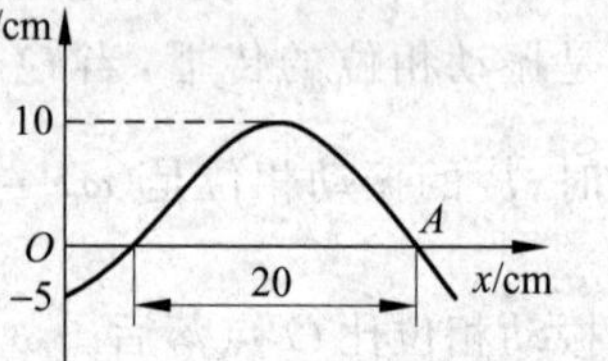

图5-23　例5.8用图

解　(1) 设原点 O 处质元的振动表达式为

$$y=A\cos(\omega t+\varphi)$$

由波形图可得振幅 $A=0.10\text{ m}$，因为频率 ν 为 0.5 Hz，所以

$$\omega=2\pi\nu=2\pi\times0.5\text{ s}^{-1}=\pi\text{ s}^{-1}$$

由波形图可以判断，$t=\frac{1}{3}$ s 时原点处于位移 $-\frac{A}{2}$ 处，且质元向 y 轴负方向振动。由 $\cos(\omega t+\varphi)=-\frac{1}{2}$，初步可以判断 $\omega t+\varphi$ 可以取值 $\frac{2\pi}{3}$ 或 $\frac{4\pi}{3}$；因为 $v<0$，所以取 $\omega t+\varphi=\frac{2\pi}{3}$，即原点振动初相位为

$$\varphi=\frac{2\pi}{3}-\omega t=\frac{2\pi}{3}-\frac{\pi}{3}=\frac{\pi}{3}$$

所以，原点 O 处质元的振动表达式为

$$y=0.10\cos\left(\pi t+\frac{\pi}{3}\right)\ \mathrm{m}$$

(2) 由图可得波动波长 $\lambda=2\times0.20\ \mathrm{m}=0.40\ \mathrm{m}$，所以向右传播的波动表达式为

$$y=A\cos\left(\omega t+\varphi-\frac{2\pi}{\lambda}x\right)=0.10\cos\left(\pi t+\frac{\pi}{3}-5.0\pi x\right)\ \mathrm{m}$$

(3) 因为 A 质元与原点距离在 $\frac{\lambda}{2}\sim\frac{3\lambda}{4}$，其落后原点相位应在 $\pi\sim\frac{3\pi}{2}$，此时原点的振动相位取为 $\frac{2\pi}{3}$，所以 A 质元 $t=\frac{1}{3}$ s 时相位应在 $-\frac{5\pi}{6}\sim-\frac{\pi}{3}$。即由 $t=\frac{1}{3}$ s 时的 $y_A=0$ 和 $v_A>0$，A 质元此时相位应取为 $-\frac{\pi}{2}$。因此，A 质元 $t=0$ 时刻的振动初相位为

$$\varphi_{0A}=-\frac{\pi}{2}-\omega t=-\frac{\pi}{2}-\frac{\pi}{3}=-\frac{5\pi}{6}$$

即 A 点处质元的振动表达式为

$$y_A=0.10\cos\left(\pi t-\frac{5\pi}{6}\right)\ \mathrm{m}$$

(4) 因为相距 Δx 两质元的相位差为 $\frac{2\pi}{\lambda}\Delta x$，所以 A 点离原点的距离为

$$x_A=\frac{(\omega t+\pi/3)-(\omega t-5\pi/6)}{2\pi}\lambda=\frac{7\pi/6}{2\pi}\times0.40\ \mathrm{m}=0.23\ \mathrm{m}$$

4. 平面波的波动微分方程

将平面简谐波沿 x 轴正向传播的波函数 $y(x,t)=A\cos\left(\omega t+\varphi-\frac{2\pi}{\lambda}x\right)$ 分别对空间 x 和时间 t 求导，有

$$\begin{cases}\dfrac{\partial y}{\partial x}=A\ \dfrac{2\pi}{\lambda}\sin\left(\omega t+\varphi-\dfrac{2\pi}{\lambda}x\right)=\dfrac{A\omega}{u}\sin\left(\omega t+\varphi-\dfrac{2\pi}{\lambda}x\right)\\ \dfrac{\partial y}{\partial t}=-A\omega\sin\left(\omega t+\varphi-\dfrac{2\pi}{\lambda}x\right)\end{cases}\tag{5-36}$$

比较两式，有

$$\frac{\partial y}{\partial x}=\frac{-1}{u}\frac{\partial y}{\partial t}$$

如果对沿 x 轴负向传播的平面简谐波波函数(5-34)式分别对 x 和时间 t 求导，我们却得到 $\frac{\partial y}{\partial x}=\frac{1}{u}\frac{\partial y}{\partial t}$，和上面结果不一致。若将(5-36)式再分别对 x 和时间 t 求导，有

$$\frac{\partial^2 y}{\partial x^2}=-\frac{A\omega^2}{u^2}\cos\left(\omega t+\varphi-\frac{2\pi}{\lambda}x\right)$$

$$\frac{\partial^2 y}{\partial t^2}=-A\omega^2\cos\left(\omega t+\varphi-\frac{2\pi}{\lambda}x\right)$$

比较这两个二阶偏导数，则有

$$\frac{\partial^2 y}{\partial x^2}=\frac{1}{u^2}\frac{\partial^2 y}{\partial t^2} \tag{5-37}$$

如果将沿 x 轴负向传播的平面简谐波波函数(5-34)式分别对 x 和时间 t 求二阶偏导,我们同样可以得到(5-37)式的结果。说明平面简谐波波函数无论沿 x 轴正向还是负向都满足(5-37)式的二阶微分方程,(5-33)式和(5-34)式表示的平面简谐波波函数也正是它的解。虽然(5-37)式是拼凑出来的,但可以证明,它是任何平面波(即不限于平面简谐波)所必须满足的微分方程。(5-37)式的物理意义在于:任何物理量(力学量、电学量等)只要它与时间和空间坐标的关系满足它所表示的微分方程,则物理量就以平面波的形式传播,并且$\frac{\partial^2 y}{\partial t^2}$前系数倒数的平方根就是平面波的传播速度。

在固体中传播的机械纵波的速度大小为 $u=\sqrt{\frac{E}{\rho}}$,E 是固体的杨氏模量,ρ 是介质质量密度;固体中传播的机械横波的速度为 $u=\sqrt{\frac{G}{\rho}}$,G 是介质的切变模量,由于同一固体中的 $G<E$,所以同一介质中纵波比横波传播得快。在拉紧的细线或绳索中传播的横波速度为 $u=\sqrt{\frac{F}{\rho_l}}$,$F$ 为细线或绳索中的张力,ρ_l 为其质量线密度。在液体和气体中由于不可能发生切变,所以不可能传播机械横波,传播纵波的速度 $u=\sqrt{\frac{K}{\rho}}$,其中 K 为介质的体变模量,ρ 为介质的密度。

5.3.1.3 平面简谐波的能量

1. 平面简谐波的能量密度

在波动过程中,波源的振动通过弹性介质由近及远传播出去,使介质中各点质元依次在各自的平衡位置附近作振动,质元因振动而具有动能;同时介质要产生形变,各质元还会具有弹性势能。所以,波动过程也是能量传播的过程。

设均匀弹性介质的密度为 ρ,当一平面简谐波 $y(x,t)=A\cos\left(\omega t+\varphi-\frac{2\pi}{\lambda}x\right)$ 在介质中传播时,其中心坐标为 x 处的体积为 $\Delta V=\Delta S\mathrm{d}x$($\mathrm{d}x$ 是质元的长度,ΔS 是所取质元的截面积)的运动速度为

$$v=\frac{\partial y}{\partial t}=-A\omega\sin\left(\omega t+\varphi-\frac{2\pi}{\lambda}x\right)$$

质元的质量为 $\Delta m=\rho\Delta V$,所以质元 t 时刻的振动动能为

$$\Delta E_{\mathrm{k}}=\frac{1}{2}\Delta m v^2=\frac{1}{2}\rho\Delta V A^2\omega^2\sin^2\left(\omega t+\varphi-\frac{2\pi}{\lambda}x\right) \tag{5-38}$$

同时,质元因其两个端面的位移不同而发生弹性形变,而质元的形变和

$$\frac{\partial y}{\partial x}=\frac{A\omega}{u}\sin\left(\omega t+\varphi-\frac{2\pi}{\lambda}x\right)$$

紧密相关。如果设质元未参加波动时的形变势能为零,可以证明,它参加波动后的 t 时刻的弹性势能也具有(5-38)式的形式,即有

$$\Delta E_{\mathrm{p}}=\frac{1}{2}\Delta m v^{2}=\frac{1}{2}\rho\Delta V A^{2}\omega^{2}\sin^{2}\left(\omega t+\varphi-\frac{2\pi}{\lambda}x\right) \tag{5-39}$$

质元的总能量为动能和势能之和，即 $\Delta E=\Delta E_{\mathrm{k}}+\Delta E_{\mathrm{p}}$，有

$$\Delta E=\rho\Delta V A^{2}\omega^{2}\sin^{2}\left(\omega t+\varphi-\frac{2\pi}{\lambda}x\right) \tag{5-40}$$

(5-40)式说明质元的总能量不是一个常量，而是随时间作周期性的变化。

由(5-38)式和(5-39)式可以看出，介质中任一体积元(质元)的动能和势能同相地随时间变化，二者同时到达最大值，同时到达最小值(即零)，在任一时刻它们都具有相同的数值。如图 5-24 所示，当质元处于最大位移处时，因其速度为零，所以它的动能为零；而此时波动并未引起它的形变(和它未参加波动时相比)，因此其势能亦为零。此时质元的总能量为零。当质元处于平衡位置时，其速度最大，形变也最大，因此质元的总能量最大，它同时具有最大的动能和最大的势能。这完全不同于孤立振动系统振动能量的特点：其动能和势能相互转化以保障系统的振动能量是一个常量。波动中介质质元的能量随时间作周期性的变化，说明参加波动的每个质元都在不断地从前面的质元吸收能量，使自己的能量达到最大值，又不断地向后面的质元放出能量，使自己的能量由最大变为零。如此周期性地重复，沿着传播方向波动就把能量从介质的这一部分传到另一部分。所以，波动是能量传递的一种方式。

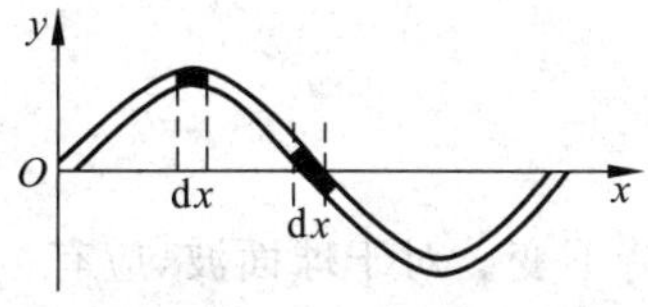

图 5-24　波的能量

在波传播的过程中，为了描述介质中各处能量的分布情况，引入了波的能量密度的概念。波动过程中，单位体积介质中的能量称为波的能量密度，用 w 来表示。由(5-40)式得

$$w=\frac{\Delta E}{\Delta V}=\rho A^{2}\omega^{2}\sin^{2}\left(\omega t+\varphi-\frac{2\pi}{\lambda}x\right) \tag{5-41}$$

平面简谐波波动过程中，空间某点处的介质能量密度随时间周期性地变化。它在一个周期内的平均称为平均能量密度，用 $\overline{w}$ 表示，有

$$\overline{w}=\frac{1}{T}\int_{0}^{T}w\,\mathrm{d}t=\frac{1}{2}\rho A^{2}\omega^{2} \tag{5-42}$$

此式说明，平面简谐波的平均能量密度与波幅的平方、波频率的平方和介质的密度成正比。

2. 平面简谐波的能流密度

波动过程中能量随波传播，我们把单位时间内通过介质中某一面积的能量称为通过该面积的能流。设在介质中垂直于波速方向取一面积 S，如图 5-25 所示，则在单位时间内通过 S 面的能量就等于该面后方体积为 uS 介质中的能量，即通过面积 S 的能流为

$$P=uSw=uS\rho A^{2}\omega^{2}\sin^{2}\left(\omega t+\varphi-\frac{2\pi}{\lambda}x\right) \tag{5-43}$$

显然，能流 P 和 w 一样是随时间周期性地变化的。取其平均值，则通过 S 面的平均能流为

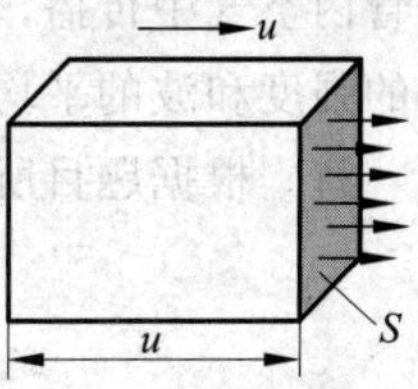

图 5-25　波的能流

$$\overline{P}=uS\overline{w}=\frac{1}{2}uS\rho A^{2}\omega^{2} \tag{5-44}$$

通过垂直于波的传播方向的单位面积的平均能流称为波的强度，或平均能流密度，用 I 表

示，它描述了平均能流的空间分布和方向，描述了波动传播能量的本领，有

$$I=\frac{\overline{P}}{S}=\overline{w}u=\frac{1}{2}\rho\omega^2A^2u \tag{5-45}$$

式中，I 的单位为 $\mathrm{J\cdot m^{-2}\cdot s^{-1}}$，也写成 $\mathrm{W\cdot m^{-2}}$。

图 5-26 显示了平面波(图 5-26(a))和球面波(图 5-26(b))在空间介质中能量的传播情况。假定介质均匀且不吸收能量，根据能量守恒，通过图中 S_1 和 S_2 的平均能流应相等，由(5-44)式，有

$$\frac{1}{2}uS_1\rho A_1^2\omega^2=\frac{1}{2}uS_2\rho A_2^2\omega^2$$

对于平面波，因为 $S_1=S_2$，有

$$A_1=A_2$$

这说明，在均匀不吸收能量的介质中，传播的平面波的波幅保持不变。对于球面波，应有

$$\frac{1}{2}u\rho A_1^2\omega^2 4\pi r_1^2=\frac{1}{2}u\rho A_2^2\omega^2 4\pi r_2^2$$

得到

$$A_1r_1=A_2r_2$$

说明球面波的波幅与离点波源的距离成反比。因为球面波波动中，沿某一波线(r 向)质元振动相位随 r 增加而落后的关系和平面波类似，所以球面简谐波的波函数应为

$$y(r,t)=\frac{A_0}{r}\sin\left(\omega t+\varphi-\frac{2\pi}{\lambda}x\right) \tag{5-46}$$

式中，A_0 为 $r=r_0$ 处球面简谐波的波幅。

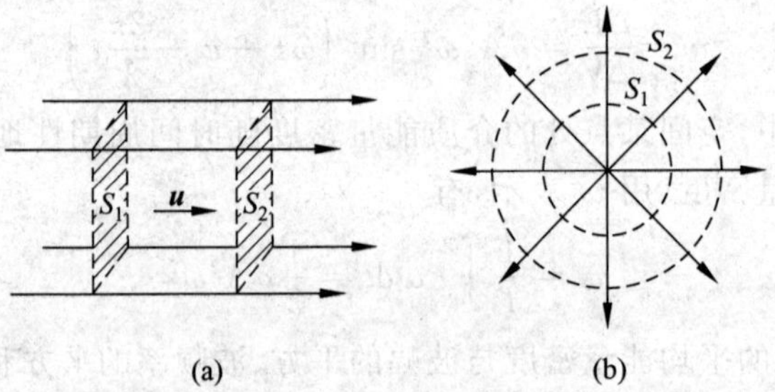

图 5-26 波动能量传播

例 5.9 一平面简谐波，频率为 300 Hz，波速为 340 m/s，在截面面积为 $3.00\times10^{-2}\ \mathrm{m^2}$ 的管内空气中传播，若在 10 s 内通过截面的能量为 2.70×10^{-2} J，求通过截面的平均能流、波的强度和波的平均能量密度。

解 根据题目所给条件可知，通过截面 S 的平均能流为

$$\overline{P}=\frac{W}{t}=\frac{2.70\times10^{-2}}{10}\ \mathrm{J/s}=2.70\times10^{-3}\ \mathrm{J/s}$$

波的强度或平均能流密度为

$$I=\frac{\overline{P}}{S}=\frac{2.70\times10^{-3}}{3.00\times10^{-2}}\ \mathrm{W\cdot m^{-2}}=9.00\times10^{-2}\ \mathrm{W\cdot m^{-2}}$$

因为波的强度为 $I=\overline{w}u$，所以波的平均能量密度为

$$\overline{w}=\frac{I}{u}=\frac{9.00\times10^{-2}}{340}\ \mathrm{J/m^3}=2.65\times10^{-4}\ \mathrm{J/m^3}$$

3. 声强和声强级

在弹性介质中传播的机械纵波一般都称为声波。频率在 20～20 000 Hz 的声波能引起人的听觉，称为可闻声波，它就是我们平常所说的"声波"。频率高于 20 000 Hz 的声波叫超声波，低于 20 Hz 的声波叫次声波。作为机械纵波，声速在前面已稍作介绍。如果介质是理想气体，根据气体分子运动论和热力学，可导出理想气体中的声速

$$u=\sqrt{\frac{\gamma p}{\rho}}=\sqrt{\frac{\gamma RT}{M_{\mathrm{mol}}}}$$

其中，γ 为比热容比，对于空气，它等于 1.4；p 为无声波时气体的静压强；ρ 为气体质量密度。由上式可求得标准状态下的声速为 331 m/s。

由(5-45)式，声波的强度(简称声强)$I=\frac{1}{2}\rho\omega^2A^2u$。实验表明，引起人听觉的声波不仅受到频率的限制，而且要求处于一定的声强范围之内。对于每个给定的可闻频率，声强都有各自的上下两个限值，低于下限不能引起听觉，高于上限也不能引起听觉，只能引起痛觉。在频率为 1000 Hz 时，一般正常人听觉的最高声强为 $1\ \mathrm{W\cdot m^{-2}}$，最低声强为 $10^{-12}\ \mathrm{W\cdot m^{-2}}$。通常把这一最低声强作为测定声强的标准，即 $I_0=10^{-12}\ \mathrm{W\cdot m^{-2}}$。如果某声波的声强为 I，以 I 与 I_0 之比的对数值来量度声波的强弱，用 L 表示，有

$$L=\lg\frac{I}{I_0}$$

L 称为声强 I 的声强级，单位为 B(贝)。通常采用 dB(分贝)为单位，1 B=10 dB。此时的声强级为

$$L=10\lg\frac{I}{I_0}\ (\mathrm{dB}) \tag{5-47}$$

如炮声的声强级约为 120 dB，而聚焦超声波的声强级可达 210 dB，通常声强级超过 70 dB 的声音为噪声。

人耳感觉到的声音响度与声强级有一定的关系，声强级越高，人耳感觉越响。为了对声强级和响度有较具体的认识，表 5-1 给出了常遇到的一些声音的声强、声强级和响度。

表 5-1　几种声音近似的声强、声强级和响度

声　源	声强/($\mathrm{W\cdot m^{-2}}$)	声强级/dB	响　度
引起痛觉的声音	1	120	
冲击钻	10^{-2}	100	震耳
交通繁忙的街道	10^{-5}	70	响
通常的谈话	10^{-6}	60	正常
耳语	10^{-10}	20	轻
树叶的沙沙声	10^{-11}	10	极轻
引起听觉的最弱声音	10^{-12}	0	

5.3.2　波传播过程中的基本规律

机械波或电磁波在传播过程中，除上面介绍过的能量特点外，当遇到两种介质的分界面

时，一部分会从界面上返回原介质形成反射波，另一部分也会进入另一种介质而形成折射波，而产生波传播过程中的反射和折射现象。当波在传播过程中遇到障碍物时，其传播方向会发生改变，能够绕过障碍物的边缘前进，形成波的衍射现象。当满足一定条件的两列波在空间相遇时，叠加结果使空间某些点的振动始终加强，另外某些点的振动始终减弱而形成一种强度稳定的叠加波，这种现象称为两列波的干涉现象。在此，我们只以机械波为例，简单介绍波在传播过程中所呈现的反射、折射、衍射和干涉等的基本规律。

5.3.2.1 惠更斯原理

如图 5-27 所示的水波在传播过程中，当遇到带有小孔的障碍物时，可以看到通过小孔后出现了圆形波纹，与原来的波形无关，和小孔作为波源产生的圆形波纹一样。在总结这类现象的基础上，惠更斯在 1690 年指出：**介质中波传播到的各点，都可以作为发射子波的波源，在其后任一时刻，这些子波的包络面就是波在该时刻的波前**，这称为惠更斯原理。它很大程度上解决了波的传播方向问题，只要知道某一时刻的波面就可以用几何作图法确定下一时刻的波面，所以惠更斯原理又被称为惠更斯作图法。对任何波动过程(机械波或电磁波)，无论介质是均匀还是非均匀，也无论介质是各向同性还是各向异性，惠更斯原理都是适用的。

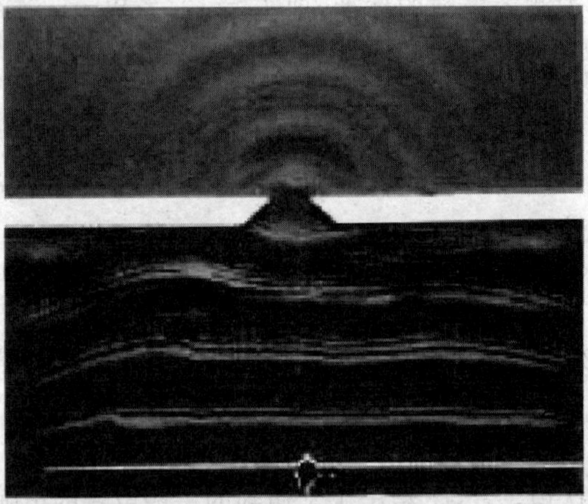

图 5-27 水波通过障碍物的传播

图 5-28(a)所示的是在各向同性均匀介质中波速为 u、以 O 为中心向外传播的球面波，t 时刻的波前是半径为 r_1 的球面 S_1。根据惠更斯原理，S_1 上的各点都可以看成是子波波源。以 S_1 面上各点为中心，以 $r=u\Delta t$ 为半径画出许多球形子波波面，这些子波在行进前方的包络面 S_2 就是 $t+\Delta t$ 时刻的新波面。显然，S_2 是以 O 为中心、半径为 $R_2=R_1+u\Delta t$ 的球面。又如，若已知平面波在 t 时刻的波阵面 S_1，用同样的方法也可以求出 $t+\Delta t$ 时刻的新波面 S_2，如图 5-28(b)所示。

我们要说明的是，用惠更斯作图法可以解释反射和折射现象，由于惠更斯原理并未提出子波的强度问题，所以它只能定性解释衍射现象。后来在研究光波过程中，英国的托马斯·杨提出了干涉原理，法国的菲涅耳在此基础上建立了惠更斯-菲涅耳原理，才对干涉和衍射现象作出了较好的解释，并且也清楚地说明了波只向前而不向后传播的问题。关于惠更斯-菲涅耳原理我们会在后面的光的衍射中给予简单介绍。

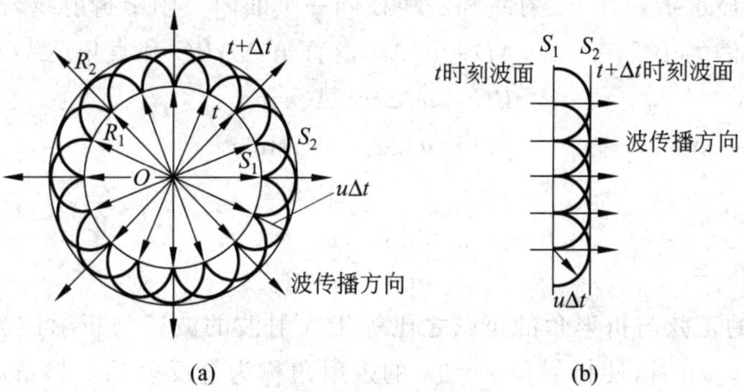

图 5-28 惠更斯作图法

5.3.2.2 波的传播规律

1. 波的反射和折射

设一平面波以波速 u 入射到两种介质的分界面上，反射回原介质的反射波以同样速度传播。设入射角为 i，反射角为 i'，如图 5-29(a)所示。在时刻 t，入射波的波阵面为 AB(与纸面垂直)，且设波面 AB 上的代表点有 $AA_1=A_1A_2=A_2B$。A 点先与界面相遇，此后 AB 上的各代表点 A_1，A_2，B 将依次到达分界面上的 E，F，C 各点，它们作为子波源分别发射反射波。在 $t+\Delta t$ 时，从 A，E，F，C 各点发射的子波半径分别是 $d=u\Delta t$，$\frac{2d}{3}$，$\frac{d}{3}$，0，这些子波的包络面显然是通过 C 点并与图面垂直的平面，并且在几何上有 $AB=CD$。与此波阵面 CD 垂直的直线就是反射线。令 AN，CN 分别为分界面的法线，则由图 5-29(a)可看出，任意一条入射线和它的反射线以及入射点的法线在同一平面内，并且图中直角△ABC 和直角△ADC 是全等的，有 $i=i'$，即在一平面内的反射角等于入射角。这就是波的反射定律。

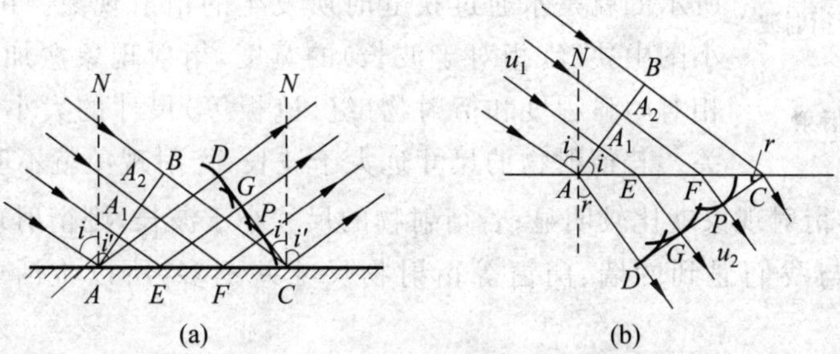

图 5-29 波的反射与波的折射

如果入射波能进入第二种介质，则由于波在两种介质中的传播速度不同，在分界面上要发生折射现象，如图 5-29(b)所示。以 u_1，u_2 分别表示波在第一种介质和第二种介质中的波速，和分析反射波的作图的方法类似，可先求出折射波的波阵面，从而定出折射线的方向。界面上的 A，E，F，C 各点，它们作为子波源分别向第二种介质发射折射波。在 $t+\Delta t$ 时，从 A，E，F，C 各点发射的子波半径分别是 $d'=u_2\Delta t$，$\frac{2d'}{3}$，$\frac{d'}{3}$，0，这些子波的包络面 CD 显然也是通过 C 点并与图面垂直的平面。与此波阵面 CD 垂直的直线就是折射线，设界面法线

为 AN,图中同样显示折射线、入射线和法线在同一平面内。图中折射线与界面法线 AN 的夹角 r 为折射角,因为 $BC=u_1\Delta t$,$AD=u_2\Delta t$,由直角△ABC 和直角△ADC 可知

$$BC=u_1\Delta t=AC\sin i$$
$$AD=u_2\Delta t=AC\sin r$$

两式相除得

$$\frac{\sin i}{\sin r}=\frac{u_1}{u_2}$$

上式表示入射角的正弦与折射角的正弦之比等于入射波的波速与折射波波速之比,这就是折射定律。当 $u_2>u_1$ 时,使折射角 $r=90°$的入射角称为全反射的临界角,因为入射角大于此临界角时,波不会进入第二种介质,入射波将全部返回原来的介质。用 A 表示临界角,由折射定律公式,有 $A=\arcsin\frac{u_1}{u_2}$。例如,空气中的声速按 330 m/s、水中声速按 1480 m/s 计算,当声波由空气射向水面时,其临界角约为13°。

波的反射和折射在日常生活和生产中应用广泛。例如,在地震勘探中,由爆破(即人为制造的波源)激发的地震波在地壳中传播时,根据所产生的反射和折射情况,就可以勘探到各种矿藏、储油、气层或地层构造。

2. 波的衍射

用惠更斯原理能够定性地说明波的衍射现象。如图 5-30 所示,平面波在传播过程中遇到带有窄缝障碍物时,由于缝上各点都可以作为子波的波源,作出这些子波的包络就可以得出新的波阵面,就可以得到波通过窄缝后的传播方向。由图可以看出,经过窄缝新作出来的波阵面与原来的波阵面稍有不同,在靠近边缘处,波阵面发生了弯曲,相应地传播方向也发生了改变,即波绕过了障碍物而继续传播。图 5-27 所示的就是水通过狭缝时所发生的衍射现象。由实验可知,若减小图中狭缝(相对于波长)的宽度,衍射现象愈加明显。衍射现象相对明显程度和衍射物(缝、遮板等)尺寸的大小与波长的比值有关。若衍射物的尺寸远大于波长,衍射现象就不明显;若衍射物的尺寸与波长接近,衍射现象就比较明显;若衍射物的尺寸小于波长,则衍射现象就更加明显。由于声音的波长与我们遇到的墙、门窗等衍射物尺寸差不多,所以生活中声波的衍射较显著。

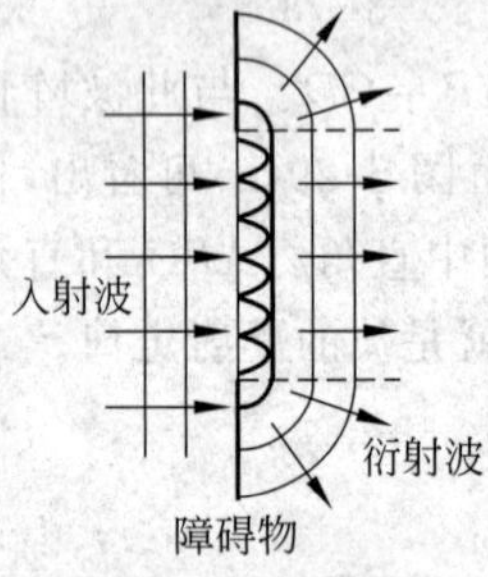

图 5-30 波的衍射

3. 波的干涉

(1) 波的叠加原理

日常生活中,我们可以在嘈杂声中听出熟人的声音,在乐队合奏时我们仍然能辨别出每种乐器之音。虽然天空中同时存在各种电磁波,但我们可以接受到特定的电台节目信号和手机信号。这说明各种波在空间是独立传播的,并不因为其他波的存在或相遇而改变原来的传播特性(振动方向、振幅、波长、频率以及传播方向等),这称为波的传播独立性。如果几列独立传播的波在空间相遇,在相遇区域内的任一点的振动为各列波单独存在时所引起的各个振动的合成,这种规律称为波的叠加原理。不过,波的这种叠加原理不是普遍成立的,只有在波的强度不太大时才是正确的。例如,强烈的爆炸所引起的冲击波,就不遵守这样的

叠加原理。

(2) 波的干涉现象

将两个小球装在同一支架上，让小球的下端紧靠水面。当支架沿与水面垂直的方向以一定的频率振动时，两小球和水面的接触点就成了两个同频率、同振动方向、同相位的波源，它们各自激发出圆形的水面波。两列圆形的水面波在水面上相遇叠加，使水面呈现出如图 5-31 所示的现象。由图可以看出，水面上一些地方起伏很大(图中亮纹所示)，说明该地方的振动加强了；而有些地方起伏很小，甚至平静不动(图中暗纹所示)，说明该地方的振动很弱，有些地方甚至不振。这种稳定的水面振动强弱分布，称为水面波的干涉。形成水面波的干涉现象的两列圆形的水面波称为相干波，产生两列圆形水面相干波的振源称为相干波源。

图 5-31　水波的干涉现象

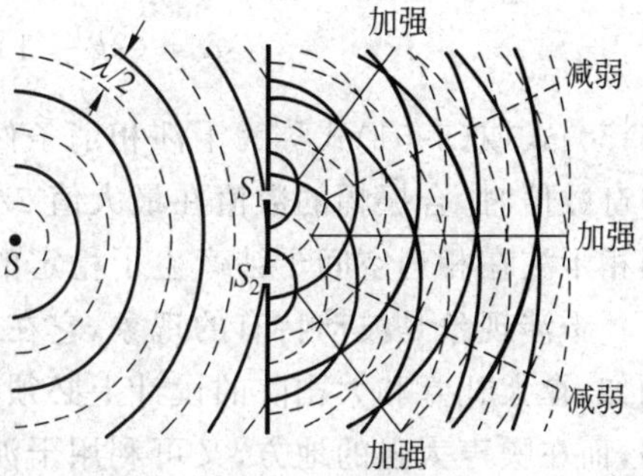

图 5-32　波的干涉

干涉现象是波动的又一重要特征，它也是用来判别某种运动是否具有波动性的重要依据。图 5-32 给出了用一个波源获得相干波的简单方法。在波源 S 附近放置一个开有两个小孔 S_1，S_2 的屏障，根据惠更斯原理，S_1，S_2 可以看成是两个子波源，两个子波源一定是相干波源，它们发出的子波一定是具有同频率、同振动方向、同相位或相位差恒定特性的相干波，相干波在空间相遇时一定产生干涉现象。设相干波源 S_1 和 S_2 都以角频率 ω 作同样振幅的简谐振动，且两列波在同一均匀介质中传播，介质中的波长为 λ，也不考虑介质对波的吸收，它们激发的两列相干波可分别表示为

$$y_1 = A_0\cos\left(\omega t + \varphi_1 - \frac{2\pi}{\lambda}r_1\right)$$

$$y_2 = A_0\cos\left(\omega t + \varphi_2 - \frac{2\pi}{\lambda}r_2\right)$$

φ_1，φ_2 分别为两波源的振幅和初相位。设 P 点是两列波相遇空间中的任意一点，若 P 点与 S_1 和 S_2 的距离分别为 r_1 和 r_2(图 5-33)，上面两式就是两列波单独存在时各自引起的波传播方向上任意一点 P 的简谐振动表达式。根据波的叠加原理，P 点的振动就是这同方向同频率简谐振

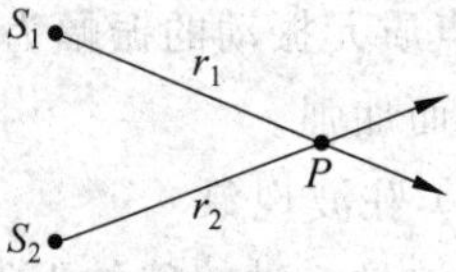

图 5-33　两相干波在空间相遇

动的合成。由(5-21)式,当

$$\Delta\varphi=\varphi_2-\varphi_1-\frac{2\pi}{\lambda}(r_2-r_1)=2k\pi,\quad k=0,\pm1,\pm2,\cdots \tag{5-48}$$

时,有 $A=A_1+A_2=2A_0$。若用振幅的平方表示波的强度,则此处合成波的强度为原来的 4 倍,有 $I=A^2=4A_0^2=4I_0$。若两波源的初相位相等,则 P 点的强度完全由波程差 $\delta=r_2-r_1$ 确定。即

$$\delta=k\lambda,\quad k=0,\pm1,\pm2,\cdots \tag{5-49}$$

时,P 点的强度最强。对 P 点来说 δ 是恒定的,$\Delta\varphi=$常量,在考察的时间内,P 点的强度始终最大,P 点的两分振动始终相互加强,这称为干涉相长。(5-48)式或(5-49)式称为干涉相长条件。同样,根据(5-22)式,当

$$\Delta\varphi=\varphi_2-\varphi_1-\frac{2\pi}{\lambda}(r_2-r_1)=(2k+1)\pi,\quad k=0,\pm1,\pm2,\cdots \tag{5-50}$$

时,有 $A=|A_1-A_2|=0$,则此处合成波的强度为零,称为干涉相消。若两波源的初相位相等,则干涉相消条件由波程差 $\delta=r_2-r_1$ 表示为

$$\delta=(2k+1)\frac{\lambda}{2},\quad k=0,\pm1,\pm2,\cdots \tag{5-51}$$

(5-50)式或(5-51)式称为干涉相消条件。当波程差 δ 既不是波长的整数倍,也不是半波长的奇数倍时,合振幅的数值在最大值 $2A$ 和最小值零之间,其强度在 $4I_0\sim0$。也就是说,两列相干波在相遇空间干涉产生了稳定的两列波能量的重新分布。

干涉现象是波动特有的现象,它在光学、声学和许多工程学科中有着广泛的实际应用。例如,在大礼堂和大剧院的设计上必须考虑声波的干涉,以避免内部某些区域声音过强或过弱,而在噪声太强的地方,又可利用干涉原理来达到降低噪声的目的。

例 5.10 如图 5-34 所示,设同振幅为 A_0 的两相干波源 S_1,S_2 相距 $\lambda/4$,λ 为它们激发相干平面波在介质中的波长。如果 S_1 的振动相位比 S_2 超前 $\frac{\pi}{2}$,在不考虑介质吸收的情况下,求图中波线上两波源外侧 P,Q 两点处质元振动的振幅。

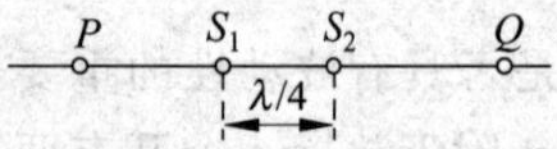

图 5-34 例 5.10 用图

解 两波源的振动传到 P 点,它们分别引起 P 点同方向、同频振动的相位差为

$$\Delta\varphi=\varphi_2-\varphi_1-\frac{2\pi}{\lambda}\delta=-\frac{\pi}{2}-\frac{2\pi}{\lambda}\cdot\frac{\lambda}{4}=-\pi$$

根据(5-50)式干涉相消条件,P 点质元振动的振幅为 $A=0$。可见在 S_1,S_2 连线左侧延长线上各点的质元均因干涉而静止。同理,由于 Q 点处有

$$\Delta\varphi=\varphi_2-\varphi_1-\frac{2\pi}{\lambda}\delta=-\frac{\pi}{2}-\frac{2\pi}{\lambda}\left(-\frac{\lambda}{4}\right)=0$$

即两波源激发的相干波引起 Q 点同方向、同频的两振动同相。根据(5-48)式干涉相长条件,Q 点质元振动的振幅为 $A=2A_0$。也就是说,在 S_1,S_2 连线右侧延长线上各点的质元均因干涉而加强。

(3) 驻波现象

驻波是一种特殊的干涉现象。在同一介质中,两列波幅相同的同频率、同振动方向的相干简谐波,在同一直线上沿相反的方向传播时叠加而成的波称为驻波。驻波可用图 5-35 所

示的实验来演示。弦线的一端系在一个固定的音叉上，另一端经过一固定劈尖和一定滑轮系有砝码，使弦线中有一定的张力。当音叉振动时，引起弦线上由左向劈尖传播的入射波，入射波在固定点劈尖 B 处反射形成自右向 A 传播的反射波。弦线上能量损失不大，这样就形成了沿弦线相反方向传播的相干简谐波。调节弦线中的张力或调节劈尖 B 的位置，都可使弦线 AB 间因干涉而形成稳定的分段振动的特殊现象，这就是驻波。弦线上各点的振幅不同，有些点的振幅为零，即始终不动，它们被称为驻波的波节；而有些点振幅最大，振动最强，它们被称为驻波的波腹。

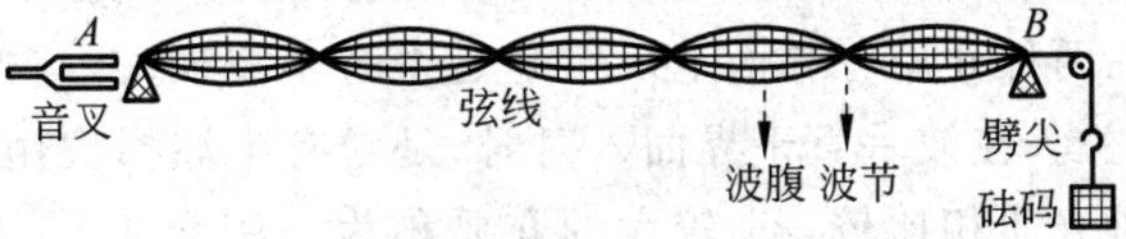

图 5-35　驻波演示

① 驻波的表达式

设在同一介质中，沿 x 轴正、负向传播的振幅相同、频率相等、同方向振动的两列简谐波的波函数分别为

$$y_1 = A_0 \cos\left(\omega t - \frac{2\pi}{\lambda}x\right)$$

$$y_2 = A_0 \cos\left(\omega t + \frac{2\pi}{\lambda}x\right)$$

它们的合成波为

$$y = y_1 + y_2 = A_0 \cos\left(\omega t - \frac{2\pi}{\lambda}x\right) + A_0 \cos\left(\omega t + \frac{2\pi}{\lambda}x\right)$$

利用三角和差化积公式，可得

$$y = 2A_0 \cos\left(\frac{2\pi}{\lambda}x\right)\cos(\omega t) \tag{5-52}$$

此式就是驻波的表达式。式中，$\cos(\omega t)$表示简谐振动，$2A_0 \cos\left(\frac{2\pi}{\lambda}x\right)$表示坐标 x 处质元简谐振动的振幅。(5-52)式驻波表达式的函数形式不满足 $y(x+u\Delta t, t+\Delta t) = y(x,t)$ 行波关系，所以它不表示行波，实际表示的是系统各质元具有同频率但不具有同振幅的一种特殊振动形式。波腹处对应于 $\left|\cos\left(\frac{2\pi}{\lambda}x\right)\right| = 1$，波节处对应于 $\cos\left(\frac{2\pi}{\lambda}x\right) = 0$。因此，波腹处为

$$x = k\frac{\lambda}{2}, \quad k = 0, \pm 1, \pm 2, \cdots \tag{5-53}$$

其振幅为 $2A_0$。波节处为

$$x = (2k+1)\frac{\lambda}{4}, \quad k = 0, \pm 1, \pm 2, \cdots \tag{5-54}$$

由(5-53)式和(5-54)式可以看出，相邻波节之间和相邻波腹之间的距离均为半波长 $\lambda/2$，相邻的波节和波腹之间的距离为 $\lambda/4$。λ 是相向传播的两平面简谐波的波长，也称为合成驻波的波长。在图 5-35 演示实验中，我们可以看到相邻波节之间的质元同时达到正最大位移处，同时通过各自的平衡位置，又同时达到它们各自的负最大位移处，作为整个“一段”它们

是同相的振动，数学上它们的 $2A_0\cos\left(\frac{2\pi}{\lambda}x\right)$ 具有相同的正号或负号。而在波节两侧 $2A_0\cos\left(\frac{2\pi}{\lambda}x\right)$ 符号相反，说明波节两侧相邻"两段"的振动反相。

② 半波损失现象

在图5-35演示实验中，还有一个重要现象是驻波在固定端 B 处是波节。从振动合成考虑，这意味着反射波与入射波的相位在此正好相反，或者说，入射波在反射时有 π 的相位跃变。由于 π 的相位突变相当于出现了半个波长的波程差，所以这种现象常称为半波损失。一般情况下，入射波在两种介质分界面上反射时是否有半波损失，与波的种类、性质以及入射角的大小等因素有关。在波垂直于界面入射时，是否有半波损失由介质的密度和波速的乘积 ρu 来确定。两种介质相比较，ρu 较大的介质称为波密介质，ρu 较小的介质称为波疏介质。当波从波疏介质垂直入射到波密介质界面上反射时，有半波损失；当波从波密介质垂直入射到波疏介质界面上反射时，没有半波损失。如果是由于界面反射而形成驻波，有半波损失时界面处一定是驻波的波节，无半波损失时，比如波在自由端反射而形成驻波，那界面处将是驻波的波腹。

③ 振动的简正模式

如果把一定长度 L 的弦线两端固定，使它具有一定的张力，当拨动弦线时，弦线中就产生来回的波，它们在弦线上合成形成驻波，固定的两端是波节。由于驻波的波节之间的距离一定是 $\frac{\lambda}{2}$ 的整数倍，因此弦线长度 L 和弦线上驻波波长 λ 的关系是

$$L=n\frac{\lambda_n}{2},\quad n=1,2,3,\cdots \tag{5-55}$$

λ_n 表示与某一 n 值对应的驻波波长。这说明不是任意波长的波都能在此弦线中形成驻波，只有那些波长满足 $\lambda_n=\frac{2L}{n}$ 的波才能在具有一定张力 F 的弦线上形成驻波。前面已提到弦线中的波速为 $u=\sqrt{\frac{F}{\rho_l}}$（$\rho_l$ 为其质量线密度），由 $u=\nu\lambda$，相应 λ_n 的频率为

$$\nu_n=n\frac{u}{2L},\quad n=1,2,3,\cdots \tag{5-56}$$

其中每一个频率对应于整个弦线的一种可能的振动方式，这些频率叫作弦振动的本征频率，由这些频率决定的振动方式称为弦线振动的简正模式。本征频率中最低的频率 ν_1 称为基频，其他较高的频率 $\nu_2,\nu_3,\cdots$ 都是基频的整数倍，分别依次被称为二次、三次等谐频。

一个驻波系统具有多种振动模式，系统按哪种模式振动取决于初始条件，一般情况下，系统振动是它简正模式的叠加。比如，当拨动弦乐器的弦线时，它发出的乐声中就包含了各种简正模式，其中基频确定了音调，谐频确定了音色。

④ 驻波的能量

设驻波系统以某种简正模式振动，它的振动特点是"分段振动"，当介质质元都达到自己的最大位移值时，所有质元的速度都为零，驻波系统的动能为零；而波节附近系统具有最大的相对形变，系统具有集中于波节附近的最大势能。当介质所有质元同时达到自己的平衡位置时，系统的相对形变为零，系统的势能为零；而所有质元都具有自己相应的最大速度，并

且波腹附近质元的速度相对最大，此时驻波系统具有集中于波腹附近的最大动能。所以，驻波系统在振动过程中，其动能和势能不断转换，不断地由波腹附近转移到波节附近，再由波节附近转移到波腹附近。整体来看，驻波系统的能量没有定向的传播，不存在单一方向上的能流，这也体现了“驻波”之意。形成驻波的沿 x 轴正、负向传播的两相干波能流密度相等，合成驻波的能流一定为零。

例 5.11　如图 5-36 所示，向右传播的入射波表达式为 $y_{入}=A\cos\left(\omega t-\frac{2\pi}{\lambda}x\right)$，在 $x=0$ 处遇墙反射，存在半波损失现象。设波不衰减，求驻波的表达式以及波线上波节的坐标位置。

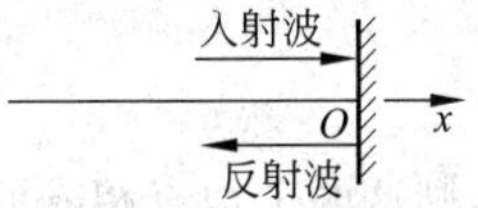

图 5-36　例 5.11 用图

解　入射波在 $x=0$ 处引起的振动方程为 $y_{10}=A\cos\omega t$，由于存在半波损失现象，所以反射波在 O 点的振动方程为 $y_{20}=A\cos(\omega t-\pi)$。反射波的波函数为

$$y_{反}=A\cos\left(\omega t+\frac{2\pi}{\lambda}x-\pi\right)$$

合成驻波方程为

$$\begin{aligned}y&=y_{入}+y_{反}=A\cos\left(\omega t-\frac{2\pi}{\lambda}x\right)+A\cos\left(\omega t+\frac{2\pi}{\lambda}x-\pi\right)\\&=2A\cos\left(\frac{2\pi}{\lambda}x-\frac{\pi}{2}\right)\cos\left(\omega t-\frac{\pi}{2}\right)\\&=2A\sin\left(\frac{2\pi}{\lambda}x\right)\sin(\omega t)\end{aligned}$$

由于存在半波损失现象，$x=0$ 处一定是波节。相邻波节距离为 $\lambda/2$，所以波节的坐标为

$$x=0,-\frac{\lambda}{2},-\lambda,-\frac{3\lambda}{2},-2\lambda,\cdots$$

5.3.3　波传播过程中的多普勒效应

前面讨论的波动现象，都是波源和观测者相对介质静止的情况。波的频率与波源的频率相同，观测者所接收到的频率与波的频率相同，也与波源的频率相同。如果波源和观测者(下面称之为接收器)相对介质运动，则接收器接收到的频率与波源的振动频率会出现不同的现象，这种现象称为多普勒效应。例如，当高速行驶的火车鸣笛迎面开来时，我们听到的笛声音调比火车静止时要高，当火车鸣笛离去时，我们听到的笛声音调变低。

下面分三种情况讨论多普勒效应现象，为方便起见，我们假定波源和接收器处于一条直线上。并设波源的频率为 ν_S，它表示波源每秒振动的次数，也是单位时间内发出的“完整波”的个数；设波的频率为 ν，它是介质质元每秒振动的次数，也是单位时间内通过波传播方向上介质中某一点“完整波”的个数；我们用 ν_R 表示接收器接收到的频率，它是接收器单位时间内接收到“完整波”的个数。

1. 相对于介质接收器不动，波源以速度 v_S 运动

因为接收器相对介质静止，所以每秒通过介质中某一点“完整波”的个数等于接收器单位时间内接收到“完整波”的个数，即波的频率等于接收器接收到的频率，有 $\nu=\nu_R$。若波源 S 以相对介质的速度 v_S 向着接收器 R 运动，它在振动一个周期内所发出的两个相同的(相

位差 2π)的振动状态是在不同地点发出的,如图 5-37 所示,如果用 T_S 表示波源的振动周

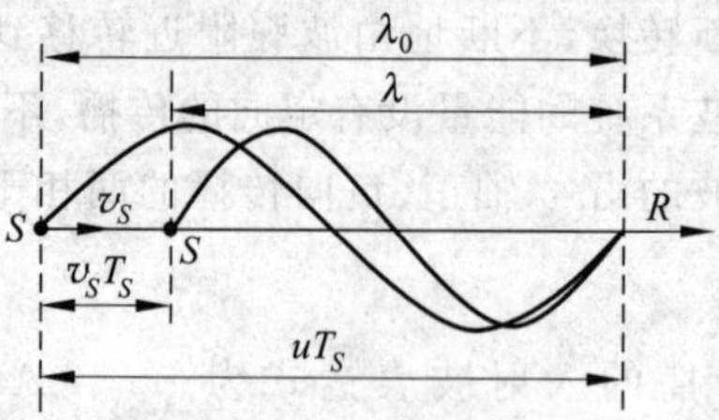

(a)

(b)

图 5-37 波源运动的前方波长变短

期,则这两个地点相隔的距离为 $v_S T_S$。由图可清楚看出,若用 λ_0 表示波源相对介质静止时介质中的波长,现在介质中的波长变为 $\lambda=\lambda_0-v_S T_S$,波源运动前方介质中的波长变短。因为波在介质中的波速 u 与波源运动无关,所以有 $u=\nu_S\lambda_0=\nu\lambda$,且此时有 $\nu=\nu_R$,所以接收器接收到的频率 ν_R 为

$$\nu_R=\frac{u}{\lambda}=\frac{u}{\lambda_0-v_S T_S}=\frac{u}{(u-v_S)T_S}=\frac{u}{u-v_S}\nu_S \tag{5-57}$$

接收器接收到的频率大于波源频率。这就是高速行驶的火车鸣笛迎面开来时笛声音调比火车静止时要高的原因。当火车鸣笛离去时,相当于波源远离同一直线上的接收器而运动,由于波源后方的波长变长,接收器接收到的频率应为

$$\nu_R=\frac{u}{u+v_S}\nu_S \tag{5-58}$$

它小于波源频率,所以火车鸣笛离去时笛声音调变低。

2. 相对介质波源不动,接收器以速度 v_R 运动

波源不动,波源每秒发出的完整波的个数等于通过介质中某一点的完整波的个数,有 $\nu_S=\nu$。若接收器以 v_R 向着波源靠近,如图 5-38 所示,由于波速为 u,所以单位时间内它接收到的完整波的个数等于波传播方向上 $u+v_R$ 距离内包含的完整波的个数,而此时介质中的波长是 λ,所以接收器接收到的频率为

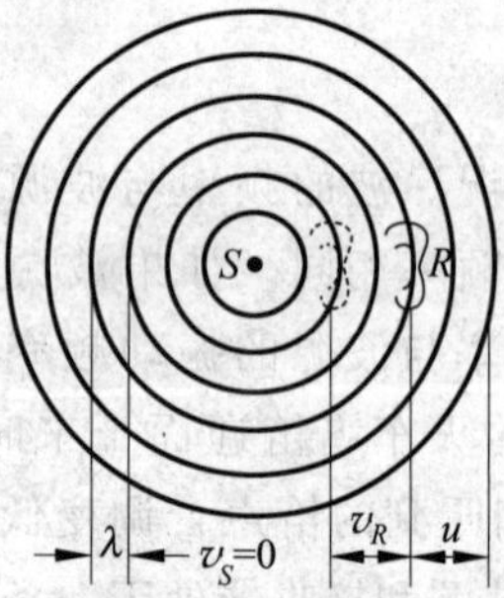

图 5-38 波源静止时的多普勒效应

$$\nu_R=\frac{u+v_R}{\lambda}=\frac{u+v_R}{u/\nu}=\frac{u+v_R}{u}\nu_S \tag{5-59}$$

它大于波源的频率。当接收器以速度 $v_R<u$ 离开波源运动时,它单位时间内所接收到的频率只是 $u-v_R$ 范围内包含的完整波的个数,同样地,因有 $\nu_S=\nu$,所以此时的 ν_R 为

$$\nu_R=\frac{u-v_R}{\lambda}=\frac{u-v_R}{u/\nu}=\frac{u-v_R}{u}\nu_S \tag{5-60}$$

接收器接收到的频率小于波源频率。

3. 相对于介质波源和接收器分别以速度 v_S 和 v_R 同时运动

波源的运动使得其运动前方的介质中波长变短,接收器的运动使得它在单位时间内接收范围得到扩大或减少。若波源和接收器相向运动($v_S<u$),综合以上两种情况,可得

$$\nu_R = \frac{u + v_R}{u - v_S}\nu_S \tag{5-61}$$

接收器接收频率大于波源频率。同样地，当波源和接收器彼此离开时，接收器接收频率 ν_R 为

$$\nu_R = \frac{u - v_R}{u + v_S}\nu_S \tag{5-62}$$

它小于波源频率。

上面所讨论的由于波源和接收器在同一直线上相对介质运动引起的多普勒效应又称为纵向多普勒效应。多普勒效应在科学技术、空间技术、医疗诊断等方面有着广泛的应用。比如，根据多普勒效应制成的雷达系统可以十分准确且有效地跟踪运动目标（如车辆、舰船、导弹和人造卫星等），利用超声波的多普勒效应可以对人体心脏的跳动以及其他内脏的活动进行检查，对血液流动情况进行测定等。

最后，我们要提到的是对于机械波，当波源以 $v_S > u$ 速度运动时，(5-57)式失去了意义，因为在波源前方不可能有任何波动产生，所有的波前都被积压在一圆锥面上，称为马赫锥，如图 5-39 所示。在这圆锥面上，波的能量高度集中，极具破坏性。当飞机、子弹等以超声速飞行时，都会激起这种波，称为冲击波。强冲击波到达之处，空气压强突然增大，会造成窗玻璃的碎裂，甚至建筑物的倒塌，这种现象称为声爆。当带电粒子在介质中以超过介质中光速（小于真空中光速 c）运动时，会激发锥形的电磁辐射，这种辐射称为切连科夫辐射。类似的马赫锥现象在水面上也可看到，当船速超过水面波的波速时，在船后会激起以船为顶端的 V 形波，被称为艏波。

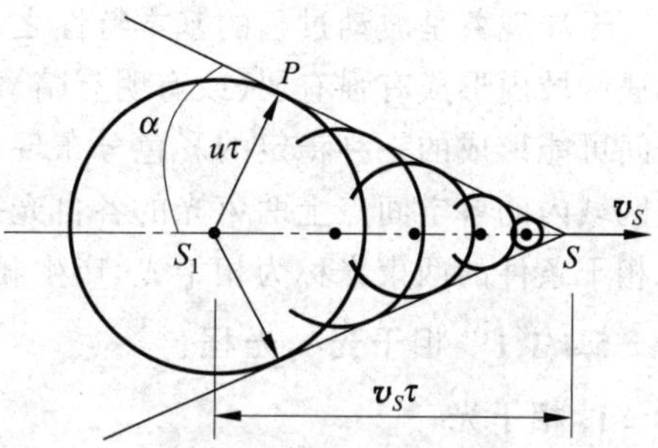

图 5-39　冲击波的产生

例 5.12　一消防车发出的紧急鸣笛声是频率为 1520 Hz 的声波，并且以 25 m/s 的速度向某方向开去。一汽车跟在其后，以 20 m/s 的速度朝同一方向行驶。设风速很小，求汽车司机听到紧急鸣笛声的频率以及在笛声后面空气中的波长。笛声在空气中的传播速度为 340 m/s。

解　消防车是远离司机运动，司机是靠近消防车运动。消防车的远离使得其后面司机接收到的空气中波长变大，汽车司机的靠近使得他单位时间内接收声波的范围变大。由(5-61)式和(5-62)式联合考虑，司机接收到的紧急鸣笛声的频率为

$$\nu_R = \frac{u + v_R}{u + v_S}\nu_S = \frac{340 + 20}{340 + 25} \times 1520\ \text{Hz} = 1499\ \text{Hz}$$

紧急笛声在后面空气中的频率为

$$\nu = \frac{u}{u + v_S}\nu_S = \frac{340}{340 + 25} \times 1520\ \text{Hz} = 1416\ \text{Hz}$$

其波长为

$$\lambda = \frac{u}{\nu} = \frac{u + v_S}{\nu_S} = \frac{340 + 25}{1520}\ \text{m} = 0.24\ \text{m}$$

5.4 光的波动

光是一种电磁波。和机械波一样,它在不同介质的分界面上会发生反射和折射,在传播中会出现干涉和衍射现象,这是波的共性。本节先介绍光的干涉现象,用惠更斯-菲涅耳原理解释光的衍射现象,然后介绍光作为一种横波在传播过程中的偏振现象。通常意义上的光是指可见光,真空中波长范围在 400～760 nm。光的振动矢量是电场强度 $\boldsymbol{E}$ 和磁场强度 $\boldsymbol{H}$,而能引起人视觉和相纸感光的是 $\boldsymbol{E}$ 矢量,所以把 $\boldsymbol{E}$ 称为光矢量,即谈及光波动时,主要关注电场强度 $\boldsymbol{E}$。以光的波动性为基础来研究光的干涉、衍射和偏振及其应用的学科,称为波动光学。

5.4.1 光的干涉

干涉现象是波动过程的基本特性之一。和机械波一样,光的干涉表现为两束单色光在相遇区域内形成有强有弱(或有明有暗)的一种稳定的光强分布,或者两束非单色光在相遇空间可能形成的一种稳定的彩色分布现象。它们都是独立传播的光波的叠加结果,是在相遇区域内的各空间点上两束光的各自光振动矢量的合成效果。能产生干涉现象的或者说满足相干条件的两束光称为相干光,产生相干光的光源称为相干光源。

5.4.1.1 相干光 光程

1. 相干光

机械波的波源可以连续振动,发出连续不断的正弦波,其相干条件比较容易满足,观察这些波的干涉现象也比较容易做到,如前面图 5-31 所示的水波干涉现象。但对于光波情况就有所不同,例如在房间中放置发黄光的两只钠光灯(单色光源),在它们所发出的光能照到的叠加区域,却观察不到光强有明有暗的稳定分布的干涉现象,即使我们使一只钠光灯的两个不同部位发出的光相遇,也不能观测到干涉现象。

在 1960 年第一台激光器发明以前,所用的光源都是普通光源。普通光源的发光是其中大量的原子(或分子)运动状态发生变化时辐射出来的。光源中大量原子(或分子)受外来激励而处于激发态,处于激发态的原子是不稳定的,它会自发地跃迁到低能态,并同时向外辐射电磁波(发光)。原子每次发光的持续时间约为 10^{-8} s,也就是说,一个原子每次只能发出频率一定、振动方向一定、长度有限的光波。这一段光波称为波列。由于原子发光的无规则性,同一原子所发出间断的波列之间、不同原子发出的波列之间都没有任何联系,都是独立的,它们没有固定的相位关系,它们的频率和振动方向也不尽相同。所以两个独立的普通光源不是相干光源,同一光源上不同两点所发出的光也不是相干光,如图 5-40 所示,它们不会产生干涉。不过,如果将光源上同一点发出的光设法分成两部分,这两部分光的相应部分都是对应来自同一发光原子(或分子)的同一次发光,它们将满足波的相干条件而成为相干光,再让它们沿两条不同的路径传播并相遇,就会产生干涉。这就是 1960 年以前实验室观测光的干涉时利用普通光源产生相干光的基本原理,其方法之一是杨氏双缝干涉实验中所体现的分波阵面法,另一种是薄膜干涉实验中所体现的分振幅法(下面将主要给予介绍)。不管采用哪种方法,从波动观点看,都是把光源上的同一原子同一次所发出的波列"克隆"成两个波列,这两个波列当然是相干波列,由这些大量相干波列组成的两束相干光的干涉现象就是这些相干波列叠加的结果。如图 5-41 所示，1 和 1′、2 和 2′、3 和 3′，……组成了两束相干光Ⅰ和Ⅱ，其中 1 和 2 或 1 和 2′等不一定是相干波列。我们把波列长度称为光的相干长度，因为只有对应的相干波列（比如 1 和 1′）才能在 P 点产生干涉加强或相消，如果波列 1 已通过 P 点而 1′刚到，那它们就不能相遇而产生干涉。普通光源的相干长度一般为毫米到厘米数量级。我们也把光通过这一长度所需要的时间称为相干时间，它也是原子每次发光的持续时间。所以，尽管我们通过分波阵面法或通过分振幅法从普通光源获得相干光，但实验中也要注意相干长度或相干时间的条件限制。现在实验室里观测光的干涉一般都使用的是激光光源（激光的有关概念将在第 6 章中介绍），激光的相干长度为米到百米或更高的数量级，激光的波列基本上也都是相干的（也就是说激光光源输出的光波前后各部分都是相干的），所以它不存在相干长度的条件限制，能够比较方便地观测到有关光的各种波动现象。

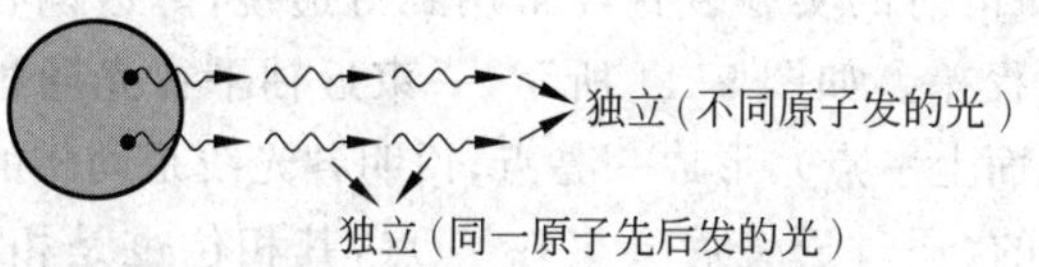

图 5-40　普通光源发出的光波波列的独立性

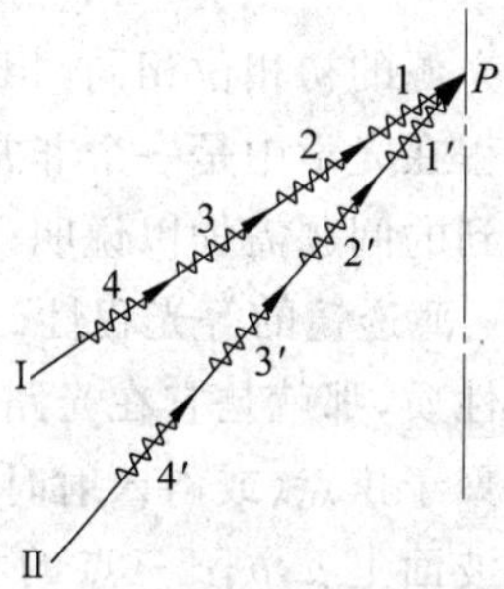

图 5-41　两束相干光

2. 光程

在 5.3.2 节，我们已提到波的强度不是很大时，波遵守叠加原理，分析两束相干平面简谐波干涉时相位差 $\Delta\varphi$ 计算的重要性，它确定了两相干波相遇空间各点的干涉相长或相消的稳定分布。对于平面简谐光波列，光矢量的表达式为 $E=E_0\cos(\omega t+\varphi)$，平面简谐光波列的波函数为 $E=E_0\cos\left(\omega t+\varphi-\frac{2\pi}{\lambda}r\right)$。因此，如果两束相干光波是在同一介质中传播，对于空间某一确定点 P 所引起的光振动矢量的相位差 $\Delta\varphi$（其实是指对应的两相干波列），同样由

$$\Delta\varphi=\varphi_2-\varphi_1-\frac{2\pi}{\lambda'}(r_2-r_1) \tag{5-63}$$

确定。其中，λ'为光在介质中的波长，(r_2-r_1)是波程差，它是两束光在同一介质中传播的几何路程差。

在实际问题中，我们经常会遇到光是在不同的介质中传播，如图 5-42 所示。图中 b 点处比 a 点处光矢量的振动相位落后$\left(\frac{2\pi}{\lambda}r_0+\frac{2\pi}{\lambda'}r_1+\frac{2\pi}{\lambda''}r_2\right)$。因为介质中的波长 λ'与同一频率光在真空（或空气）中的波长 λ 的关系为 $\lambda'=\lambda/n$（n 是介质的折射率），所以相位落后表达式可写成

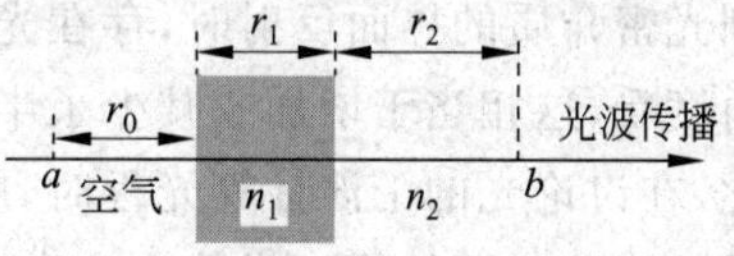

图 5-42　光程与相差

$$\left(\frac{2\pi}{\lambda}r_0+\frac{2\pi}{\lambda/n_1}r_1+\frac{2\pi}{\lambda/n_2}r_2\right)=\frac{2\pi}{\lambda}(r_0+n_1r_1+n_2r_2)$$

这样我们统一地用真空中的波长 λ 来计算相位的变化,带来了一定的方便性。右边括号中的每一项 nr 表示同一频率的光在折射率为 n 的介质中通过 r 的距离时所引起的相位落后和在真空中传播路程为 nr 时所引起的相位落后相同。我们把 nr 称为光在折射率为 n 的介质中通过 r 的距离时的光程,$(r_0+n_1r_1+n_2r_2)$ 是图 5-42 中光从 a 点传播到 b 点处的光程。

引入光程的概念,更便于对两列波在某点 P 处的相位进行比较。如图 5-43 所示,S_1 和 S_2 两点光源各发出的一束光在 P 点相遇,它们的光程分别为 $n'r_1$ 和 $[n'(r_2-d)+nd]$,两列光波的光程差用 δ 表示,有 $\delta=n'(r_2-r_1)+(n-n')d$。所以 S_1,S_2 引起 P 点的相位差可由光程差表示为

$$\Delta\varphi=\varphi_2-\varphi_1-\frac{2\pi}{\lambda}\delta \tag{5-64}$$

如果两光源的初相位相同,相位差 $\Delta\varphi$ 只由光程差确定。

光程在光学中是一个非常重要的概念,在具体介绍光的干涉、衍射实验现象前,有两个经常遇到的问题需加以说明。

(1) 薄透镜的等光程性。一些干涉和衍射的实验装置经常用到薄透镜,薄透镜有一个特殊的性质,那就是它在光路中不附加光程差。如图 5-44 所示,一束近轴平行光通过薄透镜后会聚于焦点(或斜入射时会聚于焦平面上一点),形成一亮点,说明各光线是同相的。图中同一波面上 a,b,c 三点的相位是相同的,通过透镜后会聚在 F 点,其相位也是相同的。光线 Aaa' 和 Ccc' 在透镜中传播路径少,在空气中传播的路径多;而光线 Bbb' 在透镜中传播路径多,在空气中传播的路径少。由于透镜的折射率大于空气的折射率,会聚时的同相表明它们走的光程是一样的,说明透镜只改变光的传播方向,而不附加光程差。

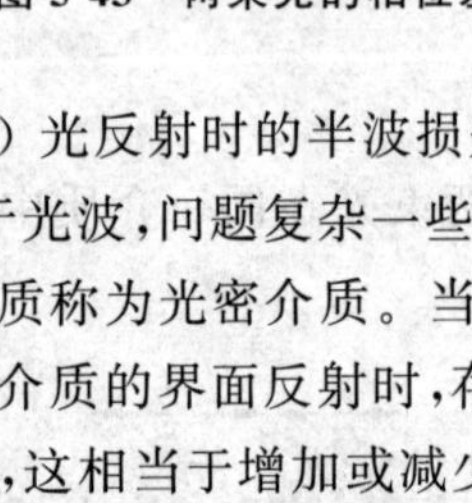

图 5-43 两束光的相位差

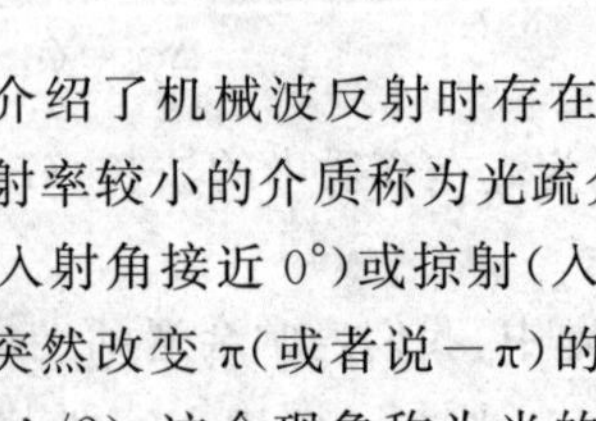

图 5-44 平行光经过透镜会聚时的等光程性

(2) 光反射时的半波损失现象。在 5.3.2 节中介绍了机械波反射时存在的半波损失现象,对于光波,问题复杂一些。两种介质相比较,折射率较小的介质称为光疏介质,折射率较大的介质称为光密介质。当光由光疏介质正入射(入射角接近 0°)或掠射(入射角接近 90°)到光密介质的界面反射时,存在光矢量的振动相位突然改变 π(或者说 $-\pi$)的现象。从光程角度看,这相当于增加或减少了半个波长的光程($\pm\lambda/2$),这个现象称为光的半波损失。因此,在讨论光的干涉计算光程时,应时刻注意是否存在半波损失现象,否则会得到和实际相反的明暗对调结果。光从光密介质到光疏介质反射时不存在半波损失,任何情况下的透射光中也都没有半波损失。

5.4.1.2 杨氏双缝干涉实验

托马斯·杨在 1801 年成功地用实验验证了光的一个非常重要的性质——干涉性。他

的实验如图5-45所示，用普通单色光源照射小孔S，S就相当于一个单色点光源发出球面波。在S之后的对称位置上安放另外两个小孔S_1和S_2，距离为d，距离光源S一样远，并处在同一平面上，因此它们就成为从同一波面上分出的两个同相的单色光源。从S_1和S_2发出的光波各自包含了从点光源S发出的波列中“克隆”出的对应相干波列，它们是相干光源，它们发出的光波在观测屏上叠加而形成明、暗相间的干涉条纹。由于两束相干光S_1和S_2是光源S的波振面上的两部分，所以称这种产生光的干涉的方法为分波阵面法。为了提高干涉条纹的亮度，通常用三个互相平行的狭缝代替上面的三个小孔，称为杨氏双缝干涉。

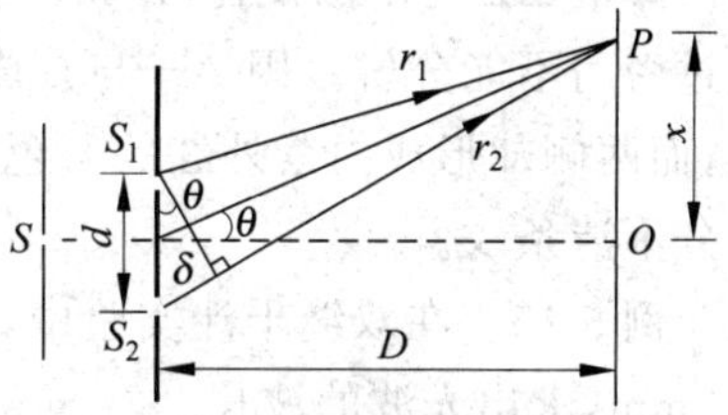

图5-45 杨氏干涉实验

现在我们利用图5-45中所表明的数据定量讨论杨氏双缝干涉实验中观测屏上光的强度分布。对于屏上任一点P，从S_1和S_2到P的距离分别为r_1和r_2，由于S_1和S_2是两个同相波源，在P点的强度就仅由从S_1和S_2到P点的光程差来决定。因$D \gg d$，且由于相干长度的限制，屏幕上中心O点两侧观测到干涉条纹的范围有限，θ角很小，所以由S_1和S_2发出的两束光到P点的光程差为

$$\delta = r_2 - r_1 \approx d\sin\theta \approx d\tan\theta$$

而$\tan\theta = x/D$，得

$$\delta = \frac{d}{D}x$$

由(5-49)式，当$\delta = k\lambda$（$k=0,\pm 1,\pm 2,\cdots$）时，由S_1和S_2发出的两束光到P点的相位差为$\Delta\varphi = \frac{2\pi}{\lambda}\delta = 2k\pi$，两束光在$P$点是干涉相长而形成明条纹，其各级明条纹中心距$O$点的距离为

$$x = k\,\frac{D}{d}\lambda, \quad k=0,\pm 1,\pm 2,\cdots \tag{5-65}$$

其中$k=0$的明条纹称为零级条纹或中央明纹，$k=\pm 1,\pm 2,\cdots$分别对应上下关于中央明纹对称的第一级、第二级、……明纹。

由(5-50)式可知，当$\delta = \frac{d}{D}x$满足

$$\delta = (2k+1)\,\frac{\lambda}{2}, \quad k=0,\pm 1,\pm 2,\cdots$$

时，由S_1和S_2发出的两束光到P点的相位差为

$$\Delta\varphi = \frac{2\pi}{\lambda}\delta = (2k+1)\pi$$

两束光在P点是干涉相消，光强度最小，因而形成暗条纹，各级暗条纹中心距O点的距离为

$$x = \left(k+\frac{1}{2}\right)\frac{D}{d}\lambda, \quad k=0,\pm 1,\pm 2,\cdots \tag{5-66}$$

由(5-65)式和(5-66)式，相邻两条明条纹或暗条纹的间距都是一样的，均为

$$\Delta x = \frac{D}{d}\lambda \tag{5-67}$$

此式表明,条纹的间距 Δx 与级次无关,说明杨氏双缝干涉条纹是明暗相间的等间隔直条纹。式中 Δx 与 d 成反比(D,λ 一定),说明观测双缝干涉条纹时双缝间距要小,否则会因条纹过密而不能分辨。因 Δx 与 λ 成正比(当 D,d 一定),当用白光入射时,中央条纹仍为白色,而两侧却形成内紫外红的彩色光谱,稍高级次的条纹还可能会发生重叠,以致模糊一片而分不清条纹。

例 5.13 在双缝干涉实验中,若 $D=1$ m,$d=0.2$ mm,测得第 2 级明条纹位置是 $x=6.2$ mm,求出光波的波长。

解 根据(5-65)式,$x=k\dfrac{D}{d}\lambda$,因为已知第 2 级明条纹位置,所以光波波长为

$$\lambda=\frac{xd}{kD}=\frac{6.2\times10^{-3}\times0.2\times10^{-3}}{2\times1}\ \text{m}=6.2\times10^{-7}\ \text{m}$$

例 5.14 利用杨氏干涉可测定气体折射率,其装置如图 5-46 所示。透明薄壁容器长度为 l,双缝与屏的距离为 $D(l\ll D)$,S 为波长为 λ 的激光光源。将待测气体注入容器逐渐排出原有气体的过程中,屏幕上干涉条纹就会移动,设原来容器盛有的气体折射率为 n,则由移动的干涉条纹的条数即可以求得待测气体的折射率 n'。

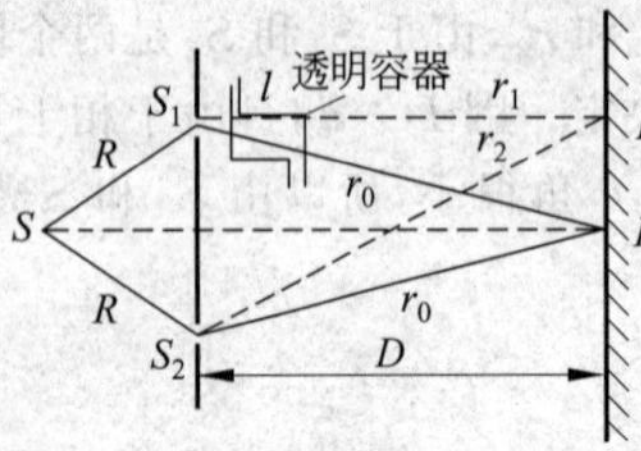

图 5-46 例 5.14 用图

(1) 如果待测气体折射率 $n'>n$,干涉条纹如何移动?

(2) 如果将原来气体逐渐排出的过程中,条纹移过 P_0 点 N 条,试求出待测气体折射率 n'。

解 (1) 当透明薄壁容器充满待测气体时,设其零级明纹位于屏幕的 P 点,对应零级明纹的光程差应有

$$\delta=nr_2-[n(r_1-l)+n'l]=n(r_2-r_1)-l(n'-n)=0$$

r_1,r_2 是两缝 S_1,S_2 到 P 点的空间几何距离。由于 $n'>n$,有 $r_2-r_1>0$,故 P 点一定在 P_0 点的上方。所以,当将待测气体注入容器逐渐排出原有气体的过程中,幕上干涉条纹向上移动,使得零级明纹移至 P 点为止。

(2) 待测气体注入容器过程中,若条纹移过 N 条,则 P_0 点应为容器充满待测气体时零级明纹下方的 N 级干涉明纹,对应光程差应为

$$\delta_{-N}=nr_0-[n(r_0-l)+n'l]=-N\lambda$$

所以,待测气体折射率 n' 为

$$n'=n+N\frac{\lambda}{l}$$

例 5.15 在双缝干涉实验中,若波长 $\lambda=550$ nm 的单色平行光垂直入射到缝间距 $a=2\times10^{-4}$ m 的双缝上,屏到双缝的距离 $D=2$ m。

(1) 求中央明纹两侧的两条第 10 级明纹中心的间距;

(2) 用一厚度 $e=6.6\times10^{-6}$ m、折射率 $n=1.58$ 的玻璃片覆盖一缝后,零级明纹将移到原来的第几级明纹处?

解 (1) 根据(5-65)式 $x=k\dfrac{D}{d}\lambda$,且题意给出 $k=10$,所以两条第 10 级明纹中心的间

距为

$$\Delta x=\frac{10D\lambda}{a}-\left(-\frac{10D\lambda}{a}\right)=\frac{20D\lambda}{a}=0.11\ \mathrm{m}$$

（2）玻璃片覆盖一缝后，对应零级明纹处两束光的光程差应满足

$$(n-1)e+r_1=r_2$$

设不盖玻璃片时，此点为第 k 级明纹，两束光的光程差 $r_2-r_1=k\lambda$，所以有

$$(n-1)e=k\lambda$$

得

$$k=\frac{(n-1)e}{\lambda}=\frac{(1.58-1)\times 6.6\times 10^{-6}}{550\times 10^{-9}}\approx 7$$

零级明纹将移到原第 7 级明纹处。

5.4.1.3　薄膜干涉

薄膜是指透明介质形成厚度很薄的一层介质膜。日常生活中常会看到薄膜干涉现象，例如肥皂泡上的彩色条纹，河面上和雨后马路上油膜的彩色条纹，鸟羽毛的变色，照相机镜头上的彩色等。它们都是太阳光到达薄膜的表面时，一部分光发生反射，一部分光发生折射，经过折射的光在薄膜的下表面被反射又回到上表面的空间，与上表面的反射光叠加而发生干涉。产生干涉的两束光是从同一束光中分出来的，同样都包括了原光束中所有对应的相干波列，由于能流正比于振幅的平方，所以把这种光束分割方式称为是分振幅法。下面我们只注意实际意义较大的厚度不均匀薄膜表面的等厚干涉和厚度均匀薄膜在无穷远产生的等倾干涉。

1. 定域于薄膜表面的等厚干涉条纹

薄膜表面的干涉条纹与照明和观察方式有很大关系，正入射方式是实际中最多的使用方式。当光线垂直入射到厚度不均匀薄膜表面时，薄膜表面的干涉条纹会将薄膜厚度的分布情况在入射光波长的数量级上直观地显示出来。

（1）劈尖表面的等厚条纹

劈尖是对入射光产生反射的两个反射面不平行、且成很小角度的一种厚度不均匀的透明薄膜，如图 5-47(a)所示。设单色平行光垂直入射到劈尖的上表面，其中一条光线射到 A 点，1 是在 A 点的反射光，2 是在 A 点的折射光通过薄膜后在劈尖下表面 B 处发生反射又回到介质 n_1 的光。由于劈尖顶角 θ 很小，而且是垂直入射，所以可以认为 1，2 两束相干光线又相交于劈尖的上表面的 A 点。设 $n_1<n$，且设表面 A 点处的劈尖膜的厚度为 e，那么从 A 点分开又回到 A 点相遇，反射光 1 的光程为 $\lambda/2$（存在半波损失），反射光 2 的光程为

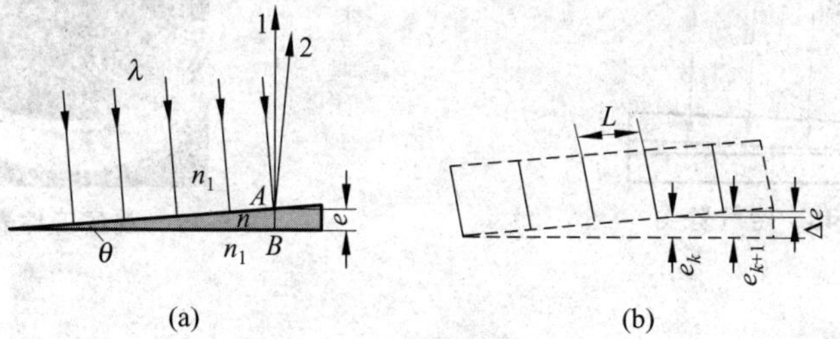

图 5-47　劈尖薄膜干涉

$2ne$,它们的光程差为

$$\delta = 2ne - \frac{\lambda}{2} \tag{5-68}$$

由此可见,厚度不均匀的劈尖薄膜各处两相干反射光的光程差不同,因此在劈尖薄膜表面上就产生了干涉加强和减弱的分布现象。厚度满足

$$\delta = 2ne - \frac{\lambda}{2} = k\lambda, \quad k = 0,1,2,3,\cdots \tag{5-69}$$

时,干涉为明条纹;厚度满足

$$\delta = 2ne - \frac{\lambda}{2} = (2k+1)\frac{\lambda}{2}, \quad k = -1,0,1,2,\cdots \tag{5-70}$$

的地方产生暗条纹。$k=-1$ 对应棱边处的厚度 $e=0$,由于有半波损失,因而形成暗条纹。以上两式表明,劈尖薄膜上表面上的每条明条纹或暗条纹都与一定的厚度 e 相对应,凡是薄膜厚度相同的地方都具有同样的干涉效果,所以把这样的干涉条纹称为等厚条纹。图 5-47 中劈尖薄膜的等厚线是平行于棱边的直线,所以它的明条纹或暗条纹是一组平行于棱边的直条纹,如图 5-47(b)所示。

由(5-69)式和(5-70)式可以看出,对应相邻两条明纹或暗纹薄膜的厚度差是一样的,有

$$\Delta e = e_{k+1} - e_k = \frac{\lambda}{2n} \tag{5-71}$$

如果以 L 表示相邻两条明纹或暗纹之间的距离,则由图 5-47(b)可知

$$L = \frac{\Delta e}{\sin\theta} = \frac{\lambda}{2n\sin\theta} \approx \frac{\lambda}{2n\theta} \tag{5-72}$$

从此式可以看出,劈尖薄膜等厚干涉条纹是等间距的,条纹间距 L 与劈尖顶角 θ 有关,θ 越大,L 越小,条纹越密。

在两块平板玻璃之间的一端夹细丝,另一端叠合,两玻璃板之间就形成了非等厚的空气劈尖(图 5-48)。令上面分析结论中的劈尖折射率 n 等于 1,就得到空气劈尖的等厚干涉结果,只不过是半波损失存在于空气劈尖下表面的反射。在生产上常常利用图 5-48 的装置来精确测定细丝直径。只要简单地数出从棱线到细丝间空气劈尖等厚干涉条纹的数目,利用(5-71)式就可求出细丝直径。类似的方法还被用来检验精密工件的表面光洁度。把一块作为标准件的平面玻璃板放在待检验的工件上,标准件和工件表面之间形成了空气薄膜,通过观察空气薄膜的等厚干涉条纹就可以判断工件表面的光洁度,如图 5-49 所示。

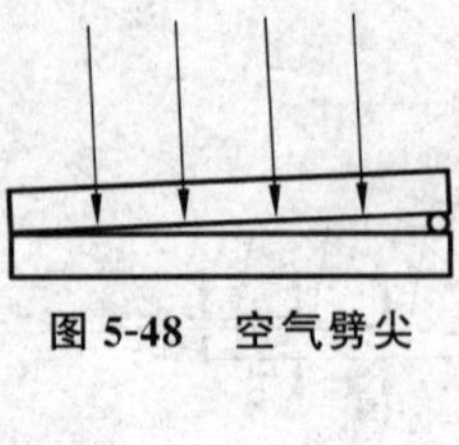

图 5-48　空气劈尖

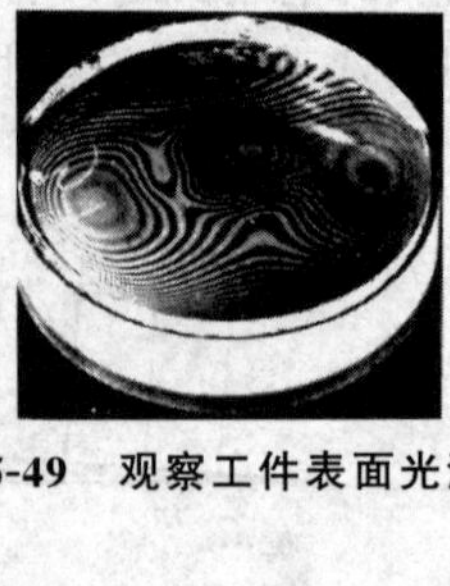

图 5-49　观察工件表面光洁度

(2) 牛顿环

牛顿环装置如图 5-50(a)所示,在一块平玻璃 B 上放一曲率半径 R 很大的平凸透镜 A,

则在 A,B 之间就形成了一劈尖形的空气膜。这种空气膜的等厚线是以接触点为中心的一系列同心圆,若用一束单色的平行光垂直照射于平凸透镜时,在空气膜的上下表面处发生反射,在显微镜视场中就可以观察到由反射光在空气膜的上表面处干涉形成的一组以接触点 O 为中心的明暗相间的同心圆环条纹(图 5-50(b)),该条纹最早被牛顿观测到并加以描述,故称为牛顿环。

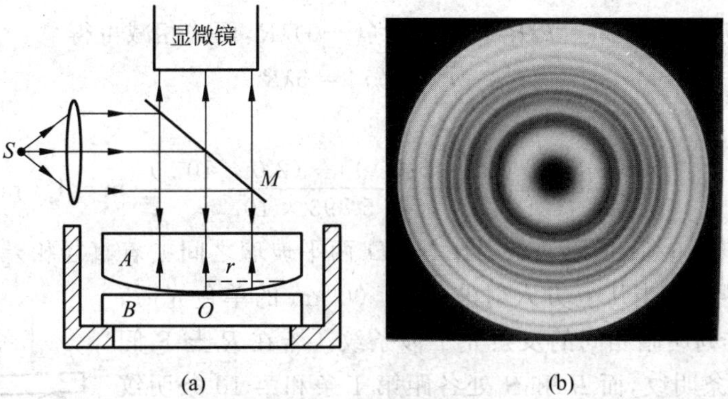

图 5-50　牛顿环实验

设某反射点膜的厚度为 e,注意到在空气膜下表面反射时存在半波损失,则两束反射光在空气膜上表面干涉时的光程差为

$$\delta = 2e + \frac{\lambda}{2}$$

在实验中,牛顿环暗纹的位置容易确定。当厚度满足 $\delta = (2k+1)\frac{\lambda}{2}$,即第 k 级暗纹条件为

$$e_k = \frac{k}{2}\lambda, \quad k = 0,1,2,3,\cdots \tag{5-73}$$

在中心 $e=0$ 处是暗纹,因为两反射光的光程差为 $\frac{\lambda}{2}$。由图 5-51 可以看出,第 k 级暗纹半径的几何关系为

$$r_k^2 = R^2 - (R - e_k)^2 = 2e_kR - e_k^2$$

由于 $R \gg e_k$,e_k^2 可忽略,所以上式就简化为 $r_k^2 = 2e_kR$。而 $e_k = \frac{k}{2}\lambda$,所以第 k 级暗纹的几何半径为

$$r_k = \sqrt{kR\lambda}, \quad k = 0,1,2,\cdots \tag{5-74}$$

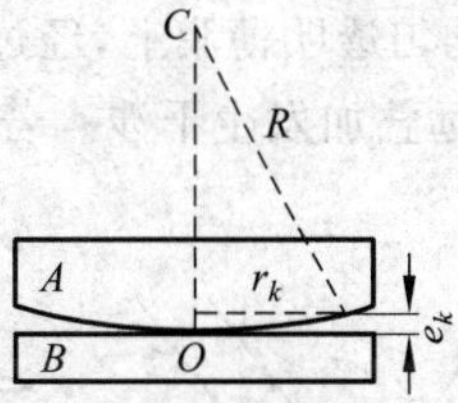

图 5-51　计算牛顿环半径用图

由于暗纹半径与环的级次的平方根成正比,所以随着由里向外级数 k 的增大,干涉条纹变密,如图 5-50(b)所示。

在实验室里,常用牛顿环来测定平凸透镜的曲率半径 R。由于玻璃的弹性形变以及灰尘等因素,透镜和玻璃板之间不可能是理想的点接触,牛顿环的圆心难以测定,并且级数也难以确定,因为难于准确知道接触处到底包含了几级条纹。实际上,我们可以选择两个离中心较远的暗环,可以假定一个作为 k 级暗纹,一个为($k+m$)级暗纹。因为暗纹的位置比较明确,它们的半径是可以准确测出的,只要准确地数出它们的级数差,透镜的曲率半径 R

$$R=\frac{r_{k+m}^2-r_k^2}{m\lambda} \tag{5-75}$$

就可精确确定。

例 5.16 一平凸透镜放在一平玻璃上，以波长为 $\lambda=589.3$ nm 的单色光垂直照射于其上测量反射光的牛顿环。测得第 k 个暗环的半径为 $r_k=2.00$ mm，而其外侧第 $(k+5)$ 个暗环的 $r_{k+5}=3.00$ mm。求平凸透镜球面的曲率半径。

解 由(5-74)式，有 $r_k^2=k\lambda R$ 和 $r_{k+5}^2=(k+5)\lambda R$，两式相减可得

$$r_{k+5}^2-r_k^2=5\lambda R$$

有

$$R=\frac{r_{k+5}^2-r_k^2}{5\lambda}=\frac{(3.0\times10^{-3})^2-(2.0\times10^{-3})^2}{5\times5.893\times10^{-7}}\text{ m}=1.7\text{ m}$$

例 5.17 如图 5-52 所示。在 AB 与 CD 两平玻璃之间夹着直径相差很小的两细丝 R 和 S，两细丝相距 l。当从上方入射波长为 500 nm 的单色光时，可观察到规则排列明暗相间的反射光干涉条纹。若在 R 与 S 间出现 10(1→10)条明纹，而 R 和 S 处各距第 1 条和第 10 条明纹中心有 $\frac{1}{3}$ 相邻的明纹间距。那 R 和 S 的直径之差为多少?

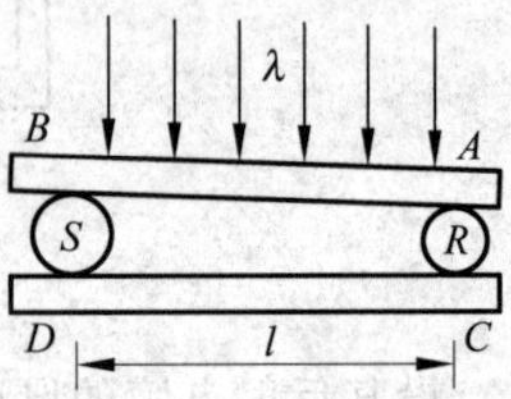

图 5-52 例 5.17 用图

解 由于两细丝直径有差别，两玻璃间形成空气劈尖，波长为 λ 的光垂直入射形成明暗相间直条纹。由(5-71)式和(5-72)式可知，相邻明纹间距 L 对应空气劈尖薄膜厚度差为 $\Delta e=\frac{\lambda}{2}$，$\frac{1}{3}$明条纹间距对应空气薄膜厚度差应为$\frac{\Delta e}{3}=\frac{\lambda}{6}$。视场共有 10 条明纹，9 个明纹间距，所以 R 和 S 的直径之差为

$$D_S-D_R=9\times\frac{\lambda}{2}+2\times\frac{\lambda}{6}=\frac{29}{6}\lambda$$

2. 定域于无穷远的薄膜等倾干涉条纹

如图 5-53(a)所示，一束波长为 λ 的单色光照射到放置在空气中一折射率为 n、厚度为 e 的均匀透明薄膜上，经过薄膜的上下两个表面反射而形成的两束平行相干光 1 和 2 将在无限远叠加发生干涉。若用透镜来观察，其干涉条纹将呈现在透镜的焦平面 F' 上一点 P，如图 5-53(b)所示，因此在透镜的焦平面将出现干涉条纹。

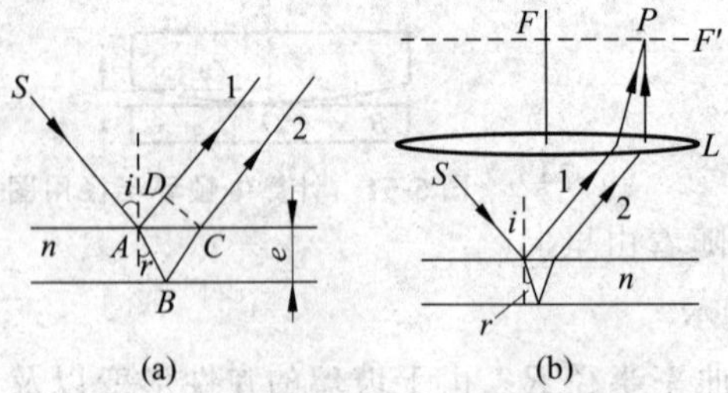

图 5-53 薄膜等倾干涉原理图

作图 5-53(a)所示的垂线 DC，垂线 DC 以后 1,2 两条光线具有等光程性，即便用透镜观察，如图 5-53(b)所示，垂线以后它们也具有等光程性，因为薄透镜不附加光程差。所以，它们在无穷远相遇或者是薄透镜焦平面上干涉时的光程差 δ 为

$$\delta=n(AB+BC)-AD+\frac{\lambda}{2}$$

式中，$\frac{\lambda}{2}$是由于光束 1 在薄膜上表面反射时的半波损失。而 $AB=BC=\frac{e}{\cos r}$，式中的 $AD=AC\sin i=2e\tan r\sin i$，根据折射定律，有 $\sin i=n\sin r$，把它们代入光程差的关系中，我们可得到光程差 δ 的表达式为

$$\delta=2ne\cos r+\frac{\lambda}{2} \tag{5-76}$$

或

$$\delta=2e\sqrt{n^2-\sin^2 i}+\frac{\lambda}{2} \tag{5-77}$$

此式表明，光程差决定于倾角（入射角 i），凡以相同倾角 i 入射到厚度均匀的平薄膜上的光线，经上下两个表面反射后产生的相干光束有相等的光程差，因而它们干涉加强和减弱的情况是一样的。这样的干涉条纹称为等倾条纹。

观察等倾条纹时一般使用扩展光源，实验装置透视图如图 5-54(a)所示，图 5-54(b)显示的是屏幕上观测到的内疏外密的同心圆环干涉条纹。光源上一点发出的光线中以相同的倾角入射到薄膜表面上的光线在同一圆锥面上，它们的反射光线经透镜会聚后分别相交于焦平面的同一圆周上，因此在屏幕上形成如图 5-54(b)所显示的一组同心圆环条纹。而扩展光源上各点光源发出的光都具有这样的性质，所以扩展光源上各点光源发出的光在屏幕上形成完全相同的干涉图样。这些相同的干涉图样的重合（非相干叠加）不但不会降低干涉条纹的衬比度，反而使明环条纹的强度大大增加，条纹更加明亮，提高了条纹的清晰度，所以观测等倾干涉使用扩展光源有利无害。

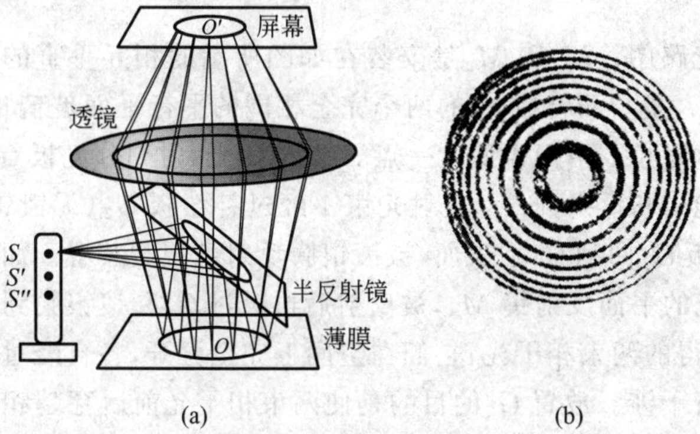

图 5-54　等倾干涉

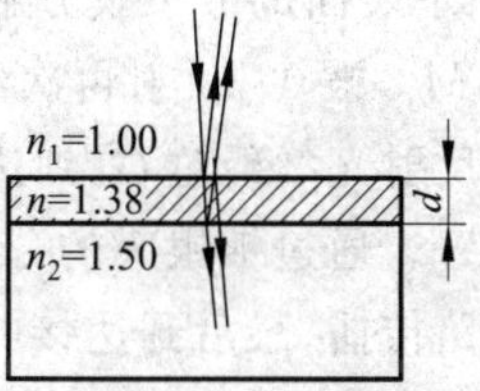

图 5-55　增透膜

例 5.18　在一折射率为 1.50 的平板玻璃表面镀上一层折射率为 1.38 的均匀透明的氟化镁薄膜，并让波长为 552 nm 的单色光从空气垂直入射到薄膜上，如图 5-55 所示。如果要使在介质薄膜的上、下表面反射的光干涉相消，那么镀膜的最小厚度应该是多少？

解　以 d 表示氟化镁薄膜的厚度。垂直入射倾角 $i=0$，又因 $n_1<n<n_2$，通过薄膜上下两表面反射的两相干平行光束都在反射处存有半波损失现象，故两反射相干平行光束的光程差为

$$\delta=2nd$$

要使薄膜的上下两个表面的反射光相消，则必须满足干涉相消条件，即

$$2nd=(2k+1)\frac{\lambda}{2},\quad k=0,1,2,3,\cdots$$

当 $k=0$ 时，薄膜的厚度最小为

$$d=\frac{\lambda}{4n}=\frac{552}{4\times1.38}\ \text{nm}=100\ \text{nm}$$

由于反射光相消，所以透射光加强，这样的透明薄膜就称为增透膜。为了减少因反射引起的光能损失，在光学仪器中常常应用增透膜。根据上式可以知道，一定的薄膜厚度只能使一种对应波长的光增透。在照相机和一些助视光学仪器中，往往使薄膜的厚度对应于人眼最敏感的、波长为 552 nm 左右的黄绿光，使它反射减弱、透射增强。所以这样的镜头在白天看起来呈蓝紫色。目前用得比较好的薄膜是氟化镁。

与上述情况相反，有些光学仪器则需要减少透射光以增加反射光的强度，利用薄膜干涉也可以制成增反膜。在图 5-55 中，如果使 $n>n_1$，$n>n_2$，由于光在薄膜的上表面反射时有相位的突变，下表面的反射无相位的突变，平行反射光束的干涉叠加与增透膜情况相反，反射光得到了增强，透射光得到了减弱。但在实际应用中，为了增加反射率，常常依次交替镀上高折射率和低折射率的多层膜来制成高反射膜。适应各种要求的干涉滤光片(只让某一种颜色的光通过)就是根据类似的原理制成的。

3. 迈克耳孙干涉仪

干涉仪是利用干涉原理制成的精密仪器。迈克耳孙干涉仪是一种典型的干涉仪，是迈克耳孙在 100 多年前利用分振幅法产生双光束干涉来精确测定长度和长度变化的仪器。他在 1881 年用他的干涉仪做了著名的迈克耳孙-莫雷实验，这个实验装置不仅以精巧而著称，而且是许多近代干涉仪的原型。

图 5-56 是迈克耳孙干涉仪的光路图。M_1 和 M_2 是安装在如图所示的相互垂直的两臂上的精密磨光的平面反射镜，G_1 和 G_2 是与两臂成45°的两个完全相同的平行平面玻璃板，其中 G_1 下表面镀有一层半透半反的薄银膜。由面光源上一点 S 发出的光，射到分光板 G_1 上，被 G_1 下表面的镀银膜分解为透射光 1 和反射光 2。透射光束 1 经过补偿板 G_2(无镀银膜)射向 M_1，被 M_1 反射再次经过补偿板 G_2 回到 G_1 下表面，被镀银膜反射到观测装置。而被分出的反射光 2 经过 G_1 到达精密磨光的平面反射镜 M_2，被反射后再透过 G_1 和镀银膜到达接收装置。通过镀银膜的分振幅法获得的两束相干光，它们在空间上完全分开，各自经过自己的光路传播，最后到达接收装置进行干涉。放置 G_2 的目的是使两束相干光前后穿越相同的玻璃板的次数相同，这样 1 和 2 的光程差就与玻璃板中的光程无关了，所以把 G_2 称为补偿板。从观测装置看来，G_1 的镀银膜使 M_1 在 M_2 附近形成一虚像 M_1'，光束 1 如同从 M_1' 反射的一样，因此观测装置(或眼睛)所观测到的干涉图样就如同是 M_2 和 M_1' 之间的空气薄膜所产生的一样。

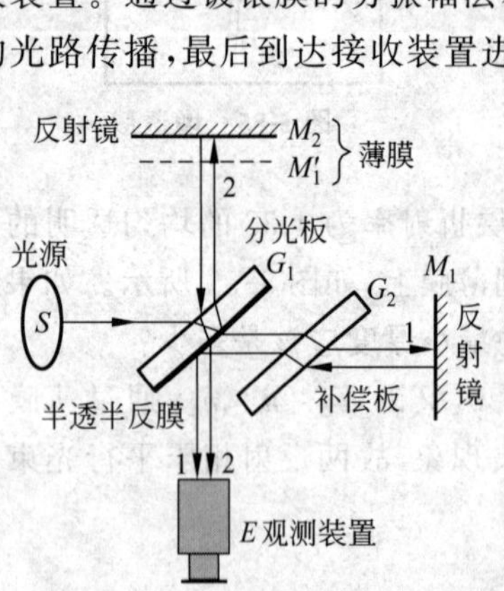

图 5-56 迈克耳孙干涉仪光路图

一般 M_1 和 M_2 二者之一是固定的，另一个后面有调节螺旋装置，可以调节它的方向和使它前后移动。如果调节使得 M_1 和 M_2 精确垂直时，M_2 和 M_1' 之间形成等厚的空气薄膜，这时观测器(如毛玻璃)上可以观测到非定域的圆环形等倾干涉条纹。所谓非定域是指观测器沿1、2相干光方向移动到任何位置时都可以观测到干涉条纹。如果 M_1 和 M_2 不是严格垂直，M_2 和 M_1' 之间形成空气劈尖，观测器上将出现非定域的条形等厚条纹。调节可动反射镜，可观测到条纹在视野中的移动变化，每当 M_2 和 M_1' 之间的距离每平移变化一个 $\frac{\lambda}{2}$，则相应的相干光的光程差改变一个 λ，视场中就有一个条纹移过视场中的某一个标记，因此动镜平移的距离 d 与干涉条纹移过的条数 N 的关系为

$$d = N\frac{\lambda}{2} \tag{5-78}$$

若光的波长 λ 已知，利用此式可以测定微小长度；若长度 d 已知，利用此式可以测定光的波长。

例 5.19 迈克耳孙干涉实验中，视野中观测到有1000条条纹移过视野中的标记，若已知调节一个反射镜的平移距离是0.2730 mm，求入射光的波长。

解 根据(5-78)式，入射光的波长为

$$\lambda = \frac{2d}{N} = \frac{2\times 0.2730\times 10^{-3}}{1000}\ \mathrm{m} = 5.460\times 10^{-7}\ \mathrm{m}$$

5.4.2 光的衍射

5.3节利用惠更斯原理定性解释了波的衍射现象，也指出只有当波长可以和障碍物或缝隙、孔洞等的几何尺度相比拟或大于这尺度时衍射现象才明显。由于可见光的波长是 10^2 nm 数量级，所以日常生活中人们对光波的衍射印象不深，主要看到的是光波的直线传播。不过，当你眯着眼睛看夜晚的路灯时，或者透过手指狭缝观看太阳就能方便地观测到光的衍射，你会发现路灯或太阳的光辉会沿着和眼线或手指狭缝垂直的方向拉长。

为了进一步探讨衍射现象的特征和对衍射光强度的定量计算，我们先了解如何观察此现象。观察衍射现象的实验装置是由光源、衍射物(障碍物)和观测屏组成。按它们相互距离的不同，衍射通常分为两类：一类是光源 S 和观测屏 P 或者是二者之一离衍射物 R 的距离为有限远时的衍射，称为近场衍射或菲涅耳衍射，如图5-57(a)所示；另一类是衍射物与光源和接收屏的距离均为无限远，这种衍射称为远场衍射或夫琅禾费衍射，如图5-57(b)所示。本节只注重讨论衍射物具有一定对称性的(如图中的狭缝)夫琅禾费衍射，为的是能够简单阐述衍射的基本规律，而且所讨论的几种夫琅禾费衍射在实际中也有许多重要的应用。

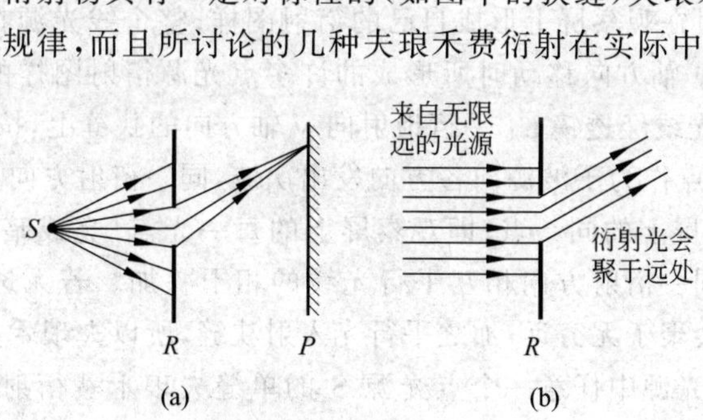

图 5-57 两类衍射

5.4.2.1 惠更斯-菲涅耳原理

5.3.2 节已经介绍了惠更斯原理的基本内容是波阵面上各点都看作是子波波源,并用惠更斯原理定性地解释了波动在衍射现象中的传播方向问题。但是,惠更斯原理不能定量给出衍射波在各衍射方向上的强度,不能定量解释在衍射观测屏上出现的光强再分布现象(即衍射条纹)。1818 年,年轻的菲涅耳把光的相干叠加的思想引入惠更斯原理,形成了今天的惠更斯-菲涅耳原理,其要点可定性地表述为:**从同一波阵面上各点所发出的子波是相干波,经传播而在空间某点相遇时,此点的光振动是到达该点的所有子波的相干叠加。**

根据这个原理,如果已知波动在某时刻的波阵面为 S,就可以计算波动传到 S 面前方给定点 P 的振动的振幅和周期。菲涅耳提出,若设波面 S 的初相位为零,面元 $\mathrm{d}S$ 所发出的子波在空间某点 P 引起的光振动(图 5-58)由下式给出:

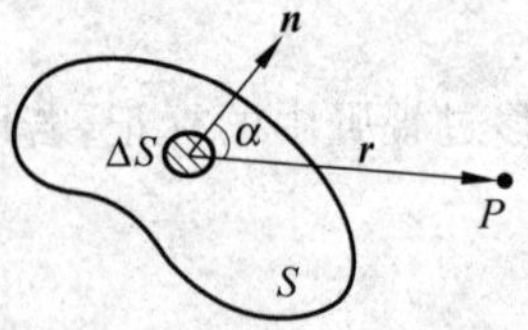

图 5-58 惠更斯-菲涅耳原理说明图

$$\mathrm{d}E = C\frac{K(\alpha)}{r}\cos\left(\omega t - \frac{2\pi}{\lambda}r\right)\mathrm{d}S$$

式中,C 为比例常量;$K(\alpha)$叫作倾斜因子,是 α 的函数。菲涅耳提出,在 $\alpha=0$ 时,$K(\alpha)$最大;随着 α 的增大倾斜因子变小;在 $\alpha\geqslant\frac{\pi}{2}$时,$K(\alpha)=0$,$\mathrm{d}S$ 所发出的子波对空间点的光振动贡献为零,借此说明不存在后退的波。对上式积分等于波面 S 上所有面元发出的子波在 P 点引起光振动的叠加,即有

$$E = \int_S C\frac{K(\alpha)}{r}\cos\left(\omega t - \frac{2\pi}{\lambda}r\right)\mathrm{d}S \tag{5-79}$$

这就是惠更斯-菲涅耳原理的数学表达式,也称为菲涅耳衍射积分。

具体利用(5-79)式计算一般衍射图样中的光强分布,积分计算是相当复杂的。对于下面要讨论的具有对称性衍射物的夫琅禾费衍射,我们避开直接进行菲涅耳衍射积分而采用定性或半定性的方法较简单地对衍射规律和现象进行说明。

5.4.2.2 单缝和圆孔的夫琅禾费衍射

1. 单缝夫琅禾费衍射

单缝夫琅禾费衍射实验装置如图 5-59 所示,线光源和观察屏分别位于薄透镜 L_1 和 L_2 的焦平面上。图中线光源可以看作是一系列不相干点光源的集合,比如图中的 S,S',每个点光源经过狭缝的衍射在观察屏上形成自己的衍射图样,整个线光源在观察屏上的光强分布相当于点光源 S 沿 y 轴方向移动时所形成的许多点光源衍射图样的非相干叠加。点光源 S 向各方向发出的光线经透镜 L_1 平行地射向 y 轴方向的狭缝上,按照惠更斯-菲涅耳原理,狭缝内波前上每一点作为子波源向各方向发出次波,同一衍射方向上彼此平行的衍射线经透镜 L_2 会聚于观察屏上的同一点,即观察屏上的每一光点(亮或暗)都是对应狭缝内波前上无数多子波源的同一衍射方向相互平行光线的相干叠加。若无透镜 L_2 时,所有这些子波源的平行光线应会聚于无穷远,加之平行光入射狭缝,所以夫琅禾费衍射为平行光的衍射。图 5-60 表示了线光源中任意一个点光源 S 的单缝夫琅禾费衍射实验的光路图,为了清楚一些,图中缝宽画得大了些,并且也相对地放大了透镜 L_2 离狭缝的距离,在实验中通常都是把透镜 L_2 相对靠近狭缝放置。光的衍射是指光偏离直线传播的现象,图中子波衍射线与平行光入射狭缝方向的交角 θ 称为衍射角,因为狭缝并未在 y 轴方向对平行入射光

进行限制，所以衍射只在 xz 平面内进行。

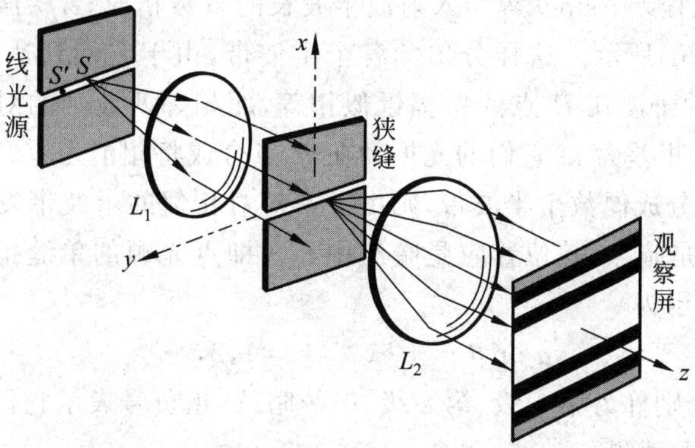

图 5-59　单缝夫琅禾费衍射实验装置示意图

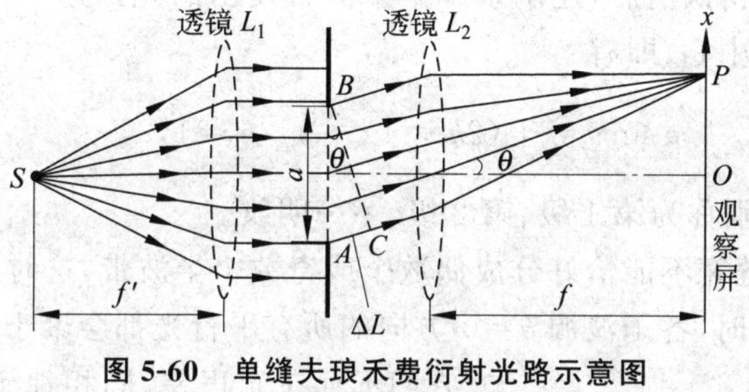

图 5-60　单缝夫琅禾费衍射光路示意图

在图 5-60 中，观测屏上任意一点 P 的光振动是由单缝处波阵面上在某衍射角 θ 上所有平行子波会聚到 P 点时各自引起的光振动的合成。我们想象在衍射角 θ 为某些定值时，能够将单缝处宽度为 a 的波阵面 AB 分成许多等宽度的纵长条带(图 5-61)，使得相邻两带上的对应点发出的光线(如图 5-61(a)中 1 和 $1'$ 及 2 和 $2'$)在 P 点的光程差均为半个波长。这样的条带称为半波带，利用这样的半波带来分析衍射图样的方法叫半波带法。

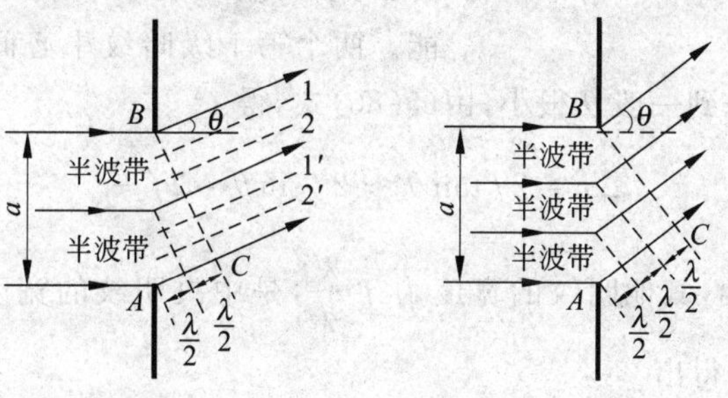

(a)　　(b)

图 5-61　半波带法示意图

衍射角不同时，单缝处 AB 波阵面分出的半波带的个数也不同。作 BC 垂直于衍射线，半波带的个数取决于 AB 单缝两边缘处衍射光线之间的光程差 AC。由图 5-61 可知

$$AC = a\sin\theta$$

当 $AC=a\sin\theta$ 等于入射波半波长的整数倍时,单缝 AB 波阵面可被分出偶数个半波带,如图 5-61(a)所示;当光程差 $a\sin\theta$ 等于入射波半波长的奇数倍时,AB 波阵面可被分为奇数个半波带,如图 5-61(b)所示。这样分出的各个半波带,由于它们到达 P 点的距离近似相等,因而各个带发出的子波在 P 点的振幅近似相等,而相邻两波带的对应点发出的子波在 P 点的光程差为 $\lambda/2$,相差为 π,它们的光振动在 P 点合成将相消为零。因此,如果衍射角 θ 使得单缝处波阵面被分成偶数个半波带,则由于一对对相邻的半波带发出的光都分别在 P 点互相抵消,P 点应是暗点,其位置应是暗纹中心。即点光源的单缝衍射形成衍射图案的暗纹位置用衍射角表示为

$$a\sin\theta=\pm k\lambda,\quad k=1,2,\cdots \tag{5-80}$$

对应于 $k=1,2,\cdots$,分别称为第 1 级、第 2 级、……暗纹,正负号表示它们分别对称地分布在图 5-60 中 O 点的上下两侧。

如果衍射角 θ 取的值使单缝处波阵面被分成奇数个半波带,则由于一对对相邻的半波带发出的光在 P 点互相抵消后,还剩余一个半波带发出的光到达 P 点进行合成使 P 点发亮,而成为明纹的近似中心,即有

$$a\sin\theta=\pm(2k+1)\frac{\lambda}{2},\quad k=1,2,\cdots \tag{5-81}$$

对应于 $k=1,2,\cdots$,分别称为第 1 级、第 2 级、……明纹。

若衍射角 θ 使得缝宽不能恰好分成偶数个或奇数个半波带,这时 P 点的光强介于明纹和暗纹之间。当 $\theta=0°$ 时,各子波源 $\theta=0°$ 方向的所有平行光都会聚于图 5-60 中屏上 O 点,它们不存在光程差,同相地干涉相长,所有单缝处波阵面分成的半波带都将在 P 点干涉加强,所以光强是最大的,成为中央明纹的中心。对于其他亮纹,随着衍射角的增大,明纹级数的增加,狭缝上半波带的面积的减小,明纹的强度越来越小。图 5-62 给出了单缝夫琅禾费衍射光强分布。从图中可以看出,中央明纹集中了狭缝波面的绝大部分的光能。两个第 1 级暗纹中心间的距离是中央明纹的宽度,用 Δx 表示,考虑到一般 θ 很小,由(5-80)式,得

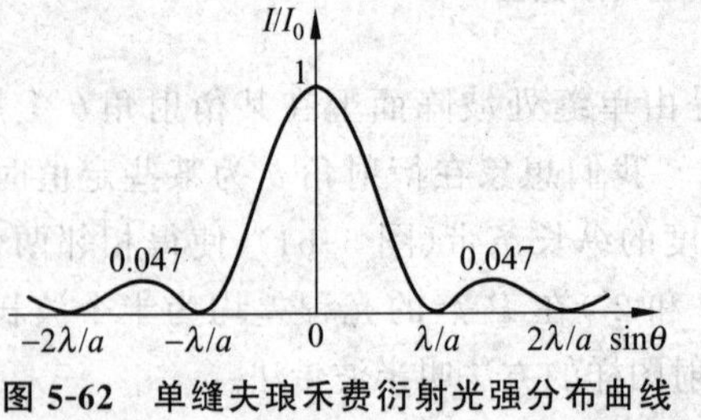

图 5-62 单缝夫琅禾费衍射光强分布曲线

$$\Delta x=2f\tan\theta\approx 2f\sin\theta=2f\frac{\lambda}{a} \tag{5-82}$$

同样由(5-80)式可得出,其他明纹的宽度为 $f\dfrac{\lambda}{a}$,是中央明纹的宽度的一半。在(5-82)式中,因 $\sin\theta\approx\theta$,我们可得出

$$\theta\approx\sin\theta=\frac{\lambda}{a} \tag{5-83}$$

对中央明纹来说,$\theta=\dfrac{\lambda}{a}$称为中央明纹的半角宽度。此式告诉我们,对应于中央明纹的衍射角正比于入射波长 λ,反比于缝宽 a(称为反比定律),说明单缝的宽度越窄,中央明纹越宽,衍射现象越显著,反之则越不明显;当$\dfrac{\lambda}{a}\to 0$ 时,$\theta\to 0$,说明光直线传播的几何光学是波动光

学在$\frac{\lambda}{a}\to 0$时的极限情形。

当点光源沿线光源 y 轴方向移动时，在观察屏上形成的衍射图样的位置不变，也就是说组成线光源的各点光源在观察屏上位置相同的衍射图样的不相干叠加形成图 5-59 中观察屏上沿 x 轴方向扩展的直线衍射条纹。

例 5.20　某种单色平行光垂直入射在单缝上，单缝宽 $a=0.15\ \mathrm{mm}$，缝后放一个焦距 $f=400\ \mathrm{mm}$ 的凸透镜，在透镜的焦平面上，测得中央明条纹两侧的第 3 级暗条纹之间的距离为 8.0 mm，求入射波的波长。

解　透镜的焦平面观察屏上两个第 3 级暗条纹之间的距离包括第 1 级暗条纹之间中央明纹宽度$\left(2f\frac{\lambda}{a}\right)$，以及中央明纹两侧两个第 1 级明纹的宽度和两个第 2 级明纹的宽度$\left(f\frac{\lambda}{a}\right)$，设两个第 3 级暗纹的宽度为 Δx，则有 $\Delta x=6f\frac{\lambda}{a}$，因此入射波波长为

$$\lambda=\frac{\Delta x a}{6f}=\frac{8.0\times 0.15}{6\times 400}\ \mathrm{mm}=5.00\times 10^{-4}\ \mathrm{mm}=500\ \mathrm{nm}$$

2. 圆孔的夫琅禾费衍射和光学仪器的分辨本领

(1) 圆孔的夫琅禾费衍射

如果把上面单缝夫琅禾费衍射实验中的单缝换成小圆孔，则称为圆孔夫琅禾费衍射，如图 5-63 所示，在接收屏上看到的是明暗相间的圆环。圆环中心的亮斑最亮，与单缝夫琅禾费衍射中的中央明纹一样集中了衍射场中绝大部分能量，被称为艾里斑，是圆孔的零级衍射斑。

如图 5-64 所示，对直径为 D 的圆孔夫琅禾费衍射来讲，第 1 级暗环到艾里斑中心(几何光学的像点)的距离经计算用衍射角表示为

$$\sin\theta=1.22\frac{\lambda}{D}$$

因 θ 角很小，有

$$\theta\approx\sin\theta=1.22\frac{\lambda}{D} \tag{5-84}$$

θ 也称为艾里斑的半角宽度。

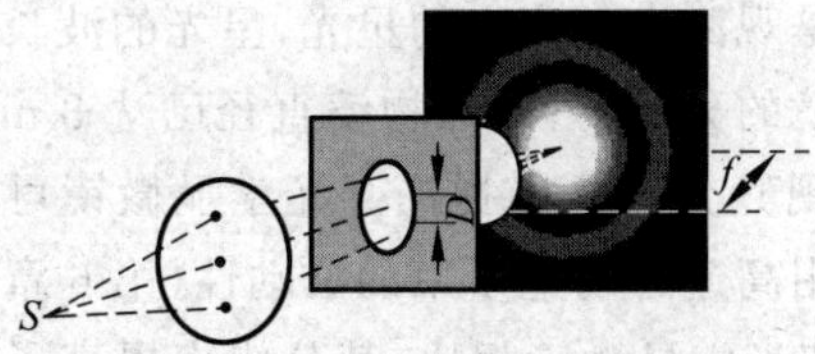

图 5-63　圆孔的夫琅禾费衍射实验

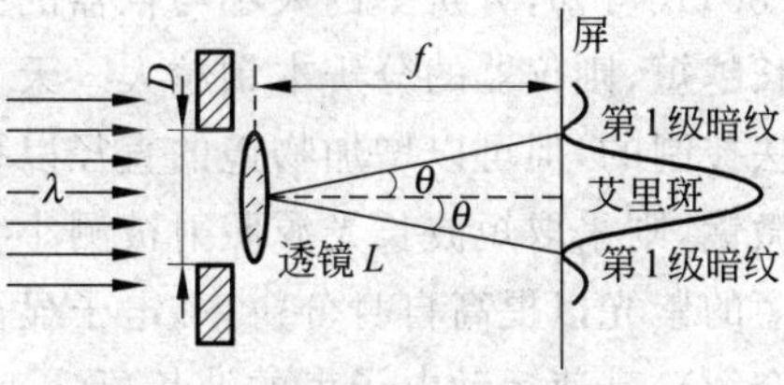

图 5-64　艾里斑对透镜光心的张角

(2) 光学仪器的分辨本领

像眼睛、望远镜、照相机、摄像机等，都是透镜作为圆形光阑限制入射光的进入，因而远处一个点光源经过圆形光阑并不成一个像点，而是在几何光学像点处呈现圆孔衍射图样，如

图 5-63 所示。因此,两个点光源或同一物体上的两个发光点经过圆孔形成各自的衍射斑,如果它们靠得很近,在眼睛的视网膜或照相机底片上两个艾里斑的距离会过近,它们非相干叠加的结果使得不能分辨是一个物点还是两个物点的艾里斑,所以存在一个光学仪器的分辨率问题。

至于能否分辨远处的两个物点,取决于两个艾里斑的重叠程度,其重叠程度可用两个物点对透镜光心的张角 $\Delta\theta$ 描述,也是它们衍射形成的两个艾里斑对光心的张角,如图 5-65 所示。瑞利提出了一个判别的标准,叫作瑞利判据:当两个强度相等的不相干的点光源通过光学仪器形成两个艾里斑时,如果一个艾里斑的中心(主极大)刚好落在另一个艾里斑的边缘(即另一物点衍射的第 1 级暗纹)处,就认为这两个艾里斑恰能分辨。这时两个艾里斑对透镜光心的夹角称为光学仪器的最小分辨角,可用 $\delta\theta$ 表示。当 $\Delta\theta > \delta\theta$ 时,我们称图中两个物点可以分辨;当 $\Delta\theta < \delta\theta$ 时,我们称这两个物点不能分辨。

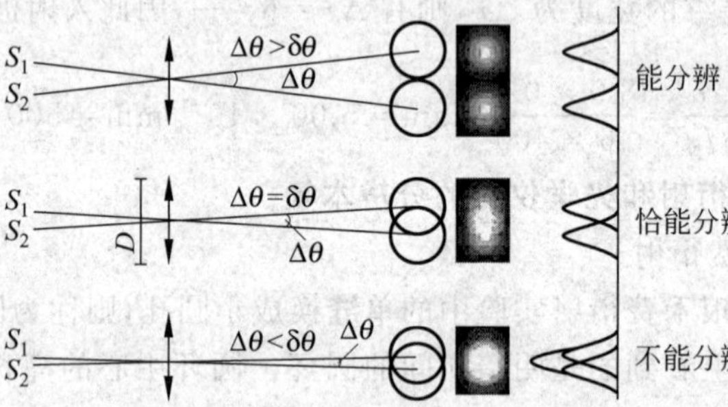

图 5-65 瑞利判据示意图

最小分辨角也称角分辨率,它对应着物点衍射艾里斑的半角宽度,由(5-84)式,最小分辨角 $\delta\theta$ 为

$$\delta\theta = 1.22\,\frac{\lambda}{D} \tag{5-85}$$

它的倒数称为光学仪器的分辨本领(或分辨率)。对直径为 D 的透镜光阑来讲,相应的分辨本领为

$$R \equiv \frac{1}{\delta\theta} = \frac{D}{1.22\lambda} \tag{5-86}$$

由(5-86)式可知,分辨率的大小与仪器的孔径 D 和光波波长有关。仪器的孔径 D 越大,光波波长越短,则仪器的分辨本领越大。天文望远镜是观测来自太空的星光,星光的波长是人类无法控制的,但可以增加物镜的直径以提高望远镜的分辨率,有的物镜直径已达 8 m。对于显微镜,则采取短波长光源照射被测小物体来实现其分辨率的提高。光学显微镜可选用波长短的紫光以提高自身分辨率,电子显微镜则利用高速运动电子束的波动性(第 6 章中将予以介绍),高速运动电子束的波长可达 10^{-3} nm,和光学显微镜相比,其分辨率提高了好几个数量级,成为研究物质结构的有利工具。

例 5.21 人眼的瞳孔直径约为 3 mm,试估算人眼的最小分辨角以及人眼所能分辨的 10 m 远处两物点的最小线距离。

解 选取人眼最敏感的黄绿光来估算。黄绿光的波长 $\lambda = 550$ nm,由(5-86)式,有

$$\delta\theta = 1.22\,\frac{\lambda}{D} = 1.22 \times \frac{550 \times 10^{-9}}{3 \times 10^{-3}}\ \text{rad} = 2.24 \times 10^{-4}\ \text{rad} \approx 1'$$

设最小可分辨的线距离为 Δx，人与物间的距离为 10 m，则有

$$\Delta x = l\delta\theta = 10 \times 2.24 \times 10^{-4}\ \text{m} = 2.24 \times 10^{-3}\ \text{m}$$

5.4.2.3　光栅衍射

在单缝衍射中，若狭缝较宽，则明条纹的亮度也较强，由(5-82)式可知相邻明条纹的间隔很窄不容易被分辨；若狭缝较窄，则明条纹之间的间隔虽然加宽，但其亮度也明显减弱。光栅衍射则克服了上述矛盾。

1. 光栅衍射

许多等宽的狭缝等间距的平行排列构成了具有空间周期性的衍射屏叫作衍射光栅。光栅的种类很多，利用透射光衍射的叫透射光栅，利用反射光衍射的叫反射光栅，还有凹面光栅等；有一维的平面光栅，也有二维、三维光栅。在一块透明的屏板上刻有大量相互平行等宽而又等间距的刻痕，刻痕处因漫反射而不大透光，没有刻痕的地方相当于透光的狭缝，这样就做成了平面透射光栅。晶体由于内部原子空间周期性的排列而成为天然的三维光栅。下面我们主要讨论平面透射光栅，以了解光栅衍射的特点。

把图 5-59 单缝衍射实验中的单缝换成透射光栅，就成为光栅衍射，其实验装置如图 5-66 所示。光栅中每一条透光部分的宽度为 a，设不透光部分的宽度为 b，图 5-67 中所示的 $d=a+b$ 称为光栅常量，它是光栅的一个非常重要的物理量。当入射的平行单色光照射在光栅上时，经光栅衍射后在透镜的焦平面处的观察屏上形成了类似单缝衍射的平直条纹，不过明纹变细变亮了，它们分得很开，即暗区变宽而更加黑暗。当光栅条数不多的情况下还会发现在两明纹之间出现了一些亮度较弱的线。光栅衍射的光路如图 5-67 所示。前面我们已经介绍过双缝干涉规律和单缝夫琅禾费衍射现象，从光路图中我们可以想到，各个缝发出的光将发生干涉，而每个单缝发出的光会产生衍射，光栅平行光衍射图案应是多缝间干涉和每条缝的衍射的综合效果。

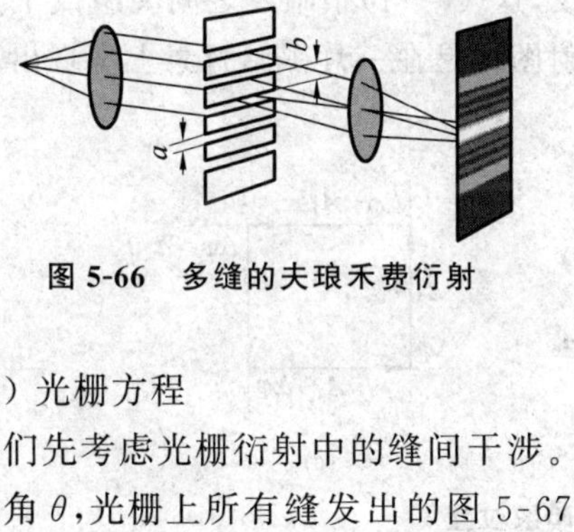

图 5-66　多缝的夫琅禾费衍射

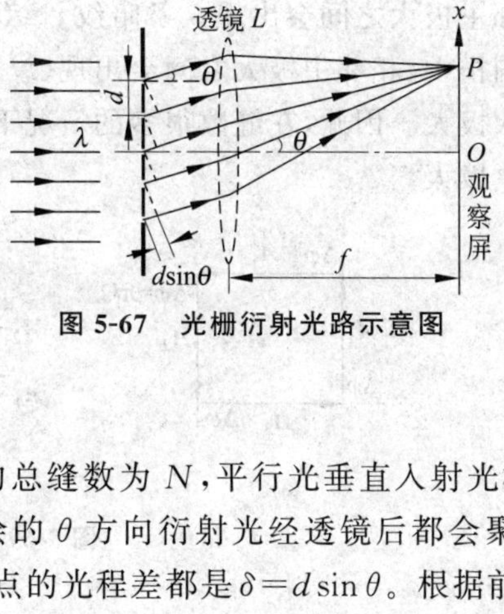

图 5-67　光栅衍射光路示意图

(1) 光栅方程

我们先考虑光栅衍射中的缝间干涉。设光栅的总缝数为 N，平行光垂直入射光栅，对于衍射角 θ，光栅上所有缝发出的图 5-67 中所描绘的 θ 方向衍射光经透镜后都会聚于 P 点，而且任意相邻狭缝发出沿 θ 方向的衍射光在 P 点的光程差都是 $\delta = d\sin\theta$。根据前面的双缝干涉的结论，当此光程差为入射光波长整数倍时双缝干涉相长，也就是说，当衍射 θ 满足

$$d\sin\theta = k\lambda,\quad k = 0, \pm 1, \pm 2, \cdots \tag{5-87}$$

时,光栅上所有缝发出沿 θ 方向的衍射光在 P 点都干涉加强,亦即光栅的缝间干涉是相长干涉。P 点代表光栅衍射图样的明条纹位置,和这些明条纹相应的光强的极大值叫主极大,决定主极大位置的(5-87)式叫作光栅方程。对应于 $k=0,\pm1,\pm2,\cdots$,分别称为零级、第1级、第2级、……主极大。应该注意到,即使不考虑相干,主极大的级数也是有限制的,因为(5-87)式中的 $\sin\theta$ 不能大于1。

光栅和杨氏双缝干涉实验一样,是通过光栅用分波面的方法得到多束相干光。对满足光栅方程的衍射角 θ,它们会聚叠加时相位差依次落后 $\Delta\varphi=\frac{2\pi}{\lambda}d\sin\theta=2k\pi$,又由于各缝面积相同,所以 P 点合成光振动 $\boldsymbol{A}$ 是来自各缝相干光同振幅、同频率、同振动方向的 $\boldsymbol{A}_1,\boldsymbol{A}_2,\cdots$ N 个光振动矢量的同相叠加,其振动矢量合成图由图5-68所示。P 点光振动振幅是来自一条缝光振动矢量振幅的 N 倍,所以光栅衍射图样的明条纹的强度是来自一条缝光强的 N^2 倍。

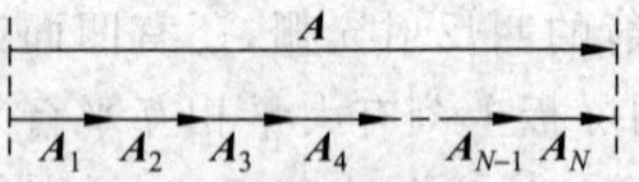

图5-68 光栅的缝间相长干涉

(2) 暗纹条件

相邻两缝发出的光在 P 点的光程差为 $d\sin\theta$,$\theta=0$ 对应零级明纹,第1级明纹的角位置(衍射角 θ_1)满足 $d\sin\theta_1=\lambda$(零级明纹一侧)。假如缝数 $N=4$,在 $0\sim\theta_1$ 之间,如果衍射角分别满足 $d\sin\theta=\frac{\lambda}{4},\frac{2\lambda}{4},\frac{3\lambda}{4}$ 时,四条缝发出的光在 P 点的光振动的相差依次落后 $\Delta\varphi=\frac{\pi}{2},\frac{2\pi}{2},\frac{3\pi}{2}$。三种情况都使得四条缝发出的光在 P 点的光振动合成为零,分别如图5-69(a),(b),(c)所示。也就是说在零级和第1级明纹位置之间出现了3个暗纹位置。同样,在衍射角 θ 的第1级明纹角位置 θ_1(满足 $d\sin\theta_1=\lambda$)和第2级明纹角位置 θ_2(满足 $d\sin\theta_2=2\lambda$)之间,当 $d\sin\theta=\frac{5\lambda}{4},\frac{6\lambda}{4},\frac{7\lambda}{4}$ 时,四束缝衍射束在观察屏上的第1、2级明纹之间干涉相消分别形成3条暗纹,如图5-70所示。对于其他缝数的光栅衍射有着类似规律。若 $N=5$,相邻主极大之间会出现4条暗纹,若 $N=6$,相邻主极大之间会出现5条暗纹。综上所述,N 条等宽、等间距周期性排列组成的光栅衍射图样中,相邻主极大之间会出现 $(N-1)$ 条暗纹,这 $(N-1)$ 条暗纹之间又组成了光强很小的次极大。因此,在缝数很多的情况下,光栅衍射图样是在一片黑暗背景上呈现出又细又亮的主极大。

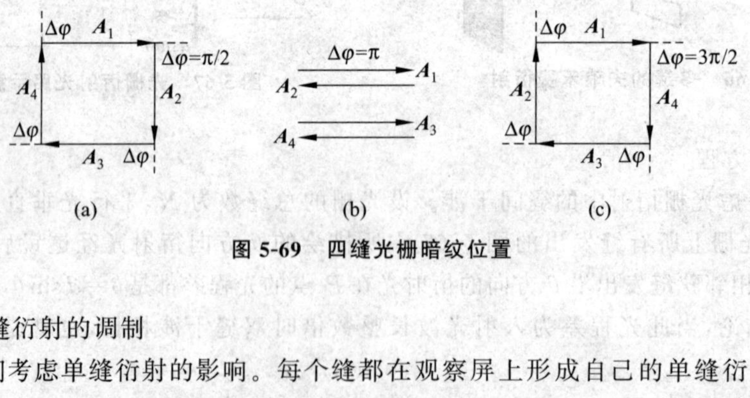

图5-69 四缝光栅暗纹位置

(3) 单缝衍射的调制

现在我们考虑单缝衍射的影响。每个缝都在观察屏上形成自己的单缝衍射图样,由于同一衍射角的平行光经薄透镜后都会聚于同一点,所以单缝衍射图样与缝在光栅上的位置

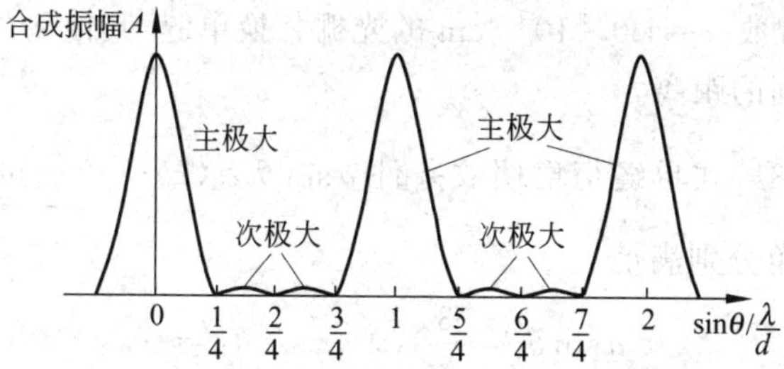

图 5-70 四缝光栅的暗纹位置以及主极大与次极大

无关。也就是说，等宽的各个狭缝不但在屏上形成相同的衍射图样，而且它们的条纹位置完全重合。因此，缝间干涉形成的主极大一定会受到单缝衍射光强的调制，缝间的多光束干涉和单缝衍射共同确定了光栅衍射的总光强分布。图 5-71 显示了 $N=4, d=4a$ 时单缝衍射光强的调制作用，图中显示了缝间干涉第 4，8，…级主极大由于受到单缝衍射的调制而在光栅衍射图样中消失了，这种现象叫缺级，这是由于这些衍射角 θ 既满足了缝间干涉相长的条件又同时满足了单缝衍射的暗纹条件。一般情况下，可由 $d\sin\theta=k\lambda$ 和 $a\sin\theta=k'\lambda$ 联立而求出缺级的级数 k，有

$$k=\frac{d}{a}k',\quad k'=1,2,3,\cdots \tag{5-88}$$

例如，当 $d/a=4$ 时，则缺 $k=4,8,\cdots$ 诸主极大；$d/a=3$ 时，缺 $k=3,6,9,\cdots$ 诸级数。

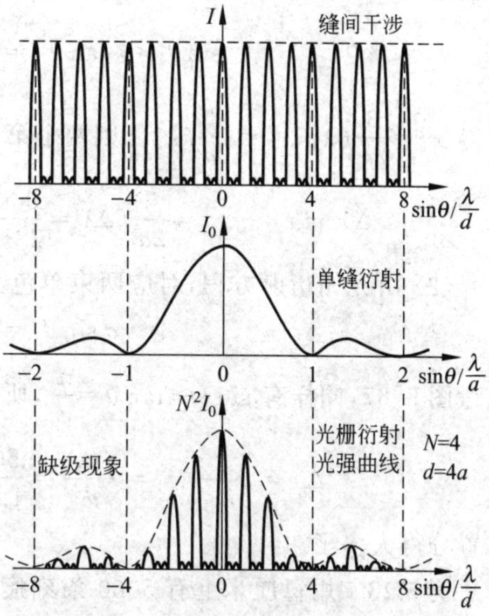

图 5-71 单缝衍射光强调制多光束干涉的各级主极大

2. 光栅光谱

当光栅常数 d 一定时，由光栅方程 $d\sin\theta=k\lambda$ 可知，如果入射光中含有几种不同波长的光，则它们经光栅衍射后除零级条纹外，各级主极大的位置是不相同的，因为它们同一级主极大对应的衍射角 θ 不同，波长越长的光对应的衍射角 θ 越大，所以在衍射屏上可以看到一系列彩带。同级的不同颜色的明条纹将按波长顺序排列成光栅光谱，如图 5-72 所示的是光栅的分光作用。利用物质的光谱可研究物质的结构，光谱分析是现代物理学研究的重要手段。

图 5-72 Hg 的光栅光谱示意图

例 5.22 在单缝夫琅禾费衍射实验中，垂直入射的光有两种波长，$\lambda_1=400\text{ nm}$，$\lambda_2=760\text{ nm}$。已知单缝宽度 $a=1.0\times10^{-2}\text{ cm}$，透镜焦距 $f=50\text{ cm}$。

(1) 求两种光第 1 级衍射明纹中心之间的距离。

(2) 若用光栅常数 $d=1.0\times10^{-3}$ cm 的光栅替换单缝,其他条件和上一问相同,求两种光第1级主极大之间的距离。

解 (1) 由(5-81)式单缝衍射明纹条件 $a\sin\theta=(2k+1)\dfrac{\lambda}{2}$ 可知,两种光第1级明纹($k=1$)各自的衍射角分别满足

$$a\sin\theta_1=\frac{3}{2}\lambda_1,\quad a\sin\theta_2=\frac{3}{2}\lambda_2$$

参考图5-60,设它们的第1级衍射明纹在观察屏上的位置分别以 x_1,x_2 表示,且由于衍射角很小,故分别有

$$\sin\theta_1\approx\tan\theta_1=\frac{x_1}{f},\quad \sin\theta_2\approx\tan\theta_2=\frac{x_2}{f}$$

可得 $x_1=\dfrac{3}{2a}f\lambda_1$,$x_2=\dfrac{3}{2a}f\lambda_2$。则两个第1级明纹的间距为

$$\Delta x=x_2-x_1=\frac{3}{2a}f\Delta\lambda=\frac{3\times50\times10^{-2}}{2\times1.0\times10^{-4}}\times360\times10^{-9}\ \text{cm}=0.27\ \text{cm}$$

(2) 由光栅衍射方程,对应两束单色光的第1级主极大,有

$$d\sin\theta_1=\lambda_1,\quad d\sin\theta_2=\lambda_2$$

参考图5-67,同样有 $\sin\theta\approx\tan\theta=\dfrac{x}{f}$,所以得

$$\Delta x=x_2-x_1=\frac{f\Delta\lambda}{d}=\frac{50\times10^{-2}}{1.0\times10^{-5}}\times360\times10^{-9}\ \text{cm}=1.8\ \text{cm}$$

位置分得大多了。

例5.23 用每厘米上有5000条刻痕的衍射光栅来观察钠光的谱线($\lambda\approx590$ nm)。钠光垂直入射时,若知道光栅狭缝的宽度为10^{-6} m,最多能看到几条明条纹?

解 依题意可知,光栅每厘米上有5000条刻痕,所以光栅常数为

$$a+b=\frac{1\times10^{-2}}{5000}\ \text{m}=2\times10^{-6}\ \text{m}$$

根据光栅公式 $(a+b)\sin\theta=k\lambda$,k 的最大取值所对应的是 $\sin\theta=1$,所以有

$$\frac{a+b}{\lambda}\sin\theta=\frac{2\times10^{-6}}{5.9\times10^{-7}}\times1=3.39$$

所以能看到的最高级数是第3级明条纹(只能取3)。又由于有

$$\frac{a+b}{a}=\frac{2\times10^{-6}}{10^{-6}}=2$$

存在缺级现象,即第2级缺级。所以,可看到2条第1级条纹,2条第3级条纹,加上零级条纹,最多能看到5条条纹。

5.4.2.4 晶体的X射线衍射

X射线又称伦琴射线,是由德国物理学家伦琴(W. K. Rontgen,1845—1923)在1895年发现的。1912年德国物理学家劳厄(M. V. Laue,1879—1960)提出X射线是一种电磁波,可以产生干涉和衍射现象。X射线的波长很短(0.1 nm的数量级),通常的光学光栅的光栅常量由于远远大于X射线的波长,所以无法用于观察X射线的衍射现象。晶体是具有规则

排列的点阵结构，它的晶格常数在 0.1 nm 的数量级上，所以是一种非常理想的三维空间光栅。劳厄想到了晶体，并通过实验第一次圆满地获得了 X 射线的衍射图样（称为劳厄斑），证实了 X 射线的波动性。图 5-73(a)，(b)分别给出了 NaCl 多晶和单晶的劳厄斑点照片。

图 5-74 是 X 射线管的结构示意图。图中 G 是一抽成真空的玻璃泡，其中密封有发射电子的热阴极 K 和阳极 A（一般是纯铜、钼金属柱体）。阴极发射的热电子，经两极间数万伏高电压的强电场加速，高速地撞击金属阳极，阳极就发射出 X 射线。与可见光或紫外光相比，这种射线是一种波长很短、穿透能力很强的电磁波，它很容易穿过由氢、氧、碳、氮等较轻的元素组成的肌肉组织，但不易穿透骨骼，医学上常用 X 射线检查人体生理结构上的病变。

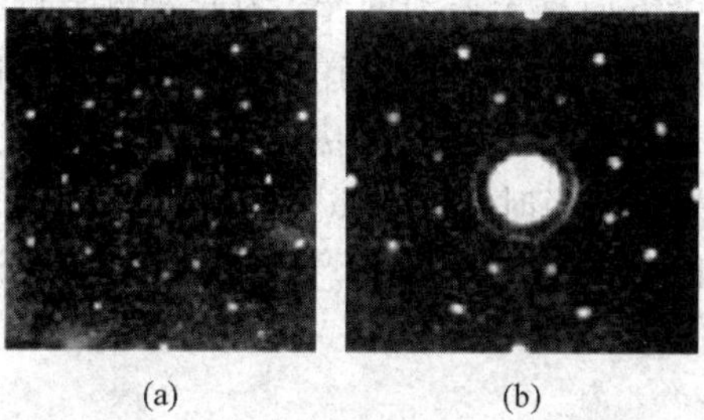

图 5-73　NaCl 晶体的劳厄斑点

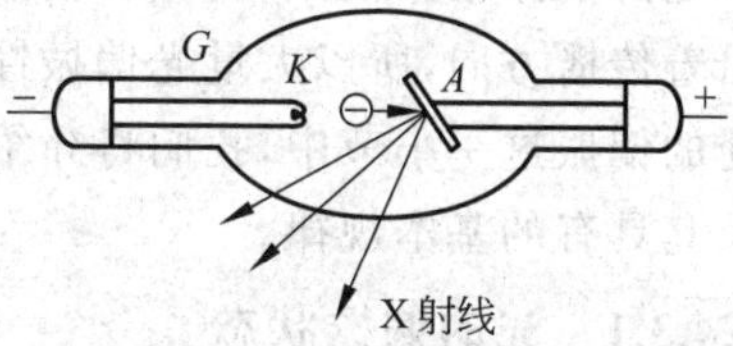

图 5-74　X 射线管的结构示意图

英国的布拉格(W. L. Bragg，1890—1971)和他父亲(W. H. Bragg，1862—1942)研究了晶体衍射成像的规律，给出了著名的晶体衍射的布拉格公式。他们把晶体空间点阵当作反射光栅处理，想象晶体是由一系列平行原子层（晶面）所组成，如图 5-75 所示，两平行晶面之间的距离 d 称为晶格常数。当一束平行 X 光以掠射角 φ 入射到晶面上时，晶体表面和内部各原子层的原子都成为子波的中心，向各个方向发出和入射光同频率的 X 射线，这种现象叫作散射。在散射光中，符合反射定律的方向上可以得到强度最大的散射子波。相邻两个晶面上所发生的"反射光线"的光程差为 $2d\sin\varphi$，它们相长干涉的条件是

$$2d\sin\varphi = k\lambda,\quad k=1,2,3,\cdots \tag{5-89}$$

这就是通常所说的布拉格公式。布拉格公式简化了衍射理论，它成为现在使用的各种 X 射线衍射仪的基本原理。

在布拉格公式中，如果晶体的晶格常数 d 已知，就可以通过 X 射线衍射实验中衍射光强极大时的掠射角 φ 来测定 X 射线的波长，这就是 X 射线的光谱分析方法。若用已知的 X 射线在晶体上衍射时，根据衍射出现的最大强度所对应的掠射角可以测出晶体的晶格常数，这一应用已发展为X射线的晶体结构分析。例如DNA分子的双螺旋结构，如图5-76所

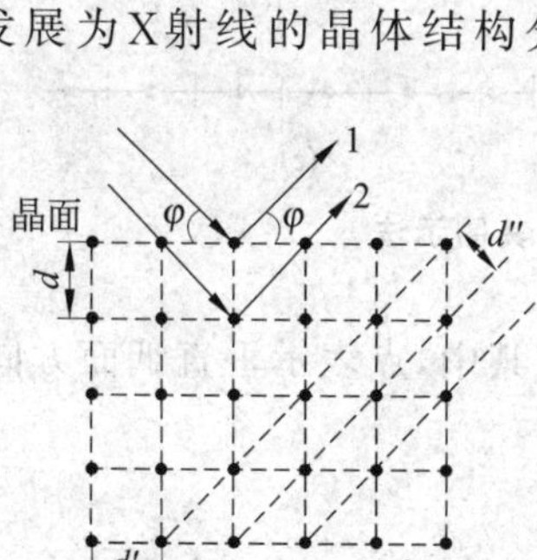

图 5-75　晶体衍射规律示意图

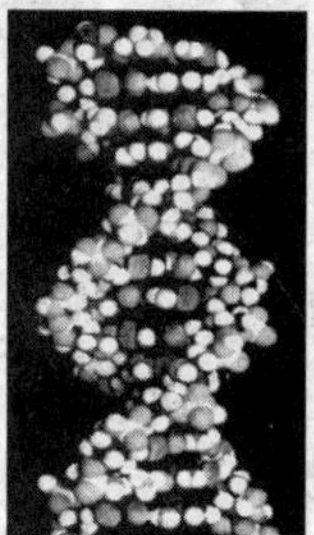

图 5-76　DNA 分子的双螺旋结构

示,就是当时对大生物分子 DNA 晶体的上千张 X 射线衍射照片分析得出的。

5.4.3 光的偏振

在第4章,麦克斯韦理论给出电磁波是横波,光是波长较短的电磁波。作为横波,光波中的光矢量的振动方向总是和传播方向垂直。在5.4.2节中,我们也介绍了普通光源发出的光是断续的、独立的,所以在垂直光波传播方向的平面内,波列振动方向是随机分布的。对于大量光波列来说,各方向的光矢量振幅平均来说应是相同的,不应该存在某一方向上的优越性。但在某些天然或人工条件下,这些普通光源发出的光变为在垂直传播方向平面内的某一方向光振动振幅偏大,或者是成为只有一个方向有光振动的光。有这种性质的光称为偏振光。日常生活中,到处都存在偏振光,虽然光矢量引起了我们的视觉,但单凭眼睛不能识别光的偏振性。偏振是横波的特性,纵波不存在偏振问题,因为纵波的振动方向总是唯一地沿着传播方向,所以大量光偏振性的实验结果是对当时光的电磁理论的一个有力证明。

光的偏振这一小节中,我们将介绍光的各种偏振状态、偏振光的产生和应用等各种偏振现象及其具有的基本规律。

5.4.3.1 光的偏振状态

在与光的传播方向垂直的平面内,光的振动矢量可以有各种不同的振动状态,我们通称为光的偏振态。就其偏振状态进行区分,光可以分为非偏振光、完全偏振光(简称偏振光)和部分偏振光。下面分别加以说明。

1. 非偏振光

非偏振光就是我们通常所说的自然光,是普通光源发出的光。在与光的传播方向垂直的平面内,相互独立的各个光矢量分布在所有可能的方向上(图5-77(a)),没有哪一个方向占有优势。因此,在任意时刻,如果在垂直传播方向平面内把所有光振动矢量都按确定的相互垂直的 x, y 轴两个方向进行分解,分解后 x, y 轴各自方向上的所有分量的非相干叠加形成两个相互独立且等振幅的垂直光矢量,它们之间没有固定的相位关系,如图5-77(b)所示。如设 I 为自然光光强,这两个独立垂直光矢量的强度为

$$I_x = I_y = \frac{1}{2}I \tag{5-90}$$

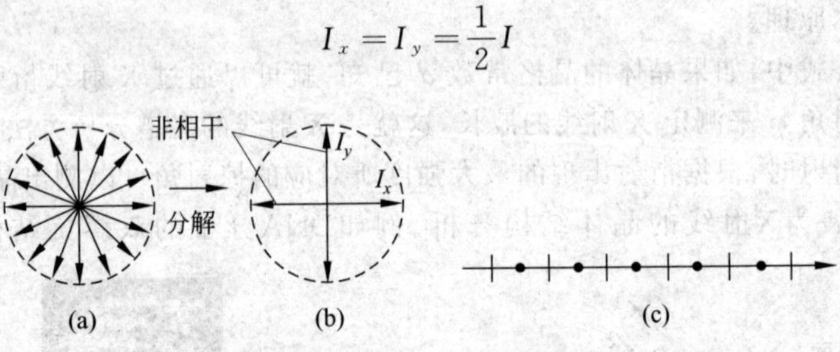

图5-77 非偏振光及其图示法

图5-77(c)给出了非偏振光的简单几何表示。其中,点表示垂直纸面方向的振动,短线表示平行纸面方向的振动,它们作等距分布。

2. 完全偏振光

如果在垂直于光传播方向的平面内,任何时刻只观测到一个光矢量在某一方向振动,这种光叫作完全偏振光。它包括平面线偏振光、椭圆偏振光和圆偏振光。

(1) 线偏振光

在光的传播过程中,如果在垂直于其传播方向的平面内,光矢量只沿一个固定的方向振动,这种光就叫平面线偏振光(简称线偏振光)。线偏振光的光矢量方向和光的传播方向构成的平面叫振动面,如图 5-78(a)所示。图 5-78(b)给出了线偏振光的几何表示。

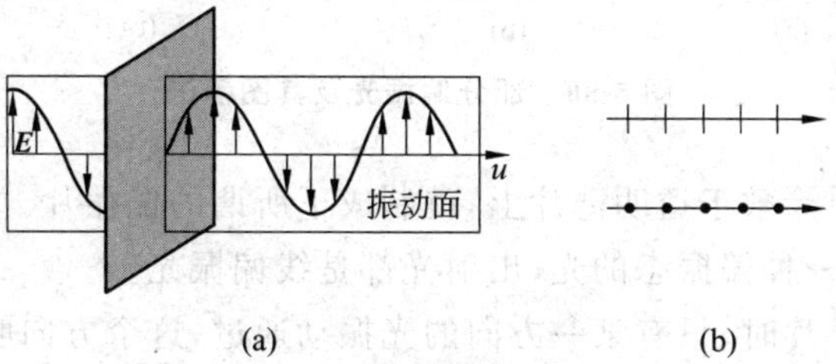

图 5-78 线偏振光及其图示法

(2) 椭圆偏振光和圆偏振光

这种光的光矢量在传播的同时还绕着光的传播方向均匀转动。如果光矢量的大小有规律的改变使其端点描绘出一个椭圆,这种光就叫椭圆偏振光;如果光矢量的端点描绘出的是一个圆,则称之为圆偏振光,如图 5-79(a)所示。迎着光线看去,根据光矢量的绕行方向不同,它们又可以分为左旋和右旋偏振光,如图 5-79(b),(c)所示,图(a)示意了左旋偏振光的光矢量的旋转情况。根据 5.2.2 节介绍的相互垂直的振动合成规律,椭圆偏振光和圆偏振光可以看成是由两个相互垂直并有一定相位差的线偏振光的合成。

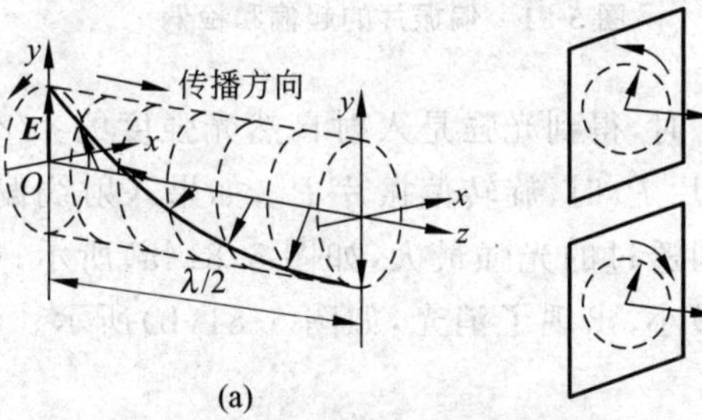

图 5-79 旋光示意图示法

3. 部分偏振光

图 5-80(a)所示的是部分偏振光。它介于自然光和偏振光之间,可以看成是自然光和线偏振光的混合或是自然光和椭圆偏振光的混合。日常生活中,我们遇到的大部分光都是部分偏振光,仰头看到的天光和低头看到的湖光,几乎都是部分偏振光。部分偏振光的光矢量也是独立地分布在可能的各个方向,但在两个垂直方向上的所有分量的非相干叠加形成两个相互独立的垂直光矢量不是等振幅的,如图 5-80(b)所示。图 5-80(c)给出了部分偏振光的几何表示。

5.4.3.2 线偏振光的起偏和检偏

一束光的每个光矢量都可以分解成 x 轴方向和 y 轴方向相互垂直的两个分量,我们只要去掉 x 轴方向或 y 轴方向的分量,只剩另一个方向的光矢量分量,它就变成了线偏振光。某些物质能吸收某一方向的光振动,只让与吸收方向垂直的光振动通过,这种物质称为二向

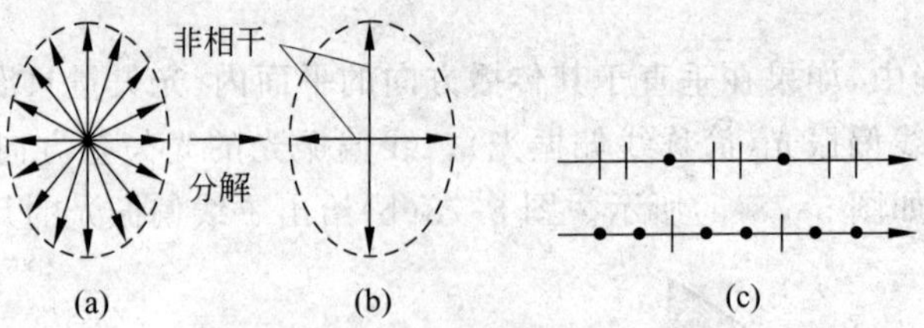

图 5-80 部分偏振光及其图示法

性物质。把二向性物质涂敷于透明薄片上,就制成了所谓的偏振片。因此,对于通过偏振片的入射光,不管它是哪一种偏振态的光,出射光都是线偏振光。

当自然光入射偏振片时,只有某一方向的光振动通过,这个方向叫作偏振片的透光方向或偏振化方向。完全非偏振自然光从偏振片射出后,就变为线偏振光,这称为偏振光的起偏,起这种作用的偏振片叫作起偏器。利用偏振片的二向性我们还可以检查入射光是否为偏振光,此时的偏振片叫作检偏器。图 5-81 是自然光入射时,偏振片作为起偏和检偏的实验装置示意图,偏振片上的双箭头表示偏振化方向。

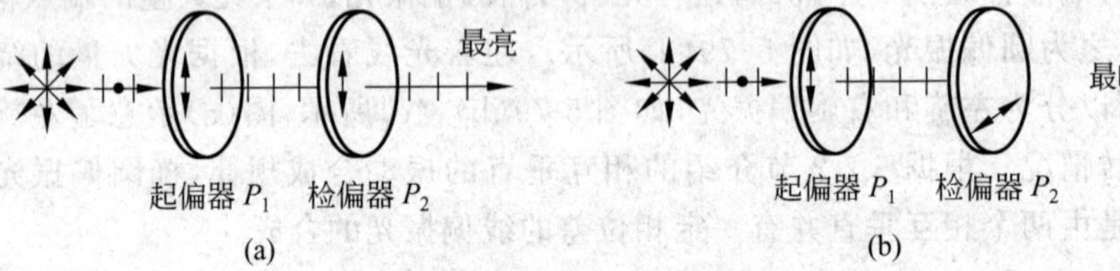

图 5-81 偏振片的起偏和检偏

当自然光通过起偏器 P_1时,得到光强是入射自然光强度的 1/2 的线偏振光;当得到的线偏振光入射到第二个偏振片 P_2时,旋转偏振片 P_2,如果入射线偏振光偏振方向和 P_2 的偏振化方向处于相同位置,则透过的光强最大,如图 5-81(a)所示;如果它们两个的方向处于垂直位置,则透过的光强最小,出现了消光,如图 5-81(b)所示。消光现象说明光不能通过检偏器而被完全吸收了。

如果一束光可能是自然光,也可能是线偏振光或者是部分偏振光,让我们用偏振片来加以鉴别,我们可以迎着光放置偏振片,让偏振片绕光的传播方向慢慢转动。在偏振片转动一周的过程中,若透射光没有光强的变化,说明该束光是自然光;若光强有强、弱变化,并能出现两次消光,说明该束光是线偏振光;若透射光仅有强、弱变化,不出现消光现象,表明该束光是部分偏振光。

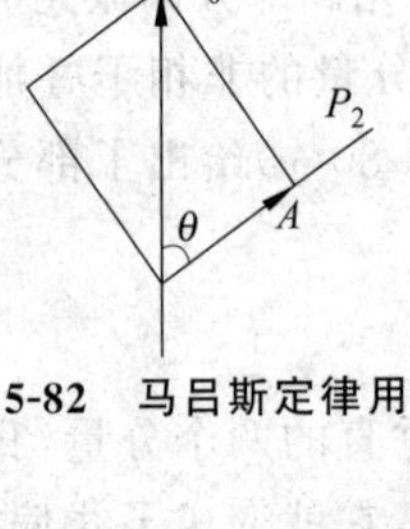

图 5-82 马吕斯定律用图

如图 5-82 所示,设某一光振动的振幅为 E_0、相应光强为 I_0 的线偏振光,入射偏振化方向与其光振动方向夹角为 θ 的偏振片。因为偏振片的二向色性,只有光振动矢量在偏振化方向的分矢量才能透过偏振片,其分量的振幅为

$$E = E_0 \cos\theta$$

所以透过偏振片后的光强为

$$I = I_0 \cos^2\theta \tag{5-91}$$

这一公式称为马吕斯定律。当 $\theta = 0°$ 或 $\theta = 180°$ 时,$I = I_0$,即入射线偏振光完全透射。当

$\theta=90°$或$\theta=270°$时，$I=0$，没有光透过偏振片，这就是消光对应的位置。

例 5.24 两偏振片叠在一起，其偏振化方向夹角为45°。由强度相同的自然光和线偏振光混合而成的光束垂直入射在偏振片上，入射光中线偏振光的光矢量振动方向与第一个偏振片的偏振化方向间的夹角为 30°。

(1) 若忽略偏振片对可透射分量的反射和吸收，求穿过每个偏振片后的光强与入射光强之比；

(2) 若考虑每个偏振片对透射光的吸收率为 10%，穿过每个偏振片后的透射光强与入射光强之比又是多少？

解 (1) 在偏振片为理想的情形下，设入射光中自然光强度为 I_0，则总强度为 $2I_0$。穿过 P_1后光强为

$$I_1=0.5I_0+I_0\cos^2 30°$$

得

$$\frac{I_1}{2I_0}=\frac{5}{8}=0.625$$

因为穿过 P_1，P_2之后，光强 $I_2=I_1\cos^2 45°=I_1/2$。所以有

$$\frac{I_2}{2I_0}=\frac{5}{16}=0.313$$

(2) 如果可透部分被每片吸收 10%，则穿过 P_1后的光强为

$$I_1'=I_1\times 90\%$$

$$\frac{I_1'}{2I_0}=\frac{0.9I_1}{2I_0}=0.9\times\frac{5}{8}=0.563$$

设穿过 P_1，P_2之后的光强为 I_2'，则

$$\frac{I_2'}{2I_0}=\frac{I_2\times 90\%\times 90\%}{2I_0}=\frac{5}{16}\times 0.81=0.253$$

例 5.25 一束由自然光和线偏振光组成的混合光，垂直通过一偏振片，以此入射光束为轴旋转偏振片，测得透射光强度的最大值是最小值的 5 倍，则入射光束中自然光与线偏振光的强度之比是多少？

解 设入射自然光和线偏振光的光强分别为 I_n 和 I_p，通过偏振片后，最大光强为它们的非相干叠加 $I_p+\frac{1}{2}I_n$，即线偏振光完全透过；线偏振光完全不透过时为最小光强，应为自然光光强的 $\frac{1}{2}I_n$。由题意知

$$I_p+\frac{1}{2}I_n=5\left(\frac{1}{2}I_n\right)$$

所以入射光束中自然光与线偏振光的强度之比为

$$\frac{I_n}{I_p}=\frac{1}{2}$$

偏振片的应用很广，如夜间行车时，为了避免迎面开来的汽车灯光晃眼以保证行车安全，可以在所有汽车的车窗玻璃和车灯前装上与水平方向成45°角、朝同一方向倾斜的偏振片。这样，相向行驶的汽车就可以不必熄灯，既能照亮各自前方的道路，同时也不会被对方

的车灯晃眼了,如图 5-83 所示。偏振片也可以制成太阳镜和照相机的滤光镜,它能有效地滤除刺眼的强光。观看立体电影时的眼镜的左右两个镜片就是用偏振片做的,它们的偏振化方向互相垂直,这样看到的图像的立体感会更强。

5.4.3.3 反射光和折射光的偏振态

自然光在两种各向同性介质的分界面上产生反射和折射时,不仅传播方向发生了变化,而且反射光和折射光的偏振态和自然光相比也都发生了变化。一般情况下,反射光和折射光不再是自然光,而是部分偏振光。在反射光中,垂直入射面的光振动多于平行入射面的光振动,而在折射光中,平行于入射面的光振动多于垂直入射面的光振动,如图 5-84(a)所示。

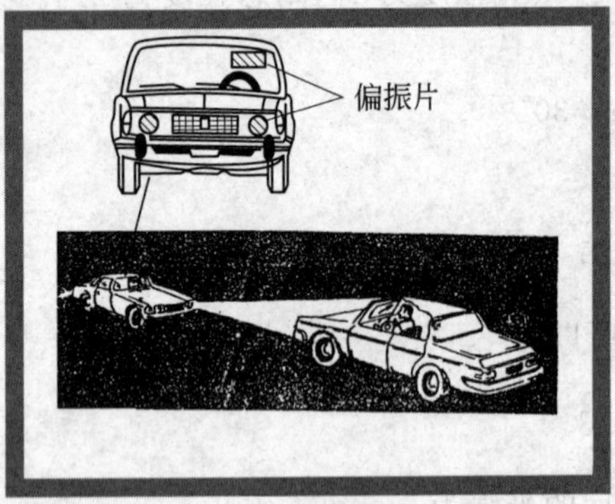

图 5-83 汽车上偏振片的应用

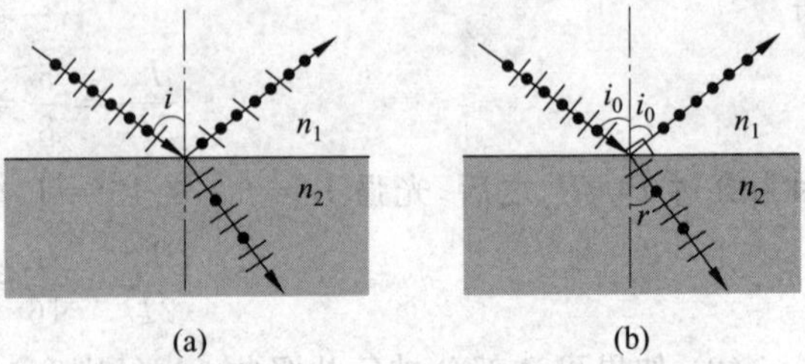

图 5-84 反射光和折射光的偏振态

实验表明,反射光和折射光的偏振程度与入射角有关。当入射角等于某一个特定值 i_0 时,反射光是垂直于入射面的完全线偏振光,如图 5-84(b)所示。这个特定的入射角 i_0 叫起偏角,也叫布儒斯特角,是苏格兰物理学家布儒斯特(D.Brewster,1781—1868)于 1812 年在实验中发现的。实验中还发现,当入射角等于起偏角时,反射光和折射光的传播方向互相垂直,即

$$i_0 + r = 90^\circ$$

根据折射定律 $n_1 \sin i_0 = n_2 \sin r = n_2 \cos i_0$,有

$$\tan i_0 = \frac{n_2}{n_1}$$

或

$$\tan i_0 = n_{21} \tag{5-92}$$

式中,$n_{21} = n_2 / n_1$,是介质 2 对介质 1 的相对折射率。(5-92)式称为布儒斯特定律。

反射光所具有的以上特性在实际中得到了广泛的应用。例如我们可以把偏振片加在照相机镜头前,用以减弱或滤掉耀眼、炫目的反射光,得到窗内情景比较清楚的图片,如图 5-85 所示,其中图(a)是有反射光的干扰照片,图(b)是加偏振片消除反射光干扰后的照片。

在布儒斯特角入射的情况下,虽然反射光是完全偏振光,但光强很弱,其强度不到入射光的 10%,大部分光能透过玻璃,然而折射光是部分偏振光。如果把许多平行的玻璃片叠成玻璃片堆,如图 5-86 所示,还是布儒斯特角入射,由于各个界面的反射逐渐减少透射光中垂直纸面的光振动,经过玻璃片堆后的透射光就成为非常好的完全偏振光了。这样既提高

了线偏振反射光的强度，又提高了透射光的偏振度。

(a) (b)

图 5-85 用照相机拍摄的两张橱窗照片的对比

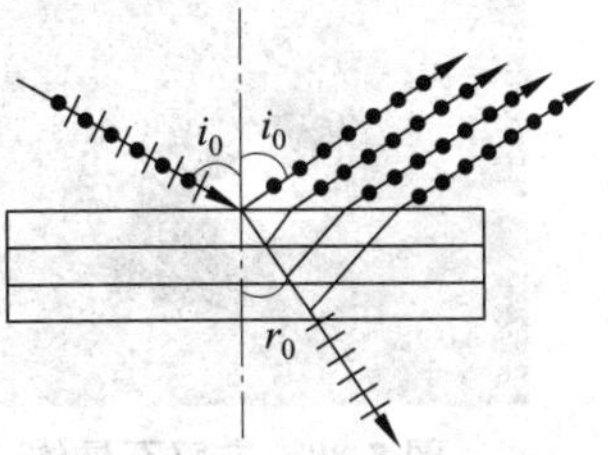

图 5-86 玻璃片堆的起偏示意图

例 5.26 当一束光以某角度自空气斜入射至 $n=1.5$ 的玻璃表面时，发现没有反射光。由此可以判断该光是什么偏振态的光？并求其入射角。

解 当入射光入射到玻璃表面时，一般反射光为垂直入射面光振动较强的部分偏振光，以布儒斯特角入射时为只有垂直入射面光振动的线偏振光。如果以布儒斯特角入射的入射光是只有平行入射面的线偏振光，就不会存在反射光。

根据布儒斯特定律

$$\tan i_0 = n = 1.5$$

可以算出起偏角为

$$i_0 = 56.3°$$

例 5.27 如图 5-87 所示，三种透明介质Ⅰ，Ⅱ，Ⅲ的折射率分别为 n_1, n_2, n_3，它们之间的两个交界面互相平行。一束自然光以起偏角 i_0 由介质Ⅰ射向介质Ⅱ，欲使在介质Ⅱ和介质Ⅲ的交界面上的反射光也是线偏振光，三个折射率 n_1，n_2 和 n_3 之间应满足什么关系？

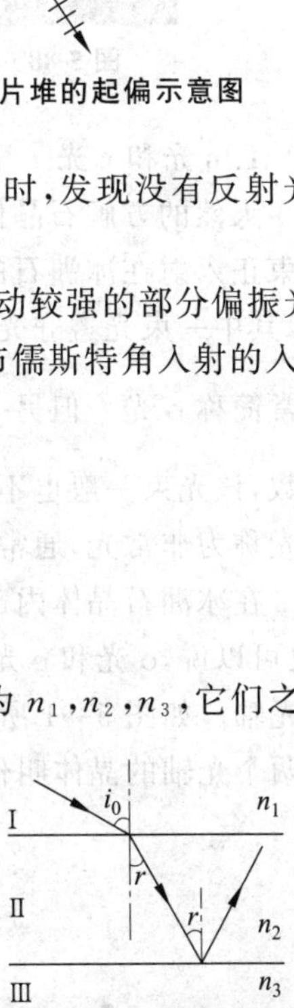

图 5-87 例 5.27 用图

解 设第一界面上的折射角为 r，由于两个交界面互相平行，它也是第二界面上的入射角。若要第二界面上的反射光是线偏振光，r 应等于起偏角，即

$$\tan r = \frac{n_3}{n_2}$$

对第一界面，因为 i_0 是起偏角，有

$$\tan i_0 = \frac{n_2}{n_1}$$

且因为 $i_0 + r = 90°$，有 $\tan r = \cot i_0$，所以三个折射率 n_1，n_2 和 n_3 之间的关系为

$$\frac{n_2}{n_3} = \frac{n_2}{n_1}$$

因此，无论 n_2 是多少，只要 $n_1 = n_3$，就能满足要求。

5.4.3.4 双折射现象

当一束光入射到各向同性（如玻璃、水等）的表面时，它将按照折射定律沿某一方向折射，这就是一般常见的折射现象。但是，当透过透明的方解石晶体（图 5-88）观察纸上的字时，可以看到字的两个像，如图5-89所示，说明光入射到方解石晶体后，晶体内的折射光变成了两束。我们把这种现象称为双折射。除了方解石外，许多其他透明的晶体(如石英、红宝石、云母等)也会产生双折射现象。

图5-88 方解石晶体

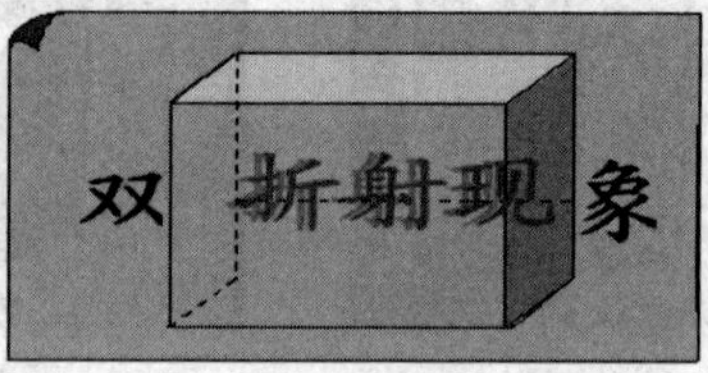

图5-89 双折射现象

1. o光和e光

天然的方解石晶体又称冰洲石，是一个六面棱体。如图5-90所示，让一束平行的自然光束正入射在冰洲石的一个表面上，我们就会发现光束分解成两束。在透射的两束折射光中，其中一束光遵守光的折射定律，方向沿着原来的方向，不发生偏折，这束光称为寻常光，通常简称o光。但另一束光则不遵守折射定律，即当入射角i改变时，$\frac{\sin i}{\sin r}$的比值不是一个常数，该光束一般也不在入射面内，当以入射光为轴旋转晶体时，它围绕不动的o光旋转，这束光称为非常光，通常用e来表示，简称e光。用检偏器检验，o光和e光都是线偏振光。

在冰洲石晶体内部存在一个特殊的方向，当光沿着这个方向传播时，不产生双折射现象(也可以说，o光和e光的传播速度和传播方向都一样，它们不分开)，这个方向称为冰洲石的光轴。如图5-91所示。只有一个光轴的晶体叫单轴晶体，例如石英、红宝石、方解石等；有两个光轴的晶体叫作双轴晶体，例如云母、硫磺、黄玉等。

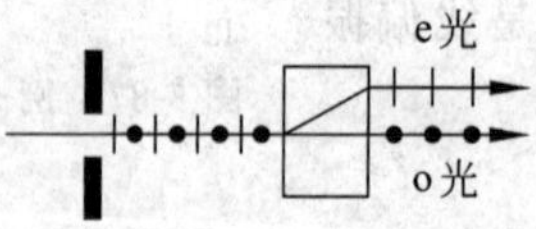

图5-90 o光和e光的示意图

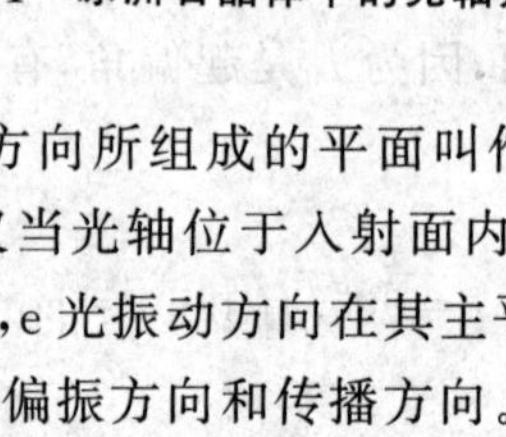

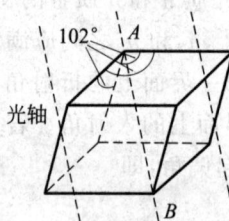

图5-91 冰洲石晶体中的光轴方向

在晶体双折射现象中，o光或e光的传播方向和光轴方向所组成的平面叫作该光线的主平面。一般来说，寻常光和非常光的主平面并不重合，仅当光轴位于入射面内时，这两个主平面才互相重合。o光的振动方向垂直于自己的主平面，e光振动方向在其主平面内。

应用惠更斯作图法可以确定单轴晶体中o光和e光的偏振方向和传播方向。一个o光的子波点波源的波前是球面，称为o波面，它表示各向同性，是寻常光；一个e光的子波点波源的波前是旋转椭球面，称为e波面，它表示晶体的各向异性，是非常光。由于沿晶体光轴方向不产生双折射，所以o光和e光的传播速度在光轴方向是相等的，空间同位置的o光和e光的点波源的两波面在光轴方向相切，如图5-92所示。寻常光线的传播速度用v_o表示，相应的折射率用n_o表示；非常光线在垂直于光轴方向上的传播速度用v_e表示，相应的折射

率用 n_e 表示。n_o 和 n_e 称为晶体的主折射率。单轴晶体分为两类，当晶体的 $n_o>n_e$ 时，称为负晶体，如方解石等；当晶体的 $n_o<n_e$ 时，称为正晶体，如石英等。

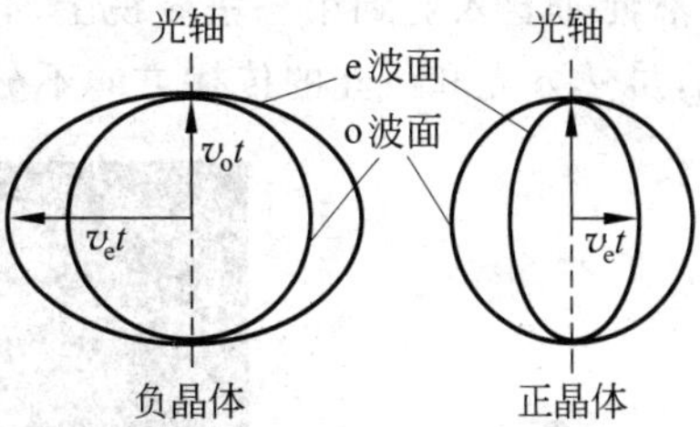

图 5-92　晶体中的子波波阵面

2. 单轴晶体中光传播的惠更斯作图法

下面以负晶体为例，讨论几个有实际意义较简单的情况。

(1) 光轴垂直于入射界面，平行光线正入射，如图 5-93 所示。

当光线垂直入射到单轴晶体界面时，在界面处 AB 面是入射光的同相面，同相面上的每一个点都作为新的子波波源在双折射晶体中发射 o 光和 e 光。一个是各向同性的球面子波，t 时刻的波前球面半径为 $v_o t$；一个是各向异性的椭球面子波，t 时刻的波前平行于光轴方向的半主轴长 $v_o t$，垂直于光轴方向的半主轴长 $v_e t$。很明显，由于沿光轴方向 $v_o=v_e$，所以图中球面波前和椭球面波前沿光轴方向相切，而在垂直光轴方向上二者分开了一段距离。t 时刻 AB 面上各点波源发出的球面子波和椭球面子波的公切面（即包络面）重合，都是平行于入射界面的 $A'B'$ 平面，是 o 光和 e 光 t 时刻的共同波前，所以这种情况下两种光的传播方向相同。在此情形下，o 光和 e 光完全没有分开，所以没有发生双折射。这正是光轴的定义。

(2) 光轴平行于界面，平行光线正入射，如图 5-94 所示。

这个例子和上面不一样的地方在于光轴方向，因此在画两种子波的时候，一定注意球面波和旋转椭球面波沿光轴方向相切，而在垂直光轴方向它们相差的距离相比其他方向最大，因为此方向 o 光和 e 光在晶体中的速度相差最大。同上，分步骤地分别做出 t 时刻 AB 面上各点波源发出的球面子波和椭球面子波的包络面，如图 5-94 所示。图中 o 光和 e 光的包络面尽管是平行的，但是分开的。它们 t 时刻的包络面平行说明它们在传播方向上没有分开，但由于速度不同，同一时刻的同相面在空间上是分开的，所以发生了双折射效应。

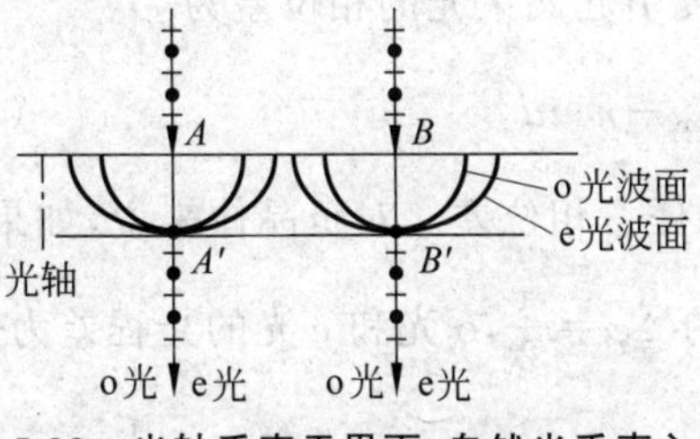

图 5-93　光轴垂直于界面，自然光垂直入射

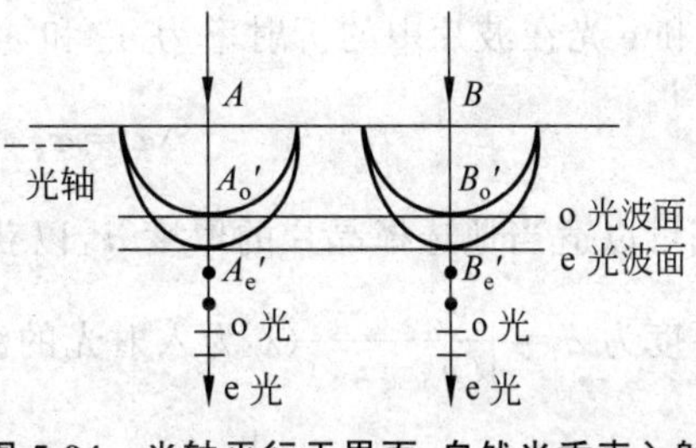

图 5-94　光轴平行于界面，自然光垂直入射

上面讨论的情况都还比较简单，o 光和 e 光的主平面都与入射面重合在一起，因此我们只通过一张平面图就可以把问题解决了。在普遍的情形里，光轴既不与入射面平行也不与它垂直，须用立体图才能把 o 光和 e 光的传播方向和振动方向表示出来。利用晶体的双折射效应，目前已经研制成许多精巧的复合棱镜，用以获得高质量的平面线偏振光。在此只介绍其中一种渥拉斯顿棱镜。

渥拉斯顿棱镜是由两块方解石的直角三棱镜黏合而成的，其结构和光路图分别如图 5-95(a)和(b)所示，其中左边一块的光轴平行于纸面，右边一块的光轴垂直于纸面。当自然光垂直入射到第一块棱镜上时，正如上面的“光轴平行于界面，平行光线正入射”的情况，虽然 o 光和 e 光的传播方向不分开，却发生了双折射。

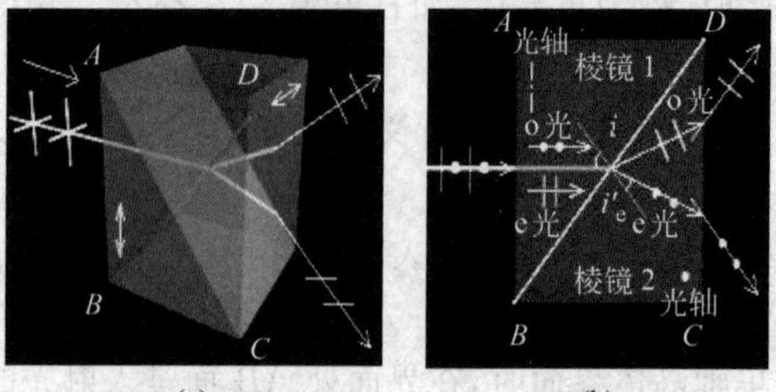

(a) (b)

图 5-95 渥拉斯顿棱镜分解自然光光路图

在方解石晶体中 $n_o=1.6584$，$n_e=1.4864$。在界面左侧光振动垂直入射面(主平面)的 o 光到了界面右侧是 e 光，因为其振动方向变成了平行自己主平面，相应的是从光密物质($n_o=1.6584$)折射到了光疏物质($n_e=1.4864$)。在界面左侧光振动平行入射面(自己主平面)的 e 光到了界面右侧变成了 o 光，因为其振动方向变成了垂直自己主平面，相应的是从光疏物质($n_e=1.4864$)折射到了光密物质($n_o=1.6584$)。这样两束不同偏振态的光经过两块晶体界面的折射在右边一块晶体内的传播方向分开了，再经过右边一块晶体的右界面的折射，它们在空间上得到了进一步的分开，得到了两束光振动方向垂直的线偏振光。

5.4.3.5 偏振光的干涉

1. 波晶片

用双折射晶体除了可以制作偏振器外，另一个重要用途是制作波晶片。波晶片是从单轴晶体中沿光轴方向切割下来的平行平面板。波晶片简称波片。因为一束光垂直入射波片时，虽然 o 光和 e 光传播方向一样，但是它们在晶体内的传播速度或折射率是不同的，波片的厚度使它们产生了一定的相位差，所以又把波片称为相位延迟片。设波晶片的厚度为 d，o 光和 e 光在波片中的折射率为 n_o 和 n_e，波片的厚度引起两束光的相位差为

$$\Delta\varphi=\varphi_e-\varphi_o=\frac{2\pi}{\lambda}(n_o-n_e)d \tag{5-93}$$

我们可以适当地选择晶片的厚度 d，以获得两束光的任意相位差。对负晶体来说，如果波片的厚度为 $d=\frac{\lambda}{4(n_o-n_e)}$($\lambda$ 为入射光的波长)，引起的 $\Delta\varphi=\frac{\pi}{2}$，o 光和 e 光的光程差为$\frac{\lambda}{4}$，所以把这样厚度的波片称为$\frac{1}{4}$波片。同样，把厚度为 $d=\frac{\lambda}{2(n_o-n_e)}$的波片称为$\frac{1}{2}$波片，它将引起的相位差为 $\Delta\varphi=\pi$。

2. 偏振光的干涉

由前面的知识知道，相位差为一个恒定值的两个垂直方向上的振动，可以合成为线振动、椭圆振动或是圆振动。

如图 5-96 所示，在两个偏振方向正交的偏振片 P_1，P_2之间插有一个波晶片。如果单色自然光垂直入射到第一个偏振片上，透过偏振片上的光是线偏振光，经过一定厚度的双折射波片后，我们得到沿光轴方向振动的 e 光和垂直光轴方向振动的 o 光，且同向传播的两束

光的相位差 $\Delta\varphi=\frac{2\pi}{\lambda}(n_o-n_e)d$（$d$ 为波片的厚度）。再经过第二个偏振片后，o 光和 e 光只有沿 P_2 偏振化方向的光振动才能通过，于是就得到了两束振动方向相同、频率相同、具有恒定相位差的相干偏振光。它们光振动的振幅分别为 A_{2o} 和 A_{2e}，如图 5-97 所示。

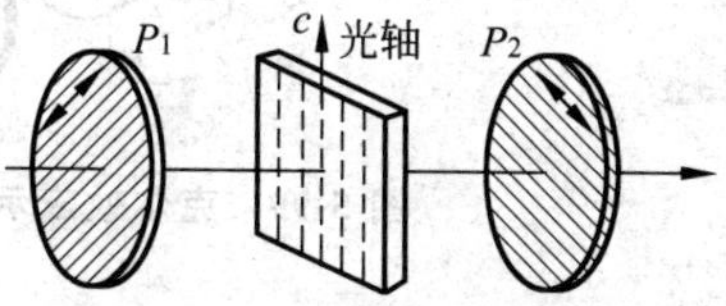

图 5-96　偏振光干涉光路图

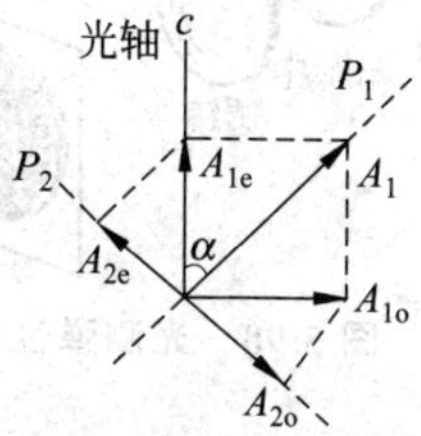

图 5-97　偏振光干涉的振幅矢量图

图 5-97 为偏振光干涉的振幅矢量图。设 α 为波片光轴方向 c 和 P_1 偏振化方向的夹角，且设经偏振片 P_1 后的线偏振光振动的振幅为 A_1，由振幅矢量图可得

$$A_{1o}=A_1\sin\alpha$$

$$A_{1e}=A_1\cos\alpha$$

o 光和 e 光再经过偏振片 P_2 后沿偏振化方向的光振动的振幅分别为

$$A_{2o}=A_{1o}\cos\alpha=A_1\sin\alpha\cos\alpha$$

$$A_{2e}=A_{1e}\sin\alpha=A_1\sin\alpha\cos\alpha$$

光振动的振幅分别为 A_{2o} 和 A_{2e} 的两束相干光的初相差为零，晶片厚度引起了它们的相位延迟，又由于 P_1，P_2 偏振化方向分居在光轴两侧，o 光和 e 光在 P_2 偏振化方向上的投影 A_{2o} 和 A_{2e} 分量方向相反而产生了附加相位差 π，所以我们得到的两束相干偏振光的恒定相位差为

$$\Delta\varphi=\frac{2\pi}{\lambda}(n_o-n_e)d+\pi \tag{5-94}$$

当 $\Delta\varphi=2k\pi(k=1,2,3,\cdots)$ 时，两束光干涉加强，P_2 后面的视场最亮；当 $\Delta\varphi=(2k+1)\pi$ $(k=1,2,3,\cdots)$ 时，两束光干涉减弱，P_2 后面的视场最弱。当晶片的厚度不均匀时，各处提供的相位差是不一样的，有的加强，有的减弱，于是在视场中将出现明暗相间的干涉条纹。若白光入射，晶片的厚度均匀或不均匀，视场中将会出现彩色干涉条纹，这种现象叫色偏振。

3. 人工双折射

对于某些各向同性的晶体和液体，在一定的外在条件下，可以变成各向异性，而产生的双折射现象称为人工双折射。

(1) 光弹性效应

在内应力或外来的机械应力作用下，使透明的均匀各向同性的介质（如塑料或玻璃）变为各向异性而产生的双折射现象称为光弹性效应。如果把透明介质作成片状，插在两个透光方向正交的偏振片中间，因为(n_o-n_e)和应力的分布有关，图 5-98 所示的屏幕上将呈现出反映这种应力分布的干涉图样。应力越集中的地方，各向异性越强，干涉条纹越密。光测弹性仪就是利用上述原理来检查透明材料内应力分布的仪器。

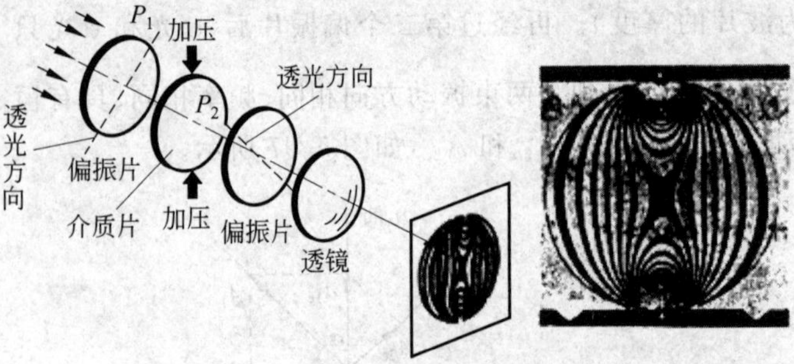

图 5-98 光测弹性仪示意图

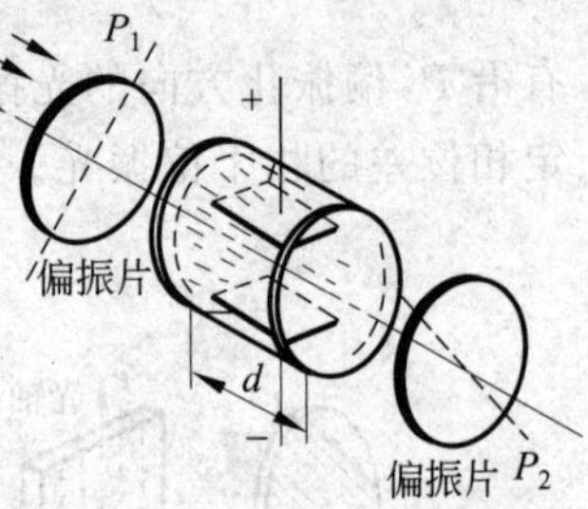

图 5-99 克尔效应示意图

(2) 克尔效应

非晶体或液体在强电场的作用下,也会变为各向异性,在一定的实验条件下也可产生双折射,这一现象称为克尔效应。

如图 5-99 所示,在两个正交的偏振片之间,放置一个盛有某种液体的克尔盒,克尔盒两端有平行玻璃窗,盒内封有一对平行板电极。电源未接通时,克尔盒内的液体不会对光的偏振态有任何影响,因此穿过第二个偏振片后光场强度为零。接通电源后,克尔盒内的液体具有单轴晶体的性质,其光轴方向沿电场方向。实验表明:折射率的差值正比于电场强度的平方:$n_o - n_e = kE^2$。式中 k 称为克尔系数,由液体的种类决定,E 为电场强度。

我们可以通过电压来控制电场,继而控制穿过克尔盒后的两种偏振光的相位差,从而使透过 P_2 的光强也随之变化。因为克尔效应对控制电场变化的响应速度极快,利用控制电压的调制作用现在已制成了广泛应用于高速摄影、电影、电视和激光通信等领域的快速光开关和弛豫时间极短(10^{-9} s)的断续器。

思 考 题

5.1 什么是简谐运动?说明下列运动是否是简谐运动。

(1) 活塞的往复运动;

(2) 皮球在硬地上的跳动;

(3) 一小球在半径很大的光滑凹球面底部的来回滑动,且经过的弧线很短;

(4) 锥摆的运动。

5.2 (1) 试说明相位和初相位的意义,如何确定初相位?

(2) 在简谐振动表达式 $x = A\cos(\omega t + \varphi)$ 中,$t = 0$ 是质点开始运动的时刻,还是开始观察的时刻?初相位 $\varphi = 0$ 和 $\varphi = \dfrac{\pi}{2}$ 各表示从什么位置开始运动?

5.3 一质点沿 x 轴按 $x = A\cos(\omega t + \varphi)$ 作简谐振动,其振幅为 A,角频率为 ω,今在下述情况下开始计时,试分别求振动的初相位。

(1) 质点在 $x = +A$ 处;

(2) 质点在平衡位置处,且向正方向运动;

(3) 质点在平衡位置处,且向负方向运动;

(4) 质点在 $x=\frac{A}{2}$ 处，且向正方向运动；

(5) 质点的速度为零而加速度为正值。

5.4 一个物体在作简谐振动，周期为 T，初相位为零。问在哪些时刻物体的动能与势能相等？

5.5 两个相同的弹簧挂着质量不同的物体，当它们以相同的振幅作简谐振动时，问振动的能量是否相同？

5.6 竖直悬挂的弹簧上端固定在升降机的天花板上，弹簧下端挂一质量为 m 的物体，当升降机静止或匀速直线运动时，物体以频率 ν_0 振动，当升降机加速运动时，振动频率是否改变？若将一单摆悬挂在升降机中，情况又如何？

5.7 稳态受迫振动的频率由什么决定？这个振动频率与振动系统本身的性质有何关系？

5.8 什么是波动？波动与振动有何区别与联系？

5.9 横波与纵波有什么区别？

5.10 沿简谐波的传播方向相隔 Δx 的两质点在同一时刻的相位差是多少？分别以波长 λ 和波数 k 来表示。

5.11 设某时刻横波波形曲线如图 5-100 所示，试分别用箭头表示出图中 A,B,C,D,E,F,G,H,I 等质点在该时刻的运动方向，并画出经过 $\frac{1}{4}$ 周期后的波形曲线。

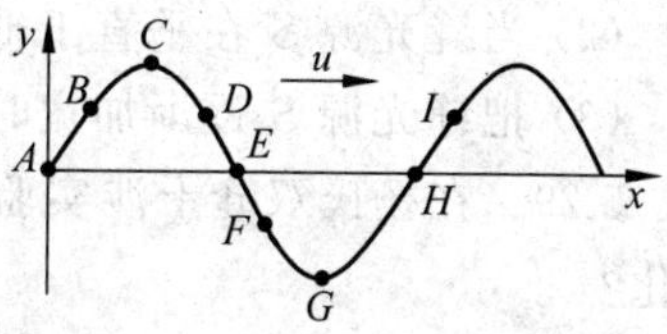

图 5-100 思考题 5.11 用图

5.12 波形曲线与振动曲线有什么不同？

5.13 在机械波的波长、频率、周期和波速四个量中，问：

(1) 在同一介质中，哪些量是不变的？

(2) 当波从一种介质进入另一种介质时，哪些量是不变的？

5.14 为什么在没有看见火车和听到火车鸣笛的情况下，把耳朵贴靠在铁轨上可以判断远处是否有火车驶来？

（提示：声波在空气中的传播速度大约 300 多米每秒，在铁轨中的传播速度大约 5000 多米每秒。）

5.15 两波叠加产生干涉时，试分析：在什么情况下两相干波干涉加强？在什么情况下干涉减弱？

5.16 试判断下面几种说法，哪些是正确的？哪些是错误的？

(1) 机械振动一定能产生机械波；

(2) 质点振动的速度和波的传播速度是相等的；

(3) 质点振动的周期和波的周期数值是相等的；

(4) 波动方程式中的坐标原点是选取在波源位置上的。

5.17 波动的能量与哪些物理量有关？机械波可以传送能量，机械波能传送动量吗？

5.18 拉紧的橡皮绳上传播横波时，在同一时刻，何处动能密度最大？何处弹性势能密度最大？何处总能量密度最大？何处这些能量密度最小？

5.19 如果地震发生时你站在地面上,P 波(即纵波)怎样摇晃你? S 波(即横波)怎样摇晃你? 你先感到哪种摇晃?

5.20 曾经说过,波在传播时,介质的质元并不随波迁移,但在小河水面上有波形成时,可以看到漂在水面上的树叶沿水波前进的方向移动,这是为什么?

5.21 驻波有什么特点?

5.22 怎样理解"半波损失"?

5.23 驻波的能量有没有定向流动,为什么?

5.24 波源向着观察者运动和观察者向着波源运动,都会产生频率增高的多普勒效应,这两种情况有什么区别? 如果两种情况下的运动速度相同,接收器接收的频率会有不同吗?

5.25 有两列频率相同的光波在空间相遇叠加后,若产生干涉,则两列波在相遇处应具备什么条件?

5.26 用白色线光源做杨氏双缝干涉实验时,若在缝 S_1 后面放一红色滤光片,S_2 后面放一绿色滤光片,问能否观察到干涉条纹? 为什么?

5.27 杨氏双缝干涉现象有什么特点?

5.28 在杨氏双缝干涉实验中,问:

(1) 当缝间距 d 不断增大时,干涉条纹如何变化? 为什么?

(2) 当缝光源 S 在垂直于轴线向下或向上移动时,干涉条纹如何变化?

(3) 把缝光源 S 逐渐加宽时,干涉条纹如何变化?

5.29 在杨氏双缝干涉实验中,若两缝的宽度稍有不等,在屏幕上的干涉条纹有什么变化?

5.30 为什么厚的薄膜观察不到干涉条纹? 如果薄膜厚度很薄,比入射光的波长小得多,在这种情况下是否能看到干涉条纹?

5.31 用两块平板玻璃构成劈尖观察等厚干涉条纹时,若把劈尖上表面向上缓慢地平移,如图 5-101(a)所示,干涉条纹有什么变化? 若把劈尖角逐渐增大,如图 5-101(b)所示,干涉条纹又有什么变化?

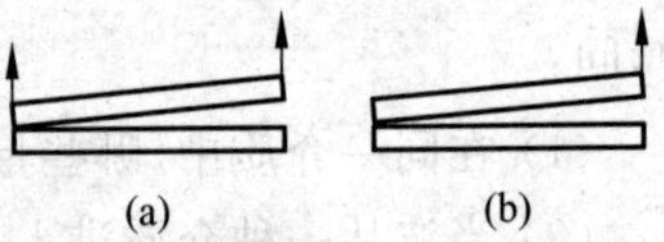

图 5-101 思考题 5.31 用图

5.32 为什么劈尖干涉的条纹是等宽的,而牛顿环则随着条纹半径的增加而变密?

5.33 通常在透镜表面覆盖一层像氟化镁那样的透明薄膜是起什么作用的?

5.34 用白光作光源,可以做到迈克耳孙干涉仪两臂长度精确地相等。为什么?

5.35 用眼睛直接通过一单狭缝,观察远处与缝平行的线状灯光,看到的衍射图样是菲涅耳衍射,还是夫琅禾费衍射?

5.36 为什么声波的衍射比光波的衍射更加显著?

5.37 衍射的本质是什么? 干涉和衍射有什么区别和联系?

5.38 在单缝夫琅禾费衍射中,若单缝处波阵面恰好分成 4 个半波带,如图 5-102 所示。此时,光线 1 与 3 是同位相的,光线 2 与 4 是同位相的,为什么 M 点光强不是极大而是极小?

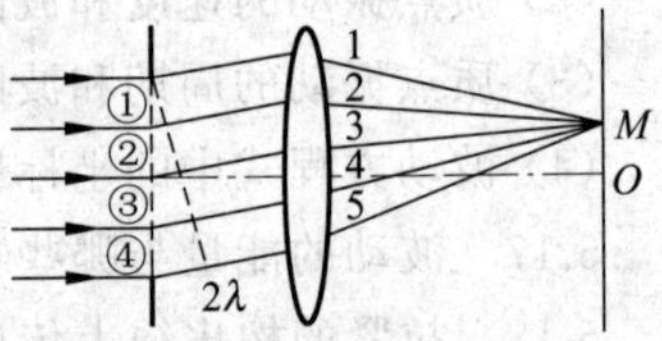

图 5-102 思考题 5.38 用图

5.39 在单缝夫琅禾费衍射中,把缝相对于透镜移动时,衍射花样是否跟着移动?

5.40 在杨氏双缝干涉实验中，如果遮住其中一条缝，在屏幕上是否还能看到条纹？每一条缝的衍射对干涉花样有什么影响？

5.41 一衍射光栅对某一波长在宽度有限的屏幕上只出现中央亮纹和第1级亮条纹。欲使屏幕上出现高一级的亮条纹，应换一个光栅常数较大的还是较小的光栅？

5.42 光栅形成的光谱线随波长的展开与玻璃棱镜的色散有什么不同？

5.43 为什么衍射光栅的光栅常数 d 越小越好，而光栅的总缝数 N 却越多越好？

5.44 在杨氏双缝干涉实验装置中的缝后，各置一相同的偏振片。用单色自然光照射狭缝。问：

(1) 若两偏振片的偏振化方向平行，观察屏上的干涉条纹有何变化？

(2) 若两偏振片的偏振化方向正交，观察屏上的干涉条纹有何变化？

5.45 什么叫椭圆偏振光？什么叫圆偏振光？左旋与右旋如何确定？

5.46 有折射率分别为 n_1 和 n_2 的两种介质，当自然光从折射率为 n_1 的介质入射至折射率为 n_2 的介质时，测得布儒斯特角为 i_0；当自然光从折射率为 n_2 的介质入射至折射率为 n_1 的介质时，测得布儒斯特角为 i_0'，若 $i_0>i_0'$，问哪一种介质的折射率比较大？

5.47 某束光可能是：(1)线偏振光；(2)圆偏振光；(3)自然光。你如何用实验决定这束光究竟是哪一种光？

5.48 自然光入射到两个偏振片上，这两个偏振片的取向使得光不能透过。如果在这两个偏振片之间插入第三块偏振片后有光透过，这第三块偏振片是如何放置的？如果仍然无光透过，又是如何放置的？试用图表示出来。

5.49 什么是双折射？一束自然光通过方解石后，透射光有几束？若将方解石垂直光传播方向对截成两块，且平移分开，此时通过这两块方解石后有几束透射光？

5.50 双折射晶体中的非常光，其传播速度是否可以用关系式 $v_e=\dfrac{c}{n_e}$ 来确定（n_e 是非常光的折射率）？

习　题

5.1 一个弹簧振子按 $x=0.05\cos\left(4\pi t+\dfrac{\pi}{3}\right)$ m 的规律振动。

(1) 求振子振动的角频率、周期、振幅、初相位、最大速度和最大加速度；

(2) 求当 $t=1$ s，2 s 时的相位；

(3) 分别画出位移、速度、加速度与时间的关系曲线。

5.2 已知一质点沿 x 轴作简谐振动，其振幅为 1.2 cm，周期为 2 s，开始时，初始位置为 $x_0=0.6$ cm，并向平衡位置移动，求其振动表达式。

5.3 已知一振动质点的振动曲线如图 5-103 所示，试求：

(1) 该振动质点的振动表达式；

(2) 振动质点到达点 P 相应位置所需时间。

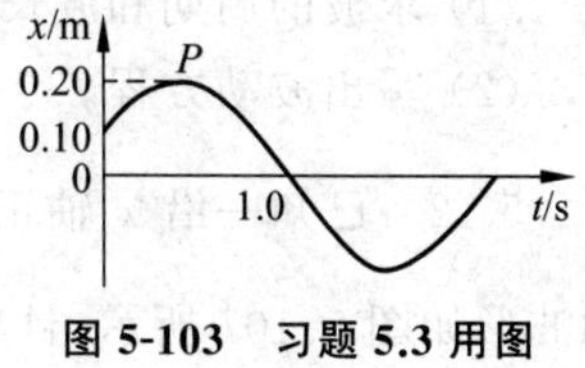

图 5-103 习题 5.3 用图

5.4 一质量为 10 g 的物体沿 x 轴作简谐振动，其振幅为 4 cm，周期为 4.0 s，当 $t=0$ 时，位移为 $+4$ cm。求：

(1) 振动表达式；

(2) $t=0.5$ s时物体所在的位置及所受力的大小和方向；

(3) 由起始位置运动到 $x=2$ cm 处所需的时间。

5.5 一长为 l 的均匀细棒悬于通过某一端的光滑水平固定轴上，形成一复摆，如图 5-104 所示。已知细棒绕通过其一端的转轴的转动惯量 $J=\frac{1}{3}ml^2$，求此摆作微小振动的周期。

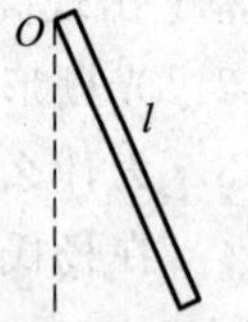

图 5-104 习题 5.5 用图

5.6 质量为 0.10 kg 的物体以 2.0×10^{-2} m 的振幅作简谐振动，其最大加速度为 $4.0\ \text{m}\cdot\text{s}^{-2}$，求：

(1) 振动周期；

(2) 通过平衡位置的动能；

(3) 总能量。

5.7 质量为 m 的质点在水平光滑面上，两侧各接一劲度系数为 k 的弹簧，如图 5-105 所示，弹簧另一端被固定于壁上，L 为两弹簧自然长度，如使 m 向右有一小位移后，静止释放，则质点每秒通过平衡位置的次数为多少？

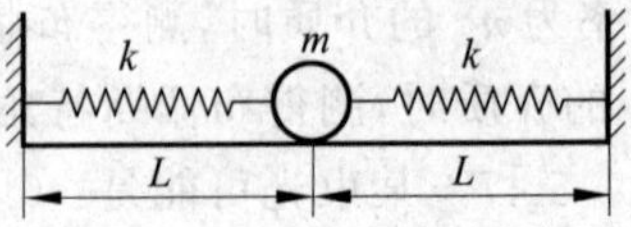

图 5-105 习题 5.7 用图

5.8 一个质点同时参与两个在同一直线上的简谐振动：$x_1=0.05\cos\left(2t+\frac{\pi}{3}\right)$和 $x_2=0.06\cos\left(2t-\frac{2\pi}{3}\right)$(式中，$x$ 的单位是 m，t 的单位是 s)，求合振动的振幅和初相位。

5.9 一劲度系数为 k 的铅直轻弹簧，下端固定，上端系一直径为 d 的木质小球，小球的密度为 ρ 且小于水的密度 ρ_0。小球被推动后，小球在水中沿铅直方向振动。设不计水对小球的阻力和被小球所吸附的水的质量。

(1) 试证明小球的运动为简谐振动；

(2) 设开始时，小球在水中处于静平衡位置，并具有铅直向上的速度 v_0，试求其振动表达式。

5.10 如图 5-106 所示，一质点在 x 轴上作简谐振动，选取该质点向右运动通过 A 点时作为计时起点($t=0$)，经过 2 s 后质点第一次经过 B 点，再经过 2 s 后质点第二次经过 B 点，若已知该质点在 A，B 两点具有相同的速率，且 $AB=10$ cm，求：

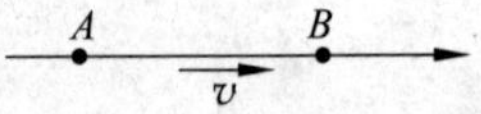

图 5-106 习题 5.10 用图

(1) 质点的振动方程；

(2) 质点在 A 处的速率。(提示：画旋转矢量图来求解。)

5.11 波源作简谐运动，其运动方程为 $y=4\times10^{-3}\cos(240\pi t)$ m，它所形成的波以 $30\ \text{m}\cdot\text{s}^{-1}$的速度沿一直线传播。

(1) 求波的周期和波长；

(2) 写出波动方程。

5.12 已知一沿 x 轴正向传播的平面余弦波，当 $t=\frac{1}{3}$ s 时的波形如图 5-107 所示，且周期 $T=2$ s。求：

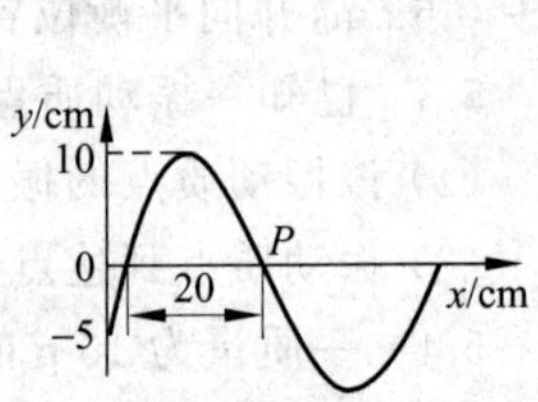

图 5-107 习题 5.12 用图

(1) O 点处质点振动的初周相；

(2) 该波的波动方程；

(3) P 点处质点振动的初周相及振动方程。

5.13 一个沿 x 轴正方向传播的平面简谐波(用余弦函数表示)，在 $t=0$ 时的波形曲线如图 5-108 所示。

(1) 原点 O 和 2，3 点的振动位相各是多少？

(2) 画出 $t=T/4$ 时的波形曲线。

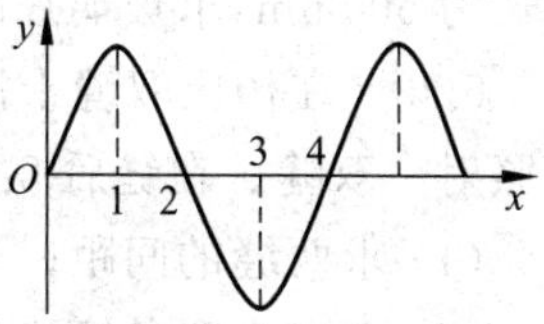

图 5-108 习题 5.13 用图

5.14 已知波长为 λ 的平面简谐波沿 x 轴负方向传播，波速为 u。在 $x=\frac{\lambda}{4}$ 处质点的振动方程为 $y=A\cos\frac{2\pi}{\lambda}ut$。

(1) 求该平面简谐波的表达式；

(2) 画出 $t=T$ 时刻的波形图。

5.15 有一波在介质中传播，其波速 $u=1.0\times10^{3}\ \mathrm{m\cdot s^{-1}}$，振幅 $A=1.0\times10^{-4}$ m，频率 $\nu=1.0\times10^{3}$ Hz。若介质的密度 $\rho=8.0\times10^{2}\ \mathrm{kg\cdot m^{-3}}$，求：

(1) 该波的能流密度；

(2) 1 min 内垂直通过面积为 $4.0\times10^{-4}\ \mathrm{m^2}$ 的总能量。

5.16 两个相干波源 S_1 和 S_2 的振动方程分别是 $y_1=A\cos\omega t$ 和 $y_2=A\cos\left(\omega t+\frac{1}{2}\pi\right)$。$S_1$ 距 P 点为 3 个波长，S_2 距 P 点为 $\frac{21}{4}$ 个波长。两波在 P 点引起的两个振动的相位差是多少？

5.17 如图 5-109 所示，由波源 O 处分别向左右两边传播振幅为 A、波长为 λ、角频率为 ω 的简谐波，波源 O 处与反射面 PP' 之间的距离为 $\frac{5}{4}\lambda$，PP' 为波密介质界面，假设从波密介质界面发生全反射，试写出波源 O 两边合成波的波函数。设波源振动初相位为 φ_0。

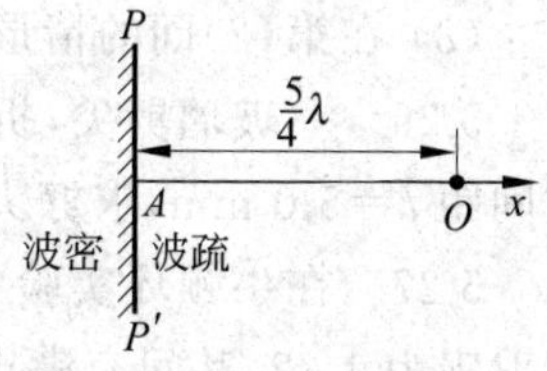

图 5-109 习题 5.17 用图

5.18 已知一波长为 λ 的平面简谐波沿 x 轴正方向传播，在 $x=L$ 处有一理想的反射面，即入射波在此反射面反射时无能量损失，但出现半波损失。如果入射波经过坐标原点时质点的振动为 $y=A\cos\left(\omega t-\frac{\pi}{2}\right)$，试求：

(1) 反射波的波函数；

(2) 合成波的波节、波腹位置。

5.19 一驻波波函数为 $y=0.02\cos 20x\cos 750t$ m，求：

(1) 形成此驻波的两行波的波幅和波速各为多少？

(2) 相邻两波节间的距离多大？

5.20 (1) 已知一声波源的振动频率为 2000 Hz，当波源以速度 v_S 向墙壁接近时，静止观测者测得墙反射波的频率为 2040 Hz，设声速为 340 m/s，试求波源移动的速度 v_S；

(2) 如果(1)中的波源不动，现以一反射面来代替墙壁，设反射面以(1)中所计算的速度向观测者接近，此时观测者所测到墙反射波的频率为多少？

5.21 在杨氏双缝干涉实验中，两缝间距为 0.30 mm，用单色光垂直照射双缝，在离缝

1.20 m 的屏上测得中央明纹一侧第 5 条暗纹与另一侧第 5 条暗纹的距离为 22.78 mm。问所用的波长为多少？是什么颜色的入射光？

5.22 在杨氏双缝干涉实验装置中，两个缝分别用折射率 $n_1=1.4$ 和 $n_2=1.7$ 的厚度相等的玻璃片遮着，在光屏上原来的中央明纹处，现在为第 5 级明纹所占据。如入射的单色光波长为 600 nm，求玻璃片的厚度(设玻璃片平面垂直于光路)。

5.23 在杨氏双缝干涉实验中，使一束水平的氦氖激光器发出的激光($\lambda=632.8$ nm)垂直照射一双缝。在缝后 2.0 m 处的光屏上观察到中央明纹和第 1 级明纹的间距为 14 cm。

(1) 求两缝的间距；

(2) 在中央明条纹一侧还能看到几条明纹？

5.24 用很薄的玻璃片遮住杨氏双缝干涉实验装置的其中一条缝，这使屏幕上的零级条纹移到原来第 7 级明纹的位置上。如果入射光的波长 $\lambda=550$ nm，玻璃片的折射率 $n=1.58$，试求玻璃片的厚度。

5.25 用波长为 500 nm ($1\ \mathrm{nm}=10^{-9}$ m)的单色光垂直照射到由两块光学平玻璃构成的空气劈形膜上。在观察反射光的干涉现象中，距劈形膜棱边 $l=1.56$ cm 的 A 处是从棱边算起的第 4 条暗条纹中心。

(1) 求此空气劈形膜的劈尖角；

(2) 改用 600 nm 的单色光垂直照射到此劈尖上仍观察反射光的干涉条纹，A 处是明条纹还是暗条纹？

(3) 在第(2)问的情形下，从棱边到 A 处的范围内共有几条明纹？几条暗纹？

5.26 一玻璃劈尖，折射率 $n=1.52$。波长 $\lambda=589.3$ nm 的钠光垂直入射，测得相邻条纹间距 $l=5.0$ mm，求劈尖夹角。

5.27 在牛顿环实验中，设平凸透镜的曲率半径 $R=1.0$ m，折射率为 1.51，平板材料的折射率为 1.72，其间充满折射率为 1.60 的透明液体，垂直投射的单色光 $\lambda=600$ nm，则最小暗纹的半径 r_1 为多少？

5.28 在折射率 $n_3=1.50$ 的玻璃片上镀一层 $n_2=1.38$ 的增透膜，可使波长为500 nm的光由空气垂直入射玻璃表面时尽量减少反射，则增透膜的最小厚度为多少？

5.29 折射率 n_1 为 1.50 的平板玻璃板上有一层折射率 n_2 为 1.20 的油膜，油膜的上表面可近似看作球面，油膜中心最高处的厚度 $d=1.1\ \mu$m。用波长为 600 nm 的单色光垂直照射油膜，看到离油膜中心最近的暗条纹环的半径为 0.3 cm，问整个油膜上可看到的完整暗条纹数有多少？油膜上表面球面的半径为多少？

5.30 在迈克耳孙干涉仪的可调反射镜平移了 0.064 mm 的过程中，观察到 200 个明条纹移动，所用单色光的波长为多少？

5.31 用波长 $\lambda=632.8$ nm 的激光垂直照射单缝时，其夫琅禾费衍射图样的第 1 级极小与单缝法线的夹角为 5°，试求该缝的缝宽。

5.32 单缝的宽度 $a=4.0$ mm，以波长 $\lambda=589$ nm 的单色光垂直照射，设透镜的焦距 $f=1.0$ m。求：

(1) 第 1 级暗纹距中心的距离；

(2) 第 2 级明纹距中心的距离。

5.33 一单色平行光垂直入射一单缝，其衍射第 3 级明纹位置恰与波长为 600 nm 的单色光垂直入射该缝时衍射的第 2 级明纹位置重合，试求该单色光波长。

5.34　单缝夫琅禾费衍射实验中，缝宽 $a=1.0\times10^{-4}$ m，薄透镜焦距为 $f=0.5$ m。如在单缝前面放一厚度 $d=0.2\ \mu$m、折射率 $n=1.5$ 的光学薄膜，并以波长 $\lambda_1=400$ nm 和波长 $\lambda_2=600$ nm 的复色光垂直照射薄膜，求透出薄膜而射入单缝的波长及屏上观察到的中央明纹宽度 Δx 为多少？

5.35　在通常照度下，人眼的瞳孔直径约为 3 mm，视觉最敏感的光波波长为 550 nm，求：

(1) 人眼的最小分辨角；

(2) 人眼在明视距离(约 25 cm)处能分辨的最小距离；

(3) 人眼在 10 m 处能分辨的最小距离。

5.36　汽车的两个前灯相距为 1.0 m，问迎面而来的汽车离人多远时，它们刚好为人所分辨？设瞳孔的直径为 3.0 mm，光在空气中的波长为 500 nm。

5.37　一双缝，缝间距 $d=0.1$ mm，缝宽 $a=0.02$ mm，用波长 $\lambda=480$ nm 的平行单色光垂直入射该双缝，双缝后放一焦距为 50 cm 的透镜，试求：

(1) 透镜焦平面处屏上干涉条纹的间距；

(2) 单缝衍射中央条纹的宽度；

(3) 单缝衍射的中央包线内有多少条干涉的主极大。

5.38　波长 $\lambda=400$ nm 的平行光，垂直投射到某透射光栅上，测得第三级衍射主极大的衍射角为 30°，且第二级明纹不出现。求：

(1) 光栅常量 $(a+b)$；

(2) 透光缝的宽度 a；

(3) 屏幕上可能出现的全部明纹。

5.39　双星之间的角距离为 1.00×10^{-7} rad，其辐射均为 577 nm 和 579 nm 两个波长。

(1) 望远镜物镜的最小口径为多大才能分辨出这两颗星？

(2) 若要在光栅的第 3 级光谱中分辨这两个波长，光栅的缝数应为多少？

5.40　自然光入射到相互重叠在一起的两偏振片上。

(1) 如果透射光的强度为最大透射光强度的 1/3，问两偏振片的偏振化方向之间的夹角是多少？

(2) 如果透射光强度为入射光强度的 1/3，问两偏振片的偏振化方向之间的夹角又是多少？

5.41　使自然光通过两个偏振化方向相交 60°的偏振片，透射光强为 I_1，今在这两个偏振片之间插入另一偏振片，它的方向与前两个偏振片均成 30°角，则透射光强为多少？

5.42　两块偏振片叠在一起，其偏振化方向成 30°。由强度相同的自然光和线偏振光混合而成的光束垂直入射在偏振片上。已知两种成分的入射光透射后强度相等。

(1) 若不计偏振片对可透射分量的反射和吸收，求入射光中线偏振光的光矢量振动方向与第一个偏振片偏振化方向之间的夹角；

(2) 仍如上一问条件，求透射光与入射光的强度之比；

(3) 若每个偏振片对透射光的吸收率为 5%，再求透射光与入射光的强度之比。

5.43　一束自然光，以某一入射角入射到平面玻璃上，这时的反射光为线偏振光，透射

光的折射角为 32°。求:

(1) 自然光的入射角;

(2) 玻璃的折射率。

5.44　水的折射率为 1.33,玻璃的折射率为 1.50,当光由水中射向玻璃而反射时,起偏角为多少?当光由玻璃中射向水而反射时,起偏角又是多少?这两个起偏角在数值上有什么关系?

5.45　请用惠更斯作图法确定方解石晶体的 o 光和 e 光的传播方向和振动方向。

(1) 平行光垂直入射晶体,光轴在入射面内并与晶面平行;

(2) 平行光斜入射晶体,光轴也在入射面内并与晶面平行;

(3) 平行光斜入射晶体,光轴垂直入射面并与晶面平行;

(4) 平行光垂直入射晶体,光轴也在入射面内并与晶面垂直。

5.46　一厚度为 10.0 μm 的方解石晶片,如图 5-110 所示,其光轴平行于表面,放置在两正交偏振片之间,晶片光轴与第一个偏振片的偏振化方向夹角为 45°,若用波长为 600 nm 的光通过上述系统后呈现极大,晶片厚度至少需磨去多少 μm?(方解石的 $n_o=1.658$,$n_e=1.486$。)

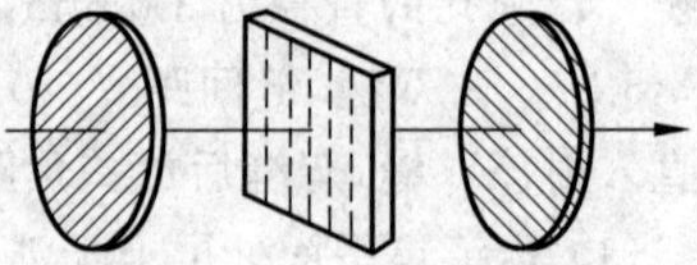

图 5-110　习题 5.46 用图

第6章　量子物理基础

量子力学理论是20世纪在物质观上的一次革命,是20世纪科技文明发展的一个支柱。它是研究原子、分子、凝聚物质以致原子核和基本粒子的结构和性质的基础理论,是目前对物质世界最精确完整的描述,其核心是自然界在微观上是不连续的、是"量子化"的。微观粒子的突出特点是"二象性"和"量子性"。量子理论从1900年德国物理学家普朗克(Max Planck,1858—1947)提出量子概念起,经历了实验、理论多次反复,可以说到1930年前后完成了从经典理论到半经典理论以致全新的量子理论的过渡。17世纪发现了光的波动性,20世纪初在黑体辐射、光电效应和康普顿效应等现象中揭示了光的粒子性,在人们认识光的波动和粒子二象性之后,1923年法国物理学家德布罗意(Louis Victor de Broglie, 1892—1987)提出实物粒子(如电子、原子等)也具有波粒二象性的假说,1927年美国物理学家戴维逊(C.J.Davison,1881—1958)和革末(L.H.Germer,1895—1971)以及1928年英国物理学家汤姆孙(G.P.Thomson,1892—1975)给出了实验证明。由于微观粒子具有波粒二象性,它的运动状态和力学量(坐标、动量、角动量及能量等)的描述及其变化规律就不能再和宏观物体一样,1925年德国物理学家海森伯(W. K. Heisenberg,1901—1976)、波恩(Max Born,1882—1970)、约丹(E. P. Jordan,1902—1980)及瑞士籍奥地利物理学家泡利(W. E. Pauli,1900—1958)等学者从粒子的粒子性出发,建立了矩阵力学。1926年,奥地利物理学家薛定谔(Erwin Schrödinger,1887—1961)从粒子波动性出发,建立了波动力学。之后,薛定谔证明了矩阵力学和波动力学的等价性,它们是统一的量子力学理论的两种不同描述。

本章以波动力学的建立为基础,主要介绍量子力学中"能量子""光量子"的基本概念、描述波粒二象性微观粒子运动状态的波函数和基本特征(不确定关系)以及它所满足的基本运动方程(薛定谔方程),简单介绍原子中电子运动的4个量子数、电子排布以及激光和能带的基本概念。

6.1　量子概念的提出

19世纪末期,经典物理学的大厦已经建立起来。物体的低速机械运动准确遵守牛顿力学规律,电磁以及光现象的规律被总结为麦克斯韦方程组,热力学和统计物理学完整地描述了热现象。在第2章介绍狭义相对论建立时,我们曾提到的是著名物理学家开尔文在展望20世纪物理学时看到了晴朗的物理学天空还存在以热辐射实验和迈克耳孙-莫雷实验为代表的"两朵乌云",他当时也曾预言:人们在20世纪就可以使遮蔽了天空的两朵乌云驱散。历史已经表明,20世纪初的相对论和20世纪30年代的量子论的诞生驱散了这两朵乌云,在此基础上,20世纪在科学和技术文明上都取得了很大成就,比如量子场论和弦理论(string theory)、夸克及粒子物理的发展、物质第五态的观测以及宇宙基础理论和空间探索、激光、超导、半导体与计算机等。但是,20世纪也给21世纪留下了疑问:比如物理理论都是对称的，为什么实验上却发现了不少对称性的破缺？所有的中子、质子都是由夸克和轻子两类基本粒子组成，但有一半的基本粒子都独立不出来，能不能看到单个夸克的自由存在？20世纪一直认为大的物质由小的物质组成，小的由更小的组成，找到基本粒子就知道了大物质的构造，但20世纪后期发现并不是这样，了解了微观并不等于了解了宏观。比如在生物学上，了解了一个个基因并不等于了解了生命的起源。科学无尽头，人们对自然客观世界的认识永远都处于探索之中。本章首先主要介绍20世纪初人们对微观世界的继续探索中提出的量子概念。

6.1.1 能量子概念的提出

为了消除热辐射"乌云"，德国伟大的物理学家普朗克在20世纪第一年提出了能量子的概念，成为量子论的奠基人。普朗克生于德国基尔，21岁以《论热力学的第二定律》论文获得慕尼黑大学博士学位。普朗克先后在慕尼黑大学、基尔大学和柏林大学任教。从1894年起，普朗克把研究注意力转向当时物理学界正热烈探究的黑体辐射问题。1900年12月，普朗克在德国物理学会上发表了一篇影响现代文明的著名论文《关于正常光谱的能量分布定律的理论》。这是现代物理学上的一场革命性突破，为此他获得了1918年诺贝尔物理学奖。普朗克为人谦虚，作风严谨。在1918年4月德国物理学会庆贺他60寿辰的纪念会上，普朗克曾致答词说：假如不是自己碰上这个宝藏，那么无疑地，其他同事也会很快地、幸运地碰上它的。普朗克逝世后，在他的墓碑上只刻了他的姓名和以他的名字命名的物理常量 $h=6.626\,075\,5\times10^{-34}\ \text{J}\cdot\text{s}$。

普朗克
(1858—1947)

6.1.1.1 黑体热辐射

1. 热辐射

任何物质在任何温度下都向外辐射各种波长的电磁波，并且各种电磁波的能量按波长的分布与温度有关。例如，当铁块被加热时，温度低时我们看不到它发光，但能感觉到它辐射出的热量。当温度达到500℃左右时，它开始发出可见光。随着温度逐渐升高，不但发出光的光强逐渐增大，而且我们会看到铁块的颜色由暗红而过渡到赤红、橙色和黄白色。这种颜色变化说明被加热铁块所辐射的能量按波长的分布有了变化，黄白色时波长短的成分在辐射总能量中所占的比例大一些。这种与温度有关的电磁辐射称为热辐射。

为了定量描述物体热辐射的规律，人们引入了单色辐出度的概念。在波长 λ 附近物体的单色辐出度的定义为：温度为 T 的物体，单位时间从物体的单位面积表面上辐射出的波长在 λ 附近的单位波长区间内的电磁波的能量。单色辐射出射度通常用 $M_\lambda(T)$ 表示，它是温度的函数，其单位为 W/m^3。显然，温度为 T 的物体，在单位时间从物体的单位面积表面上辐射出的各种波长的电磁波的总能量为

$$M(T)=\int_0^\infty M_\lambda(T)\,\mathrm{d}\lambda \tag{6-1}$$

称为物体的辐出度，单位为 W/m^2。

2. 黑体辐射

(1) 绝对黑体

一般来说，物体不会是孤立的，都会接收到来自其他物体的电磁辐射。因此，不透明物体在辐射电磁波的同时，还会吸收和反射辐射到自己表面上的各种波长的电磁波。如果在任一时间内，物体从表面向外辐射的电磁波能量正好等于它从外界吸收的电磁波能量，我们称此时的物体处于平衡热辐射状态，物体的温度保持恒定。一定温度下，物体辐射电磁波的能力随物体的材料和表面状况而异，物体吸收电磁波的能力也随物体不同而不同。一般讲，一个好的辐射体也是一个好的吸收体。对于某一物体来说，若它辐射某一波长范围的电磁波能力越大，那它吸收该波长范围的电磁波能力也越大，反之亦然。比如，有一白底黑花瓷片，当它达到一定温度时，黑花非常亮，白底却变为黑暗。

为了研究物体的热辐射规律，实验上就要尽量避免物体所反射电磁波的干扰。如果一个热辐射物体在任何温度下都能把照射到其表面上的各种波长的电磁波完全吸收，这样的物体称为绝对黑体，简称黑体。绝对黑体的概念是基尔霍夫(G. R. Kirchhoff，1824—1887)于 1860 年在研究空腔辐射时提出的，他指出：能找出其单位面积的辐射本领是实验和理论物理学家的重要任务。绝对黑体当然是一种理想的状况，不过实验上可把一个内表面粗糙的不透明空腔开一个小孔，小孔就是一个很好的黑体，如图 6-1 所示。当光线射入小孔后，反射一次壁就要吸收一部分能量，经过多次反射后，入射小孔的电磁波能量很少有机会再逃逸出小孔。这种小孔(绝对黑体表面)的热辐射本领与用什么材料制成的空腔无关，反映的是电磁辐射的基本性质。

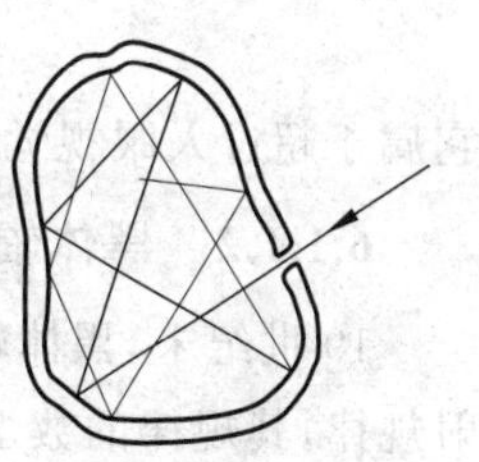

图 6-1 绝对黑体模型

(2) 黑体热辐射实验

19 世纪末，对黑体单色辐出度的测定实验在波长范围和精度上都有了很大的进展。图 6-2 是测量黑体辐出度的实验原理图，由黑体空腔的小孔 S 辐射出的电磁波经透镜 L_1 后进入平行光管。由平行光管出射的电磁波经分光棱镜和会聚透镜 L_2 后照射到热电偶探测器上。利用热电偶探测器可以测量出不同波长的电磁辐射的能量，进而得到黑体辐射的单色辐出度。图 6-3 是实验测得的黑体辐射谱，黑体辐出度正是图 6-3 中每条曲线下的面积。1879 年，斯特藩(J. Stefan，1835—1893)在总结实验观测的基础上得出：**某一温度下的**

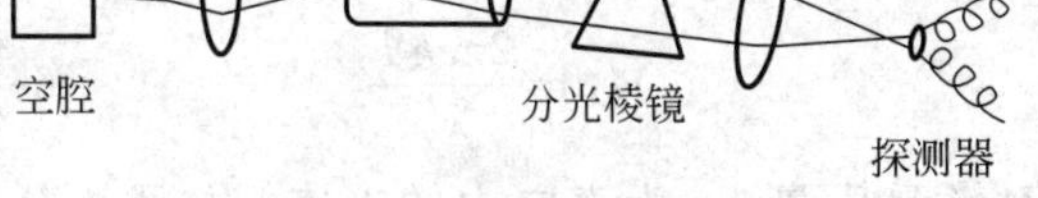

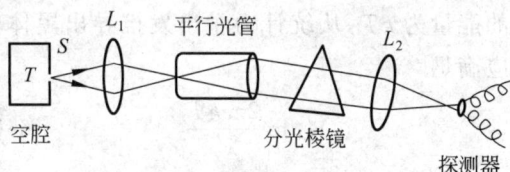

图 6-2 测量单色辐出度的实验原理图

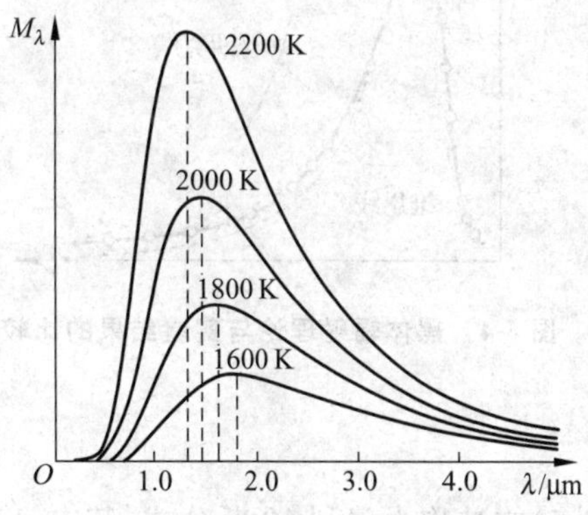

图 6-3 实验测得的黑体辐射谱

黑体辐出度与温度的四次方成正比。1884 年,玻耳兹曼把热力学和麦克斯韦电磁理论结合起来证明了斯特藩关于黑体辐射的结论是正确的。我们把此实验规律称为斯特藩-玻耳兹曼定律,有

$$M(T)=\sigma T^4 \tag{6-2}$$

其中,$\sigma=5.670\times10^{-8}\ \mathrm{W\cdot m^{-2}\cdot K^{-4}}$,称为斯特藩-玻耳兹曼常量。1893 年,维恩(Wilhelm Wien,1864—1928)发现了另一重要的实验规律,即著名的维恩位移定律:**黑体辐射的单色辐出度的最大值随温度升高向短波方向移动**,有

$$\lambda_m T=b \tag{6-3}$$

其中,常数 $b=2.897\times10^{-3}\ \mathrm{m\cdot K}$,$\lambda_m$ 是单色辐出度最大值(峰值)对应的波长。

例 6.1 如果把房间的一个小窗户看作黑体,室温(20℃)下,其单色辐出度的峰值对应的波长是多少?

解 室温的热力学温度是 $T=293\ \mathrm{K}$,由维恩位移定律,得

$$\lambda_m=\frac{b}{T}=\frac{2.897\times10^{-3}}{293}\ \mathrm{m}=9.89\times10^{-6}\ \mathrm{m}$$

它属于超过人眼视觉范围的远红外谱线。

6.1.1.2 黑体辐射的普朗克公式

19 世纪末,黑体辐射的理论研究也取得了很大进展。图 6-3 中实验曲线代表着黑体辐射规律,其规律的数学形式就是黑体辐射的 $M_{b\lambda}(T)$-λ 的函数关系。当时,有许多物理学家都把精力集中到寻找黑体辐射规律的理论工作上,根据已"成熟"的经典电磁理论和热力学与统计理论试图导出符合实验数据的 $M_{b\lambda}(T)$-λ 的函数关系式。

按照经典电磁理论,由于电子的运动可以把原子或分子看作是带电的谐振子,带电粒子的谐振动发射电磁波。1893 年,维恩在这种分子平衡热辐射的波长和强度只决定于分子速度的假定下,依据热力学原理中分子速度按麦克斯韦分布推导出黑体辐射谱应满足

$$M_\lambda(T)=\frac{c_1}{\lambda^5}e^{-\frac{c_2}{\lambda T}} \tag{6-4}$$

(6-4)式被称为维恩公式,其中,c_1 和 c_2 为待定的常量。用它去拟合图 6-3 中的实验谱,在短波范围内和实验数据符合得很好,但是在长波范围内与实验结果有较大的偏差,如图 6-4 所示。

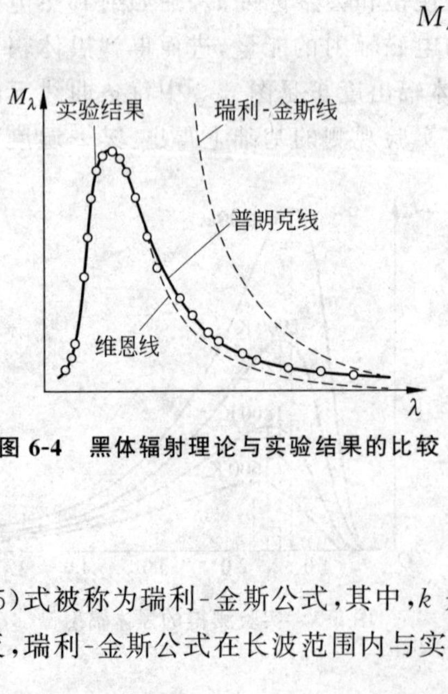

图 6-4 黑体辐射理论与实验结果的比较

1900 年瑞利(J. W. Rayleigh,1842—1919)以及 1905 年金斯(J. H. Jeans,1877—1946)根据能量按自由度均分定理,认为原子中电子谐振动的能量为 kT,从统计力学出发推导出黑体辐射应满足

$$M_\lambda=\frac{2\pi ckT}{\lambda^4} \tag{6-5}$$

(6-5)式被称为瑞利-金斯公式,其中,k 是玻耳兹曼常量,c 为真空中的光速。与维恩公式相反,瑞利-金斯公式在长波范围内与实验结果符合得很好,在短波范围内则出现了发散的

结果(图6-4中$M_{b\lambda}(T)$在短波段将出现“无限大”)。瑞利-金斯公式的推导思想明确，是根据经典统计力学一步步严谨无误地推得的，但它与实验不符合，一定是经典物理学基本原理在物体热辐射上出了问题，因为问题出在短波段，所以被叫作“紫外灾难”。

从1894年起，普朗克把主要精力也转向了黑体辐射问题。在1900年，他首先改造了维恩公式，通过拟合实验数据，利用内插法将适用于短波的维恩公式和适用于长波的瑞利-金斯公式衔接起来，给出了正确描述黑体辐射的公式，我们称为普朗克公式：

$$M_{\lambda}(T)=\frac{2\pi hc^2}{\lambda^5}\frac{1}{e^{\frac{hc}{k\lambda T}}-1} \tag{6-6}$$

其中$h=6.63\times10^{-34}$ J·s，是引入的一个常量，称为普朗克常量，k是玻耳兹曼常量，c是真空中的光速。

普朗克公式取得了巨大的成功，它在整个波长范围内与实验结果符合得很好，如图6-4所示。由普朗克公式，通过求导求极值可得出维恩位移定律，根据黑体辐射辐出度的定义，通过积分可得出斯特藩-玻耳兹曼实验定律。

6.1.1.3 能量子概念的提出

普朗克为了从理论上解释自己的公式(黑体辐射的能量分布)，认为必须在热力学和电磁理论以外去寻求物理学原因。1900年12月，普朗克提出了能量量子化假说：**频率为ν的谐振子，其能量取值为$h\nu$的整数倍**。

也就是说，组成空腔壁的分子和原子的带电线性谐振子所可能具有的能量是不连续的，只能取$h\nu,2h\nu,3h\nu,\cdots$的离散值，通过辐射和吸收电磁波与周围空间的电磁场交换的能量也只能是$h\nu$的整数倍。$h\nu$称为能量子。一个谐振子的能量由(6-7)式给出：

$$E=nh\nu,\quad n=1,2,3,\cdots \tag{6-7}$$

其中，n称为能量量子数。普朗克常量的现代值为$h=6.626\,087\,2(52)\times10^{-34}$ J·s。

普朗克的能量子假说突破了经典物理中能量连续的概念，第一次把能量量子的概念引入物理学中，由于这一概念的革命性和重要性，人们把1900年命名为量子物理的诞生年。1918年普朗克为此获得了诺贝尔物理学奖。

6.1.2 光量子概念的提出

6.1.2.1 光量子概念的提出

1. 爱因斯坦光量子假说

虽然普朗克公式很快得到了普遍承认，但对于普朗克的能量子概念，无论普朗克本人还是同时代的其他人，都没有想到是它开创了20世纪量子物理革命的新纪元。普朗克提出能量子假说后，自己一直为违反经典的能量连续性感到烦恼和后悔，并花费了大量精力和时间想尽方法试图用连续性代替不连续性，回归经典物理。但是，刚从大学毕业年仅21岁的爱因斯坦以敏锐的洞察力和令人佩服的胆略捍卫和发展了“量子婴儿”，进一步提出了“光量子假说”，成为量子物理学先驱者之一。

普朗克的能量子概念只是假定了辐射(吸收)电磁波的带电谐振子的能量是不连续的，爱因斯坦于1905年把能量子概念扩充到光在空间的传播，即扩展到电谐振子辐射(吸收)的电磁波能量也是不连续的。他在著名论文《关于光的产生和转化的一个试探性观点》中总结了光学发展的历史,指出:空间连续函数表示的光的波动理论尽管永远不会被别的理论所取代,但在用到光的发射和转化现象时会遇到困难;如果把光的能量在空间分布看作是不连续的话,那就能更好地理解黑体辐射、光电效应、光致发光以及有关光的产生和转化现象的各种观测结果。为此,在论文中提出了光量子假说:“从一个点光源发出的光线的能量并不是连续地分布在逐渐扩大的空间范围内,而是由有限个能量子组成。这些能量子只占据空间的一些点,运动时不分裂,只能以完整的单元产生或吸收。”光的能量子后来被称为光子,光量子假说指明一束光就是一束以光速运动的粒子流(光子流),光子的能量为

$$\varepsilon = h\nu \tag{6-8}$$

而光束的强度取决于光子的数目。在该文章的结尾,爱因斯坦利用光量子假说清晰而圆满地解释了光电效应,推导出光电子的最大动能与入射光频率之间的关系。光电效应过程是金属中原子束缚的单个电子吸收一个入射光子 $h\nu$ 的能量守恒过程。当光照射到金属表面时,被原子束缚的单个电子吸收一个光子,其能量一部分消耗在从金属表面逸出时克服阻力所做的功(叫逸出功),一部分成为电子刚逸出金属表面时的最大初动能。逸出功与金属的种类有关,如果以 A 表示,光电子的最大初动能为

$$\frac{1}{2}mv_{\mathrm{m}}^2 = h\nu - A \tag{6-9}$$

此式称为光电效应方程(或爱因斯坦方程)。

2. 光的波粒二象性

光的干涉、衍射等实验使19世纪的人们认识到光是一种电磁波,20世纪初光能量子学说又使人们认识到光是粒子流,即光既具有波动性,又具有粒子性,波粒二象性是光的本性。也就是说,光既不是经典力学中“单纯”的粒子,也不再是麦克斯韦电磁理论中“单纯”的波。例如,在杨氏双缝干涉实验中的屏幕处放置一照相底片,如果使光强减弱到一个个光子通过狭缝,在不太长的曝光时间内,底片上只出现一些无规则分布的点子,这些点子显示了作为个体光子的粒子性,而点子的无规则分布说明光子运动没有确定的轨道(这正是与经典粒子的区别)。如果曝光时间足够长,底片上就出现了规则的干涉条纹,就像用强光经短时间曝光后的现象一样,这正是光波动性的表现。

光的粒子性用能量 ε、动量 p 进行描述,光的波动性用波长 λ、频率 ν 描述,通过 h 把它们联系起来了。一个光子的能量是

$$\varepsilon = h\nu \tag{6-10}$$

根据相对论的质能关系 $\varepsilon = mc^2$,光子的相对论质量为

$$m = \frac{h\nu}{c^2} = \frac{h}{c\lambda} \tag{6-11}$$

光子的动量为 $p = mc$,有

$$p = \frac{h\nu}{c} = \frac{h}{\lambda} \tag{6-12}$$

相对论的质速关系为 $m = \dfrac{m_0}{\sqrt{1 - v^2/c^2}}$,光子的速度 $v = c$,为保证 m 有限,m_0 只能为零,即光子是一种静止质量为零的粒子。

6.1.2.2 光电效应

1887年,赫兹(H. R. Hertz, 1857—1894)在做电磁波接收实验时发现了紫外线照射金

属负极时使得负极更易放电。他的《紫外线对放电的影响》论文发表后，引起广泛的反映。1888 年德国、意大利和俄国等科学家的实验也都表明了负电极在可见光(特别是紫外线)照射下会放出带负电的粒子而形成电流。1899 年，J. J. 汤姆孙(J. J. Thomson，1856—1940)通过对光电粒子比荷的测定，确定了光电流和阴极射线实质相同，都是高速运动的电子流。这种由于光照射到金属表面而使电子从金属表面溢出的现象被称为光电效应，由于光电效应从金属表面逸出的电子又称为光电子。

光电效应的典型实验装置如图 6-5 所示。图中 D 是真空光电效应管，S 是光电管上可以透光的石英窗口。若用一束特定频率和强度的光照射到光电管的金属阴极 K 上，如果 K 接电源负极，则回路中就出现了电流。这种由于光电效应而在回路中出现的电流被称为光电流。在光电效应实验中，当时人们已经发现了和经典理论有抵触的现象。

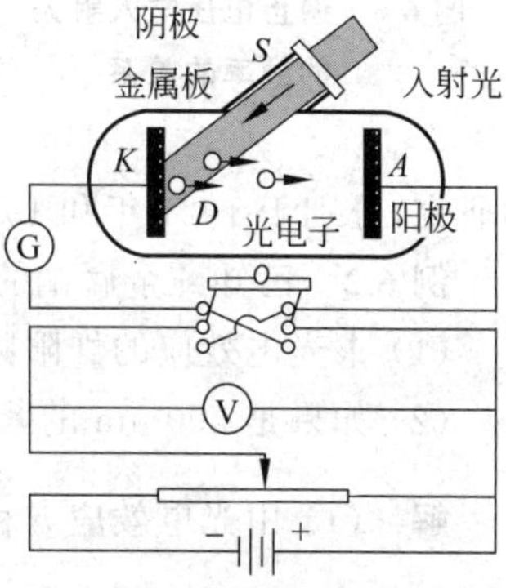

图 6-5　光电效应实验装置图

(1) 当入射光的频率小于某一临界值 ν_0 时，无论入射光有多强，也不会产生光电流。只要入射光的频率大于 ν_0，不管光强多弱，光电流就会立即产生(延迟时间在10^{-9} s以下)。ν_0 称为红限频率(又称截止频率)，相应的波长被称为红限波长(λ_0)。可是，经典波动理论认为不管任何频率的光，也不管入射光有多弱，只要有足够时间使金属中的电子收集到足够的能量都能逸出金属表面，不应该存在红限频率。

(2) 在图 6-5 的实验中，如果所加电压反向使 K 接电源正极，也有光电流产生，只是反向电压大到某一值 U_c 时光电流才为零。U_c 称为遏止电压或截止电压。遏止电压的存在说明光电子具有动能，最大动能的光电子在反向电压的电场阻碍下刚好不能到达 A 极形成光电流，所以有

$$\frac{1}{2}mv_m^2 = eU_c \tag{6-13}$$

其中，m 是电子的速度，e 是电子电量，v_m 是光电子逸出金属表面时的最大速率。1902 年，德国实验物理学家勒纳(Phillip Lenard，1862—1947)发现：光电子的最大速率仅与照射光的频率有关，而与光强无关。可是，按照经典波动理论，瞬间产生的光电子应该是照射光强度越大获得的能量越大，光电子的动能越大，其最大速率越大。光电子的最大速率与光强无关确实是经典波动理论在解释光电效应时的“灾难”。

由爱因斯坦方程(6-9)式，以上出现的问题轻而易举地得到了解决。当$\frac{1}{2}mv_m^2=0$ 时，入射光的频率 $\nu_0=\frac{A}{h}$就是红限频率；如果 $h\nu < A$，电子获得的能量不能克服阻力逸出金属表面发生光电效应；由于光子被电子一次吸收，因此光电效应几乎是瞬时发生的。由于光电子的数目正比于入射光子的数目，所以饱和光电流正比于入射光强。从方程还可以看到光电子的最大初动能只与光子的能量 $h\nu$ 有关，所以遏止电压只取决于频率。尽管光量子假说成功地解释了光电效应，但光量子理论在提出时并没有得到及时承认，一方面由于涉及传统观念的革新问题，另一方面由于光电效应中包含的遏止电压与入射光频率的线性关系

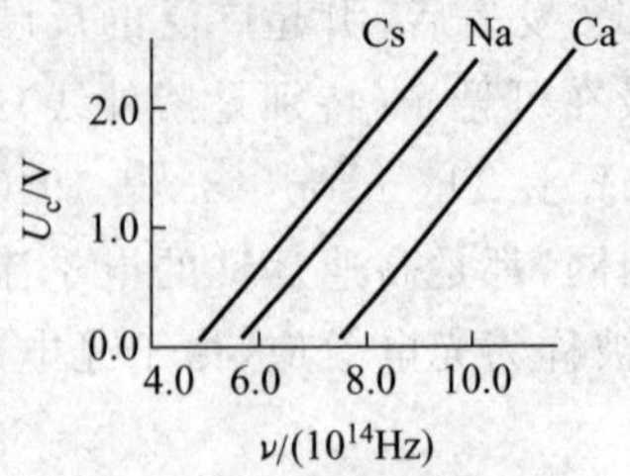

图 6-6 遏止电压与入射光的频率的关系

($eU_c = h\nu - A$)当时还没有直接实验依据。

美国物理学家密立根(Robert Andrews Millikan, 1868—1953)从1904年历经十余年的光电实验研究,本想证明经典理论的正确,但到1916年却由精确的实验全面证实了爱因斯坦光电效应方程。图6-6所示的是他用精确的实验测出的不同金属材料做阴极时遏止电压U_c与入射光的频率ν严格的正比关系,并由直线斜率测出当时最好的普朗克常量h的值。从此,光量子理论开始被人们所接受。爱因斯坦因光量子理论的提出,密立根因测量电子电荷及光电效应的研究,分别于1921年和1923年获得了诺贝尔物理学奖。

例 6.2 已知纯金属钠的逸出功为2.29 eV。

(1) 求光电效应的红限频率和红限波长;

(2) 如果是300 nm的紫外光入射钠表面,求光电子的最大动能和截止电压。

解 (1) 由光电效应方程$\frac{1}{2}mv_m^2 = h\nu - A$,$\frac{1}{2}mv_m^2 = 0$时的红限频率为

$$\nu_0 = \frac{A}{h} = \frac{2.29 \times 1.6 \times 10^{-19}}{6.63 \times 10^{-34}}\ \text{Hz} = 5.53 \times 10^{14}\ \text{Hz}$$

其红限波长为

$$\lambda_0 = \frac{c}{\nu_0} = \frac{hc}{A} = \frac{6.63 \times 10^{-34} \times 3 \times 10^8}{2.29 \times 1.6 \times 10^{-19}}\ \text{m} = 5.43 \times 10^{-7}\ \text{m}$$

(2) 由光电效应方程可知,300 nm光子入射时光电子最大动能为

$$\frac{1}{2}mv_m^2 = \frac{hc}{\lambda} - A = \frac{6.63 \times 10^{-34} \times 3 \times 10^8}{3 \times 10^{-7} \times 1.6 \times 10^{-19}}\ \text{eV} - 2.39\ \text{eV} = 1.75\ \text{eV}$$

由$\frac{1}{2}mv_m^2 = eU_c$,其截止电压

$$U_c = \frac{1}{2}mv_m^2/e = 1.75\ \text{V}$$

6.1.2.3 康普顿效应

康普顿效应可以说是光量子理论的另一重要实验验证。1920年,美国物理学家康普顿(Arthur Holly Compton,1892—1962)发现X射线照射到物质上被散射时,在散射的X射线中除与入射X射线波长λ_0相同的X射线外,还包含波长大于入射X射线波长的成分。这种现象被称为康普顿效应。由于在X射线散射研究方面的贡献,康普顿于1927年获得了诺贝尔物理学奖。我国物理学家吴有训(Wu Youxun,1897—1977)协助导师康普顿在康普顿效应的实验技术和理论分析等方面,也作出了卓有成效的贡献。

按照经典的电磁学理论,入射电磁波通过散射物质时引起物质中带电粒子做频率相同的受迫振动,受迫振动的带电粒子作为新的波源向外辐射(散射)频率与入射电磁波频率相同的电磁波,所以光的波动理论可以解释波长不变的散射,却不能解释波长改变的康普顿散射。1922年,康普顿根据光量子理论成功地解释了康普顿效应。

按照光的量子理论,X射线是光子流,每个光子的能量为$10^4 \sim 10^5$ eV,相比之下许多固

体散射物质中和原子联系较弱的一些电子的束缚能是可以忽略的，它们可以近似地被看作是自由电子。而它们的热运动动能量数量级约百分之几电子伏特，所以相对 X 射线光子还可以认为这些电子是静止的。康普顿认为 X 射线散射是单个光子与散射物质中受原子束缚较弱的电子相互作用的过程，可以近似看作是光子与静止自由电子之间的弹性碰撞，且认为光子和电子系统在相互作用过程中的动量和能量都是守恒的。康普顿散射原理的示意图如图 6-7 所示，图中散射 X 射线与入射 X 射线的夹角 φ 为散射角。设入射光子的动量为 $\frac{h}{\lambda_0}$，能量为 $h\nu_0$；散射光子动量为 $\frac{h}{\lambda}$，能量为 $h\nu$；静止自由电子碰撞前的能量为 m_0c^2，碰撞后动量变为 $m\boldsymbol{v}$（此时称为反冲电子），其能量为 mc^2。分别根据能量和动量守恒定律，得到

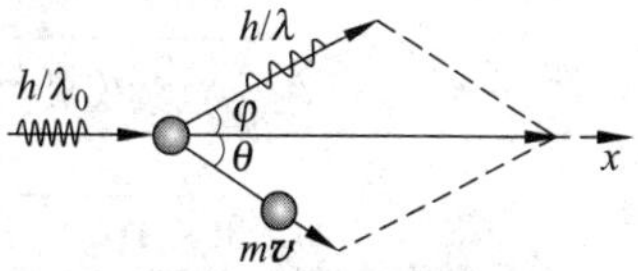

图 6-7　康普顿散射的示意图

$$\begin{cases} h\nu_0 + m_0c^2 = h\nu + mc^2 \\ \dfrac{h}{\lambda_0} = \dfrac{h}{\lambda}\cos\varphi + mv\cos\theta \\ 0 = \dfrac{h}{\lambda}\sin\varphi + mv\sin\theta \end{cases} \tag{6-14}$$

解(6-14)式，可得

$$\Delta\lambda = \lambda - \lambda_0 = \frac{h}{m_0c}(1-\cos\varphi) \tag{6-15}$$

其中，$\lambda_C = \frac{h}{m_0c} = 2.426\times10^{-3}$ nm，称为康普顿波长。

(6-15)式表明波长的改变量仅与散射角 φ 有关，与散射物质无关。$\varphi=0$ 时散射光中无波长改变现象，随着 φ 的增大，散射光中波长增大的散射光与入射光波长的差值 $\Delta\lambda$ 也增大。(6-15)式与实验结果符合得很好，成功解释了康普顿散射中波长改变随散射角变化的规律。另外，入射光子还会与散射物质中被原子束缚得很紧的内层电子碰撞，这实际上和一个质量很大的原子交换动量和能量，因而这部分光子经弹性碰撞后几乎不损失能量，只改变方向。这便是散射光中总有与入射光波长相同成分的原因。并且，由于康普顿波长只有10^{-3} nm 数量级，也只有像 X 射线这样短波长的射线散射中，才易觉察到康普顿效应，在光电效应中，康普顿效应就很不明显，因为它的入射光是波长较长的可见光或紫外线。

康普顿散射理论和实验完全相符，不仅定量证实了光量子假说的正确性，而且还说明动量守恒和能量守恒在微观世界中仍然适用。在理论上，光子与静止自由电子之间的弹性碰撞是静止自由电子吸收光子的过程，电子完整地吸收一个入射光子后放出一个能量稍低的散射光子，整个过程遵守能量守恒定律和动量守恒定律。

例 6.3　在康普顿散射中，一个波长为 0.0030 nm 的入射光子与一个静止的自由电子发生弹性碰撞。碰撞后的反冲电子速度为 $0.6c$（c 为光速大小），求散射光子的波长及散射角。

解　反冲电子的动能为

$$E_k = mc^2 - m_0c^2 = \frac{m_0}{\sqrt{1-0.6^2}}c^2 - m_0c^2 = 0.25m_0c^2$$

根据能量守恒，反冲电子的动能就是入射光子的能量与散射光子能量之差，即有

$$h\nu_0 - h\nu = hc\left(\frac{1}{\lambda_0} - \frac{1}{\lambda}\right) = 0.25m_0c^2$$

所以,散射光子的波长 λ 为

$$\begin{aligned}\lambda &= \frac{h\lambda_0}{h - 0.25m_0c\lambda_0} \\ &= \frac{6.63\times10^{-34}\times0.0030\times10^{-9}}{6.63\times10^{-34} - 0.25\times9.11\times10^{-31}\times3\times10^{8}\times0.030\times10^{-10}}\ \mathrm{m} \\ &= 4.34\times10^{-12}\ \mathrm{m} = 0.004\,34\ \mathrm{nm}\end{aligned}$$

由康普顿散射公式 $\Delta\lambda = \lambda - \lambda_0 = \frac{h}{m_0c}(1-\cos\phi)$,得

$$\begin{aligned}\cos\phi &= 1 - \frac{(\lambda-\lambda_0)m_0c}{h} \\ &= 1 - \frac{(0.004\,34 - 0.0030)\times10^{-9}\times9.11\times10^{-31}\times3\times10^{8}}{6.63\times10^{-34}} = 0.4476\end{aligned}$$

所以,其散射角为 $\phi = 63.4°$。

6.1.3 量子化概念在氢原子结构中的应用

6.1.3.1 氢原子光谱的规律

原子光谱是原子辐射电磁波按照波长(或频率)的有序排列,通过原子光谱的研究可以了解原子内部结构等性质。从19世纪中叶起,氢原子光谱一直是人们关注的对象。其中一条最强的谱线是1853年由瑞典物理学家埃斯特朗(A. J. Angstöm,1814—1874)测出来的(光波波长曾用Å为单位,就是以他的姓氏命名的,1 Å$=10^{-10}$ m)。到1885年,人们已在可见光和近紫外区陆续发现了14条谱线组成的氢原子的线状谱。同年,瑞士物理学家、中学教师巴耳末(J. J. Balmer,1825—1898)用经验公式首先说明上述光谱中可见光谱线的有序规律。经改写后的巴耳末公式为

$$\frac{1}{\lambda} = R\left(\frac{1}{2^2} - \frac{1}{n^2}\right) \tag{6-16}$$

其中,$R = 1.096\,775\,8\times10^{7}\ \mathrm{m}^{-1}$,被称为里德伯常量;$n$ 为大于2的整数,$n=3,4,5,\cdots$,对应着氢原子可见光谱的一系列分立的谱线,被称为巴耳末系。1908年,人们又测得了氢原子红外区的光谱线系(帕邢系),只要把巴耳末公式中的2换成3,而 n 分别取 $4,5,6,\cdots$,帕邢系各谱线对应的波长之间的关系也服从(6-16)式。

按着经典电磁理论,原子发光是原子中的电子效应,是一个带电谐振子向外辐射与振动同频率的电磁波,带电谐振子不断向外辐射电磁波而使自己的能量连续地减少,能量连续地减少必导致振动频率的连续变化,因此向外辐射的电磁波应是频率(波长)连续变化的连续谱,不应是分离的线状谱。氢原子光谱实验规律又一次显示了经典物理理论的局限性。

6.1.3.2 玻尔的氢原子模型

丹麦物理学家尼尔斯·玻尔(Niels Henrik David Bohr, 1885—1962)18岁时进入哥本哈根大学的数学和自然科学系,主修物理学,1911年以论文《金属电子论的研究》在哥本哈根大学获博士学位。1912年他由于对英籍新西兰人卢瑟福(Ernest Rutherford,1871—

1937)原子的有核模型的兴趣及卢瑟福的个人魅力主动从师于卢瑟福。1920 年哥本哈根成立理论物理学研究所,玻尔就任所长。在他的指导下,众多才华横溢的青年科学家纷至沓来,使该所很快就成为世界上主要的科研中心之一。由于在研究原子结构和原子辐射方面的贡献,玻尔获得了 1922 年诺贝尔物理学奖。

玻尔
(1885—1962)

为什么氢光谱服从巴耳末公式如此简单的数学规律?自巴耳末公式问世后 30 年来物理界没有揭晓其中蕴藏的原子结构之“谜”。玻尔 1913 年在《哲学杂志》上发表了论文《正核对电子的束缚》,把由普朗克提出、爱因斯坦所发展的量子概念和卢瑟福原子的有核模型结合起来,建立了一个以著名的两个基本假设为基础的新氢原子模型。

(1) 定态条件假设:氢原子中的电子只能沿着一些分立的特定轨道运动,电子在这些轨道上运动不辐射电磁波,原子处于稳定的状态(简称定态),并各具有一定的能量,数值是分立的。玻尔认为,为了保持原子不辐射时的稳定性,这条假设是理所当然的,并且认为原子的定态就是由经典牛顿力学所确定的力学平衡状态。

(2) 频率条件假设:当原子从一个能量定态 E_n 跃迁到另一个能量定态 E_m 时,将向外辐射($E_n>E_m$)或吸收($E_n<E_m$)频率为 ν 的光子,且

$$h\nu=|E_n-E_m| \tag{6-17}$$

这个假设是从普朗克量子说引申来的,就像玻尔所说是为解释线光谱实验事实所必需的。

设氢原子电子在第 n 个圆周轨道上运动的半径为 r_n,电子的速度为 v_n,电子的质量为 m,原子定态能量为 E_n。电子与核相互作用主要是库仑力,万有引力可忽略,按照定态假设中力学平衡由牛顿力学确定,有

$$\frac{1}{4\pi\varepsilon_0}\frac{e^2}{r_n^2}=m\left(\frac{v_n^2}{r_n}\right) \tag{6-18}$$

玻尔注意到普朗克常量 h 和电子在圆轨道上相对核的角动量具有相同的量纲,都是能量与时间的乘积,于是在上面两个假设基础上又推导出了电子轨道角动量也是量子化的,有

$$mv_nr_n=n\left(\frac{h}{2\pi}\right)\quad (n=1,2,3,\cdots) \tag{6-19}$$

电子处在第 n 个轨道时,原子能量 $E_n=\frac{1}{2}mv_n^2-\frac{1}{4\pi\varepsilon_0}\frac{e^2}{r_n}$,由(6-18)式和(6-19)式,可得

$$E_n=-\frac{me^4}{8\varepsilon_0^2h^2}\frac{1}{n^2}=\frac{1}{n^2}E_1\quad (n=1,2,3,\cdots) \tag{6-20}$$

把氢原子系统可能取的一系列能量 $E_1,E_2,E_3,\cdots$称为能级,它是分立的,是量子化的,n 称为量子数。$n=1$ 的定态称为基态,$n>1$ 的其他状态称为激发态。由各个物理常量可得,$E_1=-\frac{me^4}{8\varepsilon_0^2h^2}\frac{1}{n^2}=-13.6\ \text{eV}$,它是把电子从氢原子的第一玻尔轨道移到无限远所需的电离能,此计算值与实验值吻合得十分好。

根据玻尔第二条假设,当原子从高能态 E_n 跃迁到低能态 E_m 时,向外辐射光子的频率 ν_{nm} 为

$$\nu_{nm}=\frac{E_n-E_m}{h}=\frac{me^4}{8\varepsilon_0^2h^3}\left(\frac{1}{m^2}-\frac{1}{n^2}\right) \tag{6-21}$$

(6-21)式的推导过程中用到了(6-20)式，由 $\lambda_{nm}\nu_{nm}=c$，进一步将(6-21)式整理可得

$$\frac{1}{\lambda_{nm}}=\frac{\nu_{nm}}{c}=\frac{me^4}{8\varepsilon_0^2h^3c}\left(\frac{1}{m^2}-\frac{1}{n^2}\right) \tag{6-22}$$

式中，$\frac{me^4}{8\varepsilon_0^2h^3c}$的值与(6-16)式中的里德伯常量非常接近，当 $m=2$，而 $n=3,4,5,\cdots$时就是氢光谱巴耳末系。取 $m=3$，$n=4,5,6,\cdots$就是红外区的帕邢系。玻尔当时预言："如取 $m=1$ 和 $m=4,5,\cdots$，将分别得到紫外区和远红外区的谱系，这些谱系都尚未观测到，但它们的存在却是可以预期的。"对应 $m=1$ 的紫外区的氢光谱(称为莱曼系)是 1916 年测量到的，对应 $m=4$ 的远红外区的谱系(布拉开系)是 1922 年观测到的，它们的观测值都和(6-22)式符合得非常好。

玻尔成功揭示了巴耳末公式中原子结构之"谜"，说明玻尔氢原子模型(或称玻尔理论)中量子化的正确性。用高分辨的光谱仪可以发现，原来一条氢原子光谱线实际上是由靠得非常近的两条或更多条谱线组成，这称为氢原子光谱的精细结构。早在 1892 年，迈克耳孙就发现了巴耳末系中最强线的精细结构，这是玻尔理论解释不了的。玻尔理论虽然可以推广到类氢原子(如碱金属原子)，但比氢原子略复杂一点的原子的光谱，例如氦原子，用玻尔理论也不能解释，这说明它并没有真正揭示原子中电子的运动规律，其中包含了某些不正确的东西，不正确的东西应该在玻尔第一条假设中。玻尔第一条假设中虽然对经典电磁理论有了突破，但把电子看作牛顿的经典粒子(质点)，有确切的轨道，服从经典力学规律。玻尔理论正是经典理论和普朗克量子理论的混合体，因而也就限制了它的适用范围。不过，它开创了量子化进入原子结构中的通道，为量子论的建立奠定了基础，玻尔被称为量子理论的奠基人之一。

6.2 波动量子理论的建立

6.2.1 德布罗意波

20 世纪 20 年代前后，光量子论开始被人们接受，也逐步理解爱因斯坦提出的光的"波粒二象性"的正确性和革命性，玻尔理论也使得原子结构中量子化问题为很多物理学家所关注。在此情况下，量子理论史上一个重大突破来自法国巴黎大学 31 岁的博士生 L. 德布罗意，他大胆地提出了电子具有波动性的革命性新思想，1927 年被实验所证实，1929 年为此而获得诺贝尔物理学奖。

6.2.1.1 德布罗意假设

法国物理学家 L. 德布罗意 1892 年出生于一个贵族家庭，原来学习历史，1910 年获巴黎大学历史学士学位。后来随着量子化概念越来越受物理工作者所关注，也受到他的哥哥(一位实验物理学家) 研究 X 射线的影响，在求知欲的驱使下，1911 年改学物理学，并于 1913 年取得理学硕士学位。在 1920—1924 年，德布罗意跟随法国著名物理学家朗之万(P. Langevin，1872—1946)攻读理论物理学博士学位，此外还抽出部分时间到哥哥的实验室从

事 X 射线的实验研究。在爱因斯坦光量子假说的启发下，从对比的角度他想到 19 世纪对光的研究时只注意到光的波动性，忽略了现在的粒子性，那么在实物粒子(如电子)的研究中现在只注意到它的粒子性，是否忽略了它的波动性呢？从对称角度德布罗意认为实物粒子应该具有波动性，加之他对 10 年前普朗克提出的“量子”神秘性的兴趣，于是把量子理论定为他博士论文的研究方向。1924 年德布罗意在他的博士论文《量子理论的研究》中提出了所有物质粒子都具有波粒二象性的假说并进行了严谨的论证，他认为“任何物体伴随以波，而且不可能将物体的运动与波的传播分开”。

德布罗意
(1892—1987)

德布罗意利用了相对论和量子概念提出了物质波的假说：**实物粒子具有波动性**，且能量为 E、动量为 p 的实物粒子的频率 ν、波长 λ 由(6-23)式给出：

$$E=h\nu,\quad \lambda=\frac{h}{p} \tag{6-23}$$

h 是普朗克常量。此式又被称为德布罗意关系式。这种和实物粒子相联系的波被称为物质波或德布罗意波，物质波所对应的波长又称为德布罗意波长。德布罗意物质波思想被爱因斯坦誉为“揭开一幅大幕的一角”以强调其重大意义，因为它为量子力学的建立提供了物理基础。

例 6.4　试计算初速度为零的电子经 150 V 和 15 000 V 电压加速后的德布罗意波长 λ_1 和 λ_2(不考虑质量随速度变化的相对论效应)。

解　设加速电压为 U，电子被加速后速度为 v，被电场加速后的动能

$$\frac{1}{2}m_0v^2=eU$$

由此得到电子被加速后的速度为 $v=\sqrt{\dfrac{2eU}{m_0}}$，由德布罗意关系式(6-23)式，其德布罗意波长可表示为

$$\lambda=\frac{h}{p}=\frac{h}{m_0v}=\frac{h}{\sqrt{2em_0U}}$$

所以，经 150 V 和 15 000 V 电压加速后电子的德布罗意波长分别为

$$\begin{aligned}\lambda_1&=\frac{h}{\sqrt{2em_0U_1}}\\&=\frac{6.63\times10^{-34}}{\sqrt{2\times1.6\times10^{-19}\times9.11\times10^{-31}\times150}}\ \text{nm}\\&=0.10\ \text{nm}\end{aligned}$$

$$\begin{aligned}\lambda_2&=\frac{h}{\sqrt{2em_0U_2}}\\&=\frac{6.63\times10^{-34}}{\sqrt{2\times1.6\times10^{-19}\times9.11\times10^{-31}\times15\,000}}\ \text{nm}\\&=0.01\ \text{nm}\end{aligned}$$

6.2.1.2 德布罗意波的实验验证

1927年,戴维逊和革末首先利用电子束的衍射实验证实了实物粒子的波动性。戴维逊-革末实验装置如图6-8所示,由热灯丝发出的电子被电压U产生的电场加速后经过小孔形成一低能(几十电子伏特)电子束,该电子束入射到金属镍单晶表面,反射电子束经电子探测器后其电流由检流计G显示。实验发现,在一定的加速电压U下,在某一角度φ方向上(如$U=54\ \mathrm{V}$,$\varphi=50°$),电流出现明显的极大值。由加速电压可根据德布罗意关系式计算出电子的波长λ,而它正好满足X射线镍单晶衍射的布拉格公式$d\sin\varphi=\lambda$(d为镍单晶晶面上原子间距)。也就是说,这种在一定的加速电压下的某些角度φ方向上,或者是一定的角度φ方向上对应不同的加速电压出现电流极大值的实验现象是对电子的波动性的证明。两个月以后,英国物理学家G. P. 汤姆孙让高能电子束(10~40 keV)透射金属薄箔后,在金属薄箔后面照相底片上得到同心环状的衍射图样(图6-9),再次显示了电子的波动性。1937年,G. P. 汤姆孙和戴维逊由于在电子衍射方面的工作共获诺贝尔物理学奖。

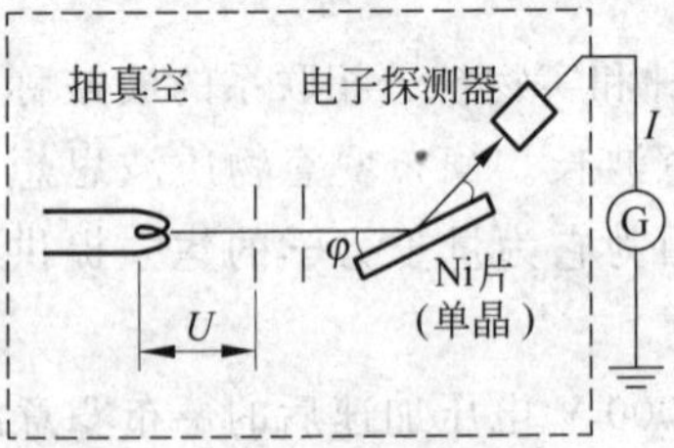

图6-8 戴维逊-革末实验

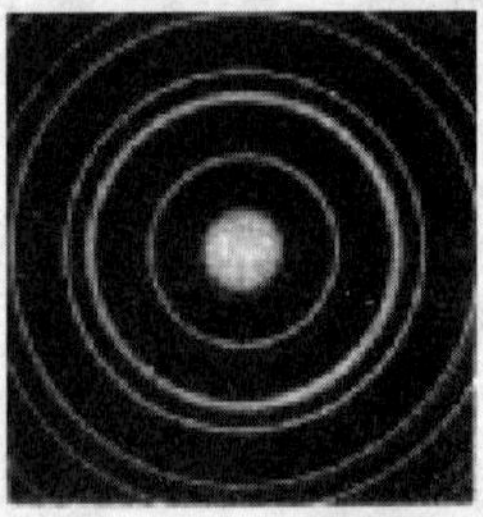
图6-9 电子束通过金属多晶薄膜的衍射图样

1961年,人们直接进行了电子波动性的观察,做了电子的单缝、双缝、三缝等衍射实验。图6-10(a)和(b)分别显示了电子单缝和双缝的衍射图样。电子衍射实验图样与光学衍射图样的相似性直接说明了电子的波动性。进入20世纪30年代以后,大量实验表明:质子、中子、原子等实物粒子与电子一样都具有波动性。实验使人们相信粒子的波动性也是物质的普遍属性,它们都具有波粒二象性。

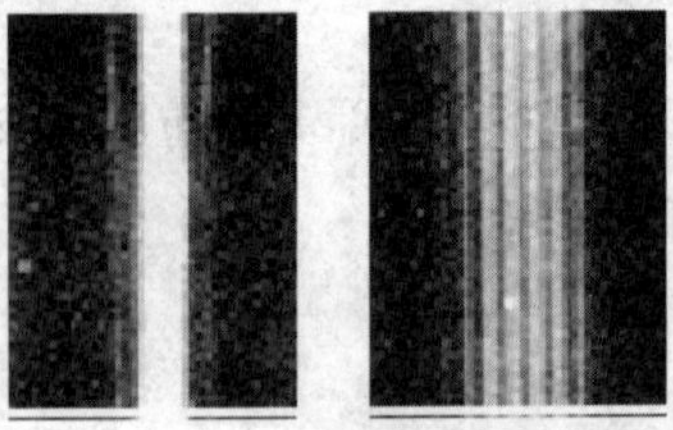

图6-10 电子的单缝、双缝衍射图样

例6.5 试计算质量为0.01 kg、速度为300 m/s的子弹的德布罗意波长。

解 由德布罗意关系式,可知子弹的德布罗意波长为

$$\lambda=\frac{h}{p}=\frac{h}{mv}=\frac{6.62\times10^{-34}}{0.01\times300}\ \mathrm{m}\approx2.21\times10^{-34}\ \mathrm{m}$$

由此可以看出,因为普朗克常量h是一个极微小的量,宏观物体的德布罗意波长小到实验难以测量的程度,在日常生活中更是不会被觉察到。正是因为宏观物体的波长如此之小,宏观物体仅表现出粒子性,用经典力学来处理是恰当的。过去人们只认识到实物粒子的粒子性而忽略了其波动性是由于观测手段的限制。现在,人们不但认识到实物粒子的波动性,而且粒子的波动性已有了很多应用。例如,测定固体表面性质的低能电子衍射仪是利用低能电子波的穿透能力弱的特性,电子显微镜的分辨能力可达0.1 nm则是利用高能电子波

长可以很短的性质。

6.2.1.3　德布罗意波的统计意义

在 6.1.2 节，我们以杨氏双缝干涉实验现象介绍了光的波粒二象性，观测屏的底片上出现的一些无规则分布的点显示了光子的粒子性以及光子运动没有确定轨道的性质，大量光子在底片上形成的规则的干涉条纹是在实验上显示出了光的波动性。如果把荧光屏作为观察屏，我们可以观察电子束的双缝干涉实验现象。先以强度非常弱的电子束入射双缝，后逐渐加强，随着打在荧光屏上电子数的增加，衍射图样依次如图 6-11(a)～(e)所示。它和光的双缝衍射现象一样先是几个或一些无规则分布的亮点，反映的是电子的粒子性和电子去向的不确定性，随着打在荧光屏上电子数的增多，逐渐形成有规律的明暗清晰的衍射条纹，明显反映出电子的波动性。这说明一个电子打在荧光屏上什么地方完全是一个偶然事件，清晰的衍射条纹反映出这大量的偶然事件所呈现出的统计规律性。电子的波动性说明电子在荧光屏上何处出现完全是一个概率问题，明条纹处电子密集，电子波的强度强，电子在此处出现的概率大；暗条纹处电子稀疏或没有电子，电子波的强度弱，电子在此出现的概率很小或为零。这就是说，电子在空间某处附近出现的概率反映了德布罗意波的强度，对电子如此，对于其他微观粒子也是如此。这正是德国理论物理学家玻恩（Max Born，1882—1970）提出的德布罗意波是概率波的核心：**在某处德布罗意波的强度与粒子在该处附近出现的概率成正比**，这也是德布罗意波的统计意义。

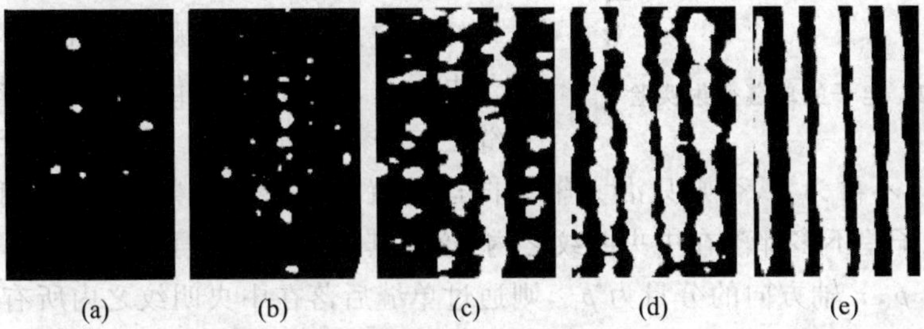

图 6-11　电子逐个穿过双缝的衍射图样

玻恩 1882 年出生在德国普鲁士的布雷斯劳，1901 年进入布雷斯劳大学，1907 年获得博士学位。玻恩早年从事相对论和晶体物理的研究，从 1923 年开始，他致力于发展量子理论并成为量子力学的奠基人之一。1926 年，玻恩提出了德布罗意波是概率波，由于对微观粒子的波粒二象性的统计解释于 1954 年获诺贝尔物理学奖。玻恩对人热诚，对自己的学生一贯是给予热情的指导和鼓励，因此他也培养出了许多杰出的物理学家。

17 世纪的牛顿“微粒说”是把光线看作是发光物质发出的很小物体，这种微粒遵从牛顿力学规律。17 世纪惠更斯等到 19 世纪初因杨氏双缝干涉实验和菲涅耳的波带法而确立的“波动说”，把光看作是连续介质（机械以太）中的机械振动，由于波动的叠加性，解释了干涉、衍射等代表波动性的实验现象。19 世纪中麦克斯韦摆脱了机械观点，把光看作是电磁振动的电磁波。从现在量子物理角度看待光波，它是概率波，作为个体的光子具有质量、能量、动量等粒子属性，在空间运动时没有确定的轨道，也就是说没有确定的空间位置，大量光子出现在空间的概率分布产生了光的干涉和衍射现象。

德布罗意提出了实物粒子的波粒二象性，把粒子性和波动性统一到了一个客体上。在某些条件下,实物粒子主要呈现出它的粒子性,在一些情况下又会把它的波动性明显地展现出来。它不同于遵从牛顿力学规律的经典粒子,因为经典粒子任何时间都具有确定的空间位置,运动时具有确定的轨道。而波粒二象性的实物粒子,它在空间某位置附近出现只能用概率描述,因而说不出在某时刻它的确切位置和动量,运动时不会具有确定的轨道。它也和光子有所不同,光子的静止质量为零,光子的真空速率为 c,其频率和波长的关系是 $\nu\lambda=c$;实物粒子的静止质量不为零,对于运动速度为 v 的实物粒子,本身物质波波长 λ 和频率 ν 的乘积即 $\nu\lambda\neq v$。因为若如此,$v=\nu\lambda=\dfrac{h\nu}{p}=\dfrac{mc^2}{mv}=\dfrac{c^2}{v}$,必得 $v=c$,这是不可能的。

6.2.2 不确定关系

位置和动量可以描述微观粒子的粒子性,不过由于它的波动性,任意时刻粒子的位置是不确定的,与此相联系的各时刻的粒子动量也是不确定的。不仅仅如此,一般情况下对于描述微观粒子运动的其他物理量(例如粒子的能量、粒子处在该能量状态上的时间等)也只能给出概率性的描述,即也都存在一个不确定量。

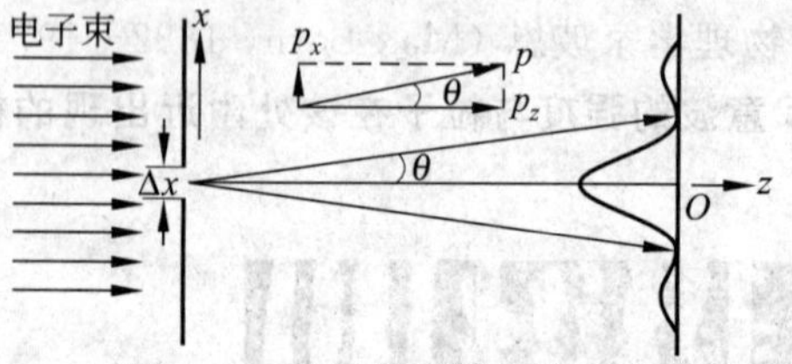

图 6-12 电子的单缝衍射实验

如图 6-12 所示,一束动量为 p 的电子束射向宽度为 Δx 的单缝,在屏幕上可以观测到电子束的单缝衍射图样。由于对一个电子来说,我们知道它是从缝宽为 Δx 的狭缝中通过,但不能确切知道它是从狭缝中哪个点通过的,因此 Δx 就是电子在 x 轴方向的位置不确定量。电子在单缝之前 x 轴方向的动量等于零,但在缝后 x 轴方向的动量 p_x 不再为零,否则只沿 z 轴方向运动就不会产生衍射现象了。我们可以认为穿过单缝的电子差不多都落在中央明纹之内,落在其他区域的电子很少,对应于一级极小处电子的动量为 p,x 轴方向的分量为 p_x,则通过单缝后落在中央明纹之内所有电子的 p_x 大小应该满足不等式

$$0\leqslant p_x\leqslant p\sin\theta \tag{6-24}$$

这表明,对应于衍射条纹一级暗纹,一个电子通过狭缝时 x 轴方向的动量不确定量为

$$\Delta p_x=p\sin\theta$$

考虑到落在其他区域的电子,电子通过狭缝时 x 轴方向的动量不确定量应为

$$\Delta p_x\geqslant p\sin\theta \tag{6-25}$$

其中,θ 为单缝衍射的第一级衍射极小所对应的衍射角,满足

$$\Delta x\sin\theta=\lambda=\frac{h}{p} \tag{6-26}$$

式中,$\lambda=\dfrac{h}{p}$ 为电子的德布罗意波长。由(6-26)式可得 $p\sin\theta=\dfrac{h}{\Delta x}$,代入(6-25)式,得

$$\Delta p_x\Delta x\geqslant h \tag{6-27}$$

这样借助单缝衍射特例粗略导出了微观粒子位置和动量不确定量的关系(6-27)式,1927 年德国物理学家海森伯在理论上给出了它们之间更一般的关系,即有

$$\begin{cases}\Delta x \Delta p_x \geqslant \dfrac{\hbar}{2} \\ \Delta y \Delta p_y \geqslant \dfrac{\hbar}{2} \\ \Delta z \Delta p_z \geqslant \dfrac{\hbar}{2}\end{cases} \tag{6-28}$$

式中，$\hbar = \dfrac{h}{2\pi} = 1.054\,588\,7 \times 10^{-34}$ J·s。这三个公式被称为不确定关系，也称为海森伯不确定原理。不确定关系表明：微观粒子的位置和动量不能同时具有完全确定的值，或者说，当粒子的位置不确定量越小时，同方向的动量不确定量就越大，反之亦然。它告诉我们，在测量粒子的位置和动量时，其精度存在着一个终极不可逾越的限制。这不是测量仪器的误差，也不是测量误差，它是物质世界本身所固有的。

但是，由于 h 是一个很小的量，并不影响经典粒子的轨道概念，宏观粒子的坐标和动量可以同时测定。例如，设一颗子弹的质量为 0.01 kg，枪口的直径为 0.5 cm，则利用不确定关系(6-28)式可以计算出子弹速度的不确定量的数量级 $\Delta v_x \approx 10^{-30}$ m/s，而它引起的横向速度和子弹的速度(每秒钟几百米)相比可以忽略，射击时不用考虑宏观粒子波动性的影响。

不确定关系也存在于能量与时间之间。如果微观粒子处于某一能量状态上的时间为 Δt，则粒子能量必有一个不确定量 ΔE，它们之间的关系为

$$\Delta E \cdot \Delta t \geqslant \frac{\hbar}{2} \tag{6-29}$$

(6-29)式称为微观粒子的能量-时间不确定关系。不确定关系是物理学中一个基本规律，通常都是用来作数量级估算，所以有时也写成 $\Delta x \Delta p_x \geqslant \hbar$ 或 $\Delta x \Delta p_x \geqslant h$ 等形式。

例 6.6 原子的线度为10^{-10} m，求原子中电子速度的不确定量。

解 根据题意，原子中电子的位置不确定量为 $\Delta x = 10^{-10}$ m，由不确定关系得

$$\Delta v_x = \frac{\hbar}{2m\Delta x} = \frac{1.05 \times 10^{-34}}{2 \times 9.11 \times 10^{-31} \times 10^{-10}} \text{ m/s} = 0.6 \times 10^{6} \text{ m/s}$$

按牛顿力学计算，氢原子中的电子在轨道上的运动速度约为10^6 m/s，与由不确定关系计算出来的速度不确定量有相同的数量级。因此，在原子的尺度范围内再谈论电子的速度是没有意义的，电子的波动性非常明显，此时描述电子的运动必须抛弃轨道的概念，而用电子在空间的概率分布的电子云图像。

例 6.7 原子中激发态的平均寿命为10^{-8} s，对应的光谱线自然宽度有多大？

解 大量原子在同一能级上停留时间长短不一，但平均值有一确定的值，称为该能级的平均寿命。平均寿命越长，能级就越稳定，由不确定关系可知能级宽度 ΔE 也越小，当原子跃迁到低能级时其光谱线自然宽度就越窄。这是一种估计，所以不确定关系(6-29)式可取等号，若能量以 eV 为单位，则有

$$\Delta E = \frac{\hbar}{2\Delta t} = \frac{1.05 \times 10^{-34}}{2 \times 10^{-8} \times 1.60 \times 10^{-19}} \text{ eV} = 3.28 \times 10^{-8} \text{ eV}$$

6.2.3 波动量子力学的建立

6.2.3.1 波函数

对波粒二象性的微观粒子运动状态的描述，一方面由于它具有粒子性，因而仍可以使用

位置和动量概念；另一方面由于它的波动性，也可像机械波和光波那样用波函数来描述，只不过波函数中的频率或波长必须遵从德布罗意物质波关系式(6-23)式。奥地利物理学家薛定谔从粒子波动性出发，提出了适用于低速情况下物质波波函数 $\Psi(r,t)$ 所满足的微分波动方程，它是波动量子力学的基础。

薛定谔 19 岁进入维也纳大学物理系学习，23 岁获得博士学位。毕业后，他主要从事有关热力学的统计理论问题的研究。1925 年年底到 1926 年年初，爱因斯坦关于单原子理想气体的量子理论和德布罗意物质波的假说引起了他的极大关注，在美籍荷兰物理学家、化学家德拜(P. J. W. Debye，1884—1966)“有了波，就应有个波动方程”的启示下，1926 年在其《量子化就是本征值问题》的论文中提出了氢原子中电子所遵循的非相对论性波动方程，后来被人们称之为薛定谔方程。薛定谔方程是波动量子力学的基础，他与英国理论物理学家狄拉克(P. A. M. Dirac，1902—1984)一起为量子力学的建立做了开创性的工作，为此他们共享了 1933 年的诺贝尔物理学奖。薛定谔还是现代分子物理学的奠基人，他的名著《什么是生命——活细胞的物理面貌》不但引进了非周期性晶体、负熵、遗传密码、生命体系中量子跃迁等概念，还引导人们用物理学、化学方法来研究生命的本性。

薛定谔

(1887—1961)

1. 概率幅

描述粒子运动状态的波函数 $\Psi(r,t)$ 是空间和时间的函数，它必须体现运动粒子的波粒二象性。物质波是概率波，物质波的强度与粒子在该处附近出现的概率成正比。从粒子性考虑，物质波的强度与粒子数成正比，而某处粒子数与一个粒子在该处附近出现的概率成正比。类比波动光学，光的强弱正比于光矢量(光波函数)幅值的平方，而满足薛定谔提出的波动方程的波函数 $\Psi(r,t)$ 一般情况下是复数，所以波恩赋予了波函数统计意义，使波函数 $\Psi(r,t)$ 能统一地表示粒子波粒二象性的运动状态：波函数 $\Psi(r,t)$ 模的平方 $|\Psi|^2=\Psi\Psi^*$ 代表 t 时刻在空间点 (x,y,z) 附近单位体积内发现粒子的概率，即 $|\Psi|^2$ 代表粒子的概率密度。因此波函数 $\Psi(r,t)$ 又叫作概率幅，它是概率波的数学表达。

2. 波函数的标准条件和归一化条件

$|\Psi|^2$ 代表 t 时刻在空间点 (x,y,z) 粒子出现的概率密度，$|\Psi|^2\mathrm{d}V$ 表示空间点 (x,y,z) 附近 $\mathrm{d}V$ 空间的概率。在给定空间区域内，粒子出现的概率应该是唯一的，并且应该是有限的，而出现的概率分布在不同的区域应是连续分布的，所以要求波函数应是 (x,y,z,t) 的单值、有限、连续函数。所要求的这些条件称为波函数的标准条件。

此外，在任一时刻，某粒子作为不可分的整体必出现在整个空间内，不是在这里就是在那里，即粒子在整个空间所出现的总概率(各个区域的概率之和)应该为 1，于是有

$$\int_V |\Psi|^2\mathrm{d}V=1 \tag{6-30}$$

此式的积分遍及整个空间，称为波函数的归一化条件。

若使概率幅增加 C 倍，$|C\Psi|^2$ 所表示空间各处的相对概率分布与 $|\Psi|^2$ 相比是一样的，也就是说 Ψ 和 $C\Psi$ 所描述的是同一个概率波，是粒子的同一个运动状态。经典波的波函数本身包括实在物理量(位移、压强、电场强度等)在空间的周期性变化，有着实际意义，一个经

典波的波幅若增加 C 倍，相应的能量将为原来的 C^2 倍，是另外的一个波，是完全不同的波动状态。在这一点上也说明了物质波和经典波的本质差别，经典波不是概率波，其波函数不存在归一化。

例 6.8　设作一维运动的粒子的波函数为

$$\psi(x)=\begin{cases}A\sin\dfrac{\pi}{a}x, & 0<x<a\\ 0, & x\leqslant 0, x\geqslant a\end{cases}$$

(1) 求式中常系数 A；

(2) 求粒子出现在 $0\sim\dfrac{a}{4}$ 区域内的概率。

解　(1) 由归一化条件，有

$$\int_{-\infty}^{\infty}|\psi(x)|^2\mathrm{d}x=\int_0^a A^2\sin^2\left(\frac{\pi}{a}x\right)\mathrm{d}x=A^2\ \frac{a}{2}=1$$

得

$$A^2\ \frac{a}{2}=1$$

故得常数 $A=\sqrt{\dfrac{2}{a}}$。

(2) 根据(6-30)式，粒子出现在 $0\sim\dfrac{a}{4}$ 区域内的概率为

$$P=\int_0^{a/4}\frac{2}{a}\sin^2\left(\frac{\pi}{a}x\right)\mathrm{d}x=\frac{2}{a}\int_0^{a/4}\frac{1-\cos(2\pi x/a)}{2}\mathrm{d}x$$
$$=\frac{1}{4}-\frac{1}{2\pi}=0.091=9.1\%$$

6.2.3.2　定态薛定谔方程

在牛顿力学中，若已知初始宏观粒子的运动状态(位置、速度)和受力情况，可由牛顿定律方程确定它在任意 t 时刻的运动状态。在量子力学中，对于在外力场(一般给定一势场)低速运动的粒子，由起始运动状态和能量可由非相对论薛定谔方程确定任意 t 时刻的波函数(粒子的运动状态)，即物质波如何随时间变化。所以，薛定谔方程在量子力学中的地位和作用相当于经典力学中的牛顿方程。

质量为 m 的粒子在势场 $U(\boldsymbol{r},t)$ 运动时，决定粒子波函数的三维薛定谔方程的形式为

$$-\frac{\hbar^2}{2m}\left(\frac{\partial^2\Psi}{\partial x^2}+\frac{\partial^2\Psi}{\partial y^2}+\frac{\partial^2\Psi}{\partial z^2}\right)+U(\boldsymbol{r},t)\Psi=\mathrm{i}\hbar\frac{\partial\Psi}{\partial t}\tag{6-31}$$

由此方程决定的波函数 $\Psi(\boldsymbol{r},t)$ 是时间 t 的函数，表示粒子运动状态随时间变化的规律。(6-31)式是二阶线性偏微分方程，线性方程的解满足叠加原理，即若 Ψ_1，Ψ_2 是方程的解，那它们的线性叠加 $\Psi_{12}=C_1\Psi_1+C_2\Psi_2$ 也是方程的解，Ψ_{12} 也是粒子一种可能的运动状态。

如果粒子是在一维的恒定势场中运动，一维势函数 U 中不含有时间 t，此时的薛定谔方程(6-31)可以写成

$$-\frac{\hbar^2}{2m}\frac{\partial^2\Psi}{\partial x^2}+U(x)\Psi=\mathrm{i}\hbar\frac{\partial\Psi}{\partial t}\tag{6-32}$$

此方程确定的波函数的特点是波函数可以分成坐标函数和时间函数的乘积,即

$$\Psi(x,t)=\psi(x)f(t) \tag{6-33}$$

将(6-33)式代入(6-32)式中,整理得

$$-\frac{\hbar^2}{2m}\frac{1}{\psi(x)}\frac{\mathrm{d}^2\psi(x)}{\mathrm{d}x^2}+U(x)=\mathrm{i}\hbar\frac{1}{f(t)}\frac{\mathrm{d}f(t)}{\mathrm{d}t}$$

上式等号左边仅为空间坐标 x 的函数,而右边只是时间 t 的函数,显然它们必等于同一个既与坐标无关又与时间无关的常量 E,由此可以得到两个独立的方程。令右边等于 E,得

$$\mathrm{i}\hbar\frac{\mathrm{d}f(t)}{\mathrm{d}t}=Ef(t) \tag{6-34}$$

其一阶常系数微分方程的解为:$f(t)=C\mathrm{e}^{-\mathrm{i}Et/\hbar}$。分析指数中各量量纲,$E$ 必为能量,表征着粒子具有确定的能量。令前式左边等于 E,得

$$-\frac{\hbar^2}{2m}\frac{\mathrm{d}^2\psi(x)}{\mathrm{d}x^2}+U(x)\psi(x)=E\psi(x) \tag{6-35}$$

它确定了(6-33)式中粒子波函数的空间坐标部分。因此(6-33)式可写为

$$\Psi(x,t)=\psi(x)\mathrm{e}^{-\mathrm{i}Et/\hbar} \tag{6-36}$$

式中的波函数模的平方$|\Psi|^2=|\psi|^2$,不含时间 t,说明粒子在空间各处出现的概率分布不随时间变化。因此把(6-36)式中的波函数所描写的粒子运动状态称为定态。处于定态运动的粒子,具有确定的能量 E,在空间某点附近出现的概率不随时间变化。描述定态运动粒子的波函数称为定态波函数。由于$|\Psi|^2=|\psi|^2$,所以(6-36)式中的波函数 $\Psi(x,t)$常用(6-35)式所确定的波函数的空间坐标部分 $\psi(x)$来代替,所以(6-35)式称为定态薛定谔方程。

薛定谔方程是量子力学基本方程,它不是由更基本原理逻辑推理得到的,只能像牛顿方程、麦克斯韦电磁方程等一样,其正确性由实验验证。到目前为止,大量的分子、原子等微观体系中应用薛定谔方程得到的结果都和实验相符,说明了它能反映粒子运动的规律性。

6.2.3.3 几个简单势函数的定态薛定谔方程量子效应解

1. 一维无限深势阱

一维无限深势阱是从实际问题中抽象出来的最简单的量子力学模型之一。考虑金属中的自由电子的运动情况,由于金属表面的约束作用,可以认为自由电子被一个无限高的势能壁垒约束在某个空间区域内。在这个模型中,电子在金属内部势函数为零,在金属之外势函数为无穷大。如果质量为 m 的粒子在一维运动情况下,其势能曲线如图 6-13 所示,则势函数可以写成下面的分段函数:

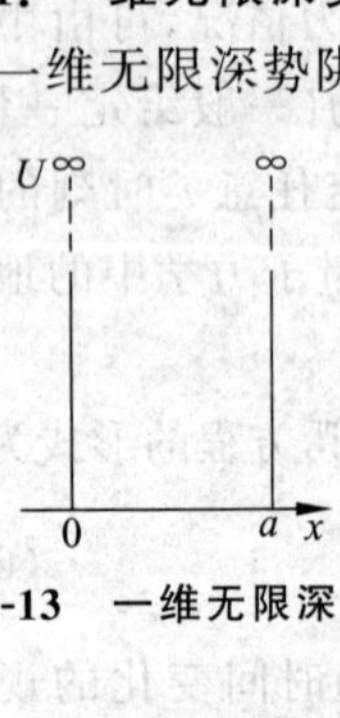

图 6-13 一维无限深势阱

$$U(x)=\begin{cases}0, & 0<x<a\\ \infty, & x\leqslant 0, x\geqslant a\end{cases} \tag{6-37}$$

图 6-13 和(6-37)式所描述的势能曲线或势函数被称为一维无限深势阱。

由于势函数是分段函数,其薛定谔方程也应该是分段列出。在阱内,$U(x)=0$,粒子不受力。在边界处($x=0$ 和 $x=a$),势能突然增大到无穷大,因而粒子受到一个无限大的、指向阱内的力$-\frac{\mathrm{d}U(x)}{\mathrm{d}x}$,这意味着阱内自由运动的粒子不能越出阱外。说明粒子在阱外出现的概率为零,阱外的粒子定态波函数 $\psi(x)=0(x<0,x>a)$。

对于阱内($0<x<a$)，粒子的定态薛定谔方程为

$$-\frac{\hbar^2}{2m}\frac{\mathrm{d}^2\psi(x)}{\mathrm{d}x^2}=E\psi(x) \tag{6-38}$$

其中，m 是电子的质量，E 是粒子的能量。令 $k=\sqrt{\frac{2mE}{\hbar^2}}$，上式可化简为

$$\frac{\mathrm{d}^2\psi(x)}{\mathrm{d}x^2}+k^2\psi(x)=0 \tag{6-39}$$

此式的通解为

$$\psi(x)=A\sin kx+B\cos kx \tag{6-40}$$

由波函数的连续性条件，在边界 $x=0,x=a$ 处应该连续，有

$$\psi(0)=B=0,\quad \psi(a)=A\sin ka=0$$

其中系数 A 不能再等于零，因为 $A=0$ 意味着没有粒子在阱中。故由 $\sin ka=0$，得

$$k=\frac{n\pi}{a},\quad n=1,2,3,\cdots \tag{6-41}$$

所以，阱内粒子波函数形式为 $\psi_n(x)=A\sin\frac{n\pi}{a}x$。根据波函数的归一化条件有

$$\int_0^a|\psi_n(x)|^2\mathrm{d}x=\int_0^a A^2\sin^2\left(\frac{n\pi}{a}x\right)\mathrm{d}x=\frac{a}{2}A^2=1$$

得 $A=\sqrt{2/a}$。我们得到所求的阱内粒子波函数为

$$\psi_n(x)=\sqrt{\frac{2}{a}}\sin\left(\frac{n\pi}{a}x\right),\quad n=1,2,3,\cdots \tag{6-42}$$

整个区间的一维无限深势阱粒子的定态波函数为

$$\begin{cases}\psi(x)=0, & x\leqslant 0,x\geqslant a\\ \psi_n(x)=\sqrt{\frac{2}{a}}\sin\left(\frac{n\pi}{a}x\right), & 0<x<a\end{cases} \tag{6-43}$$

由上述分析，可以看出粒子在一维无限深势阱中运动时具有如下的特征：

(1) 粒子的能量量子化。因为 $k=\sqrt{\frac{2mE}{\hbar}}$，得粒子能量为

$$E_n=\frac{\pi^2\hbar^2}{2ma^2}n^2\Rightarrow\frac{h^2}{8ma^2}n^2,\quad n=1,2,3,\cdots \tag{6-44}$$

说明粒子能量只能取分立的值，即能量是量子化的，n 称为能量量子数，对应于每一个 n 的能量称为能级。n 又称为定态薛定谔方程的本征值，每一个 n 所对应(6-42)式的波函数又称为能量本征波函数。每个本征波函数所描述的粒子运动状态称为粒子的能量本征态，能量最低的态称为基态，其他的态统称为激发态。能量量子化是薛定谔方程给出的物质波粒二象性的自然结果，不像初期量子论需人为的假定方式引入。

(2) 物质波在势阱中形成驻波。(6-42)式乘以时间因子，阱内粒子波函数为

$$\Psi_n(x,t)=\sqrt{\frac{2}{a}}\sin\left(\frac{n\pi}{a}x\right)\mathrm{e}^{-\mathrm{i}E_nt/\hbar} \tag{6-45}$$

它是势阱边缘为波节的驻波。图 6-14 为一维无限深势阱中粒子的能量本征波函数及概率

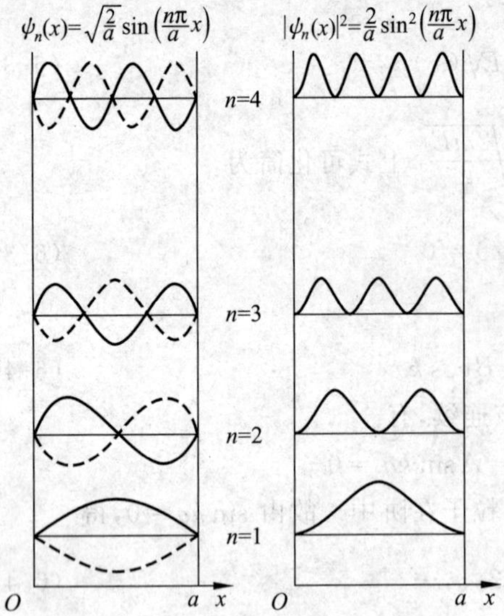

图 6-14 一维无限深势阱中粒子的能级、波函数及概率密度

密度分布与坐标的关系示意图。在 0→a 区间内,$x=k'\frac{a}{n}(k'=0,1,2,\cdots,n)$处为此驻波的节点,节点数是$(n+1)$个。节点处就是概率幅为零处和概率密度为零处。如图中 $n=3$,在 $x=0,\frac{a}{3},\frac{2a}{3},a$ 处概率密度为零。

图中描绘的是本征波函数及其概率密度。根据叠加原理,本征波函数的叠加仍是描述粒子运动的波函数,它所描述的粒子运动的可能状态称为叠加态。本征波函数描述了粒子运动的定态,处于定态运动的粒子具有确定的本征能量,本征波函数的叠加态不再是定态,运动粒子能量无定值。

例 6.9 一维无限深势阱中的粒子的波函数在边界处为零。这种定态物质波相当于两端固定的弦中的驻波,因而势阱宽度 a 必须等于德布罗意波的半波长的整数倍。试由此求出粒子能量的本征值为 $E_n=\frac{\pi^2\hbar^2}{2ma^2}n^2$。

解 因为阱两端是驻波的波节,由(5-55)式,对于一维无限深势阱中的粒子的各能级,阱宽 a 和物质波波长的关系为

$$\lambda_n=\frac{2a}{n}$$

其中,$n=1,2,3,\cdots$,对应粒子的各能级。根据德布罗意关系式,粒子的动量为

$$p_n=\frac{h}{\lambda_n}=n\,\frac{h}{2a}$$

所以各级能量为

$$E_n=\frac{p_n^2}{2m}=\frac{h^2}{8\pi ma}n^2=\frac{\pi^2\hbar^2}{2ma^2}n^2$$

例 6.10 在 $0<x<a$ 的一维无限深势阱中,对于 $n=2$ 的状态,试求:

(1) 发现粒子概率密度的最大处;

(2) 在 $0\sim\frac{a}{4},\frac{a}{4}\sim a,0\sim a$ 区间找到粒子的概率。

解 (1) $n=2$ 的粒子定态波函数为 $\psi_2=\sqrt{\frac{2}{a}}\sin\left(\frac{2\pi}{a}x\right)$,其概率密度分布为

$$P=|\Psi|^2=\Psi\Psi^*=\psi_2\,\psi_2^*=\frac{2}{a}\sin^2\left(\frac{2\pi}{a}x\right)$$

利用导数求极值的方法,对应概率的最大处有

$$\frac{\mathrm{d}P}{\mathrm{d}x}=\frac{2}{a}2\sin\frac{2\pi x}{a}\cos\frac{2\pi x}{a}\cdot\frac{2\pi}{a}=0$$

解上式可得 $x=k\ \dfrac{a}{4}$，其中 $k=0,1,2,3,4$，即 $x=0,\dfrac{a}{4},\dfrac{a}{2},\dfrac{3a}{4},a$ 是极值点。但 $x=0,\dfrac{a}{2},a$ 是概率密度为零处，所以 $x=\dfrac{a}{4}$，$\dfrac{3a}{4}$是发现粒子概率的极大值处。

(2) 由概率密度公式可知，$0\sim\dfrac{a}{4}$区间找到粒子的概率为

$$\int_0^{a/4}|\psi_2|^2\mathrm{d}x=\int_0^{a/4}\frac{2}{a}\sin^2\left(\frac{2\pi}{a}x\right)\mathrm{d}x=\frac{2}{a}\int_0^{a/4}\frac{1-\cos(4\pi x/a)}{2}\mathrm{d}x=\frac{1}{4}$$

$\dfrac{a}{4}\sim a$ 区间找到粒子的概率为

$$\int_{a/4}^{a}|\psi_2|^2\mathrm{d}x=\int_{a/4}^{a}\frac{2}{a}\sin^2\left(\frac{2\pi}{a}x\right)\mathrm{d}x=\frac{1}{a}\left(x\Big|_{a/4}^{a}-\frac{a}{4\pi}\sin\frac{4\pi}{a}x\Big|_{a/4}^{a}\right)=\frac{3}{4}$$

$0\sim a$ 区间找到粒子的概率应等于1(归一化条件)，即有

$$\int_0^a|\psi_2|^2\mathrm{d}x=\int_0^{a/4}|\psi_2|^2\mathrm{d}x+\int_{a/4}^{a}|\psi_2|^2\mathrm{d}x=\frac{1}{4}+\frac{3}{4}=1$$

2. 隧道效应

设一束具有能量 E 的粒子沿 x 轴正向射向一梯形势垒，如图 6-15 所示，$E<U_0$。在一维情况下，粒子的势函数可以写成

$$U(x)=\begin{cases}U_0, & x>0\\ 0, & x<0\end{cases} \tag{6-46}$$

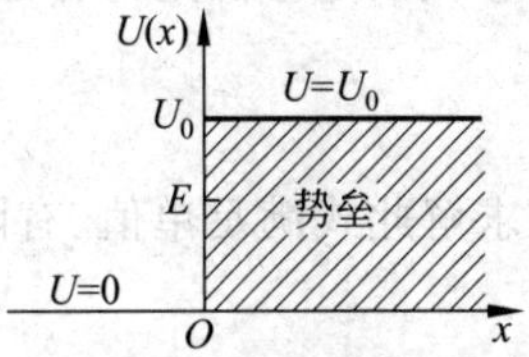

图 6-15 一维梯形势垒

粒子的定态薛定谔方程为

$$\begin{cases}\dfrac{\mathrm{d}^2\psi_1(x)}{\mathrm{d}x^2}+k_1^2\psi_1(x)=0, & x\leqslant 0\\ \dfrac{\mathrm{d}^2\psi_2(x)}{\mathrm{d}x^2}-k_2^2\psi_2(x)=0, & x>0\end{cases} \tag{6-47}$$

其中，$k_1=\sqrt{\dfrac{2mE}{\hbar^2}}$，$k_2=\sqrt{\dfrac{2m(U_0-E)}{\hbar^2}}$。(6-47)式中两个微分方程的指数形式通解为

$$\begin{cases}\psi_1(x)=A\mathrm{e}^{\mathrm{i}k_1x}+B\mathrm{e}^{-\mathrm{i}k_1x}, & x<0\\ \psi_2(x)=C\mathrm{e}^{k_2x}+D\mathrm{e}^{-k_2x}, & x>0\end{cases} \tag{6-48}$$

其中，A,B,C,D 为待定常数，可利用波函数的标准条件和归一化条件来确定。$x\to\infty$时，$\mathrm{e}^{k_2x}\to\infty$，不符合波函数有限的条件，故 $C=0$，而 A,B,D 则不为零。$A\mathrm{e}^{\mathrm{i}k_1x}$的物理意义是在 $x<0$ 区域沿 x 正向传播的向势垒入射的概率波；$B\mathrm{e}^{-\mathrm{i}k_1x}$是在$x<0$ 区域沿 x 负向传播的由势垒边界反射的概率波；$D\mathrm{e}^{-k_2x}$则是在 $x>a$ 区域沿 x 正向传播的指数衰减的概率波。按照经典力学，当粒子能量小于势垒($E<U_0$)时，粒子则不能进入势垒区域，但量子力学给出了不同结果。由于粒子具有波动性，$D\mathrm{e}^{-k_2x}$的存在表示粒子有进入势垒的概率，其概率密度为 $D^2\mathrm{e}^{-2k_2x}$，随穿入势垒深度 x 的增加而指数衰减，如图 6-16 所示。对于在 $x<0$ 区域能量小于势垒能量的大量入射粒子中总会有粒子进入势垒区域。若势垒的宽度有限(图 6-17)，在这大量粒子中还会有少量粒子穿过势垒进入 $x>a$ 的区域。因为经计算，在 $x<0$ 区域能量小于势垒能量($E<U_0$)，粒子不但有一定概率处于势垒区内，而且还有一定的概率出现在势垒另一侧区域。这种量子现象称为势垒穿透或隧道效应。

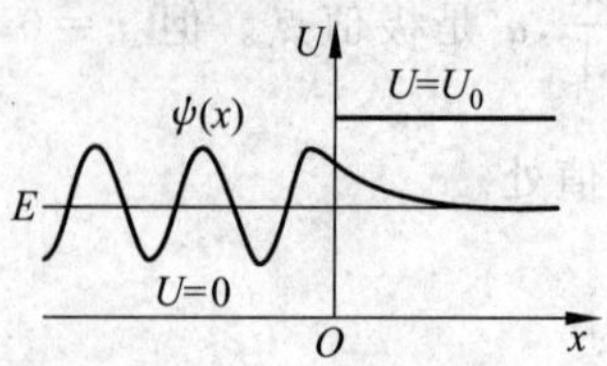

图 6-16 势垒区域的概率波

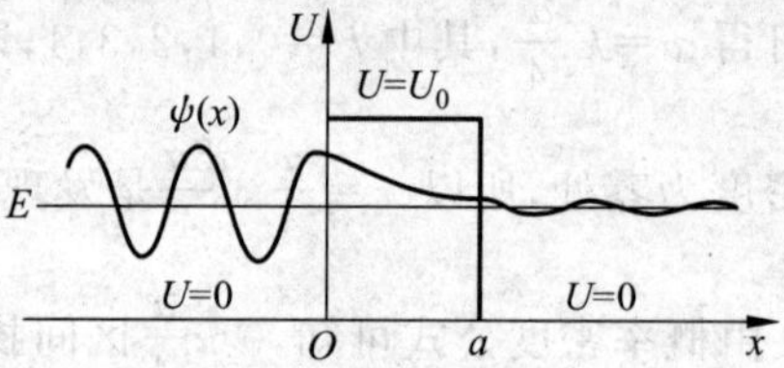

图 6-17 势垒穿透

隧道效应已在高新技术方面得到了广泛而重要的应用。例如,开关速度极快的微电子元件隧道二极管和观测材料表面微结构的扫描隧道显微镜(STM)的基本原理都是电子的隧道效应。

3. 谐振子的零点能

一维谐振子是一个十分重要的模型,自然界中许多体系都可以近似看成一维谐振子,如固体中原子、分子的振动等。如果振子的质量为 m,振动角频率为 ω,则一维谐振子的势能函数为

$$U=\frac{1}{2}m\omega^2x^2 \tag{6-49}$$

将它代入定态薛定谔方程(6-35),得

$$-\frac{\hbar^2}{2m}\frac{\mathrm{d}^2\psi(x)}{\mathrm{d}x^2}+\frac{1}{2}m\omega^2x^2\psi(x)=E\psi(x) \tag{6-50}$$

在求解此式满足单值、有限、连续条件的波函数中,可得一维谐振子的能量为

$$E_n=\left(n+\frac{1}{2}\right)\hbar\omega,\quad n=0,1,2,3,\cdots \tag{6-51}$$

由此式可知,谐振子的能量是量子化的,n 为其能量量子数;和一维无限深势阱不同,一维谐振子的能级分布是均匀的,相邻能级的间距为 $\hbar\omega$;$n=0$ 对应着谐振子可能的最低能量 $\frac{1}{2}\hbar\omega$,称为谐振子的零点能。谐振子的最低能量不为零是与经典力学完全不同的结果。

6.2.4 氢原子的量子理论简介

6.2.4.1 氢原子的薛定谔方程

薛定谔为处理氢原子中电子运动利用量子和物质波概念提出了非相对论的波动方程,并求解此方程得出和实验相符的结果,合理地解决了当时有关氢原子的问题,从而奠定了量子力学的理论基础。

氢原子是一个三维系统。对于稳定的氢原子,质量为 m 的电子绕静止的氢原子核运动,电子与核之间的距离可用 r 表示,则电子在库仑场中的静电势能为

$$U(r)=-\frac{e^2}{4\pi\varepsilon_0 r} \tag{6-52}$$

它不是时间的函数,所以参考(6-35)式,三维的定态薛定谔方程可写为

$$-\frac{\hbar^2}{2m}\left(\frac{\partial^2\psi}{\partial x^2}+\frac{\partial^2\psi}{\partial y^2}+\frac{\partial^2\psi}{\partial z^2}\right)-\frac{e^2}{4\pi\varepsilon_0 r}\psi=E\psi \tag{6-53}$$

其中,$\psi=\psi(x,y,z)$,$r=r(x,y,z)$。E 是电子定态所具有的确定能量,它是电子动能和系

统势能之和。相对电子，我们认为核不动，所以电子的能量也就是系统氢原子的能量。虽然从(6-53)式可以得到精确的波函数解析形式，但求解过程比较复杂，下面只介绍薛定谔方程根据粒子波函数必须满足的标准化条件而自然地给出的(不是像普朗克、玻尔作为假设条件而提出)一些量子化结论。

1. 能量量子化

氢原子能量是量子化的，氢原子基态和激发态即各能级的能量为

$$E_n=-\frac{me^4}{2(4\pi\varepsilon_0)^2\hbar^2}\frac{1}{n^2},\quad n=1,2,3,\cdots \tag{6-54}$$

因为 n 确定了氢原子各能级能量，被称为主量子数。(6-54)式称为氢原子的能级公式。把各常量代入(6-54)式，可得基态能量为 $E_1=-13.6\ \text{eV}$，其他激发态的能量为基态能量的$\frac{1}{n^2}$倍。随着 n 的增大，氢原子能量越来越大，能级间隔越来越小，当 $n\to\infty$时，氢原子能量变为零，意指电子被电离，所以氢原子的电离能是 13.6 eV。

例 6.11　实验发现基态氢原子可吸收能量为 12.75 eV 的光子。

(1) 试问氢原子吸收该光子后将被激发到哪个能级？

(2) 受激发的氢原子向低能级跃迁时，可能发出哪几条谱线？

解　(1) 基态氢原子能量为 $E_1=-13.6\ \text{eV}$，吸收 12.75 eV 能量后氢原子能量为

$$E_n=E_1+12.75=-13.6\ \text{eV}+12.75\ \text{eV}=-0.85\ \text{eV}$$

因为 $E_n=\dfrac{-13.6\ \text{eV}}{n^2}$，所以有 $n=4$，氢原子吸收该光子后将被激发到第三激发能级。

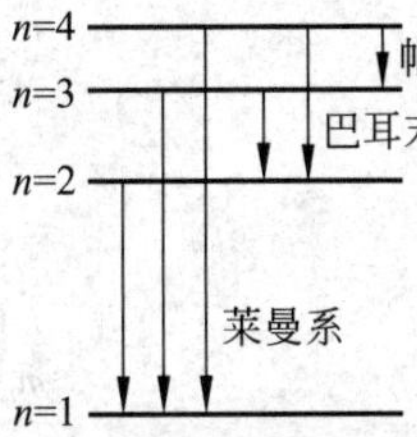

图 6-18　例 6.11 用图

(2) 图 6-18 显示了氢原子吸收光子被激发到第三激发能级后，可能向低能级跃迁的情况。所以可能发出的光谱线是莱曼系中波长排在前面的三条谱线，巴耳末系中两条波长排在前面的 H_α，H_β 谱线，以及帕邢系中波长最长的一条谱线。

利用氢原子能级公式，由 $\lambda_{hl}=\dfrac{ch}{E_h-E_l}$计算的上面六条谱线对应的波长都和实验测得的数据非常接近。

2. 轨道角动量量子化

电子在核周围运动的角动量(称为轨道角动量)大小是量子化的，其可能取值为

$$L=\sqrt{l(l+1)}\hbar,\quad l=0,1,2,3,\cdots,n-1 \tag{6-55}$$

l 决定了分立的电子轨道角动量的大小，被称为角量子数或副量子数。当主量子数 n 确定后，角量子数 l 可以有 n 个可能取值。不同的 l 取值表征了不同的电子绕核运动状态(也是氢原子处于不同的状态)。由角量子数 $l=0,1,2,3,\cdots,n-1$ 的可能取值所确定的原子状态，通常依次用 $s,p,d,f,g,h,\cdots$表示。例如，若 $n=2$，l 可以取 0 或 1，电子绕核运动的角动量大小 L 可以是 0 或$\sqrt{2}\hbar$，此时我们说氢原子分别处于 $2s$ 或 $2p$ 态。

值得注意的是，(6-55)式和玻尔根据自己假说推出的量子化电子轨道角动量(6-19)式是有很大差别的。实验表明，量子力学的结果(6-55)式是正确的。

3. 角动量空间量子化

(6-55)式只给出了电子角动量大小的量子化值,而角动量是矢量,要完全确定它还需知道空间的方位,即角动量的方向。在求解(6-53)定态氢原子薛定谔方程中,波函数的标准化条件要求:角动量$\boldsymbol{L}$在某特定方向(如z轴方向)上的投影(即分量)L_z满足

$$L_z=m_l\hbar \quad (m_l=0,\pm1,\pm2,\cdots,\pm l) \tag{6-56}$$

即电子轨道角动量在空间的方位不是任意的。相对某一特定方向,它的空间指向也是量子化的,这种现象叫作空间量子化。对于各向同性的自由空间,任意方向都可取为特定z轴方向,这个量子化条件没有什么意义。不过,氢原子内部的电荷运动可能产生磁场,或者是把氢原子放入外磁场中,那磁场方向就成为有别于其他方向的特定z轴方向。所以把确定角动量在z轴方向投影的量子数m_l称为磁量子数。不同的m_l值对应的电子(原子)运动状态也不同。对于每一个l值,m_l有$2l+1$种可能的取值,它们表示了氢原子内部电子$2l+1$种可能的运动状态。(6-56)式可以采用经典的矢量模型形象地表示,图6-19给出了在z轴确定的情况下,$l=0$,$l=1$,$l=2$和$l=3$时电子运动“空间量子化”的经典示意图。

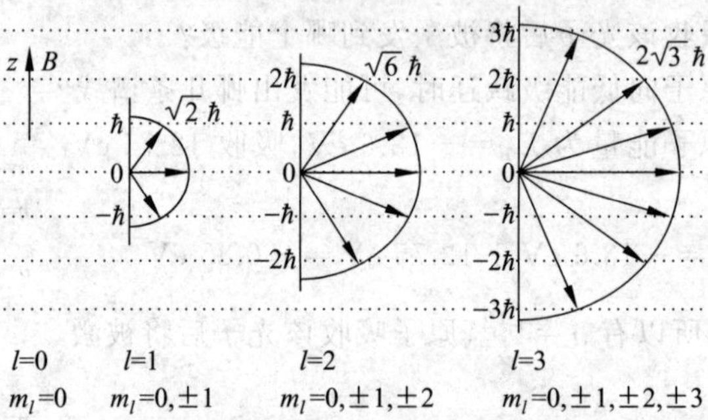

图 6-19 “空间量子化”示意图

在例6.7中,我们已提到由于原子内部的电子具有明显的波动性,应使用电子云图像描述电子的运动,电子云图像是用点的疏密代表电子在核周围运动的概率分布。由n,l,m_l三个量子数确定的氢原子中电子运动状态的波函数记作Ψ_{n,l,m_l},$|\Psi_{n,l,m_l}|^2$可表示具有确定能量E_n、确定的轨道角动量大小L及其取向(L_z)的电子在氢核周围出现的概率分布。图6-20给出了$n=2$情况下的几种氢原子电子云图,图6-20(a)对应$l=0,m_l=0$;图6-20(b)对应$l=1,m_l=0$;图6-20(c)对应$l=1,m_l=\pm1$。

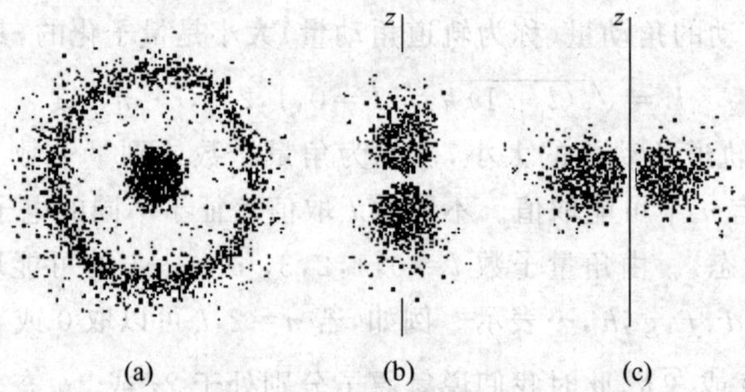

图 6-20 处于$n=2$能级的氢原子的电子云图

例 6.12 当氢原子的轨道角动量的大小 $L=\sqrt{6}\hbar$ 时，$\boldsymbol{L}$ 在外磁场方向的投影 L_z 的可能取值是多少？

解 根据轨道量子化(6-55)式，有

$$L=\sqrt{6}\hbar=\sqrt{l(l+1)}\hbar$$

得角量子数 $l=2$，故磁量子数的取值为 $m_l=0,\pm1,\pm2$。由空间量子化(6-56)式 $L_z=m_l\hbar$，$\boldsymbol{L}$ 在外磁场方向的投影 L_z 的可能取值为

$$L_z=0,\pm\hbar,\pm2\hbar$$

6.2.4.2 原子中电子的自旋磁量子数

1921 年，施特恩(O. Stern，1888—1969)和格拉赫(W. Gerlach，1889—1979)首先从实验上发现类氢元素中电子的自旋，其实验装置如图 6-21 所示。施特恩和格拉赫发现：通过电炉加热银原子源使银蒸发，银蒸气经过准直狭缝后形成银原子束，该银原子束穿过一个不均匀磁场区(在原子尺度的不均匀)后分裂成图中上下对称的两束。

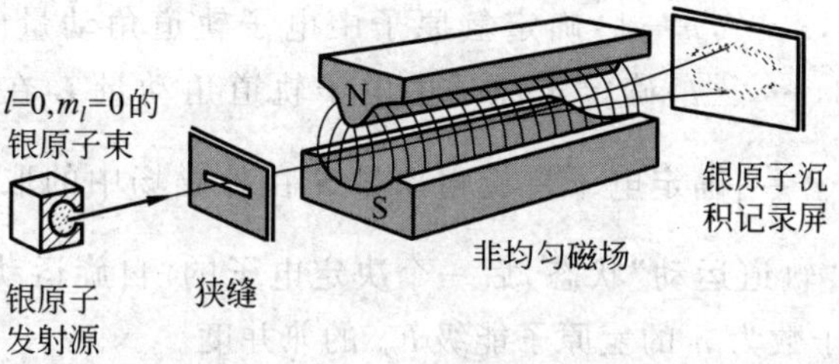

图 6-21 施特恩-格拉赫实验装置图

银原子束分裂成对称的两束，说明图中上下偏转的银原子在非均匀磁场中分别受到了向上和向下的力。力的来源应是原子中电荷运动产生的原子磁矩 μ_B，因为如果原子磁矩是沿着磁场方向，则磁矩和场之间相互作用能量(势能)为 $-\mu_B B$，那它受到的磁场力为 $f_m=-\dfrac{\partial(-\mu_B B)}{\partial z}=\mu_B\dfrac{dB}{dz}$，是一个沿磁场增强方向的力；同样，如果原子磁矩是沿着磁场负方向，它一定受到沿磁场减弱方向的力，因而银原子束分裂成两束。这种解释是合理的。再者，如果磁矩的空间取向是任意的，由于射线中银原子数很多，各原子磁矩的空间取向可看成是连续分布，和磁场方向成锐角的向上偏，和磁场方向成钝角的向下偏，偏转程度与角度大小成比例，那沉积屏上应是一连续的带状图像，而现在只是对称的两条，说明磁矩的空间取向是不连续的。还有，温度不是太高的银蒸气中的原子基本都是处于基态，对应基态的轨道角量子数 $l=0$，轨道角动量 $L=0$，与之对应的电子运动产生的轨道磁矩也等于零。剩下的问题是：原子的磁矩是如何而来？磁矩的空间取向又如何？

1925 年，时年 25 岁、莱顿大学硕士生乌伦贝克(G. E. Uhlenbeck，1900—1988)和时年 23 岁、莱顿大学学士古兹密特(S. A. Goudsmit，1902—1979)两位荷兰物理学家在分析原子光谱的一些实验的基础上，在 W. 泡利的启发下提出了电子自旋的假说：电子除存在轨道运动之外还存在自旋运动，相应地有自旋角动量和自旋磁矩，且自旋磁矩在外磁场中只有两种可能取向。自旋概念的引入很好地回答了上面提出的两个问题。银原子的磁矩来源于电子本身的属性自旋磁矩，自旋磁矩在外磁场中只有两种可能取向，所以银原子束经不均匀磁

场分裂成对称的两束。现在已经发现，许多微观粒子(如光子、中子、质子等)都具有自旋属性。

在此基础上，量子力学理论进一步给出如下的结论：

(1) 电子的自旋角动量 $\boldsymbol{S}$ 的大小为

$$S=\sqrt{s(s+1)} \tag{6-57}$$

其中，s 为自旋量子数，只取一个值，即 $s=\frac{1}{2}$。所以电子的自旋角动量 $\boldsymbol{S}$ 的大小为$\sqrt{3}\hbar/2$。

(2) 自旋角动量 $\boldsymbol{S}$ 在外磁场方向的投影 S_z 是量子化的，有

$$S=m_s\hbar \tag{6-58}$$

其中，m_s 称为电子的自旋磁量子数。它只能取两个值，即 $m_s=\pm\frac{1}{2}$，因而有 $S_z=\pm\frac{1}{2}\hbar$。

至此，我们知道了氢原子(或类氢原子的价电子)内电子的稳定运动状态应用四个量子数(n,l,m_l,m_s)来描述。其中，主量子数 $n(n=1,2,3,\cdots)$确定氢原子中电子的能量；角量子数 $l(l=0,1,2,3,\cdots,n-1)$确定氢原子中电子轨道角动量的大小；磁量子数 m_l $(m_l=0,\pm1,\pm2,\pm3,\cdots,\pm l)$确定氢原子中电子轨道角动量 $\boldsymbol{L}$ 在外磁场中的取向；自旋磁量子数 $m_s\left(m_s=\pm\frac{1}{2}\right)$确定电子自旋角动量 $\boldsymbol{S}$ 在外磁场中的取向。前三个量子数决定电子在氢原子内的"轨道运动"状态，后一个决定电子的"自旋运动"状态。

例 6.13 求主量子数为 n 的氢原子能级 E_n 的兼并度。

解 氢原子的能量只和主量子数 n 有关。n 相同，l,m_l,m_s不同状态的能量是相同的，这种情况叫能级的兼并。同一能级的各状态称为兼并态，兼并态的数目称为能级的兼并度。对于确定的主量子数 n，角量子数 $l=0,1,2,\cdots,n-1$；对于每一个 l，空间磁量子数的可能取值为 $m_l=0,\pm1,\pm2,\cdots,\pm l$，共 $2l+1$ 个可取值；又有 $m_s=\pm1/2$。只要四个量子数中有一个不同，它就是氢原子能级 E_n 的一个可能的稳定态。所以氢原子能级 E_n 的兼并度为

$$G=\sum_{l=0}^{n-1}2(2l+1)=2n^2$$

6.3 原子中电子排布的壳层模型

氢原子中电子运动状态由四个量子数(n,l,m_l,m_s)描述。量子理论给出，多电子原子中电子的运动状态仍可用这四个量子数(n,l,m_l,m_s)来确定。与氢原子不同的是，原子中电子的能量不仅取决于主量子数 n，而且在较小程度上还取决于角量子数 l。自旋磁量子数 m_s决定电子自旋方向是"向上"还是"向下"，它也多少影响一点电子的能量。

1916 年，柯塞耳(W.Kossel，1888—1956)提出了原子的形象化壳层结构模型。提出主量子数 n 相同的电子构成一个主壳层，对应于 $n=1,2,3,4,5,\cdots$的各主壳层分别用 $K,L,M,N,O,\cdots$表示；同一主壳层中，角量子数 l 相同的电子构成一个支壳层，对应于 $l=0,1,2,3,4,5,\cdots$的支壳层分别以 $s,p,d,f,g,h,\cdots$表示。一般来讲，n 越大 l 越大，则电子能量越大，能级越高，壳层离核越远。原子中能级按能量由低到高的顺序，一般为

$$1s,2s,2p,3s,3p,4s,3d,4p,5s,4d,5p,6s,4f,5d,6p,\cdots$$

科学工作者总结出这样的规律：对原子中外层电子，能级高低以 $\Delta=(n+0.7l)$ 来确定。其值越大，能级越高。例如，对于 $3d$ 和 $4s$ 两个状态，虽然 $4s$ 的主量子数大于 $3d$，但因为 $3d$ 态的 $\Delta=(3+0.7\times2)=4.4$，$4s$ 状态的 $\Delta=(4+0.7\times0)=4$，所以 $3d$ 态的能级高于 $4s$ 状态。

基态原子的核外电子在主壳层和支壳层上的排布由下述两个原理决定。

(1) 泡利不相容原理。瑞士籍奥地利物理学家泡利在分析了大量原子能级数据的基础上，为解释化学元素周期表，提出：同一个原子中不可能有两个或两个以上的电子处于同一状态。或者说，同一个原子中不可能有两个或两个以上的电子具有完全相同的四个量子数 (n,l,m_l,m_s)。这称为泡利不相容原理。

(2) 能量最低原理。处于基态原子中电子的排布应使原子体系的能量最低。也就是说，正常状态的原子，原子中的电子尽可能地占据未被填充的最低能级。

当一个原子中每个电子的主量子数 n 和角量子数 l 都确定后，称该原子具有某一确定的电子组态。它通常是以原子中每个支壳层上的电子数以上角标的形式并排地写在支壳层的符号之后的形式来表示。例如，原子序数 $Z=19$ 的钾原子的电子组态为：$1s^2 2s^2 2p^6 3s^2 3p^6 4s^1$。

6.4 激光

激光旧称镭射(laser)，是基于受激辐射放大原理而产生的一种相干光辐射。1917 年爱因斯坦为解释黑体辐射规律，首先提出了光的发射与吸收过程中的受激吸收、受激辐射、自发辐射三种基本概念。在以后相当长的一段时间内，受激辐射的概念未被人们所重视，直到 1954 年美国和苏联的科学家小组分别独立地研制成功微波激射器，以及 1960 年美国首次研制成功世界上第一台红宝石激光器，才证实了爱因斯坦关于受激辐射过程存在的预言。从此，光频波段的激光作为一种新型光源从 20 世纪 60 年代起迅速发展起来。与普通光源相比，激光具有单色性好(高的相干性)、方向性好、亮度极高等特点，因此它在军事、科研、通信、医疗等各方面都得到了广泛的应用。本节将以氦氖激光器为例介绍激光产生的基本原理和条件。

1. 激光的基本原理

处于高能态上的原子非常不稳定，它会自发地向低能态跃迁，从而向外辐射出一个光子，这种自发辐射光子的过程称为自发辐射，如图 6-22 所示。辐射出光子的频率 ν 满足 $h\nu=E_2-E_1$，其中 E_2，E_1 分别是原子高能态和低能态的能量。自发辐射是一个随机过程，不同原子同时辐射的大量光子或同一原子不同时辐射的大量光子之间的频率、相位、偏振状态、传播方向等都是相互独立的。因此，自发辐射的光总是射向四面八方的，且没有相干性。通常，普通光源(如太阳、日光灯、蜡烛等)的发光方式都是自发辐射。

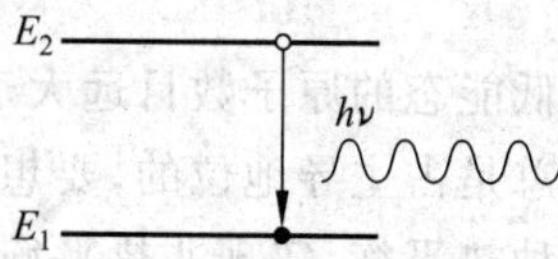

图 6-22 自发辐射过程

若处于高能态 E_2 上的原子，在一个能量 $h\nu=E_2-E_1$ 的光子的引发下跃迁到低能态 E_1，并向外辐射一个与入射光子频率、相位、偏振状态、传播方向完全相同的光子，这一过程被称为受激辐射，如图 6-23 所示。在一种材料中有一个光子引发了受激辐射，就会产生两个全同光子，这两个全同光子又有可能发生类似的情况，产生 4 个全同光子。以此类推,如果受激辐射过程一直进行下去,我们就可以得到为数不断地倍增的全同光子,这个现象称为“光放大”。这种由于受激辐射光放大得到的相干光叫激光,产生激光的基本原理就是受激辐射光放大。

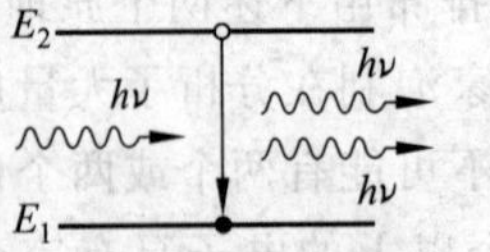

图 6-23 受激辐射过程

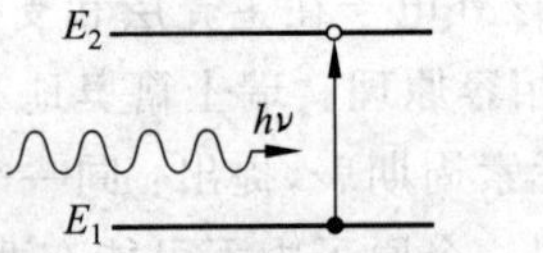

图 6-24 受激吸收过程

除了能够进行自发辐射和受激辐射过程外,如果一个能量为 $h\nu=E_2-E_1$ 的入射光子引发处于低能态 E_1 上的原子吸收光子从低能态 E_1 跃迁到高能态 E_2 上,则此过程称为受激吸收,如图 6-24 所示。光吸收过程使得材料中的光子数目减少,而使得处于高能态的原子数目增加。因此,为了产生受激辐射的光放大就应该尽量减少受激吸收过程带来的光子数目的损耗。而在实际过程中,自发辐射、受激辐射和受激吸收过程是同时发生的。

2. 激光的形成

下面介绍的内容是如何依据产生激光的基本原理来实现受激辐射光放大。

(1) 粒子数布居反转

一个原子处于高能级 E_2,一个原子处于低能级 E_1,当 $h\nu=E_2-E_1$ 的光子入射时,爱因斯坦指出这两个原子受激辐射和受激吸收的概率是相同的。因此,对于大量原子组成的系统来说,既有处于高能级 E_2 的原子,也有处于低能级 E_1 的原子,当能量为 $h\nu=E_2-E_1$ 的光子入射此原子系统时,发生受激辐射和受激吸收两种过程的概率分别正比于处于高能态和低能态上的原子数目。如果能保持处于高能态 E_2 上的原子数目 N_2 比处于低能态 E_1 上的原子数 N_1 大,则原子系统中受激辐射的概率总是大于受激吸收的概率,就可以实现光放大;反之,光放大过程不能实现。因此,使处于高能态上的原子数目大于处于低能态上的原子数目是产生受激辐射光放大的必要条件。具有这种性质的原子系统状态称为粒子数反转态,也称为粒子数布居反转。之所以称为反转是因为正常的热平衡状态的物质中,处于低能态上的原子数目远大于高能态上的原子数目。

由大量原子组成的系统,在正常情况下,原子数目按能级的分布服从或近似服从玻耳兹曼统计关系。设系统的热平衡温度为 T,N_n 表示处在能级 E_n 上的原子数目,则有 $N_n\propto \mathrm{e}^{-\frac{E_n}{kT}}$。处于高能态 E_2 上的原子数目 N_2 与处于低能态 E_1 上的原子数 N_1 之比为

$$\frac{N_2}{N_1}=\mathrm{e}^{-(E_2-E_1)/kT} \tag{6-59}$$

若设 $E_2-E_1=1\ \mathrm{eV}$,原子的温度为 1000 K,则处于两能级上的原子数目之比为

$$\frac{N_2}{N_1}=\mathrm{e}^{-\frac{E_2-E_1}{kT}}=\mathrm{e}^{-\frac{1}{0.086}}\approx 10^{-5}$$

处于低能态的原子数目远大于处于高能态的原子数目。所以,处于热平衡的原子系统受激吸收总是占主导地位的,要想使系统的受激辐射占主导地位就必须借助外界的激励能源打破这种热平衡,实现非热平衡下系统的粒子数布居反转。但也不是所有物质系统受外界激励后都可以实现粒子数布居反转,只有具有合适能级结构的物质系统才能实现。受外界激励后能够实现粒子数反转的物质称为激活介质。

图 6-25 给出了一种激活介质所具有的最简单的三能级图。图中原子受外界激励从 E_1 跃迁到 E_2，原子在 E_2 是不稳定的，寿命很短，通过和其他原子碰撞等无辐射跃迁到能级 E_3，E_3 是亚稳态，亚稳态能级上寿命较长。正因如此，只要从 E_1 到 E_2 的激励力度足够强，E_3 亚稳态上将会停留有大量的原子，E_3 能级和 E_1 之间就可能形成粒子数布居反转。其中，激活介质作用是提供亚稳态能级，激励能源的作用是使原子的整个输运循环过程（图中箭头表示原子从 $E_1 \to E_2 \to E_3 \to E_1$）得以维持，可采取光、电、化学等激励方式。图 6-25 的三能级图只是对实现粒子数布居反转物理过程的抽象概括，激活介质的实际能级比它要复杂得多。

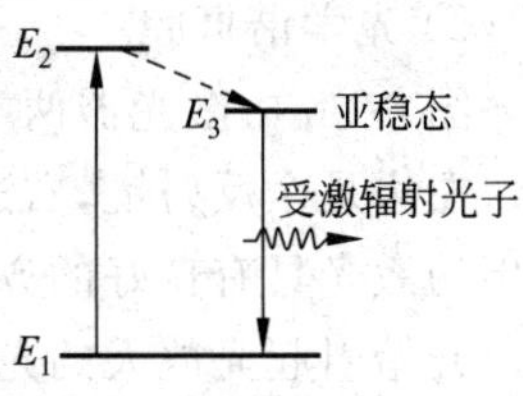

图 6-25　三能级系统

（2）激光器

虽然激活介质处于粒子数反转态可以得到激光，但它的寿命和强度一般达不到实用的要求。能够产生实用性激光的装置叫作激光器。它主要由三部分组成：工作介质、激励能源、光学谐振腔。下面，我们介绍氦氖激光器的基本工作原理，它的结构如图 6-26 所示。

① 工作介质与激励能源

图 6-26 中放电玻璃管内充有作为工作介质的氦气和氖气混合气体，通常 He 和 Ne 的比例为(5∶1)～(10∶1)。其中 He 为辅助物质，Ne 为激活物质。He 和 Ne 的能级图如图 6-27 所示，He 原子的两个亚稳态能级 2^1s 和 2^3s（它们只是一种原子能级的表达方式）与 Ne 的亚稳态 4s 和 5s 能级非常接近。

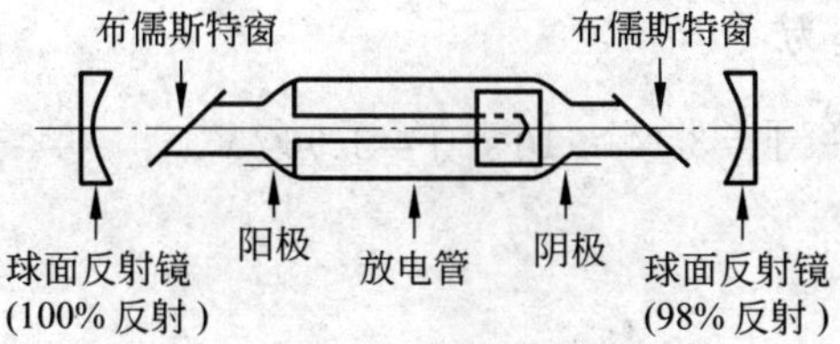

图 6-26　氦氖激光器的结构示意图

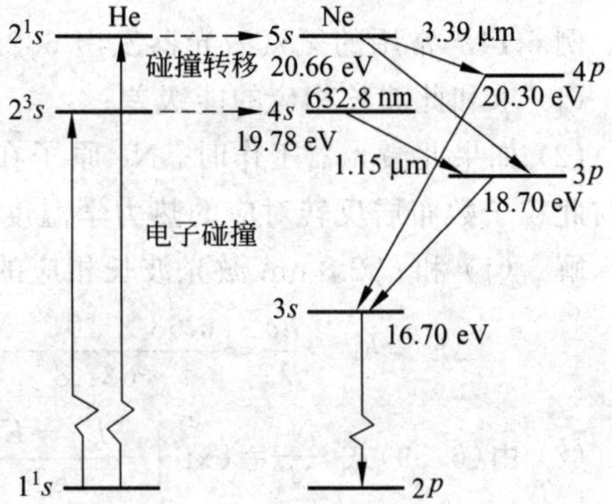

图 6-27　He 和 Ne 的能级结构图

常用氦氖激光器使用的是气体放电激励方式。当激光管的阳极和阴极加上电压以后，管内产生气体放电生成电子流。由于 He 原子数较多，运动电子与之碰撞首先使它们被激发到 2^1s 或 2^3s 亚稳态上，它们再和处于基态($2p$)的 Ne 原子碰撞，将能量传给 Ne 原子使之分别被激发到 $4s$ 或 $5s$ 亚稳态上。氦原子的 2^1s，2^3s 与氖原子的 $4s$，$5s$ 亚稳能级的寿命相对较长，而氖原子的 $3p$，$4p$ 能级寿命很短。这样，一方面保证了激活物质氖原子有了充分的激发能源（来自氦原子的碰撞），另一方面由于处于 $3p$，$4p$ 能级的氖原子很快地自发辐射而减少，从而在氖原子的 $5s$-$4p$，$5s$-$3p$ 以及 $4s$-$3p$ 能级之间形成粒子数布居反转。这时，一旦有一个 Ne 原子从 $5s$ 能级跃迁到 $4p$ 或者 $3p$，以及从 $4s$ 跃迁到 $3p$ 能级都能自发辐射出一个光子，那它将引起大量 Ne 原子的 $5s \to 4p$ 或 $5s \to 3p$ 以及 $4s \to 3p$ 之间的光放大,分别产生波长为 3.39 μm,632.8 nm,1.15 μm 的激光,如图 6-27 所示。

② 光学谐振腔

图 6-26 中激光器两端严格平行放置的两个反射镜和它们之间的空间组成了光学谐振腔。左边是全反射镜,右边是部分反射镜用于输出激光。简单地讲,光学谐振腔的作用是使输出的激光具有良好的方向性、高的强度及非常好的单色性。

开始引起光放大的光子是由自发辐射产生的,而自发辐射光子产生的是向各个方向传播的光放大。但凡是与激光管轴线有夹角的激光经过多次反射后最终要逃逸出腔外,只有严格平行于激光管轴线的激光才能在两反射镜之间来回反射,来回反射过程使得激活介质中光放大过程持续进行,光子密度越来越大,从而形成从部分反射镜端输出的具有良好的方向性、高强度的激光。光学谐振腔起到了方向选择和通过延长光放大的时空而提高光能密度的作用。

激光在两个反射镜之间来回反射时,只有激光的半波长整数倍严格等于光学谐振腔的长度 L(两个反射面之间的距离)的激光才能在谐振腔中形成稳定的驻波而不断得到加强。激光器的谐振腔的长度都是和我们所要的激光波长严格相对应,那些不满足条件的激光因不能形成驻波而得不到增益而逐渐衰减,因为光在激活介质中传播时除了光放大效应外,还存在反射镜的损耗、介质的吸收等损耗现象。因此光学谐振腔又起到了选频的作用。光放大使激光越来越强,随着光强增大,损耗也越来越严重,当稳定的驻波激光在谐振腔中往返一次,因光放大而获得的光强增益等于能量损耗时,达成了平衡,此时我们也得到了具有一定高强度的单色激光。普通氦氖气体激光器选定的是 632.8 nm 的红光,它的单色性$\left(\frac{\Delta\nu}{\nu}\right)$可达$10^{-15}$。

例 6.14 常用的氦氖激光器发出 632.8 nm 波长的红色激光。

(1) 求和此波长相应的能级差;

(2) 如果此激光器工作时,Ne 原子在高能级上的数目比相应低能级上的数目多 1%,求与此粒子数布居反转对应的热力学温度。

解 (1) 和 632.8 nm 激光波长相应的能级差为

$$\Delta E = h\nu = \frac{hc}{\lambda} = \frac{6.63\times10^{-34}\times3\times10^{8}}{632.8\times10^{-9}}\ \mathrm{J} = 3.14\times10^{-19}\ \mathrm{J} = 1.96\ \mathrm{eV}$$

(2) 由(6-59)式,$\frac{N_2}{N_1}=\exp\left(-\frac{E_2-E_1}{kT}\right)$,得

$$\ln\left(\frac{N_2}{N_1}\right) = -\frac{E_2-E_1}{kT}$$

此粒子数布居反转对应的热力学温度为

$$T = -\frac{\Delta E}{k\cdot\ln(N_2/N_1)} = -\frac{3.14\times10^{-19}}{1.38\times10^{-23}\times\ln1.01}\ \mathrm{K} = -2.29\times10^{6}\ \mathrm{K}$$

与粒子数布居反转对应的热力学温度是"负温度"。

6.5 固体的能带简介

固体是物质常见的一种凝聚态,可分为晶体和非晶体两类,多数物质既可以组成晶体,又可以组成非晶体。按导电能力,固体分为导体、半导体和绝缘体。本节对导体、半导体和

绝缘体的能带结构作一简单介绍。

1. 固体的能带概念

(1) 能带的形成

在不考虑电子间相互作用情况下,孤立原子中的电子是在单个原子核的库仑势束缚下运动而形成自己的能级分布。当 N 个孤立原子相互靠近形成晶体时,晶体中各正原子核的库仑力对电子运动来说,它相当于一个周期性的势场。处于晶体周期性势场中运动的原来属于各原子的电子,由于"隧道效应",都有一定概率穿过势垒进入其他的原子。这样,电子,尤其是各原子的价电子,在某种程度上不再属于某个原子,而成为整个晶体在某种程度上所共有的电子。这种特性称为电子共有化。

对于 N 个相同的孤立原子而言,各原子具有完全的电子能级分布。当它们相互靠近形成晶体而发生电子共有化时,由于原子之间的相互影响,使得原来原子的同一个能级不再具有完全相同的能量,形成 N 个彼此能量略有差别的 N 个能级。即孤立原子的一个能级在形成晶体后分裂为 N 个彼此非常靠近的新能级,这 N 个几乎连成一片的新能级称为一个能带,如图 6-28 所示。例如,原子的 $1s$ 能级分裂为晶体的 $1s$ 能带,原子的 $2s,2p,3s,\cdots$ 能级分别分裂为 $2s,2p,3s,\cdots$ 能带。由于原子外层价电子的电子云交叠比较明显,原子间的相互影响比较显著,所以其能级分裂也比较明显,形成的能带较宽;而对于低能态的能级,由于电子云交叠不够明显,则能级分裂较小,能带较窄。由于能量越高能带越宽,有时候能量高的能带可能与相邻的能带产生交叠。如图 6-28 中所示的两个相邻能带间是一个没有任何能级出现的能量间隔,它被称为禁带,其宽度常用 ΔE_g 表示。

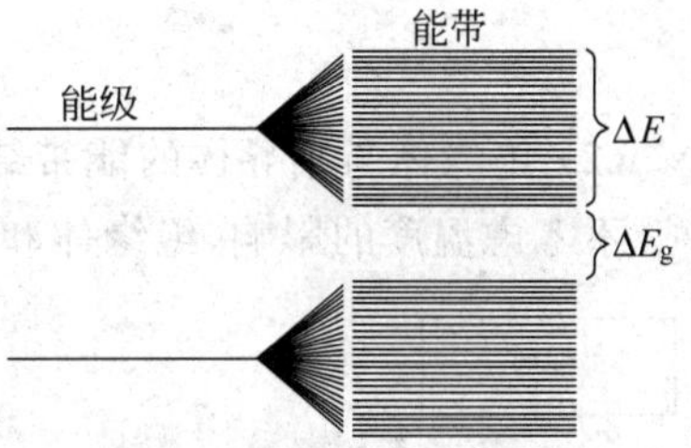

图 6-28 固体中能带的形成

(2) 能带中电子的排布

一个原子的能级只能容纳 $2(2l+1)$ 个电子,对于由 N 个原子形成的晶体,由泡利不相容原理可知,如果不形成能带,同一能级的 $2N(2l+1)$ 个电子将无法排布,只有形成相应的能带才能容纳下这 $2N(2l+1)$ 个电子。也就是说,晶体的 $1s$,$2s$ 能带能容纳 $2N$ 个电子,$2p$,$3p$ 能带则能容纳 $6N$ 个电子。晶体中电子在能带中的排布情况也须遵守泡利不相容原理和能量最低原理。不考虑温度的影响,晶体中的电子首先填充最低能带中最低的能级,依次向高能带填充。完全被电子填满的能带称为满带,完全没有电子填充的能带被称为空带,而部分被电子填充的能带被称为不满带或导带。

2. 导体、半导体和绝缘体的能带结构

从能带论的角度看,导体、半导体和绝缘体导电性能的差异主要来源于它们能带结构的不同。由于满带中所有能级已被电子填满,因此当晶体受到外电场作用时,满带中任一电子发生移动,从自己占据的能级向另一能级转移,由于泡利不相容原理,必有另一电子向相反方向移动,满带中这种不同能级间的交换不能形成电流,即满带不具有导电性。不满带中电子填充在带中能量低的部分能级,当受外电场作用时,它们可以单向地进入带中未被填满的稍高能级,从而形成电流而具有导电性,所以把不满带又称为导带。通常所说的金属晶体中的"自由电子"指的就是这不满带中的电子,又由于这不满带中的电子来自各原子的价电子,所以不满带又被称为价带。空带也具有导电性,是因为若有电子受到某种激励而进入空带,当受外电场作用时,它在空带中向稍高能级的移动而使空带表现出导电性。

(1) 导体的能带结构

通常,导体的能带结构上都存在未被电子填满的导带,如图6-29(a)所示。当在导体上加电压时,导带中的电子在外电场力的作用下获得能量进入导带中未被电子填充的能级,从而在导体中形成电流。此外,导带与未填充电子的空带有交叠或满带与空带有交叠都是导体的一种可能的能带结构,如图6-29(b),(c)所示。

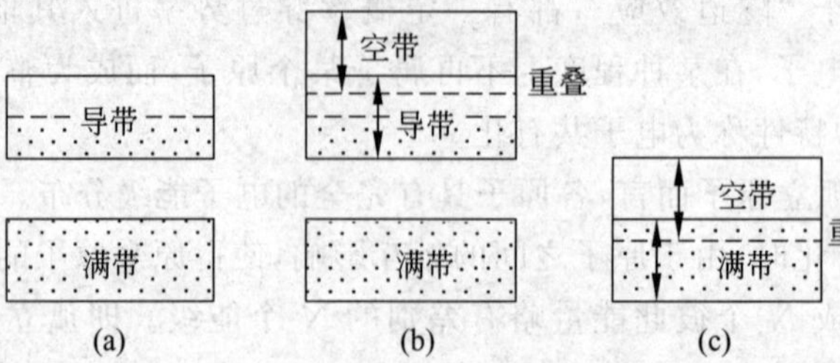

图6-29 导体的能带结构

(2) 绝缘体与半导体的能带结构

不考虑温度的影响,绝缘体和半导体的能带结构分别如图6-30(a),(b)所示。在半导体和绝缘体中,填有电子的能带均是满带,它们的最高满带与相邻空带的禁带宽度 ΔE_g 有差别。通常,绝缘体的禁带宽度较大,一般 ΔE_g 大于 3 eV;而半导体的禁带宽度则较小,一般 ΔE_g 为 0.1～2 eV。

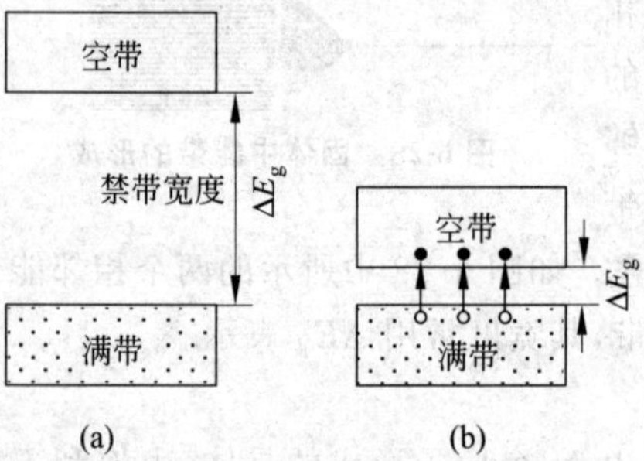

图6-30 绝缘体、半导体的能带结构

由于绝缘体的禁带宽度较大,热激发、光照以及不太强的外电场都很难使满带中的电子获得足够大的能量进入禁带上部的空带中形成电流。因此,在外电场的作用下绝缘体中几乎没有电子参与导电,表现出具有很高的电阻率。

而半导体的禁带宽度则小得多,平常的温度就可以使一定数量的电子被热激发到空带上,同时在满带中留下同样数量的空位。进入空带上的电子在外电场下参与导电的过程,称为电子导电。由于满带中空位的出现,在外电场下带中能量稍低的电子通过跃入邻近的空位使满带也具有了导电性。能量稍低的电子跃入邻近的空位的同时又留下了另一个空位,给另一个电子的进入提供了机会。电子依次沿电场反方向的移动相当于满带背景中带有正电量 e 的空位沿电场方向的移动。带有正电量 e 的空位称为空穴。满带中的空穴移动参与的导电过程称为空穴导电。我们把没有杂质和缺陷的半导体称为本征半导体,本征半导体的导电机制是电子导电和空穴导电共存,称为本征导电,参与导电的电子和空穴称为载流子。由于两种载流子总是成对出现,所以本征半导体中两种导电机制对导电性能的影响是一样的。若使半导体温度升高,热激发到空带上的电子数目及满带上的空位数目就会同时增加,半导体导电性能就会越好,其电阻率就变小。产生成对电子和空穴的激发(如热激发、光照等)统称为本征激发。

例 6.15 纯净锗吸收辐射的最大波长为 $\lambda=1.9\ \mu\text{m}$。

(1) 求锗的禁带宽度；

(2) 室温下，导带底和价带顶的能级上的电子数之比是多少？

(3) 如果想通过加热使纯净锗成为导体，需把它加热到什么温度？

解　(1) 吸收辐射的最大波长为 $\lambda=1.9\ \mu\text{m}$，是说此光子的能量 $h\nu$ 等于满带和空带间的禁带宽度 ΔE_g，有 $\Delta E=\Delta E_g=h\nu=h\dfrac{c}{\lambda}$，得

$$\Delta E_g=h\frac{c}{\lambda}=\frac{6.63\times10^{-34}\times3\times10^{8}}{1.9\times10^{-6}}\ \text{J}=1.05\times10^{-19}\ \text{J}=0.65\ \text{eV}$$

对于波长大于 1.9 μm 的光，纯净锗是透明的，对于波长小于 1.9 μm 的光，它是不透明的。

(2) 室温下 $T=300$ K，高低能级电子数之比为

$$\frac{N_h}{N_l}=e^{-\Delta E/kT}=\exp[-0.65\times1.6\times10^{-19}/(1.38\times10^{-23}\times300)]=1.2\times10^{-11}$$

说明室温下纯净锗中导带的电子数是很少的。

(3) 把纯净锗加热到温度 T 且 $kT=\Delta E_g$ 时，纯净锗就变成导体，有

$$T=\frac{\Delta E_g}{k}=\frac{1.05\times10^{-19}}{1.38\times10^{-23}}\ \text{K}=7.6\times10^{3}\ \text{K}$$

应注意到锗的熔点还不到 1500 K(为 1210.4 K)。

(3) 杂质半导体的能带结构

① 杂质半导体的能带结构

在本征半导体中掺入适当的杂质就形成杂质半导体。在纯净的四价元素半导体(如硅、锗)中掺入五价元素(如磷、砷等)杂质形成的半导体称为 N 型半导体；掺入三价元素(如硼、铟等)杂质形成的半导体称为 P 型半导体。两种杂质半导体的能带结构不同，其导电机制也不相同。

如图 6-31(a)所示，当在四价元素硅中掺入五价杂质磷时，一个磷原子置换一个硅原子，磷原子的五个价电子中有四个与硅原子形成共价键，剩余的一个电子所受到的束缚较小，它可在杂质离子周围游动。理论计算表明，多余价电子的能级处于禁带中，且靠近导带的底部，叫作杂质能级，如图 6-31(b)所示。由于这种杂质价电子很容易被激发到导带中而参与导电，所以这类五价杂质原子被称为施主原子，相应的杂质能级又被称为施主能级。施主能级与导带底的能量差很小(约 10^{-2} eV)，常温下就有大量施主能级上的电子被热激发到导带中，使导带中的载流子电子数目大大超过价带(满带)中的空穴数，也使得半导体的导电性能大大提高。因为 N 型半导体中参与导电的电子数目远大于空穴数目，所以又称为电子型半导体。

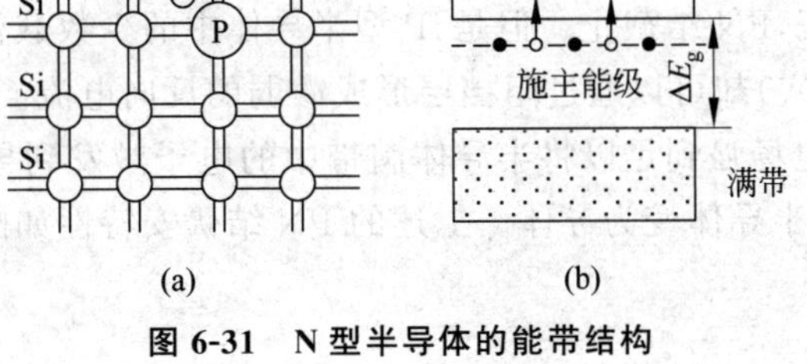

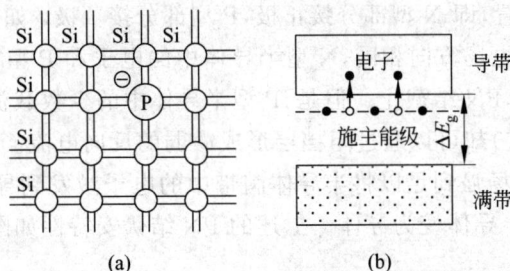

图 6-31　N 型半导体的能带结构

当在四价元素硅中掺入三价杂质硼时,一个硼原子置换一个硅原子,如图 6-32(a)所示。硼原子的价电子与硅原子的四个价电子形成共价键时缺少一个电子,相当于出现了一个空穴。理论计算给出,多余空穴的能级也处于禁带中,且靠近满带的顶部,如图 6-32(b)所示。这个杂质能级又称为受主能级,它与满带顶的能量差很小(约10^{-2} eV),常温下就有大量电子被热激发到受主能级上,从而在满带中形成大量空穴。P 型半导体中参与导电的空穴数目远大于电子数目,故又称为空穴型半导体。

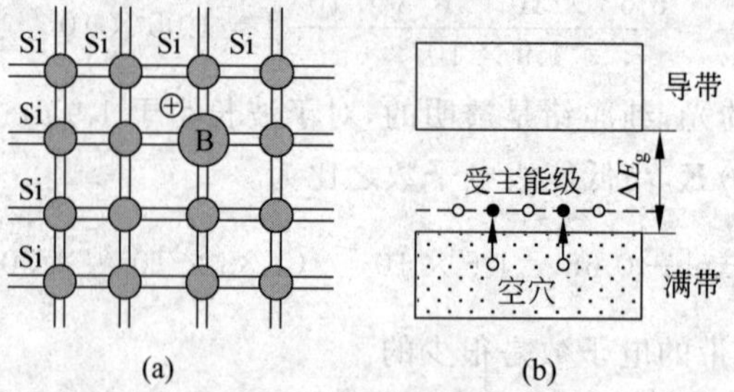

图 6-32 P 型半导体的能带结构

② PN 结

利用半导体的性质可以制成各种器件,其中最简单的单元就是 PN 结。

在一片本征半导体的两侧分别掺入三价和五价元素,使得一侧为 P 型半导体而另一侧为 N 型半导体,在它们的界面处就形成一个 PN 结。如图 6-33 所示,在两种半导体的界面处,P 型半导体中的空穴向 N 型半导体一侧扩散,同时在 N 型半导体中的电子也向 P 型半导体一侧扩散。这种扩散的结果是在界面两侧出现电荷的积累,在 P 型半导体一边出现负电荷的积累而在 N 型半导体一边出现正电荷的积累。这些积累的电荷在交界处形成由 N 型指向 P 型的内电场,它阻止电子与空穴的扩散运动。当电荷积累达到一定程度时,扩散作用和内电场作用达到平衡,界面两侧形成稳定的电势差。界面处内电场的区域又称为阻挡层,阻挡层的厚度约为 10^{-7} m。

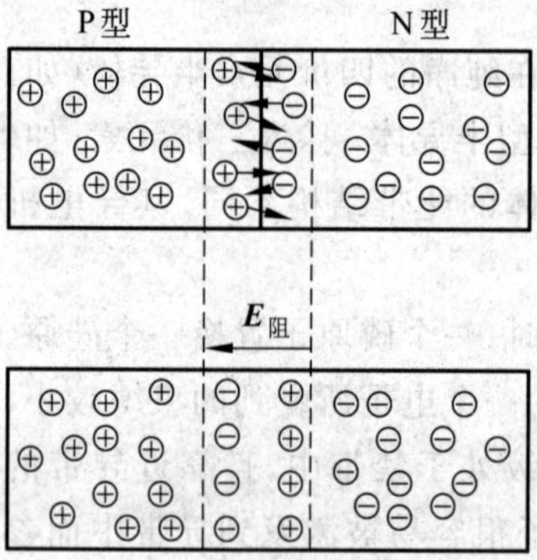

图 6-33 PN 结

如果 P 型部分接电源正极,N 型部分接负极,那么外电场方向与阻挡层中的内电场方向相反。此时,PN 结的内电场减弱,N 型半导体中的电子和 P 型半导体中的空穴可以继续扩散,形成正向电流,PN 结导通。上述连接 PN 结的方式称为正向偏置,如图 6-34(a)所示。如果是对 PN 结反向偏置,即 N 型部分接正极,P 型部分接负极,如图 6-34(b)所示,则此时外电场与阻挡层中的内电场方向相同,N 型半导体中的电子和 P 型半导体中的空穴就更难于通过阻挡层形成电流,PN 结截止。但是,P 型半导体中的少数载流子(电子)和 N 型半导体中的少数载流子(空穴)却可以通过阻挡层形成微弱的反向电流。如果给 PN 结加的反向电压过高,PN 结内的电场强到足以将半导体满带中的电子激发到导带中,就会产生大量的载流子,PN 结被击穿,半导体变为导体。上述的 PN 结伏安特性如图 6-35 所示。

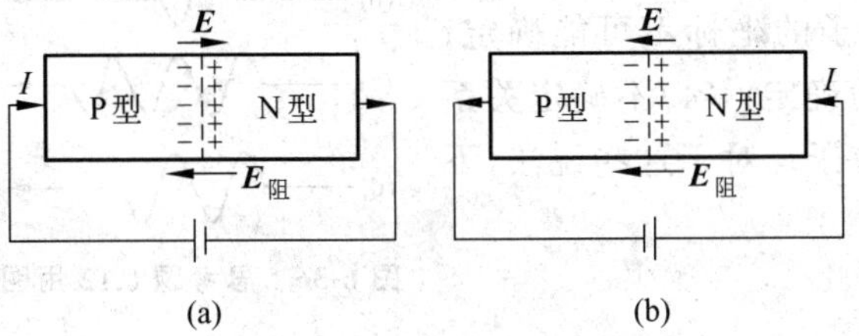

图 6-34 PN 结的电路

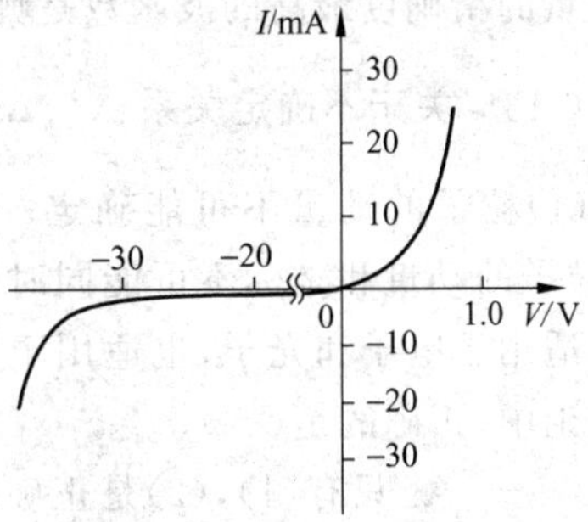

图 6-35 PN 结的伏安特性曲线

PN 结正向偏置导通、反向偏置截止的现象称为单向导电性。利用 PN 结可以制成二极管、三极管、光电池等，它们被广泛应用于通信、科研、生产等各个领域。

思 考 题

6.1 霓虹灯发的光是热辐射吗？熔炉中的铁水发的光是热辐射吗？

6.2 对于绝对黑体，下面说法正确的是(　)。

A. 绝对黑体是不辐射可见光的物体，所以它在任何温度下都是黑色

B. 绝对黑体是没有任何辐射的物体，所以观测不到它而被称为绝对黑体

C. 绝对黑体是可以反射可见光的物体，所以它不一定是黑色

D. 绝对黑体是辐射可见光的物体，所以它在不同温度下可以呈现不同颜色

6.3 在光电效应实验中，分别将入射光强度增加一倍和入射光频率增加一倍，各对实验结果有什么影响？

6.4 用一定波长的光照射金属表面产生光电效应时，为什么逸出金属表面的光电子的速度大小不同？

6.5 在康普顿散射中，如果设反冲电子的速度为光速的 60%，则因散射使电子获得的能量是其静止能量的(　)。

A. 2 倍　　B. 1.5 倍　　C. 0.5 倍　　D. 0.25 倍

6.6 为什么对光电效应只考虑光子的能量的转化，而对康普顿效应则还要考虑光子的动量的转化？

6.7 若一个电子和一个质子具有同样的动能，哪个粒子的德布罗意波长较大？

6.8 如果两种不同质量的粒子，其德布罗意波长相同，则这两种粒子的(　)。

A. 动量相同　　B. 能量相同　　C. 速度相同　　D. 动能相同

6.9 将粒子波函数在空间的概率幅同时增大 D 倍，粒子在空间的概率分布的变化为(　)。

A. 增大 D^2 倍　　B. 增大 $2D$ 倍　　C. 增大 D 倍　　D. 不变

6.10 为什么说原子内电子的运动状态用轨道来描述是错误的？

6.11 根据不确定关系，一个分子在 0 K 时能完全静止吗？

6.12 设粒子运动的波函数图线分别如图 6-36(a)，(b)，(c)，(d)所示，那么其中确定粒

子动量的精确度最高的波函数是哪个图?

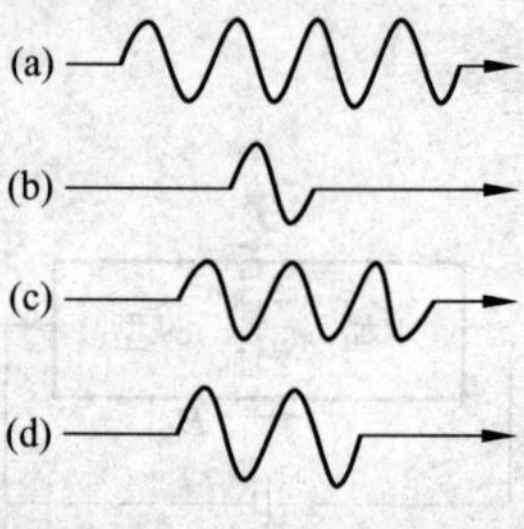

图 6-36 思考题 6.12 用图

6.13 关于不确定关系 $\Delta p_x \Delta x \geqslant \hbar \left(\hbar=\dfrac{h}{2\pi}\right)$,有以下几种理解:(1)粒子的动量不可能确定;(2)粒子的坐标不可能确定;(3)粒子的动量和坐标不可能同时准确地确定;(4)不确定关系不仅适用于电子和光子,也适用于其他粒子。对于这些说法,下述结论中,正确的是( )。

A. 只有(1),(2)是正确的

B. 只有(2),(4)是正确的

C. 只有(3),(4)是正确的

D. 只有(1),(4)是正确的

6.14 薛定谔方程是通过严格的推理过程导出的吗?

6.15 对于无限深势阱中的粒子(包括谐振子)处于激发态时的能量都是完全确定的,即没有不确定量。这意味着粒子处于这些激发态的寿命将为多长?它们自己能从一个态跃迁到另一态吗?

6.16 一矩形势垒如图 6-37 所示,U_0和 d 都不很大。能量 $E<U_0$的微观粒子中,从Ⅰ区向右运动的那些粒子( )。

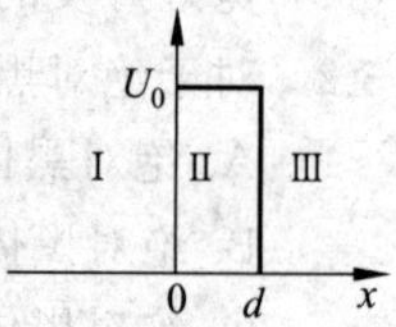

图 6-37 思考题 6.16 用图

A. 有一定的概率穿透势垒Ⅱ区进入Ⅲ区,但粒子能量有所减少

B. 都将受到 $x=0$ 处的势垒壁的反射,不能进入Ⅱ区

C. 都不可能穿透势垒Ⅱ区进入Ⅲ区

D. 有一定的概率穿透势垒Ⅱ区进入Ⅲ区,且粒子能量不变

6.17 普朗克常量 $h=6.63\times10^{-34}$ J·s,如果 h 为 6.63 J·s,弹簧振子将会表现出什么奇特的行为?

6.18 直接证实了电子自旋存在的最早的实验之一是( )。

A. 康普顿实验 B. 卢瑟福实验

C. 戴维孙-革末实验 D. 施特恩-格拉赫实验

6.19 根据量子力学理论,氢原子中电子的动量矩在外磁场方向上的投影为 $L_z=m_l\hbar$,当角量子数 $l=2$ 时,L_z的可能取值为________。

6.20 下列各组量子数中,可以描述原子中电子的状态的一组是( )。

A. $n=2, l=2, m_l=0, m_s=\dfrac{1}{2}$

B. $n=3, l=1, m_l=-1, m_s=-\dfrac{1}{2}$

C. $n=1, l=2, m_l=1, m_s=\dfrac{1}{2}$

D. $n=1, l=0, m_l=1, m_s=-\dfrac{1}{2}$

6.21 锂($Z=3$)原子中含有 3 个电子,电子的量子态可用(n, l, m_l, m_s)四个量子数来描述，若已知基态锂原子中一个电子的量子态为$\left(1,0,0,\frac{1}{2}\right)$，则其余两个电子的量子态分别为________和________。

6.22　氦氖激光器的激光是以________辐射方式产生的，产生的必要条件是________，激光的 3 个主要特征是________。

6.23　在氦氖激光器中，利用光学谐振腔(　)。

A. 可提高激光束的方向性，而不能提高激光束的单色性

B. 可提高激光束的单色性，而不能提高激光束的方向性

C. 可提高激光束的方向性，同时能提高激光束的单色性

D. 不能提高激光束的方向性，也不能提高激光束的单色性

6.24　什么是能带、禁带、价带、导带？

6.25　导体、绝缘体和半导体的能带结构有何不同？

6.26　硅晶体掺入硼原子后变成什么型的半导体？这种半导体是电子多了，还是空穴多了？这种半导体是带正电，带负电，还是不带电？

6.27　下列说法中，正确的是(　)。

A. 本征半导体是电子与空穴两种载流子同时参与导电，而杂质半导体只有一种载流子(电子或空穴)参与导电

B. 杂质半导体中，电子与空穴两种载流子的整体对半导体的导电性能有相同的贡献

C. N 型杂质半导体中载流子电子对导电性能的贡献大，是由于载流子电子数比载流子空穴数多

D. 一个载流子电子比一个空穴载流子对半导体导电性能的贡献大，所以同样载流子浓度的 N 型半导体比 P 型半导体导电性能好

6.28　本征半导体、单一的杂质半导体都和 PN 结一样具有单向导电性吗？

习　题

6.1　假设一个温度为 T 的物体，其表面积是 A，它所辐射的能量只是同样温度、同样表面积黑体所辐射能量的一部分，即存在一个小于 1 的辐射系数 ε。已知星球的辐射系数接近于 1，人体的辐射系数约为 0.85。

(1) 在地球表面，太阳光的强度为 $1.4\times10^3\ \text{W/m}^2$，地球与太阳的距离约为 1.5×10^{11} m，太阳可看作半径为 7.0×10^8 m 的球体，试计算太阳表面的温度及它的辐射出射度最大的光的波长；

(2) 人体的面积按 1.40 m^2 计算，人体温度为 37℃，每秒钟向室内辐射多少能量？

6.2　夜间地面降温主要是由于地面的热辐射，如果晴天夜里地面温度是－5℃，按黑体辐射计算，1 m^2 地面失去热量的速率是多少？

6.3　地球表面太阳光的强度是 $1.0\times10^3\ \text{W/m}^2$。一太阳能水箱的涂黑面直对阳光，按黑体辐射计，热平衡水箱内的水温可达多少摄氏度？设忽略水箱其他面的热辐射。

6.4　铂的逸出功为 8 eV，用 300 nm 的紫外光照射，它能否产生光电效应？

6.5 已知铯的逸出功为 1.8 eV,今用某波长的光使其产生光电效应,如光电子的最大动能为 2.1 eV,求:

(1) 入射光的波长;

(2) 铯的红限频率。

6.6 波长为 $\lambda = 0.0708$ nm 的 X 射线被石蜡中电子散射,求与入射光方向成 90°角观察散射线的波长偏移是多少?

6.7 用波长 $\lambda_0 = 0.1$ nm 的光子做康普顿实验。已知(普朗克常量 $h = 6.63\times10^{-34}$ J·s,电子静止质量 $m_e = 9.11\times10^{-31}$ kg)。

(1) 散射角 $\varphi = 90°$ 的康普顿散射波长是多少?

(2) 反冲电子获得的动能有多大?

6.8 银河系间宇宙空间内星光的能量密度为 10^{-15} J/m³,相应的光子数密度多大?假定光子平均波长为 500 nm。

6.9 求氢原子光谱莱曼系的最小波长和最大波长。

6.10 具有下列能量的光子,能被处在 $n=2$ 的能级的氢原子吸收的是(　)。

A. 1.51 eV　　B. 1.89 eV　　C. 2.16 eV　　D. 2.40 eV

6.11 电子和光子各具有波长 0.2 nm,它们的动量各是多少?

6.12 电子显微镜中的电子从静止开始通过电势差为 U 的静电场加速后,其德布罗意波长是 0.04 nm,求 U 约为多少?

6.13 试根据不确定关系求出限定在 1 nm 范围内的一个电子速度的不确定量是多少?

6.14 电视机显像管中的电子束直径为 0.1×10^{-3} m,则电子横向速度的不确定量为多少?

6.15 请写出动量为 p、能量为 E、沿 x 轴方向运动的自由粒子的薛定谔方程。

6.16 一粒子在一维无限深势阱($-a \leqslant x \leqslant +a$)中运动,其波函数为

$$\psi(x) = \frac{1}{\sqrt{a}}\cos\frac{3\pi x}{2a}, \quad -a \leqslant x \leqslant +a$$

那么,粒子在 $x = 5a/6$ 处出现的概率密度为多少?

6.17 一粒子被限制在 x 轴上 $0\sim a$ 的一维势垒之间,已知描写其状态的波函数为 $\psi = Cx(a-x)\exp\left(-\mathrm{i}\frac{E}{\hbar}t\right)$,$C$ 为待定常数。求在 $0\sim a/3$ 区间发现粒子的概率。

6.18 已知粒子在无限深势阱中运动,其波函数为

$$\psi(x) = \sqrt{2/a}\,\sin(\pi x/a), \quad 0 \leqslant x \leqslant a$$

求发现粒子的概率为最大的位置。

6.19 H_2 分子中原子的振动相当于一个谐振子,其劲度系数 $k = 1.13\times10^3$ N/m,质量 $m = 1.67\times10^{-27}$ kg。此原子相邻能级间隔(以 eV 为单位)多大?当此谐振子由某一激发态跃迁到相邻的下一激发态时,所发出的光子的能量和波长各是多少?

6.20 在氢原子的 K 壳层中,电子可能具有的量子数(n, l, m_l, m_s)是(　)。

A. $\left(1,0,0,\frac{1}{2}\right)$　　B. $\left(1,0,-1,\frac{1}{2}\right)$

C. $\left(1,1,0,-\frac{1}{2}\right)$　　D. $\left(2,1,0,-\frac{1}{2}\right)$

6.21 原子中电子的主量子数 $n=2$,它可能具有的状态数最多为________个。在主量子数 $n=2$,自旋磁量子数 $m_s=\frac{1}{2}$ 的量子态中,能够填充的最大电子数是________。

6.22 请写出钠原子($Z=11$)的电子排布式。

6.23 CO_2激光器发出的激光波长为 10.6 μm。求:

(1) 和此波长相应的 CO_2 的能级差;

(2) 温度为 300 K 时,处于热平衡的 CO_2 气体中在相应的高能级上的分子数是低能级上的分子数的百分之几?

6.24 与绝缘体相比较,半导体能带结构的特点是( )。

A. 导带也是空带

B. 满带与导带重合

C. 满带中总是有空穴,导带中总是有电子

D. 禁带宽度较窄

6.25 若在四价元素半导体中掺入五价元素原子,则可构成________型半导体,参与导电的多数载流子是________。

6.26 硫化镉(CdS)晶体的禁带宽度为 2.42 eV,要使这种晶体产生本征光电导效应,入射到晶体上的光的波长不能大于( )。

A. 650 nm　　B. 628 nm

C. 550 nm　　D. 514 nm

6.27 硅晶体的禁带宽度为 1.2 eV,适量掺入磷后,施主能级和硅的导带底的能级差为 $\Delta E_D=0.045$ eV。试计算此掺杂半导体能吸收的光子的最大波长。

6.28 金刚石的禁带宽度按 5.5 eV 计算。求:

(1) 禁带顶和禁带底的能级上的电子数的比值。设温度为 300 K。

(2) 使电子越过禁带上升到导带需要的光子的最大波长。

习题答案

第 1 章

1.1 9.8 N，6.67×10^{-9} N，3×10^{-6}，6×10^{-4}

1.2 $x_1=3\boldsymbol{i}$ m，$x_2=-5\boldsymbol{i}$ m，$\Delta\boldsymbol{r}=-8\boldsymbol{i}$ m，$s=10$ m

1.3 $\boldsymbol{v}=(4t\boldsymbol{i}+3\boldsymbol{j})$ m/s，$\boldsymbol{a}=4\boldsymbol{i}$ m/s^2，$a_t=\dfrac{16t}{\sqrt{16t^2+9}}$ m/s^2，

$a_n=\dfrac{12}{\sqrt{16t^2+9}}$ m/s^2

1.4 (1) $\boldsymbol{r}=(-27\boldsymbol{i}-27\boldsymbol{j})$ m

(2) $\Delta\boldsymbol{r}=(-27\boldsymbol{i}-27\boldsymbol{j})$ m

(3) $\boldsymbol{v}_3=(-21\boldsymbol{i}-9\boldsymbol{j})$ m/s，$\boldsymbol{a}_3=(-8\boldsymbol{i}+6\boldsymbol{j})$ m/s^2

1.5 $x=\dfrac{2}{3}t^3+x_0$

1.6 $v_0e^{-kt^2/2}$

1.7 $\omega=(2+9t^2)$ s^{-1}，$\alpha=18t$ rad/s^2，$a_t=3.6$ m/s^2，$a_n=144.4$ m/s^2

1.8 $\boldsymbol{F}=-\pi^2\boldsymbol{i}$ N

1.9 $v=(6t^2+4t+6)$ m/s，$x=(2t^3+2t^2+6t+5)$ m

1.10 $F=48$ N

1.11 47 km/h，正北偏东 32°

1.12 9.8 m/s^2，方向向右；9.8 m/s^2，方向向下

1.13 $a_{\min}=\dfrac{g}{\mu_s}$

1.14 $v_x=14.0$ cm/s

1.15 8.0×10^3 N

1.16 $\boldsymbol{I}=0$，$\dfrac{\boldsymbol{v}_1}{\boldsymbol{v}_2}=-\dfrac{m_2}{m_1}$

1.17 (1) $T=26.5$ N

(2) $\boldsymbol{I}=-4.7\boldsymbol{i}$ N·s，和子弹运行方向相反

1.18 $A=14$ J

1.19 $E_k=80$ J

1.20 (1) $A_k=-\dfrac{1}{2}kx^2$，$E_p=\dfrac{1}{2}kx^2$

(2) $E=\dfrac{1}{2}kA^2$

1.21 $\boldsymbol{F}=\frac{4k}{x^5}\boldsymbol{i}$

1.22 $\Delta l=0.06$ m；因为碰撞前动能为 8 J,碰撞后动能为 3.8 J,所以有动能损失

1.23 $v=v_0\frac{r_0}{r}$, $A=\frac{1}{2}mv_0^2\left[\left(\frac{r_0}{r}\right)^2-1\right]$

1.24 $r_2=5.26\times10^{12}$ m

1.25 $\frac{J}{k}\ln 2$

1.26 40 s

1.27 $T=24.5$ N

1.28 $t=7.07$ s, $n=53.03$ 转

1.29 $\frac{2mv}{(2m+M)R}$

1.30 $\frac{J}{J+mR^2}\omega_0$

1.31 $\omega_{末}=\frac{3mv_0d}{3md^2+Ml^2}$

1.32 $\omega=20.9$ rad/s, $\Delta E=-1.32\times10^4$ J

1.33 $1.013\ 25\times10^5$ Pa

1.34 1.5×10^9 N

1.35 11 J

1.36 7.20 Pa

1.37 5.5×10^{-2} m

1.38 2.1×10^{-2} m

1.39 3.5 m

1.40 4.37 cm^2

1.41 8.5×10^4 Pa, 3.4 m/s

1.42 $v_1=40$ cm/s, $v_2=v_3=v_4=60$ cm/s, $p_1-p_0=100$ Pa,其他所求压强差都为零

1.43 0.57 Pa·s

1.44 1/16

第 2 章

2.1 $x'=2.3\times10^5$ m, $y'=1.5\times10^3$ m, $z'=1.0\times10^3$ m, $t'=9.2\times10^{-4}$ s

2.2 -1.5×10^8 m/s, 5.2×10^4 m

2.3 c

2.4 $\frac{c+nv}{cn+v}c$

2.5 0.75×10^{-8} s

2.6 天津事件先发生

2.7 4.33×10^{-8} s

2.8 $a^3\sqrt{1-\frac{v^2}{c^2}}$

2.9 5.77×10^{-9} s

2.10 $1.000\,000\,000\,7m_0$

2.11 $\frac{2}{3}m_0c^2$

2.12 $0.5c$

2.13 4.15×10^{-12} J

第 3 章

3.1 $96\ \text{cm}^{-3}$

3.2 7.5×10^4 Pa

3.3 280 K，320 K

3.4 (1) $\Delta p=2mv$

(2) $N_0=\frac{nv}{6}$

(3) $p=\frac{nmv^2}{3}$

3.5 5.65×10^{-21} J，7.72×10^{-21} J，7.73×10^2 K

3.6 (1) $n=2.45\times10^{25}\ \text{m}^{-3}$

(2) $\rho=1.14\ \text{kg/m}^3$

(3) $m=4.65\times10^{-26}$ kg

(4) $\overline{\varepsilon_t}=6.21\times10^{-21}$ J

(5) $\overline{\varepsilon_r}=4.14\times10^{-21}$ J

(6) $\overline{\varepsilon_k}=1.04\times10^{-20}$ J

3.7 (1) $\overline{\varepsilon_k}=1.04\times10^{-20}$ J

(2) $E_k=E_{内}=6.23\times10^3$

(3) $E_k=E_{内}=6.23\times10^3$

3.8 3.60×10^{23}个

3.9 (1) $A=\frac{3}{v_F^3}$

(2) $\bar{v}=\frac{3}{4}v_F$

3.10 (1) $f(v)=\begin{cases}\frac{2v}{3v_0^2} & (0\leqslant v\leqslant v_0)\\ \frac{2}{3v_0} & (v_0\leqslant v\leqslant 2v_0)\\ 0 & (v\geqslant 2v_0)\end{cases}$

(2) $\Delta N_1=\frac{2N}{3}$，$\Delta N_2=\frac{N}{3}$

(3) $\bar{v}=\frac{11v_0}{9}$

(4) $\sqrt{\overline{v^2}}=1.31v_0$；因为速率分布函数 $f=f(v)$ 的极大值不存在，所以分子的最概然速率也不存在

3.11 485 m/s，396 m/s，447 m/s

3.12 取 $\bar{\lambda}$ 为 10^{-2} m（7.82 m$>10^{-2}$ m），$\overline{Z}=4.68\times10^4\ \mathrm{s}^{-1}$

3.13 -2.1×10^5 J

3.14 $C\ln\frac{V_2}{V_1}$

3.15 (1) 400 J

(2) -530 J

3.16 $C_{V,\mathrm{m}}=24.9\ \mathrm{J\cdot mol^{-1}\cdot K^{-1}}$，$C_{p,\mathrm{m}}=33.2\ \mathrm{J\cdot mol^{-1}\cdot K^{-1}}$

3.17 (1) 500 J

(2) -500 J

3.18 $A=\frac{1}{\gamma-1}(p_1V_1-p_2V_2)$

3.19 (1) 图略

(2) $\Delta E=0$，$Q=A=5.6\times10^2$ J

3.20 15.4%

3.21 13.4%

3.22 $Q_{吸}=7.84\times10^5$ J，$Q_{放}=-6.79\times10^5$ J

3.23 400 J

3.24 2.7%，10%

3.25 (1) $Q_{1放}=-900$ J，$A_1=300$ J

(2) $Q_{2放}=-1600$ J，$A_2=-400$ J

3.26 证明略

3.27 证明略

3.28 $w_{\mathrm{C}}=9$

3.29 $A=32.2$ kJ，$P=32.2$ W

3.30 $\eta_{\mathrm{C}}=3.3\%$

3.31 $w_{\mathrm{h}}=10.4$，$Q_{放}=37.6$ kJ

3.32 (1) $\Delta S=\nu C\ln\frac{T_2}{T_1}$

(2) 升温时熵增加，降温时熵减少

3.33 $\Delta S_{\mathrm{h}}=-1.67\times10^3$ J/K，$\Delta S_1=2.00\times10^3$ J/K，$\Delta S=3.33\times10^2$ J/K

3.34 $\Delta S=-8.22\times10^3$ J/K

3.35 $\Delta S_1=mc\ln\frac{T_m}{T_0}$，$\Delta S_2=\frac{mL}{T_m}$，$\Delta S=mc\ln\frac{T_m}{T_0}+\frac{mL}{T_m}$

3.36 $\Delta S=3.5\times10^3$ J/K

3.37 (1) $A_1=400\ \mathrm{J}$, $w_1=0.5$

(2) $\Delta S_{工}=0$, $\Delta S_{l源}=-1.0\ \mathrm{J/K}$, $\Delta S_{h源}=1.5\ \mathrm{J/K}$, $\Delta S_{总}=\Delta S_{工+源}=0.5\ \mathrm{J/K}$

(3) $w_C=1$, $A_2=200$, $\Delta S=0$

第 4 章

4.1 $9.0\times10^9\ \mathrm{N}$

4.2 在 q 和 $4q$ 的连线上放置电荷：$q'=-\frac{4}{9}q$

4.3 $\frac{qr}{2\pi\varepsilon_0(r^2+l^2)^{3/2}}$, $\frac{q}{2\pi\varepsilon_0 r^2}$

4.4 $\frac{\lambda}{2\pi\varepsilon_0 R}$

4.5 (1) 两电荷之间,与 q_1 相距 $\frac{\sqrt{q_1}\,d}{\sqrt{q_1}+\sqrt{q_2}}$

(2) 两电荷连线上 q_1 外侧,与 q_1 相距 $\frac{\sqrt{q_1}\,d}{\sqrt{q_2}-\sqrt{q_1}}$

4.6 $\frac{Q}{4\pi\varepsilon_0(r^2-l^2)}$

4.7 0

4.8 πR^2E, πR^2E

4.9 $\begin{cases}\frac{q}{4\pi\varepsilon_0 r^2}, & R_1<r<R_2\\ 0, & r<R_1 \text{ 或 } r>R_2\end{cases}$

4.10 $\begin{cases}\frac{Q\boldsymbol{r}}{4\pi\varepsilon_0 R^3}, & r<R\\ \frac{Q\boldsymbol{r}}{4\pi\varepsilon_0 r^3}, & r>R\end{cases}$

证明略

4.11 $\begin{cases}0, & r<R_1\\ \frac{\rho}{3\varepsilon_0}(r^3-R_1^3)\frac{\boldsymbol{r}}{r^3}, & R_1<r<R_2\\ \frac{\rho}{3\varepsilon_0}(R_2^3-R_1^3)\frac{\boldsymbol{r}}{r^3}, & r>R_2\end{cases}$

4.12 $\begin{cases}\frac{\rho}{2\varepsilon_0}\boldsymbol{r}, & r<R\\ \frac{\rho R^2}{2\varepsilon_0 r^2}\boldsymbol{r}, & r>R\end{cases}$

4.13 $\begin{cases}\frac{\lambda}{2\pi\varepsilon_0 r}, & R_1<r<R_2\\ 0, & r<R_1 \text{ 或 } r>R_2\end{cases}$

4.14 (1) $-\frac{\sigma}{\varepsilon_0}, 0, \frac{\sigma}{\varepsilon_0}$

(2) $0, \frac{\sigma}{\varepsilon_0}, 0$

4.15 $A_{O\to\infty}=0$

4.16 (1) $\frac{q}{6\pi\varepsilon_0 l}$

(2) $\frac{q}{6\pi\varepsilon_0 l}$

4.17 $\frac{Q}{4\pi\varepsilon_0 R}$

4.18 $\begin{cases}\frac{Q}{4\pi\varepsilon_0 r}, & r\geqslant R\\ \frac{Q}{8\pi\varepsilon_0 R}\left(3-\frac{r^2}{R^2}\right), & r\leqslant R\end{cases}$

4.19 $U_1=\frac{q_1}{4\pi\varepsilon_0 R_1}+\frac{q_2}{4\pi\varepsilon_0 R_2}$, $U_2=\frac{q_1}{4\pi\varepsilon_0 R_2}+\frac{q_2}{4\pi\varepsilon_0 R_2}$,

$U_{12}=U_1-U_2=\frac{q_1}{4\pi\varepsilon_0}\left(\frac{1}{R_1}-\frac{1}{R_2}\right)$

4.20 $U_{AB}=9.0\times10^4$ V

4.21 $\frac{q}{4\pi\varepsilon_0 r}$

4.22 $\frac{\lambda}{2\pi\varepsilon_0}\ln\frac{R_2}{R_1}$

4.23 $-\frac{R}{r}q$

4.24 $\frac{Q}{4\pi\varepsilon_0 r^2}, 0$

4.25 证明略

4.26 3.5 m^2

4.27 7.1×10^{-6} C/m^2

4.28 8.9×10^{-8} C

4.29 $E_{空气}=E_{介质}=1.0\times10^4$ V/m, $D_{空气}=8.9\times10^{-8}$ C/m^2, $D_{介质}=2.7\times10^{-7}$ C/m^2

4.30 略

4.31 (1) $C=2C_0$

(2) $C=\frac{2\varepsilon_r}{1+\varepsilon_r}C_0$

4.32 $\frac{\varepsilon_0 U^2}{2R^2}$

4.33 $\frac{Q^2}{8\pi\varepsilon R}$

4.34 1.25 J

4.35 $\dfrac{3Q^2}{20\pi\varepsilon_0 R}$

4.36 $\dfrac{2\pi\varepsilon_0 R_1 R_2 U^2}{R_2-R_1}$

4.37 $\dfrac{\mu_0 I}{2\pi r}\dfrac{l}{\sqrt{l^2+4r^2}}$

4.38 5 A

4.39 (a) $\dfrac{\mu_0 I}{4\pi a}$,垂直纸面向外

(b) $\dfrac{\mu_0 I}{2\pi r}+\dfrac{\mu_0 I}{4r}$,垂直纸面向里

(c) $\dfrac{\mu_0 I}{8R}$,垂直纸面向里

4.40 $\dfrac{\mu_0 I}{4\pi}\left(\dfrac{\sqrt{2}}{b}+\dfrac{3\pi}{2a}\right)$

4.41 0

4.42 $\dfrac{2\mu_0 I}{\pi d}$,$\dfrac{\mu_0 Il}{\pi}\ln\dfrac{r_1+r_2}{r_1}$

4.43 $B_{柱内}=\dfrac{\mu_0 Ir}{2\pi R^2}$,$r\leqslant R$;$B_{柱外}=\dfrac{\mu_0 I}{2\pi r}$,$r\geqslant R$。$\Phi=\dfrac{\mu_0 I}{4\pi}l$

4.44 $\dfrac{\sqrt{2}}{2}\mu_0 I$

4.45 $\begin{cases}0, & r<R_1\\ \dfrac{\mu_0 I}{2\pi r}\dfrac{r^2-R_1^2}{R_2^2-R_1^2}, & R_1<r<R_2\\ \dfrac{\mu_0 I}{2\pi r}, & r>R_2\end{cases}$

4.46 4.0 T

4.47 4.8×10^{-18} kg·m/s

4.48 2.8×10^{29} m^{-3}

4.49 $\dfrac{\mu_0 I^2}{4R}\,\mathrm{d}l$

4.50 0,IBr

4.51 $IB(l+2R)$,在纸面内竖直向上

4.52 $\dfrac{P_m B}{I}$,0

4.53 12∶1

4.54 40 A/m,0.25 T;5.03×10^{-5} T,0.25 T

4.55 1.0×10^4 A/m,1.2×10^{-4} H/m

4.56 $B_{内}=\frac{\mu Ir}{2\pi R^2}, r\leqslant R; B_{外}=\frac{\mu_0 I}{2\pi r}, r\geqslant R$

4.57 $H=\begin{cases}\frac{Ir}{2\pi r_1^2}, & 0<r<r_1\\ \frac{I}{2\pi r}, & r_1<r<r_2\\ \frac{I}{2\pi r}\left(1-\frac{r^2-r_2^2}{r_3^2-r_2^2}\right), & r_2<r<r_3\\ 0, & r>r_3\end{cases}$

4.58 $-\frac{\mu_0 a\omega I_0\cos(\omega t)}{2\pi}\ln 2$

4.59 $2klx$，顺时针方向

4.60 0.2 V，$a\to O\to c\to b\to a$

4.61 $V_a-V_c=-3\times10^{-3}$ V，c 端电势高

4.62 $V_O-V_A=-\frac{1}{2}\omega BR^2$

4.63 $\varepsilon_{回}=0, V_a-V_c=-\frac{1}{2}B\omega l^2$

4.64 $\frac{1}{2}\left(\sqrt{3}+\frac{\pi}{3}\right)CR^2$

4.65 $W_m=\frac{\mu l I^2}{4\pi}\ln\frac{R_2}{R_1}, L=\frac{\mu l}{2\pi}\ln\frac{R_2}{R_1}$

4.66 2.1×10^8 V/m

4.67 $-\pi R^2\omega\sigma_0\sin\omega t$

4.68 $U_m C\omega\cos\omega t$，1.2 A

4.69 1.0×10^{-7} T

4.70 2.0×10^8 V/m，0.67 T

第 5 章

5.1 (1) $4\pi s^{-1}$，0.5 s，0.05 m，$\frac{\pi}{3}$，0.63 m/s，7.89 m/s^2

(2) $\frac{13}{3}\pi$，$\frac{25}{3}\pi$

(3) 图略

5.2 $x=1.2\cos\pi\left(t+\frac{1}{3}\right)$ cm

5.3 (1) $x=0.20\cos\left(\frac{5}{6}\pi t-\frac{\pi}{3}\right)$ m

(2) 0.4 s

5.4 (1) $x=0.04\cos(0.5\pi t)$ m

(2) 0.028 m，-6.97×10^{-4} N

(3) 0.67 s

5.5 $T=2\pi\sqrt{\dfrac{2l}{3g}}$

5.6 (1) $T=0.44$ s

(2) $E_k=4.0\times10^{-3}$ J

(3) $E=4.0\times10^{-3}$ J

5.7 $\dfrac{1}{\pi}\sqrt{\dfrac{2k}{m}}$

5.8 $A=1.0\times10^{-2}$ m, $\varphi=4\pi/3$

5.9 (1) 证明略

(2) $y=\sqrt{\dfrac{\pi d^3\rho v_0^2}{6k}}\cos\left(\sqrt{\dfrac{6k}{\pi d^3\rho}}t+\dfrac{\pi}{2}\right)$ m，取 y 轴铅直向下

5.10 (1) $x=5\sqrt{2}\times10^{-2}\cos\left(\dfrac{\pi}{4}t-\dfrac{3\pi}{4}\right)$ m

(2) $v=3.93$ m/s(提示：画旋转矢量图)

5.11 (1) 8.33×10^{-3} s, 0.25 m

(2) $y=(4\times10^{-3})\cos(240\pi t-8\pi x)$ m

5.12 (1) $\varphi_0=\dfrac{\pi}{3}$

(2) $y=0.1\cos\left(\pi t-5\pi x+\dfrac{\pi}{3}\right)$ m

(3) $\varphi_P=-\dfrac{5}{6}\pi$，$y=0.1\cos\left(\pi t-\dfrac{5\pi}{6}\right)$ m

5.13 (1) O 点：$\varphi_0=\pi/2$；2 点：$\varphi_2=-\pi/2$；3 点：$\varphi_3=\pi$

(2) $t=T/4$ 时的波形曲线如答图 5-1 所示

5.14 (1) $y=A\cos\left[\dfrac{2\pi}{\lambda}\left(ut+x-\dfrac{\lambda}{4}\right)\right]$ m

(2) $t=T$ 时的波形如答图 5-2 所示

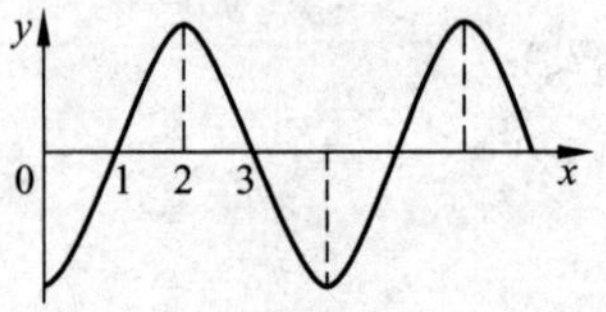

答图 5-1

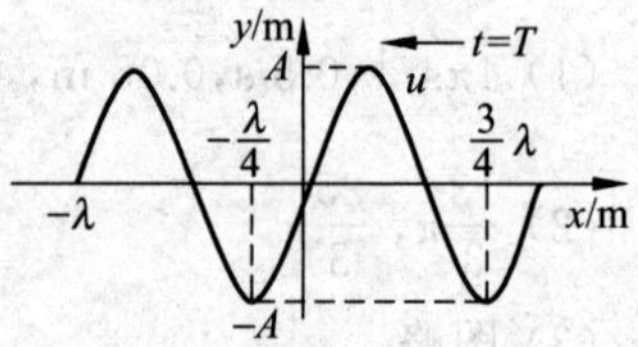

答图 5-2

5.15 (1) 1.58×10^5 W·m^{-2}

(2) 3.79×10^3 J

5.16 相位差为 $\pm4\pi$

5.17 左：$y=2A\cos\dfrac{2\pi x}{\lambda}\cos 2\pi\gamma t$ m；右：$y=2A\cos\left(2\pi\gamma t-\dfrac{2\pi}{\lambda}x\right)$ m

5.18 (1) $y=A\cos\left[\omega\left((t-\frac{L-x}{u})-\frac{L}{u}\right)+\frac{\pi}{2}\right]=A\cos\left[\omega\left(t+\frac{x}{u}-\frac{2L}{u}\right)+\frac{\pi}{2}\right]$ m

(2) 波节位于 $x=L-k\frac{\lambda}{2}=\left(L-k\frac{\pi u}{\omega}\right)$ m，$k=0,1,2,3,\cdots$

波腹位于 $x=\left[\left(L-\frac{\lambda}{4}\right)-k\frac{\lambda}{2}\right]$ m，$k=0,1,2,3,\cdots$

5.19 (1) 0.01 m,37.5 m/s

(2) 0.157 m

5.20 (1) $v_S=6.67$ m/s

(2) 2080 Hz

5.21 632.8 nm,红光

5.22 $e=10\ \mu$m

5.23 (1) 9.0 μm

(2) 14 条

5.24 6.6 μm

5.25 (1) $\theta=4.8\times10^{-5}$ rad

(2) A 处是明纹

(3) 共有 3 条明纹,3 条暗纹

5.26 3.9×10^{-5} rad(8.0″)

5.27 $r_1=0.43$ mm

5.28 90.6 nm

5.29 4 条,20 m

5.30 $\lambda=640$ nm

5.31 7.26 μm

5.32 (1) 1.47×10^{-3} m

(2) 3.68×10^{-3} m

5.33 428.6 nm

5.34 $\lambda=600$ nm, $\Delta x=6.0\times10^{-3}$ m

5.35 (1) $\theta=2.2\times10^{-4}$ rad

(2) $\Delta x_{\min}=5.5\times10^{-5}$ m

(3) $\Delta x_{\min}=2.2$ mm

5.36 4.9×10^{3} m

5.37 (1) 2.4 mm

(2) 2.4 cm

(3) 9 条

5.38 (1) $d=a+b=2400$ nm

(2) $a=1200$ nm

(3) 可出现 0,±1,±3,±5 共 7 条明纹

5.39 (1) 7.06 m(提示：对 577 nm 的光恰可分辨的口径会更小一点，但 579 nm 的光

不可分辨,而 577 nm 光与 579 nm 光的衍射图样为非相干叠加,叠加结果使两星不可分辨,故 $D \geqslant 7.06$ m。)

(2) $N \approx 97$ 条

5.40 (1) $\theta = 54.7°$

(2) $\theta = 35.3°$

5.41 $2.25\ I_1$

5.42 (1) $\theta = 45°$

(2) 3∶8

(3) 0.338∶1

5.43 (1) $i_0 = 58°$

(2) $n_2 = 1.6$

5.44 48°26′, 41°34′,两个起偏角在数值上互余

5.45 略

5.46 至少需磨去 1.28 μm

第 6 章

6.1 (1) 5.80×10^3 K, 0.5 μm

(2) 6.2×10^2 J

6.2 292 W/m^2

6.3 91℃

6.4 不能,因为红限波长 $\lambda_0 = 155$ nm

6.5 (1) 318.2 nm

(2) 4.34×10^{14} Hz

6.6 0.0243×10^{-8} cm

6.7 (1) $\lambda = \lambda_0 + \Delta\lambda = 1.024 \times 10^{-10}$ m

(2) 291 eV

6.8 2.51×10^3 个$/m^3$

6.9 91.4 nm,122 nm

6.10 B

6.11 3.32×10^{-24} kg · m/s

3.32×10^{-24} kg · m/s

6.12 942 V

6.13 0.58×10^5 m/s

6.14 0.58 m/s

6.15 $-\frac{\hbar^2 E}{p^2}\frac{\partial^2 \Psi(x,t)}{\partial x^2} = \mathrm{i}\hbar\frac{\partial \Psi(x,t)}{\partial t}$

6.16 $\frac{1}{2a}$

6.17 归一化常数 $C = \frac{\sqrt{30}}{a^{\frac{5}{2}}}$,所求概率为 $\frac{17}{81}$

6.18 $x=\frac{1}{2}a$

6.19 0.54 eV, 2.30×10^{3} nm

6.20 A

6.21 8,4

6.22 $1s^{2}2s^{2}2p^{6}3s^{1}$

6.23 (1) 0.117 eV

(2) 1.07%

6.24 D

6.25 N,电子

6.26 D

6.27 27.6 μm

6.28 (1) 4.9×10^{-93}

(2) 226 nm

附录 A 国际单位制（SI）

国际单位制是在公制基础上发展起来的单位制，于 1960 年第十一届国际计量大会通过，推荐各国采用，其国际简称为 SI。

附表 A1 国际单位制(SI)的基本单位

量的名称	单位名称	单位符号		定义
		中文	国际	
长度	米 (meter)	米	m	1 米是光在真空中在 $(299\ 792\ 458)^{-1}$ s 内的行程
质量	千克 (kilogram)	千克	kg	1 千克是普朗克常量为 $6.626\ 070\ 15\times10^{-34}$ J·s($6.626\ 070\ 15\times10^{-34}$ kg·m^2·s^{-1})时的质量
时间	秒 (second)	秒	s	1 秒是铯-133 原子在基态下的两个超精细能级之间跃迁所对应的辐射的 9 192 631 770 个周期的时间
电流	安培 (Ampere)	安	A	1 安培是 1 s 内通过 $(1.602\ 176\ 634)^{-1}\times10^{19}$ 个元电荷所对应的电流，即 1 安培是某点处 1 s 内通过 1 库仑电荷的电流
热力学单位	开尔文 (Kelvin)	开	K	1 开尔文是玻耳兹曼常量为 $1.380\ 649\times10$ J·K^{-1}($1.380\ 649\times10^{-23}$ kg·m^2·s^{-2}·K^{-1})时的热力学温度
物质的量	摩尔 (mole)	摩	mol	1 摩尔是精确包含 $6.022\ 140\ 76\times10^{23}$ 个原子或分子等基本单元的系统的物质的量
发光强度	坎德拉 (candela)	坎	cd	1 坎德拉是一光源在给定方向上发出频率为 540×10^{12} s^{-1} 的单色辐射，且在此方向上的辐射强度为 $(683)^{-1}$ kg·m^2·s^{-3}·sr^{-1} 时的发光强度 1 坎德拉是一光源在给定方向上发出频率为 540×10^{12} 赫兹的单色辐射，且在此方向上的辐射强度为 $(683)^{-1}$ kg·m^2·s^{-3}·sr^{-1} 时的发光强度

附录 B 常用物理常量

常量的名称	常量的符号	常量的数值	常量的单位
真空中光速	c	3.00×10^{8}	$m\cdot s^{-1}$
引力常量	G	6.67×10^{-11}	$N\cdot m^{2}\cdot kg^{-2}$
阿伏伽德罗常量	N_A	6.02×10^{23}	mol^{-1}
摩尔气体常量	R	8.31	$J\cdot mol^{-1}\cdot K^{-1}$
玻耳兹曼常量	k	1.38×10^{-23}	$J\cdot K^{-1}$
电子电荷	e	1.60×10^{-19}	C
电子静质量	m_e	9.11×10^{-31}	kg
质子静质量	m_p	1.67×10^{-27}	kg
中子静质量	m_n	1.67×10^{-27}	kg
原子质量单位	u	1.66×10^{-27}	kg
真空电容率	ε_0	8.85×10^{-12}	$F\cdot m^{-1}$
真空磁导率	μ_0	1.26×10^{-6}	$H\cdot m^{-1}$
玻尔半径	a_B	5.29×10^{-11}	m
玻尔磁子	μ_B	9.27×10^{-24}	$J\cdot T^{-1}$
普朗克常量	h	6.63×10^{-34}	$J\cdot s$
里德伯常量	R_∞	1.10×10^{7}	m^{-1}
斯特藩-玻耳兹曼常量	σ	5.67×10^{-8}	$W\cdot m^{-2}\cdot K^{-4}$
地球质量	$m_\oplus$	5.98×10^{24}	kg
地球平均半径	$R_\oplus$	6.37×10^{6}	m
重力加速度(海平面处)	g	9.81	$m\cdot s^{-2}$
太阳质量	$m_\odot$	1.99×10^{30}	kg
太阳半径	$R_\odot$	6.96×10^{8}	m
地球至太阳平均距离		1.50×10^{11}	m

附录C 矢　量

C.1　矢量概念

1. 定义

矢量(又称向量)是既有大小又有方向,并且按平行四边形法则相加的量。

2. 表示

印刷品中矢量常用黑斜体字母(例如 $\boldsymbol{A}$)表示。手写时用带箭头的字母(例如 $\vec{A}$)表示。即

$$\boldsymbol{A}=|\boldsymbol{A}|\boldsymbol{e}_A=A\boldsymbol{e}_A$$

式中,$|\boldsymbol{A}|=A$ 表示矢量的大小,称为矢量的模。$\boldsymbol{e}_A$ 是矢量 $\boldsymbol{A}$ 方向的单位矢量,$|\boldsymbol{e}_A|=1$ 。

在直角坐标系下,矢量 $\boldsymbol{A}$ 可用三个坐标轴上的分矢量表示,即 $\boldsymbol{A}=A_x\boldsymbol{i}+A_y\boldsymbol{j}+A_z\boldsymbol{k}$。其中 $\boldsymbol{i},\boldsymbol{j},\boldsymbol{k}$ 分别为 x,y,z 三个坐标轴的单位矢量,A_x,A_y,A_z 分别为 $\boldsymbol{A}$ 在三坐标轴上的投影。

矢量也可用一条有方向的线段表示,如附图 C1 所示,线段的长度表示矢量的大小。运算时,可以将有向线段平移。

附图　C1

C.2　矢量的运算

1. 矢量加法(合成)

如附图 C2 所示,矢量 $\boldsymbol{A}$ 与 $\boldsymbol{B}$ 合成为矢量 $\boldsymbol{C}$,满足平行四边形法则(附图 C2(a))或三角形法则(附图 C2(b)),即 $\boldsymbol{C}=\boldsymbol{A}+\boldsymbol{B}$ 或 $\boldsymbol{C}=\boldsymbol{B}+\boldsymbol{A}$ 。

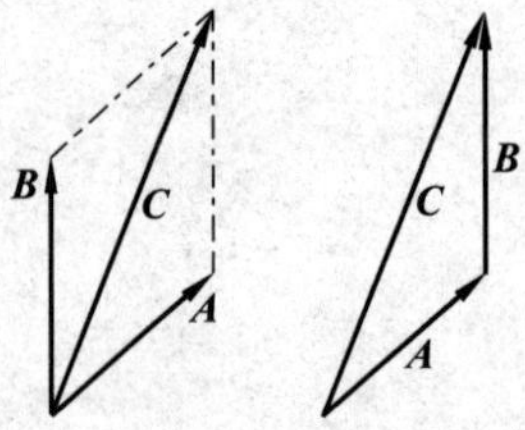

附图　C2

2. 矢量乘法

(1) 矢量数乘

若 $\boldsymbol{C}=k\boldsymbol{A}$，则 $C=kA$；$k>0$ 时 $\boldsymbol{C}$ 与 $\boldsymbol{A}$ 同方向，$k<0$ 时 $\boldsymbol{C}$ 与 $\boldsymbol{A}$ 反向。

(2) 矢量的标量积

定义 $\boldsymbol{A}\cdot\boldsymbol{B}=AB\cos\theta$，其中 θ 为 $\boldsymbol{A}$ 与 $\boldsymbol{B}$ 两矢量之间的夹角。

(3) 矢量的矢量积

若 $\boldsymbol{C}=\boldsymbol{A}\times\boldsymbol{B}$，则 $C=|\boldsymbol{C}|=AB\sin\theta$，$\boldsymbol{C}$ 的方向由右手螺旋定则确定，如附图 C3 所示。

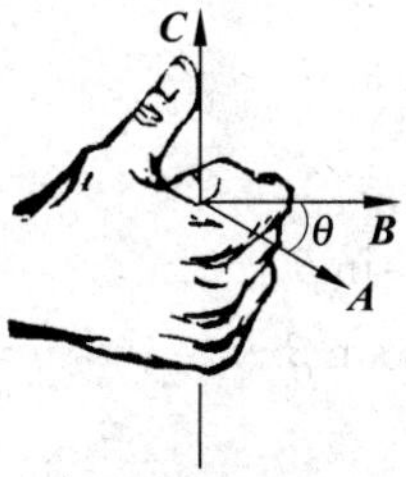

附图 C3

3. 矢量函数的求导

设有矢量函数 $\boldsymbol{A}(t)=x(t)\boldsymbol{i}+y(t)\boldsymbol{j}+z(t)\boldsymbol{k}$，且 $x(t),y(t),z(t)$ 可导，则 $\dfrac{\mathrm{d}\boldsymbol{A}}{\mathrm{d}t}=\dfrac{\mathrm{d}x}{\mathrm{d}t}\boldsymbol{i}+\dfrac{\mathrm{d}y}{\mathrm{d}t}\boldsymbol{j}+\dfrac{\mathrm{d}z}{\mathrm{d}t}\boldsymbol{k}$。显然，$\dfrac{\mathrm{d}\boldsymbol{A}}{\mathrm{d}t}$ 是矢量，大小为 $\left|\dfrac{\mathrm{d}\boldsymbol{A}}{\mathrm{d}t}\right|=\sqrt{\left(\dfrac{\mathrm{d}x}{\mathrm{d}t}\right)^2+\left(\dfrac{\mathrm{d}y}{\mathrm{d}t}\right)^2+\left(\dfrac{\mathrm{d}z}{\mathrm{d}t}\right)^2}$。注意 $\left|\dfrac{\mathrm{d}\boldsymbol{A}}{\mathrm{d}t}\right|\neq\dfrac{\mathrm{d}A}{\mathrm{d}t}$。

4. 矢量函数的积分

若 $\dfrac{\mathrm{d}\boldsymbol{A}(t)}{\mathrm{d}t}=\boldsymbol{B}(t)$，则 $\boldsymbol{A}=\int_a^b\boldsymbol{B}(t)\mathrm{d}t$。通常先将三个分量分别积分，然后再合成，即 $\boldsymbol{A}=\left(\int_a^b B_x(t)\mathrm{d}t\right)\boldsymbol{i}+\left(\int_a^b B_y(t)\mathrm{d}t\right)\boldsymbol{j}+\left(\int_a^b B_z(t)\mathrm{d}t\right)\boldsymbol{k}$。

附录D　数学公式

D.1　三角函数

1. $\sin^2\theta+\cos^2\theta=1$

   $\sec^2\theta=1+\tan^2\theta$

   $\csc^2\theta=1+\cot^2\theta$

2. $\sin(\alpha\pm\beta)=\sin\alpha\cos\beta\pm\cos\alpha\sin\beta$

   $\cos(\alpha\pm\beta)=\cos\alpha\cos\beta\mp\sin\alpha\sin\beta$

   $\tan(\alpha\pm\beta)=\dfrac{\tan\alpha\pm\tan\beta}{1\mp\tan\alpha\tan\beta}$

3. $\sin 2\theta=2\sin\theta\cos\theta$

   $\cos 2\theta=\cos^2\theta-\sin^2\theta=1-2\sin^2\theta=2\cos^2\theta-1$

D.2　级数展开式

1. $\dfrac{1}{1+x}=1-x+x^2-x^3+x^4-\cdots,\quad -1<x<1$

2. $\sqrt{1+x^2}=1+\dfrac{x}{2}-\dfrac{x^2}{8}+\dfrac{x^3}{16}-\cdots,\quad -1<x<1$

3. $\dfrac{1}{\sqrt{1+x}}=1-\dfrac{1}{2}x+\dfrac{1\times3}{2\times4}x^2-\dfrac{1\times3\times5}{2\times4\times6}x^3+\cdots,\quad -1<x<1$

4. $e^x=1+x+\dfrac{x^2}{2!}+\dfrac{x^3}{3!}+\cdots,\quad -\infty<x<\infty$

5. $\sin x=x-\dfrac{x^3}{3!}+\dfrac{x^5}{5!}-\dfrac{x^7}{7!}+\cdots,\quad -\infty<x<\infty$

6. $\cos x=1-\dfrac{x^2}{2!}+\dfrac{x^4}{4!}-\dfrac{x^6}{6!}+\cdots,\quad -\infty<x<\infty$

7. $(x+y)^n=x^n+\dfrac{n}{1!}x^{n-1}y+\dfrac{n(n-1)}{2!}x^{n-2}y^2+\cdots$

D.3　导数和积分

常用导数公式	常用积分公式
1. $(x^\alpha)'=\alpha x^{\alpha-1}$，$\alpha$ 为常数	1. $\int \mathrm{d}x=x+C$
2. $(\ln x)'=\dfrac{1}{x}$	2. $\int x^\alpha \mathrm{d}x=\dfrac{x^{\alpha+1}}{\alpha+1}+C$，$\alpha\neq-1$

续表

常用导数公式	常用积分公式
3. $(e^x)'=e^x$	3. $\int \frac{1}{x}dx = \ln x + C$
4. $(\sin x)'=\cos x$	4. $\int e^x dx = e^x + C$
5. $(\cos x)'=-\sin x$	5. $\int \cos x dx = \sin x + C$
6. $(\tan x)'=\sec^2 x$	6. $\int \sin x dx = -\cos x + C$
7. $(\cot x)'=-\csc^2 x$	7. $\int \sec^2 x dx = \tan x + C$
8. $(\sec x)'=\sec x\tan x$	8. $\int \csc^2 x dx = -\cot x + C$
9. $(\csc x)'=-\csc x\cot x$	9. $\int \frac{1}{\sqrt{1-x^2}}dx = \arcsin x + C$
10. $(\arcsin x)'=\frac{1}{\sqrt{1-x^2}}$	10. $\int \frac{1}{1+x^2}dx = \arctan x + C$
11. $(\arccos x)'=\frac{-1}{\sqrt{1-x^2}}$	11. $\int \frac{1}{(a^2+x^2)^{3/2}}dx = \frac{x}{a^2\sqrt{a^2+x^2}} + C$
12. $(\arctan x)'=\frac{1}{1+x^2}$	
13. $(\text{arccot}\, x)'=\frac{-1}{1+x^2}$	

附录 E　希腊字母

小写	大写	英文名称	小写	大写	英文名称
α	A	Alpha	ν	N	Nu
β	B	Beta	ξ	Ξ	Xi
γ	Γ	Gamma	ο	O	Omicron
δ	Δ	Delta	π	Π	Pi
ε	E	Epsilon	ρ	P	Rho
ζ	Z	Zeta	σ	Σ	Sigma
η	H	Eta	τ	T	Tau
θ	Θ	Theta	υ	Υ	Upsilon
ι	I	Iota	φ(ϕ)	Φ	Phi
κ	K	Kappa	χ	X	Chi
λ	Λ	Lambda	ψ	Ψ	Psi
μ	M	Mu	ω	Ω	Omega

主要参考文献

[1] 张三慧. 大学物理学[M]. 5 版. 北京：清华大学出版社，2024.
[2] 张三慧. 大学基础物理学[M]. 4 版. 北京：清华大学出版社，2025.
[3] 赵凯华，罗蔚茵. 新概念物理教程[M]. 2 版. 北京：高等教育出版社，2004.
[4] 马文蔚. 物理学[M]. 7 版. 北京：高等教育出版社，2020.
[5] 吴百诗. 大学物理[M]. 新版. 北京：科学出版社，2004.
[6] 倪光炯，王炎森. 文科物理[M]. 北京：高等教育出版社，2005.
[7] 郭奕玲，沈慧君. 物理学史[M]. 2 版. 北京：清华大学出版社，2005.
[8] 程守洙，江之永. 普通物理学[M]. 5 版. 北京：高等教育出版社，2002.